卢嘉锡 总主编

中国科学技术史

科学思想卷

席泽宗 主编

科学出版社

2001

内 容 简 介

中国古代萌发了许多重要的科学思想(自然观、科学观和方法论),这些思想,对科学的形成、技术的发明、成就的取得具有很重要的指导和影响作用。本书从原始资料出发,采用断代史的写法,作者抓住中国古代每个时代的科学思想作综合论述,观点很有独到之处,在体例上也极具匠心。在每一命题下,讨论各学科、各种人、各学派对这一命题的看法、运用和争论。几位作者潜心研究十余年,本书是他们研究成果的一个重要总结。

本书可供科学史、哲学史、自然辩证法(科学哲学)工作者和对中国传统文化有兴趣的读者阅读和参考。

图书在版编目(CIP)数据

中国科学技术史:科学思想卷/卢嘉锡总主编;席泽宗分卷主编.-北京:科学出版社,2001.6

ISBN 978-7-03-007990-9

Ⅰ.中… Ⅱ.①卢… ②席… Ⅲ.①技术史-中国②自然科学史:思想史-中国Ⅳ.N092

中国版本图书馆 CIP 数据核字(1999)第 65140 号

科学出版社出版
北京东黄城根北街 16 号
邮政编码:100717
http://www.sciencep.com

北京厚诚则铭印刷科技有限公司印刷
科学出版社发行 各地新华书店经销

*

2001 年 6 月第 一 版 开本:787×1092 1/16
2025 年 4 月第九次印刷 印张:34 3/4
字数:840 000

定价:299.00 元

《中国科学技术史》的组织机构和人员

总　　序

中国有悠久的历史和灿烂的文化，是世界文明不可或缺的组成部分，为世界文明做出了重要的贡献，这已是世所公认的事实。

科学技术是人类文明的重要组成部分，是支撑文明大厦的主要基干，是推动文明发展的重要动力，古今中外莫不如此。如果说中国古代文明是一棵根深叶茂的参天大树，中国古代的科学技术便是缀满枝头的奇花异果，为中国古代文明增添斑斓的色彩和浓郁的芳香，又为世界科学技术园地增添了盎然生机。这是自上世纪末、本世纪初以来，中外许多学者用现代科学方法进行认真的研究之后，为我们描绘的一幅真切可信的景象。

中国古代科学技术蕴藏在汗牛充栋的典籍之中，凝聚于物化了的、丰富多姿的文物之中，融化在至今仍具有生命力的诸多科学技术活动之中，需要下一番发掘、整理、研究的功夫，才能揭示它的博大精深的真实面貌。为此，中国学者已经发表了数百种专著和万篇以上的论文，从不同学科领域和审视角度，对中国科学技术史作了大量的、精到的阐述。国外学者亦有佳作问世，其中英国李约瑟(J. Needham)博士穷毕生精力编著的《中国科学技术史》(拟出7卷34册)，日本薮内清教授主编的一套中国科学技术史著作，均为宏篇巨著。关于中国科学技术史的研究，已是硕果累累，成为世界瞩目的研究领域。

中国科学技术史的研究，包涵一系列层面：科学技术的辉煌成就及其弱点；科学家、发明家的聪明才智、优秀品德及其局限性；科学技术的内部结构与体系特征；科学思想、科学方法以及科学技术政策、教育与管理的优劣成败；中外科学技术的接触、交流与融合；中外科学技术的比较；科学技术发生、发展的历史过程；科学技术与社会政治、经济、思想、文化之间的有机联系和相互作用；科学技术发展的规律性以及经验与教训，等等。总之，要回答下列一些问题：中国古代有过什么样的科学技术？其价值、作用与影响如何？又走过怎样的发展道路？在世界科学技术史中占有怎样的地位？为什么会这样，以及给我们什么样的启示？还要论述中国科学技术的来龙去脉，前因后果，展示一幅真实可靠、有血有肉、发人深思的历史画卷。

据我所知，编著一部系统、完整的中国科学技术史的大型著作，从本世纪50年代开始，就是中国科学技术史工作者的愿望与努力目标，但由于各种原因，未能如愿，以致在这一方面显然落后于国外同行。不过，中国学者对祖国科学技术史的研究不仅具有极大的热情与兴趣，而且是作为一项事业与无可推卸的社会责任，代代相承地进行着不懈的工作。他们从业余到专业，从少数人发展到数百人，从分散研究到有组织的活动，从个别学科到科学技术的各领域，逐次发展，日臻成熟，在资料积累、研究准备、人才培养和队伍建设等方面，奠定了深厚而又广大的基础。

本世纪80年代末，中国科学院自然科学史研究所审时度势，正式提出了由中国学者编著《中国科学技术史》的宏大计划，随即得到众多中国著名科学家的热情支持和大力推动，得到中国科学院领导的高度重视。经过充分的论证和筹划，1991年这项计划被正式列为中国科学院“八五”计划的重点课题，遂使中国学者的宿愿变为现实，指日可待。作为一名科技工作者，我对此感到由衷的高兴，并能为此尽绵薄之力，感到十分荣幸。

《中国科学技术史》计分30卷，每卷60至100万字不等，包括以下三类：

通史类(5卷)：

《通史卷》、《科学思想史卷》、《中外科学技术交流史卷》、《人物卷》、《科学技术教育、机构与管理卷》。

分科专史类(19卷)：

《数学卷》、《物理学卷》、《化学卷》、《天文学卷》、《地学卷》、《生物学卷》、《农学卷》、《医学卷》、《水利卷》、《机械卷》、《建筑卷》、《桥梁技术卷》、《矿冶卷》、《纺织卷》、《陶瓷卷》、《造纸与印刷卷》、《交通卷》、《军事科学技术卷》、《计量科学卷》。

工具书类(6卷)：

《科学技术史词典卷》、《科学技术史典籍概要卷》(一)、(二)、《科学技术史图录卷》、《科学技术年表卷》、《科学技术史论著索引卷》。

这是一项全面系统的、结构合理的重大学术工程。各卷分可独立成书，合可成为一个有机的整体。其中有综合概括的整体论述，有分门别类的纵深描写，有可供检索的基本素材，经纬交错，斐然成章。这是一项基础性的文化建设工程，可以弥补中国文化史研究的不足，具有重要的现实意义。

诚如李约瑟博士在1988年所说："关于中国和中国文化在古代和中世纪科学、技术和医学史上的作用，在过去30年间，经历过一场名副其实的新知识和新理解的爆炸"(中译本李约瑟《中国科学技术史》作者序)，而1988年至今的情形更是如此。在20世纪行将结束的时候，对所有这些知识和理解作一次新的归纳、总结与提高，理应是中国科学技术史工作者义不容辞的责任。应该说，我们在启动这项重大学术工程时，是处在很高的起点上，这既是十分有利的基础条件，同时也自然面对更高的社会期望，所以这是一项充满了机遇与挑战的工作。这是中国科学界的一大盛事，有著名科学家组成的顾问团为之出谋献策，有中国科学院自然科学史研究所和全国相关单位的专家通力合作，共襄盛举，同构华章，当不会辜负社会的期望。

中国古代科学技术是祖先留给我们的一份丰厚的科学遗产，它已经表明中国人在研究自然并用于造福人类方面，很早而且在相当长的时间内就已雄居于世界先进民族之林，这当然是值得我们自豪的巨大源泉，而近三百年来，中国科学技术落后于世界科学技术发展的潮流，这也是不可否认的事实，自然是值得我们深省的重大问题。理性地认识这部兴盛与衰落、成功与失败、精华与糟粕共存的中国科学技术发展史，引以为鉴，温故知新，既不陶醉于古代的辉煌，又不沉沦于近代的落伍，克服民族沙文主义和虚无主义，清醒地、满怀热情地弘扬我国优秀的科学技术传统，自觉地和主动地缩短同国际先进科学技术的差距，攀登世界科学技术的高峰，这些就是我们从中国科学技术史全面深入的回顾与反思中引出的正确结论。

许多人曾经预言说，即将来临的21世纪是太平洋的世纪。中国是太平洋区域的一个国家，为迎接未来世纪的挑战，中国人应该也有能力再创辉煌，包括在科学技术领域做出更大的贡献。我们真诚地希望这一预言成真，并为此贡献我们的力量。圆满地完成这部《中国科学技术史》的编著任务，正是我们为之尽心尽力的具体工作。

卢嘉锡

1996年10月20日

目 录

导　言

一　从天文学史到科学思想史

按照传统的看法，中国古代的天文学就是“历象之学”。历即历法，象即天象，这反映在25史中，就是《历志》和《天文志》。有人认为，历法计算只是一种技术，而古时的天象观测是为了预报人间吉凶，这都不是为了探索自然界的规律；因而作为科学的天文学，在中国根本不存在。但是，当我在叶企孙先生的引导下，第一次读到《庄子·天运》里：

> 天其运乎？地其处乎？日月其争于所乎？孰主张是？孰维纲是？孰居无事推而行是？意者其有机缄而不得已耶！意者其运转而不能自止耶！

和《楚辞·天问》里：

> 遂古之初，谁传道之？上下未形，何由考之？冥昭瞢暗，谁能极之？冯翼惟像，何以识之？

的时候，心情很激动。这两段话问得太深刻了！前者讨论天体的运动问题和运动的机制问题。为了回答这一问题，就得研究天体的空间分布和运动规律，这是天体测量学、天体力学和恒星天文学的任务，牛顿力学就是在这一研究方向上产生的。但引力是什么？至今还没有圆满的答案。后者讨论宇宙的起源和演化，是天体物理学、天体演化学和宇宙学的任务。20世纪在爱因斯坦相对论和哈勃定律基础上建立起来的大爆炸宇宙论虽然得到了一些观测事实（微波背景辐射、元素丰度）的证实，但也很难说是最后的定论。

到1911年辛亥革命为止，中国只有肉眼观测的天体测量学工作，其他五门学科都是哥白尼以后在西方逐渐发展起来的，科学的天体演化学和宇宙学是20世纪才有的。我们的祖先当然没有条件解决庄子和屈原提出的问题，但是从汉代起，还是有不少人做了一些回答，这些回答尽管是思辨性的，而且绝大多数是错误的，但也有一些天才的思想火花，值得大书特书，例如汉代《尚书纬·考灵曜》说：“地恒动不止，而人不知，譬如人在大舟中闭窗而坐，舟行而人不觉也。”这里不仅明确指出大地在运动，而且解释了地动而人不知的原因。伽利略在他的名著《关于托勒密和哥白尼两大世界体系的对话》(1632)中论述人为什么感觉不到地球在运动时，用的是同样的例子，从而把运动的相对性原理作了生动的阐述。

如果把中国历史上这些关于天地结构、运动、起源和演化的论述，不管正确与否，都搜集起来，予以系统地论述，将会在以往的“历象之学”范围以外，开辟一个新的园地，使人们对中国天文学史有个新的感觉。1973年6月在中国科学院召开的天体演化学座谈会上，应会议主持人之邀，我写了一份《中国古代关于天体演化的一些材料》，打印150份，散发给与会者后，反映很好，大家对其中的如下一段话尤为欣赏：

> 列宁说：“客观唯心主义有时候可以转弯抹角地（而且还是翻筋斗式地）紧密地接近唯物主义，甚至部分地变成了唯物主义。”（《哲学笔记》1974年中译本第308

页)。宋代客观唯心主义哲学家朱熹(1130～1200)在天体演化问题上正是这样。朱熹认为,天地初始混沌未分时,本是一团气,这一团气旋转得很快,便产生了分离作用;重浊者沉淀在中央,结成了地;轻的便在周围形成了日月星辰,运转不已。他并且设想原始物质只有水、火两种,又联系到地上山脉的形状,认为地是水的渣脚组成的。朱熹的这个学说比起前人有三大进步:一是他的物质性。《淮南子·天文训》和张衡的《灵宪》虽然认为天地在未形成以前是一团混沌状态的气,但这团气是从虚无中产生的。二是他的力学性,考虑到了离心力。三是联系到地质现象。康德星云说的提出(1755)可能受到他的影响。

在这次会议的影响下,我遂和我的大学同学、著名科普作家郑文光合作,写了一本《中国历史上的宇宙理论》,于1975年末在人民出版社出版。

《中国历史上的宇宙理论》出版的时候,祖国大地正逢严寒的冬天,可以说是"悬崖百丈冰"。1978年迎来了科学的春天,自然科学史研究所也重新回到中国科学院的怀抱。在讨论"科学史三年计划和八年发展纲要"时,主持人仓孝和主张要开拓新的领域(近代史、思想史、中外交流史等),并且劝我说:"你可在《中国历史上的宇宙理论》的基础上拓宽到整个中国科学思想史,这还是一片未开垦的处女地。"的确,当时关于中国科学思想史的著作,只有两本书,散见的论文也很少。这两本书一是1925年德国学者佛尔克(A. Forke)用英文出版的《中国人的世界观念》(The World Conception of the Chinese),1927年有德译本,日本于1937年翻译出版时取名为《支那自然科学思想史》。解放前我在中山大学念书的时候,哲学系主任朱谦之即向我推荐过这本书,认为有译成中文的必要,可惜至今没有人翻译,而美国于1975年又进行了再版。二是1956年英国学者李约瑟出版的《中国科学技术史》第二卷《科学思想史》(History of Scientific Thought)。这一卷是李约瑟多卷本《中国科学技术史》著作中争论最大的一本,这本书不但在国外受到激烈批评,在国内也不受欢迎,港台学者甚至断言,由于意识形态关系,国内不会翻译出版这一本。事实上,1975年的翻译计划中也是没有这一本,到了改革开放以后,1990年才得以用中文在北京出版。由此可见,要进行科学思想史研究有多么难!

二　科学思想史的内涵

1. 什么是科学思想史?

在我接受了仓孝和的建议以后,正在酝酿研究中国科学思想史的时候,1980年春,以中山茂为首的日本科学史代表团一行10人来华访问,其中有一位寺地遵,是研究科学思想史的,著有《宋代的自然观》。当时任中国科学院副院长的严济慈院士在接见他们时,向寺地遵提出了一个问题:"什么是科学思想史?物理学史、化学史对象很具体,我知道历史上有许多物理学家、化学家,但没有听说过有科学思想家。"弄得寺地遵先生很尴尬。为了回答严老提出的问题,为了开展我们的工作,我翻阅了一些国外出版的关于科学思想史的书,但都没有明确的定义,日本学者板本贤三在他的《科学思想史·绪论》(1984)中说:"科学思想史似乎开始于规定'科学思想'的含义;但又无法预先明确'科学思想'这一概念。目前,只能就科学家对待研究对象的态度作出规定,即把它当作科学家的自然观和研究方法加以历史的追述,这就是本书的任务。"兜了一个圈子,坂本贤三实际上是把科学思想史规定成了自然观和方法论的历史。我们认为还应该加上科学观的历史。以下仅就这三个方面，结合中国历史文献予以阐述。

2. 自然观

自然观首先是人与自然的关系，在这方面《荀子·天论》是一篇非常精彩的论文。它指出：①自然界的运动变化是有规律的，与人间的政治好坏无关（“天行有常，不为尧存，不为桀亡”）。②自然界发展到一定阶段，产生了人以后，人就本能地要认识自然界，而自然界也是可以认识的（“凡以知，人之性也；可以知，物之理也”）。③人不但要认识自然，还要利用自然和改造自然来为自己服务（“财（裁）非其类以养其类”），但自然界有些事物对人类是有益的（“顺其类者谓之福”），有些是有害的（“逆其类者谓之害”），对前者要“备其天养”，对后者要“顺其天政”，把这两种事情弄清楚了，人类就能“知其所为，知其所不为”，而“天地官（管）万物役矣”。

自然观范围很大，不仅仅是讨论人与自然的关系，更重要的是人们对物质、时空和运动变化的研究和看法，几乎涉及到自然科学的全部，哲学家们也很关心。“子在川上曰：逝者如斯夫，不舍昼夜”。《论语·子罕》篇里引述孔子的这一句话，生动地表述了时间的连续性、流逝性和流逝的不可逆性。《管子·宙合》篇第一次把时间和空间合起来讨论。宙即时间；合即六合（四方上下），也就是三维空间。《宙合》篇说：“宙合之意，上通于天之上，下泉于地之下。外出于四海之外，合络天地以为一裹。”“是大之无外，小之无内。”

在中国古代，人们更多地是用“宇”来表示空间，《管子》的“宙合”通俗的说法就是“宇宙”，“天地”则是宇宙中能观测到的部分。因此，把这段话译成白话文就是：宇宙是时间和空间的统一，它向上直到天的外面，向下直到地的里面，向外越出四海之外，好像一个包裹一样把我们看见的物质世界包在其中，但是它本身在宏观方面和微观方面都是无限的。

我们看到的物质世界是有序列的，《荀子·王制》篇说：“水火有气而无生，草木有生而无知，禽兽有知而无义；人有气、有生、有知、亦且有义，故最为天下贵也。”李约瑟在他的《中国科学技术史》第二卷《科学思想史》（1990年科学出版社，中译本第22页）中曾经引述这一段话，并且说在他和鲁桂珍之前无人发现这段话和亚里士多德的灵魂阶梯论极其类似，并且列表如下：

亚里士多德（公元前4世纪）	荀子（公元前3世纪）
植　物：生长灵魂	水与火：气
动　物：生长灵魂＋感情灵魂	植　物：气＋生
人：生长灵魂＋感情灵魂＋理性灵魂	动　物：气＋生＋知
	人：气＋生＋知＋义

但是，我们觉得，荀子的论述与亚里士多德的论述有本质上的不同。荀子根本没有灵魂概念，荀子主张气是构成万物的元素。气是物质的，而亚里士多德的灵魂是精神的。在荀子看来，生物和无生物在原始物质上没有什么不同，而人和动物除了“义”以外也没有什么不同，义是后天教养获得的。

在荀子看来，人是这个物质序列中最高级的。这是上帝安排的呢？还是有一个演化过程？荀子没有回答。晋代郭象（252～312）在注《庄子·齐物论》时明确地断言“造物无主，而物各自造”。“物各自造”，又是怎么造的，《庄子·寓言》篇的回答是：“万物皆种也，以不同形相禅。”这几乎拟出了达尔文进化论的书名：《物种起源》（1859）！万物本是同一种类，后来逐渐变成不同形态的各类，但又不是一开头就同时变成了现在的各种各类，而是一代一代演化

(相禅)的。

3. 科学观

科学观是指人们对科学的起源、本质、作用、价值的看法,以及科学家在社会中的地位,但和科学社会史不同。科学社会史,例如罗伯特·默顿的《17世纪英国的科学、技术与社会》(Science, Technology and Society in the 17th Century England),它是用清教伦理和当时英格兰工业发展的需要来解释英格兰的科学为什么在17世纪得到突飞猛进。而科学思想史中的科学观则不具体讨论某一时期科学、技术与社会的关系,而是追述某一时期人们对科学技术的看法。在这方面,战国时期的《世本·作篇》可以说是一个典型。可惜该书已失传,根据清代人的辑佚来看,它所反映的思想和《易·系辞(下)》、《韩非子·五蠹》篇差不多。《五蠹》篇说:

> 上古之世,人民少而禽兽众,人民不胜禽兽虫蛇。有圣人作,构木为巢,以避群害,而民悦之,使王天下,号之曰有巢氏。居民食果瓜蚌蛤,腥臊恶臭而伤腹胃,民多疾病。有圣人作,钻燧取火以化腥臊,而民悦之,使王天下,号之曰燧人氏。
>
> 中古之世,天下大水,而鲧、禹决渎。
>
> 近古之世,桀纣暴乱,而汤、武征伐。

在韩非看来,上古之世是那些技术发明家被尊为圣人;中古之世的圣人,也是与自然界作斗争的英雄;近古之世的圣人,其功绩则主要是征伐了。当今之世的圣人怎样呢?《五蠹》篇接着以"守株待兔"的故事做比喻,说明时代不同,任务不同,当今的圣人和王者不仅不能去构巢、钻燧,而且也不能把从事这类工作的人当作圣人。人类征服自然的能力不断提高,人类的数量不断增多,群体越来越大,社会结构越来越复杂,管理工作越来越重要,产生了阶级和分工。一部落人为了保证自己的利益,不得不用暴力和说教迫使和诱惑另一部落人服从,于是政治家、军事家、思想家应运而生,他们成了人类社会的主角,成了圣人和英雄。生产还必须进行,科学也还需要发展,但比起政治、经济、军事工作来,重要性、紧迫性就要差一些,科学家的地位也就不能不排在政治家、军事家、思想家的后面了。这不只是儒家的看法,法家也是一样,《五蠹》篇就是一个有力的证据。这种排位方法,在未来相当长的一段时期里,恐怕还不会变,这是历史的必然!

4. 方法论

拉普拉斯在他的《宇宙体系论》(1796)里说:"有些科学家只注意首先提出一个原理的优越性,可是他们却没有弄清楚建立这个原理的方法,这样便将自然科学的一些部门,导入古人的神秘论,而使其成为无意义的解释。"殊不知"认识一位天才的研究方法,对于科学的进步,甚至对于他本人的荣誉,并不比发现本身更少用处"(上海译文出版社444,445页,1978年)。近代科学和古代科学的区别,除了知识更加系统以外,最本质一点就是方法上的区别,萨顿说:"直到14世纪末,东方人和西方人是在企图解决同样性质的问题时共同工作的,从16世纪开始,他们走上不同的道路。分岐的基本原因,虽然不是唯一的原因,是西方科学家领悟了实验的方法并加以利用,而东方的科学家却未领悟它。"(《科学的历史研究》刘兵等中译本,第5页,1990年)。因此,方法史的研究必然要成为科学思想史的组成部分。

成为近代科学诞生的标志之一的方法论著作——弗朗西斯·培根的《新工具论》(1620),是针对亚里士多德的逻辑学著作《工具论》而言的。前者重演绎,有著名的三段论法,后者强调知识要以实验为基础,重归纳。很多人以中国没有能产生这样两部关于逻辑学的伟大著作而深感遗憾，甚至认为今天中国科学落后也是由于这个原因造成的。事实上未必如此。逻辑和语法一样，中国古代没有语法书，不等于中国人就不会说话写文章；中国没有系统性的逻辑学著作，不等于中国人就不会逻辑思维；更何况逻辑思维也不是万能工具。爱因斯坦说：

> 纯粹的逻辑思维不能给我们带来任何关于经验世界的知识；一切关于实在的知识，都是从经验开始，又终结于经验。用纯粹逻辑方法所得到的命题，对于实在来说完全是空洞的。由于伽利略看到了这一点，尤其是由于他向科学界谆谆不倦地教导了这一点，他才成为近代物理学之父——事实上也成为整个近代科学之父（许良英等编译《爱因斯坦文集》第一卷第313页）。

从爱因斯坦的这一论点出发，我们觉得朱熹把“大学”和“中庸”从《礼记》中独立出来单独成书，具有重要意义。

“中庸”这个词本身就有方法论的意义，《中庸》书中还有一套完整的关于治学方法的论述，共分三段，第一段是：“博学之，审问之，慎思之，明辨之，笃行之。”这勾画出了做学问的基本步骤和方法：第一步“学”是获取信息，第二步“问”是发现问题和提出问题，第三步“思”是处理信息，用各种逻辑方法，进行推理，得出结论。至于结论是否正确，那就要进行第四步“辨”。辨明白了，如果正确，那就要坚持真理，一往无前地去执行，那就是第五步“笃行之”。朱熹把这五个步骤做了详细的注解，并且提出“学不止是读书，凡做事皆是学”，“自古无关门读书的圣贤”，要“于见闻上多做功夫”。所谓“见闻”，朱熹在这里没有明说，从他一生中的实践来看，应该是包括对自然的观察在内的。

“科学”一词源于拉丁文 Scientia（知识），希腊文中没有这个词汇（汪子嵩：《希腊哲学史》第85页，1988年），1830年左右法国实证主义哲学家孔德才使用这个词（science），意指将研究对象分为众多学科去研究的学问，与众学科之统辖的学问（philosophy）相对应。1874年日本学者西周（1829～1897年）将这两个词译成科学和哲学，于上世纪末传来中国之前，中国与“科学”相应的词汇为“格物”或“格致”。“格致”即格物致知的简称。“致知在格物，物格而后知至”，这句话也有方法论的意义，它在《礼记·大学》中沉睡了1000多年，无人注意，朱熹把《大学》独立成为一本书并且写了“补《大学》格物致知传”后，它成了一个术语，从而受人注意起来。朱熹的“物”本来包罗万象，包含有人文和自然两方面的意思，但后来的人多从自然方面去理解，从而提高了人们认识物质世界的自觉程度，可以说是一个进步。宋代朱中有认为研究潮汐的学问是格物，王厚斋和叶大有认为植物学是格物，金代刘祁认为本草学是格物，宋云公认为医学是格物，元代四大名医之一的朱震亨干脆把自己的医学著作名为《格致余论》，明代李时珍和宋应星都把自己的工作认为是格物，徐光启和利玛窦在译《几何原本》的“序”中，就直接把它等同于现在的自然科学了。

三 中国传统科学的思维模式

亚里士多德和培根，都把自己的逻辑学著作称为“工具论”。逻辑，作为思维的工具，不含有思维对象的任何内容，如归纳、演绎、分析、综合，等等，都只是人们研究问题时所用的方法，不因时代而异。当今思想界所注意的思维模式，用库恩（Thomas S. Kuhn）的话来说，就是“范式”，则是历史的产物，它在某一历史时期被创造出来，并在某一历史时期，趋于消灭。

思维模式的变化，反映着人类思维的进步和发展，或是深化，或是拓广。

思维模式，表现为一些范畴、命题、观点，直至系统的理论和学说，它是一种大的框架，在一定的历史时期内，某一科学共同体就用这框架来描述自己置身其中的世界。我们认为阴阳、五行、气就是中国传统科学的三大范式，各门学科都用它来说明自己的研究对象，如伯阳父在论述地震的原因时说："阳伏而不能出，阴迫而不能蒸，于是有地震。"（《国语·周语（上）》）。

1. 阴阳

正式把阴、阳作为相互联系和相互对立的哲学范畴来解释各种现象，开始于《易·系辞》。《系辞（上）》提出："一阴一阳之谓道，继之者善也，成之者性也。"《系辞（下）》又引孔子的话说："乾坤其《易》之门也！乾，阳物也；坤，阴物也。阴阳合德而刚柔有体，以体天地之撰，以通神明之德。"这就是说，宇宙间所有事物的运动、变化，都离不开阴阳。在物质世界中，最大的阳性物体是天，最大的阴性物体是地。当时认为天动地静，动是刚健的表现，静是柔顺的表现，所以又将动静、刚柔和阴阳联系起来了。又说："动静有常，刚柔断矣"（上），"刚柔相推而生变化"（上），"穷则变，变则通，通则久"（下）。中国科学院软件研究所唐稚松院士将《易·系辞》中的这些论述与计算机软件设计中的动态语义（算法过程的执行部分）和静态语义（定义部分）结合起来，提出 XYZ 系统，用静态语义形式验证的方法作为手段，找出防止起破坏作用的动态语义性质，解决了 40 多年来计算机软件设计中的一大难题，从而获得 1989 年国家自然科学一等奖。日本软件工程权威 SRA 技术总裁岸田孝一于 1995 年 12 月 4 日在《朝日新闻》（夕刊）发表专文介绍 XYZ 系统时说："虽然这系统所采用的基础数学理论来源于西方，但构造此系统的哲学思想却来自中国，这也许可以说是东方文明对于新的 21 世纪计算机技术发展的一大贡献吧！"

2. 五行

"五行"一词首见于《尚书·夏书·甘誓》，但只有"五行"两个字，没有具体内容。《尚书·周书·洪范》中有详细的记载：

> 五行：一曰水，二曰火，三曰木，四曰金，五曰土。水曰润下，火曰炎上，木曰曲直，金曰从革，土爰稼穑。润下作咸，炎上作苦，曲直作酸，从革作辛，稼穑作甘。

《洪范》在今文《尚书》中列入《周书》，而《左传》引《洪范》文句则称为《商书》，因为这是武王克商以后，武王向被俘的殷朝知识分子征询意见时与箕子的谈话。有人认为这篇文章长篇大论，可能是战国时期的作品。我们认为《洪范》这篇文章可能晚出，但其中关于五行的这段话是有根据的，是西周时期的思想。据《左传》记载，春秋时期各国贵族已在阅读《洪范》，《国语·郑语》更载有史伯曾对郑桓公（作过周幽王的卿士）说过：

> 夫和实生物，同则不继。以它平它谓之和，故能丰长而物生之。若以同裨同，尽乃弃矣。故先王以土与金、木、水、火杂以成百物。

史伯的这段话很有意思。第一，他认为不纯才成其为自然界，完全的纯是没有的。第二，不同的物质相互作用和结合（"以它平它"），自然界才能得到发展。第三，不但把金、木、水、火、土五种物质都提出来了，而且认为它们互相结合（"杂"）可以组成各种物质，这就有"元素"的意义在内。第四，史伯说，这不是他自己的看法，在他之前就有了。

从以上的两段引文可以看出，五行的次序在《尚书》和《国语》这两本书中就有所不同：

《尚书》：水、火、木、金、土。

《国语》:金、木、水、火、土。

这两种排列的不同,看不出有什么意义,可能是前者认为水最重要,最原始;后者认为土最主要,更原始。到了《管子·五行》篇,其排列次序就有相互转化的意义了:

木→火→土→金→水→木　　(1)

此即所谓相生的次序。与此相反,还有一个相胜序,是由战国时期的邹衍提出来的,即木克土,土克水,水克火,火克金,金克木。若以符号表示可写为:

木＞土＞水＞火＞金＞木　　(2)

汉代董仲舒既讲五行相生,又讲五行相胜,他发现,这中间有个微妙关系:若按相生排列(1),则“比相生而间相胜”,即相邻的相生,如木生火;相间隔的相胜,如木克土。反之,如按相克的次序排列(2),则“比相胜而间相生。”

从相生、相胜原理又可推导出另外两个原理:(3)相制原理,(4)相化原理。前者是由相胜原理推导出来的,是说一种过程可以被另一种过程所抑制。例如金克木(刀可以砍树),但火克金(火可以使刀融化变弱),这就抑制了金克木的作用。相化原理是由相胜原理和相生原理结合推导出来的,是说一种过程可以被另一种过程掩盖。例如金克木,但水可以生木,如果植树造林(水生木)的过程大于砍伐(金克木)的速度,那么金克木的过程就可能显示不出来。

如果说相生、相胜原理是一种定性的研究,那么相制、相化原理就含有定量的因素,结果取决于速度、数量和比率。由此再前进一步,墨家和兵家就提出了一个更重要的,具有辩证意义的原理。《孙子·虚实》篇说:“五行无常胜”。《墨子·经下》:“五行无常胜,说在宜。”《经说下》的解释是:“火烁金,火多也;金靡炭(木),金多也。”就是说,五行相克的次序,不一定都是对的,关键取决于数量。火克金是因为火多,火少了就不行,金克木,金也得有一定数量。《孟子·告子》篇里把这个道理说得更生动:水能灭火,但用“一杯水,救一车薪之火”,不但不能灭火,反而使火烧得更旺,“杯水车薪”这个成语至今仍为人们所常用。

五行理论不仅把金、木、水、火、土当作五种基本物质来讨论它们之间的这些关系,而且把它符号化,认为各代表着一类东西,如木在五色方面代表青,在天干方面代表甲乙,在五味方面代表酸,在五音方面代表角,……。这样,就把整个世界(包括社会方面)都纳入这个框架中了,当然不免有牵强附会之处。但总的来说,在认识世界和改造世界方面还是起了积极作用的。王充在《论衡·物势篇》里说得好:

> 天用五行之气生万物,人用万物作万事。不能相制,不能相使;不相贼害(克),不成为用。金不贼木,木不成用;火不烁金,金不成器。故诸物相贼相利。

因为火克金,人类才可以把金属加工成各种工具和器物,因为金克木,人类又用金属把木材加工成各种工具和器物。保存至今的许多文化遗迹、遗物,都是在这两类工具的结合下产生的,这就是“诸物相贼相利”。人类又利用了水生木的原理进行农业生产,利用木生火的原理把农产品和肉类加工煮熟,吃得舒服,才能持续发展到今天。

3. 气

最早注意到气的重要性的仍然是我们在谈阴阳时所引的《国语·周语》中伯阳父的话:“夫天地之气,不失其序。若过其序,民乱之也。阳伏而不能出,阴迫而不能蒸,于是有地震。”《老子》也说:“万物负阴而抱阳,冲气以为和。”伯阳父和《老子》都认为天地之气有一定的秩序,阴阳两种力量相互作用的结果,有时可以使这种秩序受到破坏。这样,就把气提高到和自然界最基本的两种性质(阴阳)相等的地方。如果阴阳更多地表现在能量方面的话,气就更多地表现在质量方面。然而，把气当作万物的本原，说得最系统的还是《管子·内业》篇："凡物之精，比则为生。下生五谷，上列为星；流于天地之间，谓之鬼神；藏于胸中，谓之圣人；是故名气。这里说得很明确，从天上的星辰到地上的五谷，都是由气构成的；所谓"鬼神"，也是流动于天地之间的气；圣人有智慧，也是因为他胸中藏有很多气。万物都是气变化和运动的结果，但总离不开气（"化不易气"）。

值得注意的是，这段引文的开头有一个"精"字。"精"和"粗"是相对的。精原意指细米。《庄子·人间世》说："鼓荚播精，足以食十人。"司马彪注："鼓，簸也。小箕曰荚。简（细）米曰精。"同理，精气就不是一般的呼吸之气、蒸气、云气、烟气之类的东西了，而是比这些气更细微的东西。它和普通的气一样没有固定的形状，小到看不见，摸不着，但又无所不在，又可能转化聚集成各种有形的物质，这就是《管子·心术（上）》篇说的"动不见其形，施不见其得，万物皆以得。"

《吕氏春秋》亦言及精气。《尽数》篇认为，鸟的飞翔，兽的行走，珠玉的光亮，树木的茂长，圣人的智慧，都是精气聚集的表现。

到了汉代，又出现了"元气"一词。董仲舒说："元，犹原也，其义以随天地终始也，……故元者为万物之本，而人之元在焉。安在乎？乃在天地之前。"（《春秋繁露·重政》）。但是汉代多数人的观点是：元气是从虚无中产生的。《淮南子·天文训》说："道始于虚廓，虚廓生宇宙，宇宙生气。气有涯垠（广延性），清阳（扬）者薄靡而为天，重浊者凝滞而为地。"这段话表示，气有广袤性，有轻重、动静的属性，天地是从气演化而来的，但气是从虚廓中通过时空（"宇宙"）而产生的。

到了宋代，张载提出"虚空即气"或"太虚即气"的命题，把关于气的理论推向了一个新的高度。他说："气之聚散于太虚，犹冰凝释于水，知太虚即气则无无"（《正蒙·太和》），即无形的虚空是气散而未聚的状态，"无"乃是"有"的一种形态，只是看不见，并非无有。他说："气也者，非待其蒸郁凝聚，接于目而后知之；苟健顺动止，浩然湛然之得言，皆可名文象尔。"（《正蒙·神化》）"凡象皆气也"（《正蒙·乾称》）。这就是说，气不一定是有形可见的东西，凡是有运动静止、广度深度，并且和有形的实物可以互相转化的客观实在，都是气。这就和现代物理学中的"场"有点相似了。中国科学院理论物理研究所何祚庥院士不久将有《元气与场》一书出版，可以参考。简言之，场是物质存在的两种基本形态之一。场本身具有能量、动量和质量；它存在于整个空间，而且在一定条件下和实物相互转化。

阴阳、五行、气，这三大范畴，在这里我们是分别叙述的，但实际运用中又是互相结合的。唐代的李筌在《阴符经疏》中说："天地则阴阳之二气，气中有子，名曰五行。五行者，天地阴阳之用也，万物从而生焉。万物则五行之子也。"五行是构成万物的五种元素，但不是最基本元素，五行是从属于天地阴阳的，而气则充满于空间。两千多年来，中国学者们就是从这一大的框架出发来描述世界的，各个时代，各个学派，各个学科在具体运用时，都有其自己的特点，这就留待各章叙述了。

四 本书的写法

《简明不列颠百科全书·科学史》（1974 年英文版，1985 年中译本）条目中说："科学思想是环境（包括技术、应用、政治、宗教）的产物，研究不同时代的科学思想，应避免从现代的观点出发，而需力求确切地以当时的概念体系为背景。”这个观点很重要，恩格斯在为马克思《资本论》第三卷写的“序”中，也早已指出：“研究科学问题的人，最要紧的是对他所要利用的著作，需要照著者写这个著作的本来的样子去读，并且最要紧的是不把著作中没有的东西包括进去。”(1975 年中译本第 26 页)。我们认为，说《老子》中已有原子核概念，《周易》中已有遗传密码，就不是实事求是的态度。本书力图在详尽占有原始材料的基础上，根据当时的历史、文化背景，对每一历史时期的科学思想，尽量做客观的叙述，结论可能与时下流行的一些观点不同，作为一家之言，提供讨论。

以时代先后为序，按历史发展阶段来写，这是目前已出版的几部中国科学思想史的共同特点。但在每一历史阶段中，又各自采用了不同的形式。或按著作，或按人物，如董英哲的《中国科学思想史》(1990)，写了 30 个人物和 7 本书；或按学科，如郭全彬的《中国传统科学思想史论》(1993)是分 8 个学科(数理化天地生农医)写的；或按学派，如袁运开、周翰光的《中国科学思想史(上)》(1998)，既按学派，也按学科。李瑶的《中国古代科技思想史稿》(1995)则另有特色，综合性较强，但只从春秋战国时期写起。我们认为，人是自然界的一部分，又是自然界发展到一定程度的产物。人类学会制造工具以后，才和其他动物区别开来。打击取石和摩擦取火，既是重要的技术发明，也是人们对自然物具有了一定的知识(科学)并经过思考的结果，可以说科学技术和科学思想是同步发展的，而且是从人和动物区别开来以后就开始了。把科学理解为以逻辑、数学和实验相结合取得的系统化了的实证知识，那只是对 17 世纪以后的近代科学而言，并且主要是指物理学。现在多数人认为：自然科学就是人们对自然的认识，这认识有浅有深，有对有错，是一条不断发展的历史长河。因而本书第一章还是从远古写到东周初年。

1. 巫术

写原始社会，在谈到科学思想起源的时候，不可避免地要涉及到它和巫术(包括咒病术、咒人术、星占术等)、神话以及宗教的关系，这也是第一章的内容。神话和巫术的出现表明，人类开始从自己的现实能力之中分离或升华出了一种幻想的能力，这种幻想虽然能使人类的判断误入歧途，却是人类思维发展的一个阶梯。从此，如果借助神灵来实现自己的愿望，就走上了宗教的道路；如果借助现实的力量去实现自己的愿望，用真实的自然力或人力去代替幻想中的巫力，就走上了科学的道路。但是，直到今日，人类也无法完全用现实的力量满足自己的愿望，所以宗教和巫术依然存在，只是信的人少了，形式也有所改变。正如列宁在读到毕达哥拉斯关于灵魂的学说时所说：“注意，科学思维的萌芽同宗教、神话之类的幻想的一种联系。而今天呢！同样，还是有那种联系，只是科学和神话的比例却不同了。”(《哲学笔记》，1974 年中译本第 275 页)

2. 百家争鸣

春秋战国时期(前 770～前 221)，诸子蜂起，百家争鸣，他们在讨论政治、社会问题的同时，也触及到许多自然科学的问题。从科学思想史的角度来看，影响更大，前面谈到的思维模式(范式)，阴阳、五行、气，都是这一时期形成的，无疑应该重点叙述，但李约瑟在他的《中国科学技术史》第二卷《科学思想史》中已经把全书一半以上的篇幅用在这一时期了，为了避免重复，我们在第二章中就不再分学派叙述，而是以研究对象为标题，如“运动观与变化观”、“逻辑与思维”等，将各家论点集中在一起，这样更容易看出他们之间的异同，只有最后一节“《周易》的世界图像”例外。

3. 天人感应

第三章“秦汉时期的科学思想”以董仲舒的天人感应说为主。这一学说的特点是与《易·系辞》中的“天垂象，见吉凶”不同。“天垂象，见吉凶”是一种神学观念，它把天象看作是神对人的指示，神为什么发出这样指示，而不发出别样指示，那是神的事，人就不要问了。董仲舒的天人感应说则有一套逻辑推理。第一，物与物之间，“同类相感”，“气同则会，声比则应”，“试调琴瑟而错之，鼓其宫，则他宫应之；鼓其声，则他声应之。五音比而自鸣，非有神，其数然也”(《春秋繁露·同类相动》)。数即规律，在这里，他首先把神排除在外了。第二，他在《春秋繁露》中又写了一篇《人副天数》，论证人和天地是同一类的物，而且具有特殊关系：“天地之精所生以物者，莫贵于人；人受命乎天也，故超然有以倚。”第三，“人主以好恶喜怒变习俗，而天以暖清寒暑化草木。喜乐时而当，则岁美；不时而妄，则岁恶。天地人主一也。……人主当喜而怒，当怒而喜，必为乱世矣。”(《春秋繁露·王道通三》，三者，天地人也。)君主喜怒无常，必然赏罚无度，以致天下大乱，天上阴阳二气就会失序，就会出现异常现象，发生灾害和怪异，因而他在《春秋繁露》中用了大量的篇幅研究阴阳二气的性质及其相互作用。

正因为董仲舒的天人感应论的基础是同类相感而气是感应的中介，后来王充批判他也就从这一点开刀。王充认为：“人之精乃气也，气乃力也”(《论衡·儒增篇》)，“气之所加，远近有差 ”(《论衡·寒温篇》)，“天至高大，人至卑小，……以七尺之细形，感皇天之大气，其无分铁之验，必也。”(《论衡·变动篇》)。考虑到物体之间的相互作用“乃力也”，而力的大小和距离(远近)以及物体本身的大小(没有意识到是质量)有关系，这是中国科学思想史上非常光辉的一页，可惜无人注意。

王充从理论上否认了人的德行不能感动天，又回到先秦道家的天道自然，但不是简单的回归，他说“道家论自然，不知引物事验其言行，故自然之说未见信也”《论衡·自然篇》，这就从方法论上向前迈了一大步。注重观察和验证，这是王充科学思想的又一特点。

王充《论衡》虽写于汉代，但发挥作用则在魏晋南北朝时期。第四章首先论述了《论衡》与魏晋玄学的关系。魏晋玄学的三大代表作，王弼《老子注》、《周易注》和郭象的《庄子注》，无一不受《论衡》的影响。郭象在《庄子注》中说：“上知造物无主，下知有物之自造”，“物各自造而待焉，安而任之必自变化”是这一思想的杰出代表。杨泉《物理论》、张华《博物志》、嵇含《南方草木状》、嵇康《声无哀乐论》等都是这一思想的反映。杜预在作《春秋长历》时提出“当顺天以求合，非为合以验天”，更是天道自然在天文学中的运用，用今天的话说，就是人为的历法要符合天象，而不是让天象去符合历法。杜预认为，后一种作法无异于“欲度已之迹，而削他人之足”，而汉代历法常有这种削足适履的现象。杜预把这种颠倒了的关系颠倒了过来，这就为祖冲之在“大明历”中进行一系列改革准备了思想条件，也成为以后的许多历法家遵守的一条准则。

4. 天人相交胜

隋唐时期(第五章)理论兴趣浓厚起来，在天文学上有一行(张遂)的《大衍历议》，在地理学上有封演、窦叔蒙等人兴起的潮汐理论，在化学方面有张九垓的《金石灵砂论》，在医学方面有巢元方的《诸病原候论》，在科学思想方面最大的成就则是刘禹锡的《天论》。它认为天人感应论和天道自然说都是错的，提出“天人交相胜”说。刘禹锡认为，天的职能在于生殖万物，其用在强弱(强有力者胜，有点像达尔文的进化论)；人的职能在于用法制来管理社会，其用在是非。在这里，第一次把自然现象和社会现象区别了开来，而且抛弃了从神学中演变出来的“天道”概念，这是一大进步。人胜天，是指人能利用自然和改造自然；天胜人是指人类尚不能认识和控制的自然过程，以及人类社会法制松弛，是非不明，强力、欺诈等现象的发生。这就是“天人交相胜”。

刘禹锡不但用“天理”、“人理”把自然界的规律和人类社会的规律区别了开来，而且还企图用“数”和“势”两个概念来说明自然的规律。他在《天论》中以水与船为例，说：“夫物之合并，必有数存乎其间焉。数存，然后势形乎其间焉。一以沉，一以济，适当其数，乘其势耳。彼势之附乎物而生，犹影响也。”数，指物的数量规定，包括大小、多少等，势，指数量的对比。任何物都有自己的数量规定，数量的对比形成了势。势有高下、缓急。数小而势缓，人们容易认识，这就是“理明”，数大而势急，人们不容易认识，这就是“理昧”。刘禹锡在这里讲“理”，已经不用阴阳，五行等笼统概念来叙述，而是用数、势和运动特点来描述，这就为宋代理学家们“即物穷理”开了先河。不过，他把天理说成是恶和乱，一般人很难接受，就连他的好朋友柳宗元也反对，所以宋代学者在接受他的“理”的概念的同时，却把“天理”变成了真善美的代名词，所谓“存天理，灭人欲”是也。

5. 中国科学的高峰、衰落和复苏

第六章包括宋元明三代，时间跨度大，内容也多，是篇幅最长的一章。被胡适称为“中国文艺复兴时期”的宋代，也是中国传统科学走向近代化的第一次尝试。这时，完全、彻底抛弃了天道、地道、人道这些陈旧的概念，而以“理”来诠释世界。在朱熹的著作中，理有三重涵义：一是自然规律(“所以然”)，二是道德标准(“所当然”)，三是世界的本原(“未有天地之先，毕竟也只是理”)。但他说“上而无极太极，下而至于一草一木一昆虫之微，亦各有理。一书不读，则缺了一书道理；一事不穷，则缺了一事道理；一物不格，则缺了一物道理”(《朱子语类》卷15)，这就把认识世界提高到重要地位上来了。他又把《大学》、《中庸》从《礼记》中独立出来与《论语》、《孟子》并列为“四书”，加以注解，汇集成《四书章句集注》，简称《四书集注》，鼓励大家来读，这也是一个不寻常的举动。虽然《论语》和《孟子》并无现代意义上的民主思想，《大学》和《中庸》亦无现代意义上的科学思想，但前者的“爱仁”与“民本”思想，后者的“格物致知”与“参天化育”说，都是中国传统文化中最接近民主和科学的成分。明初朱元璋于洪武二十七年(1394)命翰林学士刘三吾，将《孟子》全书删掉46.9%，编成《孟子节文》。从被删掉的内容，如“君之视臣如土芥，则臣视君如寇仇”，“君有大过则谏，反复之而不听，则易位”，“闻诛一夫纣矣，未闻弑君也”，等等，就可以看出孟子思想中闪闪发光的部分。还有，《孟子》中的“天之高也，星辰之远也，苟求其故，则千岁之日至，可坐而致也”的“求故”思想，也是追求真理的科学精神。明末天文学家王锡阐认为历法工作有两个要点，一是革新，二是知故。我国近代科学的先驱者李善兰在介绍赫歇耳的《谈天》时一连说了三个“求其故”，把从哥白尼经开普勒到牛顿关于太阳系的结构及行星运动的认识过程说得清清楚楚，认为他们的成果都是善求其故取得的。现在我们提倡创新，《大学》中的创新精神也很明朗，引汤之盘铭曰：“苟日新，日日新，又日新”，引康诰曰：“作新民”，引诗曰：“周虽旧邦，其命维新”，结论是：“是故君子无所不用其极”，也就是说要全力创新。

宋代新儒学虽有唯心主义的一面，但他们追求理性的精神和创新的精神，无疑有推动科学发展的作用。宋元科学高峰期的出现，这是一个因素。科学技术在短命的元代继续发展可以说是宋代高潮的强弩之末，这强弩之末由于明代初期的文化专制而完全泯没。朱元璋除删节《孟子》外，又大杀旧臣，废宰相制，大兴文字狱，创建八股考试制度，这一系列的倒行逆施，不能不对科学的衰落负重大责任。

在明代中叶以后，伴随着经济史学家所称的“资本主义萌芽”和思想史家所称的“实学思潮”的兴起，中国科学又开始复苏，在晚明67年期间出现了具有世界水平的9部著作：李时珍《本草纲目》(1578)、朱载堉《律学新说》(1584)、潘季训《河防一览》(1590)、程大位《算法统宗》(1592)、屠本峻《闽中海错疏》(1596)、徐光启《农政全书》(1633)、宋应星《开工开物》(1637)、徐霞客《游记》(1640)、吴有性(又可)《瘟疫论》(1642)。其频率之高和学科范围之广，都是空前的。而且这一时期有两个特点：一是在方法上，他们已自觉地开始注意考察、分类、实验和数据处理；二是开始体制化，隆庆二年(1568)在北京成立的一体堂宅仁医会，由46位名医组成，有完整的宣言和章程，是世界上第一个科学社团，比英国皇家学会(1662)和法国皇家科学院(1666)都早。可惜这一良好的势头没有得到发展，由于明廷腐败和清军入关，使中国科学的发展又一次受到挫折。

6. 对待西学的三种态度和三种理论

随着以利玛窦为代表的耶稣会传教士的东来，在1600年左右中国科学开始与西方科学对接，所以我们把明清之际另列一章(第七章)，专门讨论此一时期的思想脉络。首先，在是否接受西方科学的问题上有三种态度，一为全盘拒绝，以冷守中、魏文魁、杨光先为代表；二为全盘接收，以徐光启和李之藻为代表；三为批判接受，以王锡阐和梅文鼎为代表。如果把这些人的文化水平分析一下，就会发现，接受派都是科学素养较高的人，正如李约瑟所说：“东西方的数学、天文学和物理学一拍即合”(潘吉星主编《李约瑟文集》196页)。这“一拍即合”最突出地表现在对欧几里德《几何原本》的翻译和评价上。这本书中国人从来没有见过，但徐光启和利玛窦配合，仅用一年时间就将前六卷译出(初版1607年)，并且得到中国知识界的高度赞赏。

在接受西学的旗帜下，又有三种理论出现，一曰中西会通，二曰西学中源，三曰中体西用。“会通”一词源自《易·系辞(上)》“圣人有以见天下之动而观其会通”，徐光启把它用在沟通中西历法上，认为“欲求超胜，必须会通；会通之前，先须翻译”，“翻译既有端绪，然后令甄明‘大统’，深知法意者参评考定，熔彼方之材质，入‘大统’之型模，譬如作室者，规范尺寸一一如前，而木石瓦甓悉皆精好，百千万年必无敝坏”(《徐光启集》下册374～375页，1984)。按照这段话的原意，徐光启是要在保持大统历框架不变的情况下，采用中西方最好的数据、理论和方法，写出一部新的历法。可惜《崇祯历书》还没有译完他就去世，会通和超胜工作也就没有做。

从面表上看来，西学中源说也是做会通工作，但是他们的会通走上了邪路。此说肇始于熊明遇和陈羹模，后经明末三位杰出遗民学者(黄宗羲、方以智和王锡阐)的发挥，清初“圣祖仁皇帝”康熙的多方提倡，“国朝历算第一名家”梅文鼎的大力阐扬，成为清代的主导思想。这个学说有个演变过程，起初只是说西方科技和中国古代的有相同之处，后来则成为西方的科学技术是早年由中国传去的，甚至是偷过去的；其后果是：要想得到先进的科学技术，不必向西方学习，不必自己研究，只要到古书中去找就行，于是乾嘉时期考据之学大盛，大家都要回归“六经”，它里面不仅有治国平天下的办法，也有先进的科学技术。正当我们的先辈们把“回归六经”作为自己奋斗目标的时候，西方的科学技术却迈开了前所未有的步伐。直到西方人的坚船利炮打开了我们的大门，才恍然大悟，发现自己的科学技术大大落后了，我们非“师夷之长”不可了。

如何师夷之长？这又有个新的理论出来，即“中学为体，西学为用。”从表面上看来，这个说法似乎是徐光启“熔彼方之材质，入‘大统’之型模”在新形势下的翻版，但实质上是有更深更宽一层的内容，即要在保持中国封建君主体制不变的情况下，吸收西方科学技术。此说酝酿于洋务运动期间，中日甲午(1894)战争以后，沈毓芬明确提出，1898年张之洞(1837～1909)在《劝学篇》中系统阐发，遂成为清政府的一种政策。这政策本来是用于对抗康有为、梁启超的戊戌(1898)维新运动，却没有想到它为辛亥(1911)革命创造了条件。辛亥革命发生在武汉，正是张之洞在那里练新军、办工厂、修铁路、设学堂和派遣留学生(黄兴、宋教仁和蔡锷等)的结果，所以孙中山先生说：“张之洞是不言革命的大革命家。”历史就是这样，效果有时和动机正好相反，张之洞没有想到，他要捍卫的清王朝在他死后不到二年就完了，从此历史翻开新的一页，本书的任务也就到此为止。

本书共七章，前五章由中国社会科学院世界宗教研究所研究员李申完成。第六章由中国科学院自然科学史研究所研究员汪前进完成。第七章由曾任中国科学院上海天文台研究员、现任上海交通大学科学史和科学哲学系主任的江晓原完成。从1988年以来，十年期间，他们为这本书的写作，付出了大量心血，力求高质量、高水平，但是几个人的能力毕竟有限，错谬之处在所难免，衷心欢迎读者多提意见，以便再版改正。

席泽宗

1998年11月26日

第一章 从远古到东周初年的科学思想

第一节 概论

一 中国古代思想家对上古社会的存在及其性质的认识

揭示上古社会的存在，说明它是和现代社会非常不同的社会，主要是西方近代学者的功绩。在中国古代，也有一些思想家，对上古社会的存在及其状况，也曾有过大体正确的认识。春秋时代的思想家老子说：

> 小国寡民。
> 使有什佰之器而不用，
> 使民重死而不远徙。
> 虽有舟舆，无所乘之；
> 虽有甲兵，无所陈之。
> 使人复结绳而用之。
> 甘其食，美其服，
> 安其居，乐其俗，
> 邻国相望，
> 鸡犬之声相闻，
> 民至老死，不相往来①。

这是老子心目中上古有道社会的状态。其中朦胧地透露了上古社会的一些信息，比如“结绳而用”。在老子看来，上古的社会，是和他当时的社会不同的社会。

不过老子所说的上古和他当时的不同，主要还是有道和无道的不同。到了庄子，这种有道和无道的不同实际上已成了社会生活状况的不同。庄子说：

> 古者禽兽多而人少，于是民皆巢居以避之。昼拾橡栗，暮栖木上，故命之曰有巢氏之民。古者民不知衣服，夏多积薪，冬则炀之，故命之曰知生之民，神农之世，卧则居居，起则于于，民知其母，不知其父，与麋鹿共处，耕而食，织而衣，无有相害之心，此至德之隆也②。

一些学者认为，庄子所说的“昼拾橡栗”的采集经济，“暮栖木上”的巢居生活，和恩格斯对于人类童年的论述是“不谋而合”的，“确切地反映了古史实际”③。

庄子以后，韩非表述了和庄子大体相同的意见。不过韩非认为，构巢、用火，都是圣人的发明，并分别称之为有巢氏和燧人氏。韩非认为，古今情况不同，决不能用治理古代的办法来治理他当时的社会。韩非的意见，应当被看作是朦胧而朴素的进化观念④。

韩非之外，《易传》、陆贾《新语·道基》篇，都从不同角度表述了和庄子、韩非大致相同的意见。他们认为，上古没有衣服、宫室，圣人们发明了衣服、宫室；上古没有农具，圣人发明了

---

① 《老子》，第八十章 。

② 《庄子·盗跖》。

③ 李根蟠等著，中国原始社会经济研究，中国社会科学出版社，1987年，第33～34页。

④ 参阅《韩非子·五蠹》。

耒耜，教人种地；上古没有舟车，圣人发明了舟车，教人服牛乘马；上古男女无别，无婚丧嫁娶之礼，是圣人制订了各种礼仪等等。也就是说，在这些思想家看来，当时社会生活中一切重要的文化建树，在上古时代，都是不存在的，是人类在自己的发展历程中陆续发明和创造出来的。

在儒家经典中，也承认人类上古是一个巢居、无火的时代。人类依靠采集，“食草木之实”；依靠狩猎，“食鸟兽之肉”，“饮其血，茹其毛”。但是儒家认为，自从圣人发明了用火，发明了宫室、衣服之后，人类曾出现过一个大道流行的黄金时代。在这个时代里，“天下为公，选贤与能，讲信修睦”；“人不独亲其亲，不独子其子”；“老有所终，壮有所用，幼有所长，矜寡孤独废疾者，皆有所养”，“货恶其弃于地也，不必藏于己；力恶其不出于身也，不必为己”；所以“谋闭而不兴，盗窃乱贼而不作”，“外户而不闭”[①]。儒家把这个时代叫作“大同”时代。

儒家所描述的“大同”社会，大体上反映了上古没有私有财产的氏族社会的状况。今天我们知道，这是个已经逝去的，不可能再恢复的社会历史阶段。但在当时的思想家看来，这个已经逝去的“大同”时代，仅仅是大道流行。如果现在大道流行，现在也就可以成为这样的“大同”时代。并且在儒家看来，这个“大道”，是古今如一的、始终不变的。董仲舒“天不变、道亦不变”[②] 的论断，成为后世儒家的基本信条。从此以后，“大同”时代成了儒家最高的社会理想。世世代代的儒者，都为实现这个社会理想而努力。

但是，“大同”时代，是存在于上古的、过去的时代；现实，则是《礼运篇》中所说的“大道既隐”的时代。现实中的丑恶，不断加强着儒者们对于这上古时代的向往。至于巢居、无火、茹毛、饮血这样的生活状况，则逐渐被儒者们淡化、甚至完全遗忘了。宋代司马光说：

> 古之天地有以异乎今乎？古之万物有以异乎今乎？古之性情有以异乎今乎？天地不易也，日月无变也，万物自若也，性情如故也，道何为而独变哉[③]？

这就是说，上古的社会生活，和今天是一样的；大道，和今天也是一样的。区别仅仅在于：大道是否能贯彻于社会生活之中。于是，儒者们不断提出各种各样的社会主张，企图把上古圣人们的大道重新贯彻于社会生活之中。每逢社会生活产生危机、发生某种转折的时刻，恢复上古圣人之道的主张也就更加活跃起来。

明末清初，又是一个社会大变动的时代。许多儒者主张恢复古代的井田制、分封制、乡举里选制、寓兵于农制等，希望借此复兴已经灭亡了的汉族政权。这时候，一个思想家王夫之因逃避清政府追捕，曾在偏远的少数民族地区生活了相当长的时间。他研究了少数民族的生活状况，认为那种状况就是人类上古社会的状况。王夫之说：

> 唐虞以前，无得而详考也。然衣裳未正，五品未清，婚姻未别，丧祭未修，狉狉獉獉，人之异于禽兽无几也[④]。

即使唐尧、虞舜之后，在儒者们所向往的“大同”时代，即“三代”时期，也是“国小而君多……暴君横取，无异今川广之土司，吸龁其部民，使鹄面鸠形，衣百结而食草木”[⑤]。这样的时代，也是不值得向往的。

---

① 《礼记·礼运》。

② 《汉书·董仲舒传·举贤良对策第三》。

③ 《温国文正司马公文集》卷七十四《迂书·庸辩》，《四部丛刊》本。

④，⑤ 王夫之《读通鉴论》卷二十。

如果说春秋战国时代的思想家认为上古时期存在着一个巢居的、茹毛饮血的时代，主要是当时的人们对上古社会生活的朦胧追忆；那么，王夫之认为上古时代，“人之异于禽兽无几”，则主要是对少数民族社会生活研究之后所下的判断。虽然王夫之的研究还谈不上系统和周密，但从民族学材料出发，去推断上古社会状况，在方法上，和近现代的人类学则是一致的。

王夫之以后，社会生活又进入了比较正常的发展时期，儒者们仍然把大道之行的三代大同社会作为自己最高的社会理想。直到进化论传入，中国学者才一改过去的传统，认为人类的黄金时代不在上古，而在未来。并且从此以后，也开始用近现代的方法，去研究人类的上古时代，直至人类的起源。本章将根据中外学者的研究成果，对上古到东周初年的科学思想，作出概要的研究和描述。

二 远古至东周初年科学思想的区分

由于研究的目的不同，对上古社会的分期也不相同。人类学家摩尔根，将上古社会分为蒙昧、野蛮、文明三个时期，在学术界影响深远。苏联和我国研究民族学或原始社会史的学者，将原始社会的发展分为原始群和氏族公社两大时期，或者分为原始群、血缘家族公社、氏族公社三大时期。考古学者则多依据劳动工具的演进，将原始社会分为旧石器时代、新石器时代。有的还主张在石器时代以前加上骨木器时代，在其中或其后加玉器时代、铜器时代等等。经济史家则依据上古人类的食、衣之源，将原始社会分为原始采猎经济、原始农业经济时期等等。其中每一大的时期，又往往分早、晚，或早、中、晚时期。这些分期的方法既相互交错，又相互补充和印证，在国际和我国学术界，都曾造成过或深远、或浅近的影响。这些分期方法，对研究上古时代的科学思想，都有一定的借鉴作用。

依据我国的实际情况，我们拟将远古至东周时期的科学思想分以下几个方面进行叙述：

(1)科学思想的发端；

(2)巫术与神话所反映的科学思想；

(3)甲骨文与铜器铭文中的科学思想；

(4)《诗经》、《尚书》、《周礼》等著作中的科学思想。

这样的区分，既考虑了科学思想出现的先后，又顾及科学思想面世的形式。此一时期，在科学思想面世的形式中，往往反映着科学思想出现的先后及其内容的不同。

依恩格斯的定义，从猿过渡到人的决定性步骤，是工具的制造。因此，人类的发端，也是科学的发端。许多科学史著作，也往往要追溯到人类最古老的时代。

科学的发端同时也应是科学思想的发端，能够制造工具，就会有与工具制造相关的意识和思想。这一时期的意识和思想，一般说来，还无法通过语言或文字传留下来，而只能靠我们通过考古发掘所发现的物质文化资料去进行推测。

这是一个最漫长的历史时期。假若人类诞生至今果然已有300万年的历史，那么，这一时期就有295万年甚至更长的时期。在这样一个漫长的历史时期中，逐渐造就了真正的人类，同时也使简单的动物意识逐步成为真正的人类意识和思想，并且成为此后人类思想和思维发展的基础和源头。

巫术和神话的产生，或认为产生于摩尔根所说的野蛮时代早期，或认为产生于摩尔根所说的蒙昧时代晚期。依考古学分期，或认为产生于旧石器时代晚期，距今有四五万年左右。最激进的估计，也不超过距今20万年以前。这就是说，巫术和神话的产生，已到了人类发展的晚近时期。

巫术和神话是人类思维已经相当发展的产物。人们已经能把相距遥远的事件借助思维联系起来，从而对自然界的许多重大事件作出解释，并指导自己的行动。这些解说或行为无论在后人看来多么荒谬和神秘，多么不合情理，却是人类思维所实际经历过的一个阶梯，一个相当长的历史时期。在这个相当长的历史时期中，神话中的内容曾充当过人类思想和行为的指导。其中所反映的人对自然界的认识、人与自然的关系，构成我们探讨此一时期科学思想的主要资料。

神话出现很早，但是它被文字大量地记录下来，并形成历史文献的时期却比较晚。在我国，记载上古神话的文献大量出现于春秋、战国以至秦汉时期。因此，它的史料价值曾引起过人们的严重怀疑。进一步的研究表明，神话在流传中，虽然不可避免地会添加进一些后起的意识，但它保存上古社会信息的功能却是无可怀疑的。

就我国的情况而言，关于上古的神话往往和传说杂糅，使人难以分清。在古史的研究中，一些学者把传说也当成神话，认为根据传说描绘的古史，是把神话历史化。神话历史化的观点至今仍然影响深远。而在我们看来，情形则恰恰相反，我国古代文献中有关上古社会的资料，主要不是后人把神话历史化的结果，而是前人把历史神话化的结果。上古创造神话的人们，不仅坚信所说为真，而且必有真的史实、真的信念为根据，只是在流传中才添枝加叶、变形扭曲，成了神话。另一面，我们也应看到，在依靠口耳相传保存社会信息的时代，那些传述者的虔诚和认真也是不容抹杀的。由于他们的认真态度，才使神话和传说成为上古社会信息的精神化石，和那个时代留传下来的工具等等一样，成为我们探测那个时代的一个窗口。

文字是人类社会进入文明时期的重要标志。人们往往把文字出现以前的时期称为史前时期，认为有了文字以后人类才有了真正可靠的历史，而不再止于神话和传说。在我国仰韶文化和大汶口文化的遗址中，曾发现了许多刻画符号。不过至今为止，人们仍然把甲骨文视作我国最古的文字，虽然甲骨文已相当成熟，并非始创的文字。甲骨文是确切可靠的历史资料，它确切地反映了商代的社会和思想的状况。甲骨文研究在我国学术界已是成果累累。甲骨学者的成果，是我们重要的参考资料。

甲骨文之后，我们要叙述的是几部重要的儒家经典：《诗经》、《尚书》、《周礼》、《易经》，间或也可能参阅《礼记》及其他文献。这些文献的多数，一般认为是形成于周代初年，有些较晚。比如《尚书》中一些篇章，也可能出于战国时代。至于《周礼》，也可能成书较晚，但它的内容，一般认为当是周初的思想表现，而不是后人，特别不是汉代人的向壁虚造。我们将谨慎地、有条件地把它们作为周初的思想资料。

从科学思想的发端时期依次是巫术和神话、甲骨文、《诗经》、《尚书》等，大体上可以看出上古思想的演进次序。但是，我们也深知，神话中的内容，有些甚至也是周初的人们所具有的意识；而《尚书》中的一些篇章，其作者认为是尧舜时代的情况记述。我们不敢相信作者的自白，但不能否认他们述古的认真和虔诚。也就是说，其中的内容，很可能上伸到甲骨文之前的神话时代。神话，甲骨文、儒经，一面大体上反映着历史演进的顺序，一面也存在着不可避免的内容上的交叉。所以我们不能用“神话时代”、“甲骨文时代”的科学思想作为标题，而只能用“神话中的”、“甲骨文中的”科学思想作为标题。我们寄希望于后来者，能进一步理清上古时代的思想面貌。

第二节 科学思想的发端

一 科学思想萌芽于生产和生活的实践

目前所知的关于科学的定义,可以说有狭广两种。狭义的科学定义,见于各种百科全书、各种教科书及许多专著之中。依据这些狭义的定义,则科学必须是一套系统的、具有严格逻辑联系的知识。这样的知识体系是近代才出现的,所以古代是没有科学的,仅有经验、技术等等。另一种是非常宽泛的定义,即广义的,认为所有确切的知识,甚至一切概括,都是科学。而在我们看来,这两个极端,或许正好构成科学由低到高的发展序列。

能够制造工具,是人类的标志,也是人类具有确切知识的标志。因此,人类的开端,可以看作科学的开端。与制造工具所伴随的意识,则是科学思想及此后一切人类思想的开端。而人类这种最初的意识,其开端又可追溯到动物的意识。迄今为止,人们多已承认人类自身源于动物,但是,承认人类意识源于动物意识的,还不太多。实际上,在人类的意识和动物的意识之间,没有一道界限分明的、不可逾越的鸿沟。制造工具,标志着人类的意识的发端,同时也不可避免地保留着许多动物的意识。因此,对动物意识的研究,可帮助我们了解这最初的人类的意识,帮助我们了解从动物意识向人类意识的转化和过渡。

考古发现表明,人类的历史,至今已有300或200万年之久。中国境内所发现的最早的人类遗迹,是云南的元谋猿人,距今大约有170万年之久。因此,中华民族意识的发展,可以上溯到170万年以前甚至更早的时期。这一时期中国境内的人类,一方面已经能够制造工具,甚至有人主张元谋人已能用火,因而开始了真正的人类的历史;另一面不可避免地还保留着大量的动物意识。

无生物只能对外界的刺激和障碍产生被动的反应。比如砸在石头上的东西可以被弹回,水碰到障碍只有在积聚到足够多时才会溢出和改道。植物就有了半自觉地反应能力,比如把它的枝叶伸向阳光,把它的根向水肥充足的地方伸展。动物,特别是高等动物,对环境条件就具有了一种自觉的反应能力。它们在碰到障碍以后,会自觉地绕道前进。长期的经验,会使它们形成自己该走的路线,到哪里去觅食觅水,怎样躲避敌害等等。在世世代代的生存斗争中,它们逐渐能够辨别哪些事物是有利的,哪些是有害的;懂得哪些是可吃的,哪些是不可吃的。它们会用各种独特的方式构筑自己的巢穴,以适应自己的生活环境。

动物这种对环境自觉的反应能力,大多已形成了本能,并且通过繁殖,遗传给自己的后代。但是有些动物的本领,却不仅是本能,而且要通过后天的训练和学习。比如猫儿捕鼠的技能,在优越的环境中,很快就会丧失。其他高等动物,也都要以某种方式去训练自己的幼兽,而幼兽也只有通过学习,才能掌握觅食、生存的本领。动物所具有的学习的能力,是能被人类驯化的基础。

动物在自然条件下从后天所获得的技能,以使用工具达到了最高点。起初可能是偶然的行为,偶然的成功会使它们把偶然的行为变为经常的行为。我们很难估计"偶然"到"经常"要经历多少万年之久,也很难估计"经常"的时期会持续多少万年之久,这种由后天学习所获得的技能终于到了这样一个关节点,在这个关节点上,这个经常使用工具的动物,会产生一个意识的飞跃。会把那些不太合用的天然材料改造成一件合用的工具。比如修折去树枝上的小枝叶,使它成为较为合用的木棍;撞击石头,使其破碎,产生出合用的石片及各种尖状器等等。经过这一步,猿也就成了人。这是一个真正的"龙门",是地球发展史上一个最伟大的转折。

从意识发展的角度看问题,制造工具,可以说是猿类在自己生存活动中长期学习的最后结果,同时也是人类进一步学习的始点。第一件工具的制造者或许也是偶然的行为,又不知经过了多少万年之久,这种偶然的行为逐渐发展为经常的行为,制造工具成为他们生产活动的前提。初期人类用自己制造的工具进行生产,乃是真正的人类的生产活动。不断发展的生产活动,不仅提高了人类的觅食能力,也逐渐发展了人类的思维能力。

农业出现以前的人类生产,主要是采集和狩猎。用工具进行的采集活动能比动物获得更多的食物,同时就使他们具有了比以前更多的有关周围环境的知识。他们能够辨别更多的事物,学会用更进步的方法去收集自己所需要的食物。

与采集相伴的生产活动是狩猎。狩猎的对象是动物,因而是一种更为复杂的生产活动。更复杂的生产活动要求更复杂的思维能力。掌握动物的习性及活动规律比掌握植物的习性更加困难。从北京猿人的遗址中,发现有大量的动物遗骨。这些遗骨所代表的动物个体,都数以千计。特别是肿骨鹿的个体,估计有 5000 个左右。能够猎获大量的动物,说明他们对动物的习性及其生活规律已经有了某种认识。

认识和掌握某些动植物的习性及生活规律,说明当时的人类已经能把两件或两件以上的事物联系起来进行思考,并找出它们之间的某些关系。这是科学思维的前提,也是科学思想的发端。

继工具发明以后,原始人类另一项最重大的技术成就是用火。我国境内的元谋人是否已经懂得用火,古史学者们还意见不一。北京人已懂得用火,则是确凿无疑的。

学会用火,一般认为是受了两方面事实的启发:一是自然火;二是制造工具过程中出现的火花。和制造工具一样,火的运用,也是原始人在长期的生产和生活实践中不断学习、思考的产物。

人类在自己的发展进程中,一面不断提高着自己的觅食能力,一面也改造着自己的居住条件。我国古代思想家把"有巢氏"作为上古时代最早的圣人,现代学者也认为,人类在进化中,"原则上有过树栖阶段"①。后来,人类就经常定居在山洞里。我国境内的北京人就生活在山洞里,时间达几十万年之久。

人类的祖先本就是森林中的动物,树栖可以说是动物生活的延续。但在树上筑巢,却是原始人类脱离动物界之后新获得的本领。由筑巢到洞居,是原始人居住条件的重大进步。这或者是由于生活的逼迫,或者是向动物学习的结果。洞穴原是动物的栖身之地,原始人洞居,也必须随时准备对付动物的侵扰,并由此提高着自己的生存本领和思维能力。

在用火或洞居前后,原始人的工具有了重大改进,其标志就是流星索的发明。原始人的狩猎活动是一种更为复杂的生产活动,因此也要求更为先进的生产工具。于是,偶然投掷的石块发展为经过人工修整的石球,由石球产生了流星索,流星索的出现被认为是"远古狩猎

---

① 苏联科学院民族研究所编,原始社会史(中译本),浙江人民出版社,1990 年,第 198 页。

技术的重要革命”①。

在我国旧石器时代中期的遗址中，如丁村遗址和许家窑遗址，都发现了大量的石球，其制作也达到了相当高的水平。由石球制作的流星索，不仅是要在较远的距离上以石球直接击中猎物，而且是要用石球所带动的绳索缠绕动物的腿脚，使其扑倒，成为人类的猎物。这样的狩猎方式，是更为复杂的思维的产物。这要求对石球、绳索、旋转所产生的动力，抛出的方向，动物的特点及其运动速度，流星索接触动物身体后所产生的效果进行综合的思维，然后作出判断。

在工具发展的另一条道路上，偶然投出的木棒后来发展为标枪，由标枪进一步发展为弓箭。弓箭是一种更复杂的工具，因而也是更为复杂的思维的产物。弓箭可以使人在更远的距离上击中猎物，从而也会促进人类把相距遥远的事物联系在一起进行思维。思维空间的扩大为巫术和神话的产生准备了前提。

在我国山西省朔县峙峪的旧石器晚期遗址中，已经发现了石镞，说明此时(距今 2.8 万年左右)甚至更早，我国境内的原始人类已经发明了弓箭。而这一时期，人类已经进一步发展了自己的思维，产生和发展了神话和巫术。

二　模仿和已有知识的推广

第一件工具的制造，是一个对自然现象的模仿过程。这个过程使原始的人类开始懂得，模仿自然发生的某些过程，会产生在自然界中所出现的同样的效果。对自然界的模仿，可视为科学思想的最初表现形式。

最初的石器，当是模仿自然发生的石头的撞击。有的学者认为，在石器工具之前，人类还可能有过骨木器的阶段。骨木工具的使用是否可以构成原始社会史的一个阶段，学者们尚有争议。但在石器之外，人类还使用过骨器和木器，则是确凿无疑的史实。骨器和木器工具的制造，首先也是模仿的产物。比如制作木棒，当是模仿自然形成的木棒。

人类在树上筑巢，也当是源于模仿。模仿自然生长的枝杈，或是模仿其他动物的行为。

模仿的对象，起初是自然物，后来是模仿自身。原始人用火和保存火种，当是模仿自然过程。原始人造火，则首先应是模仿自己的行为。在用打击法制造石器时，撞击燧石可能会产生火花，甚至会引起旁边易燃物的燃烧。在给石器或木器钻孔时，由于激烈地摩擦会引起燃烧。这些过程的目的不是为了燃烧，甚至不希望在它的进行中发生燃烧，但这种燃烧的现象却会促使原始人去模仿这一过程，把制造工具的行为变为造火的行为。

原始人最明显的模仿行为莫过于投石器和弓箭的发明。这是两种利用弹力的工具，而人类最初只能从自然界，从他们自身和树木枝条的接触中去发现弹力，并把这种弹力变为自己的工具。

人类对自然过程和自然现象的模仿，至今也没有停止。古代的技术发明和技术进步，更要较多地依赖于对自然过程的模仿。在我国古代典籍中，有许多对上古圣人模仿自然过程的朦胧追忆。《淮南子·说山训》道：“见窾木浮而知为舟，见飞蓬转而知为车，见鸟迹而知著书……”《淮南子》的意见被采入《后汉书·舆服志》：“上古圣人，见转蓬始知为轮……后世圣人

① 宋兆麟，投石器和流星索——远古狩猎技术的重要革命，《史前研究》，1984 年第 2 期。

观于天，视斗周旋，魁方杓曲，以携龙、角为帝车，于是乃曲其辀，乘牛驾马，登险赴难，周览八极。”乐器的发明也被归于对自然界的模仿。《吕氏春秋·古乐》载：“昔黄帝令伶伦作为律，伶伦自大夏之西……以之阮隃之下，听凤凰之鸣，以别十二律。”最著名的是伏羲画八卦的传说：“古者包牺氏之王天下也，仰则观象于天，俯则观法于地，观鸟兽之文，与地之宜，近取诸身，远取诸物，于是始作八卦，以通神明之德，以类万物之情”[①]。从这里进一步发展，就是人道本于天道。即人世的一切文化建树都由模仿自然界而来，人的行为也应仿效某些自然过程。这样的思想，实渊源于上古时代人类对自然界诸过程的模仿，启端于原始时代人类十分艰难作出的那些技术发明。

模仿的过程，同时也是将被模仿的现象推广的过程。模仿石头的碰撞而打制石器，就是把自然过程推广到了人类的行为。同样，由模仿自然燃烧而发明用火，模仿自然界的弹力现象而发明弓箭，也是对自然现象的推广。模仿制造工具的过程去造火，则是把人类自身的行为由一个领域向另一个领域推广的过程。

原始人在实际生活中进行模仿和推广的过程，也是他们的思维由此及彼的想象过程。神话和巫术出现以前，原始人类都想到些什么？没有材料可使我们得知。但我们知道，巫术和神话绝不是突然产生和发展起来的，在它的前头，一定有着原始思维的长期发展。而在这原始思维之中，由此及彼的类推，乃是基本内容之一。这样的思维方式，产生于采集和狩猎的生产实践之中，产生于工具制造的过程之中，它为此后人类展开想象的翅膀，去创造丰富多采的神话，准备了条件。

三 由尝试到自觉的实践

刚刚脱离动物的人类还保持着许多动物的习性。尝试，当是原始人类从动物状态下继承的遗产之一。

有关黑猩猩的报道中经常有这样的内容，当它和人突然相遇时，虽然不明白眼前的人是善意还是恶意，却并不立即逃跑，也不会立即发起进攻。它会用某种方式先向人发出警告，甚或作出要进攻的姿态，以待人作出某种反应后，才会作出逃跑还是进攻的决定。这样的尝试往往要进行多次，才会和研究者建立某种亲近的关系。对于它不熟悉的食物往往也是如此，要经过看、闻、尝等许多方式以后，才决定是食用，还是把食物丢弃。

对待未知事物的这种反应，可说是一切稍微高级一点的动物的共同特点。即使一只鸟儿，对于它不熟悉的食物或不能用它常用的方式得到的食物，也往往要经过许多尝试。不论尝试的结果是成功还是失败，都会提高动物对外界的应变能力。动物的这种尝试行为，每个和家畜或野兽有过一段接触，并留心观察的人，都会讲出一些例证来。

唐代柳宗元曾描述过老虎在驴子这个庞然大物面前的尝试行为：

> 黔无驴，有好事者船载以入，至则无可用，放之山下。虎见之，庞然大物也，以为神。蔽林间窥之，稍出近之，慭慭然，莫相知。
>
> 他日，驴一鸣，虎大骇，远遁，以为且噬己也，甚恐。然往来视之，觉无异能者。益习其声，又近出前后，终不敢搏。稍近，益狎，荡倚冲冒。驴不胜怒，蹄之。虎因喜，

① 《周易·系辞传下》。

计之曰：技止此耳。因跳踉大㘎，断其喉，尽其肉，乃去[①]。

柳宗元写的是一篇寓言，然而动物的尝试行为却是客观存在的事实。作为灵长类动物的黑猩猩等，往往比狮虎有更高的智力，其尝试行为比狮虎当更加有所发展。

由猿进化为人，其尝试行为依然存在，并且逐步发展到更为自觉的程度。可以相信，原始人发明工具，改进工具，学会用火，发明造火等等，决不会一次就获得成功，而会是在多次尝试、失败以后，才能获得成功。考古发掘中所见石器进步的缓慢，就可以说明原始人的每一项成就都来之不易，往往要经过几万年、几十万年的尝试、摸索。

考古发掘所发现的早期石器，都是不定型的。各种各样的石器都有，自然，每一种石器也没有固定的用途。然而，在使用这些石器进行生产的过程中，原始人会逐渐发现哪些是合用的，哪些是不合用的，什么样的石器适合什么用途。最后使他们自觉地去制造那些合用的石器，从而使石器的形状开始固定下来，成为我们今天称为的砍砸器、刮削器等等。

这是一个大尺度的尝试行为。在原始人的这种尝试行为中，动物的尝试意识会逐渐带有某些自觉的成分，促使他们去改进工具，改进自己的生产和生活条件。

学会用火，当是原始人自觉尝试行为的又一个例证。一般说来，火对于原始人和对于动物一样，本是一个危险的敌人。一些动物碰到火以后，可以围着火堆转圈，用某种方式去进行尝试，其最后都只能得出此物不可接近的结论，以逃之夭夭结束这种尝试。对于动物来说，得出这样的结论是正确的。原始人对于火，起初也当是到这样的结论为止。但是后来，原始人开始不限于这样的结论，他们开始利用自然火取暖，取食经过自然火烧烤过的食物。再后，他们会用自己那原始的手，从自然火中取出正在燃烧的柴或草，置于其他柴草之上，自己来模仿、制造自然存在的燃烧过程。对于原始人来说，实现这一过程应比今天进行核实验还要困难得多，其间生命和鲜血的代价当不在少数，但是最后，他们成功了。他们把火带进自己的洞穴，用以取暖、照亮、烧烤食物。并进而用火吓退、驱走野兽，甚至用火狩猎，直到后来用火耕田。

把火从一个用途转向另一个用途，其间都带有或多或少的自觉尝试成分。这自觉是人类的自觉，而不仅是动物的自觉。动物的自觉仅到认识自己的对象为止，人的自觉却进而要改变自己的对象，或把自己的对象移作它用。直到今天，一切动物都只能懂得火的危险，而不能加以利用。

投石器的发明，在它与自然弹力的关系上，是模仿；在人与自然的关系上，是人把自然弹力移作它用的尝试行为。投石器后来被流星索所代替，那是由于人们在长期的实践上证明了流星索更加优越，这也是一个大尺度的尝试过程。流星索被弓箭代替，和前一过程具有同样的性质。

考古发掘表明，石球在我国的出现最早，旧石器中期，更是有大量的发现。到旧石器晚期，石球的发现就逐渐减少了，此后就逐渐消失，而弓箭却不断发展、改进，直到火药武器的普遍使用为止。

原始时代的尝试行为，到某一时期，终于达到了较高程度的自觉。《淮南子·修务训》：

古者，民茹草饮水，采树木之实，食蠃蛖之肉，时多疾病毒伤之害。于是神农乃始教民播种五谷，相土地宜，燥湿肥墝高下，尝百草之滋味，水泉之甘苦，令民知所

① 柳宗元《黔之驴》。

避就。当此之时，一日而遇七十毒。

《越绝书》卷八也记载了同样的传说："神农尝百草、水土甘苦。"这个传说，当是我国原始人尝试活动的最高表现。它把人类有始以来的一系列尝试活动都归于一人。这种情况说明，传说所指的时代，已是尝试活动有了较高自觉的时代。它不是在生产和生活活动中遇到新情况时即时发生的尝试活动，即时的尝试活动仅是生产的附属物。这里所说的尝试活动乃是独立进行的活动，是生产和生活措施之先的活动，其目的在于以尝试的结果指导生产和生活。因此，它已是人类自觉的实践活动。这种自觉的实践活动乃是后人要求验证思想的开端，而古人的验证活动，有许多已是真正的科学实验。也就是说，现代科学要求实验的思想，其开端可一直追溯到原始时代的尝试行为。

神农尝百草的传说始见于秦汉时代，但它的内容，当是反映了较早时代我国先民自觉的尝试活动。而这种在生产和生活之先所进行的尝试活动，决不是某个圣人凭空想出来的，而是此前一系列尝试活动的结果。这一系列尝试活动的发展，终于有一天，使人们感到有专门尝试的必要，从而使尝试成为人类的一件独立的活动。

尝试是对新事物的尝试，新事物出现的时期，也是尝试活动最集中最活跃的时期。新事物出现的多少、快慢，反映着尝试活动的发展程度。依照考古学对原始社会的分期，旧石器时期最长。假若人类的历史有300万年，则旧石器时代就有298.6万年。有的学者主张，在旧石器时代之后是中石器时代，从公元前1.2万年到公元前0.5万年，约7000年；而新石器时代则为公元前5000年到公元前2000年，为期约3000年。呈现出一种加速度发展的趋势。旧石器时代，又分早中晚三期，分别为200万年、75万年、16万年，也呈现出加速度的发展。与此相应的社会学、经济学分期，也是一幅加速度发展的图像。这种情况表明，工具，以及原始人生产、生活及社会形态的改变，新事物出现的速率，也是越来越高，它标志着原始人类的尝试活动越来越频繁，越来越具有自觉、主动的性质。

人类在自己的发展进程中，总是不断碰到未知的事物；人类也只有不断把未知的事物变为已知，才能不断发展，停留在已知的范围内，不可能有人类的发展和进步。动物就是长期停留在已知的领域内，所以进步缓慢。对于原始人类来说，要把未知的变为已知的，要使自己的思维和行为都不断地开辟新领域，除了进行尝试以外，没有其他的路可走。现代的配备有各种先进技术手段的科学研究，不过是原始人的尝试活动在新时代的继续。原始人的尝试活动及逐渐自觉起来的尝试意识，乃是现代科学要求实验的思想的开端。

四 知识的传播与学习

我国古代文献中，对教育给予了特殊的重视。教育不仅是传授文化知识，而且要传授生产、生活，直至军事、政治的技能。孔子说："善人教民七年，亦可以即戎矣。以不教民战，是谓弃之"[1]。这里说的"教"，主要是传授军事技能。孔子对这种传授给予了高度的重视。

孔子所说，是孔子的思想。孔子对中国古代教育的重视和贡献，已是尽人皆知。孔子对教育的重视不是突然产生的思想。史书所载，孔子以前，就已有专门的教育机构和以传授知识技能为职业的人员。再往上溯，则上古的圣人，几乎都是技术进步的创造发明者，同时也是

① 《论语·子路》。

知识、技能的传授、传播者。上述神农尝百草及水土甘苦,“教民播种五谷”,“知所避就”,是其中一例。此外还有:“(黄帝)生而民得其利……亡而民用其教”[①]。“黄帝……修教十年……”[②]黄帝在传说中是众多技术的发明者。他的“教”,就不仅是政治、伦理的教化,而且还应包括技术的传授和传播。“颛顼……决渊以有谋,疏通而知事,养材以任地,履时以象天……治气以教民”[③]。据《史记》,则尧时已有“农师”:“弃为儿时,屹如巨人之志。其游戏,好种树麻、菽,麻、菽美。及为成人,遂好耕农,相地之宜,宜谷者稼穑焉,民皆法则之。帝尧闻之,举弃为农师,天下得其利,有功”[④]。这里不仅有教,而且有学。

原始时代的教育状况,在不久以前还停留于原始社会的一些民族中还可以窥见一些踪影。如美国著名的小说和电影《根》中,就描写了非洲一个部族对即将成年的男子进行成人教育的情况。他们将这些受教者集中于某个山林之中,由专门的教师对他们进行训练和教育。教育的内容不仅有生产技能,而且有道德的、性的教育。经过这样教育的男子,就和父母分开居住,成为部族内独立的一员。

这样原始的教育已是比较高级的教育形式。其他原始民族中,未必都有这样的形式。他们或是通过集会、舞蹈、行成人礼等等进行教育。在这样的教育中,教育往往都已有了独立或半独立的形式,因而已是发展到比较高级阶段的教育。在这样的教育产生以前,人类的知识传播和传授也一定经过了长期的发展过程。

高等动物所具有的、被我们视为本能的一些本领,也往往要经由后天的训练才能臻于使用和巩固,如狮虎扑食、狗熊抓鱼等等。这样的训练,往往是成兽带幼兽。成兽,往往是幼兽的双亲或双亲之一。在黑猩猩等灵长类动物中,也是如此。成年兽往往把幼兽带在身边,随时教它们觅食、避害等生存的本领。

一般说来,动物在生存竞争中所获得的本领,可以逐渐变为自己的本能,并通过生殖遗传给后代。但人类制造工具、用火造火、使用工具特别是使用那些复杂的工具去采集和狩猎的技能,决不能通过改变自己的遗传基因、通过生殖留给自己的后代。

发明和改进工具;用火、保存火种以及造火;更为有效地采集和狩猎的方法;新的食物的发现;衣服的发明、缝制和改进;在原始社会,都是新的、先进的技术成就。这些成就,一面是前人经验的大量积累,一面也是卓有才能者的发明和创造,不是人人都能掌握的。后世把许多发明创造归于某位或某几位圣人,虽未必尽是史实,却一定是实情。这样的传说,决不是后人向壁虚造,而是有着上古实情的根据。

民族学和人类学的研究都表明,特别勇敢的战士会受到群体的特别尊重,这是军事上的卓有才能者。依理推断,其他方面也会有一些卓有才能的人。传说中的工倕、离朱等等,不仅是传说所指的时代中能工巧匠的化身,也是更古时代能工巧匠的化身。一些先进的技能,往往掌握在少数人手里,如保存火种。这往往会是一种权利,但是再早,它肯定只是一种技能。掌握那些特殊技能的,肯定也只是少数人的事业。

考古发现表明,最早的砾石工具,距今已有300～200万年的历史。可以相信,最早发明这种工具的,决不会是一切正在形成中的人。后来工具的改进和技术发明,也不可能是所有

①,③《大戴礼·五帝德》。

②《管子·地数》。

④《史记·周本纪》。

的原始人同时作出的，甚至也不是所有地区的原始人类都能同时作出的。考古发掘中出现的不平衡性，当是由于实际存在的发展的不平衡。因此，要把技术传播出去，保存下来，只能依赖教育；依赖于教育，人类创造的文化成果才得以世代流传，并作为文化继续发展的基础和起点。而人类所创造的文化成果能够保留和发展到今天，其始点决不是传说中的圣人在他们那个时代突然发明的，而当是继承了在他以前的一系列文化成就并加以改进的成果。以往的文化成就能够流传下来，就是当时有某种形式对后代进行训练和教育的证明。

最原始的知识传播形式，当仍是动物的以长带幼的形式。这时所实施的教育，当是生产的伴随物和附属物。后来，随着人类技术成就的增多和提高，对技能和知识的传授就有必要专门进行，把知识和技能的传授作为人类一项独立的活动的意识也会增强。那些才能卓越的人物也会被逐渐突出出来，成为掌握文化成果、实施教育的主要人物。这个时候，人类已经到了神话时代的门口，而那些掌握着文化成果的人物就成了神话中的英雄和神祇。这些英雄或神祇，既是文化成果的掌握者，同时又是社会的领导者和教育的主要实施者。这种情况，就是我国古代文献中所说的君师不分的情况。

实施教育的必要，大约也促进了语言的发生和发展，语言是人类社会交往的产物。人类除了在生产和生活中交往之外，实施教育，当是人类最重要的交往活动之一。

依赖教育，人类获得的文化成果才得以保留和迅速发展。在世界上所有的动物之中，人类是资格最浅的一种。然而他却以这最浅的资历，在极短的时间里，使自己的能力超越于一切动物之上，成了地球的主宰。以致今天人类自己不得不频频发出呼吁，保护那些曾为自己仇敌并曾比自己强大得多的猛兽，以免它们陷入灭绝的境地。就人类自身而言，自己对自己还有许多不满之处，但他从诞生以来这极短的时代里所取得的成就，也是客观存在的事实。而人类之所以能取得这样的成就，不仅在于它努力而自觉地去探索世界奥秘，创造出任何动物所无法望其项背的文化成果，而且还在于他能把这些成果以教育的形式保存下来，积累起来，使其不断发展和扩大。假若从原始时代起，文化成果就是随得随弃，而不能传授和保留，人类今天的发展是不可能的。在今天，实施尽可能广泛而深入的教育，使更多的人掌握更多、更高的文化知识和各种技能，更是一个民族迅速发展的前提条件。所以，重视教育，不仅是一种科学思想，而且是可以涵盖社会一切领域的政治思想，一种国策。在现代社会，只有那些浅薄而短视的国家领导者，才会仅为了迅速获得当前的实利而忽视教育，忽视基本知识的获取和广泛传授。然而若追究教育的发端，则应上溯到我们这里所说的原始时代。因此，从某种意义上可以说，教育，也就是知识的传授和学习，乃是人类的本能。

第三节　巫术与神话所反映的科学思想

一　我国古代神话和巫术概况

我国古代神话，大量出现于《国语》、《左传》及战国、秦汉诸子的著作之中。《山海经》等书，可说是上古神话的专辑。

依“古史辨学派”的意见，这些神话多是战国秦汉间方士们的作品。以儒家思想为指导的历史学家，就是从这些神话中衍出了一部上古史。因此，春秋、战国以及秦汉间文献资料中所说的上古史都是不足据的。其中一个典型的例子是关于黄帝的传说。甲骨文中，未见“黄帝”的名号；周初钟鼎金文中，有皇帝、皇上帝、皇天上帝，却没有“黄帝”。《尚书·吕刑》中，有“皇帝清问下民”句，其中“皇帝”，古本一作“黄帝”。证明皇、黄二字相通。而皇帝，就是上帝；黄帝一词，乃由皇帝转化而来，不过是上帝名号的另一写法而已。然而后来的人们，却把上帝当成了自己的远祖，把黄帝当作了上古的君主。但在《庄子》旧本中，黄帝有时仍写作皇帝，表明那时的人们还没有忘记黄帝的来源，是把上帝人化的结果。推而广之，战国秦汉所有关于上古帝王的传说、神话，不过都是对上古神话的历史化而已。至于上古，中华民族的远祖和其他民族一样，盛行着多神崇拜。那些神，都是山川草木鸟兽之神。

本世纪二三十年代，当“古史辨学派”比较兴盛的时期，也不是所有的学者都同意他们的意见。这几十年来，“古史辨学派”的影响虽仍然存在，但越来越多的学者相信，战国秦汉间的神话，决不是战国秦汉间方士们的向壁虚造。它一定有着以前的传说作为基础。因此，如果把这些材料和考古、民族学材料结合起来，神话（其中有些乃是传说）可以作为探讨上古社会的一个窗口。

认为可借神话和传说探讨上古史的意见，可能由于以下的研究成果得到了巩固和加强。一是由于甲骨文的发现，使人们从中排出了商朝历代君主的世系谱，这个世系谱和《史记·殷本纪》所载几乎完全一样。这样，《史记》中关于商代世系的说法，就不是神话，也不是传说，而是可靠的史实。那么，推广开去，《史记》中关于夏代的世系，其记载是否也是真实的历史呢？人物既真，有关人物的事迹是否也真呢？由此再上溯，关于五帝的存在及其事迹的记载是否也是真实的、至少是有某些真实的根据呢？第二是随着考古学、人类学、民族学的研究日益开展，人们发现，我国神话和传说中的许多内容，和上古社会的情况是相当符合的。比如有巢氏、燧人氏的传说；上古穴居野处、茹草饮水、茹毛饮血；无宫室，与野兽杂处；无礼仪，知母不知父；以及无私有财产等等说法，决不是凭空可以造出来的。因此，在这些年的上古史著作中，古代神话的材料得到了越来越广泛的运用。

“古史辨学派”要求区别神话传说和信史，可说是他们的主要贡献之一；打破儒家美化上古的退化历史观，是他们的主要贡献之二。但他们的论点本身，也存在着许多难以解决的矛盾。比如，春秋战国及其以后的儒者，为什么要把神话历史化，即为什么要把神化为人作为自己的先祖？而这些神又是从何而来？如果说是上古人们对自然物的拟人化，那么他们又为何常常把这些神祇说成是兽形的、或半人半兽形的？在原始宗教和神话诸理论中，万物有灵论以及拟人化的意见虽影响深远，但它们所遇到的批评几乎和他们得到的声誉也是同样的多。尤其值得注意的是，他们都很少能够运用文化未曾中断的丰富的中国古代文献，更谈不上对这些文献的深入理解。

这些年来，把神话和传说资料作为探讨上古社会以及思想状况的一个窗口，已经不存在严重的争论，但这并不意味着我们可以放心大胆。我们将以十分谨慎小心的态度来对待这些史料。

两汉之际，谶纬迷信兴起，同时也伴随着一个大规模地创造神话的运动。这些神话的创作者，主要是儒生。在这些神话中，不是着意把神话历史化，而是着意把历史神话化。周文王、周武王、周公、孔子及其弟子、刘邦等等真实的历史人物，都被塑造为神或半神。我们认为，这样的一场运动，当是古代神话创造的一个翻版，一次重演。这场持续几百年的运动表明，中国古代儒者，至少是汉代甚至也包括此前的儒者，并不特别喜欢把神话历史化，倒是更喜欢把历史神话化。

从战国开始，随着求仙运动的不断发展，“仙话”也不断被创造出来。已故的方士，往往被健在的方士塑造成神仙，如安期生、羡门高、以及后来的李少君等人。一些带有悲剧色彩的历史人物，如周灵王太子晋、汉代的淮南王刘安，也都被方士们塑造为神仙。这些仙话也在西汉末年被儒者刘向整理，编为《列仙传》，后代并陆续有所增补。

仙话也是神话。这类神话和谶纬运动中创造的神话一样，乃是“有意为之”的结果。这些神话中也往往讲到上古，虽不能说全无根据，但其中掺入的水分就非常之多了。对于这两类神话，我们基本上不加采用。

汉代中期及其以后的神话，大都是故意为之的结果。但这绝不是说，此后的神话材料绝无上古的信息。比如汉末出现的女娲造人、盘古开天神话，学术界已广泛流传，并认为其中含有上古社会思想的某些信息。对于这类材料，我们将更加谨慎地加以选择。

盘古神话大约主要流传于少数民族，汉末以前的文献中不见记载。在我国广大少数民族中，至今仍流传着许多神话。近几十年来，这些神话也经过了广泛的发掘、搜集和研究。这些神话的内容，有讲天地人物生成由来的，有关于洪水的，有关于英雄故事的。其中蕴含的思想形式，许多和战国、秦汉之际的文献资料相仿。相互映衬，说明我国古代文献中的神话材料，确实反映了上古社会的一些信息。

新近搜集的少数民族神话中，明显掺有秦汉以后的内容，如儒佛道三教的内容。那些没有明显掺杂的，也会经过了许多演变。因此，这类神话，我们也将有限制地加以采用。

与神话伴随的巫术，要了解其原貌比弄清神话的原貌更加困难。巫术是一种实际操作的技术，这种操作技术中所包含的思想内容，往往只能靠现代人的推测。推测的结果，往往因人而异。在这些地方，我们也只能谨慎从事。

巫术的材料，比神话的材料更加零散。古文献中所记载的巫术，往往是当时施行的巫术。这些巫术，有些当是上古巫术的残存，如咒诅的巫蛊，某些占卜术、星占术，以及疗病的巫术等等。但是其中的大多数，已明显受到了后世思想的影响。比如汉代及其以后的星占术，已是以天人感应理论为思想基础的星占术。其他占术，比如声占、候气等等，明显是后世才发展起来的占术。汉代的土龙求雨术、魏晋时代兴起的气禁术，则是天人感应理论的产物。南北朝后期兴起的医学咒禁术，不仅以当时的气论为指导，而且明显受了所谓宗教、鬼神思想的影响。这些后世发展起来的巫术，我们将力求和原始的巫术加以区别。

利用后世的材料去探讨远古的思想，不管是文献材料或民族学的材料，都只有极其有限的证明作用；用以探讨上古思想，势必关山重重。以致在宗教人类学界，关于宗教的起源异说纷呈而莫衷一是。但是如果因此而裹足不前，上古社会的思想状况对我们就永远只能是一片黑暗。在这里，我们只能给自己提出这样的要求：谨慎从事，但不畏艰险。

二　原始巫术思想推测

《山海经》中，有关于上古巫人的记载：“有灵山，巫咸、巫即、巫朌、巫彭、巫姑、巫真、巫礼、巫抵、巫谢、巫罗十巫，从此升降，百药爰在。[①]”

① 《山海经·大荒西经》。

此外的《海内西经》、《海外西经》等，也有巫的记载。这些巫的工作，一是在天地之间升降，二是与医药有关。据《世本》载："巫彭作医"，"巫咸作筮"，说明上古的巫不仅和医药、而且和占卜活动有关。不过这些材料，主要是说明上古时代巫和巫术的存在，还不能反映上古巫术的概貌。

据秦汉之际及以前的文献，下述巫术可视为原始巫术的遗存：

(一)占星术

《史记·天官书》载：

太史公曰：自初生民以来，世主曷尝不历日月星辰？及至五家、三代，绍而明之，内冠带，外夷狄，分中国为十有二州，仰则观象于天，俯则法类于地。天则有日月，地则有阴阳；天有五星，地有五行；天则有列宿，地则有州域。三光者，阴阳之精，气本在地，而圣人统理之。

幽厉以往，尚矣。所见天变，皆国殊窟穴，家占物怪，以合时应，其文图籍讥祥不法。是以孔子论六经，纪异而说不书。至天道、命，不传；传其人，不待告；告非其人，虽言不著。

据司马迁所说，占星术是"自初生民以来"就有的事。但是上古的占星术，没有一定的规则。其中的许多说法，和他当时的情况不相符合："太史公推古天变，未有可考于今者"①。这说明司马迁所处的时代，和上古的社会情况，已经有了非常巨大的变化。

不过司马迁所说古今的不同，只是说法的不同，即天变和人事如何对应的不同。但从事占星的基本思想方式，则似乎一如既往。这些思想是：

(1)天变和人事是对应的。因此，可以利用天变去预测和说明人事。

(2)天区和地上的区划也是对应的。春秋战国时代已非常明确的星宿分野思想，很可能在上古时代就萌芽了。

星占术可视为原始巫术的一种。原始星占术表明，原始人认为，在星与人、星变与人事之间，是有联系的。

(二)咒病术

《黄帝内经·》篇载：这类言论，当是对上古以巫术治病的朦胧记忆。

祝，是治病的巫术；与祝相反，使人得病的巫术是诅。《左传·昭公二十年》载，齐国国君患病，长期不瘉，大夫梁丘据要诛杀祝固、史嚚，认为是祝、史之祝祷不力。晏婴认为是由于国君暴虐，以致"民人苦病，夫妇皆诅"，祝、史的祷告，敌不过万民的诅咒："祝有益也，诅亦有损"，"虽其善祝，岂能胜亿兆人之诅"。所以晏婴劝齐君修德，齐君听取了晏婴的建议。在这个事例中，齐国君臣，是相信咒诅可以使人得病的。祝，此时已是向鬼神祷祝。但诅咒，在这里还无发现鬼神的干预，或者可解释为鬼神抵不过这咒诅之力，或为诅咒之力所支配。

祷祝医病，在甲骨文中就已是求助于鬼神的行为。在以后的文献中，要发现不借助鬼神的治病、致病术，是十分困难的。马王堆汉墓出土的帛书中，也有一些咒病的文字，但那是否借助鬼神之力？乃是不易判断的问题。《史记·封禅书》载，汉文帝时，秘祝官欲"移过于下"。

---

① 《史记·天官书》。

这个巫术,大约已借助鬼神之力了。

（三）咒人术

咒人术是所谓黑巫术的一种,它是企图给他人造成伤害,或驱使他人按自己意愿行事的巫术。这类巫术是原始民族中最常见的巫术之一。秦汉之际的文献中,我们尚可看到一点这类巫术的影子。《史记·封禅书》载:

> 是时苌弘以方事周灵王,诸侯莫朝国。周力少,苌弘乃明鬼神事,设射狸首。狸首者,诸侯之不来者,依物怪欲以致诸侯。诸侯不从,而晋人执杀苌弘。周人之言方怪者自苌弘。

周灵王是天子,他的至上神是上帝。但在这里,他不能求助于上帝,而求助于物怪之鬼神,其方法是“射狸首”,这明显是以加害于代表某人之偶像以强迫该人就范的巫术。当然,这种巫术没有成功。

类似的例子是汉武帝时的巫蛊事件。

汉武帝晚年,多猜忌,常怀疑别人对他施巫术,“以为左右皆为蛊道祝诅”[①]。其亲信江充揣摸武帝的心思,想借此事加害于太子。于是到太子宫中,从地下掘出一个桐木偶人,由此引发了一场大规模的内乱。后世宫廷中经常因为所谓巫蛊事酿成变乱。这些巫蛊事件大多已有鬼神观念的参与,但主要手段还是借助于加害偶人的巫术。

巫术种类繁多,手段也多种多样。上述几例,不过借以推测上古巫术的存在及其原貌而已。

弗雷泽认为,原始纯粹的巫术,不需要神灵的干预。它的首要原则,是相信心灵感应。并且相信物与物可以在远距离发生作用,相信所施的巫术和远方的人和物有一种因果联系,一个事件必然地引起另一个事件的发生。因此,它的基本观念和现代科学的基本概念是一致的[②]。

弗雷泽以前,也有学者指出,巫术是无神灵干预的事件,因而把巫术放在宗教产生之前,作为宗教的源头。弗雷泽之后,这样的巫术观更是发生了深远的影响。但也有不少学者,不完全相信、甚至根本反对弗雷泽的意见。对于相信万物有灵论为宗教源头的人们来说,巫术就摆脱不开鬼神(物之灵)观念。对于主张人类自始就存在至上神信仰的人们来说,巫术也摆脱不了宗教观念的侵人。苏联学者约·阿·克雷维列夫的《宗教史》,径直把巫术作为“原始宗教的行为”加以讨论[③]。

但是,几乎在所有研究原始巫术的文献中,都不否认巫术的如下特征:它主要不是通过献祭、祷告和祈求神灵,而是通过自己的术来达到那非常实用的目的。正是在这个意义上,弗雷泽、马林诺夫斯基[④] 等才坚持巫术和宗教的区别,认为巫术和科学相近,甚至有着相同的思想方式。并且认为,巫术不是从宗教观念中引伸出来的行为。即使主张至上神信仰是人类最原始的信仰的施密特神父,也不说巫术是从至上神信仰引伸出来的,而认为巫术是原始人

---

① 《汉书·武五子传》。

② 参阅:弗雷泽《金枝》(J. G. Frazer《The Golden Bough》)第三章《交感巫术》,第四章《巫术与宗教》,中国民间文艺出版社,1987年。

③ И. А. Крывелев《История религий》,中译本《宗教史》,中国社会科学出版社,1984年。

④ 参阅:马林诺夫斯基《巫术·科学·宗教与神话》,中国民间文艺出版社,1986年,北京。

“误入岐途的理智判断”，而“常态的、或俗凡的因果思想绝对是先于法术的因果思想”，并且把巫术的产生同男人有勇气来控制自然力，同部族的形成所产生的社会与家庭和个人的对立相联系①。

这就是说，常态的、世俗的因果思想和理智判断，是早于巫术的思想。我们在上一节已经说过，动物 也有某种程度的判断能力。人类产生以后，这种判断能力更是不断地发展和进步，人类得以进行正常的生产和生活，并且不断发展自己对付自然界的能力，就是他们早有世俗的因果思想的证明。正是从这种因果联系中，在这种因果联系误入岐途的地方，产生了巫术。由于这个原因，我们才把巫术放在这一节的开头来叙述。

巫术是误入岐途的因果联系，因此，不仅在巫术之前，而且在巫术之旁，就一定存在着正常的、且正确的因果联系。这种正确的因果联系，是指导人们生产和生活的主要思想形式。马林诺夫斯基发现，原始人绝对没有单靠巫术的时候，他们只是在自己知识、技能都不够的情况下才采用巫术。这样，原始人在对付外部世界的种种手段之中，巫术也始终只能处于辅助的地位。

原始人对巫术效果的相信，与他们在力所能及的范围内对行为效果的相信，也不能等量齐观。在力所能及范围内对行为效果的相信，是科学的相信，这种相信具有坚实的性质，以致人们在进行这些行为时，往往是不加思索，甚至忘记了“相信”这个概念。比如他见到一个动物，马上抛出自己的石块或射出自己的箭，即使不中，他对自己的行为也抱有一种坚实的相信。但对巫术的相信，却只能作一种有限的理解。这是一种虚幻的相信。与其说是相信，不如说是表达了施术者的一种愿望，一种无力用现实手段去实现的愿望。由此断定他们相信心灵感应，相信巫力的远距离作用，也仅是一种现代人的推测而已。这里的“相信”，也只能作有限的理解，它仅是施术者的一种主观的信心，一种愿望。

后世的巫术虽然总是有宗教观念的参与，但巫术和宗教的区别还是时时可以见到。《左传·僖公二十一年》载，鲁僖公要焚巫尪求雨，大夫臧文仲谏道：

> 非旱备也。修城郭，贬食省用，务穑劝分，此其务也。巫尪何为？天欲杀之，则如勿生；若能为旱，焚之滋甚。

臧文仲的话说明，当时的人们还认为，旱灾，是巫和巫术造成的。巫与巫术，是与上帝及其统治下的神灵系统有某种对抗性质的力量。有人认为，甲骨文中的“烄”字，就是焚巫求雨②。可见这种传统由来已久。而焚巫可以求雨，当不是让巫作为使者去向上帝求助，而是臧文仲谏语中透露的意思：人们认为旱是巫造成的。

巫术的出现表明，人类开始从自己现实的能力之中分离或升华出了一种幻想的能力。这种幻想虽然使人类的判断误入歧途，却是人类思想发展的一个阶梯。从此以后，人类如果借助神灵来实现自己的愿望，就走上宗教思维之路；如果借助现实力量去实现自己的愿望，用真实的自然力或人力去代替幻想中的巫力，就是走上了科学之路。当然，至今为止，人类也无法完全用现实的力量去满足自己的愿望，所以巫术至今仍有存在的理由，并且仍旧存在。甚至在望得见的将来，也还不会消灭。

力在不相接触的两个物体之间的作用，是与牛顿力学伴随的概念。在中国古代文献中，

① 施密特《原始宗教与神话》(原译《比较宗教史》)，上海文艺出版社，1987年影印本，第152～206页。

② 马如森，殷墟甲骨文引论，东北师范大学出版社，1993年，第542页。

没有发现这样的观念,所以我们也不好推测中国原始巫术中有这样的观念。以气为中介的物与物相互作用的思想,产生于战国、秦汉之际,并且认为这种作用的发生,可以不受距离远近的限制。这样的思想,构成汉代天人感应思想的理论基础,也构成此后巫术的理论基础。今天以物体不相接触而发生作用,甚至宣称可以遥感的气功,也以这种虚幻的、以气为中介而发生作用的理论为基础。不过这样一种思想,在我国的原始巫术中,也是没有的。

对我国原始巫术思想,可以作出如下推测:原始巫术存在于我国上古时期,它的出现表明,我国原始人类,已经能把相距遥远的事物用某种因果关系联结起来。这种联系虽然是虚幻的、不真实的,但它却是人类思维独立行程的开始。从此以后,人类的思维不再仅仅附着于具体的事物或行为之上,而是有了自己相对独立的发展。

三 对万物的拟动物化和拟人化观念

在宗教或神话起源问题上,有种种说法,其中影响较大又与我们的论题密切相关的,是拜物教或称神物崇拜说、万物有灵论、星辰或包括日月神话说等等。

1760年,布罗塞斯(C. de Brosses)在巴黎匿名出版了他的《实物崇拜,或埃及古宗教与尼罗河现代宗教的比较》,其中认为,实物崇拜乃是除希伯来人之外,一切民族宗教信仰的原始形式。并首次使用了“拜物教”一词。但进一步的研究发现,布罗塞斯的说法不仅与事实不合,而且也仅是一种表面的观察。比如单看白人拜十字架、拜圣像,也会认为是一种拜物教①。

继拜物教说之后,是泰勒的“万物有灵论”。但是反对者认为,并非所有的民族都持万物有灵论,持万物有灵论的民族也并不认为一切事物都有灵。尤其重要的是,神祇或精灵并不需要从万物有灵论而来,它们可由拟人化而来。而原始人类,并不具有现代意义上的灵魂观念。于是又是星辰神话学派,或称自然神话学派,此外还有所谓“象征主义”学派等等。这些学派有一个共同之点,就是认为神灵的产生是原始人对自然物(比如日月星辰)或自然力拟人化的结果。万物有灵论和自然物的拟人化说,在我国学术界至今还有深刻的影响。

但在我国古代的神话材料中发现,我国先民不仅把原始的神祇塑造为人的形象,而且把他们塑造为动物的形象。动物神或半人半兽神的出现乃是一种世界性的现象。日月星辰之神,林木山川之神,也几乎无一例外地具有动物或人的形象,或介于二者之间的半人半兽形。原始人在将自然物拟…化的时候,为什么拟人又拟动物呢?甚至拟成一些半人半兽的怪物,并把这些怪物奉为神。在这里,无法求助于人们的心理过程,而只能从现实的社会生活中找寻原始神祇们产生的动因。如同拜物教拜的并不是那些物本身,而是与物有关或物所象征的神祇一样,原始人把星辰山林之神都塑造为动物和人的形象,说明他们真正认为神祇的,不是星辰山川本身,而是管理日月山川的动物或人。

从世界历史的范围看问题,刚刚跨人文明门槛前后的民族,或者在他们跨人文明之后不久的时期,几乎无一例外地都是人形神的统治时期。而在此以前,在许多民族中所发现的图腾形象,却多数是动物的变形。在许多民族的神话中,又有许多人神和动物神战斗的神话。战

① 参阅:麦克斯·缪勒《宗教的起源与发展》(F. Max Muller, Lectures on Origin and Growth of Religion)上海人民出版社,1989年。

斗的结果，又往往是人形神的胜利。这些现象应给我们一种启示，在动物神和人神之间，一定有着某种历史的原因。由于这种历史的原因，造成了人们不同的心理，使他们或以动物为神，或以人为神。

刚刚脱离动物界不久的原始人类，他们的意识也和动物相距不远。动物所关心、所能意识到的，只是它们最切近的事物，原始意识，也只能在这个意识的基础上逐渐发展。太阳是地球上生命的能量之源，但是要明白太阳以及月亮、星空与自身的关系，因而发生崇拜，却必须有人类意识的长期发展。山川虽也是原始人的生活依赖，但正因身在此山中，也难以很快意识到山的意义。云雨出丘山的意识，是文明程度较高的人类的意识。我们在所有民族的神祇中都没有发现空气之神，没有发现空气崇拜，唯一的原因是原始人意识不到空气对自己的意义。他们可以感觉到风，因而创造了风神，但却不能意识到风是空气的流动。

原始的采集和渔猎生活，对原始人来说，最切近的事物可说只有两种：一种是动物，另一种是植物。植物是不会动的存在，它们主要是听从原始人的摆布，原始人也不会首先对它们发生敬畏或崇拜之情。但动物对原始人来说，意义就大不相同。动物是人类的一种衣食之源，同时又是时常威胁着他们的生命的直接敌人。不少研究原始社会的学者都指出了动物与人的这种特殊关系。林耀华的《原始社会史》道：

> ……自然环境还有严酷的一面，风雷雨雪等自然灾害，当时人们是无法克服的。最严重的莫过于食肉的凶猛野兽，诸如虎、豹、狼、熊，时时威胁着他们的安全，是直立人难以抵敌的，也是他们伤亡致命的主要原因①。

这些动物，也是原始人最早崇拜的对象。自然，原始人并不只崇拜恶者，那些与他们生活密切相关的动物，往往也同时受到他们的崇拜。在原始人的遗址中，与石器工具一起出土的，还往往有动物的骨骼遗存，有的数量还非常之多，比如北京猿人遗址。这种情况也清楚地表明了人和动物的特殊密切关系。

对原始人生活状况的研究，原始神话中所出现的神祇，可以使我们作出如下的判断：动物，乃是原始人崇拜的第一批神祇。至于图腾及神话中变形的动物神祇，仅是反映了原始人对该动物某一部分的特殊感受。

随着人类征服自然能力的提高，人与动物的关系也发生了改变。原始人逐渐意识到，真正值得崇拜的是人，而不是动物。于是人形神逐渐代替了动物神，成为人类崇拜的主要对象。介乎二者之间的，是半人半兽形的神。半人半兽神乃是动物神向人形神的过渡形态。

一些研究原始社会的学者，也注意到了神祇形态这一变化的顺序。杨堃认为：

> 图腾宗教的发展乃是氏族公社之发展的虚幻的反映。在第一阶段，人们崇拜图腾为祖先；在第二阶段，则崇拜先妣和半人半兽的祖先；在第三阶段，已开始崇拜祖先和英雄②。

杨堃还指出，后来，图腾的对象开始变为厉鬼或妖魔。他把妖魔出现的原因归结为氏族之间的敌对状态。人们以我族的图腾为善神，敌族的图腾为妖魔。不过在我们看来，动物神在世界范围内的失败以至成为妖魔，乃是由于人形神的全面胜利。人形神的胜利，乃是由于人类征服自然能力的提高，人开始以自己为崇拜对象。

---

① 林耀华，原始社会史，第 84 页，中华书局，1984 年。

② 杨堃，原始社会发展史，第 171 页，北京师范大学出版社，1986 年。

中国古代神话中的动物神，集中出现在《山海经》中。

一般认为，《山海经》中"山经"成书较早，其中的神祇，都是兽神和半人半兽神，如下表：

篇　名	神　状	篇　名	神　状
南山首经	皆鸟身龙首	东山首经	皆人身龙首
南次二经	皆龙身鸟首	东次二经	皆兽身人面
南次三经	皆龙身人面	东次三经	皆人身羊角
西次二经	十神人面马身	中次六经	如人而二首
	七神人面牛身	中次七经	十六神皆豕身人面
西次三经	皆羊身人面		又：人面三首
北山首经	皆人面蛇身	中次八经	皆鸟身人面
北次二经	皆蛇身人面	中次九经	皆马身龙首
北次三经	廿神马身人面	中次十经	皆龙身人面
	十四神彘身戴玉	中次十一经	皆彘身人首
	十神彘身八足蛇尾	中次十二经	皆鸟身龙首

上述诸神，都是一类神的形状，所以前面多冠一"皆"字。表明当时的人们认为，每山皆有一神。如北次三经共四十六山，有神四十四。每一经讲的又都是一带山，只好统而言之。

还有一些神，已经有了名号。如下表：

篇　名	神　名	神　状	所主之山
西次三经	英招	马身人面，虎文鸟翼	槐江
	陆吾	虎身九尾，人面虎爪	昆仑
	长乘	如人豹尾	嬴母
	帝江	状如黄囊，赤如丹火 六足四翼，浑敦无面目	天山
中次三经	武罗	人面豹文，小要白齿	青要
	泰逢	如人而虎尾	和山

所说的兽，和神往往具有同样的形状。如下表：

篇　名	兽　名	状　貌
南山经	狌狌	如禺而白耳，伏行人走
	鴸	如鸱而人手
	鷞	如枭，人面四目
西山经	橐𩇯	人面一足
	凫徯	如雄鸡而人面
	孰湖	人面蛇尾
北山经	竦斯	如雌雉而人面
	窫窳	如牛，赤身人面马足
	山𤞟	如犬而人面
	诸怀	如牛，四角，人目，彘耳
……	……	……

有的地方则干脆说神就是兽：

朝阳之谷，神曰天吴，是为水伯，在𧈫南北两水间。其为兽也，八首人面，八足四尾，皆青黄①。

有的地方谈到天神，也是一种兽：

槐江之山……有天神焉，其状如牛，而八足二首马尾②。

《山海经》一般认为成书于战国秦汉时代，但《山海经》中的神灵观念已经不是战国秦汉时代的主流观念，它不应被看作战国秦汉时代人们的意识，而应当看作是过去时代的思想遗骸。其中的一些具体说法，未必是上古时代的原貌，但以动物为神，当是上古时代的实情。

以动物为神的观念，在人类文明已有高度发展的时期，仍然保留着。《墨子·明鬼》篇载：秦穆公遇神人，鸟身而素服。《国语·晋语》载，有神"人面、白毛、虎爪"。刘邦所斩之蛇，被认为是白帝之子。公孙卿为汉武帝求仙，所示仙人痕迹，"类禽兽"。直到唐代，伏羲女娲，仍然有人身蛇尾的形象③。至于后世广泛祠祀的龙王，则一直保持着龙首人身的形象。不过在人形神的统治地位确立以后，动物神多已沦为妖怪，它们要成神，甚至兴妖作怪，也须先变成人形。在神的世界里和世俗的世界里一样，动物神也遭到了彻底的失败。当宋真宗把中国古代长期崇拜的玄武神(龟)封为真君，其后被图为将军形象时，曾遭到朱熹的严重不满④。

当原始人把兽或人作为神祇的时代，我们若发现他们对着山川、林木、巨石以及其他物体崇拜的时候，他们崇拜的就不是这些物本身，而是这些物有关的神祇。并且这些神祇也不是现代人理解的精灵或灵魂。对万物有灵论的批评已不是少数学者的私见。我们所能补充的材料是，我国古代文献中关于灵魂的讨论，始见于春秋时代；汉武帝求仙时，他要见的神灵，还必须是可见，有质的存在物。因为方士栾大没能让武帝的使者见到这样的存在物，所以被杀。而方士公孙卿，则不得不常常用巨人的脚印为自己辩解，方免一死⑤。说山川有和人一样的灵魂的说法，是南北朝时才明确起来的说法⑥。

原始人以动物和人为山川的神祇，也以动物和人为日月星辰的神祇，或径直把日月塑造为生物。《山海经·大荒南经》载："羲和者，帝俊之妻，生十日。"《大荒西经》载："有女子方浴月。帝俊妻常羲，生月十有二，此始浴之"。这里的日月，既是帝俊之妻所生，自当是人或某种动物的形象。

以日月星辰为人或兽，也是一种世界现象。比如著名的日神阿波罗，据研究，其形象是先为兽，后为人。

其他自然现象，比如云雨雷电之神，也是兽或人形。比如古希腊的宙斯和古罗马的丘比特。

弗雷泽的《金枝》，主要是解开某森林之神的秘密。而这位森林之神，也是人的形象。

在中国原始人眼里，和在世界其他地区的原始人一样，他们所面对的世界，先是有许多动物，后来是由人所统治的世界。这统治世界的人和动物，就是他们崇拜的神祇。各种自然

---

① 《山海经·海外东经》。

② 《山海经·西山经》。

③ 该画像现存西安历史博物馆。

④ 见《朱子语类》卷125。

⑤ 参阅：《史记·封禅书》。

⑥ 参阅：《弘明集·明佛论》(宗炳作)。

现象,就是这些神祇们造成的。所谓神话,就是这些神祇们的故事。

四 神祇创造世界

中国古代神话,也认为天地万物、各种自然现象、包括人类自身,都是神祇们所创造或造成的。不过中国的创世说和《圣经》中的创世说不同。依《圣经·创世纪》,天地万物是唯一神(God)从无中创造出来的,中国古代的创世活动,往往有许多神祇参与,并且大多是起着像工匠那样的作用。

屈原《天问》问道:

遂古之初,谁传道之?

上下未形,何由考之?

冥昭瞢暗,谁能极之?

冯翼惟像,何以识之?

依屈原的问题,则"遂古之初"是一种没有形象的混沌昏暗状态。是某位神祇从这混沌状态中造成了天地。《淮南子·精神训》道:"古未有天地之时,惟象无形,幽幽冥冥,……有二神混生,经天营地"。三国时代徐整的《三五历纪》记载了盘古的传说:

天地浑沌如鸡子,盘古生其中,万八千岁,天地开辟……天日高一丈,地日厚一丈,盘古日长一丈。如此万八千岁,天数极高,地数极深……①

这些神话大约都加进了后人的一些意识。但天地从混沌中开辟的思想当由来已久。开辟者,自然是一位神灵。

汉代形成的天地生成论,剔除了神祇的因素,但可以相信,那混沌剖分的生成模式,会有上古神话传说的因素。

地上的江河湖海,也是神祇们造成的。屈原《天问》:"应龙何画?河海何历?"王逸注:"禹治洪水时,有神龙以尾画地,导水所注当决者,因而治之也"。也可能,屈原问的"应龙何画"具有一般的意义,即地上的河流是应龙这位神祇用尾巴画出来的。

昼夜、寒暑、风雨、露雷,都是神祇们的行为造成的。《山海经·海外北经》载:

锺山之神,名曰烛阴。视为昼,瞑为夜,吹为冬,呼为夏,不饮、不食、不息,息为风。身长千里,在无脊之东。其为物,人面,蛇身,赤色,居锺山下。

《大荒北经》的记载与此大同小异:

西北海之外,赤水之北,有章尾山。有神,人面蛇身而赤,直目正乘,其瞑乃晦,其视乃明,不食不寝不息,风雨是谒。是烛九阴,是谓烛龙。

烛龙或烛阴的故事在《天问》中也有反映:

日安不到?烛龙何照?

羲和之未扬,若华何光?

天地造成以后,曾有一次重大的灾难。《淮南子·天文训》载:

昔者共工与颛顼争为帝,怒而触不周之山。天柱折,地维绝。天倾西北,故日月星辰移焉;地不满东南,故水潦尘埃归焉。

---

① 见《太平御览》卷二引。

由于这次灾难，造成了中国境内西北高、东南低的地形。共工撞折的天柱，在屈原的《天问》中也有反映：

> 斡维焉系？天极焉加？
>
> 八柱何当？东南何亏？

天有柱而地有维，这些非人力可为，一定是神力的安排。

与此相类，是女娲补天的神话。《淮南子·览冥训》载：

> 往古之时，四极废，九州裂，天不兼覆，地不周载，火爁炎而不灭，水浩洋而不息，猛兽食颛民，鸷鸟攫老弱。于是女娲炼五色石以补苍天，断鳌足以立四极，杀黑龙以济冀州，积芦灰以止淫水。苍天补，四极正，淫水涸，冀州平，狡虫死，颛民生。

大约从此以后，天就可以"兼覆"，地就可以"周载"。由于"断鳌足以立四极"，天就稳固了。因此，天地的稳固，人民生活的安定，都是伟大神祇的功绩。

人类本身，也是神祇所创造的。《淮南子·说林训》载："黄帝生阴阳，上骈生耳目，桑林生臂手，此女娲所以七十化也"。高诱注："黄帝，古天神也。始造人之时，化生阴阳"；"上骈、桑林，皆神名也"。这是说，神祇们的协同工作，创造了人类。后来，应劭的《风俗通义》则认为是女娲单独造就了人类：

> 俗说天地开辟，未有人民，女娲抟黄土作人，剧务，力不暇供，乃引绳于泥中，举以为人。故富贵者，黄土人；贫贱者，引絙人也①。

这个故事显然已经后世的许多加工，但神祇造人的思想当是流传久远的"俗说"。并且这个故事的主要情节：抟黄土造人，也是一种世界现象。人类之外，动物、植物、家畜、家禽，应当都是神灵们创造的，但在历史文献中没有发现这样的神话，大约因为它们的由来对于后人已经不是很重要的问题。

天地山河人物，一经造成，就是既存的实物，神祇们也不需再造。补天的事，也只有一次。但神祇们经常要处理的事务，则是风雨阴晴旱涝的问题。这类问题，对后世影响最大，而经常在神话中，与风雨阴晴有关的神祇，除烛龙外，还有风伯、雨师等。《山海经·大荒北经》：

> 蚩尤作兵伐黄帝，黄帝乃令应龙攻之冀州之野。应龙畜水，蚩尤请风伯雨师，从大风雨。黄帝乃下天女曰魃，雨止，遂杀蚩尤。魃不得复上，所居不雨。

主管风雨旱涝的，是烛龙、应龙、风伯、雨师之类。不过在《山海经》中，它们都是黄帝、蚩尤下属或帮手。它们的行为，自然要受黄帝、蚩尤的节制。黄帝、蚩尤等，不仅是神，而且是人。他们有生有死、娶妻生子，并且被后世奉为祖宗神。而认为这样的人神或祖宗神能控制风雨雷电，也是一种世界现象。所以，当我们在后来甲骨文中发现商朝人向他们的祖宗乞求降雨或放晴时，是一点也不必奇怪的。

五　坚实而有限的天地观

天既然须用八柱或四极来支撑，并且须用五色石来修补，就说明它是和地一样坚实的存在物。其构成材料，或许是土，也可能全部是石。

---

① 《太平御览》卷七八引。

正是由于这样的天体观念，在《庄子》书中，才会提出天地何以“不坠不陷”这样的问题[1]。《列子》书中，才会有杞人忧天倾的故事。直到汉代王充，仍然认为天是和地一样坚实的物体。其《论衡·谈天篇》引“儒者曰：天，气也，故其去人不远”，所以可知人之善恶是非。王充反驳道：“如实论之，天，体，非气也。人生于天，何嫌天无气？犹有体在上，与人相远。”王充举出后世测量天地大小的一些数据指出：“如天审气，气如云烟，安得里、度？”所以王充的结论是：

案附书者，天有形体，所据不虚。

《论衡·祀义篇》更明确指出：

夫天者，体也，与地同。天有列宿，地有宅舍。宅舍附地之体，列宿著天之形。

王充的天体观，可上追到遥远的神话时代。

这样的天，离地有一定的高度，但这个高度，似乎是有限的，所以人与神都可在天地之间往来。《山海经·海外西经》载：“巫咸国在女丑北，右手操青蛇，左手操赤蛇，在登葆山，群巫所从上下也。”所谓“上下”，就是在天地之间上下。《大荒西经》所载十巫“从此升降”的灵山，也是一架天梯。“升降”，也是在天地之间上下的意思。

作为天梯的不仅有灵山、登葆山，还应有昆仑山。在《山海经》中，昆仑山还仅是“帝之下都”[2]，在《淮南子》中，昆仑山就是众帝上下的天梯了。其《地形训》道：

昆仑之丘，或上倍之，是谓凉风之山，登之而不死；或上倍之，是谓悬圃，登之乃灵，能使风雨；或上倍之，乃维上天，登之乃神，是谓太帝之居。

除山之外，作为天梯的还有大树，这就是建木。《山海经·海内经》载：

有九丘，以水络之。名曰陶唐之丘、有叔得之丘……；有木，青叶紫茎，玄华黄实，名曰建木，百仞无枝。有九欘，下有九枸，其实如麻，其叶如芒。太皞爰过，黄帝所为。

郭璞注与郝懿行疏，都认为“爰过”是“经过”。但“经过”这里去往何方？没有说明，袁珂《山海经校注》，认为“爰过”应是经建木在天地之间上下的意思。《淮南子·地形训》明确讲建木乃是诸帝的天梯：“建木在都广，众帝所自上下。日中无景，呼而无响，盖天地之中也。”认为天是一个与地同样的坚实的物体，上天必须借助实在的山、树等等，也是一种世界性的现象。如赫胥黎《进化论与伦理学》中所说的杰克的豆杆，当是英国人心目中的天梯[3]。《圣经·创世纪》雅各梦见的梯子，顶着天，天使们在梯子上上去下来[4]，当有此前希伯来人的天体观念作为基础。

上古可在天地之间往来的，不仅是群巫和众帝，而是所有的人。《国语·楚语下》载：

昭王问于观射父曰：“《周书》所谓重、黎实使天地不通者何也？若无，然民将能登天乎”？对曰：“非此之谓也。古者民神不杂……及少皞氏这之衰也，九黎乱德，民神杂糅，不可方物。夫人作享，家为巫史，无有要质。民匮于祀而不知其福，烝享无度，民神同位。民渎齐盟，无有严威。神狎民则不蠲其为。嘉生不降，无物以享。祸

---

① 《庄子·天下篇》。

② 《山海经·西山经》。

③ H. Huxley, Evolution and Ethics，中译本，科学出版社，1971 年版。

④ 《旧约全书·创世纪》第二十八章。

灾荐臻，莫尽其气。颛顼受之，乃命南正重司天以属神，命火正黎司地以属民，使复旧常，无相侵渎，是谓绝地天通。

观射父所说古者“民神不杂”的时代，是在“绝地天通”之后，还是由于“绝地天通”才恢复了“民神不杂”的“旧常”。从现代的研究看来，只能是前者而不是后者。观射父的议论和其他神话材料，和世界上其他民族的神话材料相比照，可知我国上古时代，确实存在一个“民神杂糅”的时代。那时候，“民神同位”，神在民间，并且“狎民”；同时也就是民在神间。既然“家为巫史”，也就人人都可像群巫一样上下、升降。这里的神，也不是如后世的如云如烟甚至纯粹精神性的虚灵之物，而是如人一样的有血有肉的存在物。

神人在天地间往来，天也须有门户：“大荒之中，有山名曰日月山，天枢也。吴姖天门，日月所入。”天门为日月所入，也当是众帝、群巫和普通民人所出入之门。

天上的景象如何？后世有意创造的神话不足据。王充《论衡·雷虚篇》道：

天神之处天，犹王者之居也……王者居宫室之内，则天亦有太微、紫宫、轩辕、文昌之坐……天神在四宫之内，何能见人暗过。

王充认为天是和地一样的物体，那么，天神在天上，自当有和王者同样的宫室。王充不同意天人感应说，但不否认上帝及天神的存在。他对天上宫室的意见，不只是个人的推论，而是有着悠久历史的传说。《史记·天官书》中紫微、太微等宫垣的名称，绝不仅仅是一个名词而已。对于上古的人们来说，那是一个真实的存在。就在王充之前不久，从雄才大略的汉武帝，到儒学造诣极深的王莽，都非常认真地相信，他们自己可以肉体成仙上天。那么，在他们以前，《诗经》中所说的文王在天，“在帝左右”，并在天地之间“陟降”[①]。其中的天，就难以确定是一团元气；而文王与帝，也难以判定为纯粹灵魂式的存在。因为我们没有证据表明，这一时期已经抛弃了神话中的天体观念。

六 神话中的天人关系

现代不只一部的人类学或宗教学著作都指出，原始时代的神祇们是住在地上，更准确讲，是住在山上的。古希腊诸神是如此，《山海经》中的“帝”也是如此。这些著作还指出，那时的祭司或巫师就是国王，而巫师或国王也就是神祇。《山海经》中众帝，也是兼有君主与神祇双重功能的存在。认为原始人先是推己及物，创造出了一个上帝；后人把这上帝历史化为自己的祖先黄帝、尧、舜等等，这种说法是站不住脚的。上帝只应有一个，是一般的存在，什么原因使人们把这唯一的上帝历史化为众多名姓具存的先祖呢？合理的解释只能是：这些帝原本是不同部落或同一部落不同时代的领袖，同时也是那个时代认为的神祇。他们被尊为神祇，不仅标志着他们本人才能卓著的功业伟大，而且标志着整个人类力量的提高和增强。原始人曾经认为，自然现象都是动物所造成的，因而尊动物为神祇，现在，动物神的这种作用或能力，或是被人神所代替，或是受人神的支配。

《山海经》中的众帝都还没有长住到天上，他们主要活动在山上，但却是整个世界的主宰。比如蚩尤可以调动风伯雨师，黄帝可以调动应龙，命令天女魃下界助战，这是一个地上对天下统治的时代。

---

① 《诗经·大雅·文王》。

日月的运行，也是由人(或人神)在管理。《山海经·大荒西经》载："颛顼生老童，老童生重及黎。帝令重献上天，令黎邛下地，下地是生噎，处于西极，以行日月星辰之行次"。《尚书·吕刑》说，命重、黎的是"皇"帝。皇帝，不过是皇矣上帝而已，就像伟大光荣之帝，仅是对帝的修饰，并无其他实指。因此，《尚书·吕刑》和《大荒西经》并不矛盾。《国语·楚语》，则说命重、黎的就是颛顼。颛顼是众帝之一，和帝、皇帝之说也不相牴牾。这样，颛顼命令自己的两个孙子，一个上天管天属神，一个下地管地属民，那么，颛顼就是天地人神的共同主宰。噎，是颛顼的重孙，也是人或人神，"以行日月星辰之行次"，就是对日月运行的管理。郭璞注《山海经》，把"以行"注为"主察"，那是用了后世天文学家的模样来看待上古的事务。

直到汉代，司马迁著《天官书》，还认为三光是"阴阳之精"，"气本在地，而圣人统理之"。在汉代人的观念中，圣人，尤其是君主，是具有调节气候、调节日月星辰运行的作用的。君主的这种作用虽然经过了天人感应理论的武装，但决不是汉代的发明，而是有着久远历史的思想。《山海经》中的帝，不仅是影响日月运动，而是世界的最高主宰。这些帝，首先是人间君主的形象。

《山海经》说，月、日，都是帝俊之子，并且某一女子在一定时间里要对日进行洗浴，那么，日月当都是一些孩子，他们需要人的管理。不幸，或许是管理者失职，或许是这些孩子太顽皮，终于有一天十日并出，酿成了一次大悲剧，这就是"后羿射日"的故事。《山海经·海内经》载："帝俊赐羿彤弓素矰，以扶下国，羿于是始去恤下地之百艰。"袁珂认为，恤"百艰"，应包括羿射日的故事[①]。屈原《天问》，已明确讲羿射日："羿焉弹日？乌焉解羽？"到《淮南子·本经篇》就讲得更明确了："尧之时十日并出，焦禾稼、杀草木，而民无所食。尧乃使羿……上射十日……。"尧是传说中的君主，是帝，他所掌握的生杀之权，不仅及于地上的猛兽，而且及于天上的日月。而羿，可以说是英雄人物，也可以说是神。

黄帝、蚩尤、颛顼、尧、羿，不论是作为人间的君主或英雄，还是作为神祇，都是代表着人实施对自然力的管理和支配。虽然在实际上，当时的人们征服自然的能力比现在要小得多，但当时人们的自我感觉，却似乎他们能支配一切。这犹如儿童的思维。论实际能力，儿童比大人要小得多。但儿童往往觉得许多事物是人可能办到和可以办到的，大人们也常谈笑儿童的这类幼稚。所谓成熟，就是对事物的了解深入，并因此知道何者是人力所不及。其实，成熟的大人也往往有不成熟的地方。"不知深浅"，"不知天高地厚"，所指就不仅是儿童的幼稚。原始人的思维，和现代人相比，也是一种儿童的思维。他们不仅不知天高地厚，因而幻想出上天的梯子，而且基本上分不清人力和自然力，往往认为许多自然现象是动物力或人力的作用。由于认识的或社会的原因，这样的观念甚至一直保留到中国社会发展的晚近时期。中国古代科学思想进步的内容之一，就是不断分清哪些是自然发生的现象，它非人力所为，也与人事无关。

在巫术和神话时代，中国原始人类也认为巫师、祭司、君主或英雄，具有影响、造成和改变自然现象的能力，并把他们尊为神祇。当历史对这些神祇加以过滤、筛选、集中、升华以后，他们也就随手带去了这些能力。越来越多的人们不得不向这些神灵去乞求雨雪或晴日。人与神的界限也越来越分明，距离也越遥远。但在原始时代，人力和自然力的混淆，同时也是人神的杂糅，不仅是"家为巫史"，甚至是人人想作神祇；不仅是"神狎民"，而且民也侮神、争

① 袁珂，中国神话通论，第219，223页。巴蜀书社，1993年。

神,《山海经·海外西经》载:“刑天与帝争神,帝断其首,葬之常羊之山,乃以乳为目,以脐为口,操干戚以舞。”前引《淮南子·天文训》,共工与颛顼争为帝,“争为帝”也是争为神,因而当时的帝不仅是神,而且是最高神。此外,黄帝与蚩尤、禹与相柳以及羿射十日等,不仅是人与人、而且也是人与神的斗争。人与神的斗争,也是古希腊神话、《圣经·旧约》中的一个重要内容。这种神话的发生,与古代社会君主、祭司地位的不稳定相适应。斗争的胜利者不仅是人的领袖,而且是神。

在这种情况下,人对神的敬畏程度不高。神有了过失,就会遭到指责;人对神有了不满,也会发泄出来。《诗经》中的怨天思想,后世的虐神行为(比如曝晒龙王塑像以求雨),应是上古人神关系的残迹。最严重的,是射天行为。《史记·殷本纪》载:

帝武乙无道,为偶人,谓之天神。与之博,令人为行。天神不胜,乃僇辱之。为革囊,盛血,仰而射之,命曰“射天”。

帝武乙的行为,此前乃是正常的行为。这样的行为不仅发生于中国古代。弗雷泽的《金枝》,披露了许多人们虐神的行为。古埃及的巫师宣称可迫使最高天神服从自己,并威吓天神:倘若抗拒,即予毁灭;印度教中那至高无上的天神也往往受巫师们支配①。东南非的津巴人,国王自称为神,“如果老天爷不按他的意思下雨,或天气闷热,他便以箭射天”。

神话中人与神的关系,曲折地反映了人与自然力的关系。中国古代原始人类和其他民族一样,认为自己是可以支配自然力的。

七 对世界的幻想与解说

不少神话学著作不认为神话是为了解说世界的产物,这是非常对的。犹如我们认为神话也不是上古人类着意创作的文学作品一样。神话所说的内容,都是当时人虔诚相信的。尽管如此,神话中关于自然现象的种种内容,仍然构成了对自然界的解说;犹如今天的文学作品,尽管作者旨在讲说某个故事,却仍然构成对某些社会现象的描述一样。因此,我们可以从解说自然的角度对神话进行研究。

前述有关天地起源、万物生成、风雨旱涝成因的内容,就是神话对这些现象的解说。羿射十日,可以看作是对天上为什么只有一颗太阳的解说;女娲补天,解说的内容就不止一项。比如冀州为何由遍地沼泽、“淫水”,变为适于居住的土地;其五色石,可看作是天上五彩云霞来由的解说。类似这样的解说,在古代神话中几乎是随处可见:“夸父与日逐走,入日,渴欲得饮,饮于河渭。河渭不足,北饮大泽。未至,道渴而死。弃其杖,化为邓林”②。这则故事构思奇丽,内涵丰富。最后的结局,可视作对某处桃林成因的解释。“应龙已杀蚩尤,又杀夸父,乃去南方处之,故南方多雨”③。这则神话对“南方多雨”作了说明。与天女魃居冀州,不得再上天,以致北方干旱的情节结合,也就大体说明了我国气候条件的大体特点。

著名的“精卫填海”的故事,当是对某种鸟的习性的解说:

……发鸠之山,其上多柘木。有鸟焉,其状如乌,文首、白喙、赤足,名曰精卫,其

① 弗雷泽《金枝》,中译本,第79～80页,148页。

② 《山海经·海外北经》。邓林,一般认为是桃林。

③ 《山海经·大荒北经》。

鸣自詨。是炎帝之少女名曰女娃。女娃游于东海，溺而不返，故为精卫，常衔西山之木石，以堙于东海……①

这则故事不仅解释了某种鸟的习性，而且也透露出当时人们的某种灵魂观念或变化观念。在他们看来，死去的人们可以变为鸟。这样的事例还不只一例。《夏小正》中，记载了许多鸟兽相变的故事：

鹰则为鸠。　　田鼠化为鴽。

雀入于海为蛤。　　雉入于淮为蜃。

这些说法曾在中国古代长期流传，并被作为万物可变的根据和例证。《夏小正》内容的产生年代，学术界尚无定论。但田鼠化鴽之类的说法，当可追溯到遥远的上古，追溯到创造精卫填海神话的时代。

考察这些神话的思维方式，可被认为有以下几种：

(1)推类。也就是以己度物，把自己的行为推广到自然物和自然现象。自己的行为可以造成某些前所未有的事物，就推想整个天地万物也是神祇的创造；自己的行为可以造成某些时生时灭的现象，如点火、洒水等等，就推想自然界时有时无的风雷阴晴也是某些神祇的行为所造成的。射日是射兽的推广，补天是补屋的推广。天的八柱、四极，显然也是原始房屋建筑中所用柱础的推广。

(2)夸张。推类中就有夸张，或者推类的本身就是夸张，如补天、射日，就是补屋、射猎的夸张。有些夸张则未必与推类有关。如怪兽神祇的形象，显然是夸大了兽的某一部分。烛龙张目为昼、气息为风，其长千里等等，显然是着意的夸张。

(3)组合。怪兽是某两种或几种兽的形体组合，半人半兽是人与兽的形体组合。由组合而成的怪物(其实是原始的神祇)往往比原形有更大的能力。

(4)联想。组合本身就是联想，其结果所形成的只是一个物。这里说的是把两件遥远的或不相干的事物联想成因果关系。比如联想精卫鸟是炎帝之女所变，其行为是要填海；联想某种动物的出现是旱涝的原因等等。

(5)不作论证。神话中的情节，都是只说故事，只下判断，而不作论证。比如应龙为什么只住南方而不住北方，旱魃为什么不能再上天等等。由此也可判定，神话只是一种初级的思维。克服这种思维的缺陷，是科学发展的前提，也是人类至今仍面临的任务。

神话时代的人们，不是终日生活在神话之中。神话只是飘浮在他们生活表面或上空的烟雾和光彩。他们生活的绝大部分。还是辛苦的劳作、残酷的战斗、艰难的生活。这样的现实生活，是他们神话的根基。神话中的事物是夸张的、其联系往往是错误的；现实生活中的事物是真实的，其联系也往往是正确的。他们用弹力造就了弓箭，用弓箭去射猎；他们从种子的发芽生长中发明了农业，从猎物中培养了家畜，发明了畜牧业；用泥土制陶；从树栖、穴居到学会建筑房屋；我国半坡遗址出现的尖底陶罐，说明半坡人对重心的原理已有某些认识。在这些生产、生活的实践中，他们对事物本身、对一事物与他事物之关系、对两个或多个事件之间的联系，其认识都是正确的。正是在对事物进行正确联系的实践中，原始人类发展了自己的思维。而当他们把这种思维形式推广到更大的领域，推广到他们感觉、力量所不及的领域，就往往发生错误，并由此也产生了巫术和神话。当我们研究神话中的思维形式时，同时也是对

① 《山海经·北山经》。

当时人们在生产和生活实践中思维方式的说明。

八 时空定位中的参照系思想

人类生产和生活的领域不断扩大，确定自己的时空位置就成了头等重要的问题。从现存的上古神话资料可以看出，我国那时的原始人类已能利用某些作为参照的系统给时空定时定位，我们称之为时空定位中的参照系思想。其内容可大体归结为利用天、地相互参照，给时空定位。

首先是利用山峦，确定太阳、月亮的出没位置。《山海经·大荒东经》所载，日月所出之山有六：

> 东海之外，大荒之中，有山名曰大言，日月所出。
>
> 大荒之中，有山名曰合虚，日月所出。

其他四山是：明星山、鞠陵于天山（包括东极、离瞀二山）、猗天苏门山、壑明俊疾山。另有汤谷，是太阳的休息之地：

> 大荒之中，有山名曰孽摇頵羝，上有扶木，柱三百里，其叶如芥。有谷曰温源谷。汤谷上有扶木。一日方至，一日方出，皆载于乌。

与此相对，《大荒西经》有日月所入之山，也是六座：

> 大荒之中，有山名曰丰沮玉门，日月所入。
>
> 大荒之中，有龙山，日月所入。

其他四山是：日月山、鏖鏊钜、常羊山、大荒山。另有方山，大约是月亮出入之地，如汤水谷：

> 西海之外，大荒之中，有方山者，上有青树，名曰柜格之松，日月所出入也。

不论如何，日月东西出入的情况是大体对应的。

依山峦确定太阳出入的空间位置，同时也就确定了一年中的时间节位。

山东大汶口文化遗址的著名陶符，其意义众说不一。冯时认为，这符号“像太阳携云气从山顶升起”，这是二分日的标志。因为附近的寺崮山正由五峰南北并连，“每当春分和秋分的早晨，太阳恰从中峰上升起。因此，这是古人借助自然标志确定二分日的真实记录”①。参照《山海经》日月出入之山，冯时的说法是有道理的。

其次是利用地上的物候、天上的星象来确定时间节位。《尚书·尧典》所载“四仲”的星象、物候是：

> 仲春，日中星鸟，鸟兽孳尾。
>
> 仲夏，日永星火，鸟兽希革。
>
> 仲秋，宵中星虚，鸟兽毛毨。
>
> 仲冬，日短星昴，鸟兽氄毛。

《夏小正》所载，更要详细。如正月：

> 物候：启蛰，雁北乡，雉震呴，鱼陟负冰，田鼠出，獭祭鱼，囿有见韭，鹰则为鸠，柳稊，梅杏杝桃则华，缇缟，鸡桴粥。

---

① 冯时《殷卜辞四方风研究》，载《考古学报》1994，2期。

天象：初昏参中，斗柄悬在下。

其他月份记载的详细程度大同小异。

《尧典》、《夏小正》一般认为是后人的述古或托古之作。然而从商代已用干支记时，并能区分岁月旬日等情况上推，上古以天象、物候相互参照确定时间节位的事当是真实的。其进一步发展，才是建标测影、确定冬至点、日月合朔等更为先进的方法。

方位的确定，应主要是以天体为参照系。首先是以太阳的出入确定东西，然后以北极星确定南北。《山海经》中，山经、海经、大荒经，皆分东西南北，当不全是后人的妄加。甲骨文中四方的概念已见于记载，此概念的产生当还在以前。

方位是地上的方位，而地上的事物是极难甚至根本无法确定方位的。方位的确定，只能依赖天象。直至今日，一个在无人旷野或森林中迷失方位的人，要想找到方向，最可靠的方法还是观测天象，其中主要是观测北极星。

能给时空定位，人类的活动就有了很大的自由度和主动权，这也是人类认识史上的一个重大进步。给某一系统定位，只能利用另一系统作为参照，懂得这一点，也是人类认识史上的一个重大进步。到今天，我们给某一系统定位，还是利用另一系统为参照。不论其方式、效果较以前有何种进步，效果何等精密，但那思想模式，还是一如既往，所以值得提出来特书一节。

九　治水与"利导"思想

和其他民族一样，中国古代也有关于洪水的传说和神话。中国古代的洪水传说和有些民族不同，传说所述主要不是洪水的灾难性后果，而是出现了一位治服洪水的英雄大禹。

《山海经·海内经》说"洪水滔天"，没讲年代。《尚书·尧典》将洪水归于尧时："帝(尧)曰：咨，四岳。汤汤洪水方割，荡荡怀山襄陵，浩浩滔天。下民其咨"。四岳举荐鲧去治水，九年不成。

鲧治水失败的原因，是方法不对。鲧的方法是"堙"："洪水滔天。鲧窃帝之息壤以堙洪水，不待帝命，帝令祝融杀鲧于羽郊"[①]。鲧的死因，还有一些说法。比较一致的说法，就是他用堙的方法不能治服洪水。堙，就是堵塞，筑堤防。息壤，传说是一种自动生长的神土，自然是筑堤的好材料。

据《国语·周语下》，鲧的方法源自共工：

(周)灵王二十二年，谷洛斗，将毁王宫，王欲壅之。太子晋谏曰："不可。晋闻古之长民者，不堕山，不崇薮，不防川，不窦泽。……昔共工弃此道也……欲壅防百川，堕高堙庳以害天下。皇天弗福，庶民弗助，祸乱并兴，共工用灭。其在有虞，有崇伯鲧，播其淫心，称遂共工之过，尧用殛之于羽山。

共工和鲧的故事，都是歧说并出，但古代有洪水，治水的方法最初是堙，当是古代的实情。《世本》载："鲧作城"。《吕氏春秋·君宋》："夏鮌作城"。鮌，就是鲧。城的作用，一是防敌，二是防水。这些记载，可和鲧用堵的方法治水相互印证。

城可防小水，防不了大水。一旦洪水滔天，汤汤怀山襄陵的时候，堵的办法就不管用了。

---

① 《山海经·海内经》。

于是有了禹的"导"。《尚书·皋陶谟》:"禹曰:……予决九川,距四海;濬畎浍,距川。"决、濬,就是挖河、挖沟,进行疏导。《国语·周语》载:

其后伯禹,念前之非度,釐改制量,象物天地,比类百则,仪之于民,而度之于群生,共之从孙四岳佐之,高高下下,疏川导滞……

"疏导"一词,应是渊源于此。由于这个方法,使治水获得了成功。治水的成功,使百姓们安居乐业:"……钟水丰物,封崇九山,决汨九川,陂鄣九泽,丰殖九薮,汨越九原,宅居九隩,合通四海……[①]""宅居九隩",韦昭注:"隩,内也。九州之内皆可宅居"。《世本》载:"化益作井。"宋表注:"化益,伯益也,尧臣"。《吕氏春秋·勿躬》、《淮南子·本经训》皆载"伯益作井"。据徐旭生所考:"离水边过一二里以外的地方绝没有石器时代的遗址"[②]。井的发明,是大规模治水以后的产物。治水要掘土,掘土掘出了水,由此发明了掘井技术。伯益是禹的主要助手,"伯益作井",合情合理。

由于井的发明,使人们可以离开水边,在更大的区域内"宅居"。这对当时人类的生产、生活,是一次革命性的变化。因此,大禹治水的成功,其意义决不仅是导水入川,导河入海,使百姓免除水患,恢复昔日的生活;而是导致井的发明,给当时的人类开辟了可以居住的新天地。所以后世的人们,对大禹治水的歌颂才如此热烈而长久。徐旭生把井的发明称为治水的"极伟大的一件副产品",认为井的发明,其"重要性比治水的本身有过之而无不及"[③]。

然而治水之役还带来一件极伟大的思想副产品,那就是"导"的思想。导,甚至被从治水推广到一般的政治原则。《国语·周语(上)》载,周厉王用卫国之巫监察诽谤国王的人,于是民不敢言。厉王得意,以为他的能力可以消除诽谤。召公回答道:"是障之也。防民之口,甚于防川。川壅而溃,伤人必多。民亦如之。是故为川者决之使导,为民者宣之使言。"其后《孟子·滕文公》篇讲到"禹疏九河","然后中国可得而食"。其《离娄》篇则谈到政治原则,认为,也应该如禹之行水,因为"禹之行水也,行其所无事也"。朱熹注道,所谓行其所无事,就是"因其自然之势而导之"。其后《淮南子·原道》篇说:"是故禹之决渎也,因水以为师"。这个原则,就是根据万物的自然本性,因势利导。并且认为,这样的原则,不仅适用于处理人与自然的关系,而且适用于处理人类社会的各种问题。

其实,治水的方法,一是堵,一是导,相辅相成。由于禹的成功,遂使导的原则成为主要的原则。

第四节　甲骨文所反映的科学思想

一　甲骨文中科学思想的局部性

甲骨文主要发现于殷墟,其中所反映的社会生活和思想状况,主要是商代的。

甲骨文已经不是初创的文字。不少学者推测,在甲骨文之前,一定还有更为原始的文字。

① 《国语·周语下》。

②,③徐旭生,中国古史的传说时代,第153页,文物出版社,1985年。

近几十年来的考古发现，在半坡和大汶口等地的文化遗址中，发现了许多刻于陶制器皿上的符号。不少学者认为，这些符号很可能是甲骨文的一个源头。有的学者认为，甲骨文有三个源头：①物件记事；②符号记事；③图画记事①。依此说，则甲骨文产生于“记事”的需要，而其形制则源于原始的图画、符号、物件等等。

用符号、或把原始的图画及物件转变为符号以记事，不仅对于科学，而且对于人类的全部生活，都是一件可以和火的发明同样重要的进步。文字是一种抽象的符号，人们用它来代表某些物和事，或者说，人们把具体的物和事变换成一些抽象的符号，并借助这些符号来思维，本身就是人类思维能力的巨大进步，也是科学思想的一个重大进步。直到今天，许多专门的科学领域，还是要先把自己的对象变为一套专门的符号系统，才能展开自己的思维进程。因此，人们才常把文字的发明作为人类进入文明时代最主要的标志。

甲骨文也是一种记事，不过所记仅是卜问神祇之事。对于古代社会，这是一种最主要的记事，也是浮在社会生活最上层的那些事件的记录。社会生活中的许多重大事件，在甲骨文中得不到反映。据《尚书·多士》：“唯殷先人有册有典”。这就是说，商代除了甲骨文外，还有记事的典册，但是这些典册如今都不存在了。甲骨文由于保存于地下，才得保留至今。

甲骨文所记，由于只是事件发生前的卜辞和事件发生后的验辞，所以我们据此可知当时发生过什么事件，却难以知晓这些事件是如何进行的。那些典册，可能会使我们知道一些事件本身的情形，但如今却无法找寻了。

在古代国家，最重要的事件不是生产、交换等经济生活事件，而是宗教、政治、战争等社会生活事件。甲骨卜辞所卜问的事件，主要是祭祀，其次才是政治和战争等。社会经济生活，只有在它与宗教信仰相联系时才能得到反映，所以从甲骨文中，我们看不到当时日常的社会经济生活是如何进行的。这对我们要从中寻找当时的科学思想带来了特殊的困难。

由于甲骨文全是卜辞，呈现于我们面前的，就完全是一幅宗教生活的画面，似乎商代人每事必卜，事事都要得到神的指示才能进行，完全拜倒在神的脚下。在这里我们应该提出这样的问题：商代有没有一些不必借助占卜就可进行的较为重大的事件？我们相信，一定会有的。比如那按照时令年复一年进行的生产活动。卜辞仅仅卜问是否会获得丰收、何时用新粮祭神，却不卜问何时开始耕作？更不卜问如何进行耕作？我们推想，这些应该都是当时的人力已经解决的问题。一般说来，人类在自己力所能及的范围是不求助于神祇的。人类需要求助神祇的，都是那些力所不及或暂时力所不及的事件。

即使探讨商代人的宗教观念，也不可以甲骨文为唯一依据。从甲骨文看，商代人对神祇毕恭毕敬、十分顺从。但《史记·殷本纪》载，帝武乙侮辱天神，殷民们偷窃祭神的牺牲。这种情况当非偶然，而侮辱天神的事件在后世是不可能出现的。这说明商代人仍然保留着神话时代人对神的态度：人们敬畏神祇，却还没有达到绝对的程度，在神祇有了错误或人对神有所不满时，人们就会对神祇表现出种种不敬的态度。

神是自然力的掌握着，或说是自然力的化身。对神的态度，也就是人对自然力的态度。在商代，人们对自然力的敬畏未必都像卜辞中表现的那样虔诚。因此，当我们在探讨甲骨文中的科学思想时，应当注意，这里反映的只是当时科学思想的一个侧面，而非全貌。

就已经释读出来的甲骨文而论，对一些关键字义的理解还存在着很大的分歧。如“日有

① 汪宁生，从原始记事到文字发明，载《考古学报》，1981年第1期。

食"、"日夕又(有)食"、"日月又(有)食"、"日戠"、"日又(有)戠"、"月又(有)戠"等记事,不少学者认为这是预卜日月食①。其中有的学者认为"戠"是日中的黑气或黑子②,也有的学者认为"戠"是指"日月交食"③。但是还有一些学者,认为"又(有)食"是指祭品,而"戠"读为"熾",指熟食。因此,这也是关于祭祀的占卜,而不是关于日食或月食的记录④。这样,当我们据甲骨文以判断商代人对待日月食的态度时,就须加倍的小心。在其他方面,我们也将采取这种态度。

二　一个由神祇支配的自然界

在神话中我们已经看到,那些自然现象,都是由神祇们造成的,或是由神祇所管理的。但还未见人向神祇问卜或乞求神祇降雨之类的说法。甲骨文中,对自然现象的神话说明已成了宗教教义,人们向神灵卜问或乞求神祇为他们造成某种自然现象。其中最重要的,是卜问是否丰收,和哪个地区,哪种作物将获得丰收。如:卜问某个地区是否丰收的:

甲午卜,延贞:东土受年?

甲午卜,延贞:东土不其受年?⑤

甲午卜,宾贞:西土受年;贞:西土不其受年⑥?

有卜问某种作物是否丰收的:

癸未卜,宾贞:我受黍年?贞:我不其受黍年⑦?

有同时卜问五方年成的:

乙巳王卜,贞:(今)岁商受(年)?王占曰:吉。东土受年?南土受年?西土受年?北土受年⑧?

还有卜问"帝"是否会降下灾祸,不让人们获得丰收:

贞:唯帝它我年?二月。贞:不唯帝它我年?二告⑨。

这类卜辞很多,各种著录甲骨文的书籍及研究论著,其编排、引用出处甚至文字也小有出入,但殷人把丰收与否看作是由神祇、尤其是"帝"所掌握的,则没有疑义。卜辞中有关收成及其他与农事有关的卜辞的众多,是研究者视农业为商代主要经济部门的证据之一⑩。

天上的风雨阴晴,被认为是由神祇掌握的,有卜雨的甲骨:

己未卜,今日不雨,在来⑪

癸卯卜:今日雨?其自东来雨?其自南来雨?其自西来雨?其自北来雨?⑫

---

① 胡厚宣,"卜辞日月又食"说,载《出土文献研究》,文物出版社,1985年6月;郭沫若《殷契粹编》等。

② 陈梦家,殷虚卜辞综述,第240页。

③ 温少峰、袁庭栋,殷墟卜辞研究——科学技术篇,第30页。四川省社会科学院出版社,1983年。

④ 连劭名,卜辞中的月与星,载《出土文献研究》(续集),文物出版社,1989年。

⑤,⑥《甲骨文合集》9735,9742。

⑦《殷墟文字乙编》5307。

⑧《甲骨文合集》36975。

⑨《殷墟文字乙编》,7456。

⑩ 杨升南,商代经济史,第84页,贵州人民出版社,1992年。

⑪《甲骨文合集》20907。

⑫《甲骨缀合编》二四O。

后一卜辞带有优美的诗的形式,曾被许多著作所引用。而降雨,被认为是帝所掌管的:

贞:生八月,帝不其令多雨[①]?

自今庚子至甲辰,帝令雨[②]。

贞:帝令雨弗其足年[③]?

戊子卜……帝及四月令雨。王占曰:丁雨……贞:帝弗其及今四月令雨? 旬丁酉允雨[④]。

与雨有关的是风。风的有无也是占卜的重要内容之一:

癸酉卜:乙亥不凤(风)? 乙亥其凤(风)[⑤]?

己亥卜,贞:今日不凤(风)[⑥]

风,也被认为是由帝所掌管的:

贞:羽(翌)癸卯,帝其令凤(风)[⑦]?

羽(翌)癸卯,帝不令凤(风)? 夕雾[⑧]。

从甲骨文看来,帝未必亲自掌管风雨,但掌管风雨之神似乎必须得到帝的命令才可以降雨和刮风。

风雨可作为自然现象的代表,在商代人的心目中,自然界乃是帝及其诸神所掌管的世界。神话中关于风雨的解说,成了商代人的宗教信条。

疾病,也被认为是神灵的作祟:

贞:佳帝毌王疒[⑨]?

……佳帝毌王疒[⑩]?

毌,《甲骨文字集释》释为肇。温少峰、袁庭栋《殷墟卜辞研究——科学技术编》认为像“以戈击户之形,有打击、贼害之义”[⑪]。所以这两条卜辞的意思是:“是否由上帝击害而致病”[⑫]。无论如何,这两条卜辞说明,在商代人心目中,疾病是和帝有关的事件。

有些病,也被认为和已故的祖先有关:

贞:疒,佳父乙跎[⑬]。

贞:疒,不佳匕(妣)己跎[⑭]。

父乙,妣己,都是已故的祖先。

病因如此,有病祀神就是必然的。祀神的方式,有告、邻、禦、卫等数种[⑮]。不过,这些祭礼并非专为除病而设。告,是遇重大事件向神灵报告的祭礼;邻,也有人认为主要是迎神之祭,只有一部分用于禳除灾祸[⑯],自然包括禳除疾病。

不过,从上述卜辞已经看出,商代人卜问疾病是否由祖先或神灵造成,说明鬼神致病只是他们所认为的病因之一。《殷虚文字乙编》第六三八五条:

---

①,④,⑧《殷虚文字乙编》五三二九;三O九O;二四五二。

②,③,⑤,⑦《甲骨文合集》900正;10139;65;195。

⑥罗振玉《殷虚书契后编》上三一·一三。

⑨,⑩《殷虚文字乙编》七三O四、七九一三。

⑪,⑫温少峰、袁庭栋《殷墟卜辞研究——科学技术编》第329、330页,四川科学院出版社,1983。

⑬,⑭《殷虚文字乙编》三四O二、二O九七。

⑮ 见:温少峰《殷墟卜辞研究——科学技术篇》第331页。

⑯ 见:王贵民“说邻史”、载《甲骨探史录》,三联出版社,1982。

贞:有疾自,唯有它?贞:有疾自,不唯有它。

陈炜湛认为,“自”乃鼻之象形,这里用其本义。“有它”,义同有害,有祸。全辞意为:鼻子有毛病了,是不是因为有鬼神作祟,或是否有什么祸害呢①?

这就是说,在商代人看来,疾病的成因有两种;一种是鬼神作祟,一种不是鬼神作祟。

人类学家马林诺夫斯基指出,原始人类“永远没有单靠巫术的时候”②。只有在自己的知识技能不够时,他们才使用巫术。同样,原始人及后来的人类,也从来没有完全依靠宗教、乞求鬼神的时候。在医疗问题上,也是如此。

在对动物的观察研究中人们发现,许多动物都具有某些自我治疗的能力。脱离了动物界的原始人类,自然也保持着这种能力,并且也当有所发展。原始人的这种医病能力,当是人类医学的真正源头。依赖巫术和神灵,当是后起的医病手段。正因为如此,卡斯蒂格略尼的《世界医学史》才把“本能的和经验的医学”放在“魔术的医学”之前,并明确指出:“最古代的医学先是以经验医学为主,在这个基础上发展起魔术的医学”③。我们还可以补充道,“魔术医”兴起以后,经验医学并没有消失,它仍然在尽着自己的责任。于省吾认为:“古文殷字,像内脏有疾病,用按摩器以治之……,可见商人患病除乞佑于鬼神外也用按摩疗法”④。于氏对“殷”字的释读,可作为商代经验医存在的一个证据。

古代自然科学的各个领域,都存在着和医学中相类似的情形。在人力所不及的领域,是巫术和宗教的领地;在人力所及的范围内,经验科学在尽着自己的责任。这两个方面并存着,此消彼长。人类从来都没有单靠巫术或宗教解决自己的物质生活问题。甲骨文所反映的情况,只是人和自然关系的一个方面,虽然当时是人和自然关系中的主导方面。

研究者常把甲骨文中的帝以及与自然现象有关的神灵看作自然力的化身,这未必符合商代的实情。

在神话一节中我们已经谈到,神话中的风雨雷电之神,是动物神或人形神。它们不是自然力的化身,而是管理或掌握自然力的动物或人的神化。而帝,则是人间君主的形象,同时也是自然界诸神之首,是自然力的支配者。

甲骨文中的帝,也是人间君主的化身,是商王及其祖宗神的化身。罗琨说:

> 荷马时代大神宙斯也只不过是父家长的形象,而商代自然界诸神却按商王统治机构为蓝本,构成君臣之分。上帝是自然界的主宰,也称上子,与死去的八王称下子、王帝(……)、帝甲(……)、文武帝(……)遥相呼应。王有王臣(……),有尹史一类的官吏,受令于王管理生产,从事征战、祭祀等活动。帝也有帝臣(……)、卜辞还见“帝使风”(……)及“帝令雨”(……)、“帝令其雷”(……),也就是说,风神为帝之使,雷雨诸神也要听帝命而行(……),显然,上帝就是商王的化身……⑤。

赞同“神话历史化”说的张光直先生在论及甲骨文中的上帝观念时,也认为它是殷人祖宗神的抽象:

> 卜辞中关于“帝”或“上帝”的记载颇似。“上帝”一名表示,在商人的观念中帝的

---

① 参见:陈炜湛,甲骨文简论,第90页,上海古籍出版社,1987年。

② 马林诺夫斯基(B. Malinowski),巫术科学宗教与神话,第16页,中国民间文艺出版社,1986年。

③ 卡斯蒂格略尼(A. Castiglioni),世界医学史(A. History of Medicine)第一卷,商务印书馆,1986年,第31页。

④ 于省吾,甲骨文字释林,中华书局,1979年。

⑤ 罗琨,商代人祭及相关问题,载《甲骨探史录》,三联书店,1982年。

所在是"上"。但卜辞中决无把上帝和天空或抽象的天的观念联系在一起的证据。卜辞中的上帝是天地间与人间祸福的主宰——是农产收获、战争胜负、城市建造的成败,与殷王祸福的最上的权威,而且有降饥、降馑、降疾、降洪水的本事……

事实上,卜辞中的上帝与先祖的分别并无严格清楚的界限,而我觉得殷人的"帝"很可能是先祖的统称或是先祖观念的一个抽象①。

也就是说,殷人的帝是他们的祖宗神,这位祖宗神也是自然力的最高主宰。人们要求雨水和阳光,必须向他乞求。较之神话中的情形,人神的界限已是非常明确并且疏远了。

三 占卜与预测

用甲骨(其中主要是龟甲)进行占卜,在商代已是比较发达的形式,它起源于何时?不易详考。但可以肯定,在殷墟甲骨文之前,龟卜已经有了相当长的历史发展。

预测未来,当是人类意识稍有发展以后就产生的愿望。但最初用什么形式?也难以知晓了。在古希腊神话中,预测未来的重要形式是求神谕。通常是派人到神庙里去,睡上一觉,然后把梦中的残片当作神谕,由专门的神职人员加以解说。这种预测的前提是:神的存在及其具有预知能力,可以向人指示未来。

原则上,神谕可以通过各种形式表达。神是自然力的掌握者,因此,自然现象也就常被视作神谕的表达方式。人们通过自然现象去探测神意,从中发展出了星占、风占、候气等各种占卜形式,其目的在于预测未来,其内容则包括预测自然现象特别是气象的发展以及人事的前途。

通过道具预测未来,也是古代的重要占卜形式。对我国许多少数民族的考察表明,所用的道具多种多样,鸡骨、竹棍、动物肝脏、稻米,许多动物、工具、草木等等,都可用作占卜的道具。依理推测,这些工具的选择当不会是完全任意的。

可以相信,在上古时代,中国先民也一定使用过各种各样的道具。龟卜成为商王室的主要占卜形式,当是一种类似自然选择的过程。

在神话中我们看到,某些动物的行为,往往和某些将要发生的自然现象有关。《山海经·西山经》载:

……太华之山……有蛇焉,名曰肥𧔥。六足四翼,见则天下大旱。

……崇吾之山……有鸟焉,其状如凫,而一翼一目,相得乃飞,名曰蛮蛮,见则天下大水。

这种情况,或许是一种经验事实。在弄不清是什么条件促使这些鸟兽出现的情况下,往往会把鸟兽的被动逃避认为是主动的趋向,而主动趋向的原因,则是因为这些鸟兽能先知。

《国语·鲁语》载,鲁国出现了海鸟,大夫臧文仲把鸟作神祇祭祀。展禽认为这是非礼之举,并且指出这是海上气候异常,海鸟为避灾而来。但是后来,鸟兽的这种避灾行为仍被认为是可以先知:

人能贯冥冥入于昭昭,可与言至矣。鹊巢知风之所起,獭穴知水之高下,晕目知

① 张光直,中国青铜时代,第264页。三联书店,1983年。

晏，阴谐知雨。为是谓人智不如鸟兽，则不然[1]。

那么，可以相信，在上古时代，某些鸟兽的行为被人们认为是可以预知的表现。

一些可能是偶然或巧合的经验，被当成必然的联系。如《山海经·西山经》载：

……女床之山……有鸟焉，其状如翟而五采文，名曰鸾鸟，见则天下安宁。

……小次之山……有兽焉，其状如猿，而白首赤足，名曰朱厌，见则大兵。

于是这些鸟兽就被当作可以预知的鸟兽，并可能被奉为神灵。龟，当是这可以预知的鸟兽中之佼佼者。龟能预知，不见于神话资料。但《史记·龟策列传》载："或以为昆虫之所长，圣人不能与之争"。这当是一种古老的观念。而龟，则直到很久以后，仍被奉为神灵。

从甲骨文可知，商代的占卜观念，已是把龟卜主要作为神意的表现，是人神相通的中介。龟卜中的神意，表现于烧灼后的裂纹形状。裂纹的形状，千变万化："灼龟观兆，变化无穷"[2]，其中的意义，必须由专门的神职人员加以解释。

如何根据裂纹判断吉凶？在今天几乎是无可查考，只能据零星的资料进行推测。《史记·龟策列传》："献公贪骊姬之色，卜而兆有口象，其祸竟流五世"。所谓"口象"，大约是裂纹象口形，神职人员判定这是将有进谗言的口舌之事。这可说是象形文字式的卜兆。"晋文将定襄王之位，卜得黄帝之兆，卒受彤弓之命"。"黄帝之兆"，就是《左传·僖公二十五年》所说"遇黄帝战于阪泉之兆"。这样的卜兆，很难是一种形象，而应是一种抽象的符号。

可以相信，卜兆中的抽象符号，将是大量的。即使那些象形文字式的，其间的相像度也不会高于甲骨文与物象的相像度。这种较低的相像度，本质上只能被看作一种抽象符号。因此，神职人员，即卜辞中记载的"贞人"，从卜兆中寻求神意的思维活动，实质上乃是借助抽象符号以判断两件或两件以上事物因果关系的思维活动。呈现于占卜活动表面的，是卜兆表达着神意；实际上进行的思维过程，乃是贞人把卜兆看到表示事物实际进程的符号。

把某种卜兆看作是某种事物实际进程的反映，很可能是得自局部的、暂时的和偶然的经验。此后则依此而进行类推。据《周礼·太卜》，"其经兆之体皆百有二十，其颂皆千有二百"。由此上推，大约在商代，也已对卜兆进行了归类，并建立了某种规则。这样，卜兆尽管千变万化，但"经兆"是有限的。那千变万化的卜兆都可依经兆为准进行归类。

借助符号以表示事物间的相互关系，是人类思维的一个巨大进步；借助少量符号去表示多种关系，或借助有限符号去表示事物无限多样的关系，乃是人类思维的又一进步。龟卜的出现及其规范化，反映了人类思维发展的这一进程。

然而用龟甲作为占卜道具，及其龟卜所表示的意义，本身就是人类思维误入歧途的产物（比如认为龟能先知），或者并非事物之间的必然联系（如龟兆），把这种意义推广、引伸，就使人类在这条歧途上越走越远。如果说龟兆在初出现时，还是由于适逢、偶合，而具有暂时的局部的意义，那么越到后来，它就愈益失去那本来就少得可怜的现实内容，而成为纯粹传达神意的抽象符号。如果说神和神意是存在的，那么龟卜就会随着神的存在而存在下去，除非它被另一种更适于表达神意的占卜手段所代替。如果神是不存在的，那么它将随着人类认识的进步而被取消。龟卜在人类思想发展史上的意义，仅仅在于它企图用少量的符号去表示众多的。甚至无限的关系。

---

① 《淮南子·缪称训》。

② 《史记·龟策列传》。

龟卜的目的，是预测未来。目的本身不是神学，而是人类该有和必有的美好愿望，是人类思维发展到一定阶段才能提出的要求，也是科学发展的内在要求。科学所从事的认识活动，不仅是为了安排好现实的事物，而且是为了预测未来。科学所认识到的事物之间的因果联系或相关关系，使人们可以睹其因而知其果，见此而知彼，因而可以预测未来。

人类预测未来的始点，未必就是宗教和神学，很可能是把适逢、偶会之类当成必然的联系，或者是把暂时的、局部的、外在的相关，当成内在的持久而普遍的关联。思维的发展如果不断纠正原来的错误，就会从中发展出真正的科学和科学预测；如果把起始的错误推广，并借助某些社会因素坚持下来，甚至神化这一错误手段，从中发展出的，就是神学的预测。龟卜，就是中国历史上迄今可知的最早最重要的神学预测手段。

作为神学预测手段，龟卜所依赖的不是事物的必然联系，而是体现神意的道具和道具中体现的神意，其结果，本质上是不可靠的。人类思维走上这条道路，是一种错误和悲剧。然而人类思维的发展又无法避免类似的错误和悲剧。因为人类思维不仅受认识自然的要求所支配，而且受自身利益的驱使，受认识条件的限制。科学思维和科学预测的发展，只能在一条曲折的道路上行进。

在这里我们还应提出这样的问题：在甲骨文所反映的神学预测手段之外，是否还有非神学的手段？由于甲骨文仅是神学预测的遗迹，所以我们无法从甲骨文自身找到非神学预测的证据。但据《尚书·洪范篇》箕子对武王问，其中认为决疑不仅要“谋及卜筮”，而且要“谋及乃心，谋及卿士，谋及庶人”。这一切，就是预测前途时的非神学因素。由此推测，在预测自然现象中，包括预测风雨阴晴、旱涝灾害、年成丰歉，也一定会借助某些非神学的手段。依赖这些非神学的预测手段，商代才能进行正常的生产和生活，才能成就许多伟大的事业，创造出许多伟大的文化成就。

比如农业，虽然商代人不断卜问年成如何，但他们同时也知道，如何耕地、何时播种，并进行中耕，甚至还可能懂得施肥、灌溉，把这些作为获取丰收的条件，也就是预测到，在经过这些手续之后，是可能获得丰收的。

又比如手工业。那精美的青铜器，要铸造成功，必须对原料之配制、火候的掌握、浇铸的条件等等有所研究，知道在什么样的条件具备之后，就可能会有什么样的成果出现。这就是真正的科学预测。

又比如战争，虽然其结果较之生产活动更加难以预料，但是适当的兵力、优良的武器、灵活的战术，商代人也一定有相当程度的掌握。才能取得许多武功，以巩固并延续自己的统治。这就表明，对战争的前途，商代人靠的也主要是非神学的预测。

在那需要经过许多复杂的活动才能达到预期目的的进程中，其前提和目的之间，也就是其原因和结果之间，预期往往有一定程度的或然性。人们虽然作了该做的一切，却未必能获得预期的结果。在这种地方，相信神灵存在的商代人就不得不求助神灵，进行神学预测。从这个意义上说，占卜这种神学预测形式，仅是人类全部预测活动的一种次要的补充。

可以相信，即使风雨阴晴这些难测的现象，商代人也会积累起一些预测的经验知识，而不会全靠占卜。

大约只有一种活动，是科学预测所无能为力的，那就是何时祭祀及祭祀是否吉利、神灵是否歆享。甲骨文的卜辞，最重要的和最大量的，就是这一类卜辞。这完全是神学的领域，也是当时国家政权最重要的政治活动。不过对于认识自然，却几乎毫无关系。因此，从整个社会生活的全局看问题,科学预测也应是商代预测活动的主干和基础。

四　命名和分类

天地万物,本来是没有名称的,给它们命名,是人类的事业。有名之后,万物得以相互区分,这当是人类认识自然的第一步。

最初的物名,不只是一个可以任意更换的符号,而且是一个名词、一个概念。这个名词和概念,反映着当时人们对该物的认识。

《山海经》中,已有很多名称。山有山名,水有水名,鸟有鸟名,兽有兽名,许多神灵,也有自己的名字。也有一些神或兽是无名的,大约当时人对它们还未形成概念。

命名的原则已不易找寻,只有个别地方露出一些蛛丝马迹。其《大荒南经》载:"南海之外,赤水之西,流沙之东,……有三青兽相并,名曰双双。"据郝懿行引杨土勋疏,则谓"双双之鸟,一身二首,尾有雄雌,随便而偶,常不离散,故以喻焉"。这大约是以鸟兽的形体特点命名。而其中所提到的"南海",则与北海、东海等,是以其所在方位命名;"赤水",当是因其水之色,"黑水"与此相类;"流沙",是因其沙可流动,与河边之沙不同。

其"海外"诸经所载之长臂、卵民、毛民诸国国民,也是根据该国中人的形体特征。

鸟的名字,许多取自它的叫声:

> "南次二经"之首……有鸟焉,其状如鸱而人手。其音如痺,其名曰鴸,其名自号也①。
>
> ……祷过之山……有鸟焉……其名曰瞿如,其鸣自号也②。

以鸣声命名的还有毕方、当康等等。

不论是形体还是叫声,都是物的外部特征。这些特征是人的感官可直接感知的。这样的命名方式,反映了当时人们对自然物的认识水平。

《山海经》中的名,不易确定都起于何时。甲骨文中的物名,则确为商代所已有。研究这些名称,可帮助我们认识商代的认识水平。名称是分类的基础,所以研究这些名称,也可帮助我们了解商代的分类思想。

商代农作物的种类,据杨升南统计③,有:禾(粟),秫(黏谷子),黍(糜),麦(来、秣),菽(豆),秜(稻),高粱,等数种。

商人区分农作物种类的标准,杨升南取裘锡圭说:"谷子的穗是聚而下垂的,黍子的穗是散的,麦子的穗是直上的"④。禾字,"酷肖成熟的谷子"。据此,裘还认为那形似穗大而直的作物可能是高粱。这是依果实的外部形态命名、分类。

秫是禾的一种,另造一字以区别于禾,表明商代人已认识到二者的差别。禾与秫的差别,单从外部形态是难以辨明的。这里区分的标准,当主要是果实的内在性质:秫米作成饭是黏的。从禾中区分出秫,表明商代人对农作物的分类已不仅局限于外部形态。

---

①,②《山海经·南山经》。

③　即杨升南《商代经济史》,下同。

④　甲骨文中所见的商代农业,载《农史研究》第八集,1985年。

家畜的种类，温少峰统计，有马、牛、羊、鸡、犬、豕[①]，即后世所说的六畜。杨升南统计，则还有象、鹿。杨升南据出土的鸭骨及玉雕鸭鹅象中，断定商代家禽还有鸭、鹅，但不见于甲骨文字。因此，商代是否已给鸭、鹅命名，尚无可靠证据。

甲骨文中对每种家畜又有进一步的区分。其中马的名称还有：

白马、赤马、𫘝、駂、䮝、䯄、驳；㺷、䭾、骏、骆。

温少峰认为，前一组马名，是以毛色命马名；后一组是以马的外形命名。以色命名，一般说来仅是外在特征；以形命名，则带有对马性能的了解。比如骏，温少峰认为是表示此马如犬之聪慧；骆，则表示此马行走之平稳。从马的外形去认识马的性能，是后世相马学的基础。

牛的毛色，依温少峰的统计，则有：

黄牛、黑牛、幽牛、勿牛、白牛、骍牛。"勿牛"，胡厚宣先生认为"即黎黑之牛"，亦即今天长江流域之"水牛"[②]。商代出土的牛骨，也多有水牛骨。甲骨文将"勿牛"与白、黄、黑并列，说明商代人可能还未认识到"勿牛"应另为一类，而白、黄、黑则应归入一类。大约由于当时北方多旱田，商代人还未能认清水牛的特殊性能，对牛的命名和分类还仅停留于毛色这个最直观、最宜辨别的特征上面。

猪，除以毛色、牝牡命名外，还有以大小命名的。成猪叫豕。小猪叫豚。对牛，也进行了年龄的区分：

戊寅卜，亘贞：取牛不齿[③]？

温少峰认为，这是以齿况鉴别牛的记载。甲骨文中一些牛字古上方常附有一、二、三、亖等字样，温少峰认为这是表示牛年龄的符号。

以年龄对猪、牛进行分类和命名，乃是基于生活和生产的需要。牛年龄的标志，是它的牙齿状况。相对于毛色，这可说是一种内在特征。

猎获的野兽，据杨升南统计，甲骨文中共有九种：

鹿、麇、麑、虎、象、兕、豕、狐、兔。九种之中，麑是幼鹿，因此只有八种。猎获的鸟类，甲骨文中只有三种。即：

雉、鹰、鸟。

据杨著所引对殷墟出土之兽骨分析，其野生或野生而兼家养之兽，有30种。至于鸟的种类，当会更多，但甲骨文中除雉、鹰而外，一律用鸟字概括。这种情况应是表明，商代人对一部分猎物，尚未能命名，因而也尚未能把它们区别出来。

对于疾病，甲骨文中则按得病的部位进行分类。据温少峰统计，甲骨文中所记的疾病有：

病首、病目、病耳、病鼻、病口、病舌、病言、病齿、腹不安、病身、病臀、病肘、病趾、病骨、病心，等等。

也有的疾病不按得病部位分类，而按病症本身分类，如：病蛊（寄生虫病）、病疟、病疫（传染病）、祸风（感冒风寒而病）等。二者相加，温少峰共考出商代人的疾病有34种。

温少峰对甲骨文的释读或许会有某些争议。但大体可知，商代人对疾病的分类主要是依据得病部位，只有少数是依据疾病本身的特点。这个结论，与前人的研究是一致的。

---

① 指温少峰，袁庭栋著《殷墟卜辞研究——科学技术篇》下同。

② 胡厚宣，卜辞中所见之殷代农业，载《甲骨学商史论丛》，第2集，第1册，1944年，成都。

③ 《殷契遗珠》152。

得病的部位不同，有时也即是病的不同。如眼病和齿病、头痛和心痛，既是得病的部位不同，也是所患的不同疾病，所以今天的医学，也还采用按部位分科的办法。如眼科、齿科、耳鼻喉科、肛肠科、胸外科等等。但现代的按部位分科，也是服从于按疾病本身分类，是按疾病本身分类的结果。而商代的情形，则基本上还不能把身体各个部位的疾病联系起来，找出它们的共同成因和共同特点，而只能根据得病的部位来诉说病苦，乞求鬼神庇佑。

甲骨文的资料表明，现代所见的、以《黄帝内经》为代表的中医理论，乃是较后发展起来的理论，是中国医学发展到较高阶段的产物。依照这种理论，全身各个部位的疾病，均可归结为虚实寒热等数种。即使一些局部的外科疾病，如疮肿等，也认为与全身的虚实寒热等有关。这就是常说的中医整体思维方法。但这样的思维方法，在甲骨文中还见不到，因而它不是中国古人固有的思维方法。在这样的思维方式产生以前，中国古人则主要按得病部位对疾病分类，其治疗也当是头痛医头、脚痛医脚。只是到了后来，认识到不同部位的疾病可能有着共同的病因，因而可用同样的方法治疗，《黄帝内经》那样的理论才发展起来。《黄帝内经》的理论是对甲骨文中医学思想的否定，但它那高度整体化的归类也往往大而无当，所以还应向具体分析进展，就是说，也应受到否定，才能使中国医学获得根本性的进步。

从甲骨文中出现的名词可以看出，商代对事物的命名和分类，主要还是依据直观可感的外部特征。这样的分类方式，是人类思维必经的一个阶段，也是科学思想发展的必要环节。甲骨文中名词的众多，说明当时对事物的分类和命名已经较为发展。在这个阶段上，商代人也发现了事物相互之间的内在联系，发现了事物自身的一些本质特征，并企图将这些发现应用于命名和分类。如对蛊病的认识，如发现牛的牙齿状况和年龄的关系等等。因此，甲骨文中的命名和分类状况，又是进一步以内在特征对事物命名和分类的开始。

动物、植物、房屋、工具、甚至山川、星辰等等，都是自然相互区分的单个事物。对它们的命名和分类，主要是一种定性的认识。即使得病部位，虽然联为一个整体，但其自然界限也较易区分。但像时空这样的对象，自身是一个整体，对它们的区分和命名，往往成为一种定量的研究。

五 对时空的区分

对于时间，甲骨文中已有年月旬日之分。

年，据《说文》，义为“谷熟”。后来遂将这谷熟一次作为一个时间单位。甲骨文中已有以“年”为时间单位的记述：

……卜，贞：寅至于十年……①

与年相当的时间单位是“岁”。《左传·桓公三年》“有年”疏：“谓岁为年者，取其岁谷一熟之义”。因此，岁，也是与农作物成熟，收获有关的概念。因此也和年一样，用作时间单位：

己巳王卜，贞：[今]岁商受年？王占曰：吉……②

乙丑卜，王贞：今岁我受年？十二月③。

癸酉卜，宾贞：今来岁我受年？

---

① 《殷契粹编》一二七九。

②,③《甲骨文合集》36975，9650。

贞：今来岁我不其受年？九月[1]。

与年、岁相当的时间单位是"祀"。商代对祖先实行周而复始的祭祀制度。其祭祀周期有36旬型和37旬型。每一祭祀周期相当于一年的长短，因此也被用作纪年的时间单位。对祀的这种用法出现在商代晚期和周初的甲骨文中[2]，说明以祀纪年是在年岁作为时间单位出现以后的事。

以年谷一熟作为一个时间单位，与植物的春荣秋落相一致。本质上是以可感的物候现象对时间流程作出的区分。

年下有月。月显然是月亮盈亏一次或出没一次的周期。旬是对月的划分，也可说是日的集合。十日一旬，可能与十进位有关。而十进位，又源于双手十指这个自然的"记数器"。日，则是视觉中太阳出没一次的周期。这样的周期最易为人所感知，因此也当最先被作为时间单位。对月的认识要难于日，对年的认识又难于月。月与年作为时间单位，需要长期的经验积累，因此当比日为晚出。商代人已将年月旬日组成一套完整的计时体系，说明他们对时间的区分已达到较高的程度。

太阳出没、月亮盈亏、年谷一熟，都可被认为是一种质的区别，是定性的区分。这种定性的区分和马、牛、羊等一生一死，本质上应是同类的概念。然而当人们把这些定性的区分投射于时间流程，就成了量，成了时间流程中量的区别。

一日之中，商代人又根据明暗程度将一日划分为若干段落。据温少峰统计，甲骨文中说明一日之内时间不同的名辞有：

日（白天，从日出至日入），

夕（晚上，从日入至日出）

日与夕，构成一天。夕又兼昏暮而言，或与亦（夜）相当。白天的时间，又区分为：

晨、昧、旦、朝、大采、大食、中日、昃、昃、小食、小采、昏、暮等。

其中旦、昏指日出、日入。晨、昧在日出之前，表示天亮之程度；暮在昏之后，表示昏暗程度已深。大食、昃、小食，与早中晚餐有关，中日、昃，则与日影之斜正有关。昏暗之亮度，与色彩同类。用于区分动物，仅是定性的概念。日出，日入，日影斜正，早晚进食，都是一些定性的事件。这些事件被投射于一日的时间流程，成为时间流程中量的区分。

一日之内，表示时间概念的名词如此之多，反映了商代人精细划分时间段落的强烈要求。这种要求，使他们有可能寻求一种更精细的办法去确定和划分时间段落。

表示一日之内时间段落的名词有"中日"和"昃"，其根据是日影的斜正。日影的斜正起初可能由观测树影或旗杆影而来，后来就有可能建立专为测影的工具。

甲骨文的"𠂤"字，李圃认为可能是古代的测天仪，其实物当作垂直长杆形，饰以飘带以观风向，架以方框以观日影[3]。温少峰进一步论证，甲文中的"臬"、"甲"、"丨"、"丨丨"等，就是商代甚至商代以前立表测影在文字中的反映。并从商代已掌握使地面保持水平、使立杆保持垂直等方法，论证商代已具备建标测影的技术条件[4]。甚至认为商代已能测定日至。

---

① 《甲骨文合集》9654。

② 参阅：温少峰、袁庭栋《殷墟卜辞研究——科学技术篇》第97～99页。

③ 见：李圃《甲骨文选读》（自序），华东师大出版社，1981年。

④ 温少峰、袁庭栋，殷墟卜辞研究——科学技术篇，第8～27页，四川社会科学院出版社，1983年。

商代是否能测定日至，其测定的准确度如何？似乎还应找到更多的证据，但是商代已能建表测影，大约是可信的。这样，在确定和划分时间段落这个问题上，人类就从使用那些由随意观察所获得的具体事件为标志，进到用人工制造的仪器为标志，从而为时间的划分建立了精确而统一的标准。旦暮朝夕等还是得自一些定性的事件；建表测影，则完全成了定量的工作。人类思维这种由定性到定量的进展，也是一个巨大的进步。

对事物作定量的认识，需要有定量的工具，即所谓量具。测影之表，可说是时间的量具。这种对时间的计量也会促使一般计量思想的发展。不过在商代，对于那些不可数的事物，其计量工作还未能全面开展。甲骨文中，有关人、畜、禽、兽等的记事，许多都有数量的记载。如：

乙卯，允又来自光，致羌刍五十①。

眉牛五十②。

贞象致三十马，允其幸羌③。

商代以贝为货币，关于货币的记事也多有数量：

惟贝十朋，吉……④

但是，关于谷物的记事，尚未见有数量规定。其他物品，如纺织品、土地等等记事，也未见有数量规定。这些事物之中，谷物是最需计量的。我们不能据此断定商代对这类物品没有数量规定，但至少可说明对这类物品的计量工作尚未充分开展，其计量技术还不发达。可以说，商代已从对可数事物的分类、命名，发展到对不可数的事物进行区别和计量，但他们的计量技术还处于刚刚起步的状态。

与时间相关，是对空间的区分和计量。对空间的区分首先是方位。前引《甲骨文合集》36975号甲骨，其文已指明东西南北四方。这是以商都为中心的方位观念。相对于四方，商称自己所在地为“中”，因而有“中商”概念，和“大邑商”、“天邑商”并列：

戊寅卜，王贞：受中商年？一月。⑤

□巳卜，王贞：于中商乎御方？⑥

因此，不少学者认为商代已有“五方”观念。甲骨文中，还未见东南、西北等概念，说明商代人对空间方位的区分还比较粗疏。

方位还是一种定性的空间区分，它是对空间计量的开始。

空间计量的最主要手段是确定距离远近，甲骨文中有一羁、二羁这样的概念：

中宗三羁⑦

在五羁⑧。

五羁卯唯牛，王受祐⑨。

羁，杨升南等认为是从商都向外辐射的驿站，每个驿站间的距离，是一天的行程⑩。羁最多至五。五日以外的行程大约就笼统计算了。羁之下，未出现“里”的概念，商代人对空间的计量，或许比较粗疏，或许在甲骨文中未反映出来。

据对中国古代度量衡史的研究，认为建筑房屋就需要计量。半坡遗址周围的壕沟，深宽

---

①，②，③，④《甲骨文合集》94，6000，500，29694。

⑤ 《殷虚书契前编》8，10，3。

⑥ 《殷契佚存》348。

⑦，⑧，⑨《甲骨文合集》27250，28153，28154。

⑩ 杨升南，商代经济史，第620～621页。

各5.6米，必有一共同的长度标准才好协作完成。大禹治水，更需测量。商代建筑已相当发达，对空间的计量也必有相当的发展。而在各种工具制作中，特别是如车辆这样较复杂的工具，如果没有尺度标准，其制作简直是不可能的。这些推测都很有道理，商代人也一定对空间距离有自己的计量方法。但是，他们是否已经建立了较为统一而稳定的长度标准，还没有材料可以证明，至少甲骨文中也还没有反映出来。

商代人计量技术的欠发达，是科学发展的水平问题。商代人要求对事物进行区别、分类、命名、计量的思想，是普遍的。比如对雨，他们已进行了量的区别，并给出了相应的名称。据温少峰统计，表示雨量的名词有：

大雨，疾雨（暴雨），延雨（绵延之雨），小雨，幺雨（微雨）等。

对雨的这种量的区别，同时也是质的区别。大雨、暴雨、小雨、幺雨，亦可视为降雨的种类不同。在这里，量与质合一了。

除雨之外，对降水的描述还有：

雪、雹、雾等。

这就纯粹是质的区别。

风，也有量的区分。甲骨文中关于风的概念有：

大风、大掫（骤）风、飑（狂风）、小风。

这些名词，指的是风的不同种类，同时也是对风力的量的区别。

云，据温少峰统计，其种类有：

各云（落云，即黑云压城式的接地乌云）、征云（延云，即绵延不绝之云）、大云（广大之云）、幺云（玄云，即黑云）等。

这里对云的种类区别，也是云的量度区别。和雨、风的种类之别一样，在这里，质的区别和量的区别也合而为一。

甲骨文中名词及物类状况，反映了商代人对世界加以区别认识的思想和愿望。

把事物加以区别，是人类认识世界的第一步。所以人类的思维，首先应是开始于“分析”，开始于具体的、一个一个地认识自己的对象。此后的思维进程，则向两个方面扩展。一个方面是综合、概括的方向。当一个个的具体认识达到一定程度之后，将它们具有共同特点的那些归为一类，得出特殊的、或一般的概念；另一个方面是继续“分析”、区分，以便更加准确地认识自己的对象。前者多发生于自然可数的事物；后者则多发生于自然不可数的事物。在综合概括的方向上，人类思维的进展，最初是根据直观可感的外在特征将事物进行分别，也根据直观可感的外在特征对事物进行归类。此后才能深入对象的内在特征进行归类，并在类与类之间建立起物与物相互关系的系统。在继续区分、“分析”的方向上，人类随着社会的需要与技术手段的进步，首先将自己得自直观可感的质的区别转化为量的区别，再进一步将量的区分不断地向精细方向发展。并建立统一的计量标准和量度体系。从甲骨文中我们可以看到，商代人已对事物的内在联系有某些认识，但主要还是停留于外在的直观可感的特征。看不到对事物的系统观念，更未能抽象出高度普遍性的哲学概念。在量的方面，商代人对可数事物的计数，也主要是停留于外在直观的水平上，可对它们进行整体的累计至十至百，甚至至千至万，但个位以下，则未见有分数。他们对“一日”实际上已进行了分割，但还未见于与分割相应的量的概念。虽然如此，商代人还是在两个方向上都在尽自己的努力。他们在对不可数事物进行分割，也在对可数事物进行归类。比如甲骨文中，野禽中除雉、鹰外，统称为鸟，以商代人的分辨水平，尚不至于把其他鸟都区别不开，当是统以鸟名之以省事，因而很可能是自然发生的归类工作。商代人对世界的认识，为以后的认识进步及哲学繁荣，奠定了基础。

六　商代计数与重数的数学思想

甲骨文中计数的事件，一是计量猎获野兽的数量：

乙未卜，今日王狩光，擒。允获彪二，兕一，鹿二十一，豕二，麑一百二十七，虎二，兔二十三，雉二十七。十一月①。

二是计算贡赋：

……致牛四百②。

兹致二百犬③。

贡赋中可计数的种类，除家畜外，还有野兽、奴隶、货币、卜甲等，这些都须以数计量。三是计算战争的参加人数及俘虏数量：

丁酉卜，□贞：今者王登人五千征土方，受有祐。三月④。

八日辛亥，允戋伐二千六百五十六人⑤。

郭沫若认为，所记被伐者，当是俘虏⑥。四是计算祭品的数量："丁巳卜，侑于父丁犬百、豕百，卯十牛。⑦"祭品中还有人牺和酒："丁酉贞：王宾文武丁，伐十人，卯六牢，鬯六卣，亡尤。"⑧"鬯"是酒的一种，"卣"是盛酒器。酒的数量是以盛酒器的个数来计算的。

在商代金文中，往往记有商王赏赐下属的文字。其赏赐的物品往往也以数计⑨。

上述情况，使我们看到商代对计数的特别重视。因此，在商代，已经出现了"万"这样的数量单位：

癸卯卜，㚔获鱼其三万不?⑩商代人对数的特殊重视，是出于他们自己的实际需要，并对当时及以后中国古代的数学思想，发生了重要影响。

人类对计数和事物形状的研究，大约很早就开始了。人类在早期的房屋建筑及其他工程施工的过程中，对于方、圆、直线、平行、垂直的知识，也已有了相当的了解。后世把勾股术的发明权归于大禹，就说明几何知识和工程的关系。商代的建筑技术，比前代已有相当的发展。从考古发掘的情况来看，他们已能较为准确地测定子午线及确定方位。所以他们的房子多为准确的南北向或东西向，并往往以子午线方向作为他们建筑群的中轴线。建筑物在子午线中均匀、对称的排列，说明他们已掌握了事物对称的知识和使房屋对称的技术。他们的房屋多呈方形，有些也呈圆形，说明他们对确定直角、垂直甚至角与角相等，都有相当的知识。在手工业生产中，制陶、铸造，玉器琢磨、造弓矢车轮等等，可说无处不需要几何知识。但在甲骨文中，这些知识几乎得不到任何反映。甚至还完全被"化合"在工匠的技术之中，而没有被"提

---

①,②,③《甲骨文合集》10197,8965,8979。

④《殷虚书契后编》上,31,5。

⑤《殷虚书契后编》下,最末一篇。

⑥ 参见郭沫若,中国古代社会研究,人民出版社,1977年,第212页。

⑦,⑧,⑩《甲骨文合集》32698,35355,10471。

⑨ 参阅:杨升南《商代经济史》第592页。

炼”出来。

在实际的社会生活中，几何学的知识几乎是和计数、或者说和算术、代数学的知识是同步发展的，它应该得到“提炼”和总结，建立起一套较为系统的知识体系。但是，商代甚或商代以前，国家产生了。巩固政权，是国家的核心任务。巩固政权的方法，对内，是靠宗教和祭祀团结自己的臣民；对外，是靠战争压服属国或邻邦。宗教、战争以及贡赋所需要的，主要是计数，即算术、代数系统的知识，计算祭品、兵力、战俘、贡赋数量的多少，对于实施统治，是必要的。几何学知识虽也必要，但只须专门的技术人员掌握就行，和政治统治的关系，远不及计数的密切。与计数有关的知识受到社会上层的特别重视，其原因也是由于政治统治的需要。数学发展的这种畸轻畸重现象，在商代甲骨文中，可说是已见端倪。

商代以后，政治权力在社会生活中的比重不仅没有削弱，而且越来越得到加强，与计数有关的数学也就更加受到特殊重视。甚至本为几何学的勾股问题，也被化为数的比例，直到认为万物都有数，数成为物性的必然规定，成为一个哲学概念。

中国数学的发展方向，可说在商代就被确定下来，并在以后继续得到巩固和加强。

第五节　易、礼、诗、书中的科学思想

一　易、礼、诗、书概说

易(《易经》)、礼(《周礼》)、诗(《诗经》)、书(《尚书》)的成书年代，学术界说法不一。《易经》的卦爻辞，汉代学者就认为是文王或周公所作，现代学者也多认为成于商周之际或周初。《周礼》在汉代方才出世，古文经学家认为是周公所作旧典，今文经学家多不相信，认为是战国儒者、甚至是公布此书的刘歆伪托之作。此后聚讼纷纭。清初编《四库全书》，总结历代争论，认为该书“不尽原文，而非出依托”[①]，我们认为是较为恰当的评论。《诗经》据说为孔子所删定，现代学者一般也不否认这个意见。《尚书》据说也是孔子删定。现代学者则认为有些篇目出于战国时代，甚至古代学者认为越早的文献，其出反而越晚。比如《尧典》等篇，现代不少学者都认为是后人，甚至战国时代儒者的述古之作。

大体看来，这四部著作的内容，其主要部分，在周代初年到春秋时代。因此，其中的思想，可作为甲骨文的后继看待。春秋以及后代增补的部分，分量不大。那些述古之作，也非毫无根据。所以，本节不称“周初”或“西周时代”的科学思想，而称为“易、礼、诗、书中的科学思想”。

这四部著作的思想，有根本相通之处。这主要表现于以下几个方面：

(一)对鬼神天命的信仰

《周礼》又叫《周官》，名义上是为周代设官分职设计的一幅蓝图。一般说来，这幅蓝图的设计未能付诸实施。然而正因为它未能得到实施，更宜作为“思想”来看待。或者说，虽然是为蓝图，却不乏现实的根据。无论如何，它都是周代前中期的现实和思想的反映。

---

① 《四库提要·周礼》。

依据《周礼》，则周代的官职分为(或应分为)六大系统：

天官系统。职能是设官分职和负责宫中事务；

地官系统。负责民政及经济管理；

春官系统。负责祭祀及其有关事务；

夏官系统。主管军事；

秋官系统。主管刑律；

冬官系统。管理为宫廷服务的手工业生产。据说"冬官"部分佚失，后人以《考工记》补上。

六大系统中，每一部分的官吏在国家祭祀中都有相应的职能，而春官系统，则专管祭祀。其主官为大宗伯。祭祀的对象，是上帝及其下属的日月山川、社稷五祀等等：

> 大宗伯之职，……以禋祀祀昊天上帝，以实柴祀日月星辰……以血祭祭社稷五祀……以肆献裸享先王……

这样的祭祀，不仅是周代的现实，而且和商代有着相应的继承关系。这些神灵，就是周代的信仰对象。

《诗经》有诗300余首，分风、雅、颂三类，风是民间歌谣，雅是上层社会的作品，颂是祭神的颂歌，其中每一部分都反映了周人的天命鬼神信仰：其"国风"部分有：

> 出自北门，忧心殷殷。终窭且贫，莫知我艰。已焉哉！天实为之，谓之何哉[①]！

"雅"歌部分有：

> 文王在上，於昭于天……文王陟降，在帝左右[②]。

这是最常为人引用以说明周代信仰的诗句。"颂"歌则是直接献给神的：

> 昊天有成命，二后受之……[③]
>
> 我其夙夜畏天之威，于时保之[④]。

《尚书》是古代的政治文告汇编。为数最多的周代文告中，几乎每一篇都要借助上帝的权威来干预人事。其《洪范》篇道："呜呼！箕子。惟天阴骘下民，相协厥居……"其《酒诰》篇道："唯天降命肇我民，唯元祀。"其《召诰》篇道："呜呼！皇天上帝，改厥元子兹大国殷之命……"而代替殷接受天命的，就是他们周人。周人，也保持着和殷人同样的天命，鬼神信仰。

周人和殷人一样，每遇大事，也必须卜问上帝鬼神。假若卜筮认为不可作，即使周王、卿士和庶民百姓一致同意认为该作的事，其后果也是凶险的[⑤]。这就是说，在周人心目中，上帝鬼神是比任何人都明智的指导者。

《易经》是占卜书，其卦爻辞和甲骨卜辞一样性质，是占筮的记录。《易经》用来占卦的蓍草，和甲骨有同样的作用，它们共同担负传达神意的任务。对于神意，天子也必须"北面"恭听：

> 昔者圣人建阴阳天地之情，立以为易。易抱龟南面，天子卷冕北面。虽有明知之心，必进断其志焉。示不敢专，以尊天也。

假若周代和商代一样，典册丧失，仅仅留下卜骨和《易经》，我们将会以同样的眼光看待他们。

---

① 《诗经·国风·邶风·北门》。

② 《诗经·大雅·文王》。

③ 《诗经·周颂·昊天有成命》。

④ 《诗经·周颂·我将》。

⑤ 参阅：《尚书·洪范》。

令人庆幸的是，周代把他们的一部分典册留了下来，使我们得以窥知他们在祀神、卜筮之外，从事其他活动的情形和思想。因此，和商代甲骨文相比，易礼诗书的第二个特点，就是使我们看到周人认真从事的政治工作。这就是我们所说的“重人事”。

（二）对“人事”的重视和研究

信仰天命鬼神，不能代替人自己作事。同样，重视人事，并不影响人们的天命鬼神信仰。易礼诗书这四部文献，很好地向我们说明了中国古代政治宗教混然一体的社会状况。

“礼有五经，莫重于祭”①，“国之大事，在祀与戎”②。祭祀对于古代国家，具有最重要的意义。礼，也主要是祭祀之礼。在祭祀活动中，最鲜明地体现着上下尊卑的等级秩序。对于各级官员在祭祀中的地位和作用，《周礼》都有明确的规定。但是《周礼》又叫《周官》，其实际内容是研究如何设官分职。由此可知，那最重祭祀的礼仪制度和国家设官分职的政治措施，在古人心目中实际上是一回事。《周礼》详细规定了祭祀制度，也规定了政治制度，民政、军事、刑律在其中都得到了认真体现，其中包括文化教育等方面的制度和规定。因此，《周礼》主要不是研究以祭礼为首的各种礼仪，而是一幅当时的政治思想家设计的行政蓝图。这幅蓝图本身表明，周代的政治家，在认真研究他们的政治措施。他们信仰鬼神，但又懂得必须靠自己的努力才能把国家治理好。

《周礼》中除了有关政治的规定，还有关于农业、渔猎、手工业以及天文、医学方面设官分职的情况及其相应规定。这些规定反映了周人对待自然界及从事科学技术工作的态度，是我们主要的研究对象。

周人在科学技术方面的思想状况，和他们在政治方面的思想状况大体适应。他们虔诚的相信天命鬼神，同时又勤恳地尽着人事。比如在医学方面。从《尚书》等文献中我们知道，周人有病，问卜祀神，仍然旧章。但在《周礼》中，他们专设了“聚毒药以共医事”的“医师”，其下属有疾医、食医、疡医、兽医。其治疗方法，主要是药物和食物，即“五药”、“五味”、“五谷”③。也就是说，周人一面虔诚祀神，一面也积极地使用药物疗病。在其他科学技术领域，情况也大体相似。

《周礼》以外的三部著作，也保持着大体相同的思想格局。比如《诗经》，诗人们歌颂或讥刺，其原因主要是人事方面的功过和德行好坏。《尚书》虽然处处称天命，然而其根本目的在于阐述政治原则，也就是说，是讲人事的书。《易经》卦爻辞，和甲骨卜辞性质一样，都是卜问记录，但在一致中也显示出了不同。甲骨卜辞的内容，主要是卜问事项，其中有些卜骨还记有验辞，即卜问的结果。至于获得结果的原因？甲骨文一般没有记述。《易经》卦爻辞，一般没有卜问的事项，其卦名可看作是卜问事项的归类。有卜问的结果，但仅限于吉凶悔吝等等，非常简单，也非常简短。其主要部分，是讲产生出占筮结果的条件或原因。比如乾卦爻辞：

潜龙勿用。

见龙在田，利见大人。

君子终日乾乾，夕惕若，厉无咎。

---

① 《礼记·祭统》。

② 《左传·成公十三年》。

③ 《周礼·天官冢宰·医师》。

或跃在渊，无咎。

飞龙在天，利见大人。

亢龙有悔。

见群龙无首，吉。

在吉凶悔吝有咎无咎等结果之前，都有一些类似原因的说明。比如“见龙在田”，“君子终日乾乾”之类。一般说来，这些原因和结果之间，没有必然的联系，比如为什么“见龙在田”就利见大人？有些又似乎有一些必然联系。比如“君子终日乾乾”大约就是无咎的必要条件。但无论如何，对于占筮的结果，总要借助自然的或社会的现象去加以说明，这就必然要把占卜活动转向对社会和自然现象的注意，从而使注重人事成为宗教体系中的必要内容，也使宗教信仰成为人事活动的最后根据。

《易经》卦爻辞的结构，类似《诗经》的比兴手法。其比兴的事物和所述事件之间，也存在着似有似无的联系。从历史发展来看，比兴和《易经》卦爻辞，乃是中国古人探索事件原因的一种努力，是他们这种努力的结果。周人探索的结果是：重大社会事变及上帝鬼神改变自己主意和命令的原因，在于人的德行。

二 敬德与周代的科学思想

周人取得政权，是当时最大的政治事件。周人总结这次事变的原因，是由于上帝改变了自己的任命，而改变的原因，则是由于商的失德和周的有德。

《尚书·召诰》据说是召公告成王之辞。召公谆谆告诫说：“我不可不监于有夏，亦不可不监于有殷”。夏、殷起初都接受了天命，却不能永远保持下去，其唯一的原因就是失德：“唯不敬厥德”，因此，召公劝告成王：“王其疾敬德”，“王其德之用，祈天永命。”

《尚书·周书》各篇，几乎篇篇都贯彻着“敬德”的思想。其《梓材》篇道：“肆王唯德用；”《君奭》篇：“其汝克敬德，明我俊民。”

《尚书》中所敬的“德”，其根本内容是勤于国事；败德的主要表现，就是淫泆享乐。

其《多士》篇中，周公对商代的遗民们说，夏代之初的君王们，不过分享乐，所以上帝保佑他们。到了后来，他们“弗克庸帝，大淫泆”，于是上帝废除了对他们的任命。商代建国，“自成汤至于帝乙，罔不明德恤祀”，天就保佑他们。但后来的继位者，不能记住他们的先辈勤劳国事的情况：“诞罔显于天，矧曰其有听念于先王勤家？”又“诞淫厥泆”，于是上帝又抛弃了他们。

商代后期嗣王们“淫泆”的主要表现，是过分地酗酒。所以《尚书》中专有一篇戒酒的告文：《酒诰》。其中说道：从商汤到帝乙，这些殷代先辈的哲王，都不敢聚众狂饮。但后来的嗣王，就“纵淫泆”，“唯荒腆于酒，不唯自息，乃逸”。上帝抛弃他们，原因只有一个：“唯逸”，即过分享乐。所以说，祸患并非因为上帝暴虐，都是自己找来的：“天非虐，唯民自速辜。”

商代人纵酒，是确凿的史实。出土的商代青铜器中，酒器特别多，爵、觚之类的饮酒器更是引人注目。而出土的周代青铜器中，觚之类的饮酒器顿减，当是周代戒酒的效果。

既然上帝抛弃商王的原因只是他们耽于逸乐。那么，要避免被上帝抛弃，最主要的措施即应是“无逸”，即不耽于享乐。《召诰》有“王敬作所，不可不敬德”。“敬作所”，“所”在何处？《无逸》篇道：“君子所其无逸。”也就是以“无逸”为所。“无逸”的内容，首先是不过分饮酒：

“无若殷王受之迷乱，酗于酒德哉！”而应效法周先代之祖宗，如太王、王季、文王等。太王、王季，“克自抑畏”；“文王卑服，即康功田功”。他们“自朝至于日中昃，不遑暇食”。这些事迹，就是作王的榜样。其次是不过分地游玩打猎：“文王不敢盘于游田”。我们从甲骨文中看到，商王出猎也是非常频繁的。猎物的多少，都有很精确的计算。在周人看来，这也是商王耽于游乐的表现。

对于如何防止淫佚，以勤劳国事，《尚书·无逸》认为首要的是要知道“稼穑之艰难”：“不知稼穑之艰难，不闻小人之劳，唯耽乐之从”，就要亡国。周公代成王拟的《大诰》中也表示：“予永念曰，天唯丧殷。若穑夫，予曷敢不终朕亩？”也就是说，自己要像农夫勤劳农事那样，勤劳国事，把“地”种好。

因此，就周王来说，他们所敬、所尚的“德”，主要还不是父慈、子孝、兄友、弟恭，而主要是不耽于享乐，勤劳国事。

后代商王们之所以耽于享乐，其重要原因之一大约是认为他们“有命在天”，上帝是保佑他们的。但商的灭亡使周人得出结论：“天命靡常”[1]。天只保佑那些勤劳国事的有德之人。“天惟时求民主”[2]。为民所求之主，也是那些勤劳国事的有德之人。依此说，接受天命的民之主，必须以自己的勤勉去求得天的庇佑。勤勉，必须认真研究治国之道。《尚书》等儒经中所表现的“重人事”倾向，也就是重视对治国之道的研究。在周人看来，只有搞好了人事，才能得到天的庇佑。反过来说，要得到天的庇佑，只有把人事搞好。《尚书》中的观念，是此后儒家讲求治国之道的思想基础。

为王的，勤于国事；为官吏的，也必须勤于吏职。那么，从事科学技术工作的，也必须勤于自己的职事。这是由“尚德”思想所得出的必然结论。

《周礼》中，对医生规定了考核制度：

> 医师掌医之政令，聚毒药以共医事。凡邦之有疾病者、疕疡者造焉，则使医分而治之。岁终，则稽其医事，以制其食。十全为上。十失一次之，十失二次之，十失三次之，十失四为下。

这样的考核，不仅可促使医生勤其职事，而且也促使他们不断提高医疗技术。和国王必须勤于国事才能得上帝庇佑一样，医生也必须钻研医术，勤勉工作，才能把病人治好，得其衣食。

对于农业，《周礼》也规定了相应的赏罚措施：

> 凡宅不毛者有里布，凡田不耕者出屋粟……[3]
>
> 凡庶民不畜者祭无牲，不耕者祭无盛，不树者无椁，不蚕者不帛，不绩者不衰[4]。

总之，勤勉于职事，乃是周人对自己臣民的普遍要求。

勤勉职事，可说是“敬德”思想的推广和普遍化。一般说来，人类自始就没有把自己的一切都交给神祇。“敬德”思想的提出，使人类这一自发的实践行为变成一种学说。这一学说，体现了人类对神祇、人和自然界相互关系的自觉认识。依照这种认识，人在与自然界的关系

① 《诗经·大雅·文王》。

② 《尚书·多方》。

③ 《周礼·地官司徒·载师》。

④ 《周礼·地官司徒·闾师》。

上，和他在对待国家政治的关系上一样，要达到预期的效果，必须依赖自身的努力。这是人类在实践上已有了长期的“自身努力”之后，又在思想上获得的提高。

从现存的文献资料看来，“敬德”思想的提出还只能看作是周人的思想成就。这个成就同时也改变了人们的宗教观念。依照“敬德”思想，神祇们只保佑勤勉职事者。这样，神祇就不只是力量型的神祇，不是只依赖祭品的丰盛与否决定保佑对象；而是成了“敬德”的神祇。人们只要有德，就会受到庇佑。神祇，只保佑那些有德行的人。

神祇的形象是人塑造出来的，神祇形象的变化，乃是人们思想变化的结果。人们自己意识到了德行的重要，神祇也就成了“敬德”的神祇。“敬德”思想转变了宗教观念，却不能废除神祇的存在。表面看来，“敬德”的原因是神祇喜欢德行，是人对神的服从；实际上，“敬德”的原因乃是人意识到自身努力的重要，是神祇服从于人，人需要什么，神祇才喜欢什么。它是对神祇主宰作用的某种程度的否定，是人自身在自然界位置的某种程度的提高和对这种提高的意识。表现于国家政治，是重视人事的作用；表现于人和自然物的关系，是提倡人自身的勤勉。因此，“敬德”思想不仅是政治思想的进步，也是科学思想的进步。

三　顺“则”思想

《诗经·大雅·烝民》诗：

天生烝民，
有物有则。
民之秉彝，
好是懿德。

这首诗赞扬仲山甫，是一个遵守法则的人：

仲山甫之德，
柔嘉维则。

“有物有则”，应是一个具有普遍意义的陈述，意为无论是人还是物，都有自己的法则。物和“烝民”，都是“天生”的。天生了众民和物，同时也赋予了它们以一定的法则。因此，遵守这些法则，也是遵守上天的旨意。

天赋予了众民以遵守法则的性质。遵守这些法则，乃是天生之民的优良品德。或者说，“德”的重要内容之一，就是遵守这上帝的法则。

仲山甫是个有德行的人。他的第一项德行，就是遵守上帝之则。

《烝民》诗作于西周末年，“德”的内容，也比西周初年有了发展。德不仅是勤勉职事，努力工作而不耽于逸乐；还是遵守人与物所共同具有的法则，这普遍的遵守法则观念，当是此前一个个守则思想的发展。

据《周礼》，遵守法则思想的首要表现，就是按“时”取物。比如田猎，必须遵守时令：

兽人掌罟田兽，辨其名物。冬献狼，夏献麋，春秋献兽物，时田，则守罟。及弊田，令禽注于虞中[①]。

不同时令贡献不同的猎物，当是不同时令猎取不同猎物的表现。从甲骨文中，我们尚看不到

① 《周礼·天官冢宰·兽人》。

这种思想的表现。

与田猎相应的是捕鱼。对渔师的规定是：

> 𩠉人掌以时为梁，春献王鲔……①
>
> 鳖人掌取互物，以时籍鱼鳖龟蜃凡貍物。春献鳖蜃，秋献龟鱼②。

四季所献品种不同，当是"以时"所捕之鱼鳖类不同，四时所捕不同，当是认识到应遵守某种法则。

以上所述是对朝廷官员的要求。各地的田猎，也有相应的法令，由地方主官("乡师")掌管。四季之中，都有田猎的日子。每当田猎的日子到来之前，乡师要"前期出田法于州里"。到打猎的时候，要掌握"政令刑禁"，并负责巡察，惩罚那些违犯法令的人③。这种田猎的法令，当包括对猎物种类的规定。

农业生产必须遵守时令，当为周人所早知。林业生产，也必须遵守时令。《周礼·地官司徒·山虞》：

> 山虞掌山林之政令，物为之厉，而为之守禁。仲冬斩阳木，仲夏斩阴木。凡服耜、斩季材，以时入之。
>
> 令万民时斩材，有期日。

山虞下属有林衡。"林衡掌巡林麓之禁令，而平其守，以时计林麓而赏罚之。若斩木材，则受法于山虞，而掌其政令"。

以时斩木，以时计林麓，而成为法令。说明对林木的生长规律已经有了相当的认识，并且意识到，只有遵守林木的生长法则，才能得到充足而品质优良的木材。

与山林有关的事物，如矿产、野兽齿角、野禽羽毛、获取用作纺织或染色的草、采茶等等，都必须依照时令，并由专门的官员掌管。

对于田猎，还规定："禁麛卵者"。麛同麑，小鹿。早期甲骨文中，有许多猎麑的记载；后期数量逐渐减少。这或许是认识到不该猎取幼鹿。到周代，遂作为一条法令固定下来，说明周人已认识到，不猎幼鹿，也是应当遵守的一条自然法则。

生产中应该遵守时令的行为，影响到周人生活的各个方面。比如司徒属下的"媒氏"，其任务之一，是"中春之月，令会男女。于是时也，奔者不禁"。对于那些不照此执行的，还要进行处罚："若无故而不用令者，罚之"。郑玄注，认为"奔者不禁"，是一种"重天时"的行为："重天时权许之也"。中春时节，王后要率命妇"始蚕"。"中春，诏后帅外内命妇，始蚕于北郊，以为祭服"④。皇后亲蚕和皇帝亲耕，在后世都成为一种兼具宗教和政治意义的礼仪。之所以在春天举行，那是因为春天是农耕和养蚕开始的季节。

人们的行为必须按时进行，在《易传》中成为一种抽象的思想原则⑤。

时，《周礼》中主要指季节、时令，即"天时"，自然法则。天时观念，后来不限于指季节、时令，而成为包括时机、机会之类的具有普遍意义的概念，从《周礼》看来，周朝前期的思想家们已为这个概念的提出作了许多奠基的工作。

---

① 《周礼·天官冢宰·𩠉人》。

② 《周礼·天官冢宰·鳖人》。

③ 《周礼·地官事徒·乡师》。

④ 《周礼·天官冢宰·内宰》。

⑤ 参阅《周易·彖传》。

与天时相对的概念是地利或称土宜，在《周礼》中，也已作为自然法则被提了出来。《周礼·地官司徒》：

大司徒之职……以土会之法，辨五地之物生。一曰山林，其动物宜毛物，其植物宜早(草)物，其民毛而方。二曰川泽，其动物宜鳞物，其植物宜膏物，其民黑而津。三曰丘陵，其动物宜羽物，其植物宜核物，其民专而长。四曰坟衍，其动物宜介物，其植物宜荚物，其民晳而瘠。五曰原隰，其动物宜臝物，其植物宜丛物，其民丰肉而痺

郑玄注："会，计也"。大司徒要辨明不同的土地及其所适宜的物产，主要是为了恰当地征收贡赋。这就是说，贡赋的征收，也必须遵守自然法则。诗人赞扬仲山甫遵守法则，当包括这些内容在内。

要征收赋税，必须发展生产。发展生产的首要条件，是明白"土宜"："以土宜之法，辨十有二土之名物，以相民宅而知其利害，以阜人民，以蕃鸟兽，以毓草木，以任土事"①。土宜，不仅是一种耕作必须遵守的自然法则，而且是人民生活的各个方面都必须遵守的自然法则，包括"民宅"及各种"土事"。只有了解这些方法，才能使人民正常生活，人口兴旺。单就耕作而言，"土宜"不仅指适宜种植什么作物，还指适宜施用什么肥料。《周礼·地官司徒·草人》：

草人掌土化之法，以物地，相其宜而为之种。

凡粪种，骍刚用牛，赤缇用羊，坟壤用麋，渴泽用鹿，硷泻用貆，勃壤用狐，埴垆用豕……

这样的施肥法则未必真正实行，但说明当时的人们已经认识到，不同的土地应施用不同的肥料。这是对土地使用法则的更加深入的认识：

土宜和天时的原则一起，都影响到了当时人们的宗教生活。

从甲骨文得知，商代人祭祖，采用周而复始的祭祀制度，未见有讲究时令的痕迹。祭山川风雨等自然神祇，也未见有关时令的记述。据《周礼》，周人对重大祭祀的安排，都有一定的时令要求。祭祖，大致有了根据时令的区分："以祠，春享先王；以禴，夏享先王；以尝，秋享先王；以烝，冬享先王。②"并且明确规定，小宗伯的职责之一，是："以岁时序其祭祀，及其祈珥"。③ 这里说的"祭祀"，不仅是祭祖，而是包括所有的神灵。这说明，按照时令安排宗教活动，是周人的一般原则。比如以冬至祀天神，夏至祀地祇等："以冬日至，致天神人鬼；以夏日至，致地示物鬽……"这种按照时令进行祭祀的原则，后世发展得更为完备。

土宜原则对宗教生活的影响，就是根据各地所宜之木不同而立社：

大司徒之职……而辨其邦国都鄙之数，制其畿疆而沟封之，设其社稷之壝而树之田主，各以其野之所宜木，遂以名其社与其野④。

在医疗方面，人们也认识到有该领域的"时"和"宜"。发病规律，随季节而变化："四时皆有疠疾：春时有痟首疾，夏时有痒疥疾，秋时有疟寒疾，冬时有嗽上气疾"⑤。医生治病，自然应该考虑这样的自然法则。食物，也应根据时令配制："凡食齐眡春时，羹齐眡夏时，酱齐眡秋

---

① 《周礼·地官司徒·大司徒》。

② 《周礼·大宗伯》。

③ 《周礼·小宗伯》。

④ 《周礼·大司徒》。

⑤ 《周礼·天官冢宰·疾医》。

时，饮齐眂冬时”。“凡和，春多酸，夏多苦，秋多辛，冬多碱。调以滑甘”①。

《诗经·豳风·七月》一篇，即反映了周人对农事和时令关系的认识：

七月流火，九月授衣，春日载阳，有鸣仓庚……八月萑苇，蚕月条桑，……七月鸣䴗，八月载绩……

四月秀葽，五月鸣蜩。八月其获，十月陨萚……

五月斯螽动股，六月莎鸡振羽，七月在野，八月在宇，九月在户，十月蟋蟀入我床下……

六月食郁及薁，七月亨葵及菽，八月剥枣，十月获稻……七月食瓜，八月断壶，九月叔苴……

九月筑场圃，十月纳禾稼……

这首诗反映的内容，有星象（流火）、有物候。物候之中，涉及到的动物有蚱蜢（螽）、纺织娘（莎鸡）、蟋蟀、杜鹃（䴗）、蝉（蜩）；植物有枣、瓜、稻、菽、苇、桑等等。它们的活动，生长及发育，都与时令有关。到了某个月份，它们就会出现某种行为，或生长到某种程度。这就是它们的“则”。它们的“则”，就是“有物有则”的则。人们根据它们的活动，去判断时令，安排农事和生活。

《周礼·考工记》中，有如下一段文字：

天有时，地有气，材有美，工有巧。合此四者，然后可以为良……。

材美工巧，然而不良，则不时、不得地气也。

桔踰淮而北为枳，鸜鹆不踰济，貉踰汶则死，此地气然也。

………………

天有时以生，有时以杀。草木有时以生，有时以死。石有时以泐；水有时以凝，有时以泽，此天时也。

《考工记》的成书，有认为是齐国官书，有认为成于战国甚至汉代。近有人认为多是周时旧文，但也认为这段话出世较晚②。这段话是后人对前人关于天时，土宜（地气）认识的总结，也可看作是后人对于周初顺“则”思想的概括和总结。因为周初的顺“则”思想，主要顺的就是天时和土宜。

四 “辨别”思想的自觉和普遍化

从易礼诗书中可以看出，周人对可数事物的归类及对不可数事物的区分，都达到了新的高度。

据《周礼·地官司徒》，动物被分为毛、鳞、羽、介、裸五种，植物则被分为皂、膏、核、荚、丛五种。核、荚都是植物的果实，皂，据郑注孔疏，认为是可染色的柞栗之属。柞树果实是古代染皂色的主要原料，所谓皂物，也是以果实分类。膏，据说是杨柳之物，据注认为是其木质色白如膏，这样的区分也是进一步深入的结果。五类中无草，大约是仅指人工栽种或加以经营的植物（农作物以外）。这样的分类，不仅概括的水平高，而且不停留于仅仅依据对象的直观

---

① 《周礼·天官冢宰·食医》。

② 刘洪涛，考工记不是齐国官书，载《自然科学史研究》。1984年，第3卷，第4期。

外部形态。

动物中的裸物,据注疏,是指虎豹等“浅毛”之物;而“毛”,则指貉类的深毛之物。这样的观察,也比以前细致多了。据《考工记》,将动物分为脂、膏、裸、羽、鳞五类。脂,指牛羊之类;膏,豕类。脂膏的区别,已是动物的内部成分。

《考工记》把上述五种动物叫作“大兽”,相对的有“小虫”。小虫之类,依“骨”的结构,分外骨(龟)、内骨(鳖),二者在《地官司徒》中属“介”类;依行走的姿势,分却行(如蚯蚓)、仄行(如蟹)、连行(如鱼类)、纡行(如蛇);以鸣叫的声音,分以脰鸣(如蛙),以注鸣(如蟋蟀)、以旁鸣(如蝉)、以翼鸣(蚊等)、以股鸣(如蚱蜢)、以胸鸣(如蝾螈)。对动物的这种观察和分类,已是非常细致了。《考工记》即或晚出,当也有对周代前期分类水平的继承。

疾病,据《周礼·天官冢宰》,其内科和皮肤病分为痟首、痒疥、疟寒、漱上气疾四类。外科病,则分肿疡、溃疡、金疡、折疡四类。这已是按疾病本身分类,而不是如甲骨文以得病之部位分类。

酒分五齐:泛、醴、盎、缇、沈。其分类依据,是酒滓的浮沉状况及其混浊程度。这就必须有非常细致的观察。

地形,依《地官司徒》,则分为山林、川泽、丘陵、坟衍、原隰五类。这种分类,在《诗经》中也有某些反映。《诗经·山有枢》:“山有枢,隰有榆”,以山与隰对举。《皇皇者华》诗:“皇皇者华,于彼原隰”;《常棣》诗:“原隰裒矣,兄弟求矣”。对适于耕作的土地,则分上、中、下三等。土壤状况,则分为九类:骍刚、赤缇、坟壤、渴泽、碱泻、勃壤、埴垆、强檃、轻爂。

区别土地,是为了讲求地宜,发展生产,增加国家税收。土地区分地细致,税收的区分也更加细密。国家征税的标准,有了一定的比例。据《周礼·地官司徒》的规定,依距离都邑之远近,税率依次为20∶1;10∶1;20∶3;10∶2;20∶5。即0.5/10,1/10,1.5/10,2/10,2.5/10。由比例产生了分数。《周礼》中,不止一种官职负责着“同度量”的任务,如“质人”。统一度量标准的建立,会推动各个领域的计量工作,计量工作也更加细密和准确。长度,在尺以下出现了寸和分。《考工记》所记各种玉器,圭的高度,有一尺二寸、九寸、七寸等标准;璋、有九寸,七寸等;琮、有十二寸,七寸、五寸等。寸,是尺的分数,一尺的十分之一,这就是分数。寸以下,有分。箭头的长度,有三分、五分、七分的规定,而且前部后部各有比例。冶炼工作中,出现了铜与锡的比例问题。“金有六齐”,分别为所谓“六分居一”、“五分居一”等等,这既是比例,又是分数。造车的各种标准中,有“绠三分寸之二”等说法,这就明确有了分数。可以相信,这一时期的历法,也当能确定一年日数为365又1/4日。

长度是对空间的区分,历法是对时间的区分。历法学家据《周礼·挈壶氏》的记载,认为当时已有刻漏,那么,当时对时间的区分可能更为精细。

归类和区分,都要求人们对事物有更细致的观察和更准确的认识,更严格的辨别和分析。由此产生了《周礼》中的“辨别”思想。《周礼》所设置的官职中,差不多人人都有“辨”的职责。对百官的等级品位须有辨别:

小宰,“以官府六职,辨邦治”。

小司徒。“辨其贵贱老幼废疾”。

司士,“掌群臣之版,以治其政令……正朝仪之位,辨其贵贱之等”。

诸子,“掌国子之倅,掌其戒令,与其教治,辨其等,正其位”。

大行人:“以九仪辨诸侯之命,等诸臣之爵”。

国家的宗教活动，需要辨别：

小宗伯："掌三族之别，以辨亲疏"。

鸡人："掌共鸡牲，辨其物"。

冢人："掌公墓之地，辨其兆域而为之图"。

卜师："凡卜，辨龟之上下左右阴阳，以授命龟者"。

筮人："掌三易，以辨九筮之名……以辨吉凶"。

占梦："掌其岁时，观天地之会，辨阴阳之气"。

小史："辨昭穆"。

食物需要辨别：

庖人："掌共六畜六兽六禽，辨其名物"。

内饔："辨体名肉物，辨百品味之物"。"辨腥臊羶香之不可食者。"

兽人："掌罟田兽，辨其名物"。

𩤱人："辨鱼物"。

食物之中的酒及饮料的辨别，应特别指出：

酒正："辨五齐之名"，"辨三酒之物"，"辨四饮之物"。

对食物的辨别，已进入自然科学技术的领域。其中据气味以判断腐败食物，至今仍不失为科学方法之一。

土地、矿产、动植物、农作物，不仅关系到人们的经济生活，而且影响及于政治、军事、宗教等各个方面，对这些事物的辨别，在《周礼》中显得特别重要：

大司徒："辨其山林、川泽、丘陵、墳衍、原隰之名物"，"以土会之法，辨五地之物"，"以土宜之法，辨十有二土之名物"。

县师："凡造都邑，量其地，辨其物，而制其域"。

遂人："辨其野之土"。

土训："道地慝以辨地物"。

舍人："掌米粟之出入，辨其物"。

司稼："辨穜稑之种，周知其名，与其所宜"。

校人："掌王马之政，辨六马之属。"

职方式："辨其邦国、都鄙……与其财用九谷、六畜之数要，周知其利害"。

山师："掌山林之名，辨其物，与其利害"。

川师："掌川泽之名，辨其物、与其利害"。

职金："掌凡金玉锡石丹青之戒令，受其入征者，辨其物之嬔恶，与其数量"。

正是从这些辨别中，产生了事物的归类和区分。

天文学领域的辨别要求，具有特殊重要的意义：

冯相氏："掌十有二岁，十有二月，十有二辰，十日，二十有八星之位。辨其叙事，以会天位。"

保章氏："掌天星，以志日月星辰之变动，以观天下之迁，辨其吉凶。"

辨星的另一个目的，是夜里掌握时间：

司寤氏："掌夜时，以星分夜，以诏夜士夜禁。"

乐器的制作，也需要辨别：

典同:“掌六律六同之和,以辨天地四方阴阳之声,以为乐器。”

音律学上的三分损益法,可能就是由这样的辨别而来。

特别强调对事物的辨别,是周初科学思想的一大特色。构成中国科学思想发展的一个特殊重要的阶段。

人类认识世界,开始于辨别。混沌一团之中,不可能有认识,也不可能有科学。到夏商时代,我们的古人已经认识了很多事物,分辨了许多事物。这众多经验的积累,使人们愈益觉得辨别的重要,由此产生了对辨别思想的特殊强调。这是以前辨别实践所产生的思想飞跃,也是进一步探讨事物相互联系的前提和基础。

直到春秋战国时代,虽然思想家们发现了事物之间的不少联系,但辨别思想,仍然居于特殊重要的地位。孔子的“正名”思想,就是一种辨别思想。即辨别统治系统中的等级、名分,以确定各人的职责、行为,建立统治秩序。此后的“名辩”学派,是辨别思想的进一步发展。名辩学家揭露了辨别思想中的一些内在矛盾,成为逻辑学发展的前提。《墨经》、《荀子》等,则提出了辨别事物、归类区分的原则,并要求在这样的基础上发展逻辑思维。《中庸》之中,“明辨”是作学问的原则之一。后世的所谓“小学”,大多属于辨别事物内容。

从春秋战国时代开始,辨别虽然仍旧非常重要,但寻求事物的相互联系成为人类思维发展的更高要求。辨别事物,逐渐成为第二流的学问。但是,作为科学,时刻也不能忘记,辨别,乃是寻求事物的相互联系的基础,是一切科学认识的前提。辨别正确,未必能找出正确的联系;辨别错误,就根本不可能有正确的联系。现代的科学仪器,要求越来越高的分辨率和越来越高的准确度,其目的无非是为了辨别。至于古代,辨别就显得尤为重要。应当认为,周人对辨别的重视,是春秋战国思想繁荣的前提。

力求辨别清楚、认识精确,是科学发展的内在要求,也是我们的古人特别重视的思想。在需要和可能的情况下,我们的古人曾达到了为人称道的精度。比如历法、漏刻、海潮、音律等等的推算。但是,由于历史条件和技术手段的限制,古人不可能弄清只有在现代条件下才能弄清的问题,其认识成果往往带有粗略的性质,甚至建立了不少错误的联系。今天所说的整体思维,许多都是由于历史条件的限制所造成的,是古人在当时的历史条件下只能如此的思维成果。这一点,是我们在探讨古人的思维方式或思想方法时所应特别注意的。

五　度量与测量

对于不可数或不易数的事物,辨别它们的重要手段,是度量或衡量,以便从量上去认识和把握它们。但是,用量具直接度量的事物,都是量不大的事物。假若事物的量很大,度量起来不仅非常费时费力,有些简直是不可能的。在这种情况下,用特殊的工具、相应的数学方法去进行测量,就是非常必要的。测量是计量思想的进一步发展。测量的思想,在《周礼》中明确的提了出来。其主要表现,是用圭去测量土地。其《地官司徒》载:

大司徒……以土圭之法测土深,正日影以求地中。……凡建邦国,以土圭土其地而制其域。……凡造都鄙,制其地域而封沟之。

周初封建诸侯的情形如何?《周礼》所记“王畿千里”、诸侯封国面积以次递减是不是事实,学术界已有疑义,但是诸侯国的存在却是事实,国与国之间有作为边界的“封”存在,也是事实。因此,如何确定各诸侯国的疆界?当是周代以前就存在的问题,到了周代,由于生产的发展和人口的增加,确定边界的问题当更为突出。《周礼·小司徒》载:“地讼,以图正之。”郑玄注:“地讼,争疆界者”。把“地讼”作为一个专门问题提出来,说明疆界问题的突出和重要。疆界不易量度,于是用土圭测量的办法提出来了。用土圭测量,主要看日影的长短。其方法是:

首先确定“地中”所在。地中的标志,是冬至日影一尺五寸。在地中建立王畿。

以王畿为中心,依次确定诸侯封疆。其大小分别为五百里、四百里、三百里等等。

这里所依据的理论是:“日南则景短,多暑;日北则景长,多寒;日东则景夕,多风;日西则景朝,多阴”①。而且既然提出用土圭“制其域”,则一定知道日影长短和地表距离的关系。“千里一寸”的数据,当是在这种测量中得出的经验数字。

诸侯封地,以五等计,以百里为最小。大约当时对日影的观测,其精确度。已达到寸以下的“分”。

东西距离的测定,据郑玄注引郑众语:“景夕,谓日跌景乃中”;“景朝,为日未中而景中”②。总之,也是据日影进行测定。

据日影测定距离,其方法只能是勾股术。勾股术的产生和发展,自始至终都与实际应用紧密相关,并且最终都要求得出具体的数字。中国古代的社会生活,很难给远离实际的抽象逻辑研究提供发展余地。

用土圭测“土深”(距离远近)以定疆界的作法大约的确未曾实行,至少是未能普遍实行。因为东西的距离是个不易掌握的问题。《周礼》中关于测东西的方法也只是定性的,而非定量的,没有如同“千里一寸”那样的数据。但是,用土圭测距离的思想,却可以是周代甚至西周时代就具有的。据《周礼》,土圭测距并不只是地官的职责,在军事上,也专设有以土圭测距的官员。《周礼·夏官司马·土方氏》载:“土方氏掌土圭之法,以致日景。以土地相宅,而建邦国都鄙……王巡守,则树王舍。”

《山海经》中,有一组天地大小的数字,说是大禹时代量度出来的:“禹曰……天地之东西二万八千里,南北二万六千里……③”其《海外东经》,说是禹令竖亥步,从东极到西极,五亿十选九千八百步。据刘昭注《郡国志》所引,则《山海经》此处的数字是:东极西极相距二亿三万三千三百里强,南北二亿三万三千五百里强。《吕氏春秋》、《淮南子》,都有大体相仿的数字。

至于《周髀算经》,有天的高度,太阳离人的距离等等。其数字较之以上各书,更为复杂,也更为系统。

《周髀算经》其书可能晚出。但是如果和《周礼》、《山海经》、《吕氏春秋》等书综合考察,则有关大地,天体的测量数字至少在战国时代已经出现,甚至在西周或更早的时代就有某些数据出现。因为这样的思想和数字,必须经过长期的酝酿,很难是一朝一夕的产物。

这套数字不能看作只是个神话传说。即使是神话传说,也要有产生这传说的条件和根据。《山海经》说,这数字是禹令竖亥(或大章,见刘昭引)“步”出来的。然而这个“步”决不是步行的意思,也不会是用量度距离的工具直接度量出来的,而是由某种方法测量出来的。《山海经·海外东经》载:“竖亥右手把算,左手指青丘北。”这俨然是一幅工程测量人员的姿势和

① 《周礼·地官司徒·大司徒》。

② 郑玄《周礼注·地官司徒·大司徒》。

③ 《山海经·中山经》。

神态。因此,所谓“步”,乃是用某种方法进行测量的结果。

对事物进行度量,是辨别事物的深入和发展。由直接度量发展到用某种工具去进行测量,是辨别发展的又一深度。过去,人们用天上和地上明显可见的物体相互参照,以确定时间和空间位置。现在,人们开始用自己建立的一些工具和数学方法,对时空进行区别和把握,对事物进行辨别和掌握。这些工具就是科学仪器,科学仪器,就是认识世界的工具,辨别事物的工具。在某种意义上可以说,认识工具的精密度标志着一个时代的辨别能力和辨别水平,而辨别水平的高低直接就是科学水平的高低。

用土圭测影去掌握时间,进而用土圭测影去分割和量度空间,其工具是简陋的。简陋的工具只有粗略的分辨率。在粗略分辨率的基础上只能建立较为粗略的联系。所谓粗略,就是存在许多错误。这是古人不及今人的地方。但是那要求准确辨别事物,并为此发明许多专门用于认识的工具,去帮助人们辨别、区分和把握事物,其思想和行为,与今人都是相通的、一致的。只是随着认识工具的不断改进和发展,人们逐渐地只注意工具本身,注意它的精密度,它与一般度量工具的关系就逐渐被人淡忘了。至于它的目的,就更少有人提起了。科学思想史研究,有责任揭示,所谓科学仪器,就是认识的工具,认识工具的目的,在于辨别。而辨别事物,是科学的第一步,是科学理论的基础。我们的古人,在周代,就对辨别事物有了高度的自觉,并把辨别事物作为官吏的职责。

六　灾异和祥瑞观念

《尚书·洪范篇》据说是武王灭商以后访商代遗臣箕子的谈话记录。所谓“洪范”,就是箕子论述的治国基本原则,其中第八项谈到了各种征兆。各种征兆中,则把适时的寒暑风雨看作“休征”,即好的征兆;而把过度的寒暑风雨看作“咎征”,要求君主和各级官吏都要密切注意这些征兆,因为它们会影响一年的收成,并进而影响国家的安宁。其方法是观察星:“庶民唯星。星有好风,星有好雨。日月之行,则有冬有夏;月之从星,则以风雨。”据一些注者的意见。此处谈星月,是一种比喻。不过竺可桢认为,这里所说则“星有好风,星有好雨”,和《诗经》里说的箕风毕雨是一致的。当时秋初月望时,月在毕宿,春分月望时,月在箕宿,而春月多风,秋初多雨,故有这个说法①。

所谓咎征、休征,区别的根据在于对农业生产的影响。至于为什么会出现咎征、休征,《洪范》篇没有作出解释。

《尚书·金縢》篇载,成王听了流言,使周公受了冤枉,于是“天大雷电以风,禾尽偃,大木斯拔,邦人大恐”,眼看要收获的庄稼将毁于一旦。成王改正了错误,亲自去迎接周公,于是“天乃雨,反风,禾则尽起”。因此,风云雷电,乃是上帝掌握的。咎征、休征,也当是上帝对人示赏示罚的征兆。

为及时了解上帝的赏罚好恶,国家设立了专门的官员,以观测天象:“保章氏掌天星,以志星辰日月之变动,以观天下之迁,辨其吉凶”②。所谓“天下之迁”,即人间的祸福变迁。“掌天星”,“志”日月星辰变动的目的,在于了解(“观”)人间的吉凶祸福。也就是说,人间的吉凶

① 《竺可桢文集》第252页,科学出版社,1979年。

② 《周礼·大宗伯·保章氏》。

祸福，会通过日月星辰的变动反映出来。

比起观测星月关系去判断风雨，这是错误更大的联系。天人之间这种不正确的联系，乃是天人合一思想的主要内容。

天人合一思想进一步的表现，是认为天上星辰的区划和地上九州或诸侯国的分野有一一对应的关系。因此，天上某一个星区出现了异常，就意味着那是地上某一区划的妖祥。观测天上各星区的变化，以辨妖祥，也是保章氏的职责："以星土辨九州之地所封，封域皆有分星，以观妖祥"。对"星土"的理解，郑众和郑玄不同。郑众认为是指如晋、郑等分封之国；郑玄说主要指九州大界，其次才是诸侯之国。但如何划分相应的星区，因为其书早亡。后世不得而知。汉时流行的堪舆书，有"郡国所入度"，并不是古代的数据。天上的区划和星象，说法也有不同。有认为是指北斗及二十八宿，也有认为是岁星所在之十二次舍，其间的彗孛飞流，即预示着该星区对应之国的吉凶祸福①。然而天上星区与地上地区是一一对应的，这样的思想是一致的。

把天上的区划和地上的区划一一对应，标志着古人把天和地看作一个统一的整体。所谓天人合一，再没有比这种相合更为密切和具体了。这样的思想，或许是源于神话时代的天人一体观。帝生活在地上，却管理天上的事情。后来帝上到了天上，自然也管人间的事情。天地有一个共同的主宰，自然是一个统一的整体。星区和地区的对应，可能是对某些历史残影的神化，如"商主大火祀"；也可能是来自风雨旱涝的经验知识，因为风雨旱涝是具有地区性的。从这里会引发出天区和地区的对应思想。

然而无论如何，认为天上星区和地上地区有着一一对应的关系，乃是古人建立的一种不正确的联系。即使这种联系有某些经验依据，但从中得出的结论却是完全错误的。在这种情况下，古人根据他们建立的联系去辨吉凶祸福，也不可能得出正确的结论，因为他们用作根据的前提是错误的。古人经验和技术手段，都使他们无法辨明自己用作根据的前提。

观云、观风，也是保章氏的职责：

> 以五云之物，辨吉凶。水旱降丰，荒之祲象。
>
> 以十有二风，察天地之和，命乖别之妖祥。

云，被认为是"日旁云气"，这又是古人辨不清日云距离、弄不清日云关系的事例之一。这日旁的云气，被分为五色："青为虫、白为丧、赤为兵荒、黑为水，黄为丰"②。五色与虫丧兵水丰年的对应，有一定的经验依据。禾苗所生的粘虫是青的，丧服是白的，战争中流的血是红的，丰收的庄稼是黄的。但是，把云色作为战争或庄稼丰收等等的预兆，可就完全是错误的了。

对"十有二风"，郑玄注认为，"十有二辰皆有风"；"和"，是"吹其律以知和否"。并引《左传·襄公十八年》，楚兵伐郑，晋人师旷骤歌南风、北风，断楚师必败的记述以为证。郑玄注，把风与吉凶祸福的联系说得更为曲折。无论其是否合乎原义，其间的联系都不是正确的。

天上的日月风云与人事的联系，成为周代诗歌创作的内容之一："日月告凶，不用其行，四国无政，不用其良"③。所谓"告凶"，是日月蚀告人以凶。这就是《周礼》说的"志"日月星辰之变，"以观天下之迁"的思想表现之一。

---

① 《周礼正义·保章氏》。

② 《周礼正义》引郑众语。

③ 《诗经·十月之交》。

星变与人事的不正确联系，由于社会的需要，被有意的膨胀和加强。各人说法的不同，不仅没有使当时的社会认为不合情理而抛弃，反而因其庞杂而令人难以澄清。一切伪科学现象，往往都有这样的特点。他们往往援引大量而难以澄清的事实作为“证据”，来掩盖自己的荒谬。以星变占吉凶的星占说，仅为其中之一例。

星占说本质上是古代宗教的一个部分，所以保章氏等隶属于“大宗伯”之下。类似的占卜术还有占梦、声占等等。《周礼·大师》条载：“大师执同律以听军声，而诏吉凶”。对这一条的理解有两种；一种认为是用律管听自己军队主将张弓大呼的声音。合商的战胜，军士强；合角的，军扰多变，军心不稳；合宫的，则将士和睦，一致同心等等；另一种理解是，派人带律管到敌营附近，听敌军营内的声音以判断吉凶。

声音是士气的一种表现，与战斗的胜负自然会有关系。但是，宫商角徵羽的区分，依赖的是声音的频率，而不是强度，以声音强度去判断士气，尚且未必可靠，何况依赖频率？至于再由此占卜胜负，那可靠度几乎等于零了。这又是古人在军声和胜负之间所建立的一种错误联系。

对梦的占卜大约由来已久，《周礼》中已形成了某种规范，其“太卜”条讲，太卜掌龟、易之卜以外，还“掌三梦之法”。三梦为“致梦”、“觭梦”、“咸陟”，“其经运十，其别九十”。“运”，郑玄注认为当为“煇”，即日旁之气色。并说占梦之法是夜有梦，白天即视日旁之气色占卜。这种说法未必确实。但“经运”、“别运”当为周人对梦的分类则应没有疑义。

占梦者以梦自身的性质，将梦分为正梦、噩梦、思梦、寤梦、喜梦、惧梦。每到年终，群臣要问候君主所梦，并把自己作的吉梦献给君主，君主则“拜而受之”。同时，“舍萌于四方，以赠恶梦”。即把恶梦送走，大约类似年终的送穷。

梦，是一种潜意识的活动。潜意识，归根到底也是一种意识，是自觉的意识积累、沉淀的产物。因此，梦境也曲折地反映了梦者的遭遇、处境和情绪，对梦者的活动，也会有一些影响。如果认为梦是神谕，并企图从中看到即将来临的吉凶祸福，那就离题太远了。

星占、声占、梦占等等占卜，是宗教的组成部分。从科学上来考察，它乃源于人们在自然现象、人的心理现象等等和人的命运之间建立的一种不正确的联系。这些不正确的联系，往往成为后来构成宗教思想体系的素材，同时也成为此后影响科学自身发展的科学思想。

七　“地中”观念

每个古代民族，都以自己为中心确定方位。比如商代，自称王都为大邑商或天邑商，并以此为中心，确定东西南北四方，所以又称自己为“中商”：

戊寅卜，王贞：受中商年？一月。[1]

□巳卜，王贞：于中商乎御方[2]。

中，加上四方，共是五方，所以不少人认为商代已有五方观念。

在商王朝统治时期，诸侯国应都承认商都是“中国”。1962年陕西宝鸡贾村出土的何尊，其铭文有：“……唯武王既克大邑商，则廷告于天，曰：余其宅兹中国……”何尊铭文是周成王

① 《殷虚书契前编》8，10，3。

② 《殷契佚存》348。

五年的一次诰命记录，作于灭商后第十四年[1]，当是“中国”一词的最早出处。“中国”一词说明，周武王把商都或商都所在的广大地区，视为国之中，而不认为自己所在是国之中。周成王继承了武王的观念，大约也略有改变。因为成王心中的“中国”当为成周即洛阳一带，这是夏商王朝千百年间居统治地位所造成的观念。

国之中是否是大地的中心？没有明确的文字说明。但从后来相传阳城是大地中心的观念看来，把国之中和大地中心视为一体，是完全可能的。阳城是夏都，说阳城是大地中心，很可能是夏代就形成的观念。古老的民族，以自己所在地为大地中心。夏代统治几百年，当不会是后人的虚构。夏代都城比较稳定。容易形成夏都即大地之中的观念。

商代夏，而且几经迁都，传统观念难以破除，自己的都城又不稳定，所以可认为自己所在是国之中，而难以说是大地之中。所以“中商”及四方观念，“中国”一词，其意义只能是国之中。

以自己所在为大地中心的古老民族，在交往中，会使这个观念转变，也可能会巩固这样的观念。问题在于能否形成较稳固的政治、经济、文化中心。夏商在中原一带上千年的经营，使中原成为政治、经济、文化的中心。周人的周围，都是一些文化比较落后的民族。使周人不仅难认自己居于大地中心，也难认自己是国之中。所以周武王克商后，承认自己是占据了“中国”。

《山海经》及其他著作中的天地大小数据，甲骨文中的五方观念及立表测影的征象，使我们感到古人要求认识天地结构的强烈愿望。这个愿望要求给大地中心有一个理论的说明，而不能仅据自己的所在或仅仅依赖传统。在这种情势下，出现了《周礼》中的地中观念。《周礼·大司徒》载：“大司徒……以土圭之法测土深，正日影以求地中……”“正日影以求地中”，就把以我为中心的传统习惯问题变为一个科学问题，也就是说，他们为地中建立了一个科学标准。其标准是：“日至之景，尺有五寸，谓之地中。”“日至”，当是日夏至或日南至。据《周髀》等，尺有五寸之影是八尺之表的影。有了这个标准，人们就不会再受传统的或政治、经济诸因素的干扰，而径直从科学的观点去进行考察，在中国古代天地结构理论的发展途程中，确定地中的科学标准，是一个巨大的思想飞跃。

可以相信，把尺有五寸日影作为地中标准，是周人确定的。这个标准的来源，当是历史的遗产。因为尺有五寸的日影，是阳城的日影。阳城是夏代的都城。因此，这个标准的确定，说明周代人仍然认为阳城是大地的中心。至于日影长短，则未必是夏代的遗产。

《周礼》中，认为地中是个极其重要的观念，因为地中的意义是：“天地之所合也，四时之所交也，风雨之所会也，阴阳之所和也。然则百物阜安”[2]。

王都，应该建立在这里：“乃建王国焉，制其畿方千里，而封树之”[2]。过去，是由“王国”之所在产生了地中观念，并进而产生了尺有五寸的标准；现在则是由尺有五寸的标准确定地中，由地中再确定“王国”所在。这样一个思想历程，是一切思想、观念都经过的历程。起初，是简单而具体的经验事实产生了抽象的思想，并从中发展出复杂的思想体系。此后，人们就从思想出发，去规范现实。这时候，人们往往会把思想、观念当作先验的、既存的东西，当作人天生就具备的思维方式。这乃是一种错觉。

---

① 张亚初，解放后出土的若干西周铜器铭文的补释，载《出土文献研究》，文物出版社，1985年6月。

② 《周礼·大司徒》。

尺有五寸日影为地中,只能来自以阳城为地中的夏代传统,否则很难解释周人为什么以尺有五寸日影为地中,而不是以其他的尺寸。

《周髀算经》说:“周髀长八尺,夏至之日晷一尺六寸”。钱宝琮先生据此推得,当地的纬度为35°20′42″。又据其中以八尺表望极,其勾一丈三寸,推得当地纬度为37°48′50″。考虑到误差,这个当地当在北纬度35°20′42″与37°48′50″之间。而洛阳的纬度为34°45′,相差甚远。因此,钱先生认为,《骨髀》中的冬夏至日影等数据,“不是西周以后的天文实际”,并断定,这些数据“不能是实际测量的真实记录”①。

钱宝琮先生的意见在学术界得到了广泛赞同,不少学者都认为,《周髀》中的许多数据都不是实测的结果,而是牵合凑泊而来。

问题是《周髀》为什么会凑合出一尺六寸、一丈三尺五寸这些数据?而不是别的。这两个数据若与后汉四分历所载数字(一尺四寸八分,一丈三尺)相比,均长出若干。说明这两个数据均应出于洛阳之北,而并非凭空虚造。

非周人实测,亦非凭空虚造,较为合理的推测,当是商代产生的旧数据。安阳的纬度,36°多,位于35°与37°之间。其间的误差,当是测量水平所限。武王克商后,商地也就成了周地。而《周髀》中“周地”一词,未必就专指长安或洛阳附近。沿用旧数据而未更改,当是《周髀》的错误所在。而且《周髀》不以周地为地中,说明它没有把周地限制于洛阳一带。

《周髀》的数据可作为旁证,说明周人心目中的地中,乃是夏都阳城。那里夏至的日影,长为尺有五寸。在周人眼里,地中是最重要的地方,王国应建在那里。雒邑的修建,当主要是在地中思想指导下进行的。

以雒邑附近的阳城为地中,周围地区就成了中原或中国,夏商时代的传统观念得了科学论证,因而更加巩固了。后来,由于中原一带长期处于政治文化的中心地位,和周围民族的交往,不仅没有改变从周代开始的地中及中国观念,反而使其更加巩固了。虽然从战国时代开始,几乎历代都有人对地中观念提出异议②,但却未能使它根本动摇。直到清代,仍以天朝大国自居。这不仅是因为自居者之愚昧,还有着深刻的历史原因。

周代人以日影尺有五寸之处为地中,是一种错误的观念。但这种观念仍是一个巨大的进步。它是中国人探索天地结构问题上迈出的重要一步,这个观念,影响着中国数千年间的科学思想,也影响着中国数千年间的政治和道德伦理观念。

八 “天工人代”思想

《尚书·皋陶谟》中有“天工人其代之”一语。说的是皋陶和舜、禹议论政事。皋陶认为,国家政事,日理万机,应兢兢业业地去作,不要荒废职事,这是人代天完成的功业:“兢兢业业,一日二日万几。无旷庶官,天工人其代之。”

皋陶所说人代天完成的功业或工作有:

> 天叙有典,勑我五典五惇哉!天秩有礼,自我五礼有庸哉,同寅协恭和衷哉!天命有德,五服五章哉!天讨有罪,五刑五用哉!

① 《钱宝琮科学史论文选集》,科学出版社,1983年,第379页。

② 比如前引《淮南子》认为日中无影之处才是地中,从当时的科学讲也更为合理,但却不能得到承认。

在皋陶看来，国家的伦理政治原则，各种礼仪制度，官职品位的确定，以至刑法的制订和施行，都是天所安排的，是上帝所要求完成的工作。但这些工作，要人来作。因此，人就是代替上帝来作这些工作的。

反过来说，人是可以代替上帝来完成这些工作的。在古籍中，随处可见类似的思想。《尚书·甘誓》："天用剿绝其命，今予唯恭行天之罚。"讨伐有罪者，是人代天工的事例之一。汤伐桀，也是同样的语气："尔尚辅予一人，致天之罚"①。

《尚书·洪范篇》说："天乃锡禹洪范九畴"。因此，《洪范》所讲的原则，就是上帝所赐的原则，按这些原则去作，也就是完成了上帝的工作，成就了上帝的功业。

从古代社会来讲，所谓天工，最主要的是指政治、战争事业。但是，实际生活的需要，使天工的内容也不能不包括科学技术方面的工作。《洪范》篇讲"五行"，主要是介绍水火木金土的性能。这些性能，是在有关水火木金土的事业中所必须注意的大原则。鲧没有遵守这些原则，使治水的事业失败，那就是"旷庶官"。禹遵照这个原则，成就了治水大业，就是人代天工。

五行之中把水放在第一，说明水灾和治水事业对人民生产和生活发生的深刻影响。火放在第二位，说明火在实际生活中的特殊作用和地位。后来的水数一、火数二之说，是把这里的序数词当作了基数词。

与五行相关的工作，还包括手工业和农业，这都是古人所认为的"天工"。《尚书·尧典》，对"天工"的范围有一个更为详细和具体的说明。其中说道，尧殂落后，舜践帝位，安排了如下的工作：

伯禹作司空，任务是"平水土"。

弃作后稷，任务是"播时百谷"。

契作司徒，"敬敷五教"。

皋陶作士，掌管刑罚。

垂作共工，管理手工业。

益作虞，管理山林。

伯夷作秩宗，负责祭祀礼仪。

夔管理音乐，包括乐器制造。

舜安排完之后，对大家说道："汝二十有二人，钦哉！惟时亮天功。"也就是说，上述事业，都是"天工"或"天功"。

把国家的政治、战争，甚至生产事业，都看作是天工，是上帝的旨意，是人代上帝完成的事业，表现了古人浓厚的宗教观念。这种观念的本质，在于展示上帝的伟大和人的渺小，因为人所完成的，不过是由上帝所安排的事业。其结论自然是，无论人成就了多大功业，都只能归功于上帝。所谓"贪天之功为己有"，就是基于天工观念对夸大个人作用者的谴责。这种思想的发展，就是后世臣子必须把一切功劳归于君主的思想。臣子如果居功，就会被认为是叛逆。君主如果成就大功，要归功于天。泰山封禅，就是向上帝报告成功的最隆重的祭礼。

但是，天工既然可由人代，也就说明了人在自然界的地位，显示了天可替代而人却无可替代的作用。在春秋战国时代，人的作用和地位日益提高。有些思想家提出"人与天地相参"思想，也就是说，在成就功业的过程中，人与天地具有同等的作用。虽然所说的人不过是圣人，但圣人毕竟也是人。以荀子为代表的思想家，则明确区分天职和人职，不把人职看作对

① 《尚书·汤誓》。

天职的替代，甚至认为二者是不能互相替代的。《庄子》书中，也企图区分天与人各自的作用。这些思想的源头，都在于天工人代观念，在于天工人代观念的内在矛盾。到宋应星作《天工开物》，其天工一词，其内涵实是人工，人代天工思想完全成了对人工的赞美。

天工人代思想的发展，从一个侧面反映了中国古代科学思想发展的大势：《尚书》等著作中，把人的工作完全看成是天意的实现；春秋战国时代的思想家，则力图把天职与人工加以区别。从此以后，人在自然界的地位日益提高，而所谓天意则逐渐消弱。天人之间此消彼长的关系，同时也是天人之间距离的增大。这个大势可能因许多暂时的因素而发生曲折，但总的趋势却没有改变。

九 《诗经》中的怨天情绪与科学思想

《诗经》中有许多诗篇，发出了对天的怨尤。如《小雅·节南山之什》："不吊昊天，不宜空我师。"据郑玄笺，认为是向上帝诉说，不该让某人居尊官，困穷百姓。"空我师"，即前引《尚书》中之"旷庶官"义。无论如何，这是指责天的任用非人。《节南山之什》继续说：

> 昊天不佣，降此鞠訩。
>
> 昊天不惠，降此大戾。

郑玄笺均认为是指责尹氏为大师，为政不傭不惠，而不认为是昊天不傭不惠。然即或如此，也掩饰不了其中对天的怨尤情绪。

《小雅·雨无正》诗：

> 浩浩昊天，不骏其德。降丧饥馑，斩伐四国。
>
> 昊天疾威，弗虑弗图。

依郑玄笺，则"不骏其德"者为幽王，致使昊天降丧饥馑；所谓疾威，是疾幽王以刑罚威恐天下而不虑不图。郑玄笺充分体现了后世儒家对待上天的态度，但未必是作者的本意。有些地方，即使郑玄也难以掩饰人的怨天情绪。《雨无正》诗："如何昊天，辟言不信。如彼行迈，则靡所臻。"郑玄笺道："如何乎昊天，痛而诉之也，为陈法度之言不信之也。我之言不见信，如行而无所至也"。这里没有说是谁不信我的法度之言，是昊天，还是幽王？郑笺均未明指。然《毛诗序》认为此篇是刺幽王，似乎不信辟言者当是幽王。但此篇题为《雨无正》，"无正"就是无法度。雨是天所降，无法度者当是昊天才对。

《诗经》中此类诗句还多，其他著作已多有引述，不再列举。

《毛诗序》及郑玄笺注都体现着一个基本精神：诗人所刺是幽王等人、是大师之类，而不是天。然而幽王等当时是天子，刺天子，也不是一种善行。且天子、庶官皆"代天工"行事，行事不善而天不能正，天也就脱不了任用非人的责难。

依现代的注释，则不吊不平者、不骏其德者，不信辟言者，都是昊天，因而此处表现的乃是一种强烈的怨天情绪。这样的理解当是较为符合本义的。

现代学者由此得出结论，这种怨天情绪乃是后来人文精神大发扬的前奏。犹如人民对政治的不满终会导致革命一样，对天的不满导致后来对上帝的否定。

但是，如果我们考察一下思想发展的大势，则上述说法就未必正确。

在论述神话中的科学思想一节我们指出，上古时代的人们信仰神祇，但敬畏的程度却不很高。他们甚至与天争神，与帝争帝。到商代，商王甚至设偶人以侮辱天神，射天以与天相战。

而这种现象，又是具有世界意义的。古希腊的英雄，也和神祇作战；一些原始民族，逢旱涝也射天虐神。但是后来，无论是基督教还是伊斯兰教，人们可以怨恨任何人，却不能怨恨至上神。如果遭受灾难，只能怨自己违背了神的意志。

中国古代思想的发展，也经过了这样一个转变。孔子说："不怨天，不尤人"①，就是对他以前怨天思想的非议。孔子以后，随着国家的统一、君主权力的增强，人们不仅不能怨天，也不能怨恨君主，否则被认为是大逆不道。汉代的天人感应思想，把一切天降的灾难都看作是人的行为不善所招致，天则不会有什么错误；宋代开始，以《西铭》为代表，把人生的苦难，看作是天"玉汝于成"。对于任何险恶的命运，只应像申生那样，"无所逃而待烹"。在这样的情况下，天也不会有什么不平、不吊之举。

对于这样至高无上、至善至明的天，人只能用敬畏的心情去对待它，而不应有其他杂念。孔子说："君子有三畏：畏天命；畏大人，畏圣人之言。小人不知天命而不畏也"②。但在孔子以前，君子们也会不畏天。《诗经·雨无正》道："凡百君子，各敬尔身，胡不相畏，不畏于天。"这些不畏天的君子，干着违背天意的事。从天的一面来说，是天的失职。所以引起了诗人对天的怨恨。

因此，这里的怨天情绪，乃是旧传统的残留，而不是新传统的开端。怨天，是承认天的存在，否则怨尤就没有对象。怨天思想的发展，也不会导致对天的否定。甚至可说这种思想是不可能进一步发展的，而只能遭到否定，导致"不怨天"思想的产生。

《诗经》中得到发展的思想是天人不相干思想。其《小雅·十月之交》诗道：

"下民之孽，匪降自天。噂沓背憎，职竞由人。"

老百姓之灾难，不是天降的，而是人自己造成的。这种思想的发展，就是后世子产的天人不相及思想，是老子的天道自然思想、荀子的天人各有职分的思想。

怨天思想，不否认天的存在，也不否认天对人的干预，而只是认为天的干预不公平。"匪降自天"虽然不否认天的存在，但认为一些事件不是上天干预的结果，从而为人的自由思想和行为争得了一块地盘。从此以后，古代科学思想的发展和一般思想的发展一样，不断从天的干预下争得一块块不受干预的地盘，为科学的前进开辟着道路。

---

① 《论语·宪问》。
② 《论语·季氏》。

第二章　春秋战国时期的科学思想

第一节　自然观从神学统治下的初步解放

一　天道远，人道迩

周朝建立之初，为了解释天命从商到周的转移，周人提出了"以德配天"的思想。他们认为，夏和商起初都是接受天命，后来灭亡，是因为他们失德①。所以"天命靡常"②，或者说，"皇天无亲，惟德是辅"③。从而在传统天命神学观念中打开了第一个缺口。

后来，周朝的政治也败坏了，对天的怨恨情绪滋长起来。《诗经》中有许多怨天、责天的诗篇：

荡荡上帝，下民之辟，疾威上帝，其命多辟④。

昊天不平，我王不宁。不惩其心，覆怨其正⑤。

不吊昊天，乱靡有定，式月斯生，俾民不宁⑥。

瞻卬昊天，则不我惠。孔填不宁，降此大厉⑦。

类似的诗篇，《诗经》中随处可见。一些诸侯，公然咒骂天不庇佑他。《左传·昭公十三年》载："初，(楚)灵王卜，曰：余尚得天下。不吉。投龟诟天而呼曰：是区区者而不余畀，余必自取之"。《诗经》中的怨天诗篇多是怨天不正义，此处则是对天的权威表示了极度的轻蔑。于是，天有没有能力干涉人间的事情也遭到了怀疑。《诗经·小雅·十月之交》唱道："下民之孽，匪降自天，噂沓背憎，职竞由人"。这首诗看似替天的恶行辩护，实则否认了天对人事的干涉，否认了天的权威和全能。

弱肉强食的现实，使人们一步步认识到，要在争夺中获胜，必须依靠自己。《孙子兵法》说，明君贤将之所以取胜，就在于"先知"，而"先知者不可取于鬼神，不可象于事，不可验于度，必取于人"。⑧《左传》中，记载着许多类似的思想和事件：

《左传·桓公六年》，楚将伐隋，隋后欲求救于神，大夫季梁说："夫民，神之主也。是以圣王先成民而后致力于神"。于是隋后惧而修政，楚不敢伐"。

《左传·庄公三十二年》，有神降到虢国，虢公命史嚚等人去祭祀，史嚚说："虢其亡乎！吾

---

① 参阅：《尚书·大诰》至《尚书·多方》诸篇。
② 《诗经·大雅·文王》。
③ 《左传·僖公五年》引《周书》。
④ 《诗经·大雅·荡》。
⑤，⑥《诗经·小雅·节南山》。
⑦ 《诗经·大雅·瞻卬》。
⑧ 《孙子兵法·用间》篇。

闻之,国将兴,听于民;将亡,听于神。神,聪明正直而一者也,依人而行”。这就是说,在史嚚看来,国家兴亡决定于人,而不是决定于神。

《左传·僖公五年》,宫子奇进谏虞君。虞君说:“吾享祀丰絜,神必据我”。宫子奇说:“鬼神非人实亲,唯德是依”。

类似的例子,《左传》、《国语》中所在多有。这是周初以德配天思想的扩大和发展。虞君的思想,还是传统的神学思想,认为鬼神的态度,会随着祭品的丰絜与否为转移,这也是人间昏君佞臣、贪官污吏的形象。宫子奇的观念,是新的神学观念。神既然“唯德是依”,那么,就不是人服从于神,而是神服从于人。这种新的神学观念给人自身的活动保留了一块自由的空间。

“天事必象”。[①]“天垂象,示吉凶”。[②]天对人的干预,往往通过各种自然现象表示出来。如《尚书·洪范传》所说,有六种征兆:雨、暘、燠、寒、风、时。实际上又远不只这些。日食月食,彗星流星以及各种不正常的自然现象,都曾被人们作为天意的表现。到春秋时代,这种传统观念遭到了怀疑。

《诗经·十月之交》篇唱道:“彼月而食,则维其常”。诗人已知月食是反复出现而又合乎规则的现象。《国语·晋语四》道:“天事必象。十有二年,必获此土……天之道也”。这是人们对木星运行规律的认识。类似的认识积累起来,使人们从自然界本身去解释自然现象。

《左传·僖公十六年》载,宋国有陨石下落,六鹢退飞。宋襄公问是何预兆?周内史叔兴认为他不该这么问,并对别人说:“是阴阳之事,非吉凶所生也”。

《左传·僖公二十一年》载,鲁国大旱,僖公要焚巫尪祈雨,臧文仲说,这不是救旱的办法。况且,“巫尪何为?天欲杀之,则如无生。若能为旱,焚之滋甚”。旱灾的原因,应到别处去找。

《国语·鲁语上》载,海鸟停在鲁国东门外三天,臧文仲让国人去祭祀它,遭到展禽的非议。展禽推想:“今兹海其有灾乎?夫广川之鸟兽恒知避其灾也”。这是一个用普遍自然法则(广川之鸟兽恒知避灾)推测具体自然事件的范例。

在这样一种思想气氛中,郑国子产得出“天道远,人道迩”的结论。

《左传·昭公十七年》,冬天出现彗星,郑裨灶预言“宋卫陈郑将同日火”,请求子产给他玉器进行禳祭,子产不给。第二年,四国果然发生火灾,裨灶又要求禳祭,并且说,“不用吾言,郑又将火”,子产还是不给。并且说道:“天道远,人道迩,非所及也。何以知之,灶焉知天道!是亦多言矣,岂不或信”。[③]。而郑国也并没有发生火灾。

“天道远,人道迩”还不是一个无神论命题,子产本人也不是无神论者,而是一个有神、有鬼论者。就在此事以后两个月,子产亲自领导了一场大规模地禳祭火灾仪式。虽然如此,“天道远、人道迩”的命题仍然是春秋时代自然观的重大进步。它使人们开始自觉地把天象、人事分开,而从它们自身寻找各自事件的原因。

---

① 《国语·晋语四》。
② 《易传·系辞传》。
③ 《左传·昭公十八年》。

二 孔子与儒家的自然观

孔子创立的儒家学派,其前身是周朝学校中的教师,以教授知识技能为职。[①] 他们熟悉传统文化,也较多地承继了传统观念。

传统观念中,神学居统治地位。信神必有祭祀。祭祀,是古代国家的头等大事。"国之大事,在祀与戎"。[②]祭祀必讲究礼仪,古代礼仪,最重要的也是祭礼。二十四史中的《礼志》,除《史记》、《汉书》、《后汉书》别有《封禅书》、《郊祀志》以外,都把祭礼作为《礼志》最重要的部分,放在卷首。祭礼之中,最重要的又是祭天之礼。制订礼仪,出任礼部官员,乃是儒生们的事业。

据文字学专家们考证,礼的本字从玉,从豆,后来又加上酉,再后来以示代酉。酉即酒。玉和酒是祭品,豆是祭器,示就是祭祀。礼字的创造过程,本身就浓缩了古代礼仪的内容。

孔子自称"述而不作",他也把礼看作治理国家、恢复秩序最重要的措施。而儒家六经中的思想,应视作孔子及后来儒家的思想基础。不过,随着时代的变化,传统神学思想也不断发生着变化。

孔子时代,社会进步和科学发展,在神学的全面统治之下开辟了许多"自由区",在这些自由区里,神的意志不起作用。适应这种情况,孔子一面信仰天及天命,认为君子"畏天命",[②] 说"获罪于天,无所祷也";[③] 一面又对鬼神敬而远之,在解释一些自然现象的时候,否认鬼神的意志。

《左传·哀公六年》载,起初,楚昭王有病,卜者说是"河为祟",要楚昭王祭祀。楚昭王认为,"河非所获罪",不祭。这一年,有云像一群赤鸟,绕太阳飞行三天。周大史认为这预示楚昭王将遭祸,建议他通过禳祭将灾祸转移给令尹、司马。楚昭王说,假如我无大过,天不会让我夭折;假如有过该罚,又何必移给他人。孔子听说这两件事,认为楚昭王"知大道"。

《左传·哀公十二年》,十二月还有蝗虫,季孙去问孔子,孔子认为是历法错误。因为"火伏而后蛰虫毕,今火犹西流",还有蝗虫是正常现象。

此外,孔子还批评过以前臧文仲祭祀海鸟是"不知"的行为[④]。

《论语·述而》载:"子不语怪力乱神"。神是鬼神之事,如神降于虢国,有病祷告之类。怪即怪异。据《史记·孔子世家》,孔子博学。季桓子穿井,得一物似羊,故意说是狗。孔子说:"以丘所闻,羊也。丘闻之,木石之怪:夔、罔阆;水之怪:龙、罔象;土之怪:坟羊"。《孔子世家》还载有:吴伐越,得到一节骨头,大得装满一车,孔子知道这是防风氏之骨。孔子并且通晓山川之神的来龙去脉,知道"僬侥氏三尺",是人中最矮的。上述这一切,都是类似《山海经》中所记载的、上古的自然观。孔子不谈论这些,表明儒家已不相信上古时代对自然现象的解说。

依照上古时代的自然观,自然界的一切,都有神在主宰。神不过是人的影子,也会喜怒无

---

① 参阅钟肇鹏《孔子研究》(增订版),中国社会科学出版社,1990年,第174~175页。

② 《论语·季氏》。

③ 《论语·八佾》。

④ 见《左传·文公二年》。

常，于是就有十日并出之类的现象。自然科学的进步，使春秋时代许多先进的思想家已不大相信这种自然观，孔子也不愿谈论这样的自然观。到孟子，就作出了一般的结论。

孟子认为，探讨物的本性，也就是寻求“故”。求故的根本，是“利”，即顺其自然本性，因势利导的意思。如大禹治水，就是认识了水的本性，求得了洪水之故，然后因势利导，“行其所无事”。天文现象也是如此：“天之高也，星辰之远也，苟求其故，千岁之日至，可坐而致也”①。

孟子所说，是一个具有普遍意义的结论，大禹治水，千岁日至，仅是两个具有代表性的例证而已。依孟子的意见，则事物都有自己的本性。事物的本性，乃是各种自然现象的原因（故），这就在根本上否认了神对自然现象的支配。孟子还进一步认为，只要求得这个“故”，就可预知事物的未来，并且驾驭它们，就像大禹治水。

孟子还像孔子一样相信天命，但对天命作出了新的解释。

古代天命论最重要的内容，是天任命天子（帝、王、皇帝）作国家的君主。孟子相信舜有天下是“天与之”。那么，“天与之者，谆谆然命之乎”？也不是。而是“天不言，以行与事示之而已”。比如诸侯拥护舜，百姓歌颂舜，这就是天意。最后，孟子援引《泰誓》：“天视自我民视，天听自我民听”，作为他天命观的结论。②

把天命归于人心，如同他把自然现象的原因归于物的本性一样，表明到孟子时代，儒家的世界观、自然观，又有了新的进步。

孟子还认为，自然现象的出没交替，都是确实可信的，他把自然现象的这种性质归结为一个“诚”字：“是故诚者，天之道也”。③荀子对天道的“诚”解释得更加具体。《荀子·不苟》篇道：“变化代兴，谓之天德。天不言而人推高焉，地不言而人推厚焉，四时不言而百姓期焉：夫此有常，以其至诚者也”。假若不诚，后果就不堪设想：“天地为大矣，不诚则不能化万物”。假若冬去春不来，或春去夏不至，或者黑夜过去并不是白天，那万物将不“化”，人类也无法生存和生活。但自然界不是这样，而是冬去春来，夏去秋至，黑夜的尽头就是白天。这一切，都是百姓们可“期”、可待的。所以他们才春种秋收，日作夜息，安排自己的生产和生活。自然界这样“有常”（即有规律），是因为它本性至诚。这就是孟子和荀子的结论。

在《中庸》篇中，天道至诚的性质被解释为“为物不贰”，“生物不测”。其内容包括：天维系日月星辰，覆育万物；地载华岳，振河海；山生草木，居禽兽，出宝藏；水生鱼鳖蛟龙，殖货财等等。荀子的“不诚不能化万物”，在《中庸》中发展为“诚者物之终始，不诚无物”。即“诚”的意义，不仅是“化万物”，使万物开始，而且贯穿始终。《中庸》还说：“诚者，自成也”。也就是说，自然物存在、运动那种至诚的性质，乃是由于自己，自己成就自己，不是外在的力量。

儒家虽然对天道有了新的认识，但仍然保留着人道本于天道的基本原则。天道是至诚的，人道也应至诚。天道至诚所以能化万物，人道也必须至诚，才能感动别人，使别人感化。《孟子·离娄上》道：“思诚者，人之道也”。不诚不能悦于亲，也不能感动人。《荀子·不苟》篇道：“圣人为知矣，不诚则不能化万民”。《中庸》说：“唯天下至诚”，“可以赞天地之化育”，“与天地参”，是荀子至诚观的发展。

自然物由于至诚，所以“有常”。有常，所以可预测它们的将来。如水必流下，如测千岁之

---

① 《孟子·离娄下》。

② 《孟子·万章上》。

③ 《孟子·离娄上》。

日至。《中庸》又将这一思想引向社会现象：

> 至诚之道，可以前知。国家将兴，必有祯祥。国家将亡，必有妖孽。见乎蓍龟，动乎四体。祸福将至：善，必先知之；不善必先知之。故至诚如神。

把得自自然界的结论引入社会，是中国古人思想的通则。认为人只要至诚，就可悦亲化民，直至“赞天地化育”；进而认为至诚可以预知国家兴亡、前途祸福，就是儒家把得自自然界的结论引入社会现象的结果。这一引入导致了荒谬的结果，是由于他们仍然把人类社会看作是和自然界一样性质、因而遵循一样规则的东西。

儒家的这一错觉，也是中国古代思想家的通病。

三　老子及先秦道家的自然观

任继愈先生认为，先秦无道家。① 今人之所以仍把老、庄等人称为道家，一是由于积习已久，约定俗成；二是由于老、庄等思想家，较之他人，更多地把“道”作为他们关注的对象，甚至作为自己哲学的最高范畴。

道，本义就是路。路有前人留下的，后人照着走，因而含有规则的意义。但最初地上本没有路，由于人走才成了路。即使在有路以后，在无路的地方人们还是需要摸索。在这种情况下，凡是人走的轨迹都是路。用“道”这个概念描述人的行为方式，可说人们行为的任何方式都是道。《左传·昭公元年》：“不义而克，必以为道”。不义的行为，也是道。

人在无路的地方行走，最终必会发现，有的地方好走，有的地方不好走。好走的地方后人照着走，于是成了路，成了道。不好走的地方人们不再走，并且被称之为不道、非道。用于人们的其他行为，也有道与非道之分。

如果单指走路，那么不道、非道的地方人们就不走。在人的社会行为中，不义为道和以义为道的行为几乎一样多。表现于哲学概念，始终存在着道与非道的对立。

神是人的影子。人们会用道来描述自己的行为，也就用道来描述神的行为。神的行为往往通过自然现象表示出来，自然现象也就获得了道的意义，称为天道。天道，就是神、其中主要是上帝（或称“天”）的行为方式。上帝通过自己的行为方式给人以指示，所以天道起初是和天命具有同样意义的概念。天道是天下达命令的方式，而在下达命令的方式中也就包含了命令的内容。如武王伐纣时，白鱼入船，火下王屋流为赤乌，既是天传达自己命令的方式，其中也就包含着“天命武王”这样的意义。

春秋时代，人们还保留着天道的神学意义。《左传·襄公九年》：“宋灾，于是乎知有天道”。《左传·昭公九年》：“蔡复、楚凶，天之道也”。这里的天道，和天命乃同实而异名。子产说的“天道、人道不相及”，其“天道”也还是一个神学概念。

社会意识的发展使人们认识到，君主的命令固然重要，君主行为的方式则更加重要，因为那一时的命令不过是平素一贯行为方式的结果。西周初年，人们就认识到，天子应该“敬德”，应“所其无逸”。② 后来，人们则更加注意君主的行为对国家兴亡的影响。天子是天之子。天子的行为，应以天为榜样。这样，人们在加强对君主行为进行研究的同时，也就加强了对天

---

① 参阅任继愈《中国哲学史论》，上海人民出版社，1981 年，第 431～435 页。

② 参阅《尚书·周书》。

道的研究。

研究发现,天道,是有规则的行为。

比如上述“宋灾,于是乎知有天道”。乃是对大火星(心宿二)伏现规律的认识;“蔡复、楚凶,天之道”,乃是对木星运行规律的认识。《左传·庄公四年》:“盈而荡,天之道也”,很可能说的是月亮圆缺。《左传·宣公十五年》,将天道的内容推到更加广大的领域:“川泽纳污,山薮藏疾,瑾瑜匿瑕,国君含污,天之道也”。《左传·昭公三十二年》,天道的内容得到了进一步提炼:“物生有两,有三,有五,有陪贰。故天有三辰,地有五行,体有左右,王有公,诸侯有卿,皆有贰也”。这样的情况,也是天之道。

在春秋时代先进思想家的眼里,从自然界到人类社会,一切有规则的现象,事物的固有本性、存在方式及必然趋势,都叫作天道。

既有规则,又是“固有”和“必然”,那就不是神的意志的结果,也不表达神的意志,而是由自己的本性所造成,所以叫“自-然”。老子把春秋时代人们关于天道的认识进一步升华,得出了“天道自然”这个具有普遍意义的结论。

老子说:“人法地,地法天,天法道,道法自然”。

“道法自然”,也就是道以自然为本性。“天法道”,天道的本性也就是自然。所谓自然,就是说,事物的存在和运动是出于自己本性,而不是外在力量的干涉。比如“天地相合以降甘露”,是“莫之令而自均”。① 天地无所谓仁慈,它“以万物为刍狗”。②道,或天地,生了万物,但“生而不有,为而不恃,长而不宰”,并不干涉万物的行为。万物虽然“尊道而贵德”,但道、德是“莫之命而常自然”。③

天道自然命题在《老子》书中还仅是初步提出,在《庄子》书中则展开了充分论证。庄子认为,一切自然的、或社会的现象,其发生和消灭,不过都是“天风吹籁”。虽“吹万不同”,但“咸其自取”。④五行之性:“木与木相摩则燃,金与火相守则流”。草木的生长:“春雨日时,草木怒生,铫鎒于是乎始修,草木之倒植者过半而不知其然”。⑤动物的运动:蚿以万足行,是“予动吾天机”;蛇无足行,是“天机之所动”。⑥动物的形态:“鹄不日浴而白,乌不日黔而黑”。⑦人的美丑,是“美者自美”,“恶者自恶”。⑧动物的生殖活动:“白鶂之相视,眸子不运而风化。虫,雄鸣于上风,雌应于下风而风化”,还有“乌鹊孺,鱼傅沫”,不过都是由于它们各以自己同类为雌雄,才交配生子。这叫作“性不可易,命不可止”。⑨以至于天地日月,则“天不得不高,地不得不广,日月不得不行,万物不得不昌。此其道欤”。⑩这个道,也就是天道、自然之道。

庄子曾提出过这样的问题:天的运行,地的静止,日月的出没,“孰主张是?孰纲维是?孰居无事推而行是”?⑪世界上的一切,“精至于无伦,大至于不可围”,它们的存在和运动,是“莫为”?是“或使”?⑫对于这些问题,庄子自己并没有作出直接回答,但他的主张却也十分明显,他不认为天地日月的存在和运动是由谁在布置和推动,也不赞同“或使”之说,所以后来郭象得以用“任其自然”来概括庄子的最高追求。⑬ 虽然,如支道林所说,庄子的追求绝不止于“任其自然”。⑭ 但毫无疑义,天道自然确是庄子的自然观,是他的哲学理论和思想境界追

①,②,③分别见《老子》第32,5,51章。

④,⑤,⑥,⑦ 分别见《庄子》一书《齐物论》、《外物》、《秋水》、《天运》篇。

⑧,⑨,⑩,⑪,⑫分别见《庄子》之《山木》、《天运》、《知北游》、《天运》、《则阳》。

⑬ 参阅郭象《庄子注》。

⑭ 参阅刘孝标《世说新语注·文学》。

求的基础。

被称为先秦道家的其他人物，在自然观上，和老子、庄子大同而小异。他们对事物运动的法则认识不尽相同，因而社会主张也有差异，但把事物存在、运动的原因归于事物本身，这一点则没有差别。

老子、庄子得出了天道自然的结论，但也不能摆脱人道本于天道的思想。老子说："天法道"，在理论上，他的道应超出天道、人道之上。实际上，老子又往往把道等同于天道，在他把道与非道对立的地方，也是天道与人道相对立的地方。老子贬抑人道而推崇天道。在老子笔下，得道者、圣人的行为，和天道是一致的，天道自然无为，圣人也自然无为。自然无为，是老子追求的最高境界。这一境界，成了后世庄子及其他道家人物精神修养的出发点。

天道自然是与天命神学根本对立的命题，但老子还不能否定天帝鬼神的存在，甚至也不否认天有赏善罚恶的功能。到了庄子，也认为道"神鬼神帝"。道虽然高于鬼神甚至上帝，但上帝鬼神仍然存在。因此，在老子、庄子那里，天道自然观念的意义，只是缩小了上帝鬼神的管辖范围而已。

四　荀子的"人与天地相参"思想

荀子生活于战国后期，天道自然是他自然观的出发点。荀子认为：

> 列星随旋，日月递炤，四时代御，阴阳大化，风雨博施，万物各得其和以生，各得其养以成，不见其事而见其功，夫是之谓神。皆知其所以成，莫知其无形，夫是之谓天。[①]

这是一个彻底的、天道自然的见解。日月星辰的运行，阳阳风雨的博施化育，万物的生长壮成，是在人们无法感知的情况下，悄悄地进行、完成的。这就是神，就是天。从庄子开始，"天"的内涵之一，就是"自然"。

那些不常见的、被人视为怪异的现象，在荀子看来，也是"天地之变，阴阳之化"。它们的出现，和四季代换、日月递照一样，也是自然现象：

> 星坠、木鸣，国人皆恐。曰：是何也？曰：无何也。是天地之变，阴阳之化，物之罕至者也。怪之，可也。而畏之，非也。[②]
>
> 夫星之坠、木之鸣，是天地之变，阴阳之化，物之罕至者也。怪之，可也。而畏之，非也。[③]

与星坠木鸣相类，其他罕见的自然现象，也是可怪而不可畏："牛马相生，六畜作祆。可怪也，而不可畏也"。[④]

风雨博施既是自然现象，那么，它该来就来，不该来就不来。在这里，求助于神灵是没有用的："雩而雨，何也？曰：无何也，犹不雩而雨也"。[⑤] 求雨，和救日、卜筮等事一样，在君子看来，只是一种文饰：

> 日月食而救之，天旱而雩，卜筮然后决大事，非以为得求也，以文之也。故君子

---

① 《荀子·天论》。

②，③，④《荀子·天论》。

⑤ 《荀子·天论》。

以为文,而百姓以为神。以为文则吉,以为神则凶也。①

把文饰行为当作真有神灵存在,就要遭受凶险。这就是说,上述现象的发生,包括星坠木鸣、六畜作妖、日月食、风雨等等,都不是由于神灵的支配,而是自然而然发生的。它们不是为人而存在的,人世的治乱兴亡、吉凶祸福,也与它们没有关系:

天行有常。不为尧存,不为桀亡。

治乱天耶?曰:日月、星辰、瑞历,是禹桀之所同也。禹以治,桀以乱,治乱非天也。……地邪?曰:得地则生,失地则死,是又禹桀之所同也。禹以治,桀以乱,治乱非地也。

夫日月之有食,风雨之不时,怪星之傥见,是无世而不常有之。上明而政平,则是虽并世起,无伤也。上暗而政险,则是虽无一至者,无益也。②

至此为止,荀子充分论证了春秋时代以来的"天人不相及"思想、"天道自然"思想,并把这种新的自然观发展到完备的形态。

由此出发,荀子进一步认为,天有天的职分,人有人的能力。天的职分是"不为而成,不求而得";人的能力就是"强本节用"、"养备而动时"之类。人,应该"明于天人之分"。明白了天与人各自的职分,就"不与天争职"。不与天争职,就是"不慕其在天者",而"敬其在己者"。"天有常道","天有其时";"地有常数","地有其财",这都是人所无能为力的。巴望天随人愿,是不可能的。但"君子有常体","人有其治",③可以据天时地宜、天道地财而行动,而安排自己的生产和生活。所以:

大天而思之,孰与物畜而制之。从天而颂之,孰与制天命而用之。望时而待之,孰与应时而使之。因物而多之,孰与骋能而化之。思物而物之,孰与理物而勿失之也。愿与物之所以生,孰与有物之所以成。故错人而思天,则失万物之情④。

这段长期被人称道的"制天命"思想,若用现代的语言说出来,就是不要等待大自然的恩赐,而要充分利用大自然所提供的条件,向大自然索取。若用中国古代的语言,其实际意义就是"人与天地相参":天有其时,地有其财,人有其治,夫是之谓能参。舍其所以参,而愿其所参,则惑矣"。⑤参,就是叁。人与天地并列为三。在荀子的自然观中,人在自然面前不再是只能俯首听神灵之命,而是和天地并列,和天地具有同样伟大的作用。这是在自然观中,确立了人在自然面前的独立和解放。

荀子的自然观,是先秦时代最进步、最积极的自然观,他在自然现象的一切领域,包括已知的和未知的领域,彻底否认了鬼神的干预。然而,他只能否认鬼神对自然过程的干预,也不能否认鬼神的存在。他认为天地是礼的"三本"之一,礼要"上事天,下事地";说祭祀死者,是"敬事其神"。所说的"社",就是"祭社";"稷",就是"祭稷";"郊",则是"并百王于上天而祭祀之"。⑥ 在这些地方,天地社稷以及死者之神,都是不折不扣的神灵。

---

①,②,③,④,⑤《荀子·天论》。

⑥《荀子·礼论》。

五 屈原对传统神学自然观的质问

据《山海经》所说，四季寒暑，昼夜交替，是神造成的。《海外北经》说："钟山之神，名曰烛阴。视为昼，瞑为夜，吹为冬，呼为夏。不饮、不食、不息。息为风"。《大荒北经》把"烛阴"说成是烛龙。烛龙神"其瞑乃晦，其视乃明。不食、不寝、不息，风雨是谒"。有的神专门管理风。《大荒东经》说："(神)折丹……处东极以出入风"。《大荒南经》说："(有神名)因乎……处南极以出入风"。日月的出入也有神人司管。《大荒西经》说："有人名曰石夷……处西北隅，以司日月之长短"。《大荒东经》说："有人名曰鵹……处东北隅以止日月"。《大荒西经》还说是颛顼的后代噎，"处于西极，以行日月星辰之行次"。至于日月本身，均是帝俊之子。日是帝俊之妻羲和所生，月是帝俊之妻常羲所生。

《山海经》成书较晚，但其中的思想，却起源很早。关于日月寒暑风雨的说法，乃是一种古老的自然观。这种自然观在宗教神学的统治下，就成为宗教神学的组成部分。

春秋战国时代，由神灵主管日月风雨的自然观破产了。孔子不再谈论它，庄子对天地日月有否主宰发生了疑问。屈原的《天问》，则对这种古老的世界观作了较为全面的清算。《天问》问道："遂古之初，谁传道之？上下未形，何由考之？冥昭瞢暗，谁能极之？冯翼惟象，何以识之"？远古初始的情况，是谁说的？那时天地都没有形成，那人怎么知道当时的情形？昼夜未分，一片混沌，关于那时的说法，从哪里来？叫别人如何判断真假？

天体结构如何？大地上山川从何而来，屈原也发生了怀疑："圜则九重，孰营度之？惟兹何功，孰初作之？斡维焉系？天极焉加？八柱何当？东南何亏？"《淮南子·天文训》说："昔者共工与颛顼争为帝，怒而触不周之山，天柱折，地维绝。天倾西北，故日月星辰移焉。地不满东南，故水潦尘埃归焉"。这样的神话传话，来源一定很早。屈原不相信这类说法："康回冯怒，地何故以东南倾？"朱熹注《天问》，引《山海经》说："禹治水，有应龙以尾画地，即水泉流通"。[①] 朱熹的说法，来自汉代的王逸。王逸的说法，则起源更早。

《庄子·天道篇》说："吾师乎！吾师乎！……长于上古而不为寿，覆载天地、刻雕众形而不为巧"。庄子这里说的是道。但春秋战国以前，中国上古时代也一定有神灵创世的神话。屈原的天问对此表示了怀疑。

关于日月风雨的传说，屈原也不再相信。他质问道："日安不到？烛龙何照？羲和之未扬，若华何光？""蓱号起雨，何以兴之？"烛龙、羲和，是《山海经》上的著名神灵。蓱，有的写作"萍"，即萍翳的简称。萍翳，被认为是雨师名。

从"遂古之初"，到天地形成、天体结构，日月风雨成因，推而广之，一切自然物的存在和运动，过去认为全由神灵造成，由神灵掌管。春秋战国时代，这样的自然观全面破产了。屈原的《天问》，不过是用文字形式记载下了这种神学自然观的破产。《天问》不是传统神学自然观破产的开始，而是神学自然观破产的总结。

传统神学自然观破产了，新的自然观需要建立。从天地起源、天体结构、风雨成因，都需要作出新的解释。这些解释，奠定了以后自然观的基础。

---

① 朱熹，《楚辞集注·天问》。

第二节 雏形的宇宙理论

一 重新解释世界的兴趣

春秋战国时代,礼崩乐坏,天下大乱。诸侯们不把周天子放在眼里,卿大夫也不把诸侯们放在眼里,卿大夫的家臣们也常常和卿大夫作对。这是一个天翻地覆的时代。思想家们的任务,首先是整顿这混乱的秩序,或者是帮助人们在争斗中获胜,社会政治的问题是思想家们关注的中心。尽管如此,也有相当一部分思想家,致力于重新解释自然界的事业。

《庄子·天运》篇提出了一系列有关自然界的问题:

> 天其运乎?地其处乎?日月其争于所乎?孰主张是?孰纲维是?孰居无事推而行是?意者其有机缄而不得已邪?意者其运转而不能自止邪?云者为雨乎?雨者为云乎?孰隆施是?孰居无事淫乐而劝是?风起北方,一西一东,有上彷徨,孰嘘吸是?孰居无事而披拂是?敢问何故?

庄子虽然说"敢问何故?"但实际上他又不要求得到具体回答。然而问题毕竟是提出来了。这些问题,是庄子那个时代所产生的问题,对这个问题的回答,是庄子那个时代的愿望:"南方有倚人焉曰黄缭,问天地所以不坠不陷,风雨雷霆之故。"① 黄缭的问题,和《庄子·天运》篇的问题是一样性质的问题,他们都要求对那些最常见的自然现象作出新的解释。

《列子》书中有"杞人忧天"的故事。《列子》一书被认为出于魏晋时代,其中对杞人之忧的回答,明显带有宣夜说的影响,因而出现较晚。但对天坠地陷的忧虑,却至少是战国时代就产生了。

据《庄子·天下》篇,惠施对这些问题一一作了回答:"惠施不辞而应,不虑而对,遍为万物说。说而不休,多而无已,犹以为寡,益之以怪。"庄子对惠子不以为然,说他"散于万物而不厌","逐万物而不反"。②庄子的这些说法表明,惠施用了自已的主要精力和才能,去从事对自然现象的解释。

惠施解释自然现象的特点,是"以反人为实",所以"与众不适"③。惠施的"历物十事",确实是从反面提出问题,而天下的辩者也用同样的问题与他辩难。能从反面提出问题,说明已有人从正面作出了解释。可惜惠子对黄缭的回答,人们从正面对天地万物的解释,很少有资料传留下来。我们只能从现有的文献出发,间接地窥到当时的一些情况。

二 有始论与无始论

《庄子·齐物论》中,首先介绍了"古之人其知有所至矣。"至,就是说,"有以为未始有物者"。其次是"以为有物","而未始有封",再其次是"以为有封","而未始有是非"。这是一个

---

①,②,③《庄子·天下》篇。

从物到人间是非的解释序列。接着介绍了惠子等人的工作,认为惠子等人的工作,是终身无成的工作。为了进一步说明惠子等人工作的无用,庄子又列举了两种相反的言论:

今且有言于此,不知其与是类乎?其与是不类乎?……虽然,请尝言之:有始也者,有未始有始也者,有未始有夫未始有始也者。

这里介绍了三种主张:有始者,无始者("未始有始"),无所谓有始无始("未始有夫未始有始")。第三种意见不追求对世界的具体解释,前两种意见,可在先秦的典籍中找到它们的痕迹。

先秦时代的思想家,多数是有始论者。老子说:"道可道,非常道;名可名,非常名。无名天地之始,有名万物之母"。[①] 老子认为天地是有始的。这个作为天地之始的"无名"或"无",就是道:

有物混成,先天地生。寂兮寥兮,独立不改,周行而不殆,可以为天下母。吾不知其名,字之曰道。[②]

道冲,而用之或不盈,渊兮似万物之宗……吾不知谁之子,象帝之先。[③]

谷神不死,是谓玄牝。玄牝之门,是谓天地根[④]。

"谷神"就是道。《老子》一书,从各个角度表达了道是天地万物始点的思想。其最普遍的形式,乃是第四十二章中说的"道生一,一生二,二生三,三生万物。"

一、二、三的内容如何,历代注家众说纷纭。但大家都不否认,道是这个生成系列的始点。在道与万物之间,还有一些中间环节。这些中间环节,或认为是天地,或认为是阴阳等等。这样,在老子的有始论中,就构成这样一个生成系列:道→天地、阴阳→万物。

《庄子》一书,也介绍了这种天地有始论。比如《大宗师》篇认为道"生天生地"。其《天地》篇说:"泰初有无,无有无名。一之所起,有一而未形……留动而生物,物成生理谓之形。"这种从"无有无名"的无,到未形之一;未形之一分化,成为有形之物。这也可看作是当时流行的一种天地有始论。《庚桑楚》篇,说"万物出乎无有"。而无有就是"天门"。并认为"有不能以有为有,必出乎无有"。这些都是《老子》"有生于无"思想的发展。这样一种有始论中,始,就是无。

《庄子》同时也介绍了无始论。上述"未始有始"说,就是一种无始论。此外,《庄子·知北游》说:"冉求问于仲尼曰:未有天地可知邪?仲尼曰:可。古犹今也。"第二天,冉求又来问。孔子加以解释说:"无古无今,无始无终"。明确表达了一种"天地无始"的思想。

《知北游》篇还对这种天地无始思想作出了论证:"有先天地生者物也?物物者非物。物出不得先物也,犹其有物也。犹其有物也,无已。"不少注家都认为,这是说,若把道作为天地之先,则道也是物。[⑤] 既然都是物,那就没有什么能出现在物之先,因此,可说物是无始无终的。

这些注释不一定准确,因为此处讲的是天地是否有始。但关于天地无始的思想还是明确的。

至于庄子本人,他既不认为天地有始,也不认为天地无始。在他看来,这是个弄不清的问

---

①,②,③《老子》第一、二十五、四章。

④《老子》第六章。

⑤ 参阅郭庆藩《庄子集释·知北游》。

题:“知终始之不可故也”。[①] 最好是不要管它。

《荀子·劝学》篇说:“物类之起,必有所始”。其意义只是说,荣辱的到来,都是有原因的,如同自然现象的产生也是有原因的一样。荀子把天也看作物,并要“物畜之”。若依此推论,则天也应有所自来,有始。不过现存《荀子》一书中,见不到如此明确的推论。

《吕氏春秋·有始览》说:“天地有始”。天地的始点是太一:“太一出两仪,两仪出阴阳”。“万物所出,造于太一,化于阴阳”。而“太一”就是道:“道也者,至精也,不可为形,不可为名,强为之谓之太一”。[②] 因此,《吕氏春秋》的天地有始论,其始点仍未超出老子的道生天地思想。

然而天地有始的思想在先秦时代居主流地位,并成为汉代天地生成说的出发点。与有始论相对立的无始论,则一直处于劣势。

老子认为,道永恒存在。天地有始,道无始终。仅从天地而言,老子是有始论。从道的立场看问题,老子又是无始论。到庄子,把老子有始无始的矛盾发展得更为充分。

《庄子·庚桑楚》说:“有实而无乎处者,宇也。有长而无本剽者,宙也”。据郭象注,宇就是“四方上下无有穷处”;而宙,乃是“古今之长无极”。万物在其中出出入入,生生死死,“入出而无见其形”。[③]天地,不过是“形之大者”。[④]尽管大,也是个物。既是个具体物,也就是个有限的存在。有限物都有始有终,因而天地也有始。但作为宇宙,又是无始。宇宙的无始,是因为它在时间、空间上,都是无限的。这样,有始无始的讨论,就和有限无限的讨论相通了。

三 有限论与无限论

先秦时代,天地有限论居主要地位。当时的天文学家,还推算了天地的大小。《山海经·中山经》说:

> 禹曰:天下名山,经五千三百七十山,六万四千五十六里,居地也。言其五藏,盖其余小山甚众,不足记云。
>
> 天地之东西二万八千里,南北二万六千里,出水之山者八千里,受水者八千里……

《海外东经》则说:

> 帝命竖亥步,自东极至于西极,五亿十万九千八百步。竖亥右手把算,左手指青丘北。一曰禹令竖亥。一曰五亿十万九千八百步。

据郝懿行《山海经笺疏》,刘昭注《山海经》引《郡国志》说:“《山海经》称禹使大章步自东极至于西垂,二亿三万三千三百里七十一步;又使竖亥步南极北尽于北垂,二亿三万三千五百里七十五步”。与今本《山海经》不同。今本《山海经》中的数字,和先秦其他文献数字大致相同。

《管子·轻重乙》篇,“桓公曰:天下之朝夕可定乎?管子对曰:终身不定。桓公曰,其不定之说可得闻乎?管子对曰:地之东西二万八千里,南北二万六千里。天子中而立。国之四面,

① 《庄子·秋水》。
② 《吕氏春秋·大乐》。
③ 《庄子·庚桑楚》。
④ 《庄子·则阳》

面万有余里，民之人正籍亦万有余里……”。《管子·地数》篇，说法与《山海经》基本相同：“桓公曰：地数可得闻乎？管子对曰：地之东西二万八千里，南北二万六千里。其出水者八千里，受水者八千里……”。

《吕氏春秋·有始》篇中的数字也和上述相同：“凡四海之内，东西二万八千里，南北二万六千里，水道八千里，受水者亦八千里”。

稍有不同者是，《山海经》说是“天地”，管子说是“地”，《吕氏春秋》说是“四海之内”。依《周髀算经》，这个数字可能是推算出来的。《周髀算经》说：

冬至日加酉之时，立八尺表，以绳系表颠，希望北极中大星，引绳致地而识之。又到旦明，日加卯之时，复引绳希望之，首及绳致地而识，其两端相去二尺三寸，故东西极二万三千里。

用同样的方法，《周髀》还测得北极“去周十一万四千五百里”，南极“去周九万一千五百里”。而“天之中去周十万三千里”。天高于地八万里等。

测算天地、四极的大小，并且得出数字，其行为本身表明，测算者认为天地、四极都是有限的存在物。这种天地有限的思想对后代影响深远。汉代《淮南子》，仍认为“四海之内，东西二万八千里，南北二万六千里”。并认为禹使太章步东极到西极，有二亿三万三千五百里七十五步；令竖亥步南北极，也是二亿三万三千五百里七十五步。[①] 刘昭所引《郡国志》的数字及说法，大约源于《淮南子》。

《淮南子》“四海之内”的数字与先秦诸文献同，但“四极”的数字却不同于《山海经》和《吕氏春秋》。《淮南子》以后，纬书《诗·含神雾》、《河图·括地象》、张衡《灵宪》，都采用了《淮南子》的数字，不过《诗·含神雾》把《淮南子》的“四极”换成了天地。

从《山海经》、《吕氏春秋》及以后《淮南子》所说的数字，虽然各自都不大相同，但是四极之大都大于天地之大，说明他们认为天地只占据着四极之内的一部分，有的则径直把天地大小说成是“四海之内”。那么，天地、四海以外是什么呢？这就不能不给天地宇宙无限论留下借口。

《庄子》一书中，“天地”基本上还是一个“极至”的概念。《秋水篇》中北海神道：“自以比形于天地而受气于阴阳，吾在于天地之间，犹小石小木之在大山也。……计四海之在天地之间也，不似礨空之在大泽乎？计中国之在海内，不似稊米之在大仓乎？”

当时人们所说的天地，往往和“四海之内”等同；而四海之内，又往往指周天子所辖的范围。所谓“普天之下，莫非王土”，似乎天底下的每一个角落，都归周天子统治。但庄子说，这一片地方，在天地之间，只是很小的一块。在《则阳》篇中，他把魏国和齐国比作蜗牛的左角和右角。这样的比喻，极易促使人们去思考，天地究竟有多大。

庄子有时也把天地说得很小。其《齐物论》说：“天下莫大于秋毫之末，而大山为小”。《秋水》篇则说：“知天地之为稊米也，知毫末之为丘山也，则差数睹矣。”

天地如此渺小，它一定是有限的，并处于一个无限之中，《则阳》篇中，庄子明确得出了“四方上下无穷”的结论：

曰：臣请为君实之。君以意在四方上下有穷乎？

君曰：无穷。

---

① 《淮南子·地形训》。

曰：知游心于无穷，而反在通达之国，若存若亡乎。

“四方上下无穷”，也就是“有实而无乎处”的“宇”。

天地有限，而“宇”无穷，是《庄子》无限宇宙论的基本思想。

四　邹衍九州说

战国时代的思想家们，不仅企图冲破传统神学的束缚，而且力图冲破传统天地观的狭隘眼界，去探寻周天子辖区以外的世界的奥秘。邹衍的九洲说，是这种探索的思想成果之一。《史记·孟子荀卿列传》说：

(邹衍)乃深观阴阳消息而作怪迂之变，终始、大圣之篇十余万言。其语闳大不经。必先验小物，推而大之，至于无垠。

先序今以上至黄帝，学者所共述，大并世盛衰，因载其禨祥度制，推而远之，至天地未生，窈冥不可考而原也。

先列中国名山大川，通谷禽兽，水土所殖，物类所珍，因而推之，及海外，人之所不能睹。称引天地剖判以来，五德转移，治各有宜，而符应若兹。以为儒者所谓中国者，于天下乃八十一分居其一分耳。中国名曰赤县神州。赤县神州内自有九州，禹之序九州是也，不得为州数。中国外如赤县神州者九，乃所谓九州也。于是有裨海环之，人民禽兽莫能相通者，如一区中者，乃为一州。如此者九，乃有大瀛海环其外，天地之际焉。

其术皆此类也。

邹衍和他的学说，当时得到了广泛重视。据《史记·孟子荀卿列传》。邹衍“重于齐”；到魏国，“惠王郊迎”；到赵国，平原君“侧行撇席”；到燕国，“昭王拥彗先驱，请列弟子之座而受业。筑碣石宫，身亲往师之。”司马迁对此非常感慨，说邹衍这样的殊荣，比起孔子菜色陈蔡，孟子困于齐梁，真是不可同日而语。邹衍的命运，也是邹衍学说的命运。“王公大人初见其术，惧然顾化”。但他的学说，归根到底是要讲“仁义节俭”，所以诸侯们不能用。虽然如此，他的学说得到了广泛传播，则毫无疑义。当代学者认为，《吕氏春秋》、《管子》中的许多篇，就是采用了邹衍的学说。

《吕氏春秋·有始》篇，即被认为是邹衍的学说。① 其中说道：“天有九野，地有九州”。然而这里的九州，基本还是《禹贡》所说的九州，即：豫、冀、兖、青、徐、扬、荆、雍、幽九州。

依邹衍所说，豫、冀、青、徐等九州，乃是赤县神州内的九州。儒者们说的“中国”，乃是赤县神州内的九州之一。而中国以外，像赤县神州这样的州，一共九个。这才是“天下”的全部。这样，儒者们说的“中国”，不过是“天下”的八十一分之一罢了。

这个“大九州”说，仍然是个有限的大地模型。但比起只把小九州当作“天下”，其眼界显然要开阔多了。很可能，这个新的大地观，与齐地近海和齐民航海的某些发现有关。

邹衍的时代，距庄子不远。庄子说中国之在海内，如稊米之在大仓；海内在天地之间，犹礨空之在大泽。邹衍说中国不过是天下的八十一分之一。他们的大地观，思想相通。如人们能认真对待他们的学说，将会由这种地理观念开始，打破政治上的天朝大国、唯我独尊思想。

---

① 参见：陈奇猷《吕氏春秋校释》。

然而他们的学说，都被当成闳大不经，迂诞之言。直到帝国主义的炮舰叩开中国大门，人们才开始认真对待古代这种学说。

《庄子·则阳》篇，把齐、魏二国比作蜗角，意在劝魏王小视齐魏之争，从而避免了一场战争。邹衍的大九洲说，归本仁义节俭，也是讽喻诸侯不要妄自尊大。目的虽在政治教化，所恃的根据，应是科学思想史上宝贵的一页。

第三节 阴阳五行说

一 阴阳说的起源

阴阳概念，产生于对向阳和背阴的认识。《诗经》是较为可靠的早期文献，其《大雅·公刘》篇道："相其阴阳"；阴阳，指山向阳的南麓和背阴的北麓。"度其夕阳"；夕阳，山丘向阳的南面。其《大雅·皇矣》篇道："居岐之阳"；阳，即岐山南面。《大雅·大明》篇："在洽之阳"，即河的北岸。其《秦风·渭阳》篇："我送舅氏，曰至渭阳"；渭阳，即渭水之阳，北岸。《尚书·禹贡》："岷山之阳"，"荆及衡阳"；阳也是指山的南面。

与阳相对，阴则指背阴处。上引"相其阴阳"是一例。《周易·中孚》卦爻辞："鸣鹤在阴，其子和之"；这个阴，即指背阴处。

向阳处温暖，所以"阳"又有暖意。《诗经·小雅·杕杜》篇："日月阳止"；阳，即温暖的意思。《豳风·七月》："春日载阳"；《小雅·采薇》："岁亦阳止"；其中的阳，都是暖意。暖意再加以引伸，怕寒逐暖的候鸟也被称为"阳鸟"。《尚书·禹贡》有"阳鸟攸居"。

向阳处不仅温暖，而且明亮，所以阳又引伸为明亮。《诗经·豳风·七月》："我朱孔阳"；《周颂·载见》："龙旂阳阳"；都指明亮、鲜明意。明亮、鲜明意再加以引伸，指人的容光焕发。《诗经·王风·君子阳阳》："君子阳阳"，如同今天的"喜气洋洋"的"洋洋"。

上述本意或引伸意，后来大多都包含在"阳"的概念之中。

与阳相对，阴则寒冷、阴暗。《诗经》中，阴多与天阴、下雨相联。《邶风·终风》："曀曀其阴"，是说天阴。《邶风·谷风》："以阴以雨"，是说天又阴又下雨。《曹风·下泉》："阴雨膏之"；《豳风·鸱鸮》："迨天之未阴雨"；则直接把阴作为雨的形容词。

阴指背阴，遮阳的地方也叫阴，比如树荫。"鸣鹤在阴"，有人就解为树荫。树荫是遮蔽形成的，所以阴又有遮蔽意，引伸为人事，就是庇护。《诗经·大雅·桑柔》："既之阴女"；《尚书·洪范》："惟天阴骘下民"。这里的阴，就是遮蔽、庇护意。

在这些文献中，阴阳还没有成为独立而成对的抽象概念。它还附属于山、河、云雨、树木、色彩等等，是山河雨树的定语或宾语，本身还不是主语。

那么，既然把温暖、明亮之处称为阳；把寒冷、暗昧之处称为阴，阴阳在实际上已经具有了独立的地位。它在形式上的独立，只是早晚问题。

温暖和寒冷，明亮和暗昧，本身都是一种感觉，而能引起感觉的东西，则被古人称之为气。比如到火旁感到热，人们认为是由于火气；到水旁感到冷，人们认为那是由于水气。那么，在阳处温暖、阴处寒冷的性质，不是由于山河树木之气，而只能是由于阳气和阴气。

据《国语·周语上》，周宣王即位时(前 827)，虢文公说：

> 夫民之大事在农。……古者太史顺时觅土。阳瘅愤盈，土气震发……先时九日，太史告稷曰："自今至于初吉，阳气俱蒸，土膏其动……"。……稷则遍诫百姓、纪农协功，曰"阴阳分布，震雷出滞……。

据清代董增龄《国语正义》，"阳瘅愤盈"，韦昭解为阳气厚积盈满的意思。因此，"土气震发"也是阳气震发，和后面的"阳气俱蒸"意思相同。而"阴阳分布"，则是指阴阳二气均衡，日夜长短相同，正是春分时节，所以"震雷出滞"。在这里，阴阳已明确作为气的概念使用了。

在周幽王二年(前780)，伯阳父用阴阳二气的相互作用来解释地震成因：

> 幽王二年，西周三川皆震。伯阳父曰：周将亡矣。夫天地之气，不失其序。若过其序，民乱之也。阳伏而不能出，阴迫而不能蒸，于是有地震。今三川实震，是阳失其所而镇阴也。阳失而在阴，川源必塞……①。

从虢文公到伯阳父，阴阳已经作为成对而独立的概念而使用了。它们作为两种气的名字，而不必再依附于山川树木。

然而直到春秋昭公元年(前541)，阴阳二气还仅是"六气"之一，还不能作为其他气的总括。医和论病说："天有六气，降生五味。发为五色，征为五声，淫生六疾。六气者，阴阳、风雨、晦明也。"②

不过在春秋时代，对阴阳概念的使用日益广泛和普遍了。《左传·僖公十六年》(前644)，有六只小鸟在宋国都城上空倒退飞行，周内史叔兴认为，这是"阴阳之事"。也就是说，是由于阴阳二气所形成的风，造成了小鸟退飞。《左传·昭公四年》(前538)，申丰对季武子问，认为藏冰可以调节阴阳，防止雹灾。他说："夫冰以风壮，而以风出。其藏之也周，其用之也遍，则冬无愆阳，夏无伏阴，春无凄风，秋无苦雨，雷出不震，无菑霜雹……"在这里，阴阳似乎还和风雨并列存在。

据《国语·周语(下)》，周灵王二十二年(前550)，太子晋谏周灵王，不应用壅塞的办法治水，而应用疏导的办法。并援引大禹的例子，说禹疏导洪水，"合通四海。故天无伏阴，地无散阳，水无沉气，火无灾燀……"这里的阴阳，还和水火之气并列。周景王二十三年(前522)，伶州鸠对周景王说：音律适度，音乐才能和谐。和谐的音乐，可使"气无滞阴，亦无散阳。阴阳序次，风雨时至。"这样风调雨顺，人民和乐。

到春秋末年，阴阳的概念进一步抽象化。据《国语·越语(下)》，范蠡对越王勾践问，说："四封之外，敌国之制，立断之事，因阴阳之恒，顺天地之常"。这里的"阴阳之恒"，很难仅用阴阳二气来解释了。范蠡还说："天道皇皇，日月以为常……阳至而阴，阴至而阳。日困而还，月盈而匡"。这里的阴阳，似乎明指日月。"古之善用兵者，因天地之常，与之俱行。后则用阴，先则用阳"。据韦昭解，"用阴谓沉重固密，用阳谓轻疾猛厉"。③这就把阴阳概念进一步推广、普遍化，因而进一步抽象化了。范蠡继续说："用人无艺，往从其所。刚强以御，阳节不尽，不死其野……尽其阳节，盈吾阴节而夺之"。这里的"阳节"、"阴节"，就是上述用阴用阳的阴阳。阴阳在这里被用于对人事之中两种对立现象的描述。

大约同一时期，老子作出了"万物负阴而抱阳"的结论，阴阳概念具有更加普遍的性质。

---

① 《国语·周语》(上)。
② 《左传·昭公元年》。
③ 董增龄《国语正义·越语(下)》。

《左传》、《国语》,大约成于战国,其中所述西周末年的阴阳概念,未必全合历史真实。但至少可以相信其中所载春秋时代的情况,当离事实不远。因此,我们可以作出判断:至少春秋时代,中国古人已把单纯表示背阴向阳的阴阳概念作为阴阳二气来使用了,并用阴阳二气的关系来解释许多自然现象的成因。而到春秋末年,阴阳概念被进一步推广到人类社会领域,从而更加抽象化和普遍化了。后来的发展,一切可感的事物和现象,其中存在的对立和依存,都可用阴阳来描述。

然而由于阴阳起源于背阴和向阳,因此首先是与人感受到的冷暖相关,所以阴阳二气就成为阴阳的最基本含义。

二 阴阳说与寒暑变迁

把阴阳的相互作用视为地震和风的成因,还仅是自然界的局部事件。说"阴阳序次、风雨时至",就是一般地把阴阳作为气候的成因。"阳至而阴,阴至而阳",是说阴阳到极点就发生转化,而到极点以前,则一定有一个消长的过程。消长是此消彼长,气候之中,最重要的还不是即时的风雨,而是一年四季的寒暑变迁。春秋时期的阴阳思想,为后来的阴阳消长决定寒暑变迁说准备了条件。

《管子》一书,战国时代就已流行。[①] 据《史记·管晏列传》,则《乘马》篇可确定为《管子》本有篇目。其中说道:

> 春秋冬夏,阴阳之推移也。时之短长,阴阳之利用也。日夜之易,阴阳之化也。然则阴阳正矣。虽不正,有余不可损,不足不可益也。天地莫之能损益也。

这里明确把阴阳的推移作为四季的成因。

一年四季的交替,对人的感官,就是寒热的交替。由于寒热的交替,才使草木春荣秋实,夏长冬藏。其他生物,以至人类的活动,都要以此为根据。把寒热交替说成是阴阳交替,就是把感觉经验上升为理论。依照阴阳交替决定四季寒暑说,人们描述了一年四季的天道,并对人事作出安排。

《管子·四时》篇,就是据阴阳二气交替说,来描述四季变化,安排人事活动。《四时》篇开头就说:

> 管子曰:令有时,无时则必须视天之所以来。五漫漫,六惛惛,孰知之哉?
> 唯圣人知四时。
> 不知四时,乃失国之基。
> 不知五谷之故,国家乃露。

对于一个处于温带的农业国来说,"知四时","知五谷之故",确实是关系国家兴亡的大事。这是春秋战国时代的思想家们,努力探讨四时、五谷之故的基本原因。探讨的结果,明白四时、五谷之故乃是由于阴阳:"是故阴阳者,天地之大理也;四时者,阴阳之大经也"。[②] 接着,《管子》描述了一年四季与阴阳二气的关系:春天,"其气曰风","更宗正阳";夏天,"其气曰阳",而"阳生火与气"。人的活动,应修乐、赏赐,"以动阳气";秋天,"其气曰阴,阴生金与甲"。秋

---

① 参见:任继愈主编《中国哲学发展史》(先秦),人民出版社,1983年,第354页。

② 《管子·四时》。

季是收获季节，应有收，而“收为阴”；冬天，“其气曰寒”。冬季应使民“静止”，国家应“断刑致罚”，“以符阴气”。如此说来，冬之寒其实也是阴气。

如前伶州鸠所说，“阴阳序次”，则“风雨时至”。“风雨时至”的意思，还不仅是风雨按时到来，而且还是说，按时到来的风雨，不急不暴，不是凄风苦雨，更无冬雷夏霜冰雹之事。因此，《管子·四时》认为：“冬雷夏有霜雪，此皆气之贼也”。和地震、冰雹一样，都是阴阳失和的产物。

和《吕氏春秋·十二纪》相比，《管子·四时》篇，显然比较粗疏质朴，而且还不能把阴阳决定四季说贯彻到底，说什么春气是风，冬气是寒，仍然保留着阴阳和风雨并列的残余。这是阴阳交替决定四季寒暑说的初期形态。

阴阳交替，就是此进彼退。在古人看来，这类似现实中的一个排挤一个的事件，并把这种情况叫作“相克”。正常情况下，当退者退，当进者进，则是进者有力量“克”服退者，从而寒暑交替正常进行，四季迭更，风雨时至。若当退者不退，当进者不能进，就要发生气候异常。春秋时期，天文学家就用阴阳相克说明四季代换、水旱成因。

《左传·襄公二十八年》（前 545），春季无冰。鲁国梓槙说，宋郑二国一定要发生饥荒。因为“岁在星纪而淫于玄枵，以有时灾，阴不堪阳”。星象应在宋郑，所以二国一定发生饥荒。在这里，春暖被作为阴不堪阳的表现。阴不堪阳，说明阳气太盛。而正常情况下，阳气此时不该如此盛的。在“阴不堪阳”的说法背后，有一幅阴阳正常交替的图象。

《左传·昭公二十一年》（前 521），七月日食，昭公问梓槙主何吉凶？梓槙说：“二至二分，日有食之，不为灾。日月之行也。分，同道也。至，相过也。其他月将为灾，阳不克也，故常为水”。在梓槙看来，七月日食表明阳不克阴，所以要发生水灾。

《左传·昭公二十四年》（前 518），夏五月日食。依据阳不克阴说，梓槙认为又将发生大水。昭子反驳道：“旱也。日过分而阳犹不克，克必甚，能无旱乎？阳不克暮，将积聚也”。在昭子看来，春分过后，阳就应该克阴。不克，是在积累力量，以后将克得过甚，因而必发生旱灾。这表明，在昭子心目中，阴阳的进退不仅必须按时进行，而且在某些情况下还有一个“积聚”的过程。积聚就是逐渐增大，这是阴阳消长决定四季寒暑说的先声。

据《史记·孟荀列传》：“（邹衍）乃深观阴阳消息而作怪迂之变”。“阴阳消息”，据后来的思想，是一种阴阳双方逐渐进行的此消彼长过程。至于邹衍阴阳消息说的内容，则因为他的著作散失，已无从查考。但有关专家们认为，《吕氏春秋·十二纪》体现了阴阳家的思想，是“吕氏本之古农书并杂以阴阳家说增删而成”。[①] 其中保存了较多的阴阳消长思想。据《吕氏春秋·十二纪》所载：

孟春之月，“天气下降，地气上腾”。“地气上腾”应和“土气震发”同义，因此，地气上腾也就是阳气上腾。

仲春之月，“日夜分”。此月若“行冬令，则阳气不胜”。这表明，作者认为此月之中阳气应该胜。

季春之月，“生气方盛，阳气发泄”。

仲夏之月，“日长至。阴阳争，死生分”。据高诱注，“阴阳争”的意思是：“阴气始起于下，盛阳盖覆其上，故曰争也”。

---

① 陈奇猷，吕氏春秋校释，学林出版社。

孟秋之月,"行冬令,则阴气大胜";"行春令,则其国乃旱,阳气复还"。这就是说,作者认为在这个月里,既不应是"阴气大盛",也不应是"阳气复还"。

仲秋之月,"阳气日衰"。与此相对,自然是阴气日长。一长一衰,二气消长的思想已非常明确。

孟冬之月,"天气上腾,地气下降"。地气下降应理解为"阳气下降"。

仲冬之月,"日短至,阴阳争,诸生荡。"这个"阴阳争",应是盛阴在上,而阳气始起。高诱注为:"阴气在上,微阳动升"。

比起后来的阴阳二气消长说,《吕氏春秋》的思想仍然显得朴拙。但比起《管子·四时》篇,则阴阳消长决定四季代换的思想是丰富多了,也明确多了。

《十二纪》中,有些月份未记阴阳二气的活动状况。《音律》篇中的记载,可视作对《十二纪》的补充。《音律》篇说:"黄钟之月"(11月),"阳气且泄";"太蔟之月"(1月),"阳气始生";"蕤宾之月,阳气在上"(5月);"林钟之月"(6月),"阴将始刑"。"无发大事,以将阳气";"应钟之月,阴阳不通"(10月)。把《音律》篇和《十二纪》结合起来,可看出在战国末年,阴阳二气消长的思想已经初步成形。

《音律》篇中,用音律的名称表示月份,并和阴阳二气活动状况对应。把音律和阴阳二气相关联,是战国、秦汉时代影响广泛的思潮,其最初记载见于《国语》,其产生根源是人们对音乐的认识。

三　阴阳说与音律学

古人认为,天地之气应该正常宣发。《国语·鲁语》载,鲁宣公(前608～前591)在夏季设网捕鱼,里革砍断鱼网,丢在一边,并且说道:"古者大寒降,土蛰发,水虞于是乎讲罛罶,取名鱼,登川禽,而尝之寝庙,行诸国人,助宣气也"。这就是说,川泽之气,该宣发的时候就应当宣发。当时是夏季,不是宣气的时候,所以里革砍断了鱼网。相对于宣,夏季不让捕鱼就是"节",即"节制"的意思。

人,也是一个自然物。人的气,也需要宣发和节制。《左传·昭公元年》(前541),郑国子产论晋平公得病原因说:"若君身,则亦出入、饮食、哀乐之事也,山川、星辰之神又何为焉?侨闻之:君子有四时。朝以听政,昼以访问,夕以修令,夜以安身,于是乎节宣其气,勿令使有所壅闭湫底以露其体……今无乃壹之,则生疾矣"。不能节宣自身的气,就要生病。

宣的目的,是使气不壅闭,不沈滞;节的目的,是使气不散越。太子晋劝周灵王疏导洪水,就是为了使"气不沉滞,而亦不散越"。因为河流不仅是水道,也是气路:"川,气之导也;泽,水之钟也"。[①]

地有江河,人有血脉,二者本质相同,都是通流血(水)气的。《管子·水地》篇说:"水者,地之血气,如筋脉之通流者也"。所以人和自然物也都需要节宣其气。

节宣的办法非止一种,如疏通河流,如冬季捕鱼而夏季收网,如人按时作息等等。其中一个重要手段,就是音乐。

音乐是节宣人气的重要手段。

---

① 《国语·周语下》。

周景王二十三年(前518),要铸造大钟。单穆公谏道:做乐器,大小必须适度。因为“乐不过以听耳,而美不过以观目”。耳听必和,眼视必正,才能耳聪、目明,“思虑纯固”,“口出美言”,把国家治好。若乐器过大,“视听不和而有震眩”,“则气佚。气佚则不和”,于是有“狂悖之言,有眩惑之明”,国家就要混乱了。①

音乐不仅可节宣人气,而且是节宣自然之气的重要手段。周景王不听单穆公,又问伶州鸠。伶州鸠说:音乐作用于气,“金石以动之,丝竹以行之,诗以道之,匏以宣之,瓦以赞之,革木以节之。物得其常曰乐极。极之所集曰声,声应相保曰和,细大不踰曰平。如是而铸之金磨之石,系之丝木,越之匏竹,节之鼓。而行之,以遂八风。”②

正因为音乐和谐可“遂八风”,才可以使“气无滞阴,亦无散阳”,“阴阳序次,风雨时至”。

在古人看来,风,是自然界气的宣发。《庄子·齐物论》:“大块噫气,其名为风”。人气的宣发也是风,“诗以道之”,所以古人才把发之于歌诗的民气叫作风,如《诗经》中的《国风》,就是某一国人民的气的宣发。在古人看来,自然界的八风和人气宣发形成的民风,本质一致,都是气的宣发,因此都可用音乐加以调节。《吕氏春秋·仲夏纪·古乐篇》载:

> 昔陶唐氏之始,阴多滞伏而湛积,水道壅塞,不行其原,民气郁阏而滞著,筋骨瑟缩不达,故作为舞以宣导之。
>
> 昔古朱襄氏之治天下也,多风而阳气畜积,万物散解,果实不成,故士达作为五弦瑟,以来阴气,以定群生。

《吕氏春秋》的论述,是对音乐可节宣阴阳二气说的总结。音乐要和谐,前提是音律适度:“声以和乐,律以平声”。③适度的音律,就是为了节宣阴阳二气。《国语·周语下》说:

> 黄钟,所以宣养六气九德也。
>
> 太蔟,所以金奏赞阳出滞也。
>
> 大吕,助宣物也。
>
> 中吕,宣中气也。
>
> 南吕,赞阳秀也。

音律节宣阴阳二气说到汉代才发展得比较完备,但那基本思想,可信在春秋末年已基本成形。

四　阴阳说在医学

医和论病,在公元前541年,这就是说,在春秋末年,医生已经用阴阳二气的作用来解释疾病的成因。既然“淫生六疾”,那么,若阴阳二气不淫,也不不足,人就可以无病。这里事实上已经把阴阳的谐和、平衡作为健康的条件和标志。前述申丰论述藏冰可使“冬无愆阳,夏无伏阴”以后说,这样一来,不仅无霜雹之灾,而且“疠疾不降,民不夭札”。④

《庄子·则阳》篇说:“是故天地者,形之大者也;阴阳者,气之大者也。”阴阳二气的运动

①,②,③《国语·周语(下)》。

④《左传·昭公四年》。

造成了四时代换:“阴阳相盖相治,四时相代,相生相杀。”[①] 如果阴阳运行不正常,在天地之间,就激为雷霆:“阴阳错行,则天地大绞,于是乎有雷有霆”。[②] 阴阳在人身,也可以使人生病:“寇莫大于阴阳,无所逃于天地之间。非阴阳贼之,心则使之也”。[③] 由于心的作用,阴阳就贼人、寇人。庄子的这种说法,和中医七情致病说思想相通。

阴阳过度是致病的原因,诊断自然应观察人体的阴阳状况。病是由于阴阳不协调,调节阴阳,使其平衡协调,就是治疗的原则。中医这一基本思想,可说在春秋末年已经形成。这种意见被《庄子》一书采用,说明当时已经相当流行了。

据《史记·扁鹊仓公列传》,春秋时代,名医扁鹊就以阴阳诊病。他不待切脉望色,听声写形,就能知病之所在。他“闻病之阳,论得其阴;闻病之阴,论得其阳”,因而知道暴死的虢国太子是“阳入阴中”,“阳脉下遂,阴脉上争”,“阴上而阳内行”。“上有绝阳之路,下有破阴之纽。破阴绝阳,色废脉乱”,所以看来像是死亡。他还作出一般结论说:“以阳入阴支兰藏者生,以阴入阳支兰藏者死”。于是他让弟子“取外三阳五会”,为太子针灸。接着“更适阴阳,让太子服药”,使太子平复如初。

据《史记正义》,“三阳五会”的“三阳”,就是《素问》的太阳、少阳、阳明。

《史记》扁鹊的事迹是否完全真实,不少人提出怀疑。也有人认为秦越人是战国时代名医。这些争论,对我们都不重要。从春秋末年医和论病,申丰论藏冰,到庄子论养生,可知阴阳学说已成为医学的理论基础。三阴三阳,是对阴阳所作的量的区分。比如同样是阴,水的阴和冰的阴程度就不一样。同样是阳,太阳的阳和灯火的阳差别就非常大。因此,在实际行医过程中,就必须作这种量的区分,用药才能适度。因此,三阴三阳说应是古代医学家在实践中的经验总结,是中医自创而独有的理论。

三阴三阳说明确见于《内经》。《内经》中的许多内容,应是秦汉以前已经存在。究竟哪些理论先秦就已成熟,或已经存在?今天已无可能完全弄清。但参考其他典籍,可以相信阴阳学说在先秦已大体成形,并有可能对阴阳作了量的区分。

与阴阳说相比,五行之被采入医学,大约为时较晚。《史记·扁鹊列传》讲阴阳而不及五行。今马王堆汉墓出土的医书,有阴阳之说,却没有五行。《左传》、《国语》、《庄子》等书,讲阴阳与病患的关系,不讲五行与病患的关系。综合起来,可证中医采用阴阳说,当在采用五行说之前。

《管子》一书,谈到五味和五脏的关系。《吕氏春秋》,把五行、五味、五脏都配入每个月份。然而这些主要还是限于对事物的分类。真正用五行生克去说明人体的生理和病理,是汉代才有的理论。

五 五行说的起源

探讨五行起源的论著,可用“连篇累牍”来形容,列举这些文献的名称是困难的。其中较有影响的说法,是五方说,五星说和五材说。

---

① 《庄子·则阳》。
② 《庄子·外物》。
③ 《庄子·庚桑楚》。

五方说认为，商代已有东西南北中五个方位说，后来配以水火木金土，遂形成了五行说。这一说法的缺点是，不能令人信服地解释为什么要用水火木金土来配五方，而不用别的什么？水火木金土又从何来？

五星说认为，“五行”的本意是指五大行星的运行。后来才用水火木金土给五星命名。此说的缺点同于五方说，即五星为什么要用水火木金土命名，水火木金土又从何来？

此两说的共同缺点，都无法解释，后世的五行说，为什么以水火木金土作为基础，而不以五星、五方为基础，也就是说，上两种说法并没解决水火木金土为基础的五行说的来源。

水火木金土五行以外，有人认为还存在着一种“思孟五行说”。这种五行说只讲仁义礼智信等道德因素，与水火木金土无关。有人否认思孟五行说的存在。然而不论思孟五行说是否存在，都与我们的探讨无关，我们要探讨的是：水火木金土五行说源自何处？

此外还有一些说法，比如认为五行源于古代祭祀的五位神灵等等。其共同特点，是在水火木金土之外，去探讨水火木金土五行的来源，因而没有说明水火木金土的来源。

鉴于众说纷纭，有人又认为古代存在着各种不同的五行说。即或如此，问题并没有前进一步，因为其他五行说即使确实存在，后来也都归并于水火木金土五行之下，问题仍然在于：为什么古人把水火木金土叫作五行，并把其他许多事物归于这个五行的框架以内。

上述说法虽不同，但思路一致，都是要从某五种因素中找寻五行说的来源。近年来有人逐一揭露了上述说法的矛盾，提出了与上述说法都迥然不同的新思路，认为“阴阳、五行起源于古代中国人心灵中涌动不息的生命（生生）体验”。[①] 然而问题正在于古代中国人心灵中为什么涌出这种体验，而不涌出别种体验，比如“四大”。

以水火木金土为基础的五行说，只能到水火木金土自身去寻找。依据这个思路，五材说比其他说法较为合理。

一般认为，水火木金土五行说，最早见于《尚书·洪范》篇：

> 初一曰五行。
>
> 一、五行：一曰水，二曰火，三曰木，四曰金，五曰土。水曰润下，火曰炎上，木曰曲直，金曰从革，土爰稼穑。
>
> 润下作咸，炎上作苦，曲直作酸，从革作辛，稼穑作甘。

《洪范》篇，一般认为是后人述古之作。或认为出于战国，或认为出于春秋。《洪范》篇的内容，据该篇自述，是殷商亡后，商王室成员箕子向周武王讲述的治国根本原则。它和“五事”、“八政”一样，是从人自身实践的角度观照外部世界的结果。它不同于印度和西方古代的“四大说”。“四大说”的目的，在于追寻世界的物质本源。因此，“四大”就是组成物质世界的四种元素。五行的本意，却不是组成物质世界的五种元素，而只是与人有关的五类事物。

据《国语·郑语》载，在西周末年的周幽王时期（前781～前771），史伯对郑桓公说：

> 夫和实生物，同则不继。以它平它谓之和，故能丰长而物生之。若以同裨同，尽乃弃矣。
>
> 故先王以土与金木水火杂，以成百物。是以和五味以调口，刚四支以卫体，和六律以聪耳，正七体以役心……

这里虽然提到土金木水火，但未讲它们是五行，更未把五味等纳入它的框架。而且从整个内

---

① 谢松龄，天人象·阴阳五行学说史导论，第31页，山东文艺出版社，1989年。

容看，史伯仅是在讲述“和”的好处时，举这五种物作例而已，并不是专对这五种事物立论。可以认为，以水火木金土为五行的观念，当时还没有产生。

然而，史伯这非故意援引的例子，却在无意之中具有更重要的意义：这五种事物，乃是与人的生活最密切相关的五类事物，因而就预示了它们在后来的世界模式中所处的地位。

后来，有人加上“谷”，成为六府。《左传·文公七年》(前620)载，郤缺对赵宣子说：“六府三事，谓之九功。水火金木土谷，谓之六府；正德、利用、厚生，谓之三事。义而行之，谓之德礼”。后来，人们又去掉了“谷”，把其他五物称为“五材”。“天生五材，民并用之，废一不可。谁能去兵？”① 史伯论和同不讲谷，后来又从六府中去掉“谷”，大约是因为土本身就包括了谷。《洪范》说“土爰稼穑”，说明人们是把谷包含在“土”内了。

同时，有人正式把水火木金土作为五行。《国语·鲁语》载，展禽反对祭祀海鸟，他说道：“及天之三辰，民所以瞻仰也；及地之五行，所以生殖也。”这里的五行，就是金木水火土。此事大约发生在鲁僖公末年，公元前625年左右。

公元前574年，诸侯有柯陵之会，三年后，单襄公死。单襄公临死时诫子，其中有一句说：“天六地五，数之常也。”② 注者都认为，这个“天六”即阴阳风雨晦明，“地五”即五行金木水火土。

春秋末年，将水火木金土作为五行大约已成为普遍的思想。《左传·昭公二十五年》(前517)，子大叔对赵简子说：

> 天地之经，而民实则之。则天之明，因地之性，生其六气，用其五行。气为五味，发为五色，章为五声。淫则昏乱，民失其性。
>
> 是故为礼以奉之，为六畜、五牲、三牺，以奉五味。为九文、六采，以奉五色。为九歌、八风、七音、六律，以奉五声……民有好恶喜怒哀乐，生于六气，是故审则宜类，以制六志。

这里的“五行”，也是水火木金土。不过，这里还是像医和论病一样，把五味、五色、五声纳入六气的框架，认为它们都是六气所生，而没有把五色、五味、五声纳入五行的框架。五行在这里已经明确，但还没有成为一种世界模式。

《左传·昭公二十九年》(前513)，蔡墨对魏献子说：

> 夫物，物有其官，官修其方……故有五行之官，是谓五官……木正曰句芒，火正曰祝融，金正曰蓐收，水正曰玄冥，土正曰后土。

《左传·昭公三十二年》，史墨对赵简子说：“物生有两，有三，有五，有陪贰。故天有三辰，地有五行，体有左右，各有妃耦。”这时的五行，已没有岐义。五行之官何时而设，则属于另外的问题了。

水火木金土本叫“五材”。材是材料，容易理解，为何叫作“行”？不易理解。这是有人持五星为源说的理由之一，因为五星在经常运行。实际上，“行”的意思，也是来源于“材”。

材既为材料，就是为人所用。“先王以土与金木水火杂，以成百物”，这就是行。人要行这五个方面之事。“义而行之”，就明白说出了水火木金土谷和正德、利用、厚生，都是人所必行之事。“天生五材，民并用之”，用就是行。“用其五行”，那是在五行定名以后，五行成了专用

① 《左传·襄公二十七年》，(前546)。

② 《国语·周语下》。

名词。五行之官,官要“修其方”,也就是说,要行,要管理操持这五方面的事务。治水,土功,金属冶炼和制造工具、兵器,火的应用和管理,木器制造,都需要行。况且五行的本义,就是从人的实践活动着眼,而不是要将世界分为五大元素。若本义在于将世界分为五大元素,则行就难以理解,若着眼于人的实践活动,则行就是题中应有之义,所以管理这五个方面的事务才是治国的大法(“洪范”),才需专设五行之官。

五行不仅不同于“四大”,也不同于中国自创的八卦所象征的八类事物。天地水火风雷山泽,是为占卜的需要而筛选出来的,它们是自然界原有的、最显明可见的八类事物,所以无法称为行。五行中水火木土,虽是自然界固有,人却要经常使用它们。至于金,更是人工的产物。两相比较,更显出“行”字本为题中应有之义。

五行本不是世界的五大元素,但事情的发展,使它成为中国古代最有影响的世界模式的基础。

六 五行说的逐步推广

前引《洪范》篇中,五味已配属五行:水,咸;火,苦;木,酸;金,辛;土,甘。其中的道理,今天看来附会之处很多,但比起六气与五味,还是合理得多。

《管子·水地》篇,谈五味和五脏的关系:“酸主脾,咸主肺,辛主肾,苦主肝,甘主心。”这样的配法,与后世通行的配法不同,其产生应在较早的时期。

《管子》中五味配五脏的本意,是讲人的生成,从男女精气相合,如水样的东西中有五味,五味化生了五脏。五脏继续化生,就是人的骨肉、五官:

五脏已具而后生肉。脾生膈,肺生骨,肾生脑,肝生革,心生肉。

五肉已具,而后发为九窍:脾发为鼻,肝发为目,肾发为耳,肺发为窍。[①]

九窍中未讲心,所说五脏与骨肉、孔窍的关系,也与后世不同。虽然如此,五行经过五味,就会很容易地和人体各种因素建立起联系,从而将五行学说引入医学。

九窍生于五肉,五肉生于五脏,五脏生于五味,五味乃五行所具,很自然,五行就成了人体生理、病理的基础。

大约在战国早期,五行就和五方、五色、天干相配了。《墨子·贵义》篇载:

子墨子北之齐,遇日者。日者曰:帝以今日杀黑龙于北方,而先生之色黑不可以北。

子墨子曰:南之人不得北,北之人不得南,其色有黑者,有白者,何故皆不遂也?且帝以甲乙杀青龙于东方,以丙丁杀赤龙于南方,以庚辛杀白龙于西方,以壬癸杀黑龙于北方,若用子之言,则是禁天下之行者也。

这里没有明确谈到五行。《管子·四时》篇讲得就比较明确:

东方曰星,其时曰春,其气曰风,风生木与骨……

南方曰日,其时曰夏,其气曰阳,阳生火与气……

中央曰土。土德实辅四时……

西方曰辰,其时曰秋,其气曰阴,阴生金与甲……

---

① 《管子·水地》篇。

> 北方曰月，其时曰冬，其气曰寒，寒生水与血。

这里已明确把五行配五方，而且配四时。不过五行在这里仍未取得基础、始因的地位，它们还是阴阳风寒所生，显然仍未摆脱“天有六气，降生五味”的框架。

《管子·五行》篇，把一年分为五节，每节七十二日，由五行之一“行御”：

> 日至，睹甲子，木行御……七十二日而毕。
>
> 睹丙子，火行御……七十二日而毕。
>
> 睹戊子，土行御……七十二日而毕。
>
> 睹庚子，金行御……七十二日而毕。
>
> 睹壬子，水行御……七十二日而毕。

这种五行御五节的思想，当是后世五行主运说的滥觞。

有关春秋时代的文献中，还未见用五行命名五大行星的材料。当时的火星，有大火和鹑火。大火是二十八宿中的心宿，鹑火是柳宿，都与行星无关。甚至战国时代的文献，五大行星仍然以荧惑、太白、辰、岁、填为名。以水火木金土命名五大行星，当在战国以后。司马迁的《天官书》，已明确岁为木，荧惑为火等等。但仍然两套名称并用，而以荧惑、岁、辰为主。从《汉书·律历志》开始，正式以水火木金土为五行星之名，然而在历代《天文志》中，则仍主要沿用荧惑、太白之类名称。因此，说五行源于五星，是难以成立的。

五行相胜说，在春秋时代已经出现。《左传·昭公三十一年》(前 511 年)，史墨判断六年以后，吴要攻入楚国，不过最终还要退走，其原因是“火胜金”：

> 六年及此月也，吴其入郢乎？终亦弗克。入郢必以庚辰，日月在辰尾。庚午之日，日始有谪。火胜金，故弗克。

《左传·哀公九年》(前 486)，晋国赵鞅援救郑国，卜，“遇水适火”，史墨认为伐姜姓的齐国可以胜利，“炎帝为火师，姜姓其后也。水胜火，伐姜则可。”这两件事情说明，五行说出现不久，人们即将现实中的许多关系都归入五行系统，并据以占卜前途。这样的占卜结果，自然是漏洞百出，于是引起了思想家们的反驳。《孙子兵法·虚实篇》说：

> 故兵无常势，水无常形，能因敌变化而取胜者谓之神。故五行无常胜，四时无常位。日有短长，月有死生。

无常胜，就是不一定必胜。火不必一定胜金，水未必一定胜火。《孙子兵法》是从“因敌变化”的角度来反对五行相胜说，这里强调的是人自身的作用可使五行相胜说失效。

战国时代，《墨经》又起而反对五行相胜说：经下：五行毋常胜，说在宜。说曰：“五，金水土火木离。火烁金，火多也；金靡炭，金多也……”这里的字句，各本多少有些出入。但大体意思明白。《墨经》所持的理由，是从数量关系立论。这就是说，五行相胜关系不是必然的，这里有个数量关系在内。火胜金，必须火多。假若金多炭少，火就不能胜金。同样道理，水胜火，若火大水少，水就不能胜火；水大土少，土也不能胜水等等。

作为科学，量的关系和质的关系几乎同等重要，但五行相胜说显然没有顾到量的关系。《墨经》的反驳和《孙子兵法》不同，《墨经》是直接从五行自身立论，因而是真正的科学反驳。《墨经》的反驳，理由充分，但没有奏效。因为人们建立五行相胜说的本义，并不在认真研究自然物的实际关系，而是急于求成地把世界上的一切因素都包罗在五行框架之内，就像他们急于把整个国家的臣民都纳入自己的统治体系一样。

到五行相胜说，五行已由质朴的五材，成为一种抽象的思想体系，一种新的世界模式说。

其中的水火金木等,已不是实际的金木水火,而是它们象征的事物,如庚午这一天,如楚国,如姓姜的后代等等。这样的五行说,和阴阳说一起,乃是中国古代的一种物质理论。古代的物质理论和近代的物质理论不同。近代的物质理论,一般不涉及社会事件;古代的物质理论,却一定要囊括一切,并且往往是以自然物性为基础构成理论,以解决社会问题为目的而使用理论。道理很简单,既然该事物归属五行之某一行内,它就必然具有那一行的性质,遵循那一行的运动法则。

在阴阳五行说广泛流行的情况下,邹衍创立了他的学说,将阴阳五行说大大推进了一步。

七 邹衍及战国时代成熟的五行说

因为邹衍的著作丧失,我们无法分清哪是邹衍的原说,哪是别人的加工和发展,所以只能把它当作战国时代较为成熟的五行说,概而论之。或者称为邹衍五行说。

邹衍五行说在以前五行配属的基础上,把四时,五方,五音,五味等统统纳入五行体系。其说法见于《吕氏春秋》"十二纪"。如《孟春纪》:

> 孟春之月,日在营室。昏参中,旦尾中。其日甲乙,其帝太皞,其神句芒,其虫鳞,其音角。律中太蔟。其数八,其味酸,其臭膻。其祀户,祭先脾……天子居青阳左个……戴青旂,衣青衣,服青玉……盛德在木。

以下十一纪,也具有和《孟春纪》同样多的项目,只是随着月份不同,项目的内容也发生变化。从"十二纪"看来,五行配属的项目如下:

四时:春夏秋冬,土居其中。

日干:甲乙、丙丁、戊己、庚辛、壬癸。

五帝:太皞、炎帝、黄帝、少皞、颛顼。

五神:句芒、祝融、后土、蓐收、玄冥。

五方:东、南、中、西、北。

五色:青、赤、黄、白、黑。

五音:角、征、宫、商、羽。

五虫:鳞、羽、倮、毛、介。

五味:酸、苦、甘、辛、咸。

五臭:膻、焦、香、腥、朽。

五祀:户、灶、中霤、门、行。

五脏(祭先):脾、肺、心、肝、肾。

五数:八、七、五、九、六。

其中五味和五脏的对应,既不全同于《管子》,也不同于后来的《内经》。五数,和《洪范》中的序数也不相同,不知有何根据。但五方、日干、四时、五色、五音、五帝、五神等配属,则被后代沿用下来。在此基础上,后人又配属了更多内容,如五德、五星等等。但基本框架,战国时代已确定下来。

五行配四时,春木、夏火、秋金、冬水,土旺四季。因此,四季的代换也就是五行的代换。四季代换,当时人们已明确是阴阳寒暖之气的代换。如从五行立论,说成是五行代换,也只能是五行之气的代换。

四季代换的思想向两端扩展，将一年扩大到整个历史进程，就是“五德终始说”。《吕氏春秋·应同》篇说：

凡帝王者之将兴也，天必先见祥乎下民。

黄帝之时，天先见大螾大蝼。黄帝曰：土气胜。土气胜，故其色尚黄，其事则土。

及禹之时，天先见草木秋冬不杀，禹曰：木气胜。木气胜，故其色尚青，其事则木。

及汤之时，天先见金刀生于水，汤曰：金气胜。金气胜，故其色尚白，其事则金。

及文王之时，天先见火，赤乌衔丹书集于周社。文王曰：火气胜。火气胜，故其色尚赤，其事则火。

伐火者必将水，天且先见水气胜。水气胜，故其色尚黑，其事则水。水气至而不知，数备，将徙于土。

天为者时，而不助农于下。

“天为者时”云云，明显道出五德终始乃是一年四季代换的推广。将兴的帝王，犹如农夫。天时到来，农夫不知，就要失去天时。天时到来，如帝王不知，天时也将过去，自己也作不成帝王。一面是天时，一面是人为。天人之间的这种关系，也是农业生产中天人关系的推广。

“天为者时，而不助农于下”，表达了一种新的时代精神。世上的一切，不再都是神的安排，而必须依靠自己的努力。这是春秋以来所产生的新的自然观。它不同于庄子“蔽于天而不知人”[①]的自然观，而和荀子的天人各有其分、天人相参的自然观相通。在古代世界，这是一种最积极、最合理的自然观。在这种自然观基础上所产生的五德终始论，既是一种自然哲学，也是一种历史观。今天，人们可以用任何一种严厉的语言责备这种自然哲学和历史观的荒唐，但在当时，它的确是新的、先进的观念。因为它承认，无论是自然现象还是社会事件，都遵循着某种必然的法则，而不再是由神的自由意志所任意作出的安排。这种历史观也不神秘，它只是把得自自然界的法则搬入人类社会，把历史循环发展看作如一年四季的交替，而这种作法，几乎是古代世界的通例。

五德终始说中，将四季代换推广到历史的思想，五行之气的相胜决定历史发展的思想，帝王将兴天必见祥的思想，都对后世造成了深刻的影响。在历史研究中，我们将会经常碰到这种影响。而它之所以能造成广泛而深刻的影响，乃是由于它为最重大的社会事件找到了自然法则作为基础。如果对王朝代换这样的最重大的历史事件不能作出新的解释，不能用新的法则来代替五德终始说，就无法根本消除五德终始说的影响。

把自然法则引入社会，认为社会事件也遵循自然法则，是中国古代科学思想的特征之一。

第四节 春秋战国时代的物质观

一 气范畴的产生

《说文》道：“气，云气也。象形。凡气之属皆从气”。《说文》的解释，当是反映了历史的实际。气范畴的产生，与云烟雾一类现象有关。《说文》释云：“云，山川气也。”释雾：“地气发，天

① 《荀子·非十二子》。

不应"曰雾。释烟:"火气也。"烟、云、雾等,是古人常见的自然现象,概括它们共同的本质,产生了"气"这个范畴。因此,说气是云气,仅是"象形",借喻而已。

甲骨文中的气字,目前发现的,仅作动词副词,作乞求、迄、止意,还未见名词的气字。李存山《中国气论探源与发微》认为,依"动静相因"说,动词气字当在名词气字之后,所以,春秋以前,名词气字当已经出现。①

这个判断是有道理的。不过,在较为可靠的早期文献中,如《诗经》、《尚书》中,找不到名词的气字,说明对气字的使用,还很不普遍。即在《左传》、《国语》这些有关春秋时代的文献中,虽已有名词的气字,但和"道"字相比,其出现的次数就少很多。道是有关人们如何行动的范畴,气字则与物自身的性质有关。处在宗教神学绝对统治下的人们,最关心的是如何依据神意安排自己的行动,对物自身性质的关心,是第二位的。当神学观念淡化,人们开始较多关心物自身性质的时候,对名词"气"字的使用逐渐多起来。

从《左传》来看,春秋时代对气字的使用,呈现一种加速度的趋势。鲁昭公元年(前 541)之前,约 180 年间,谈气的文字,仅三两次而已。计有:鲁庄公十年(前 648),曹刿论战:"夫战,勇气也。一鼓作气,再而衰,三而竭。"鲁僖公二十二年(前 638),宋国子鱼论战:"金鼓以声气也。"和曹刿所说的勇气,意思相同。鲁襄公二十一年(前 552),楚国医生报告蘧子冯的身体状况说:"瘠则甚矣,而血气未动。"

这三处谈气,都是人自身的气。一是勇气,二是血气。

鲁昭公元年,郑国子产论晋平公的病,说人应"节宣其气"。秦国医生和论晋平公的病,讲到"天有六气",并明确指出六气是"阴阳风雨晦明"。这六气不再是人身的气,而是自然界的气。对自然界的气作出如此明确的概括,当是在此以前,人们对气已有相当充分的注意和研究。此时距西周之末,不过 250 年左右,因此,伯阳父当时以阴阳二气论地震,是完全可能的。并且还可进一步推断,伯阳父之前,气范畴从发生到发展,也已经过了相当长的时期。古代思想的发展和社会发展一样,步伐缓慢,据此推断气范畴产生于较早时期,不会离题太远。

子产、医和论病谈气以后,气范畴的使用逐渐增多。计有:

鲁昭公十年(前 532),晏婴论义利道:"凡有血气,皆有争心"。这里的"血气",概括了人和动物的共同特点。

鲁昭公十一年(前 531),晋国叔向论单成公将死,理由是单"无守气矣"。人是有血气之物,无守气,自然是将死之兆。而这里无守气的根据,则是单成公的容貌、态度,"视不登带,言不过步,貌不道容"之类。即今天所说的精神颓丧、少气无力的样子。

鲁昭公二十年(前 522),晏婴论和同:"声亦如味。一气、二体、三类、四物、五声、六律、七音、八风、九歌,以相成也"。这里的气,即声气,或味气。一气,是一气发为二体三类五音六律之类以成音乐,也是二体三类五音六律"和"而为乐,以成一个声气。同样,五味和,也成一气。这个一气是个总体概念,还不是"提纯"以后的如"物质"这样的共同概念。

鲁昭公二十五年(前 517),子大叔论礼,说"生其六气,气为五味",与医和论病同义。子大叔还进一步说:"民有好恶、喜怒、哀乐,生于六气。"这样,六气就不仅生五味、五色、五声,而且生好恶喜怒哀乐。这是中国古代气论的一个重要特点。

在今天看来,勇敢还是怯懦,萎靡颓唐还是英姿飒爽,直到喜怒哀乐,都是一种精神状

---

① 中国气论探源与发微,中国社会科学出版社,1990 年,第 15~21 页。

态，而精神和物质，是根本不同的两回事。因此，当我们从古书上看到什么喜气、怒气、治气、乱气、甚至王朝气数之类，就觉得不可理解，认为那是神秘主义。其实，原因仅在于古人把人和自然物同样看待，用同一种方式来理解它们，用同一个范畴来表述它们罢了。这也是古代社会通有的思维方式，古希腊哲人也认为石头有灵魂，而灵魂也由原子组成。

鲁定公八年(前502)，阳虎评冉猛和廪丘人的战斗，说："尽客气也"。这个"客气"，是和勇气、怒气同类性质的概念。

春秋时代对气范畴的使用逐渐增多，说明人们日益注意对自然物自身的研究，和人们在社会领域里注重人事，是同一个步伐。在自然物之中，人们首先和更多注意的，还是人这个自然物。研究怎样发挥人的力量以取得战争胜利，于是有勇气、客气概念出现。研究人体健康的机制，于是有血气这类概念出现。研究人的疾病原因和喜怒哀乐等情感的由来，于是追到天之六气，并认为五味、五声、五色乃是六气的产物，于是又有声气之说。

《国语·周语中》有"五味实气"之说，《国语·周语下》说："口纳味而耳纳声，声味生气"。这里的气，和"一鼓作气"，"无守气"的气，意义相同，都是指人的气。这个气，在不同感官，有不同表现："气在口为言，在目为明"。[1] 正由于如此，叔向才能据单成公的视、言、貌判断其无守气。

无守气不可，气放纵也不可："若视听不和，而有震眩，则味入不精，不精则气佚，气佚则不和。于是乎有狂悖之言，有眩惑之明……"。[2]

《国语》中除人自身的气以外，还有"土气"，"天地之气"[3]，川谷所导之气。在与社会现象有关的方面，还出现了"民气"[4] 这样的概念。至于阴阳之气，则上一节已有论述。

先秦诸子及其他文献，对气的议论已越来越广泛。原则上，每一种物都有与之伴随的气。计有：

五色气。《考工记·栗氏》："凡铸金之状，金与锡。黑浊之气竭，黄白次之；黄白之色竭，青白次之；青白之气竭，青气次之。然后可铸也"。

四时气。《庄子·则阳》："四时殊气，天不赐，故岁成"。

山气。《山海经·西山经》："槐江之山……南望昆仑，其光熊熊，其气魂魂"。

水火之气。《荀子·王制》："水火有气而无生"。由水火之气扩大到五行之气，见于上节。

冲气。《老子·四十二章》："万物负阴而抱阳，冲气以为和"。冲气指什么？注家颇多分歧。作为有关气的概念之一，却影响深远。

精气。《吕氏春秋·尽数》："精气之集也，必有入也"。

心气、灵气、意气。《管子·内业》："心气之形，明于日月，察于父母"。"宽舒而仁，独乐其身，是谓灵气"。

善气、恶气。《管子·内业》："善气迎人，亲于兄弟；恶气迎人，害于戎兵"。此语亦见《心术篇》，唯"戎兵"作"戈兵"。

朝气、暮气、昼气、夜气、锐气。《孙子兵法·军争》篇："三军可夺气，将军可夺心。是故朝气锐，昼气惰，暮气归。善用兵者，避其锐气，击其惰归，此治气者也"。这一切的总体，又可叫

---

[1],[2]《国语·周语下》。

[3]《国语·周语上》："土气震发"；"天地之气，不失其序"。

[4]《国语·楚语下》："夫民气，纵则底"。

作“士气”。暮气再进一步，就是宿气、夜气。朝气、昼气，或叫“平旦之气”。《孟子·告子上》：“其日夜之所息，平旦之气，其好恶与人相近也者几希，则其旦昼之所为，有梏亡之矣。梏之反复，则其夜气不足以存”。

浩然之气。讲养生，认为人应“节宣其气”。讲军事，有“治气”之说。讲道德，《荀子·修身》则常讲“治气养心之术”。而在《孟子》中，“治气”最重要的方面，就是培养自身的“浩然之气”。《孟子·公孙丑上》：“我知言，我善养吾浩然之气”。

逆气、顺气。《荀子·乐论》：“凡奸声感人而逆气应之，逆气成象而乱生焉。正气感人而顺气应之，顺气成象而治生焉”。

云气。《管子·水地》：“欲上则凌于云气”。《庄子·逍遥游》：“乘云气，御飞龙”。《吕氏春秋·圆道》：“云气西行，云云然”。

杀气。《吕氏春秋·仲秋纪》：“杀气浸盛”。

星气。《世本》：“臾区占星气”。

至于日月之气，自然是阴阳二气。

这样，天地、日月、星辰、四时、五行、阴阳、风雨、山川，都有气，或是气的表现。五色、五声、五味，也是气的表现。人的勇怯、喜怒，也是一种气。在古人看来，勇怯喜怒之气，和四时五行、山川风雨之气，没有本质不同，它们不过是气在不同领域里的表现。

考察这些气的共同特点，则它们都是一种可感的客观存在。可看，可听，可闻，或刺激人的触觉。喜怒善恶之气，也是一种可感的客观存在。通过视觉或其他感官，我们可以感知某人是怒气冲冲，还是喜气洋洋，是善气迎人，还是恶气迎人。至于某人喜怒善恶之气背后的思维活动，却是感觉不到的。也就是说，古人所说喜怒哀乐之气，也就是我们称之为精神状态的东西，其实只是一种感性状态，而不是一种理性的状态。理性状态不可感，因而也不能叫作气。

这样，气，首先是由人的感官感知外界的刺激中产生的范畴。感官所感受到的刺激，一种是某种自然物的伴随物，如水火之气，山气、地气、土气、云气、雨气等；一种乃是气自身的不同种类，如阴阳之气。其他许多，则介乎二者之间，如四时、昼夜之气等等。无论哪一种气，都是某种自然物或客观现象与感官之间的中介物。

战国时代，中国古人也明确认识到了气的中介作用。

二　作为感应中介的气

《周易·乾卦·文言传》说：“九五……同声相应，同气相求……各从其类”。这是较早明确论述气是感应中介的文字，这里还规定了以气为中介的感应原则：“同气相求”，即同类的气才能相互感应。

这里举出的例子有：“水流湿，火就燥。云从龙，风从虎”。

《庄子·渔父》篇：“同类相从，同声相应，固天之理也”。这里的“同类相从，同声相应”，也是以气为中介的感应活动。“同声相应”的内容，就是“鼓宫宫动，鼓角角动”。《庄子·徐无鬼》说：

> ……于是为之调瑟。废一于堂，废一于室。鼓宫宫动，鼓角角动，音律同矣。夫或改调一弦，于五音无当也。鼓之，二十五弦皆动。

这种声与声之间的共振现象，在古人看来，就是气在传递着相互之间的作用。这一篇还讲到了鲁遽的弟子说，他能冬爨鼎而夏造冰。鲁遽说，这不过是“以阳召阳，以阴召阴”罢了。“以阳召阳，以阴召阴”，显然是以气为中介的感应现象。

《庄子·天运》篇，讲到了动物雌雄的风化：“夫白鶂之相视，眸子不运而风化；虫，雄鸣于上风，雌应于下风而风化。类自为雌雄，故风化”。“风化”，就是通过风而进行的化育活动。风就是气，风化，也就是以气为中介的化育。风化活动的原则，也是气类相感的共同原则：“类自为雌雄”，也是同气相求。

战国时代所发现的同气相求现象，由《吕氏春秋》作了总结。《吕氏春秋·应同篇》说：“类固相召，气同则合，声比则应”。其事例有自然现象。如“鼓宫而宫动，鼓角而角动”。“平地注水，水流湿；均薪施火，火就燥”。“山云草莽，水云角鳝，旱云烟火，雨云水波”。

也有人与自然相互感应的：“覆巢毁卵，则凤凰不至；刳兽食胎，则麒麟不来；干泽涸渔，则龟龙不往”。

第三类是人事自身的相互感应。如“师之所处，必生棘楚”，“尧为善而众善至，桀为非而众非来”。在《应同》篇看来，人们的祸福，也不是命，而是由人自己的行为召来的：“祸福之所自来，众人以为命，安知其所？”“商箴云：天降灾布祥，并有其职。以言祸福或人召之也”。

《吕氏春秋·精通》篇，补充了新的物类相感材料。关于自然现象的有：“慈石召铁，或引之也”。“月望则蚌蛤实，群阴盈；月朔则蚌蛤虚，群阴亏。夫月形乎天，而群阴化乎渊”。关于社会现象的有：“圣人……号令未出而天下皆延颈举踵矣，则精通乎民也”，“圣人形德乎已，而四方咸饬乎仁”。在《吕氏春秋》的作者看来，圣人与民众的关系，与月亮和群阴、慈石和铁的关系是一样的，都是由气，或精气，在传递着相互间的作用。

《精通》篇还讲了当时流传很广的故事，叫作“老母悲歌而动申喜”，说是有一天，申喜听到一位老妇人悲歌，心内哀伤，于是请老妇人进来，乃是自己失散已久的母亲。《精通》篇的作者借钟子期之口发了一通议论道：

> 故父母之于子也，子之于父母也，一体而两分，同气而异息。若草莽之有华实也，若树木之有根心也，虽异处而相通。隐志相及，痛疾相救，忧思相感。生则相欢，死则相哀，此之谓骨肉之亲。神出于忠，而应乎心，两精相得，岂待言哉？

这就是说，父母与子女之间的感应，原因是“同气而异息”。而这样的感应，和慈石召铁，和鼓宫宫动，都是同一类现象。

天道自然否定了宗教神学的绝对统治，认为事物的运动出于自己的本性，而不是神灵的支配。气类相感说又发现，事物的运动，或者某种现象的出现，不仅由于自己的本性，还由于其他事物的作用。这样一来，新的自然观就把事物的运动放在与其他事物的联系之中。不管这种联系在现在看来有多少荒谬，从历史的发展看，都是一个真正的进步。

三 作为万物构成质料的气

医和讲六气生五味五色五声，子大叔说喜怒哀乐好恶生于六气，及《国语》中说“气在口为言，在目为明”，气实际上已被当成某些现象的共同本质和根据，但气还不具有质料的性质，因为他们同时还说“味以生气”，或“声味生气”。谁在前，谁在后？谁是根据，谁是结果，人们还只能根据即时的情况，分别作出判断。

在这一时期，人们已经明确，人，还有许多动物，是有血气的物。所以人应节气、宣气、守气，而不应使气放佚等等。这种认识继续发展，就是“气，体之充也”。《管子·正形》篇说：“气者，身之充也”。《孟子·公孙丑上》说：“气，体之充也”。都是一个意思。就是说，人体之内充满了气。

《管子》、《孟子》所谈只是人体，事实上，这个结论不仅可以扩大到所有生物，而且可以扩大到一切物体。比如山，也是有气的，比如慈石和铁，如果体内无气，怎会互相召引？

任何物，体内都充满了气，下一个问题，就是那充满了气的“体”从何而来？

《老子》书中，一面讲“道生万物”，“有生于无”，一面讲天地之间如橐籥，天地相合以降甘露。如橐籥可理解为就是“相合”，“相合”也可理解为合气。虽然如此，老子的话毕竟讲得不明确。它只是注意到了万物的由来问题，这是古希腊早期自然哲学所探讨的本体论问题。古希腊哲人的探讨，侧重于物的组成质料，而《老子》的万物由来，则还处于一种朦胧之中。它可以只关心万物从何而来，从道，还是从天地？也可以把“从何而来”变为对质料的探究。后来的发展，才把两个问题合而为一。

庄子承继老子思想，认为道“生天生地”，“神鬼神帝”，同时它明确指出：万物的生死，都是一气聚散：

> 人之生，气之聚也。聚则为生，散则为死。若死生为徒，吾又何患。故万物一也。是其所美者为神奇，其所恶者为臭腐。臭腐复化为神奇，神奇复化为臭腐。故曰：通天下一气耳①。

庄子的本意，在于论述不必贪生，也不必恶死。人和万物一样，生死不过是气之聚散而已。而不论聚散，气则不变，始终如一。“通天下一气”，人与天下万物，都是气聚而成；它们死后，也要复归于气，重加铸造。在这个过程中，原来神奇的东西可能被再铸为臭腐；而臭腐的，可能被再铸为神奇。这样，庄子就用明确的语言说出，人和万物的质料，都是气。而且由于庄子本意不在探讨万物之质料，而只是在探讨人生观时顺便说出此事，说明气作为万物质料的思想大约由来已久了。

老子把天地之间比作橐籥，仅说明万物从那里出来。庄子进一步把天地比作熔炉，气，在这个熔炉里被铸成形形色色的事物。如同金属不应该因为自已被铸为莫邪剑而高兴，气也不应因被铸成人而欢欣，② 而应安于命运的安排。即使把自已铸得奇形怪状，也不必难过。假如把臂膊铸成公鸡，就让它打鸣；把屁股铸成车轮，就让它载物；把自已变成老鼠的肝，虫子的腿，那就作虫腿、鼠肝便了。③

至于气，则来源于无：

> 泰初有无，无有无名。一之所起，有一而无形。物得以生，谓之德。未形者有分，且然无间，谓之命。留动而生物，物成生理，谓之形。④

无气之时，似乎只有一片芒昧、恍惚状态：

> 察其始也而本无生，非徒无生也而本无形，非徒无形也而本无气。杂乎芒芴之

① 《庄子·知北游》。

②，③ 参阅《庄子·大宗师》。

④ 《庄子·天地》。

间，变而有气，气变而有形，形变而有生，今又变而之死，是相与为春秋冬夏四时行也。①

与《庄子》差不多同时，《易传》中说："天地絪缊，万物化醇；男女构精，万物化生"。"絪缊"是气的絪缊。这也是说，万物是由天地之气造成的。《易传》的说法表明，战国中期，气为万物质料的思想已比较普遍了。

万物之中，有非生物，有生物，同是一气所聚，为什么有这样的差别？生物之中，人又与其他生物不同，那使生物具有生命的东西是什么？那使人有智慧、有精神的东西又是什么？

古人的回答是：精气。

四 精气与精神

精，本是与粗相对的概念。《说文》："精，择也"。司马彪《庄子注·人间世》："简米为精"。段玉裁《说文解字注》："精，择米也。……简即柬，俗作拣者是也，引伸为凡最好之称"。经过选择的米是好米，否则是粗米，这是最通常的概念。引伸去说明别的事物，都有精粗两个方面。《庄子·天下》篇说：

"以本为精，以物为粗"。

"古之人其备乎……六通四辟，小大精粗，其运无乎不在"。

某一方面的精，就是某一方面的"最"。《荀子·解蔽》说：

农精于田……贾精于市……工精于器……

羿精于射……造父精于御。

心枝则无知，倾则不精。

《庄子·刻意》："一之精通，合于天伦"。郭象注道："精者，物之真也"。真，就是最能代表该物的东西，那纯粹是该物的东西，该物中最美好的东西。所以精与最意通，并且和纯、粹一类概念构成合成词，以表示最具有某物特点、构成某物本质的性质。

在与大相对的意义上，小是精。《庄子·秋水》：

至精无形，至大不可围。

夫精，小之微也……夫精粗者，期于有形者也。无形者，数之所不能分也。……

可以言论者，物之粗也。可以意致者，物之精也。

精，是只可意致的东西。即或如此，它也往往是指有形物而言，而有形物则往往可分大小。但至精之物是不可分的，无形的，是不可用数来计量的。

在人体，精是与形相对立的东西。《管子·内业》："凡人之生也，天出其精，地出其形，合此以为人"。《庄子》一书，多在与形对立的意义上使用"精"字：

形劳而不休则弊，精用而不已则劳。②

无劳汝形，无摇汝精。③

弃事则形不劳，遗生则精不亏。夫形全精复，与天为一。天地者，万物之父母也。

---

① 《庄子·至乐》。

② 《刻意》。

③ 《在宥》。

合则成体,散则成始。形精不亏,则谓能移[1]。

另一个与形相对的概念是生。《庄子·达生》:“有生必先无离形,形不离而生亡者有之”。《庄子·庚桑楚》:“全汝形,抱汝生”。“夫全其形生之人,藏其身也,不厌深眇而已矣”。

而精往往与神相联。《庄子·刻意》:“精神四达并流”。《庄子·知北游》:“澡雪而精神”。

在古人看来,生物的生命,人的精神,是一类东西,是和形体相对立的一种东西。它们和形体可以分离。它们离开形体,形体就死亡。从形体一面说,就是失去了精,失去了生。所以庄子特别注意保养人的精神,认为不能使精神太疲劳。

形体的质料是气,那么,与形体相对立的精(精神)、生,是什么东西呢?

古人认为,气有精粗。或者说,气中有精气。《管子·内业》篇:“精也者,二气之精者也”。《管子·心术上》:“一气能变曰精”。精,是阴阳二气之精。这个精,是气中之能变者。精在人身,是产生知的东西:“精之所舍,而知之所生”。[2] 人的思虑,就是精气的运动:“思之思之,又重思之。思之而不通,鬼神将通之。非鬼神之力也,精气之极也”。[2]由于精气达到“极”,可使百思不得其解的东西想通。

这个精气,也是赋于天地万物以生命,以灵魂的东西:“凡物之精,比则为生。下生五谷,上为列星。流于天地之间,谓之鬼神。藏于胸中,谓之圣人”。[3]精气,它使五谷具有生命,使星辰放出光芒,使鸟儿飞翔,使珠玉精朗。《吕氏春秋·尽数》:“精气之集也,必有入也。集于羽鸟与为飞扬,集于走兽与为流行,集于珠玉与为精朗,集于树木与为茂长”。总之,它是赋予万物以生命的东西。当它不集于物,单独流行于天地之间的时候,就是鬼神。

春秋时代,人们已知魂魄是“心之精爽”:“心之精爽,是谓魂魄。魂魄去之,何以能久”。[4]人死以后,魂魄就成为鬼。子产认为:“人生始化曰魄。既生魄,阳曰魂。用物精多,则魂魄强,是以有精爽至于神明”。[5]这种用物精多而强的魂魄,死后就可能成为鬼。当气作为万物质料的理论被接受以后,这种早期的魂魄说就得到了进一步解释:成为心之精爽魂魄的,是精气;而成为形体的,则是一般的气。魂魄强的人死后可为鬼,精气流于天地之间就是鬼神。《易传》中说:“精气为物,游魂为变,是故知鬼神之情状”,[6] 和《左传》、《管子》中对鬼神的解释是一个意思。

这样,古人也就为人的精神找到了物质根据:它是精气。

精神(古人多称“神”)即是精气,它也遵守气运动的一般法则。比如可在人体内出入往来:

有神自在身,一往一来,莫之能思。失之必乱,得之必治。敬除其舍,精将自来。精想思之,宁念治之。严容畏敬,精将自定。

人与人之间不通过语言形象,古人认为也可发生感应。发生感应的物质基础,是精气的往来:

今夫攻者,砥厉五兵……所被攻者不乐,非或闻之也,神者先告也。身在乎秦,

---

① 《庄子·达生》。

②,③,⑦《管子·内业》。

④ 《左传·昭公二十五年》。

⑤ 《左传·昭公七年》。

⑥ 《易传·系辞上》。

所亲爱在于齐，死而志气不安，精或往来也①。

事实是否如此，另当别论。我们从这里看到的是，认为精神就是精气的意见在战国时代得到了普遍承认，人们并据此解释那些真实的、或仅为传闻的精神现象。

对精神来源的解释，是古代物质观的重要部分。

《庄子》书中，另有一种精神与形体关系的说法："夫昭昭生于冥冥，有伦生于无形，精神生于道，形本生于精，而万物以形相生。② 所谓昭昭、冥冥，有伦、无形，不过是有生于无的另一说法而已。万物以形相生，意思也清楚明白。我们关心的中间两句。依庄子说，是道生了精神或精气，然后由精神或精气产生了形体。这是明确讲了精神产生(不是构成)形体，但这种说法在当时及秦汉时代，都没能得到普遍承认。

人们普遍相信的是，气分精粗(后来成为清浊)，精气构成精神，一般的气构成形体。精气可在人体出入往来。人活着，精气就是精神，"心之精爽"；人死了，精气不再依附形体，而流于天地之间，就是鬼神。

五 《管子》水为万物本原说

《管子·水地》篇说："水者，何也？万物之本原也，诸生之宗室也，美、恶、贤、不肖、愚、俊之所产也"。同时，该篇还提出了"地为万物本原说"："地者，万物之本原，诸生之根菀也，美、恶、贤、不肖、愚、俊之所产也"。这里的"本原"，不具有万物质料的意思。万物不是从它产生，又复归于它。本原的实际含义，仅是赋予万物以各自性质的意思。美、恶、贤、不肖、愚、俊，是人的性质。若水集于玉，则使玉具有九德：

是以水集于玉而九德出焉，凝蹇而为人而九窍五虑出焉，此乃其精也。

玉的九德，有"温润以泽"的仁；"坚而不蹙"的义，"折而不挠"的勇等等。因此，九德，就是玉的九种性质。"九窍五虑"，也是指人的感觉、思虑活动，与美丑、智愚等，都是人的性质。《水地》篇又说："(水)集于草木，根得其度，华得其数，实得其量。鸟兽得之，形体肥大，羽毛丰茂，文理明著"。这显然是经验的总结。水可使草木茂盛，鸟兽肥大。水，也影响着人的品质："夫齐之水，遒躁而复，故其民贪粗而好勇；楚之水，淖弱而清，故其民轻果而贼……"地，在这个问题上和水具有同样的作用，也影响着人与物的性质，所以也称地为万物本原。《水地》篇还谈到人的出生过程："人，水也。男女精气合，而水流形。三月如咀，咀如咀。咀者何？曰五味。五味者何？曰五脏"。下面又谈到五味所主，五脏已具而后生骨肉等等。这里也只是描述水在人出生过程中的作用，不是说水是人形体、或精神的质料。因为这里的始点是"男女精气合"。而水，也有自己的来源："水者，万物之准也……是以无不满无不居也。集于天地而藏于万物。产于金石，集于诸生。故曰：水神"。③ 水既然"产于金石"，它就不能作万物的本原。而本篇所说的"万物"，也不能等同于一切物。本篇中的"万物"，仅指人、鸟兽、草木、龟龙、庆忌等真实和传说中的"生物"，再加上在非生物中具有特殊地位的玉，就是《管子·水地》篇"万物"的全部内涵。

---

① 《吕氏春秋·精通》。

② 《庄子·知北游》。

③ 所引材料均出自《管子·水地》。

因此,《管子》水为万物本原的实际意义是:水是生物及玉的性质的本原,其自身则产于金石。

六 《墨经》的"端"和原子论

《庄子・天下篇》中,载有"辩者二十一事",即其他辩者和惠施辩论的二十一个命题,其中之一是:"一尺之棰,日取其半,万世不竭"。这实际是一个代表性的命题。依照这个命题,任何物都可以无限分割的。用近代数学符号表示,即:

$$\lim_{n\to\infty}\frac{1}{2^n}=0$$

这里 n 是日数,当 $n\to\infty$ 时,物的大小接近于零,但永不为零。这是一种物质无限可分的思想。物质无限可分,则不承认有最小的微粒存在。

这个命题大约是为反对惠施承认"小一"存在的命题而作。惠施有"历物十事",其中之一是:"至大无外,谓之大一;至小无内,谓之小一"。[①] 小一无内,当然无法分割。这个无法再分的小一,在理论形式上,相当于古希腊的原子。

《墨经》赞成"小一"说,反对无限可分说。《墨经下》载:"非半弗斱,则不动,说在端"。《墨子・经说下》解释道:"非斱半。进前取也:前,则中无为半,犹端也。前后取:则端中也;斱必半,无与非半,不可斱也"。斱,据孙诒让《墨子间诂》,同櫡。櫡,或作斲。斱即斲的变体。《说文》:"斫谓之櫡"。所以,斱即斫,在此处为砍断意。与"日取其半"同义。这就是说,一根细棒,若每次都可分成相等的两段,若干次以后,就会达到极限,不可再分。这最后一次分割所造成的结果,是两个端。

若细棒不是每次都可分成相等的两段("非半弗斱),如硬要分割,则会遇到两种情况:一种是"进前取",其中一段比另一段多出一个"端"("犹端也"),分割后的两部分不完全相等("前,则中无为半")。另一种情况是"前后取",在中点前砍一刀,中点后砍一刀。这样分成的两段虽然等长,但都不够原棒的$\frac{1}{2}$("斱必半,无与非半"),因为缺少了一个中点。这个中点,此时也是端。

因此,《墨子》的"端",在这里是有形物分到最后不可再分的部分。它相当于"无内"的"小一",就这个意义(不可分)上说,端和古希腊的原子同义。

《墨经上》释端:"端,体之无序而最前者也"。清末陈澧释为:"端,即西法所谓点也"。孙诒让认为:"陈以点释端,甚精"。[②] 而点是无长无宽无厚的。所以端不相当于原子。

近一个世纪以来,端是几何上的点,还是和原子相当,争论颇多,目前两种意见并存,各有一部分学者在坚持。

考之几何上无厚的面,无宽无厚的线,无长无宽无厚的点,是较为晚起的观念。古希腊早期的毕达哥拉斯学派,以数为事物的本体。虽然亚里士多德及其以后的许多哲学家都解释说,毕派的数,从 1 到 10,从点到面等,都是不可感觉的抽象实在,但实际上,毕派的数,包括点、线、面,又是物的质料因。而后人对数作为质料因的解释,归根结底,都认为"数就是实在

① 《庄子・天下》篇。
② 孙诒让,《墨子间诂・经上》。

的事物”,“数本身也是有空间大小的”。① 因而才可说点构成线,线构成面。而据说苏格拉底以前的哲学家,“都还没有达到‘非空间的实在’这样的观念”,②以致后来有的毕派学者,就用卵石来代表数,为了论证人的数是250,他就用250块卵石摆成人形。③

《墨经》的“斱”表明,他们的端,是在分析具体事物的分割过程时产生的概念,端还未和具体物分离,而和物联在一起,或者更正确地说,它是棒的前端,而不是抽象的端。那么,当棒在分割时,无论最后剩下什么,它都是个具体物,而不会是个“非空间的实在”。作为“非空间实在”的端,只存在于“非空间实在”的线的尽头,而不在棒的尽头。

不仅苏格拉底以前,哲学家们不能把抽象和具体分开,他们说10,就意味着10个真实的物,“是由一组物质的东西排列而成”。④ 甚至苏格拉底以后,亚里士多德,虽然他认真地区分了质料和形式,明确提出了抽象的问题,但他同时代的哲学家,也不能弄清抽象和具体的区别。他认为抽象出来的一般,也和具体物一样,可以独立存在。即如亚里士多德谈的点、线、面,当他论证点、线、面是本体时,它们是抽象的点、线、面,是物的形式因和本质因,而当他论证点、线、面不能是本体时,“他谈的是具体的点、线、面”。⑤这就是说,亚里士多德也在抽象的点和具体的点之间摇摆。

《墨经》的端,乃是一个具体的点,是占有空间的点,从作为物分割的极限说,这个端等于古希腊哲人的原子。

区别在于,古希腊哲人不仅认为原子不可分割,而且认为正是原子的集合构成了物。中国古代哲人,只是承认了物有不可分割的最小单位存在,如端、小一,却没有把端、小一明确说成建筑物质世界的最小砖块。因此,端、小一在不可分割这一点说,相当于原子,但中国古代哲人却未借此建立起新的质料说,即:未达到原子论。

第五节 运动观和变化观

一 生物变化

《夏小正》中记载了一些动物的变化:

鹰则为鸠。

田鼠化为鴽。

雀入于海为蛤。

雉入于淮为蜃。

《夏小正》的内容,不一定全出于夏代。但这些记述,当是根据由来已久的说法。

《夏小正》中关于动物变化的记载影响深远。它不仅为后代的学者所称述,所补充,而且载入国家的历法。直到元代修成的“授时历”中仍然载有:“二月,鹰化为鸠”;“三月,田鼠化为鴽”;“六月,腐草为萤”;“九月,雀人大水为蛤”;“十月,雉人大水为蜃”。说明在中国古代,人们对此类事都深信不疑。

《诗经·小雅·节南山之什·小宛》载:

---

①,②,③ 参阅汪子嵩等《希腊哲学史》(1),人民出版社,1988年,第315,316,317页。

④,⑤ 同上书,第316,300页。

螟蛉有子，

蜾蠃负之。

教诲尔子，

式谷似之。

意思是说，螟蛉（螟蛾的幼虫）之子，被蜾蠃（细腰土蜂）抱去了。人家要教诲您的儿子，使它变得和自己一模一样。这种说法也被广泛称述。《庄子·天运》篇道："乌鹊孺，鱼傅沫，细腰者化"。细腰即土蜂。化，就是把螟蛉子化为己子。《庄子·庚桑楚》道："奔蜂不能化藿蠋，越鸡不能伏鹄卵"。奔蜂就是土蜂。藿蠋，即豆中的大青虫。其意是说，奔蜂不能使豆中大青虫变得像自己。这话的背后，则包括了土蜂可使小青虫变得像自己。

由于《诗经》的崇高地位，土蜂化螟蛉的说法还得到了种种解释。扬雄《法言·学行》篇说："螟蛉之子殪而逢，蜾蠃祝之曰：'类我类我'，久则肖之矣"。张华《博物志·物性》篇："细腰无雌，蜂类也，取桑虫与阜螽子咒而成子"。关于此事的真伪，后来又多有争论。然而直到封建社会终了，也没有定论。

在古人视野所及的范围内，多数动物是不会变化的。它们的存在及延续，遵循着种瓜得瓜、种豆得豆、龙生龙、凤生凤的原则，并且只有同类才能感应、生殖，所谓"类自为雌雄"。[①]而且"奔蜂不能化藿蠋，越鸡不能化鹄卵"。然而，这少数能够变化的动物，却给人们思想上造成了深刻影响。他们往往由此及彼，作出不适当的结论。

结论是：中国古人并不认为一切生物都可变化，但认为有些生物是可变化的。

二　非生物的变化

西周末年，伯阳父所论的那次地震，震级强大，"三川皆震"，以致"三川竭，岐山崩"。[②]类似的情况当不只一起。诗人们唱道：

"烨烨震电，不宁不令。

百川沸腾，山冢崒崩。

高岸为谷，深谷为陵。"[③]

这是自然界自身发生的变化。

还有一类，是人工实行的变化。如冶炼、制陶、染色等等。人类这些实践活动表明，物的性质，是可以变化的。《墨子·所染》篇道：

"子墨子言，见染丝者而叹曰：染于苍则苍，染于黄则黄。所入者变，其色亦变，五入必而已，则为五色矣。故染不可不慎也"。

在墨子看来，染色，也是一种使物变化的行为。而物经过染，就要发生变化。所以他说，人一定要注意外部条件对自己的染。后来《吕氏春秋·当染》篇，几乎全文重复了墨子的《所染》篇。这就是说，《吕氏春秋》的作者和墨子一样，认为物经过染色，就是发生了变化。

---

① 《庄子·天运》篇。

② 《国语·周语上》。

③ 《诗经·十月之交》。

《老子》说:“埏埴以为器”,还仅是为了论证他的“有之以为利”,而“无之以为用”。[①]《庄子》书中,就把制陶和木匠的行为看作损伤物性的行为。其《马蹄》篇说:“陶者曰:我善治埴。圆者中规,方者中矩。匠人曰:我善治木。曲者中钩,直者应绳。夫埴木之性,岂欲中规矩钩绳哉!”埴木之性不欲中规矩钩绳,把规矩钩绳加于埴木,就是损伤、违背了埴木的木性。然而损伤、违背也是改变,所以成玄英疏:“陶,化也”。

陶是化,木匠的工作也是化。在庄子那里,陶者和木匠的工作具有同样的意义。而陶者和木匠的工作,又与“络马”、“穿牛”的工作具有同样的意义。再进一步,庄子把圣人用仁义教导百姓,也看作是“络马”、“穿牛”之类的工作。庄子反对这类工作,认为这类工作伤害了牛马和人的本性。然而伤害就是化。对牛马叫“驯化”,对百姓称“教化”。经过驯化和教化,牛马和人都发生了变化。

荀子赞成陶者和木匠的工作,并明确认为,圣人教导百姓,和陶者、木匠一样,都是为了改变事物的本性。荀子说,假若木的本性就直,也就不必“檃栝”,就如人的本性若善,也就不必圣人教导一样。“枸木必将待檃栝烝矫然后直者,以其性不直也”。[②]因为不直,所以需要檃栝和绳墨:“故檃栝之生,为枸木也;绳墨之起,为不直也”。经过陶者和木匠,陶土成了瓦器,曲木成了直木,木材成了木器,从而改变了物的本性。荀子也把改变土木本性的工作等同于圣人教化百姓的工作,认为都是“化性而起伪”。[③]化性,就是使物的本性发生变化。

这样,无论是赞成还是反对,都把制陶和木匠的工作看作改变物性的过程。从人类这方面的实践活动中,思想家们也看到了物性可变,从而为一般的变化观念提供了又一条根据。

变化观念的另一来源是冶炼。

《庄子·大宗师》篇,把天地间比作大熔炉。经过这个熔炉,人和万物都发生了变化。庄子这个比喻,显然是把冶炼看作变化事物的工作。所以当后来贾谊作《服鸟赋》,就沿用了庄子这个比喻,认为天地间的事物,千变万化,不能控制,而自己即使“化为异物”,也没有什么悲哀。

大约在《庄子·大宗师》篇,才首次使用了“造化”、“造物”这两个概念。而这两个概念又是同实而异名。庄子不认为万物是某个人格神所造,这两个概念,当是庄子那个时代某些人对万物来源的解释。然而把“造物”又称为“造化”,反映了人们头脑中的“物性可变”观念。

与“造化”有关,是“陶铸”一词。据后人考证,[④]《墨子·耕柱》篇“而陶铸之于昆吾”的“陶铸”应为“铸鼎”。那么,“陶铸”一词的作用,当以《庄子》为最早。其《逍遥游》道:“是其尘垢粃糠,将犹陶铸尧舜者也”。而“陶铸”在这里的意思,就是“使……变化”。由此可见制陶和冶炼对人们变化观念的影响。

三　人的变化

从动物可变的传说中,引起了人变化自身的要求。《国语·晋语》载:“赵简子叹曰:雀入于海为蛤,雉入于淮为蜃。鼋鼍鱼鳖,莫不能化,唯人不能,哀夫!”赵简子的慨叹引起了窦犨

---

① 《老子》第十一章。

②,③《荀子·性恶》。

④ 参见:孙诒让《墨子间诂·耕柱》。

的批评。窦告诉赵简子，人之化，就是社会地位的变化。比如中行氏，曾经执掌晋国国政，他的子孙，如今就要成为农夫，这就是"人之化"。

《庄子》一书，除了谈论人死以后，经过重新陶铸而发生的变化以外，还讨论人生前的变化。《庄子·则阳》说："蘧伯玉行年六十而六十化，未尝不始于是之而卒诎之以非也，未知今之所谓是之，非五十九非也"。

这是人的思想变化。《庄子·寓言》篇说孔子也是如此："庄子谓惠子曰：孔子行年六十而六十化。始时所是，卒而非之。未知今之所谓是之，非五十九非也"。

孔子、蘧伯玉都是当时传诵的圣人。他们的变化，是自己实现的变化。至于一般百姓，则是在他们的教导下，而实现自己本性的变化："故古者圣人以人之性恶，以为偏险而不正，悖乱而不治，故为之立君上之埶以临之，明礼义以化之"。①

而在荀子看来，这种化民的行为，和制陶、做木器，性质是一样的，所以他用制陶、做木器为例，说明人性本恶，论证教化的必要。

孟子认为人性本善，教化只是为了找回那失去的本性。然而本善的人后来成为恶，必须教之使化，这本身也是一个变化过程。而且据孟子的意思，能保持本性的人是很少的。因此，人们品德的变化，倒是较为普遍的、正常的行为。②

墨子要人们注意外界的"染"，因为"染"使人的品质发生了变化。有被染而变好或更好的，如舜染于许由，武王染于太公望，齐桓公染于管仲等。也有被染而变坏的，如夏桀染于干辛，殷纣染于崇候、恶来，吴王夫差染于太宰嚭等等。③

先秦时代的思想家们，几乎人人都注意到了发生在个人身上的这些变化，并且把它们和自然物的变化等同起来。

至于在更大的范围内，人们看到的太阳出没，月亮盈亏，四时代换，国家兴亡，人的从生到死，都是变化。那些正常出现的事物是一种"阴阳大化"，不正常出现的事物，也是"阴阳之化"，如星坠、木鸣等。从天到人，每一个领域，都在发生变化，或者有变化的现象存在。而几乎每一个思想家，都以自己不同的方式讨论着这些变化。如同古希腊哲人的眼里是一个变化的世界一样，中国先秦时代的哲人，也把世界看成一个变动的世界。

四 一般的运动观和变化观

《诗经》中"高岸为谷，深谷为陵"，只是记述了个别的自然现象。春秋末年，这个事实被推广为天道人事的一般原则。《左传·昭公三十二年》史墨对赵简子说：

物生有两、有三、有五、有陪贰。故天有三辰，地有五行，体有左右，各有妃耦。王有公，诸侯有卿，皆有贰也……社稷无常奉，君臣无常位，自古以然。故诗曰：高岸为谷，深谷为陵。三后之姓，于今为庶……在易卦，雷乘乾曰大壮，天之道也。

这就是说，无论在自然界还是人类社会，那种下上颠倒、高低翻覆的剧烈变动，乃是一种必然现象，一般原则。

① 《荀子·性恶》。
② 参阅：《孟子·告子》。
③ 参阅：《墨子·所染》。

从这个时代起，在一般思想家的心目中，世界乃是一幅运动不息，变动不居的图像。孔子说："天何言哉？四时行焉，百物生焉，天何言哉"。[①] 四季不停地交替运行，百物不断地出生，这是孔子眼里的世界图像。

孔子曾临水兴叹："逝者如斯夫！不舍昼夜"。[②] 后来孟子解释孔子兴叹的原因说："原原混混，不舍昼夜，盈科而后进，放乎四海……"[③] 自然物的不停运动，不断前进，极大地影响了思想家们的思想。

约与孔子同时的孙武，著《孙子兵法》。兵法的基本精神，可说是"因敌制变"。制变的原因，自然是由于战争情况的复杂多变。置身于这多变情况中的军事理论家，他眼里的世界，更是一付变动不居的图像。《孙子兵法·势》篇说：

> 凡战者，以正合，以奇胜。故善出奇者，无穷如天地，不竭如江河。终而复始，日月是也。死而复生，四时是也。声不过五，五声之变，不可胜听也。色不过五，五色之变，不可胜观也。味不过五，五味之变，不可胜尝也。战势不过奇正，奇正之变，不可胜穷也。

这就是说，天地间的事物，也像战势一样，有着无穷无尽的变化。《孙子兵法·虚实篇》把战事也比作水："夫兵形象水"，"故兵无常势，水无常形"。如果说《墨经》后来讲五行无常胜，是从数量关系着眼，如孟子说的杯水车薪之类，《孙子兵法》却只是鉴于事物自身的变动不居。因为在孙子看来，五行无常胜，和"四时无常位，日有短长、月有死生"[④] 一样，也不是固定不变的。

孙子或许过分强调了事物的变动，甚至四时代换他也认为无常。不过这只表明世界的变动不居在他心目中的地位，不是他否认春往必然夏来这一基本事实。

先秦时代，老子是主静的思想家。然而，老子主静，乃是因为他看到了事物的动。"万物并作"，"夫物芸芸，各复归其根"，[⑤] 是动；"周行而不殆"，"大曰逝，逝曰远，远曰反"，[⑥] 是动；"物，或行或随，或歔或吹"[④]也是动。归宗言之："反者道之动"。[⑤]《老子》第二十八章说："知其雄，守其雌"，"知其白，守其黑"，"知其荣，守其辱"。依此推论，老子之所以主静，不仅是万物要归根复命，还由于他"知动"，正因为他知其动，所以要守其静，甚至主张守静要"笃"。[⑦] 然而守静是为了让物"自化"："万物将自化"；[⑧] 让民"自正"："我好静而民自正"。[②]自化、自正，就是变化。

因此，先秦时代的思想家，几乎无例外地都承认世界运动不息、变动不居这个事实，区别只在于如何对待这个事实，在这变动不居、运动不息的世界上，人应该如何行动。

诸子百家之中，庄子是最热衷于谈论变化的思想家。《庄子·天下篇》描述他的思想倾向说：

---

① 《论语·阳货》。

② 《论语·子罕》。

③ 《孟子·离娄下》。

④ 《孙子兵法·虚实》篇。

⑤ 《老子》第十六章。

⑥ 《老子》第二十五、二十九、四十章。

⑦ 见《老子》第十六章。

⑧ 《老子》第三十七、五十七章。

芴漠无形，变化无常，死与生与！天地并与！神明往与！芒乎何之？忽乎何适？万物毕罗，莫足以归。古之道术有在于是者，庄周闻其风而悦之。

在庄周看来，“天道运而无所积，故万物成”①。人道本于天道，自然也是“运而无所积”。由于“运而无所积”，所以“时有终始，世有变化”。②万物始于阴阳，出生以后就变化不已：“至阴肃肃，至阳赫赫。肃肃出乎天，赫赫发乎地，两者交通成和而物生焉。或为之纪而莫见其形。消息盈虚，一晦一明，日改月化。日有所为，而莫见其功。生有所乎萌，死有所乎归，始终相反乎无端而莫知乎其所穷”。③物的变化如飞快奔驰，无有一刻停歇：“物之生也，若骤若驰，无动而不变，无时而不移”。④变化也没有一个尽头：“且万化未始有极也”。⑤

在这万物变化没有停息、没有尽头的世界上，人和物一样如骤如驰的变化：“（人）一受其成形，不忘以待尽，与物相刃相靡，其行尽如驰，而莫之能止”⑥。人的变化，也一样的没有止境：“若人之形者，万化而未始有极也”。⑦社会上的礼义制度，也随着时代在变：“故礼义法度者，应时而变者也”。⑧有些变化，人们察觉不到，其实都在悄悄进行。比如河水，奔流入海，不见减少。实际上，“风之过河也有损焉，日之过河也有损焉”。⑨假如让太阳和风一齐加于河上，河也不会觉得有什么减少和损害，只是仗着水源充足而奔流。所以说，水和土在一起，宁静而安分；影子和人在一起，也宁静而安分；推而广之，物与物在一起，也宁静而安分。它们都以为从来如此，没有变化，却不知在这不知不觉之中，已是日新月异。

春秋到战国，运动、变化的自然观不断发展。在这个基础上，人们才能用某种程度的发展观念去看待人类自己的历史。商鞅还只是看到了历史上的变化和差别：“三代不同礼而王，五霸不同法而霸”。⑩“治世不一道”，⑩所以他才强烈要求变法。荀子就看出了某种发展：“王者之制，道不过三代，法不贰后王”。⑪到韩非，就形成了真正的历史发展观念。他把历史分为上古、中古、近古三个时期，认为三个时期各有自己的原则：“上古竞于道德，中世逐于智谋，当今争于气力”。⑫他把用上古之道治当今之世的人叫作守株待兔之类。法家及韩非历史观的形成，是运动、变化的自然观长期发展的产物。

五 朦胧的生物进化观念

《庄子·至乐》篇，开列了一个很长的生物相序名单：

“种有几。得水则为㡭，得水土之际则为蛙蠙之衣，生于陵屯则为陵舄，陵舄得郁栖则为乌足。乌足之根为蛴螬，其叶为蝴蝶。蝴蝶胥也化而为虫。生于灶下，其状若脱，其名为鸲掇。鸲掇千日为鸟，其名为乾余骨。乾余骨之沫为斯弥，斯弥为食醯。颐辂生于食醯，黄軦生乎九猷，瞀芮生乎腐蠸。羊奚比乎不箰。久竹生青宁，青宁生程，程生马，马生人”。

其中所说的生物，今天已难以一一考证清楚。其大体可知者有：蛙蠙之衣即苔藓，“程”据沈括《梦溪笔谈》考证为豹子。其余蛴螬、蝴蝶、鸟、马、人，现在还用这些名词。从庄子这段话可以

---

①，②，③，④，⑤ 分别见《庄子》之《天道》、《则阳》、《田子方》、《秋水》、《田子方》篇。

⑥，⑦，⑧，⑨，⑩ 分别见《庄子》之《齐物论》、《大宗师》、《天运》、《徐无鬼》篇。

⑩ 《商君书·更法》。

⑪ 《荀子·王制》。

⑫ 《韩非子·五蠹》。

看出，生物的发展，始于某种种子。比较高级的生物源于比较低级的生物，动物又源于植物。人也是动物发展来的，它是生物发展链条上的最后一环。依庄子的整个思想，人死后，又要散而为气，接受大自然的重新陶铸。

这个生物演化序列，大约只适应于生物最初的由来。一旦物种形成，则各有自己的生殖方式："而万物以形相生。故九窍者胎生，八窍者卵生"。[①]

从《夏小正》中"鹰化为鸠"之类的变化开始，到庄子的生物演化序列，是先秦时代最重要的生物研究成果，它表达了一种朦胧的生物进化观念。然而这种进化观念，无法进行充分的论证，人们多把它看作一种臆说。即使《庄子》一书，从总体上看，也只能满足于用一气聚散来解释万物的由来。

六 循环的发展观

世界处在不停的运动、变化之中，这是先秦思想家的共识。运动、变化取什么形式进行？先秦思想家也有一个共识，那就是循环的发展。

老子可说最早表达了这样一种观念：芸芸万物，都要复归它们的根本；大就是逝去，逝去就是返回。从某物自身来说，它从无到有，从小到大，从壮到老，是个直线的发展过程。从大的时间段落来考察，则物物又都要死亡，归复根本。如庄子所说，"万物皆种也，以不同形相禅。始卒若环，莫得其伦"。[②]

植根于农业生产之上的古代社会，最重要的事情是据一年四季安排生产和生活。《管子·四时》篇说：

> 是故阴阳者，天地之大理也。四时者，阴阳之大经也。刑德者，四时之合也。刑德合于时则生福，诡则生祸。
>
> 不知四时，乃失国之基。

在一年之内，从春到夏，从秋到冬，是一个直线的发展，许多动物、植物，特别是农作物，要在这一年之内完成自己的生命历程。若从更大的范围看问题，则一年中的发展只是一个循环。一年之中，一月又是个小循环，一日是更小的循环。这是一个在循环中有发展，在发展中有循环的运动、变化模式。

先秦时代许多思想家，都注意到了这种形式的运动和发展。《管子·四时》篇说："是以圣王治天下，穷则反，终则始"。圣王之所以要这样治天下，乃是由于一年四季就是一个"穷则反，终则始"的过程。

《庄子》一书，把天地之间比作一个不断飞速旋转的陶钧，万物都在这个陶钧上不停地流转、变化。生生死死，终而复始。他认为人不应干涉物的自然进程，而应"和之以是非而休乎天钧"。[③] 得道的枢要，也就是明白这始终若环的道理："枢始得其环中，以应无穷"。[④]

荀子也认为，终而复始的变化，乃是天地间的一般原则：

> 以类行杂，以一行万。始则终，终则始，若环之无端也，舍是而天下以衰矣。……

---

① 《庄子·知北游》。

② 《庄子·寓言》。

③，④《庄子·齐物论》。

君臣、父子、兄弟、夫妇，始则终，终则始，与天地同理①。

"与天地同理"，也就是说，这终始若环的运动，乃是天地之理，即天地间的一般运动法则。

在终始若环的运动、变化观的基础上，《吕氏春秋》得出了"天道圆"的结论：

天道圆。……

何以说天道之圆也？精气一上一下，圆周复杂，无所稽留，故曰'天道圆'……

日夜一周，圆道也；月躔二十八宿，轸与角属，圆道也；精行四时，一上一下各与遇，圆道也。物动则萌，萌而生，生而长，长而大，大而成，成乃衰，衰乃杀，杀乃藏，圆道也。云气西行，云云然，冬夏不辍；水泉东流，日夜不休；上不竭，下不满，小为大，重为轻，圆道也……②

治理国家，要效法天道；效法天道，就应遵循圆道的原则。

将终而复始的圆道原则推广于历史，就是邹衍的"五德终始"，司马迁的"三王之道若循环"，董仲舒的"三统"、"三正"。

春秋战国时代的思想家看到了事物自身的发展。而当他们向每一事物的始终两端望去，却只能看到它们的首尾相接，始卒若环。当时人们的实践范围，限制了人们的眼界。

圆道的物质基础，是气的循环运动。万物生生死死，是一气聚散；四季代替，是阴阳二气的消长循环；历史发展，是五行气的终而复始。因此，从汉代起，研究运动变化的方式，就成为对气自身的研究。

七　道　与　常

道的本义是路，推广成为人的行为方式，再推广成为神的行为方式，所以天道产生之初和天命同义。《左传·昭公二十六年》载："齐有彗星，齐侯使禳之。晏子曰：无益也，祇取诬焉。天道不谄，不贰其命，若之何禳之？"《左传·昭公二十七年》："天命不慆久矣"。《左传·哀公十七年》，"天命不谄"。慆，同谄。天道和天命，在这里都异名而同实。

"天事必象"，③"天事恒象"④，天道主要是通过天象表现出来的。在人间，后来人们只把那正确的行为方式叫作道，而把不正确的叫作"不道"或"非道"；在天上，则真正是天之所行即是道。自然界的运动没有错误，如不顾天道的神学意义，则天道就是和自然规律同义的概念。然而春秋、战国时代的天道，还保留着它的神学意义。虽然如此，天道概念的使用还是表明，人们已经意识到自然界的运动是有规律的。

由天道而进达道。道包括天道、人道在内，又是二者的升华和抽象。老子把道作为讨论的中心，所以后来被尊为道家的鼻祖。其实先秦时代的思想家，无一不是把道作为他们理论活动的最高追求。区别在于，老子较多地讨论了道本身，而其他思想家则较多讨论了"怎样做"才符合道。对道的广泛使用表明，思想家们已日益明白地认识到，无论在自然界还是人类社会，事物的运动都遵循着一定的规则。

与道有关的概念是"常"。《老子》第一章说："道可道，非常道"。他推崇"常道"，而贬低不

① 《荀子·王制》。
② 《吕氏春秋·圆道》。
③ 《国语·晋语四》。
④ 《左传·昭公十七年》。

常之道。常,就是恒,固定、不变。“唯夫与天地之剖判也具生,至天地之消散也不死不衰者谓常。”[1] 静止事物中的常,是一种秩序。事物运动中的常,就是规律、规则。老子的“常道”是规则、规律。《荀子·天论》的“天行有常”,也是规律。“五行相胜”,作为一种规则,是常。揭露这种规则不能成立,“无常胜”,也就是说五行相胜不是必然规律。这不是说自然界无规律,而是说人们对这规律的认识不正确。“社稷无常奉,君臣无常位”,揭露出原来是常的东西现在成了不常。它反映了旧制度的破坏,然而这个常,仍然是表述秩序、法则的观念。

常的对立面是变。人们一面看到了世界的变动不居,一面也看到了世界那恒定的秩序,运动中不易的法则。这两方面的关系如何?先秦时代的思想家还未能深入讨论。

第六节 逻辑与思维

一 逻辑与思维方式

亚里士多德和培根,都把自己的逻辑学著作称为“工具论”。逻辑,是思维的工具;思维方式,也是思维的工具。逻辑作为思维工具,不含有思维对象的任何内容。如归纳、演绎、分析、综合,等等,都只是思维所运用的纯粹的工具。当前学术界比较注意的思维方式,往往指一些思维的框架,如五行生克、八卦模式等等。这些框架,往往是思维借助逻辑工具在某一历史时期所获得的结果,在此后的历史时期,它成了思维的出发点,因而被称为思维方式。

逻辑也是思维方式。相对于逻辑,五行生克、阴阳对立之类可称为思维模式或思维框架。逻辑是任何时期、任何人的思维都离不开的工具,思维模式却只是历史的产物。它在某一历史时期被创造出来,并在某一历史时期归于消灭。思维模式的变换,反映了人类思维的进步和发展,或是深化,或是广拓。

科学思想史,就是研究与科学有关的那些思维模式产生、发展和消灭的历史。思维模式,表现为一些范畴、命题、观点、直至系统的理论和学说,如阴阳五行学说。这些都是其他各节研究的内容,而其他各节的研究,归根到底也是要找出一些思维模式来。本节则主要研究人们用什么方法创造了这些思维模式,而当时的人们对自己所使用的方法又自觉到何种程度。

还有一些,如系统方法、历史方法、整体性、模糊性、实验、比较……。其中有些属于思维前的准备工作,如实验,如医学上的望闻问切,如孔子的“叩其两端”等等。[2] 待思维时,也要用归纳、演绎、分析、综合等等。有的则是逻辑方法的综合运用,或者是思维模式的提纯,如系统方法、历史方法等等。在运用它们之前,需要先通过逻辑分析,确定对象的性质,然后再决定用哪种模式:系统模式,还是历史模式?作为思维模式,它们将在此节以外被研究;作为其中包含的逻辑方法,属于本节的内容。至于整体性、模糊性等,具体表现为中国古代的天人合一等等,本质上不能作为一种思维方式,而是某个历史阶段思维水平的表现。讲天人合一,那是由于人们还不能把社会现象中的特殊规律和自然法则相区别。

因此,就思维方式而言,仍然可说只有两种:一是逻辑方法;二是经由逻辑方法创造出来

① 《韩非子·解老》。
② 《论语·子罕》。

的思维模式。本节研究的中心,主要是逻辑方法。

二 百家争鸣与名家的兴起

春秋战国时代的社会动荡,首先在现实中造成了名与实的不符。为了制止混乱,建立秩序,思想家们从不同的政治立场提出了"正名"的要求。孔子说:"必也正名乎",在政治实践中首先提出了正名的要求。在孔子看来,"名不正,则言不顺;言不顺,则事不成"。[①]以致刑罚不中,民无所措手足。孔子认为,这是治国的首要问题。

荀子也说:"今圣王没,名守慢、奇辞起,名实乱,是非之形不明,则虽守法之吏,诵数之儒,亦皆乱也。若有王者起,必将有循于旧名,有作于新名……"[②]荀子也把正名当作政治生活中的重要问题。

《吕氏春秋》的作者认为:"名正则治,名丧则乱"。[③]

政治生活中的名实混乱,自然要影响到学术。《庄子·齐物论》说:

> 物无非彼,物无非是……以指喻指之非指,不若以非指喻指之非指也。以马喻马之非马,不若以非马喻马之非马也。天地一指也,万物一马也。
>
> 惠子之据梧也……其好之也,欲以明之。彼非所明而明之,故以坚白之昧终。

《庄子·德充符》篇又说到惠子:"今子外乎子之神,劳乎子之精,倚树而吟,据槁梧而瞑。天选子之形,子以坚白鸣"。

从《庄子》书中可以看出,战国时代对概念(名)的讨论,已是非常广泛而深入了。在庄子看来,这是个弄不清的问题,所以他经常批评惠子,认为惠子的工作,不过是"一蚊一虻之劳",是"形与影竞走",[④]徒然耗费自己的精力,而一事无成。然而明确概念,是社会提出的要求。它不仅是政治实践的要求,而且是学术发展的需要,必须有人来作这个工作。

高诱注《吕氏春秋》,说"尹文,齐人,作《名书》一篇"。[⑤]《汉书·艺文志》也把尹文子书列人名家,并特意注明:"说齐宣王,先公孙龙"。说明先秦各家中,尹文子乃是早期的名家,并有专著问世。而《荀子》、《吕氏春秋》,都有"正名"专篇。对概念的讨论,引起了先秦诸子的普遍注意。

伴随着政治实践及学术发展的正名要求,科学技术也会要求将经验上升为理论,要求对有关的概念作出明确界定,于是产生了《墨经》中具有抽象形态的科学知识。不过从文献上看不到直接从科学技术方面提出的要求,而只能从《墨经》等文献中的某些内容作出推测。中国古代思想家,包括墨家在内,其出发点和归宿,毕竟都在于治理国家。

专门研究概念的学派叫"名辩"学派。名是概念。名辩就是"辨名",讨论概念的内涵和外延,以便作出明确界定。其代表人物是惠施和公孙龙。

---

① 《论语·子路》。
② 《荀子·正名》。
③ 《吕氏春秋·正名》。
④ 《庄子·天下》篇。
⑤ 陈奇猷《吕氏春秋校释·正名》注十四。

三 惠施、公孙龙的逻辑思想

据《庄子》一书，惠施是庄子的好友，曾作过魏国的相。大约活动于公元前4世纪中叶。庄子说他“以坚白鸣”，“以坚白之昧终”。至于他如何“以坚白鸣”，则没有其他材料加以说明。保存至今的“坚白论”，是《公孙龙子》中的一篇，惠施的坚白论与此有什么异同，也无可考证。然而庄子的记述却清楚表明，惠施的学术活动，除了逐物不反，侈谈风雨雷霆之故，另一重要内容，就是研究名词概念问题。《庄子·天下》篇载有他最著名的“历物十事”：

惠施多方，其书五车，其道舛驳，其言也不中，历物之意，曰：

至大无外，谓之大一；至小无内，谓之小一；

无厚，不可积也，其大千里；

天与地卑，山与泽平；

日方中方睨，物方生方死；

大同而与小同异，此之谓小同异；万物毕同毕异，此之谓大同异；

南方无穷而有穷；

今日适越而昔来；

连环可解也；

我知天下之中央，燕之北越之南是也；

泛爱万物，天地一体也。

《庄子》一书认为这些都是些无意义的问题，它也没有记下惠施对这十个命题的论证。尽管如此，我们仍然可以看到这十个命题具有两个共同特点：一是它们讨论的问题都是物的问题，物的大小、厚薄，天地山泽的相对关系，日中和日落，物生与物死，空间上的有穷和无穷，时间上的今与昔，连环的性质，天下的中央等等。二是讨论的方法，都是从反面提出问题。这十个命题，可说都是与人的常识相违背的。这正如庄子所说的“以反人为实”，并且“弱于德，强于物”。①

人们认识事物，首先是肯定认识：这是什么，那是什么。然后才有否定认识：这不是什么，那不是什么。惠施十事的出现，当是在惠施之前，人们已经有了关于这十类事物，甚至更多方面的肯定认识。用今天的意识去强解这十个命题，必然众说纷纭，难合原意，然而在其他文献中，确有关于这些问题的肯定主张。比如关于天地大小的讨论。天地既有大小，自然会有中央，《周髀》中天地中央的说法当是早已具有的说法。而《易传》中说：“天尊地卑”，也当是人们早已具有的常识。诸如此类的问题，在惠施看来都是不对的。他揭露这些命题的内在矛盾，提出了相反的命题。

惠施的命题本身，不能构成科学知识，因为知识总是肯定的。但惠施这些命题，不仅本身是科学发展的产物。而且这些命题本身，也推动着人们对那些无可置疑的科学命题作进一步的思考。

揭露科学命题自身的矛盾，是科学知识发展的动力和途径之一。

《庄子·天下》篇还载有“辩者二十一事”，其命题性质和思维方式，都与惠施“历物十事”

---

① 《庄子·天下》篇。

相同。这二十一事是：

卵有毛。
鸡三足。
郢有天下。
犬可以为羊。
马有卵。
丁子有尾。
火不热。
山出口。
轮不辗地。
目不见。
指不至，至不绝。
龟长于蛇。
矩不方，规不可以为圆。
凿不围枘。
飞鸟之景，未尝动也。
镞矢之疾，而有不行不止之时。
狗非犬。
黄马骊牛三。
白狗黑。
孤驹未尝有母。
一尺之棰，日取其半，万世不竭。

惠施的"历物十事"，都是揭露实际知识的内在矛盾。这二十一事，仍然保持着惠施的基本精神。但有一些，已不局限于对实践知识的反驳，而成为对概念自身矛盾的揭露，如"狗非犬"，"孤驹未尝有母"等等。到公孙龙，名辩思潮进一步摆脱了对实际知识的关注，而把纯粹而抽象地揭露概念自身的矛盾作为自己的主要任务。

公孙龙的代表性论点，是"白马非马"和"坚白石离"。公孙龙说："马者，所以命形也；白者，所以命色也。命色者非命形也，故曰：白马非马"。[①]也就是说，"马"这个概念，指的仅是形体，包括不了颜色。马的概念中不涵色的概念，色的概念中也不含马的概念，所以白马不是马。求马，黄、黑马皆可致。求白马，黄、黑马不可致"。[②]"白马"这个概念，包括不了其他颜色(黄、黑)的马，所以白马概念不等于马概念，白马不是马。

公孙龙的逻辑并不严密。既然"马"仅命形，为何"求马，黄、黑马皆可致"？黄、黑可致，白当也可致，因而马也指白马，白马也是马。公孙龙子的论证还未达到炉火纯青的地步。

在《坚白论》中，公孙龙说："视不得其所坚而得其所白者，无坚也。拊不得其所白而得其所坚者，无白也"。不同的感官，得到不同的感觉，被公孙龙作为物体性质是离异的根据。他的结论是：坚硬与白色是各自独立的，互不相容。

公孙龙的议论使我们想起了尹文对士的讨论：孝悌忠信与见侮不辱两种品格共存一身的，能不能叫作士？

《公孙龙子·迹府》，记载了公孙龙的事迹，其中说道，公孙龙子曾援引尹文子与齐王的对话来反驳孔穿，说明公孙龙与尹文的论证确有共通之处。而《迹府》所载"白马非马"的论证，中心也是说，命形的马与命色的白，二者不能"合以为物"。

公孙龙子认为，他的讨论不是毫无意义的口舌之争，而是具有重要的政治实践意义。他说："至矣哉！古之明王。审其名实，慎其所谓。至矣哉！古之明王"。[③]《迹府》篇也认为，公孙龙的论辩，是要推广开来，"以正名实而化天下"。

然而，要真正化导天下，必须肯定的知识。以肯定方式研究概念，并获得重大科学成就的，是后期墨家。

---

①，②《公孙龙子·白马论》。

③ 《公孙龙子·名实论》。

四　名辩与《墨经》

《墨经》也是名辩思潮的产物，一般认为是后期墨家的著作。《庄子·骈拇》篇道："骈于辩者，纍瓦结绳窜句，游心于坚白同异之间，而敝跬誉无用之言非乎？而杨墨是已"。《庄子·天下篇》又说："南方之墨者苦获、已齿、邓陵子之属，俱诵《墨经》，而倍谲不同，相谓别墨。以坚白同异之辩相訾，以觭偶不仵之词相应"。据庄子的记述，则墨者在战国时代，积极参加了所谓"坚白同异之辩"。《墨经》和其中的自然科学知识，当是名辩思潮的产物。

现存《墨经》上篇主要讨论概念的定义。所讨论的概念涉及各个方面。有讲认识论的：

知，材也。

恕，明也。

虑，求也。

知，接也。

知，闻、说、亲。

对"知"的不同定义，乃是由于讨论的角度不同。有讲逻辑的：

说，所以明也。

辩，争彼也。

辩胜，当也。

名，达、类、私。

异，二、不体，不合、不类。

有讲社会伦理的：

君，臣萌通约也。

功，利民也。

仁，体爱也。

义，利也。

孝，利亲也。

在对概念的定义过程中，他们也考察了当时与手工业生产密切相关的概念：

方，柱隅四讙也。

圆，一中同长也。

倍，为二也。

力，刑之所以奋也。

这就是我们今天所说的抽象的科学知识。

通观《墨经》上篇，被考察的概念 90 余个，明确属于自然科学知识，或在疑似之间者，约占总数的$\frac{1}{10}$稍强。也就是说，《墨经》上篇并非专为自然科学而作，而是为名辩而作。从名辩中出来的抽象科学，乃是名辩的副产物。

过去人们多注意其中的物理学和数学知识，如把视野放得更宽一些，则其中有一些是确切的生理学知识：

生，刑与知处也。

卧,知无知也。

梦,卧而以为然也。

《墨经》下篇主要是讨论命题的能否成立。如:

均之绝不,说在所均。

宇或徙,说在长宇久。

临鉴而立,景到,多而若少,说在寡区。

景不徙,说在改为。

景之大小,说在地缶远近。

所讨论的命题,有 80 个左右。有关自然科学的命题,其比例和《墨经》上篇大体相当。也就是说,自然科学知识,隐居在那大量的一般概念、命题之中。

和惠施"历物十事"及"辩者二十一事"相比,《墨经》讨论的是一般的概念和命题,而惠施及辩者们,包括公孙龙论白马、坚白,其对象则都是自然物。然而只有《墨经》中出来了科学知识,而惠施等则被斥为诡辩,原因在于惠施等用了否定的方法,着力于揭露概念自身的矛盾。和古希腊的芝诺一样,这种讨论可促使思维深入,但不能出来确切的知识。因为人类生活自身是肯定的方式。他必须知道"是",才能生产和生活。有时也需要知道"否",但知"否"是为了知"是","否"之背后必有"是"。惠施、公孙龙等只注重了否,而墨家则着重于是。或否或是,都是在学术繁荣到一定阶段的必然产物。古希腊是如此,中国也是如此。

要求"是",不能只把概念与概念相比较,不能只注意揭露概念自身的矛盾,而必须把概念、命题同事实相比较,从考察那些事实中作出定义,判断概念的定义当否,判断命题能否成立及其理由。从这里出来了确切的知识,从确切的知识中出来了自然科学的知识。

《墨子·经说》上下篇,是对经的解说。它进一步阐明定义及命题能否成立的理由,其涉及知识的范围和对待知识的思想,与《墨经》上下篇没有区别。

《墨经》中那些概念、命题说明,在先秦名辩思想家那里,各种知识还是混而为一的。作为知识,不论哪一类知识,在他们那里都是一视同仁的。从这些知识中,我们看到了当时整体思维水平的提高。没有这种全社会的、提高了的思维水平,不会有抽象的、高水平的科学知识。因此,要发展科学,必须提高全民族的文化素质,提高全民族的思维水平。正如培养一个名演员,名作家,需有丰厚的文化素养,不单是表演和写作技巧一样,培养优秀的科学家和科学成果,也必须有丰厚的文化积累才行。可惜这一点至今还常常被人所忽视。

把概念、命题和事实相比照,有的需要实验,有的需要大量的经验积累。实验方法墨家等或许做过,但似乎未受到单独重视。大量的经验积累,却是归纳法的基础。而那些定义及命题是否成立的理由,也只能主要来自归纳法。

五 归纳法与矛盾分析

亚里士多德说:"苏格拉底正忙着谈论伦理问题,他遗忘了作一整体的自然世界,却想在伦理问题中求得普遍真理。他开始用心于为事物觅取定义"。[①]据西方一些科学史家的意见,苏格拉底对科学的贡献有两条,一是归纳法,二是下定义。其实,这两条就是一条。归纳的目

① 亚里士多德,《形而上学》(中文版),第 16 页,商务印书馆,1983 年。

的是作出判断，其中许多判断就是定义。而下定义，在许多情况下，都要依靠归纳法。

我们任意选取《墨经》中的一些定义为例：

平，同高也 。

中，同长也”。

赏，上极下之功也 。

穷，或有前不容尺也 。

诸如此类，不须证明，可知这是大量经验材料的归纳。

《墨子·非命》上篇提出了他著名的“三表”法，即判断是非的三项办法。第一，“上本之于古者圣王之事”；第二，“下原察百姓耳目之实”；第三，“发以为刑政，观其中国家百姓人民之利”。他这三条标准或三项办法，是为了反对天命论，同时也是墨家常用的思想方法。这种方法的实质，就是在大量的经验基础上进行归纳。“古者圣王之事”，是过去的经验；“百姓耳目之实”，是当今众人的经验；“发以为刑政”云云，则是自己的经验，带有某种实验性质。在这些经验材料的基础上，加以综合、总结、归纳，作出判断，于是得出某种知识。这是一切确切知识的最重要的来源。

先秦时期那些为人熟知的命题，可说多数都是归纳的产物。如：水是万物之本原，慈石吸铁，鼓宫宫动，等等。这些命题也无须证明，在它们背后，都有大量的经验材料。

在古希腊，亚里士多德使演绎法有了规范形式。其中的三段论法，至今仍是学校逻辑课的基本内容。

演绎法在古希腊特别发达，它源于古希腊特殊的历史条件，特别是雅典的民主制。依照这种制度，不断而临时组织的法庭几乎是解决一切纠纷的唯一手段。在法庭辩论中取胜；几乎和衣食一样重要。胜负取决于结论如何，辩论双方面对的几乎是同样的事实，结论往往取决于辩论过程。这个过程是否合乎逻辑，是检验结论正确与否的主要手段。在这样的条件下，古希腊特别突出地发展了演绎逻辑。虽然演绎逻辑在欧氏几何中几乎被运用到了炉火纯青的程度，但它的本来目的却不是为了科学，而是为了在法庭辩论中取得胜利。就如定义法产生了许多科学知识，但苏格拉底重视它，却只是为了在社会伦理问题中寻得真理一样。

演绎逻辑用于科学，主要用于整理已有的科学知识。它的大前提，却只能来自归纳。在欧氏几何中，不仅作为它基础的几条公理，甚至那被证明出来的平行线定理，三角形内角和等于180°等，起初也并不一定是演绎出来的，而是对大量平行线、三角形研究、归纳的产物。

先秦时期的名辩思潮，着力点却是那些用以演绎的前提。如“五行毋常胜”，“异类不吡”，“宇或徙”，“景不徙”等等。类似的结论几乎只有从归纳获得。而当欧洲近代科学兴起的前夕，培根就把归纳作为获取知识的最重要的手段。

归纳法不是获取知识的唯一手段，但应肯定是最重要的手段。

在科学发展上还有一种方法，这就是分析的方法。如果说演绎必以归纳为前提，则综合必以分析为基础。分析不是作出结论，而是揭露矛盾。人们可借此否定错误，向正确的方向前进。

伽利略的自由落体运动是一个矛盾分析的典型。据亚里士多德所说，重物下落的速度快，轻物下落的速度慢。伽利略分析道：假如把两个物体，其中一轻一重，联在一起，其速度是更快呢？还是更慢呢？

韩非明确指出了矛盾分析法：

楚人有鬻盾与矛者,誉之曰:吾盾之坚,物莫能陷也。又誉其矛曰:吾矛之利,于物无不陷也。或曰:以子之矛,陷子之盾,何如?①

韩非用这个寓言,是为了揭露儒家“尧舜两誉”的自相矛盾。儒家说:“历山之农者侵畔,舜往耕焉,期年甽亩正;河滨之渔者争坻,舜往渔焉,期年而让长”云云。于是韩非发问:“方此时也,尧安在”?儒者说:“为天子”。于是就发生了矛盾。若尧圣明,则不应有侵畔、争坻之事,因而也不必有舜。于是韩非说道:“贤舜则去尧之明察,圣尧则去舜之德化。不可两得已”。②

韩非这个事例可推广到一般,特别对于那些无法用实验证明的过甚或虚妄不实之词。后来王充曾用这种方法去揭露有鬼论。王充《论衡·订鬼》篇说:见鬼者,都说鬼穿着生前的衣服。人能成鬼,衣服也能成鬼吗?葛洪《抱朴子内篇·道意》篇,揭露有病求神的虚妄。其中说道:若认为求神可以治病,则富贵人家一定可健康长生了,因为他们无疑有更多的礼物献祭。

惠施、公孙龙等人的坚白、同异之辩,在一定意义上,也是揭露事物的矛盾。而王充《论衡》,可说更多地运用了这种方法去“衡”量当时各种各样的“论”。

过甚、虚妄不实之词需要揭露,科学才能沿着正确的道路前进。科学要不断前进,也需要不断揭露已有命题的矛盾。揭露旧命题的矛盾,就为新命题的出现扫清了道路。

实践是检验真理的标准,揭露矛盾,不仅是为了排斥虚妄,而且是发现真理的契机。科学史上,屡见不鲜的被伪科学所迷惑的事件,在众多原因之中,盲目相信是原因之一。只有好学深思者,才能保持冷静的头脑。而深思的内容,就是深思那妄说中的矛盾。

六 墨家逻辑思想

《墨子·小取》篇道:“夫辩者,将以明是非之分,审治乱之纪,明同异之处,察名实之理,处利害,决嫌疑”。这是墨家从事坚白同异之辩的目的。“明是非”,“决嫌疑”,即建立一个判断是非的标准。“……焉摹略万物之然……”。

这是判断是非的总原则,也是墨家逻辑思想的总原则。这原则不是要求结论必须符合某种逻辑形式,而是要求必须符合“事物之然”,因为“辩”的原则,就是“摹略”万物之然。

墨家以“万物之然”为根据,辨明名实,判断是非,定义概念,解说命题,所以能得出确切的科学知识来。

《小取》篇继续说道:“论求群言之比,以名举实,以辞抒意,以说出故。以类取,以类予。有诸己不非诸人,无诸已不求诸人”。这是论辩中的一些具体原则。将各家言论进行比较,将名与实相对照,用概念和判断表达意思,说明理由。自己同意的不非难别人,自己不同意的不要求别人赞同等等。

判断的形式,有或然的:“或也者,不尽也”。不尽,就是不尽然,不必然。有假言的:“假者,今不然也”。今不然,就是现在还未成为事实。此外还有“效”,即先定一个标准,等等。推理的形式,有“辟”:“辟也者,举也物而以明之也”,即比喻。有“侔”:“侔也者,比辞而俱行也”。这

①,②《韩非子·难一》。

是以已被承认的判断为根据，若自己的判断与此相合，即可断其正确。有“援”：“援也者，曰子然，我奚独不可以然也”。援引论敌的话，证明自己的结论。有“推”：“推也者，以其所不取之，同于其所取者，予之也”。用对方反对的观点，使之和对方赞成的观点比较，揭示二者的相同处，进行推理，从而暴露对方的矛盾。

我们看到，墨家逻辑思想，始终聚焦于命题本身，或者说推理的前提和结论，而不是推理的过程。而在命题、前提和结论背后，则是客观存在的现实。

《墨子·小取》篇还注意到推理过程中发生的种种不确定情况：

其然也，有所以然也。其然也同，其所以然未必同。

其取之也，有所以取之。其取之也同，其所以取之不必同。

所以在运用辟、侔、援、推等推理形式时，会出现种种不确定的情况：“行而异，转而危，运而失，流而离本，则不可不审也，不可常用也”。依推理所得之结果，不一定正确，所以不可轻易运用。这是墨家不愿深究推理形式的基本原因，也是中国古代不注意推理形式研究的基本原因。

《墨子·小取》篇已提到“以类取，以类予”，这里，赞同和肯定(“取”)，由此以及彼(“予”)，都决定于“类”。对类的注意，是墨家逻辑思想的中心。辟、侔、援、推等推理形式，其核心也是寻求类同，区别类异，以判断是非。《庄子》等书把当时的名辩思潮归为“坚白同异”之辩，所说的“同异”，实际上也是别类问题。《墨子·大取》篇说：

“夫辞以类行者也，立辞而不明于其类，则必困矣”。

类，是“立辞”的基础，“以辞抒意”，若分类不当，“立辞”就不可能正确，所表达的“意”，就必然错误。

《墨子·大取》篇举出了一些同类的例子。如“或寿或卒，其利天下也指若”；“爱二世有厚薄，而爱二世相若”，“小仁与大仁，行厚相若”。其他如“兴利除害”类，“厚亲”类，“爱人”类等等。这里研究的事物，都是社会现象。墨家归根结底，还是一个以拯救天下为己任的学术团体，而不是以知识为目的科学集团。

《墨子·小取》篇举出了许多“物或乃是而然，或是而不然”的“殊类异故”现象，其中有：

白马，马也；乘白马，乘马也。骊马，马也；乘骊马，乘马也。获，人也；爱获，爱人也。臧，人也，爱臧，爱人也。此乃是而然者也。

墨家认为，这些属于“乃是而然者”之类。在我们看来，这些之所以“是而然”，乃是由于把特殊的概念归属于一般，即将白马、骊马归于马；将臧，获归于人，所以是正确的。

下面一些事例，墨家认为是另一类：

获之亲，人也；获事其亲，非事人也。其弟，美人也；爱弟，非爱美人也。车，木也；乘车，非乘木也。船，木也；入船，非入木也……

这些当属于“是而不然”类。之所以“是而不然”，乃是企图以一般从属于特殊，企图用特殊代替一般。如以亲代人，以船代木等等。

墨家显然清楚概念的层次。《墨经》上篇“名，达、类、私”。即将概念区别为一般、特殊、个别三个层次。若船、亲等是“私名”，则人、木等为“类名”；若船、亲、白马、臧等是类名，则木、人、马等是达名。达名、类名、私名各自成类，层次之间不能互换。在对判断进行分类的过程中，显示了墨家对一般和个别的认识。

然而墨家并未由此展开对一般、个别关系的研究。他们的着眼点不是逻辑形式，他们研究形式本身用力很少,他们注重的是很快通过形式获得结论。

墨家注意到了全体和部分的关系。《墨子·小取》篇说:"或一周而一不周,或一是而一不是也,不可常用也"。

例如:

爱人、待周爱人,而后为爱人;不爱人,不待周不爱人,不周爱,因为不爱人矣。

乘马,不待周乘马,然后为乘马也……逮至不乘马,待周不乘马,而后为不乘马。

这是"一周而一不周"的情况。周,全体,或全称判断的意思,原意为周遍。全称判断和特称判断的区别,同时也是事物全体和部分的区别。墨家显然很清楚这些差别。

"一是一不是"的例子有:桃实是桃而棘实不是棘,恶人之病不是恶人而问人之病则是问人,马之目大不是马大,两匹马也是马但马四足不是说两马四足。这里牵涉到是否偷换概念的问题。

墨家总是强调推理中的不确定性,认为"不可不审","不可偏观","不可常用"。[①] 那么,如何使推理具有确定性呢?墨家不是求助于逻辑形式,而是求助于客观事实。因为墨家所面临的争辩,是关于自然界和人类社会的认识问题。亚里士多德求助于形式,因为他的逻辑学面临的重大问题之一,是在法庭辩论中取胜。至多也是像其他辩者一样,只求在讨论中"胜人之口"。[②] 这是两条不同的思想路线,从而发展出了不同的逻辑学。

墨家对类最为重视。分类,也是一切科学门类的基础。然而,这看似容易的事情往往最难做。往后的研究我们将会看到,错误的分类怎样导致了荒谬绝伦。

七 荀子的逻辑思想

荀子的逻辑思想以《荀子·正名》篇为代表,荀子的逻辑思想偏重于概念研究。

荀子将名分为刑名、爵名、文名、散名四类。"刑名从商,爵名从周,文名从礼",散名,是"加于万物者","从诸夏之成俗曲期",也即是"约定俗成"。虽然是约定俗成,但确定下来,则有赖于王者:"故王者之制名,名定而实辨,道行而志通,则慎率民而一焉"。约定俗成,不过是王者制名时应加以参考的因素罢了:

名无固宜,约之以命,约定俗成谓之宜。异于约,则谓之不宜。名无固实,约之以命实,约定俗成谓之实名……此制名之枢要也。后王之成名,不可不察也。

确定了名称(概念),就可辨明、认识事物,政策、法令得以贯彻,思想可以沟通,于是领导人民,遵守统一原则("率民而一")。所以这是治国之大计。而那些"析辞擅作名以乱正名",从而"使民疑惑,人多辨讼"的,是"大奸"。这些人的罪过,应和假造符节,私定度量标准一样:"其罪犹为符节、度量之罪也"。

由此看来,荀子的要求正名,完全是为了政治法令的统一,为了"上以明贵贱,下以别同异"。所以他才把刑名、爵名等放在正名之首。对于国家政治来说,那些无疑是最重要的名。

制名的根据是什么?荀子的回答是:"缘天官",即根据感官的感觉。比如:"形体色理,以目异;声音清浊,调竽奇声,以耳异",其他口、鼻、形体(触觉),各有自己的对象,至于喜怒哀

① "不可偏观",亦见《墨子·小取》篇。

② 《庄子·天下》篇。

乐爱恶欲之类，则“以心异”。心借助感官，可知别人之爱恶喜怒。

在感知之基础上，“同则同之，异则异之。单足以喻则单，单不足以喻则兼”，如此等等。在这里，荀子区分了“共名”和“别名”，即一般和个别，或一般和特殊。如“物”，这是一个“大共名”，即最一般的概念。“鸟兽”，这是一个“大别名”。共名之中，层次不一：“推而共之，共则有共，至于无共然后止”；别名之中，层次也不一：“推而别之，别则有别，至于无别然后止”。究竟有多少层次？荀子没有研究，他也不准备去研究。因为他注意的中心，是“缘天官”以制名，使名符实。和墨家一样，重在概念、命题之内容。

重形式，还是重内容，是两条思想路线。古希腊哲人重形式，所以有后来之三段论，欧氏几何等。中国古代哲人重内容，所以忽视形式，甚至数学著作中也只讲结论，而不留下中间过程。重形式，则形式对结论就对。重内容，则必须使结论符合实际方可为对。两种思想，各有优劣利弊。中国古代哲人如惠施、公孙龙等，当属于重形式之类。但中国哲人面对的是纷纭复杂的实际问题，这种重形式的逻辑思想难以发展。诚如庄子所说，他们的结论只可服人之口，不能服人之心。①

或者说，逻辑就是形式。不重形式，则没有逻辑，然而演绎法有三段论，归纳法则几无确定形式可言。其对错正误，只能看其结论是否符合实际。而且历史发展表明，任何逻辑形式，都有缺陷。归纳法中，作到完全归纳的几乎只是一些微不足道的问题，所以多数结论只具有或然性。而演绎的前提若错，则一切俱休。所以无论是三段论，还是古印度的因明三支，都须讨论论题能否成立。而论题能否成立的条件，除形式外，还要看其是否符合实际。半个多世纪以来，国外提出历史逻辑问题，从内容这方面说，就是看到了旧逻辑过于着重形式，而忽略与史实符合的缺陷。

研究思维逻辑，归根结底是为了获得真理。而真理的获得，却往往不依逻辑，特别是那些重大的科学发现。所以逻辑学的成就如何，不是一国科学成败的关键。中国古代哲人重内容而忽略形式研究，也不全是缺点。

《荀子·正名》认为，有三种情况是应禁止的，他称为“三惑”。一是“以名乱名”，如“见侮不辱”，“杀盗非杀人”等，这是故意用另一概念搅乱此一概念；二是“以实乱名”，如“山渊平”，“刍豢不加甘”等；三是“以名乱实”，如“牛马非马”等。荀子认为，这几种情况，可用考察名的由来及在实际中的效用，考察命题是否符合感觉经验，是否符合约定俗成的名，即可解决。“故明君知其分而不与辨也”。也就是说，荀子主张考察其是否符合实际，不主张在辩论中求得解决。

荀子认为：“君子之言……彼正其名，当其辞，以务白其志义者也”。“故名足以指实，辞足以见极”即可。那些怪僻的名辞，荀子主张舍弃。

与荀子相比，墨家还是认真地研究了许多概念、命题成立的具体原则。荀子则不屑于作这些工作，他只讲了一些总原则，并盼望着由王者来统一概念，进而统一思想。荀子的理想，在秦汉时代得到了实现。而荀、墨及先秦诸子中重内容而轻形式的逻辑思想，极大地影响了中国古代自然科学的面貌。

---

① 见《庄子·天下》篇。

第七节 先秦诸子的科学观

一 自然科学与古代社会生活

人类自始就过着社会的生活,但早期的人类社会,规模很小,即使后来形成部落,其社会集团也不很大。在这样一种社会群体里,人类用在社会管理方面的智慧和精力是极其微小的。春秋战国时代的思想家,多以为上古时代民风淳朴,庄子甚至认为人和禽兽杂处而互不惊扰,把那个时代看作人类的黄金时代。思想家们的说法,当是朦胧的反映了上古时代的某些现实:社会生活简单,人际关系也简单,仁义道德之类的说教是不必要的,君主、圣人、刑罚之类的东西也是不必要的,或者说,是不存在的。

不过先秦时代的思想家们几乎全部忘记了,或者说并不十分清楚,那时的物质生活是极其艰苦的。没有宫室,人们只好树上构巢或借山洞存身;食物难以得到,人们得像《庄子》书中的泽鸡一样,十步一啄,还不一定能得到。人兽杂处并不那么美妙,野兽也时时处处威胁着他们的安全。十日并出,当是对那可怕的旱灾的回忆,"荡荡怀山襄陵"①的洪水及大禹治水的故事,至今似乎还记忆犹新。所以当时的人类,不得不用主要力量为生存而觅食,与自然界作斗争。

《世本·作篇》大约成书于战国时代,其中记载的是上古帝王贤臣的功绩。依时代排列,则如下:②

燧人氏时代:燧人出火。

伏羲氏时代:作嫁娶之礼,作琴、作瑟,其臣芒氏作罗、作网。

神农氏时代:神农和药济人,作琴作瑟,蚩尤作兵器。

黄帝时代:黄帝穿井,造火食,作旗,作冕,羲和等占日月星,大挠作甲子,隶首作算数,伶伦造律历,容成造历,苍颉作书,史皇作图,伯余作衣裳,雍父作舂杵臼,胲作服牛,相土作乘马,共鼓货狄作舟,挥作弓,夷牟作矢,巫彭作医等等。

颛顼:作市。

尧:制五刑,作医,作簸,作鼓,作磬,作井。

舜:始陶,倕作规矩准绳,垂作耒耜、铫耨,作五刑,作箫,作乐等。

夏:作城郭,禹作宫室,奚仲作车,夏作赎刑,仪狄造酒,少康作箕帚,杼作甲、逢蒙作射。

……

自然,这些记载不可作为信史,但从中可看到战国时代人们的观念,在当时人们的心目中,上古的帝王,主要是和自然界作斗争的英雄,他们的发明创造,主要是科学技术方面的发明创造。

《易传·系辞下》保持着和《世本》大体略同的观念。其中写道:

"包牺氏……始作八卦……作结绳而为网罟,以佃以渔……"

---

① 《尚书·尧典》

② 今存《世本》,皆后世辑佚本,本篇据各版本删取而成。

“神农氏……斲木为耜,楺木为耒……日中为市……”

“黄帝尧舜氏……垂衣裳而天下治……刳木为舟,剡木为楫……服牛乘马……重门击柝……断木为杵,掘地为臼……弦木为弧,剡木为矢……”

“上古穴居而野处,后世圣人易之以宫室,上栋下宇,以待风雨……

上古结绳而治,后世圣人易之以书契,百官以治,万民以察。”

《易传》的作者似乎也朦胧觉得,周密的政治措施是后来的圣人创造的,而上古的圣人,主要是致力于与人民生产生活密切相关的技术发展。那时的君主,就是技术发明家;倒过来也可以说,是技术发明家作了君主。

《韩非子·五蠹》篇明确说道:

> 上古之世,人民少而禽兽众,人民不胜禽兽虫蛇。有圣人作,构木为巢以避群害,而民悦之,使王天下,号之曰有巢氏。
>
> 民食果蓏蚌蛤,腥臊恶臭而伤害腹胃,民多疾病。有圣人作,钻燧取火,以化腥臊,而民说之,使王天下,号之曰燧人氏。
>
> 中古之世,天下大水,而鲧、禹决渎。
>
> 近古之世,桀纣暴乱,而汤、武征伐。

韩非的思想非常明确,上古之世,是那些技术发明家成了圣人,作了王;中古之世的圣人,也是与自然界作斗争的英雄;近古之世的圣人,其主要功绩则是征伐了,即军事斗争中的英雄。那么,近世的,或说当今之世的圣人又是什么样子呢?韩非继续说道:

> 今有构木钻燧于夏后氏之世者,必为鲧禹笑矣;有决渎于殷周之世者,必为汤武笑矣;然则今有美尧舜汤武禹之道于当今之世者,必为新圣笑矣。是以圣人不期修古,不法常行,论世之事,因为之备。

韩非把那些“修古”的人比作守株待兔者。在他看来,上古、中古、近古、当今,世不同,面临的任务不同,圣人们的事业也就不能一样。当今的圣人们,不仅是不能构巢钻燧决渎,而是一般地不能以从事此类工作为圣。

先秦思想家们关于古圣、今圣;上古、近古的观念,大体上反映着历史发展的顺序,反映了人类社会的不断发展,而在社会发展的不同阶段,人类面临着不同的任务。

初期的人类社会,为生存而谋取衣食,是整个社会面临的最主要的任务。那时产生的宗教,叫作“自然宗教”;那时的神灵,都是自然力的化身;那时的英雄,圣人或君主,也主要是与自然界作斗争的英雄。

人类征服自然的能力不断提高,人的数量也在不断增多,群体越来越大,社会结构也越来越复杂,管理这群体的工作也越来越重要。一部分人为了保证自己的利益,不得不用暴力加说教迫诱另一部分人服从,这就更增加了社会管理工作的难度和强度。在这样的时代,人类要想与自然界作斗争,必须先与人类自身作斗争;要解决人与自然的矛盾,必先解决人类自身的矛盾。一句话,要征服自然,必先征服自身。于是,政治家、军事家、思想家应运而生了,他们成为人类社会的主宰,成为这一时期人类社会中最受崇拜的伟人和英雄。生产还必须进行,社会生活需要它;自然科学也必须发展,生产和生活都需要它。但是它们的社会地位每况愈下了。就像空气、阳光谁都需要却最不值钱,而昂贵无比的金玉珠宝却最无用一样,那致力于生产和自然科学的人们,虽然事关国计民生,他们的地位也远远不能和政治家、军事家相比拟了。

生产和自然科学的发展促进了人类社会的发展，而社会的发展却把生产和科学事业降到了次要地位。中国社会在春秋战国时代，已经到了这样一个阶段。在这样一种社会结构中，思想家们只能把科学技术工作放在政治、军事的从属地位。

二　小道末技说

“小道”一词，人们最熟悉的出处来自《论语》。那是孔子弟子子夏的话：“子夏曰：虽小道，必有可观者焉。致远恐泥，是以君子不为也。”[①] “小道”，一般都认为是“农圃医卜之属”。[③]恐泥，也就是怕迷恋于这些技术工作，妨碍或耽误了君子们去从事更为重要的政治、军事等等工作。子夏还说：“百工居肆以成其事，君子学以致其道”。[②] 这里的“道”，是大道，不是小道。致力于大道，是君子们的事业。

“君子”概念的含义，有时指社会地位，有时指道德水准，这里的君子，指的是当时的士。

士，是春秋战国时代形成的一个特殊社会阶层。它和农、工、商，共同构成所谓“四民”。它的来源，主要是贵族中分化出来、不能作社会的管理者，也不能继承财产的一部分人。在生产不甚发展的时代，这些人不论因为什么原因从上层跌落下来，都要一直落到底，成为生产者，为创造物质财富而工作。但从春秋时代起，生产的发展，才使他们不必从事生产，专以“致其道”为业。“致其道”的结果，就是成为社会管理者的辅佐。简而言之，就是求官。“学而优则仕”，[④]是他们的职业，就像工者做工，农民种田一样。他们若能“出仕”，不仅可摆脱艰苦的体力劳动，而且可获得比做工、种田多得多的财富。所以孔子说：“耕也，馁在其中矣；学也，禄在其中矣”。[⑤] 作为一个士人，他们是不愿意从事耕稼之类的工作的。

南宫适问孔子：“禹稷躬稼，而有天下”。孔子没有回答。南宫适走后，孔子说：“君子哉若人！尚德哉若人！”[⑥] 这也是由于禹稷都是以往的圣人，在当时，即使自己的学生他也不让从事耕稼一类工作：

> 樊迟请学稼。子曰：“吾不如老农”。请学为圃。曰：“吾不如老圃”。樊迟出，子曰：“小人哉”，樊须也。上好礼，则民莫敢不敬；上好义，则民莫敢不服；上好信，则民莫敢不用情。夫如是，则四方之民襁负其子而至矣，焉用稼[⑦]。

士的学习，是为了出仕、治国。治国之道，就是礼、义、信之类。这样去做，百姓自然服从，何必从事耕稼之类的事呢？这就是说，不仅士人们不愿从事技术、生产工作，即使他们管理国家，也把生产、技术之类的工作放在次要的地位。

这不是儒家一家的思想，而是时代思潮，是先秦各家共同的思想。

老子的道，是个抽象的、一般概念。但道的内容，一面是处弱、守雌、不争的全身、保生之道；一面就是清静无为的治国之道，而不是“农圃医卜之属”的小道。到了庄子，则把治国之类的事也不以为然了。他认为那大道的“尘垢粃糠”，就可以“陶铸尧舜”，所以那些神人、圣人，

①,③《论语·子张》。
② 朱熹《四书集注·论语·子张》。
④ 《论语·子张》。
⑤ 《论语·卫灵公》。
⑥ 《论语·宪问》。
⑦ 《论语·子路》。

都不愿“弊弊焉以天下为事”。[1]黄帝问广成子以治国之道，广成子不答。问如何养生，广成子则以为是善问。[2]庚桑楚想隐居，但隐得不深，致使当地百姓要“尸而祝之”，“社而稷之”[3]，庚桑楚因此很不高兴。在他看来，治理天下的事情都是多余的，是“骈拇”、“枝指”，更不主张去从事什么科学技术之类的工作。

墨家也是一个士人的集团，他们的目的，也是“致其道”。他们的道，也是治国之道，致太平之道。他们孜孜以求的，是消除战争，所以主张“兼爱”、“非攻”；是国家的统一和强盛，所以主张“尚同”，“尚贤”。他们作出了许多科学技术方面的结论，但并不是为了发展科学和技术，而是为了明确概念、统一思想，治理好国家，进而达致天下太平。

相比起来，儒家本是“学在官府”时期的教师，因而和社会上层有着更多的联系。老子、庄子，则是从社会上层跌落下来，并且跌落得比较深的人物。他们和当时的隐士们联系较多，或者他们自己就是隐士。士隐于下层群众之中，所以较多地反映了小农的情绪和要求。他们激烈地抨击社会动乱及不合理的现实，希望建立一种比较纯朴的、较为接近自然的社会关系。墨家可能与手工业者联系较多，因而在参与坚白同异之辩时，能较多地注意手工业方面的技术进步。在政治上，也要求任用“农与工肆”之人。[4]但是，由他们所反映的农民与手工业者的要求，仅是一些零散的要求。这些要求不是农民和手工业者思想的全部，他们也不是农民和手工业者的代言人。他们是士，士的基本任务，就是为管理社会出谋献策、创造理论。直接地有赖于他们，中国才有了高度发展的封建文化。这是他们的事业，是他们对人类作出的贡献。

到韩非，他甚至连士的存在也否定了。在他所理想的社会中只有两种人：一种是掌握法令的官吏，一种是从事生产的农民或作战的战士。那些以文化活动为目的的士人，在他看来都是土木偶人，是社会的蠹虫。他要求取消这些人的存在及他们的文化活动。一个人如果不能作官，就应老老实实种田或作战。比较起来，以韩非为代表的法家更加注意生产问题。所谓注意生产问题，也仅是让别人努力生产，而自己并不从事生产。他也是士。与其他各家相比，从事的也是大道，只是治国之道的具体内容与诸家略有不同而已。

至于农民和手工业者，还有商人，它们当时处于社会的底层，是被压迫、被统治的阶层。他们没有文化，不可能表达自己的思想。假如他们之中有人著书立说，那人也就不再是农民和手工业者，他表达的也就不是农民和手工业者的思想。或者说，农民和手工业者，也不可能在当时的时代思潮之外，产生一种独立的农民和手工业者的思想体系。由一概性的概念、命题构成的思想体系，也是一般性的思想，如同货币是一般等价物一样。货币代表着价值，价值是对各种具体劳动的抽象；思想，也是对社会各因素分析、综合后的抽象，它是社会现实的反映。对同一个现实 ，只能有大致相同的反映。个别人可以造出些奇谈怪论来，如同个别人可造出假币一样。但作为一个社会阶层的农民或手工业者的总体，却不可能有超出这个时代、超出这个时代现实的思想。就像他们不可能在当时的货币体系中拥有独立的农民货币或手工业者货币一样。

一个农民或手工业者，如果他可以选择，并且选择的结果能得到保证，可以说任何人都

---

① 《庄子·逍遥游》。

② 《庄子·在宥》。

③ 《庄子·庚桑楚》。

④ 《墨子·尚贤上》。

会选择那收入丰厚、又可摆脱体力劳动的社会管理工作。他们终生作工、务农,和牛马终生被役使一样,是无奈和不得已,并不是甘心情愿。

鄙薄科学技术工作,更加鄙薄生产劳动,是社会现实的反映,是社会在那个历史时期的时代思潮。那时候的思想家持有这种思想,是正常的、合理的;反之,才是不正常的。中国古代思想家如此,古希腊思想家也是如此。正是那在科学上卓有成就的亚里士多德,明确地把奴隶称为“会说话的工具”。而那在技术上多有发明的阿基米德,却羞于为自己的技术发明署上名字,因为他有更重要的事业。

从当时的社会需要及对士人社会角色的基本认识出发,还产生了两个相关的问题:①如何看待科学、技术成果在社会生活中的作用;②如何看待人与自然的关系。

三 科学技术的社会作用观

社会发展把科学技术置于政治、军事的从属地位,但社会发展却不能取消科学技术的存在,反而要继续依赖科学技术来发展生产、提高生活水平。因此,在思想家们的思想体系中,一般都给科学技术的发展留下了一个位置。儒家不主张自己去从事科学技术工作,但不反对别人从事这个工作,也不反对科学成果本身。法家也不反对科学技术的发展,秦始皇焚书,不烧种树及医药等书,表明了法家对科学技术的一般态度。至于墨家,他们甚至还能亲自从事一些技术工作。反映到国家的政权机构,也有相应的建制。

据《周礼》,国家最重要的官职乃是天官冢宰、地官司徒、春官宗伯、夏官司马、秋官司寇等人,他们的工作主要是祭祀、民政、军事、刑狱。然而在太宰的下属官员中,有医官及负责烹调、缝纫诸方面的官员。医官发展到后来,就是太医署或太医院。其中的官员不是现代意义上的医疗事务管理者,而是由最高医学专家组成的医疗机构。各种农业专家属于大司徒。后来的封建国家也没有专门的司农官员,这个司农的官员及其下属,主要任务是研制农具、推广新的品种和农业技术。冯相氏、保章氏、大史、小史等,一般是天文官员,《周礼》中是大宗伯下属,后来是国家专门的天文机构。《冬官·考工记》中所说的各种工匠,同时也是相应部门的官员。后来则都属于少府,那是官办的大型手工业作坊。这些机构的名称、任务、隶属,随时代变化也有某些更动,但大体不变。与传说中的重、黎、羲、和相比,后世天文官员的地位显然低得多了;司农的主官,更不能和传说中的后稷相比;医官之于神农,更无法望其项背。这只能说明科学社会地位的降低。古代的社会及社会思想,还给科学发展保留了一块发展的空间。

无论是儒家、墨家、还是法家,他们都津津乐道地回忆着上古圣人在与自然作斗争中取得的业绩,对于上古圣人创造的科学技术成果,他们是欢迎的。只是他们所处时代不同,有更重要的事要做,不能从事这方面的工作罢了。

只有老子、庄子,激烈地反对科学技术的进步。《庄子·天地》篇有一个“抱甕而汲”的汉阴丈人,他宁可抱着瓦罐去取水浇园,也不用方便而省力的机械桔槔。他认为:“有机械者必有机事,有机事者必有机心”。有了“机心”,就破坏了自己那纯朴洁白的思想品质。所以他虽然很清楚机械的作用,但还是坚决拒绝了儒家子贡劝他使用桔槔的建议。

这个故事,明确反映了儒家和庄子对科学技术进步的不同态度。儒家自己不从事科学技术工作,但主张使用科学技术成果。庄子不仅不主张士人去从事技术工作,而且反对使用科学技术成果。

庄子的思想上承老子。老子认为:“民多利器,国家滋昏;人多伎巧,奇物滋起”。[1]在老子看来,技术发明对于国家的安定,是有害的。因此,他主张“小国寡民,使有什伯之器而不用”,“虽有舟舆,无所乘之”,“使人复结绳而用之”。[2] 文字、机械、车船等等都不应该使用,这样,百姓才能安居、乐俗,没有争夺和混乱。

文字、舟车、什伯之器,都是人的智慧创造的,要杜绝它们,根本是杜绝人的智慧。老子说:“民之难治,以其智多”,“古之善为道者,非以明民,将以愚之”。[3]这样,也就杜绝了一切科学技术发展的可能。

智慧和科学技术的载体是圣人,所以老子要求“绝圣弃智”,“绝巧弃利”。[4] 到庄子“绝圣弃智”思想得到进一步的发展。《庄子·胠箧》篇说:“绝圣弃知,大盗乃止;擿玉毁珠,小盗不起;焚符破玺,而民朴鄙;掊斗折衡,而民不争”。所以他主张,塞住音乐家师旷的耳朵,搞坏技术发明家工倕的指头,甚至“毁绝钩绳而弃规矩”,才能使大家相安无事。因为正是他们,凭借自己的智慧和技术发明,造成了社会的混乱。

这显然是在你争我夺的斗争中受了损害的人们的声音。科学技术的发展,从总体来说,是有益人类的事业。但在某个时期或某个局部,它却在给一部分人带来利益的同时,给另一部分人带来了损害。这个过程至今仍然没有结束,所以老子、庄子的声音在今天仍有它的市场,一些人仍然在为科学技术发展的消极后果而忧虑。消除科学发展带来的消极后果,仍是今后人类发展所面临的问题之一。

四 对待自然界的态度

对待自然界的态度,可分两个方面叙述。一面是认识自然,一面是改造自然。在这两个方面,都存在着两种不同的意见。

一部分思想家主张积极地认识自然。这部分思想家如《庄子》书中提到的惠施。他“逐物不反”,“遍为万物说”,从天地何以不坠不陷,到风雨雷霆之故,都作出了自己的解释。墨家也是主张积极认识自然的。他们在讨论概念时,对许多自然现象作出了解释。持积极认识态度的可能还有阴阳家,邹衍“深观阴阳消息”,从而对自然现象作出了自己的解释。

这种积极的态度是人类智慧的本性。人类的智慧得以迅速发展,并远远超出动物,就在于它不断向未知领域求知。如果它在某一时期或某一领域停止下来,就不可能有人类的今天。中国古代,积极认识自然的态度也是对待自然界的主流态度。

持积极态度的缺点,往往是强不知以为知。如“天地何以不坠不陷”的问题,假若惠施果然有所解答,也必然是荒谬。阴阳家说,黄帝将兴,天必然先见大螾大蝼云云。那么反过来,若天见大螾大蝼或有草木冬天不死云云,则会被认为是帝王将兴的征兆。阴阳家对自然现象的解释,正是汉代天人感应思想的前驱。

与这些思想家相反,另一部分思想家对认识自然问题持消极态度。

---

① 《老子》第 57 章。

②,③《老子》第 80、65 章。

④ 《老子》第 19 章。

《庄子·齐物论》中说道:"六合之内,圣人论而不议","六合之外,圣人存而不论",这里把不应求知的领域,仅限于天地四方之外。在《天下》篇及其他一些地方,说惠施的工作是"弱于德而强于物",认为惠施的工作是"一蚊一虻之劳",则基本上否认了认识自然界的必要。在社会生活领域,他也主张"绝圣去智",因为智慧和求知是社会动乱的根源。最后,他认为,事物的存在和相互关系,都是自然而然的。认识它也那样,不认识它也那样。比如人的一身,九窍百骸,它们的关系怎么样呢?无论你认识它们与否,都"无益损乎其真"。[①]那还认识它们干什么呢?而且要认识的东西是无限的,人的生命是有限的。以有限的生命去认识那无限的事物,是认识不完的。[②] 所以他主张保守智慧之光,反对耗散自己的精神。

《庄子》书中,引用了大量的有关自然界的知识。说明庄子对自然现象有着许多认识。然而他引用这些知识的目的,却多是用来论证认识的不必要。也就是说,他之所以从事认识活动,乃是为了劝告人们不要从事认识活动。

在认识自然的问题上,荀子和庄子有某种契合之处。

《荀子·天论》认为,天的特点就是"不见其事而见其功","皆知其所以成,莫知其无形",如列星随旋,日月递照等等,还有阴阳大化、风雨博施。这些现象是看得见的,它们成就的事业也是看得见的:"万物各得其和以生,各得其养以成"。至于它们如何成就了这些事业,这些现象背后的机制、原因是什么?是不应追问,也不必知道的:"唯圣人为不求知天"。

比如说,治乱,是不是由于天呢?同样的天,同样的地,尧舜时天下大治,桀纣时天下大乱,所以与天无关,而人们也不应追求治乱是不是天这样的问题。又如星坠、木鸣、牛马相生这类问题,包括日蚀、怪星、暴风骤雨等等,也与治乱无干,人们也不必追问它们的原因,如此等等。后面荀子反对的"大天而思之",就是反对人们去思想那些不该思量的事情。

荀子也谈到了"知天"。在他看来,知天应有两方面的内容,即"知其所为,知其所不为"。对于天,只应知那些"见象之可以期者";对于地,只应知那些"见宜之可以息者";对于四时,只应知那些"见数之可以事者"。如此等等。也就是说,人对于自然界的认识,只应到有形有象有数的现象为止,下一步的事情,就是在这个前提下发挥自己的作用,而不应再追问现象背后那无形无象的原因。

追问现象背后那无形无象的原因,是一条危险的道路。在古代的条件下,更是易于走向神学,比如把治乱归于天,把星坠木鸣和政治状况相联系。然而,若认为不应追问现象的原因,也很难有认识的进步。

任何一个时代,都会面临一些超前认识的问题。对这些问题的解答,于实际生活,往往是无用的。所得出的答案,也往往是荒谬的。如果因此而取消人们对这些问题的钻研,也是一种短视的行为。

要不要改造自然?是人对自然态度的第二个方面。老子和庄子反对智慧和技术的进步,向往上古,主张小国寡民、甚至人与鸟兽相处,他们也自然而然地反对人对自然界的改造。

老子最先作出了"天道自然"的结论。天道自然的内容,是说物的存在和运动都是自然而然的。天道是人道的榜样。因此,人道也应以保持物的自然状态为目的。自然界的和谐被扰乱,人世间的争斗,都是因为人们破坏了物的自然状态:"夫弓弩毕弋机变之知多,则鸟乱于

---

① 《庄子·齐物论》。
② 参阅《庄子·养生主》。

上矣；钩饵网罟罾笱之知多，则鱼乱于水矣”。[①] 因此，要使鸟不乱于上，鱼不乱于水，只有去掉智慧和技术进步，保持物的自然状态。物的自然状态，也就是物的本性。在庄子看来，这个本性应该受到保护。比如马，“蹄可以践霜雪，毛可以御风寒”，[②] 这是马的本性。但是伯乐给马修理了蹄子，钉上马掌，再带上笼头，于是十之二三的马就死掉了。如再加上调教、驯服，套上车套、再用鞭打，马的一半就要死了。这就是由于人为而破坏了马的本性。同样，陶者制陶，木匠做木器，也都是伤害了土和木的本性。《庄子》中有一段著名的关于“天与人”的对话：曰：“何谓天？何谓人？北海若曰：牛马四足，是谓天；落马首，穿牛鼻，是谓人。”[③]“天”，就是天然，自然，本性。人，就是人为。回答了“何谓天？何谓人”之后，应该怎么做呢？“故曰：无以人灭天，无以故灭命”。[④]“无以人灭天”，就是不要以人为来破坏物的自然状态，这就是老子、庄子在要不要改造自然问题上的基本立场。

与老子、庄子相反，墨子、荀子等思想家，主张积极改造自然，他们主张作个强者，而反对处弱守雌、听天由命的态度。

墨子反对儒家的天命说，他认为天命是不存在的。相信天命，只会使人“惰于从事”，导致贫穷：“昔上世之穷民，贪于饮食，惰于从事，是以衣食之财不足”。[⑤] 很显然，这里的“惰于从事”，就是不积极从事改造自然的行动。他主张作一个强者，因为“强必富，不强必贫；强必饱，不强必饥”。强的内容，就是农夫“强乎耕稼树艺，多聚叔粟”；妇人“强乎纺绩织纴，多治麻统葛绪”。[⑥] 由此推而广之，陶者、木匠等等，都应作个强者；落马穿牛之事，也是必要的，因为生产需要这么作。所以墨子反对天命，主张作个强者，其重要内容之一，就是积极改造自然。

荀子反对认识那不该认识的、现象背后的东西，也反对干涉那不该干涉的事，比如四季交替、风雨博施之类，他认为那是“天职”，即天的职分，而人不应当与天争职。但在天的职分之外，就是人的职分。人在自己的职分之内，就应积极行动。荀子也谈到了制陶、木工的作用，他认为这种行为是必要的。就像人的本性本恶，只有教化才能为善一样，粘土和木材一定要经由陶者和木匠加工，才会成为器具；即使良马，也“必前有衔辔之制，后有鞭策之威”，[⑦] 然后才可一日千里。“器生于工人之伪”。[⑧]伪，就是人为。人为，就是对物的自然本性的改造。荀子批评庄子“蔽于天而不知人”，[⑨] 就是批评庄子反对人对物天然状态的改造。在荀子看来，庄子的观念乃是一种糊涂观念（“蔽”）。

在“人”的概念中包含了“人为”，即改造自然的意义，朦胧地反映了人类的长期发展所积聚的意识：人之所以为人，就是要改造自然。这也是人的本性。倘若失去这个本性，也就不成其为人。庄子侈谈“牛马四足”这个本性，却未能深究人之为人的本性，荀子批评他“不知人”，是正确的。

春秋战国时代，人们驯服牛马、改良工具、开沟挖渠、改良土壤、改造自然的活动，从规模

---

① 《庄子·胠箧》。
② 《庄子·马蹄》。
③，④《庄子·秋水》。
⑤ 《墨子·非命上》。
⑥ 《墨子·非命下》。
⑦，⑧《荀子·性恶》。
⑨ 《荀子·解蔽》。

到速度，都大大超过了前代，这是墨子、荀子主张作个强者，主张人为的现实基础。他们的思想，又鼓励着人们从事改造自然的活动。

儒家的代表人物孔子、孟子，没有专门论述人应如何对待自然的问题。他们的立场，是当时的社会和国家政权对待改造自然的一般立场。他们认为自己是士君子，有更重要的工作要做。但并不反对改造自然。子夏说“小道可观”，说“百工居肆以成事”，是明显给生产和技术工作保留了一个必要而适当的社会地位。孔子认为学《诗》可“多识于鸟兽草木之名”[①]。虽是为了安身立命，却并不反对认识自然事物。孟子主张“求故”，[②] 却是明确主张认识社会和自然界，以便利而导之。他反对用智，只是反对穿凿，而不像庄子那样根本反对智慧的运用。孟子在对许行的批评中，指出了社会分工的必要。歌颂了“益烈山泽”、“禹疏九河”、“后稷教民稼穑、树艺五谷”的功绩。他只是认为今天的士君子，“劳心者”不必事事躬亲而已。在孟子看来，这是“天下之通义”，[③] 即社会上通行的、普遍的原则。这是当时现实的反映，也是人类社会长期进步的成果。我们应反对阶级压迫，但不应主张“劳心者”必须“劳力”。

五　奇技淫巧说

生产和生活的需要有各个方面，科学技术也有许多门类，中国古代思想家，除了老子、庄子坚决反对一切技术进步以外，其他思想家，可说都不反对科学技术的发展，但是他们都反对那些无益于国计民生，只供少数个人享乐、因而有可能危害国计民生的科学技术成就，并把这类成就称为“奇技淫巧”。

《墨子·七患》，论述危害国家的七类事情：

城郭沟池不可守，而治宫室，一患也；……先尽民力无用之功，赏赐无能之人，民力尽于无用，财宝虚于待客，三患也。

“治宫室”，也可以发展建筑技术。但墨子认为，这些工作，应在城廓沟池坚固完备之后。至于无用之功，则是墨子坚决反对的。无用之功的内容如何？从墨子整个思想看来，则是“厚为棺椁”的厚葬，[④] 为娱乐而做大钟、琴瑟之类。在墨子看来，这些都是不必要的。

《管子》也反对制做“玩好”和“无用之物”：古之良工，不劳其智巧以为玩好。是故无无用之物，守法者不失。[⑤] 玩好，无用之物就是“淫巧”，从事这项工作的，应处以重刑：

“若民有淫行邪性，树为淫辞，作为淫巧，以上诏君上而下惑百姓，移国动众以害民务者，其刑死流”。[⑥]

禁止“淫巧”之物，是为了保障农业生产，以致国富兵强：

凡为国之急者，必先禁末作文巧。末作文巧禁则民无所游食，民无所游食则必事农，民事农则田垦，田垦则粟多，粟多则国富，国富则兵强……故禁末作止奇巧，

---

① 《论语·阳货》。

② 《孟子·离娄下》。

③ 《孟子·滕文公上》。

④ 见《墨子·七患》。

⑤，⑥《管子·五辅》。

而利农事。[①]

“末作”一般指商业,“奇巧”或“淫巧”则主要是工匠们的事业。“王好宫室则工匠巧”,[②]《管子》也认为这是不必要的。他认为宫室足以避寒暑燥湿,雕刻足以辨别贵贱就可以了。

在反对奢侈这一点上,儒家和《管子》有所共识。孔子反对臧文仲“山节藻棁”以藏龟[③],是反对过分奢侈的例子之一。不过儒家不像墨家那么极端,他们认为音乐、宫殿的装饰还是必要的。

这就是说,在先秦思想家中,对什么是“玩好”、“无用之物”的看法不尽一致,但反对“玩好”、无用之物,反对“淫巧”、“奇巧”的基本倾向,是一致的。

战国末年的韩非,不仅认为文学之士是无用的磐石、“象人”,而且认为商与工,即手工业,都是末作,他只主张努力发展农业,而不主张发展手工业,认为商工之民不宜多。他认为,只有制做那些有用之物,才是真正的“大巧”。

《墨子·鲁问》说道:“公输子削竹木以为鹊,成而飞之,三日不下,公输子自以为至巧”。但墨子说,不如自己作车辖,“须臾刘三寸之木而任五十石之重”。并且认为,只有利人的东西才是真正的巧:“故所为功利于人谓之巧,不利于人为之拙”。《韩非子·外储说左上》,重复了类似的故事;“墨子为木鸢,三年而成,飞一日而败”。弟子们认为他很巧,但墨子认为,“不如为车輗者巧也”。惠子评论道:“墨子大巧。巧为輗,拙为鸢”。韩非在《喻老》篇中,反对用象牙三年雕成一个树叶,认为这是无益的行为。所以他也完全赞同惠子对巧拙的评论。

反对奇技淫巧,是中国古代治国的基本思想之一。宋太宗时,有人献上南唐后主的便溺之器,制作极为精巧。宋太宗叹道,便器都如此精巧,怎能不亡国。于是下令毁掉。史官以非常赞赏的口吻评论宋太宗“服浣濯之衣,毁奇巧之器”。[④] 宋真宗时还禁断民间用“金银箔线、贴金、销金、泥金、蹙金线装贴什器土木玩用之物”,“禁熔金以饰器服”。[⑤] 到明朝初年,就发生了朱元璋毁水晶刻漏事件。据《明史·天文志》:明太祖平元,司天监进水晶刻漏,中设二木偶人,能按时自击钲鼓。太祖以其无益而碎之”。

史学家孟森评论说:

> 其中如毁元宫刻漏一事,此亦中国不发达之原因。但使明祖在今日,亦必以发展科学与世界争长。惟机巧用之于便民卫国要政,若玩好则仍禁之,固两不相悖,决不因物质文明而遂自眩其耳目。

科学分许多门类,不是所有的门类都值得提倡和促进,像细菌武器和化学武器之类的技术,也是今天世界各国明令禁绝的。时至今日,过去被视为玩好、淫巧的东西成为艺术,或者可以带来经济效益,不再会因为眩惑耳目而影响政治,但科学技术应首先用之于便民卫国的要政,这一原则仍是正确的。

排斥奇技淫巧,但并不排斥用于生产的技术,这是一个问题的两个方面。墨子反对刻木为鹊,但主张应将木工技术用于做车。《管子》主张严厉处罚为淫巧者,但该书对医、农等生产技术都深有研究。宋太宗毁淫巧之器,同时也下令在江北推广水稻,江南旱地推广粟麦,并且

① 《管子·治国》。
② 《管子·侈靡》。
③ 《论语·公冶长》。
④ 《宋史·太宗纪二》。
⑤ 《宋史·舆服五》。

领导了新式农具的推广。朱元璋毁掉了水晶刻漏,但领导了制历工作,并下令翻译了回回历法。对有用的科学技术,他们是不排斥的。

六　环境与资源保护

据《周礼》:"山虞掌山林之政令,物为之厉,而为之守禁。仲冬斩阳木,仲夏斩阴木。凡服耜,斩季材,以时入之。令万民时斩材,有期日"。又说:"川衡掌巡川泽之禁令,而平其守。以时舍其守,犯禁者执而诛罚之"。①

《周礼》的记载表明,我国古代,已用法令形式来保护山林川泽的资源。伐木、捕渔、狩猎,都必须遵守天时:

角人掌以时征齿角。羽人掌以时征羽翮之政。②

之所以必须遵守天时,乃是由于草木的生长和动物的生长都与天时有着密切的关系:山林非时不升斤斧,以成草木之长。川泽非时不入网罟,以成鱼鳖之长。不卵不䴠,以成鸟兽之长。③《国语·鲁语上》更明确地解释道:

> 古者大寒降,土蛰发,水虞于是乎讲罛罶……鸟兽孕,水虫成,兽虞于是乎禁罝罗。矠鱼鳖以为夏槁,助生阜也。鸟兽成,水虫孕,水虞于是乎禁罝罜,设穽鄂……

这就是说,古代的山林政策,完全是为了保护山林、鸟兽、鱼鳖的生殖和繁衍。实行了这条政策,山林川泽的产品才可以得到充分而不间断地供应:"数罟不入洿池,鱼鳖不可胜食也。斧斤以时入山林,林木不可胜用也"。④"数罟",是小眼的鱼网。不捕小的鱼鳖,是为了让它们长大。

保护资源的思想在《管子》、《吕氏春秋》中形成了"时令"思想,即按时砍伐山林,捕渔打猎,乃是一种"天时"的"命令",《吕氏春秋》"十二纪"并作出了详细规定,以后又被《淮南子》采入《时则训》,被《礼记》采入《月令》。其中规定了每月的生产活动,又指出了违背规定所带来的危害。但是这些著作中,所论行为和后果之间的联系,许多是经过夸大、歪曲,并且夹杂了许多神学色彩,所以后来遭到了否定。以致保护资源的正确思想未能得到合理发展。

第八节《周易》的世界图像

一《易经》和《易传》

《周易》分《易经》、《易传》两部分。《易经》有六十四个卦象,每卦六爻,爻有—--两种。卦有卦名,如乾、坤、屯、蒙……;有卦辞;每卦六爻分别标以"九二"、"六三"等等,—者标九,是阳爻;--者标六,是阴爻;初、二、三、四、五、上,标明该爻自下而上在卦象中的位置。爻有爻辞。卦辞和爻辞,说明占得该卦,该爻时的吉凶。《易传》分十篇,称"十翼"。传是对经的解说。

①,②《周礼·地官司徒》。
③《佚周书·文传》。
④《孟子·梁惠王》。

《易传》也是对《易经》的解说。

古代学者说,远古时代的伏羲先画了三爻一组的卦,共八个,称为“八经卦”。后来周文王将八经卦每两个一组,重为六十四卦,并配上卦爻辞。也有人说卦爻辞是文王的儿子周公所做。《易传》一般认为是孔子所作。叫作“人更三圣,世历三古”[①]。据现代学者考证,《易经》大约形成于殷周之际或西周初年,《易传》大约形成于战国时代。

《易经》是部占卜书,其作用主要是占卜吉凶。在社会组织及社会生活内容都比较简单的时代,占问的内容也比较简单,所以只有八个卦象,甚至仅有两个爻象。社会生活内容日益广泛,占问的内容也日益复杂,原来的卦象不够用,于是出现了六十四卦。起初,人们大约只要知道吉凶即可,后来又加上悔、吝、有咎、无咎等情况。占问结果的多样化,反映着人们认识的深入和思维的发展。再进一步,人们不仅要求知道占问结果,而且要求知道为什么是这样的结果,即要求对占到的结果做出说明,于是出现了卦辞、爻辞。“人更三圣,世历三古”的说法,和现代学者的研究都表明,《易经》有一个从无到有、从小到大,从简单到复杂的不断发展和形成的过程,最后大约在殷周之际或西周初年,才具备了今天我们所看到的这些内容。

宋代思想家朱熹已经充分注意到《易经》不同于其他儒家经典的这些特殊情况。他认为“古人占不待辞”。[②] 那么,辞,就是后来发展起来的。所以,“伏羲易自作伏羲易看,是时未有一辞也。文王易自作文王易,周公易自作周公易,孔子易自作孔子易看”。[③] 这也是说,今本《周易》的成书,是个不断发展的过程。

因为《周易》在不断形成和发展之中,不是一门专门的学问,所以在一个长时期里,它仅被“设官掌于太卜,而不列于学校,学校所教,诗、书、礼、乐而已”。[④]依朱熹所说:“至孔子乃于其中推出所以设卦观象系辞之言,而因以识夫吉凶进退存亡之道。”[⑤]实际上,《周易》直到汉代,才被列入学官,教授学生。

《周易》当初之所以不能列入学官,其原因在于它并不是系统的知识,它的卦辞,爻辞,仅为说明卦象的吉凶。这些用于说明吉凶的言语,绝大多数是一些即时见到或想到的现象,它们相互之间互不连属。卦爻辞和卦爻象之间的关系仅是外在的,而不是内在的、必然的联系;卦爻辞相互之间,除个别几卦之外(如乾、渐等)绝大多数卦爻象和卦爻辞之间,连外在的联系也难以看得出来。这些卦爻辞,和古希腊人在神殿里求来的神谕一样,都是神职人员即时涌上喉头的话语,很难说有什么道理。这是神的语言,神的语言从来只能让人悟猜,而没有逻辑和章法。卦爻辞就是神谕。神谕中必然要反映当时社会生活的一星半点,但神谕的总体却没有什么知识可言。

神谕般的卦爻辞虽然和卦爻象、和吉凶悔吝说不上有什么内在联系,但它毕竟是一种解说。这种解说虽说是神谕,但实际上不过是人谕。人谕的内容,只能来自现实生活,因此就给古老的占卜术注入了新内容:用现实生活的经验材料去解释占卜结果。

《左传》、《国语》等先秦典籍中,援引了许多春秋时代占筮的事例。这些占例的特点是:一、认为卦象(八经卦)是现实事物的象征;二、用卦象所象征的事物及其相互关系说明占筮

---

① 《汉书·艺文志》

② 见董楷《周易传义附录》卷首上。

③ 《朱子语类》卷六十六。

④,⑤ 见董楷《周易传义附录》卷首上

结果。比如《国语·晋语》记载，公子重耳要回晋国，事先占了一卦，“得贞屯悔豫”。屯、豫二卦中包含有震、坎、坤、屯等卦象，于是有人解释道：“震，车也。坎，水也。坤，土也。屯，厚也，豫，乐也。车班内外，顺以训之，泉原以资之。土厚而乐其实，不有晋国，何以当之？震，雷也，车也。坎，劳也，水也，众也。主雷与车，而尚水与众。车有震武，众烦文也。文武具，厚之至也。”于是释卦者断定，回晋国大吉，一定能取得王位。

这一卦起初由神职人员加以解释，被认为是不吉之卦。神职人员援引的，主要是传统观念。新的解释援引经验材料，认为是大吉。在这里，是经验事实起来反对卦象所示的结果及其神谕式的卦爻辞。

有时候，人们径直援引经验材料，而不顾卦爻象及卦爻辞所示的结果。

《左传·襄公九年》载，当初鲁宣公的遗孀穆姜阴谋发动政变，政变被粉碎后，筮得一卦是“艮之随”。神职人员说应赶快逃走，可以无咎。穆姜说，她不逃走。因为《周易》上说，“元亨利贞，无咎”。元亨利贞代表仁义礼等四种德行，而自己一样也没有，所以不可能无咎，她甘愿死在国内。在这里，她认为决定自己前途的不是神的指示，而是自己的德行。

诸如此类的事例表明，在春秋时代，人们已经认识到，真正能够指导人们行为的，是现实的经验，是从这些经验事实中总结出来的，带有普遍意义的道理和原则。

春秋末期，孔子已经撇开《易经》的占卜功能，直接援引《易经》的卦爻辞，作为观察、处理问题的依据。《论语·子路》篇载：“子曰：南人有言曰，人而无恒，不可以作巫医，善夫，‘不恒其德，或承之羞’。子曰：不占而已矣”。不把《易经》用于占卜，而仅用其卦爻辞来指导自己的行动，从而对卦爻辞作出新的解说，这就形成了《易传》。

到战国末期，荀子明确指出：“善为易者不占”。[①] 荀子的话表明，在先进的思想家那里，《周易》的占卜功能已经不存在了。

二 《周易》与道

依照《易传》的解释，《周易》主要不是占卜书，而是阐述天地之道的书：

> 易与天地准，故能弥纶天地之道[②]。子曰：夫易何为者也？夫易开物成务，冒天下之道，如斯而已者也[③]。易之为书也，广大悉备。有天道焉，有人道焉，有地道焉[④]。

《易传》中说的道，就是那些最普遍的原则。在《易传》作者看来，《周易》之中包罗了世界上的一切原则。这样一来，人们研究《周易》，就不是为了占卜吉凶，而是为了寻求那指导自己行为的原则。

《周易》既然是“冒天下之道”的书，卦爻象也就不单是指示吉凶的符号，而是天地之间的事物及其相互关系的象征。这种象征乃是上古圣人从对世界的观察中制作出来的。

> 圣人有以见天下之至赜，而拟诸其形容，象其物宜，是故谓之象。
>
> 圣人有以见天下之动，而观其会通，以行其典礼，系辞焉以断其吉凶，是故谓之

---

① 《荀子·大略》。

② 《周易·系辞传上》。

③,④《周易·系辞传下》。

爻①。

古者包牺氏之王天下也，仰则观象于天，俯则观法于地，观鸟兽之文与地之宜，近取诸身，远取诸物，于是始作八卦，以通神明之德，以类万物之情②。

至少在春秋时代已经开始的、把卦爻象作为事物象征的易学新思想，在《易传》中得到了理论说明。卦爻象既是从仰观俯察而来，那么它们就是事物的象征。

仰观、俯察说是春秋战国时代新的易学家们对卦爻来源的一种解说，这种解说仅是春秋战国时代的易学思想，而不是确凿的历史事实。所以，当这种解说不能自圆其说的时候，王弼就丢开这些卦象所象征的物象，而只去解说其中的道理。到了宋代，新易学家们则进一步抛弃仰观俯察说，而另立新说，认为卦象是从那黑白点河图、洛书而来。

时至今日，关于卦爻象渊源问题仍然争论不休。这些争论难以统一，倒可使我们明白，以八经卦象征天地水火风雷山泽，乃是后起的思想，不是八经卦的本义。较为合理的说法是，卦爻象起初只是指示吉凶的符号，而不具有象征物象的意义。因此，那创作卦象之初，作者们也不可能以卦象为基础构成一个世界图象。当人们把卦象作为事物象征的时候，人们也就以卦象为基础，构成了某种世界图象。

依《左传》、《国语》中的筮例，八经卦所象征的物象有：

乾：天；

坤：土、母；

巽：风；

震：土、车、雷、长男；

离：火；

坎：水、劳、众；

艮：山。

由此看来，以八经卦象征天地水火风雷山泽，乃是产生较早的说法。后来，八经卦象征的事物就不断丰富、膨胀起来。据粗略统计，在《周易·说卦传》中，八经卦象征的事物有140余种。不过在原则上，世界上所有的事物都可以归属这八类之中。

依据“冒天下之道”的思想，《序卦传》对卦序的安排作出了说明。

《易经》本为占卜而作，其六十四卦并无一定次序，只要检索方便，神职人员就可依自己的需要将他们进行排列。本世纪70年代在马王堆汉墓出土的帛书《周易》中，卦序的排列就是另一种样子。可信现在通行的《周易》版本，其卦序排列乃是后来着意安排的结果。

依《序卦传》所说，《周易》通行本中卦序的安排乃是一个事物生命途程的象征。乾坤在前，表示乾父坤母，一个物诞生了。下接屯，表示物的萌芽；屯后是蒙，表示物的稚嫩。然后的需、讼、师、比等等，表示物的成长及成长中各种各样的遭遇。有顺利，有挫折，有欢乐，有忧患，最后是既济，表示一个过程的终结。既济之后是未济，表示下一过程又要开始。世界万物，就在这生生死死、有始有终、终而复始的过程中产生、壮大，也在这个过程中衰亡、消灭。

老子、庄子也看到了事物的运动，他们在这个运动中看到的是事物的不断衰老、灭亡。《易传》看到的是事物的不断产生：

① 《周易·系辞传上》。

② 《周易·系辞传下》

"日新之谓盛德"。

"生生之谓易"。①

老子要求人们"处弱""守雌",庄子主张"随化任运",知其不可奈何而安之若命。《易传》则主张应像日月星辰的不断运动一样,自强不息:"天行健,君子以自强不息"②。《易传》中的世界图像,是刚健、进取、向上、生机勃勃的世界图像。

三 阴阳说与《周易》

卦象由两种不同的爻象组成,但在《易经》中却没有阴阳概念,因为《易经》的目的在占卜。卦辞、爻辞中格言、诗句、以及事实材料,都只是为了指示吉凶,而且是为了指示具体的、一时一事的吉凶,它用不着阴阳这样比较抽象的原则。

《左传》、《国语》中的众多筮例,援引了许多物象,却没有发现用阴阳说解释卦爻吉凶的文字。

阴阳学说在春秋末年已基本成熟,当《易传》逐步形成的时候,新的易学家们也用阴阳学说解释卦象、爻象,阐述《周易》的基本原理。

《周易》的卦象被认为是物象的象征,而卦象又是由两种爻象组成,当《周易》被纳入阴阳学说的体系以后,这两种爻象也就被称为阴爻和阳爻。

从卦爻关系说,阴阳爻是卦的基础;从物象体系说,则阴阳二气乃是一切物的基础。占卜吉凶决定于卦象,卦象又决定于阴阳爻的配置;事物的规则描述的是物象的相互关系,物象的相互关系归根到底乃是阴阳的关系。所以当《易传》作者宣称《周易》"弥纶天地之道"的时候,这个天地之道归根到底也就是阴与阳之间的相互关系。《周易·系辞传上》说:"一阴一阳之谓道"。这个定义,后来成为对道的最经典、最权威的定义。而一阴一阳,就成为天地万物的最根本、最普遍的原则。

一阴一阳的内容,乃是现实中的日月往来,寒暑交替:

> 阴阳之义配日月③。日往则月来,月往则日来,日月相推而明生焉。寒往则暑来,暑往则寒来,寒暑相推而岁成焉。
>
> 往者屈也,来者信也。屈信相感而利生焉④。

日月一往一来给大地带来了光明,寒暑一往一来使农作物得以成熟,使一切生物完成了生命途程中的一轮循环。所以一切运动,人世间的一切事变,无不建立在这一往一来之上,所以这是世界上最根本、最普遍的原则。

一阴一阳之道表现于卦象,就是阴阳爻之间的往来交替。阴爻变成阳爻,阳爻变成阴爻,卦象就随之发生变化。在《易传》作者看来,《周易》"弥纶天下之道",卦象中一阴一阳两种爻象的进退交替,就象征着现实中一阴一阳的往来交替。这种交替,是易卦占筮的基础,也是现

---

①,③《周易·系辞传上》

②《易传·象传·乾》。

④《周易·系辞传下》。

实世界事物运动的根本原则。这是《易传》作者对《易经》的新理解，是《易传》作者心目中最基本的世界图象。

在这样一种情况下，《庄子·天下》篇才作出结论说："易以道阴阳"。

四　《周易》变化观

从《左传》、《国语》中的筮例看来，几乎每一次占筮都要用到变卦的方法。《易传》作者认为，卦的变化，就象征着现实中事物的变化。卦的变化如此经常和频繁，象征着现实事物的变化是不断发生的。继《庄子》"易以道阴阳"之后，司马迁得出结论说："易以道化"。[①] 化，就是变化。变化，是阴阳的往来交替；阴阳的往来交替就是变化。"易以道阴阳"与"易以道化"，是对《周易》同一个本质的不同描述。《周易·说卦传》道："昔者圣人之作易也……观变于阴阳而立卦"。变，是阴阳的变化。卦象的建立，其根据就是阴阳的变化。这是仰观俯察说的又一说法。

圣人立卦之初，是观变于阴阳。后来占筮中的成卦过程，就是变化过程："凡天地之数五十有五，此所以成变化而行鬼神也"。[②]

"十有八变而成卦"。[③]

卦由爻组成，而"爻者，言乎变者也"。[④]爻发生变化，卦也随之变化。这样，爻说的是变化；卦，易，说的也都是变化。归根到底，"易以道化"。

"易以道化"，乃是由于现实中的事物在变化：

"在天成象，在地成形，变化见矣"。[⑤]

"天地变化，圣人效之"。[⑥]

事物发展到顶点就发生变化，变化，就可以完成一事物向另一事物的过渡，使事物的运动顺畅进行：

"易穷则变，变则通"[⑦]

通，就是变化的推行：

"化而裁之谓之变，推而行之谓之通"。[⑧]

由于变通，成就了事物的形式（"文"），从而形成了千差万别、丰富多彩的世界：

"通其变，遂成天下之文"。[⑨]

变而至于通，事物的运动就不会终止、穷尽：

"往来不穷谓之通"。[⑩]

最大的变通是四时交替、寒往暑来：

"变通莫大乎四时"。[⑪]

"变通配四时"。[⑫]

四时交替、寒往暑来，是相互推移，一进一退的过程。这种推移、进退也就是变化：

---

① 《史记·太史公自序》。

②，③，④，⑤，⑥，⑧，⑨，⑩，⑪，⑫《周易·系辞传上》。

⑦ 《周易·系辞传下》。

"变化者,进退之象也"。[1]

"刚柔相推而生变化"。[2]

"刚柔相推,变在其中矣"。[3]

以上所述,就是《易传》的变化观。这种变化观认为,世界上的一切都在运动,都在变化,甚至运动本身就是变化:"动则观其变"。[4]依《易传》的思想,没有不变化的运动。甚至简单的位移也是变化,一个物刚才在甲处而现在在乙处,这就是变化。而变化的本质,则是交替和进退。一个上来了,另一个下去了;一个出现了,另一个消失了。

《易传》作者这样看待运动变化,与他们宥于卦爻的变动有关。卦爻的变动,就是阴去阳来,阳下阴上,一进一退,完成变化。他们不能完全脱离占筮过程来讲变化,也就不能深入研究物自身如何由此达彼的变化过程。

然而,不论物自身的变化过程如何进行,其间的机制如何,作为变化的结果,始终是一种事物消失了,另一种新的事物出来了,一往一来,一进一退。进退之中,世界不断改变了自己的面貌。《易传》的变化观,也是抓住了变化的要点。

不论《易传》变化观的具体内容如何,由于它赋予了变化以普遍的形式,也就使人们把变化当成了世界的本质。中国古代,认为一成不变的事物是很少的,这种情况虽不能全归于《易传》,但《易传》对这种世界观的形成,无疑起了巨大的推动作用。而这样一种世界观,也深刻影响了中国古人的科学思想。

五 制器尚象说

《易传·系辞传下》提出了一种"制器尚象"说。其内容是:古代科学技术的发明创造,其根据是《易经》的卦象。比如:

伏羲氏"作结绳而为网罟,以佃以渔",乃是根据离卦:"盖取诸离"。

神农氏作耒耜,亦是根据益卦:"盖取诸益"。设立市场,让人民交易,是根据噬嗑卦。

黄帝、尧、舜,"垂衣裳而天下治",是根据乾坤二卦;作舟楫,是根据涣卦;"服牛乘马",根据随卦;"重门击柝",根据豫卦;作杵臼,根据小过;弓箭,根据睽;宫室,根据大壮;棺椁,根据大过;书契,根据夬。等等。

晋代韩康伯注《易传》,根据卦义来解释制器尚象说。比如网罟根据离卦,韩注道:"离,丽也。网罟之用,必审物之所丽也。鱼丽于水,鸟丽于山也。"比如耒耜根据益,乃是由于"制器致丰、以益万物"。舟楫根据涣,乃是由于"涣者,乘理以散通也"。至于宫室根据大壮,乃是由于"宫室壮大于穴居"。这种解释的牵强附会是显而易见的。

现代学者胡朴安,认为汉代以来的易学家,对取象于十二卦的解释"皆不甚析"。他则根据本卦之象,及"旁通"、"反复"之卦之象加以解释,作《易制器尚象说》一文[5]。自称"义不求其精,说必求其通"。他的解释是:

网罟根据离,乃是因为离象征目,等等。

舟楫根据涣,乃是因为涣卦坎下巽上,坎为水,巽为风,风行水上为涣。巽又为木,水上之

---

①,②,④《周易·系辞传上》。

③《周易·系辞传下》。

⑤ 该文载《国学论衡》,第七期,(1936年,4月)。

木即舟楫。宫室根据大壮。因为大壮之卦为乾下震上。乾为天,震为雷。“雷动而上,有上栋之象;天垂而下,有下宇之象”。震旁通巽,巽为风,“上栋下宇以庇护之”,所以《系辞传下》说,“以待风雨”云云。如此等等。

如果说,离为目,象征网眼,还勉强可通,这大壮的天在下,雷在上,则很难说是宫室之象。巽是风,那么雨呢?震旁通巽,乾则旁通坤,坤象征地,地上刮风,如何又有宫室之象呢?

这种种解释,都是难以自圆其说的。

依《易传》作者的意思,《周易》“弥纶天地之道”,一切道,自然应据《周易》而来,从治天下的方针(“垂衣裳”),到各种器物的制作,凡是人类文明所建树的一切,甚至道德教化,都是根据《周易》而来。如果这种说法成立,则不仅《周易》是一切科学发现、技术发明的源泉,而且《周易》是一切文化的源泉。这种说法,不仅在今天看来,不过是易学家的张大其词而已;即是在古代社会,也很少有人赞同,很少有人认为那些科学技术发明是根据卦象而来。

《易传》所阐明的一阴一阳之道、变化之道,作为一般原则,普遍原理,曾给于古代科学思想以重大影响。如果要把某些具体的科学技术发明说成是根据某个卦象、或某个易学结论而来,只能是牵强附会。

第三章 秦汉时期的科学思想

第一节 气的中介作用和天人感应说

一 汉代天人感应说的特点

汉代天人感应说的特点是，把自然界的现象说成是天对人事的反应。气是沟通天人的中介，它传递着天人之间的相互作用。

汉代以前，人们也把各种异常的自然现象看作吉凶祸福的前兆。“天事必象”，[①] “天垂象、示吉凶”，[②] 就是这种神学观念的理论表述。这种神学观念仅把天象看作是神对人的指示，至于神为什么要发出这样的指示而不发出别样的指示，那是神的事情，就像人间君主的命令仅是君主的事情，别人很难知其端详一样。

春秋战国时代的天道自然观念否定了天象是神意的表现，认为任何自然现象都只是该现象的发出者本性的表现，与其他事物无关。如《庄子·秋水》所说，蚿以万足行，蛇无足行，都是天机自动，出于本性。不是谁的指示，也不是向人表达什么意思。这些现象都是“自然”现象。所谓自然，就是“自然而然”、“自己而然”。天道自然否认了现象背后的神学原因，也否认了事物之间的联系及相互作用。

然而实际上，事物之间是相互关联的，并相互发生着作用。在天道自然观念不断凯歌行进的时候，人们同时也发现了事物之间的相互联系。这种联系可分三类：

(1)物与物的联系。如云从龙，风从虎；鼓宫宫动，鼓商商动；慈石吸铁等等。

(2)人与人的联系。如“老母行歌而动申喜”，如“身在乎秦，所亲爱在于齐，死而志气不安”[③] 等。

(3)人与物的联系。《吕氏春秋·十二纪》指出，君主行政若违背时令，会造成自然灾害。如《孟春纪》载：

> 孟春行夏令，则风雨不时，草木早槁，国乃有恐。行秋令，则民大疫，疾风暴雨数至，黎莠蓬蒿并兴。行冬令，则水潦为败，霜雪大挚，首种不入。

这三种联系中，有些是真实存在的联系，有些也是夸大的、甚至是虚构的联系。然而由于真实联系的存在，遂使人们把那虚构的联系也信以为真。

---

① 《国语·晋语四》。

② 《易传·系辞传上》。

③ 《吕氏春秋·精通》。

这三种联系是我们作出的区分，古人并示作这样的区分。在古人看来，人，也是一个物。因此，人和人，人和物的联系，本质上也是物与物的联系，它们遵守同样的规则：同类相动，并且由气作为它们相互感应的中介。

如果把人作为一方，物作为一方，则物都属于天的范围，那么，人与物的联系，也就是人与天的联系；人与物的感应，就是天人之间的感应。人的行为，通过气作用于天，天就作出相应的反应。这样，天象以及各种自然现象，就不是天神随意表达的意志，而是依照人的行为善恶是非作出的反应；也不是自然而然，与人事无关，而是人事感应的结果。

从形式上看，汉代天人感应似乎仅是原始的巫术、占星术等在新条件下的复活；实际上，是原始的巫术、占星术等被纳入了新的理论之中，具有了新的内容。

《吕氏春秋·应同》篇所载“帝王将兴、天必见祥”的情况，是从“天垂象、示吉凶”，向天人感应转变的过渡形态。因为这里的“天必见祥”，只是如四季的交替，是一种必然而自然的现象，不是对人的行为的反应。它是“见祥”在先，而帝王将兴在后；不是人的行为在先，而“天垂象”在后。而人的行为在先，“天垂象”在后，乃是天人感应说的基本特征，因为天象是对人事的反应，所以只能“垂”于人的行为发生之后。

二　天人感应说的准备阶段

汉朝初年到董仲舒贤良对策之前，是天人感应说的准备阶段。

汉初的思想家，都不同程度地表述了天人感应的思想。陆贾说：

> 恶政生于恶气，恶气生于灾异。蝮虫之类，随气而生；虹蜺之属，因政而见。治道失于下，则天文变于上；恶政流于民，则虫灾生于地。[①]

这是再明显不过的天人感应思想。天文之所以能对治道发生感应，乃是由于气作着它们之间的中介：“故性藏于人，则气达于天。纤微浩大，下学上达。事以类相从，声以音相应”。[②]

气感应的原则也是同类相动。在陆贾看来，天与人的感应，和事类相从，和声音相应，没有本质的差别。

贾谊《新书·耳痹》篇，认为人若“诬神而逆天，则天必败其事”。这里也是人的行为在前，而天的惩罚在后。他举伍子胥为例说，楚平王杀了他无罪的父亲，于是他要“举天地以成名”，终于带兵灭了楚国。但由于吴王和他在灭楚战争中太暴虐，所以后来在吴越战争中，越王勾践在失败以后，“呼皇天”，“求民心”，于是“上帝降祸”，灭了吴国。最后贾谊得出结论说：

> 故天之诛伐不可为。广虚幽间，攸远无人，虽重袭石中而居，其必知之乎？若诛伐顺理而当辜，杀三军而无咎。诛杀不当辜，杀一匹夫，其罪闻皇天。故曰：天之处高，其听卑，其牧芒，其视察。故凡自行，不可不谨慎也。[③]

贾谊没有说明天视听的方式，但他指出天的诛伐是根据人们行为的善恶，是对人事的反应，所以他的天人观，也属于天人感应体系。

刘安的《淮南子》，提供了许多新的物与物同类相感的材料。其《天文训》说：

---

① 《新语·明诫》。

② 《新语·术事》。

③ 贾谊《新书·耳痹》。

阳燧见日，则燃而为火；方诸见月，则津而为水。虎啸而谷风至，龙举而景云属；麒麟斗而日月食，鲸鱼死而彗星出。蚕珥丝而商弦绝，贲星坠而勃海决。

其中有一类是气候和动物活动的关系。如《缪称训》所说“鹊巢知风之所起，獭穴知水之高下。晖目知晏，阴谐知雨”。知风的意思是：“天之且风，草木未动而鸟已翔矣；其且雨也，阴曀未集而鱼已噞矣”。[①]

阳燧取火，方诸取水，原因在于“阴阳同气相动”。[②] 气象和动物活动的关系，原因也是“以阴阳之气相动”。[③]因此，这两类现象，不过是气类相感的不同表现。

推广到物与人的某些关系，人与人的感情交流，和物与物的相应关系，具有同样的性质：

老母行歌而动申喜，精之至也。瓠巴鼓瑟而淫鱼出听。伯牙鼓琴，驷马仰秣。介子歌龙蛇而文君垂泣。故玉在山而草木润，渊生珠而岸不枯。[④]

人与物的关系自然可一般化为人与天的关系：

高宗谅暗，三年不言……一言声然，大动天下……故圣人怀天心，声然能化动天下者也。故精诚感于内，形气动于天……逆天暴物，则日月薄蚀，五星失行；四时干乖，昼宵夜光；山崩川涸，冬雷夏霜。[⑤]

由此作出的一般结论是：“天之与人，有以相通也。故国危亡而天文变，世惑乱而虹蜺见，万物有以相联，精祲有以相荡也”。[⑥]

“万物有以相联”，是关于万物相互关系的普遍结论。事物的存在和运动是相互关联的，不是孤立而不相干的。这是《淮南子》作者心目中的世界图像，也是汉代思想家心目中的世界图像。《淮南子》的结论表明，经过春秋战国时代的诸子争鸣，汉代思想家已在新的基础上建立了新的世界图像。新的世界图像是万物的普遍联系，基础是以气为中介的物物感应论。

天人感应，是新的世界图像中最重要的联系和感应事件。

原则上说，天人感应中的“人”，是指任何人。《淮南子·览冥训》说：“师旷奏白雪之音，而神物为之下降，风雨暴至。平公癃病，晋国赤地。庶女叫天，雷电下击，景公台陨，支体伤折，海水大出”。师旷是个盲人乐师，庶女是齐国一个寡妇，他们“位贱尚葈，权轻飞羽”，但他们“专精厉意”，就可以“上通九天，激厉至精”。不过一般说来，《淮南子》中讲的天人感应，主要还是君主和上帝的感应：“人主之情，上通于天。故诛暴则多飘风，枉法令则多虫螟。杀不辜则国赤地，令不收则多淫雨”。[⑦]

物与物感应的原则是同类相动。不同类的，不能发生感应：“若以慈石之能连铁也，而求其引瓦，则难矣”。[⑧]“慈石能引铁，及其于铜，则不行也”。[⑨]

物与物的感应，不受距离远近的限制：“月盛衰于上，则蠃蛖应于下。同气相动，不可以为远”。[⑩]“不可以为远”，就是说，并不因为距离辽远而不发生感应。

至此为止，天人感应的基本原则，可说《淮南子》中都已具备。然而《淮南子》还有一个问

---

①，③，⑤，⑥《淮南子·泰族训》。

②　，⑧《淮南子·览冥训》。

④，⑨，⑩《淮南子·说山训》。

⑦《淮南子·天文训》。

题没有解决:这种同类相动的原则,是不是万物相互联系的普遍原则。

依同类相动的原则,某些事物之间的联系方式,可推广于同类事物,这种联系方式的推广叫作“类推”。《吕氏春秋》已经发现,类推不是通行无碍的:

> 物多类然而不然,故亡国僇民无已。夫草有莘有藟,独食之则杀人,合而食之则益寿。万堇不杀。漆淖水淖,合两淖则为蹇,湿之则为干。金柔锡柔,合两柔则为刚,燔之则为淖。或湿而干,或燔而淖,类固不必可推知也。[①]

《吕氏春秋》对于类推采取了比较慎重的态度。

和《吕氏春秋》一样,《淮南子》对类推也采取了慎重的态度。该书指出,有些现象可以类推,比如“狸头愈鼠,鸡头已瘘,蝱散积血,斲木愈龋”。有些则不可以类推,如“膏之杀鳖,鹊矢中蝟,烂灰生蝇,漆见蟹而不干”。这就是说,“物固有似然而似不然者”,所以,“类不可必推”。[②]《淮南子》坦率地承认,像阳燧取火,慈石引铁,蟹之败漆,葵之向日这些事,“虽有明智,弗能然也”。[③]“然”,高诱注为“明”。也就是说,这些现象的原因,是“明智”者也弄不清楚的:“故耳目之察不足以分物理,心意之论不足以定是非”。“夫物类之相应,玄妙深微,知不能论”。[④]既然如此,《淮南子》就没有把同类相动作为事物联系的普遍原则。也就是说,在《淮南子》作者看来,同类可相动,但并非所有的同类者都要相动。推广到天人关系,也就很自然地得出结论:并非所有的社会现象都能引起天的反应。

不论《吕氏春秋》和《淮南子》所说的事物的相互关联有多少是虚假的联系,他们的审慎态度,则是科学的态度。他们没有把经由归纳所得出的特殊结论推广到一般。他们看到了另一部分事实,没把一个特称判断变为全称判断。

然而,统一的封建帝国需要一个包罗万象,说明一切的理论,就像它有一个统御一切土地和人民的君主。所以董仲舒就不顾另一部分事实,在理论上作了惊险的一跳,把一个特称判断变成了全称判断,把一个特殊的结论作为放之四海而皆准的,具有普遍意义的结论。

三 董仲舒的天人感应说(上)

董仲舒也把物与物之间的感应现象作为天人感应说的基础:

> 今平地注水,去燥就湿;均薪施火,去湿就燥。百物其去所与异,而从其所与同。故气同则会,声比则应,其验皦然也。[⑤]

“百物”也就是万物,是对物的全称。“气同则会,声比则应”,也是全称判断。与此相反的事实,被董仲舒排除于理论之外。他举例说:“试调琴瑟而错之,鼓其宫,则他宫应之;鼓其商,则他商应之。五音比而自鸣。非有神,其数然也”[⑥]。数,这里指规则。在董仲舒看来,同类相动是一种必然的规则。值得注意的是,董仲舒在这里也否认神灵的干预:“非有神”。这就进一步证明,董仲舒的天人感应说,不是传统天命神学的自然延续,而是立足于新的科学发现之上的事物普遍联系及其联系方式的理论。

---

① 《吕氏春秋·别类》。

② 《淮南子·说山训》。

③,④《淮南子·览冥训》。

⑤,⑥《春秋繁露·同类相动》。

物与物联系的方式是“同类相动”，所以董仲舒用这四个字作了该篇的标题。

同类相动的基础是“类”。因此，要明白事物如何发生感应，必须对事物进行准确的分类。然而，从董仲舒的整个体系来看，他的分类只有美与恶、阴与阳两类。《同类相动》篇说：

美事召美类，恶事召恶类。类之相应而起也。如马鸣则马应之，牛鸣则牛应之。帝王之将兴也，其美祥亦先见；其将亡也，妖孽亦先见。物固以类相召也。

故以龙致雨，以扇逐暑，军之所处以棘楚。美恶皆有从来，以为命，莫知其处所。

牛、马、龙、扇，是美类还是恶类？董仲舒没有说明。看来他对于自然物，仅以自然种属为类，即牛为牛类，马为马类，龙与水一类，扇与暑一类。在这个问题上，他不如《淮南子》。《淮南子》将动物分为毛羽鳞介嬴五类，说明曾对动物种属进行过深入思考。依此五类，则牛马应都是毛兽类。既为同类，则可相感，所以牛鸣马也可应，马鸣牛也可应。然而这样对董仲舒的目的是不合适的。为了他的理论目的，他放弃了分类上的科学严肃性。于是牛为牛类，马为马类，并用这种“别则有别，至于无别”[①] 的“别名”小类，来证明美、恶这样“共则有共，至于阴气起，而天地之阴气亦宜应之而起”。[②] 这叫作“阳益阳而阴益阴”，“阳阴之气，因可以类相益损也”。[③]比如“天将阴雨，人之病故为之先动”，这就是“阴相应而起”；或者是天将阴雨，人昏昏欲睡，和人有忧愁也昏昏欲睡一样，都是阴相求。其他情况，如“水得夜益长数分，东风而酒湛溢，病者至夜而疾益甚，鸡至几明皆鸣而相薄”，[④]都是阴阳相益损的例子。

这种阴阳相益损的情况，可用于致雨和止雨：“欲致雨，则动阴以起阴；欲止雨，则动阳以起阳”。而且这种情况并不是神灵的作用：“故致雨非神也”，只是“其理微妙”。[⑤]在这里，董仲舒又一次在自己的天人感应理论中排除神灵的干预。

董仲舒把阴阳相动理论推广到吉凶祸福：无共的“共名”大类之间的关系，使牛鸣牛应、马鸣马应和帝王将兴见祥瑞，将亡见妖孽具有同样的性质。而《吕氏春秋》中的五德终始说也具有了新的理论形态：那帝王将兴的祥瑞不是如四季代换似的五行交替，而是“将兴”这样的美事召来的美类。同理，妖孽则是将亡的恶事召来的恶类。

比美恶更重要的类别是阴阳。董仲舒说：“天地之气，合而为一，分为阴阳”。[⑥] 气既然只有两类，则相互感应的事物自当都归入这两类之中。不过董仲舒并没有由此出发，去研究天地万物的类别，而是径直进入天人关系领域：

天有阴阳，人亦有阴阳。天地之阴气起，而人之阴气应之而起。人之非独阴阳之气可以类进退也。虽不祥祸福所从生，亦由是也。无非已先起之，而物以类应之而动者也。[⑦]

这样，董仲舒的天人感应理论就不仅是对既存事实的解释，而且具有可操作性。比如用土龙致雨，用击鼓止雨。至于要避祸就福，那就要积德行善，这样就会召来美事、祥瑞；否则，就要召来恶事、灾异。

灾异、祥瑞，都是人的行为所招来的，同时也是天意的表现：“国家将有失道之败，而天乃先出灾害以谴告之。不知自省，又出怪异以警惧之，尚不知变，而伤败乃止。”[⑧]

---

① 《荀子·正名》。

②,③,④,⑤《春秋繁露·同类相动》。

⑥ 《春秋繁露·五行相生》。

⑦,⑧ 董仲舒《贤良对策》。

董仲舒将属于恶事的自然现象分为两类:灾和异。小者谓之灾,大者谓之异,它们都是"天地之物有不常之变者"。[①] 一般说来,"灾常先至,而异随之"。灾是天的谴告,异是天的惊骇,这都是天对人的反应,天对人的警告。天之所以先灾后异再后降殃咎,是为了让人及时改过,不是一下就陷人于死地。这是天对人的仁爱:"以此见天意之仁而不欲陷人也"。[②]在这里,有规则的气类相感现象,和天的意志统一起来了。灾异,既是恶行召来的恶事,又是天意的表现。

依据自己的灾异论,董仲舒对春秋时代的异常自然现象作出了自己的解释。他认为:

> 周衰,天子微弱,诸侯力政,大夫专国,士专邑。不能行度制法文之礼。诸侯背叛,莫修贡聘奉献天子。臣弑其君,子弑其父,孽杀其宗,不能统理,更相伐锉以广地。以强相胁,不能制属。强掩弱,众暴寡,富使贫,并兼无已。臣下上僭,不能禁也。
>
> 日为之食。星陨如雨。雨螽。沙鹿崩。夏大雨水,冬大雨雪。陨石于宋五,六鹢退飞。陨霜不杀草,李梅实。正月不雨,至于秋七月。地震,梁山崩,壅河三日不流。昼晦。彗星见于东方,孛于大辰。鹳鹆来巢。[③]

《汉书·五行志》中,保存着董仲舒对上述现象的具体解释。依照董仲舒的解释,春秋时代这些异常自然现象,都是诸侯们的暴政所招来的。

四 董仲舒的天人感应说(下)

依照《淮南子》"万物有以相联"的说法,则动物的行为也应使天作出反应。如"麒麟斗而日月食,鲸鱼死而彗星出"。然而《淮南子》似乎意识到天和人的特殊关系,所以特别强调了"天人相副"。

《淮南子·天文训》说:"孔窍肢体,皆通于天。天有九重,人亦有九窍。天有四时,以制十二月;人亦有四肢,以使十二节。天有十二月,以制三百六十日;人亦有十二肢,以使三百六十节"。接着得出结论说:"故举事而不顺天者,逆其生者也"。《淮南子》讲这些,似乎是从孝道的观点出发:人是天所生,所以举事应当顺天。

《淮南子·精神训》说"烦气为虫,精气为人"。这样人就比其他动物(虫)优越,在与天的关系上处于一个特殊的地位。该篇接着强调了天为父,地为母,叙述了人的出生过程,然后指出,人"头之圆也象天,足之方也象地。天有四时、五行、九解、三百六十六日,人亦有四肢、五脏、九窍、三百六十六节。天有风雨寒暑,人亦有取与喜怒。故胆为云,肺为气,肾为雨,脾为雷,以与天地相参也,而心为之主"。然而《淮南子》将天与人比附,只是为了说明保守自己精神的重要。因为天地尚"节其章光,爱其神明",人怎能不爱惜自己的精神!这里只是朦胧意识到了天与人的特殊关系,却未对这种特殊关系加以深究。

董仲舒的《春秋繁露·人副天数》篇,一开始就强调了人与天的特殊关系:

> 天地之精所以生物者,莫贵于人。人受命乎天也,故超然有以倚。物疢疾莫能为仁义,唯人独能为仁义;物疢疾莫能偶天地,唯人独能偶天地。

"偶",也是副。副,就像人是天地的副本。除《淮南子》指出的那些内容以外,董仲舒还补充了许多内容。比如骨肉和地之厚相偶,空窍理脉和川谷相偶,头发像星辰,呼吸像风气。上半身

---

①,② 《春秋繁露·必仁且智》。

③ 《春秋繁露·王道》。

类天,为阳;下半身类土壤,为阴。"乍视乍瞑,副昼夜也;乍刚乍柔,副冬夏也;乍哀乍乐,副阴阳也;心有计虑,副度数也;行有伦理,副天地也",如此等等。为了表示与人的相副,董仲舒还提出一条原则:"于其可数也,副数;不可数者,副类,皆当同而副天"。[①] 经过这样一番论证,人和天就成了同类:"天亦有喜怒之气,哀乐之心,与人相副。以类合之,天人一也"。[②]天人同类,自然可相互感应。其他物不能和天感应,因为它们和天不同类。

《淮南子》和董仲舒而外,谈论天人相副的,还有《黄帝内经》。《黄帝内经》根据医学的需要,又增加了新的内容。如天有列星,人有牙齿;地有草木,人有毫毛募筋;地有不毛之地,人有无子之人[③],如此等等。其中的刻意附会是非常明显的,如把十指应天干,十趾不足以应地支,只好加上"茎垂"。[④]至于女子,此二节只好空缺。这种情况表明,汉代思想家,根据各自的需要,都企图从分类学上寻找天人之间的特殊关系。

古代农业社会,最重要的事情是一年的收成如何。收成决定于四季气候条件,依当时人们的认识,冬夏寒暑气候是否正常,决定于阴阳二气的运行是否正常。阴阳二气的运行是否正常,又决定于人君的喜怒哀乐是否正常:

> 人主以好恶喜怒变习俗,而天以暖清寒暑化草木。喜乐时而当,则岁美;不时而妄,则岁恶。天地人主一也。……人主当喜而怒,当怒而喜,必为乱世矣。[⑤]

君主喜怒无常,必然赏罚无度,以致天下大乱,而天上阴阳二气的循环就会出现异常,发生灾害和怪异。

人世间的秩序,也是本阴阳之道而来:"君臣父子夫妇之义,皆取诸阴阳之道。"[⑥]这也就是"王道之三纲,可求于天",[⑦]如三纲紊乱,君臣父子夫妇之道不正,天象也必然会作出反应。

阴阳二气运行正常,则风调雨顺,日月光明,无灾无异。有了灾异,就是阴阳运行失常。因此,董仲舒的天人感应理论,可归结为对阴阳二气的研究。《春秋繁露》中有大量篇幅论述阴阳的性质及运行规则。《阴阳位》、《阴阳终始》,《阴阳义》、《阴阳出入上下》等等,其篇名就表示了它的内容。其他《天道无二》、《暖燠孰多》、《基义》等篇,中心内容也是阴阳。所以《汉书·五行志》说:"董仲舒始推阴阳,为儒者宗"。董仲舒用阴阳二气及其相互作用,把天人感应诸现象联结起来,成为一个完整的理论体系,成为在他以后的汉代儒者们的宗师。

在完成了这些理论建树以后,董仲舒回过头来检讨那天道自然的理论说:

> ……此物之以类动者也。其动以声而无形,人不见其动之形,则谓之自鸣也。又相动无形,则谓之自然,其实非自然也,有使之然者矣。
>
> 物固有实使之,其使之无形。[⑧]

无论董仲舒的学说在今天看来多么荒谬,相对于先秦时代老、庄的天道自然说,乃是一种真正的、历史的进步,他看到了事物运动背后那无形的动因。

---

① 《春秋繁露·人副天数》。
② 《春秋繁露·阴阳义》。
③,④ 见《灵枢·邪客》。
⑤ 《春秋繁露·王道通三》。
⑥,⑦《春秋繁露·基义》。
⑧ 《春秋繁露·同类相动》。

五 天人感应说的影响及历史地位

天人感应说否定了春秋战国时代已有充分发展的天道自然观念,使传统的星占、物占及各种巫术在新的理论基础上得到了复活。它从一个正确的前提出发,却导致了荒谬,原因在于它把一个由不完全归纳所得出的结论推向一般。这种情况,几乎是人类精神发展的通则。在一些重大问题上,人类几乎总是不可能达到完全归纳,而它又往往急于解释世界上的一切,荒谬是不可避免的。虽是荒谬,却仍是进步。荒谬被新的理论所纠正,人类精神就登上了又一个新台阶。天人感应说就也是这样一个既标志进步、又带着荒谬的学说。

董仲舒及其以后数百年的历史时期之中,天人感应说笼罩了社会生活的各个领域,也以不同形式,不同程度,影响到自然科学的许多门类,尤其对天文学的影响最为深切。天人感应说对天文学及其他科学门类的影响,我们将分别加以叙述。

气是万物的质料,又是天与人、物与物联系的中介,所以在考察天人感应说的其他表现之前,我们先来考察气论在汉代的发展。

第二节 “气”与万物的关系

一 元气是万物的质料

汉代思想家,已普遍把元气作为万物的质料。

元气说最早出于战国末期的《鹖冠子》。唐代以来,柳宗元等人不断指出《鹖冠子》是伪书,证据都不充足[①]。《鹖冠子》也认为宇宙或天地有个开始:“精微者,天地之始也”。而这个精微的东西,就是元气:“故天地成于元气,万物乘于天地”。[②]

元,就是始。元气,就是那最初的气。

《淮南子·天文训》,在论述天地生成时说,从虚廓之中产生了宇宙,“宇宙生气”,气之清者为天,浊者为地。有人认为这个“生气”应是“生元气”。不论对错,这个形成了天和地的气,也就是元气。

董仲舒的《春秋繁露》,明确提到了元气。《王道》篇说:“春秋何贵乎元而言之?元者,始也……王者,人之始也,王正则元气和顺”。这个元气就是“始气”。

董仲舒没有明确讲元气是万物质料,但他在讨论人性问题时说:“人之受气、苟无恶者,心何栣哉”,[③]认为人生是由“受气”而来,并且“身之名,取诸天”。[④]“天有阴阳,人亦有阴阳”,且“天地之气,合而为一,分为阴阳”,那么,阴阳和那合而为一的气就是一回事。他实际上也是认为,气是人体的质料。

---

① 参阅《四库提要·杂家类》。

② 《鹖冠子·泰录》。

③,④《春秋繁露·深察名号》。

元气论在王充那里发展得比较完备。他认为:“天禀元气,人受元精”,[1] 又说:“俱禀元气,或独为人,或为禽兽”,[2] 这样,天,人,禽兽就都是由禀受元气而来,元气即构成它们形体的质料。

元气存在于人、物形成之先,也存在于人与物灭亡之后:“人未生,在元气之中;既死,复归元气。元气荒忽,人气在其中”。[3] 相对于人和物,元气的存在是永恒的。

在王充那里,人禀元气和人禀阴阳二气似乎是同义的。《论衡·论死》篇说:“阴阳之气,凝而为人。年终寿尽,死还为气”。复归元气,和复归于气似乎也是同义的。

《论死》篇还指出,气凝而为人,就像水的凝结成冰:“气之生人,犹水之为冰也。水凝为冰,气凝为人;冰释为水,人死复神”。

气是构成天地人物的质料,已成为汉代人的普遍意识,以致在魏晋之际,思想家们就径直从气是万物质料出发去讨论问题,而不再对这一问题进行讨论。阮籍说:“人生天地之中,体自然之形。身者,阴阳之精气也”,[4] 嵇康的《养生论》在讨论神仙是否存在的时候说,神仙都是“特受异气,禀之自然”。明确认为人是禀气而生,只是神仙所禀之气与常人不同罢了。在东晋南北朝时期,“人死气散”,曾成为儒家学者反对佛教神不灭论的重要理论支柱。可以说,经过汉代思想家们的共同努力,气是万物质料的思想已成为整个封建社会中国人民物质观的理论基础。

二 气分清浊

先秦时期,思想家们从气中分出了精气,作为物的特性及人的精神的物质基础。汉代又出现了清浊二气说。《淮南子·天文训》讲到天地生成:“清阳者薄靡而为天,重浊者凝滞而为地”。那么,天的质料就是“清阳”之气,地的质料就是“重浊之气”。

清浊二气为天地的质料说,得到了学者们的广泛赞同,成为天地二物质料构成的经典说法。如王充《论衡·谈天》篇说:“儒书又言,溟涬濛澒,气未分之类也。及其分离,清者为天,浊者为地”。王充反对共工头触不周山之类的说法,但认为清浊二气说“殆有所见”。[5]

相应于清浊说,董仲舒对“精气”作出了新的解释:“气之清者为精,人之清者为贤”。[6]依这种说法,则精气就是清气。《淮南子·精神训》中“精气为人”,就是“清”气为人。与此对应,则“烦气为虫”就是“浊”气为虫。不过,无论是淮南子还是董仲舒,都没有作出如此明确的结论。

汉朝末年,王符指出:

> 上古之世,太素之时,元气窈冥,未有形兆……若斯久之,翻然自化,清浊分别,变成阴阳。阴阳有体,实生两仪……[7]

依王符说,则阴阳二气是清浊二气所化。这样,清、阳、精则名异而实同,而浊、阴、烦(或粗)也应名异而实同。而清浊、阴阳之气又相应于天地之气,所以王充说:“至德纯渥之人,禀天气多,

① 《论衡·超奇》。
② 《论衡·幸偶》。
③ 《论衡·论死》。
④ 阮籍《达庄论》。
⑤ 《论衡·谈天》。
⑥ 《春秋繁露·通国身》。
⑦ 《潜夫论·本训》。

故能则天,自然无为”。[①] 这里的“禀天气多”,应是禀清气多。

不过从《淮南子》经董仲舒到王充,虽然都注意到人和其他生物的不同,注意到人之中贤愚善恶的区别,但还没有明确说出“清气为人”,或“禀气清者为贤为圣”的结论。

在王充那里,常说的是“和气生圣人”,和气生瑞物[②]。到王符,则进一步认为“和气生人”。[③] 然而“和”是阴阳、天地之和,不是独立自存的气。以禀气清浊分人与物,贤与愚,汉代只是提供了思想基础,明确的结论要待后人作出。

三 精神与气

《淮南子》较多地继承了先秦关于精神现象的说法,认为人的精神是精气:“夫精神者,所受于天也;而形体者,所禀于地也”。[④] 这显然脱胎于《管子·内业》的“天出其精,地出其形”。但《淮南子》很清楚,人的精神(神)是和气不同的东西:“形者生之舍,气者生之充,神者生之制”[⑤]这是说,人的生命必有三个条件:形体、气和精神。在这里,气是和神不同的存在物。

东汉时代成书的《太平经》把形体比作家,把气比作车马,把精神比作驾驭车马的长吏:“凡事安危,一在精神。故形体为家也。以气为舆马,精神为长吏,兴衰往来,主理也”。[⑥] 如细加区分,则神与精又有不同:

> 三气共一,为神根也。一为精,一为神,一为气。此三者,共一位也。本天地人之气。神者受之于天,精者受之于地,气者受之于中和……神者乘气而行,精者居其中也。[⑦]
>
> 气生精,精生神[⑧]。

《太平经》的意见没有得到普遍接受,人们一般仍然仅把人的存在分为形、神、气三个要素。

在与气对立的意义上,汉代思想家已经明确精神是和气不同的东西,比起先秦仅把精神当作精气,显然是前进了一步。如果进一步追问:神,即人的精神,到底是什么?那么,他们就又回到了“神是气”的立场。《后汉书·李固传》载:“臣闻气之清者为神,人之清者为贤”。这话脱胎于董仲舒的“气之清者为精”。精、神是一个意思,也就是说,它们是“气之清者”。气之清者也是气。《淮南子》说精神“所受于天”,天就是气之清者,该书实际上也把精神当作气。

《黄帝内经》有时感到很难说清楚什么是神:“帝曰:何谓神?歧伯曰:请言神。神乎神,耳不闻,目明心开,而志先。慧然独悟,口弗能言。俱视独见适若昏,昭然独明,若风吹云,故曰神”。若定要追问:神是什么,则《内经》的回答是:“神者,水谷之精气也”。[⑨]“神者,正气也”。[⑩] 神,仍然被当作气。

---

① 《论衡·自然》篇。

② 参见《论衡·指瑞》篇、《论衡·气寿》篇等。

③ 《潜夫论·本训》。

④,⑤《淮南子·原道训》。

⑥ 王明《太平经合校》,中华书局,1979年,第699页。

⑦ 同上书,第728、739页。

⑧ 《黄帝内经·八正神明论》。

⑨ 《灵枢·平人绝谷》。

⑩ 《灵枢·小针解》。

神一般被当作精气，精气是气之清者，而气清属阳，所以王充把阳气作为人的精神：“人之所以生者，阴阳气也。阴气主为骨肉，阳气主为精神”。[①]汉代思想家努力把神与气相区分，但到底也没有区分开。

对精神的认识是理解作梦的基础。精神既然是一种气，那么作梦就也是气的作用。《素问·脉要精微论》说：“阴盛则梦涉大水恐惧，阳盛则梦大火燔灼……甚饱则梦予，甚饥则梦取。肝气盛则梦怒，肺气盛则梦哭…”《灵枢·阴邪发梦》在上述内容之外，又加上邪气对脏腑的侵害：“厥气客于心则梦见丘山烟火，客于肺则梦飞扬，见金铁之奇物……客于胃则梦饮食，客于大肠则梦田野…”对于精神病，《内经》也认为是阴阳二气的不调：“所谓甚则狂颠疾者，阳尽在上而阴气从下，下虚上实，故狂颠疾也”。[②] 所以《内经》主张用物质性的手段治疗精神疾病：

> 善恐者得之忧饥，治之取手太阳……狂始发，少卧不饥，自高贤也，自辩智也，自尊贵也，善骂詈日夜不休，治之取手阳明……[③]。

依《黄帝内经》的见解，气在体内不断进行着升降出入的运动：“出入废则神机化灭，升降息则气立孤危。故非出入，则无以生长壮老已；非升降，则无以生长化收藏。是以升降出入，无器不有”。[④]精神既然也是气，那么，它也有升降出入的运动。《黄帝内经》时精神现象的理解，为后来的作梦是灵魂出游说提供了理论基础。

四 天体质料说

《史记·天官书》说：“天则有日月，地则有阴阳。天有五星，地有五行……三光者，阴阳之精，气本在地，而圣人统理之。”依《左传》说，“天有六气”，其中包括阴阳，因此，阴阳二气属天。依《天官书》，则阴阳二气属地。“地有五行”，也是五行之气。这样，阴阳五行之气，就是地的阴阳五行之气。天上的日月五星，则与阴阳五行相对应。阴阳不就是日月，五行也不是五星。司马迁此时仅是把五星和五行对应起来，还未把五星命名为金木水火土，因此，把五行说成是源于五星，更见其证据不足。

阴阳五行之气在地，日月星只是气之精华，这就是司马迁的意见。司马迁说是“阴阳之精”，不过是简而言之，更准确说是阴阳五行之精。《淮南子·天文训》说：“积阳之热气生火，火气之精者为日；积阴之寒气为水，水气之精者为月，日月之淫为精者为星辰”。“淫为”，据王引之注应是“淫气”。[⑤]也就是说，太阳是火之精气，月亮是水之精气。火水分属阳阴，与《天官书》说三光是阴阳之精不相牴牾、星辰是日月之淫气。即也是阴阳之“淫气”。“淫气”如何理解？不好断定。但星辰也是气，则无可怀疑。

然而人们见过许多陨星现象，这是事实。《史记·天官书》说：“星坠至地，则石也”。那么星本来是不是石呢？

王充《论衡》的认为：“夫日者，火之精也；月者，水之精也”。[⑥] 而且这天上的火，与地上的

---

① 《论衡·订鬼》。

② 《素问·脉解》篇。

③ 《灵枢·颠狂》。

④ 《素问·六微旨大论》。

⑤ 刘文典《淮南鸿烈集解·天文训》。

⑥ 《论衡·说日》篇。

火没有区别。它的形状,也不是圆形。只是由于离得太远,人们远远望去,好像圆的形状。至于星,和日月一样,也是气之精者:“天星,万物之精,与日月同。说五星者,谓五行之精之光也。五星众星同光耀。独谓列星为石,恐失其实”。[①]“说五星者”,当是汉代的一些天文学家,认为五星乃五行之精。大约从这时起,人们才正式用五行命名五星。王充原则上赞同这样的意见,不过他认为星是“万物之精”,这里说的“星”,当包括所有的星在内。

王充讨论了《左传》中的陨石现象。他认为人们视觉中星星的形状,并不是星的真实形状。人们看到的陨星和视觉中在天的星星形状相同,正说明所谓的陨星不是星。就像人们见到鬼像死人的形状,正说明那鬼不是真的死人一样。且僖公十六年《春秋》经仅说是“陨石”,《左传》说是“星也”。这是《左传》把陨石当作了星,并非星就是石。结论是:星乃万物之精气。

日月星乃阴阳五行之精气,是汉代思想家及天文学家的共同主张。班固作《汉书·天文志》,将日月星三光进一步扩大到其他天象,认为也是阴阳二气之精:

凡天文在图籍昭昭可知者,经星常宿中外官凡百一十八名,积数七百八十三星,皆有州国官宫物类之象。其伏见早晚,邪正存亡,虚实阔狭,及五星所行,合散犯守,陵历斗食,彗孛飞流,日月薄食,晕适背穴,抱珥虹蜺,迅雷风妖,怪云变气。此皆阴阳之精。其本在地,而上发于天者也。

阴阳二气和三光及一切天象的关系,就像一棵树。阴阳二气是根本,三光及众天象是枝叶。

张衡《灵宪》说:

水精为汉。

地有山岳,以宣其气,精种为星。星也者,体生于地,精成于天。

日者,阳精之宗。

月者,阴精之宗。

说法略有不同,但以日月星为精气的原则没有改变。张衡对于陨星的看法是:“然则奔星之所坠,至地则石矣”。这就是说,星本来不是石,只是坠地以后才成为石。

天是什么?一般文献讨论不多。《庄子·天下》篇黄缭问“天地何以不坠不陷”,《淮南子》中共工触不周山而断天柱,以及女娲补天的神话,可知一般人认为天是像地一样有体质的存在物。王充的《论衡·谈天》篇,说“儒者曰:天,气也,故其去人不远”。而他自已则认为:“如实论之,天,体,非气也”。[②]“夫天,体也,与地无异”。[③] 这是两种意见的争论。王充说的“儒者”,当属于宣夜说一派。盖天说和浑天说的天,也应是有体质的存在物。从历史文献看来,从先秦到魏晋南北朝,天是体的观念居于主导地位。从汉代开始,日月星是气的观点也居于主导地位。北朝末年,颜子推提出了问题:

天为精气。日为阳精,月为阴精,星为万物之精,儒家所安也。星有坠落,乃为石矣。

精若是石,不得有光。性又质重,何所系属?……又,星与日月,形色同耳,但以大小为其等差,然而日月又当石耶?石既牢密,乌兔焉容?石在气中,岂能独运?日月星辰若皆是气,气体轻浮,当与天合,往来环转,不得错违……何故日月五星,二

---

① 《论衡·说日》篇。

② 《论衡·谈天》。

③ 《论衡·变虚》。

十八宿,各有度数,移动不均?宁当气坠,忽变为石?……[①]

颜子推只是提出了问题,而没有回答问题,他的目的仅在指出儒家也有许多难以置信的理论,以反驳儒家攻击佛说的虚诞。不过他提的这些问题都很深刻。由于《颜氏家训》广泛传播,颜子推的问题也引起人们深入思考。

从颜子推的言论看来,"天是积气"的主张在南北朝末年似已成为定说。日月星三光都是气,似乎更加无可怀疑。宋代思想家张载、二程、沈括、朱熹,对天是气,日月星也是气,都有论说。由于理学的广泛统治,天及日月星都是气的意见也成了居统治地位的观念,直到西方天文学传入。

五 风雨雷电与气

《庄子·天下》篇黄缭问"风雨雷霆之故",当时的人们已有所回答。《庄子·外物》篇说:"阴阳错行,则天地大絯,于是乎有雷有霆。水中有火,乃焚大槐"。"水中有火",注家一般认为是电火霹雳。这大约是把雷电归于阴阳二气的最早文献。至于风,则战国时代已认为是气的运动。"大块噫气,其名为风",[②]"天地之气合而生风",[③]到汉代,对风雨雷霆之故的说明就日渐增多起来。《淮南子·天文训》说:

天之偏气,怒者为风;地之含气,和者为雨。阴阳相薄,感而为雷,激而为霆,乱而为雾。阳气盛则散而为雨露,阴气胜则凝而为霜雪。

这里不仅说明了风雨雷霆,还加上了雾露霜雪。

董仲舒的说法略有不同。《春秋繁露·五行对》说:"地出云为雨,起气为风。风雨者,地之所为"。这里一般地把风雨归于地之气。《五行五事》篇则用五行之气解释风雨雷霆:

风者,木之气也。

霹雳者,金气也。

电者,火气也。

雨者,水气也。

雷者,土之气也。

说法虽不同于《淮南子》,但把风雨雷霆归于阴阳五行之气的思想,则根本一致。汉代思想家,既已把气体作为天地万物的本原,也就很自然地用气去解释自然现象的成因。

《史记·天官书》把雷电等看作是"阳气之动":"夫雷电、蝦虹、辟历、夜明者,阳气之动者也。春夏则发,秋冬则藏,故候者无不司之。""蝦虹"就是虹,"辟历"就是"霹雳"。"夜明"当是指陨石下降之夜,天空明亮如昼的情形[④] 司马迁认为,这一类都属于阳气的发动。

西汉末年,谶纬盛行。纬书中也探讨了风雨雷电之类的问题。《春秋纬·考异邮》说:"阴气之专精凝合为雹。雹之为言,合也,……阴精凝而见成"。

在西汉思想家们探讨的基础上,王充又有前进和发展。阴阳之气,也是他解释风雨雷电

① 《颜氏家训·归心》篇。

② 《庄子·齐物论》。

③ 《吕氏春秋·音律》篇。

④ 《春秋·庄公七年》:"四月辛卯夜,恒星不见,夜中星陨如雨"。《左传》说:"恒星不见,夜明也"。

的物质基础:"为水旱者,阴阳之气也"。① 水旱不仅包括风雨,也包括雷霆。

王充反对"雨从天下"的说法,强调"雨从地上,不从天下"。"从地上"的意思,是说雨出于山:

"然其出地起于山。何以明之?《春秋传》曰:'触石而出,肤寸而合,不崇朝而遍天下,唯太山也'。太山雨天下,小山雨一国,各以小大为近远差"。②

这种雨出于山的说法,是对大量经验材料的归纳,表明人们对云雨成因的认识又深了一步。

雨的前兆是云雾:"云雾,雨之征也"。雨露霜雪,都是云雾所成:"夏则为露,冬则为霜,温则为雨,寒则为雪"。并进一步强调,它们都是由地出,而非由天降:"雨露冻凝者,皆由地发,不从天降也"。③而云雨之类,又是气的凝聚:"如云雨者,气也"。④

王充对雷的考察最为深入。认为雷是一种特别猛烈的火,所以运行迅速:"天地为炉大矣,阳气为火猛矣,云雨为水多矣,分争激射,安得不迅",这种火,乃是"太阳之激气"。所谓激,就是和阴气相激:"盛夏之时,太阳用事,阴气乘之。阴阳分争,则相较轸,较轸则激射",⑤于是为雷。没有大的进步,但他的证明,则使对雷的认识深了一步。

用阴阳五行之气解释风雨雷霆之故,是汉代思想家们的基本思想。

六 阴阳之气与冬夏寒暑

阴阳二气消长运行决定寒暑变迁的思想,战国时代已经出现。到汉代,阴阳二气决定寒暑的思想成为正统观念。《汉书·天文志》说:立八尺表测晷影,夏至影长一尺五寸八分;冬至影长一丈三尺一寸四分。影长最短时,说明太阳最接近北极;反之,是离北极最远。接近北极,天最热;远离北极,天最寒。这似乎是用太阳离北极的远近决定冬夏寒暑。然而,决定太阳南北进退的,是阴阳二气的运行:

日,阳也。阳用事则日进而北,昼进而长,阳胜,故为温暑;阴用事则日退而南,昼退而短,阴胜,故为凉寒也。⑥

据《周髀》:"北极左右,夏有不释之冰"。赵爽注《周髀》,认为这是以日之远近决定冬夏寒暑,而不是以阴阳气的进退,他大惑不解,可见在汉代,阴阳气的进退决定冬夏寒暑已成为普遍观念。

阴阳二气决定冬夏寒暑说解释冬季昼短夜长,认为是"冬阴气晦冥,掩日之光。日虽出,犹隐不见,故冬日日短"。⑦ 王充反驳道,阴气在北方,然而没有遮蔽过北方的星光,怎么能遮蔽日光呢?所以,"如实论之,日之长短,不以阴阳"。对于夏季日长,阴阳二气决定寒暑说认为,夏时阳气盛,"故天举而高","高则日道多,故日长"。王充反驳道,日长之时,"月亦当复长"但日长而月不长,这是矛盾之一。如"天举南方","日月当俱出东北",冬天"日月当俱出东南",实际又

① 《论衡·明雩》篇。
②,③《论衡·说日》篇。
④ 《论衡·明雩》篇。
⑤ 《论衡·雷虚》篇。
⑥ 《汉书·天文志》。
⑦ 王充《论衡·说日》篇。

不是这样。所以他认为以阴阳二气进退解释冬夏寒暑是不能成立的[①]。

七 气的运动

先秦文献不断谈及“震雷出滞”、“赞阳出滞”、“天无滞阴”以及气在人体的郁积等问题。在先秦思想家看来,阴阳二气,都有积滞不动的问题,需要人帮助气的宣发。[②] 汉代思想家还保留着这些影响,特别是中医理论,经常有气血运行不畅的问题。然而在一般理论上,汉代思想家已很少关心气的积滞不动,而是用主要精力讨论气的运动。在他们看来,气自身不断地在运动着。四季代换,昼夜交替,就是气的不断运动;生物的生死存亡,是气的聚散,聚散也是运动。他们没有感觉到气有散而不聚或聚而不散的问题,也不认为阴阳二气的消长,五行之气的交替会有所停歇,而只认为它们的运动会有过分的、不正常的表现,因而出现日食彗星、水旱霜雹之灾。气在人体,原则上也在不断地升降出入。因此,气不断运动,而且是自己在不断运动,对于汉代思想家,似乎是不言而喻的观念。即使天人感应,在董仲舒看来,也是阴阳二气自己一来一往在互相感应,而不是外在的、比如说,神的干预。汉代奠定的气不断运动、气自己运动的思想,成为我国古代物质观的基本理论之一。

汉代气运动论的重要思想之一是:气的运动必有通道。

先秦时代有“川谷导气”说[③],那是认为自然界气的运行必有通道。《管子》中已把人体血脉比作大地上的河川,表明他们认为气在人体的运动也有通道。血管,就是气的通道。

《内经》认为:“气之不得无行也,如水之流,如日月之行不休,故阴脉荣其藏,阳脉荣其府,如环之无端,莫知其纪,终而复始”。[④]

经络,是经脉、络脉的总称。脉是气的通道,也是血的通道:“经脉为里,支而横者为络,络之别者为孙。盛而血者疾诛之。盛者泻之,虚者饮药以补之”。如脉不和,则会发生气血留滞现象:“阳脉不和则气留之”,“阴脉不利则血留之”。[⑤]气和血一起在脉管中流动,如水在河道。河道导水,也导气;脉导血,也导气。脉,就是古人所说的血管。经脉是看不见的血管,所以它“为里”,有时也叫“经隧”;“五脏之道,皆出于经隧,以行血气”,[⑥] 王冰注道:“隧,潜道也。经脉伏行而不见,故谓之经隧焉”。在《甲乙经》中,经隧也叫“经渠”,意见相同。经脉,当是古人对动脉的认识。与经脉相应,“支而横者”的络脉当是对静脉血管的认识。古今之别在于:今人认为血管仅仅导血,古人认为血管(脉)导血的同时还导气。

气对人体的侵袭,同样需要有通道。《内经》认为,在同样遭受风寒的条件下,有人可以不得病,是因为那人“皮厚肉坚”,邪气进不去:“黑色而皮厚肉坚,固不伤于四时之风”。[⑦] 如有孔隙,邪气就会侵入:“腠理开则邪气入”。[⑧]

到宋代,沈括认为气是金石可入的,不管有没有孔隙,然而汉代还没有达到这样的程度。

---

① 王充《论衡·说日》篇。

② 参阅本书第二章。

③ 参阅《国语·周语下》。

④,⑤《灵枢·脉度》。

⑥《素问·调经论》。

⑦《灵枢·论勇》。

⑧《灵枢·岁露论》。

第三节　各种气运说

一　律气说

律气说,即用音律作标志的气运说。律气说春秋末年已经出现,汉代发展得更加完备。《淮南子·天文训》说:"黄者,土德之色;钟者,气之所种也"。其他律也和黄钟律一样,是一年之内气运的标志。依《天文训》的说法,则十二律和十二月、二十四气、十二地支一样,都是一年之内阴阳消长状况的不同表现,所以它们互相对应。《淮南子·天文训》只是原则地讲了十二音律标志着阴阳二气的周年消长,《史记·律书》作了具体说明:

> 黄钟者,阳气踵黄泉而出也。
>
> 夹钟者,言阴阳相夹侧也。
>
> 蕤宾者,言阴气幼少,故曰蕤;痿阳不用事,故曰宾。
>
> 南吕者,言阳气之旅入藏也。
>
> 无射者,阴气盛用事,阳气无余也。

《律书》的说明也不很完备。《汉书·律历志》,才使律气说完备起来。

《汉书·律历志》把十二音律分为阴、阳两部分。阳为律,阴为吕。黄钟、太族、姑洗、蕤宾、夷则、亡射为律;林钟、南吕、应钟、大吕、夹钟、中吕为吕。"律以统气类物","吕以旅阳宣气"。具体说来,则是:

> 黄钟……阳气施种于黄泉,孳萌万物。
>
> 大吕……旅助黄钟宣气而牙物。
>
> 太族……阳气大,奏地而达物。
>
> 夹钟,言阴夹助太族宣四方之气而出种物。
>
> 姑洗……言阳气洗物辜絜之。
>
> 中吕,言微阴始起未成,著于其中旅助姑洗宣气齐物也。
>
> 蕤宾……言阳始导阴气使继养物。
>
> 林钟……言阴气受任,助蕤宾君主种物使长大茂盛也。
>
> 夷则……言阳气正法度而使阴气夷当伤之物。
>
> 南吕……言阴气旅助夷则任成万物。
>
> 亡射……言阳气究物而使阴气毕剥落之。
>
> 应钟,言阴气应无射,该藏万物而杂阳阂种也。

《汉书·律历志》认为,律吕计算中,从1开始,其后分别依次为3,9,27……直到最后177147的递增过程,乃是"阴阳合德,气钟于子,化生万物"的过程。宋代沈括曾嘲笑《汉书》的这种说法是把拣来的朽木当作圣骨①,然而这却是从《淮南子》、司马迁以下一脉相传的思想:音律的变化反映着阴阳二气的消长,阴阳二气消长的过程就是万物化生的过程。

十二音律是从春秋末年到汉代,思想家们在十二月之外,用于描述阴阳二气周年消长的

---

① 参见《梦溪笔谈》卷五。

第一个符号系统。汉代思想家，还从不同角度去描述阴阳二气的消长和循环。

二　直接的气运说

直接的气运说指仅借助自然界的空间方位和自然时间划分，如十二月来描述的阴阳二气的运动。直接的气运说可分两种：董仲舒研究了阴阳二气在自然界的运动；《黄帝内经》讲了气在人体的运动。

依董仲舒说，阴阳二气的周年循环，以冬至为始点，此时阴阳二气相遇在北方，合而为一，叫作“至”。然后二气分别向左右两个方向运动，阴向右，即向西，潜入地下；阳气向左，即向东，从地下逐步上升。阳气运动到东北，即寅位，冒出地面；此时阴气运动到戌位，即西北，开始潜入地下。然后一左一右，共同向南方运动。阳气运动到正东，阴在正西，此时是春分。春分时阴阳气相匹敌，即量上相等，所以昼夜均平，寒暑适中。从春分开始，一左一右再向南行，阳气从此日益增多增大，阴气则逐渐减损，然后在南方相遇，合而为一，叫夏至。此时阳气到了自己的位置，所以大暑热，而阴气则伏藏于地。

从夏至开始，阳向右，向西，逐步潜入地下；阴向左，向东，逐步升上地面。阴气到东南方，冒出地面。此时阳气在西南。阴气到正东、阳在正西时，为秋分。然后又一左一右向北。冬至时，阳从右从西，阴从左从东，相会于北方。北方是阴位，所以此时大寒冻。冬至是一年中阴阳二气运行的终点，也是阴阳二气下一年运动的始点。阴阳二气就这样分合、消长、出入，年复一年地循环运动①。

随着阴阳二气在天地间的运动，人体内的阴阳二气也在作着相应的运动。《灵枢·四时气》说：“四时之气，各有所在”。所谓“四时之气”，也就是阴阳二气一年四季中的不同状态；“各有所在”，就是说，他们在一年四季分别处于人体的不同部位。《素问·四时逆从论》说：“是故春，气在经；夏，气在孙络；长夏，气在肌肉；秋，气在皮肤；冬，气在骨髓中”。如以月为单位，则“十二经脉以应十二月”②。寅，正月，阳气始生，“主左足之少阳”；卯，二月，“主左足之太阳，辰，三月，“主左足之阳明”③。四、五、六月，则是右足之太阳、阳明、少阳。申，七月，生阴。七月到十二月，则是左右足的阴气与天地间之阴气相应。这种左右阴阳说，显然与董仲舒描述的阴阳左右出入运行理论有关。

一月之中，人体的气随月象变化：“月始生，则血气始精，卫气始行；月郭满，则血气实，肌肉坚；月郭空，则肌肉减，经络虚，卫气去，形独居”④。一日之内，阴阳也经过一轮盛衰消长：“平旦人气生，日中而阳气隆，日西而阳气虚，气门乃闭”⑤。阳气虚，阴气即生，“夜半为阴隆，夜半后为阴衰，平旦阴尽而阳受之矣”⑥。

经络，是阴阳二气循环运行的通道：“营在脉中，卫在脉外，营周不休，五十而复大会，阴阳相贯，如环无端。卫气行于阴二十五度，行于阳二十五度……如是无已与天地同纪”⑦。人体阴阳二气的运动既然“与天地同纪”，那么无论是诊断、治疗，都应考虑到气的运行状况：“凡刺之

① 参阅：董仲舒《春秋繁露》中《阴阳位》、《阴阳终始》、《阴阳义》、《阴阳出入上下》等篇。
②，③《灵枢·阴阳系日月》。
④《素问·八正神明论》。
⑤《素问·生气通天论》。
⑥，⑦《灵枢·营卫生会》。

法，必候日月星辰、四时八正之气，气定乃刺之"[①]。并且要有所禁忌："正月二月三月，人气在左，无刺左足之阳；四月五月六月，人气在右，无刺右足之阳……"[②]。养生，也必须根据阴阳二气的循环运动。《素问·四气调神大论》说："夫四时阴阳者，万物之根本也，所以圣人春夏养阳，秋冬养阴，以从其根，故与万物沉浮于生长之门"。

研究阴阳二气在体内的运行，以确定治疗原则，也是中医学的理论基础之一。

三 卦 气 说

卦气说是用卦象作标志的气运说。唐代天文学家一行说："十二月卦，出于孟氏章句，其说易本于气，而后以人事明之"[③]。所谓"本于气"，即是本于阴阳二气的消长运行，加上《易经》卦象作为标志，并对卦爻辞重新作出解说。这是《周易》和当时自然科学内容的第一次重要的联姻。

卦气说的创始者孟喜，汉宣帝时曾参与过在石渠阁召集的经学会议[④]，卦气说的创立大约就在这一阶段。

孟喜的卦气说可分两种形式：简式和繁式。简式仅用十二卦配十二月，以表示阴阳二气的周年消长运动；繁式则是以六十四卦全体来表示阴阳二气的周年消长。

用来配属十二月的十二卦象分别是：复䷗、临䷒、泰䷊、大壮䷡、夬䷪、乾䷀、姤䷫、遁䷠、否䷋、观䷓、剥䷖、坤䷁。从卦象可以看出，从下往上数，复卦卦象初爻为阳爻(—)，象征一阳初生，配属冬至所在的十一月；临卦从下往上两个阳爻，泰卦三个阳爻，象征阳气逐渐生长。到乾卦，六爻全是阳爻，表示阳气极盛。此后是姤卦，初爻为阴(— —)，象征一阴初生，配属夏至所在的五月。遁卦到坤卦，表示阴气逐渐壮大以至极盛，分别配属六、七、八、九、十月，到十一月又是复卦，开始下一轮循环。

很显然，卦气说的产生，目的是要赋予阴阳二气消长说以一种形式。对于该学说的内容，则没有丝毫增减。它和律气说一样，仅仅是给阴阳二气消长说附加了一个符号系统罢了。比起律气说，这十二卦象用来象征阴阳二气的逐月消长，显然要合理得多。

然而，用一个卦象表示一月内的气候变迁，和用一个音律表示一月内的气候变迁一样，显然也是力不从心，因为一月之内，气候会有很大变化。为了更准确地说明阴阳二气的消长状况，必须使六十四个卦象都派上用场。据《新唐书·历志》，孟喜又从六十四卦中先挑出坎离震兑这四个配属北南东西四方的卦象，作为四正卦，每卦配属一年的$\frac{1}{4}$，其他六十卦，则平均分配于一年之中。依四分历，每年$365\frac{1}{4}$日，每日80分，则一卦配属：

$$(365\frac{1}{4}\times 80)\div(60\times 80)=6\frac{7}{80}(\text{日})$$

叫作每卦司管六日七分。即，这六天多的时间里，其阴阳二气的消长状况将由该卦来进行说明。

① 《素问·八正神明论》。
② 《灵枢·阴阳系日月》。
③ 《新唐书·历志》。
④ 参见《汉书·儒林传》。

音律本不是为阴阳二气消长而设，所以虽然律气说在春秋末年已经出现，然而直到司马迁，也难以在律名与阴阳二气之间全部找出一种合理的联系。只是到刘歆，才完成了用阴阳二气消长解释全部律名的工作，并被采入《汉书・律历志》。这些解释的牵强附会是显而易见的。《周易》卦象也不是为阴阳二气消长而设，卦气说的创造者，也须用阴阳二气消长理论，对卦象结构及卦爻辞内容作出重新说明。如中孚卦，是六十卦中的初始卦，被安排于冬至甲子日，叫作“甲子卦气起中孚”。那么，为什么要用中孚卦配属冬至呢？

从卦象结构说，中孚卦象是䷼，这个六画卦可分成上下两个三画卦，其中下面三画卦象为☱，和三画卦象坎卦☵相比，可说是坎的初爻由阴变成了阳，象征一阳初生。也就是说，以中孚卦为卦气之首，其意义也是一阳初生。这样，复卦是一阳初生，中孚也是一阳初生，显然是人为重新解释的结果。

对其他卦象及卦爻辞的解释，大体与此相仿。这样，继《易传》把阴阳进退作为《易经》的基本精神之后，卦气说又把阴阳消长作了《周易》的基本精神。以后，人们还随着时代的变化，对《周易》的基本精神不断作出新的解释。

依卦气说的解释，阴阳二气的运行消长假若正常，则该响雷的时候即响雷，该下霜的时候即下霜，冬寒夏热，春暖秋凉。阴阳调和，雷声只是隆隆的，电光长而闪亮；不调和，就是霹雳炸雷。阴阳消长正常，雨细细的，淋不坏土块；风是柔和的，树枝不鸣响。阴阳消长不正常，就是暴风骤雨等等。阴阳不调的原因，就是由于人事。一行说，孟喜卦气说“而后以人事明之”，就是把天地间阴阳灾变的原因归于人事。也就是说，卦气说是程式化了的天人感应思想。

卦气说认为在那迅速变幻的风云背后，有一个稳定渐进的因素在支配着风雨的变幻。风云的迅速变幻犹如那不规则的振动波曲线，而那稳定渐进的因素，是这曲线绕以震动的轴线，这个思想是深刻的。它表明，中国古人日益深刻地探讨着自然事变的内在原因，并作出了相应的理论说明。

如果说历法描述的是天象的运行，则卦气描述的就是气象的运行，是气象运行的正常情况。就其理论意义而言，气象运行与天象运行对人同样重要，所以，汉以后一个长时期里，卦气成为历法的基本内容之一。然而，就其实际意义而言，卦气说中正确的仅是创造者那良好的愿望。

《魏书・律历志》中，记载着如何据卦气“预测风雨寒温”：

九三应上九，清净、微温、阳风。

九三应上六，绛赤、决温、阴雨。

六三应上六，白浊、微寒、阴雨。

六三应上九，麹尘、决寒、阳风。

并得出结论说：“诸卦，上有阳爻者，阳风；上有阴爻者，阴雨”。照这样推算，六十卦中，一半上爻为阳，另一半为阴，一年之中，就会有一半时间刮风，另半下雨。每卦主管六日七分，则六天下雨之后将是六天刮风，如此等等。这样当然难以符合实际。所以从元代授时历起，就不再推算卦气了。

四　五运六气说

“五运六气说”见于《黄帝内经》的《五运行大论》等篇。五运，是五行之气的运行，六气，是寒暑燥湿风火六种气的运行。由于六气又可分别归属阴阳二气，所以五运六气说即是阴阳五行之气运行的学说。论述五运六气的几篇“大论”，从唐代王冰开始才补入《内经》，学术界曾有人怀疑这几大论是不是汉代的学说。任应秋指出，几大论以外，《内经》中的《六节脏象论》等也讲运气，所以不应否定五运六气是汉代的产物①。在我们看来，研究阴阳五行之气的运行，是汉代人热衷的事业。其他汉代文献，也不断谈到运气。如王充《论衡·明雩》篇：“岁值其运，气当其世”，“天之运气，非政所致”。汉代以后，魏晋南北朝时期，天道自然观念流行，就很难有人再从事这形式刻板又繁琐的研究。断定五运六气说出于汉代是正确的。

战国时代，五行气的运行首先被运用于说明一年四季的代换，并推广于王朝代兴。五运六气说把五行之气的运行推广到年复一年的循环运动。依《素问·气交变大论》及《素问·五运行大论》等篇，五行之气，各主一岁，叫作主运。“土主甲己，金主乙庚，水主丙辛，木主丁壬，火主戊癸”②，周而复始。一年中的气候，将由这一年主运之气决定。水年多雨，火年干旱，如此等等。不同的年份，人们会患不同的疾病，诊断治疗时必须加以注意。

岁运有太过，有不及。如“岁火太过，炎暑流行，金肺受邪。民病疟少气，咳喘血溢……甚则胸中痛、胁支满、胁痛……”③。也有不及，如“岁土不及，风乃大行，化气不令，草木茂荣，飘扬而甚，秀而不实”④。正常情况叫作“平气”。平气的年份，阴阳调和，自然界的草木鸟兽，人体的生理病理，都将随着岁气而正常地发挥自己的本性。

一年之中，四季气候不同。依五运六气说，则把六气分配于一年之中，每气司管 60 日又 87.5 刻。这样六气共司管 $6087.5\times6=365\frac{1}{4}$(日)。六气在一年中的运行，也是四年一个周期。这显然是根据四分历作出的安排。这样一来，一年中的某一时间段的气候、物候及人体生理、病理状况，不仅要求之于这一年的五行之气，而且要求助该时间段中司管的六气。二者结合起来，共同说明该时间段的生理、病理状况。

战国时代，人们已经把五行配以五音六律、天干地支。五运六气说自然也没有忘记这些符号系统。在有些五运六气的著作里，这些符号系统和五行、六气叠加在一起，形成一个厚厚的外壳，使人们反而难以窥见这个学说的实际内容。

卦气说研究阴阳二气在一年中的运动，它看到一年之内的寒暑交替、风云变换背后，有一个稳定而渐进的因素支配着寒暑风云的变换。五运六气说将气运的研究扩大到气的逐年变迁，由于和干支系统结合，五运六气说把气运的周期扩大到了六十年。依据它的规则，在理论上可推知六十年内任一时期的气象和发病情况。和卦气说相仿，它在一个更大的时间范围内看到有一个稳定而渐进的因素，支配着年复一年的气候变迁。它要寻找这样的因素，其愿望是善良而合理的。然而卦气说所看到的，是地球的公转运动。这个因素是存在的；五运六气说所寻求的因素，是极其不稳定的。气候变化的周期不能像四季代换一样稳定，而五运六气的可靠程度甚至还不如卦气说。

五运六气说和卦气说一样，它表明汉代思想家力图探索那天道人事的运动规则、变化原因。只是由于历史还不具备相应的条件，使他们对这些规则和原因的说明流于荒谬。

---

① 任应秋《五运六气》，第 1 页，上海科学技术出版社，1959 年。

② 《素问·五运行大论》。

③，④《素问·气交变大论》。

五 候 气

律气、卦气研究的是自然界气的运行，研究的目的不是仅在于说明自然现象，而是把正常的自然现象作为标准，以占卜人事休咎。占卜的办法就是观测自然现象，和正常的标准相对照，这种活动叫作“候气”。

《汉书·京房传》说：“(京房)其说长于灾变，分六十四卦，更直日用事，以风雨寒温为候，各有占验。房用之尤精”。风雨寒温是阴阳二气所成，候风雨寒温，就是候阴阳之气。建昭二年(前37)二月，京房上封事说：“辛酉以来，蒙气衰去，太阳精明……乃辛巳，蒙气复乘卦，太阳侵色……”这就是实际的气象与卦气不合，京房认为，这是“上大夫覆阳而上意疑也”[①]。也就是说，这是大臣蒙蔽皇帝所引起的。

不久，京房又上封事说：“丙戌小雨，丁亥蒙气去，然少阴并力而乘消息，戊子益甚，到五十分，蒙气复起。此陛下欲正消息，杂卦之党并力而争，消息之气不胜……”[②]，“消息之气”，即阴阳消长之气的正常状况。消息之气不胜，就是气运的正常状况遭到破坏。原因是“杂卦之党并力而争”。这说的是卦气，也是人事。

因此，卦气说中的候气，就是候风雨寒温等气象因素，其中也包括天象、物候等内容。

候气说中，最著名的是候律气，也叫“候钟律”。《后汉书·律历志》说：“天子常以日冬夏至御前殿，合八能之士，陈八音，听乐均，度晷景，候钟律……”。“候钟律”的意思是，用律管候气。

依律气说，十二音律，标志着阴阳二气在一年之中消长的十二阶段。那么，反过来，就可用律管作为标准，测定阴阳二气的消长是否正常。其办法是：

在一密室中，将装有葭莩灰的律管按一定方式布置在室内。到某一节气，与之相应的律管内的灰就会逸出。比如与冬至相应的是黄钟律，与夏至相应的是蕤宾律。到冬至，黄钟律律管内的灰就逸出；夏至，则蕤宾律管内的灰逸出，叫作“冬至阳气应”，“黄钟通”；“夏至阴气应”，“蕤宾通”[③]。

到某一季节，如果该律管内的灰逸出，就是阴阳二气调和。不逸出，或逸出有早晚，就被认为是政治出了问题，就要进行占卜。这叫作“效则和，否则占”[④]。

律管候气法大约西汉时已经出现。扬雄《太玄·玄莹》篇：“冷竹为管，室灰为候，以揆百度。”这说的显然是律管候气。只是汉代候气的效果如何，不见文献记载。

即使阴阳消长说的确符合实际，律管候气法也存在着理论上的自相矛盾。冬至一阳初动，所以最长的黄钟律管内葭莩灰逸出；再过一月，大吕管内灰逸出。立春以后，阳气已升上地面，埋在密室内的律管内的灰还能逸出吗？而且夏至以后，阳气逐渐入藏，是下行，律管内的灰还能逸出吗？

据《隋书·律历志》载，魏代杜夔曾用律管候气，其结果很悲惨：“灰悉不飞”。毛爽归之于

---

①,②《汉书·京房传》。

③《后汉书·律历志上》。

④《后汉书·律历志》。

尺寸加长。后齐时,信都芳的实验取得了完全成功。

所谓信都芳成功事很难令人相信,因为不久以后,隋代毛爽的实验就很不成功:"或初入月其气即应,或至中下旬间,气始应者。或灰飞出,三五夜而尽,或终一月,才飞少许者"。隋文帝问大臣牛弘,牛弘说,全出者"其臣纵",不出者"其君暴",半出者"其政平"。杨坚反驳道:"臣纵君暴,其政不平,非月别而有异也……安得暴君纵臣,若斯之甚也"①。不论杨坚其他方面表现如何,这个反驳是有力的。大约从此以后,候气法就失传了。

候钟律以后,还有"权土炭"、"度晷景"等候气之法。

度晷景,即立八尺表,测量太阳的影长。依《汉书·天文志》:"晷景者,所以知日之南北也"。而日之南北,按当时的看法,则决定于阴阳的消长。因此,测量晷影这个制订历法的必要手段,也成为候气法之一。而候阴阳之气,则是为了测知政治状况:"晷长为潦,短为旱,奢为扶。扶者,邪臣进而正臣疏,君子不足,奸人有余"。

权土炭。《淮南子·天文训》说:"阳气为火,阴气为水。水胜故夏至湿,火胜故冬至燥。燥故炭轻,湿故炭重"。刘文典注引《白帖》十六,说是冬夏至以前,将衡之两端分别置以铁和炭,使其平衡。冬至时,炭轻;夏至时,炭重。大约后来人们将铁换成了土。这种测量湿度的办法,也被认为是候阴阳二气。

从候气法可知,阴阳五行之气消长运行的思想几乎笼罩了汉代社会生活的一切方面。

第四节 阴阳五行说与几门科学的关系

一 阴阳八卦与阴阳五行

战国时代给汉代留下了两份思想遗产:阴阳八卦说和阴阳五行说。

阴阳八卦说见于《易传》。它认为万物的运动是一往一来,一进一退,占卜中阴爻阳爻的交互替代,就是这种运动方式的象征,因而可归于一阴一阳的交替,犹如日往月来,寒往暑来一样,叫作一阴一阳之道。

八经卦象征八种事物,《易传·说卦传》将之推广到一百余种,表明作者企图让八卦象征世界上的所有事物。

八经卦组为六十四卦,也就象征着世界上各种事物的相互关系。这样,所有事物的存在及相互关系、及运动法则,似乎全由《易传》作了说明,所以《易传》宣称,自己"冒天下之道",或"弥纶天地之道"。

这样的思想模式,似乎可以作为人们认识世界的基本框架。

但这样的思想模式有缺点。①它只是确认了事物往来交替的事实,却没有指示事物往来交替的原因。比如日月为什么往来?寒暑为什么交替?《易传》没有说明;②它把事物的运动变化视作如阴阳二爻的相互替代,而没有注意到事物变化的渐进性;③八卦与之象征的事物之间,每一卦所象征的诸种事物之间,没有内在的必然联系,不能对事物分类及其相互关系提供一种满意的解释。

① 《隋书·律历志上》。

汉代人没有接受阴阳八卦体系作为观察世界的基本模式，而把阴阳五行模式作为他们观察世界的基本框架。

阴阳五行模式把春秋战国时代发展起来的气论作为自己的理论基础，用阴阳二气消长较为满意地解释了四季代换的原因，也就是解释了农业社会中这个最重要的自然现象，许多现象都可以在这个基础上得到解释。阴阳五行模式把纷纭复杂的事物依据它们的色声臭味等分为五大类，每一类之间，存在着一定的内在联系。如火与热、红色、夏季等；水与寒、湿、黑色、冬季等。至于木与绿色、酸味等，也有某种内在联系，所以汉代人就接受了阴阳五行模式作为观察世界的基本模式。

五行说也被用于解释四季交替：春木、夏火、秋金、冬水。春季树木发芽生长，夏季骄阳似火，秋季收割有赖于锋刃，冬季天寒地冻，和木、火、金、水确有某些内在联系。有的说“土王四季”，即土是四季中都起决定作用的因素。有的也把一年分成五个段落，每段72天，按木、火、土、金、水生克顺序，每一行“用事”一段。这种生克顺序，把自然界的运动解释为必然的过程，这是八卦说难以满足的。

阴阳五行说被汉代人接受以后，随之就应用于各个领域。

二 医学中的阴阳五行说

《黄帝内经》是中医学的经典，其中阐述了中医学的基本理论。一般认为，《黄帝内经》的许多内容春秋战国时代已经出现，但它的成书却是在汉代。阴阳五行说，是《黄帝内经》的基本理论框架。《素问·阴阳应象大论》说：

> 阴阳者，天地之道也。万物之纲纪，变化之父母，生杀之本始，神明之府也。治病必求于本。

“求于本”，就是求于阴阳。

天地之间，清阳为天，浊阴为地。人之身，上为阳，下为阴。阳气出上窍，阴气出下窍，如果相反，就得病。人的食物，味为阴，气为阳。药物，辛甘发散为阳，酸苦涌泄为阴。从形气关系说，形为阴，气为阳。从血气关系说，血为阴，气为阳。如此等等。

阴阳必须调和、平衡，人体才健康。阴阳不调，或一方胜过一方，人就得病。或者说，人的得病，就是阴阳失调。所以“善诊者，察色按脉，先别阴阳”①。

阴阳之中，又有分别。天地之间，万物未出在地下，可叫作阴中之阴；在人身，足大指端的隐白穴，就是阴中之阴。与此相仿，有阴中之阳，有阳中之阴。阴阳俱分三级，名叫太阳、少阳、阳明；太阴、少阴、厥阴。人南面而立，“前曰广明，后曰太冲。太冲之地，名曰少阴，少阴之上，名曰太阳。太阳根起于至阴，结于命门，名曰阴中之阳；中身而上，名曰广明。广明之下，名曰太阴。太阴之前，名曰阳明。阳明根起于厉兑，名曰阴中之阳，厥阴之表名曰少阳。少阳根起于窍阴，名曰阴中之少阳”②。手足各有三阴三阳，十二经脉相互贯通。三阴三阳的根据，是对阴阳所进行的量的区分。《素问·天元纪大论》说：“阴阳之气各有多少，故曰三阴三阳也”。

阴阳不调、失衡，是得病的原因，治病的原则就是调正阴阳：“谨察阴阳所在而调之，以平

---

① 《素问·阴阳应象大论》。

② 《素问·阴阳离合论》。

为期”①。调正的办法是泻实补虚:“盛者泻之,虚者补之”②。“泻者迎之,补者随之。知迎知随,气可令和,和气之方,必通阴阳”③。

用补泻调正阴阳,可以通过药物,也可以通过针刺。在《黄帝内经》看来,经络是血与气的通道,就像大地上的河流。而穴位就像河流上的一个个天然小水库,它蓄水,也蓄气,犹如天然气和石油共生。如果积聚的阳气或阴气太多,就针刺某一穴位,使气从这里泻出。如积蓄不足,就刺激某处,使气通过经络前去补足:“凡刺之道,气调而止。补阴泻阳,音气益彰”④。因此,针刺的原理,在古人看来,不仅是一种功能性的“作用”,而且是实实在在地促进阴阳二气相互流通,达到平衡状态。就像把蓄水过多的水库里的水通过河道调出,去补充干涸的水库一样。可惜人们至今为止还无法调整大地上江河湖海的水位,但在人体之内,人们认为这是可以作到的。

阴阳学说在春秋时代就被引入了医学,但单是阴阳理论不足以说明人体的生理病理现象。人体和世界上其他事物一样,不仅是两个因素的对立关系,而且还有数个因素的并存关系。比如说,人之身,上为阳。则头部有七窍,如何分阴阳?胸内有五脏,腹内有六腑,如何分阴阳。勉强区分,也不易说明它们之间的相互关系。因此,在引入阴阳学说以后,中医学又引入了五行学说。虽然《管子》中已经讲到五味与五脏的关系,但那只是为了说明水对于万物的作用,提请国家统治者注重水利问题,并不是为了医学。正式把五行学说引入医学,应从汉代开始。

《难经》说:“五脏各有声色臭味”。五行引入医学,首先是通过声色臭味和五脏发生联系,并以五脏为基础,将人体的各个部件组成一个系统。

医学在引入五行学说时,根据五脏的声色臭味,对《管子·水地》篇的一些说法作了调整。比如《管子》说:“酸主脾”;《内经》认为:“木生酸,酸生肝”⑤。到《吕氏春秋》时,已将《管子》中的“咸主肺”改为“苦主肺”,《内经》则认为辛主肺,属金。根据《内经》论述,人体各部可据五行组成如下系统:

木:肝　青　酸　目　筋　……

火:心　红　苦　舌　血　……

土:脾　黄　甘　口　肉　……

金:肺　白　辛　鼻　皮毛　……

水:肾　黑　咸　耳　骨髓　……

这是一些最基本的因素,此外的五音、五志、五畜、五果、五菜等等,也曾被纳入这五行、五脏系统,但常用的主要是上述几种。

五行通过色、声、味和五脏及人体各部建立的联系,与《管子·水地》、《吕氏春秋·十二纪》相比有了很大调整。调整的根据,显然是解剖学上的发现。心与红色、血、舌的关联,应是颜色的相关。其他,木、肝、青、酸;肾、水、黑等,则还有味和功能上的关联。有些可能来自实践经验,如肝主目。尽管从后世看来,五行与人体各个因素的关联牵强附会之处太多,但在当

① 《素问·至真要大论》。

②,③《灵枢·通天》、《灵枢·终始》。

④ 《灵枢·终始》。

⑤ 《素问·阴阳应象大论》。

时，确是比较合理的理论。

用五行理论建立起人体各部的联系，五行生克就成了人体各部相互关系的原则。从相生方面说，则肝→心→脾→肺→肾→肝；从相克方面说，则肝←肺←心←肾←脾←肝。中医就用这样的原则来说明五脏的生理关系，说明病理关系，预测病的传变。自然，实际的关系并非就是如此，所以又有“乘”、“侮”等说法，即五脏的生理、病理，不一定就刻板的传变，而是有所变通。如何变通，要视具体情况而定。

五行学说用于诊断，就是根据体表颜色判断病变部位：“视其外应，以知其内脏，则知所病矣”①。据《史记·扁鹊列传》，淳于意当时就以五色诊病。其理论原则如何？不得而知。五行理论进入医学以后，五色诊病就获得了理论说明。

依五行理论，一年之中，四季不同，人们患病的部位也不同。比如春天，病在肝；夏天，病在心等等，那是由于春属木而夏属火。人们吃的食物，由于味道不同，营养的部位也不同。比如酸入肝，辛入肺，苦入心，咸入肾，甘入脾。治疗疾病，无论饮食或药物，也就应注意这个原则：“脾病者，宜食粳米饭、牛肉、枣、葵；心病者，宜食麦、羊肉、杏、薤……”②。原因就是：粳米饭、牛肉、枣等味甘，而麦、羊肉、杏等味苦。这样的治疗是否有效，麦与羊肉是否味苦，另当别论。但汉代医学家企图用阴阳五行囊括与医疗有关的一切事物，则毫无疑义。

三　生物分类与阴阳五行

据《淮南子·天文训》：“毛羽者，飞行之类也，故属于阳。介鳞者，蛰伏之类也，故属于阴”。这是先将动物分为毛、羽、介、鳞四类，又将它们分别归属于阴阳。

毛虫属阳，日为阳之主。所以春夏间群兽脱毛，冬夏至鹿麋解角；鳞虫属阴，月为阴之宗，所以“月虚而鱼脑流，月死而蠃蛖膲”。火属阳，火炎上，所以鸟往高空飞；水属阴，水流下，所以“鱼动而下”③。这样，《淮南子》不仅用阴阳对动物进行了分类，而且用阴阳学说解释了动物的习性。

在《地形训》中的说法略有不同。他认为鱼与鸟都是生于阴而属于阳，应是一类。这一篇还论述了五方与动物的关系：东方，“苍色，主肝”，多虎豹；南方，“赤色，主心”，多兕象；西方，“白色，主肺”，多旄犀；北方，“黑色，主肾”，多犬马；中央，“黄色，主胃”，多牛羊及六畜。这里带有一种用五行框架对毛虫进行分类的意思。

《淮南子·地形训》还认为，生物的生长，与五行相胜有关。比如禾谷，春生秋死，因为金胜木；豆类，夏生冬死，因为水克火；小麦秋生夏死，因为火克金；荠，冬生，中夏死，因为土克水。最后得出结论说：

> 木壮水老火生金囚土死，火壮木老土生水囚金死，土壮火老金生木囚火死，金壮土老水生火囚木死，水壮金老木生土囚火死。

这样，《淮南子》又用五行相克（胜）解释了植物（主要是农作物）的生长老死。

《淮南子》以后，用阴阳五行对生物进行分类，并说明生物的习性，似已被更多的人所接

---

① 《灵枢·本脏》。

② 《灵枢·五味》。

③ 《淮南子·天文训》。

受。两汉之际盛行的纬书，由于历代的焚毁，留存下来的很少。就在仅存的零星材料中，也间有关于生物形态、习性的讨论。《春秋纬·考异邮》，用阴阳五行学说讨论了一些生物学问题。比如：

金伐木，故鹰击雉。

水灭火，故蚖螯鷃。

蚕，阳者，火。火恶水，故食而不饮。

狗三月而生。阳立于三，故狗各高三尺。

到王充时代，生物学中的五行说似乎更加完备。据王充《论衡·物势》篇所引，当时流行的说法是，天以五行之气生万物，万物皆含五行之气。五行之气相胜相克，所以动物中有的食肉，有的被食。比如虎属木，犬、牛、羊属土，木胜土，所以虎能镇服犬与牛羊。猪、鼠属水，蛇、马属火，水胜火，所以猪吃蛇，而马食鼠屎而腹胀。

可以看出，用阴阳五行说解释生物的形态与习性，完全是事后外加的解释，和生物的形态习性几乎没有任何的内在关联。所以王充当时就反对生物学上的这种阴阳五行说。王充说，水胜火，老鼠为何不逐马？酉鸡属金，卯兔属木，金克木，鸡为何不啄兔。牛羊属土，猪属水，土胜水，牛羊为何不杀猪。申猴属金，蛇为何不食猕猴。猕猴怕老鼠又怕狗，这又是为什么？因此，“凡万物相刻贼，含血之虫则相服，至于相啖食者，自以齿牙顿利，筋力优劣、动作巧便，气势勇桀”[①]，与阴阳五行没有关系。东汉末年，王充《论衡》流行，阴阳五行说也遭到挑战，大约从此以后，生物学领域就不再讲阴阳五行了。

四　炼丹理论中的阴阳五行说

金属冶炼业汉代又有了很大发展。为了长生不死，炼金、炼丹术也发展起来。炼金、炼丹是诸多药物的化合过程。起初人们从事炼金、炼丹，大约只是基于实践经验，由于屡次失败，引起了对化合过程的理论探讨，于是阴阳五行学说被引入了炼丹术，其代表性著作是东汉末年的《周易参同契》。

《参同契》认为，炼丹过程，是一个犹如男女交合生子的“阳禀阴受”的过程：“乾刚坤柔，配合相包，阳禀阴受，雌雄相须，须以造化，精气乃舒”。从炼丹的设备、到炼丹的药物，以及通过烧炼化合成丹，都体现着乾坤阴阳、男女雌雄的原则。如《参同契》开头就说：“乾坤者，易之门户，众卦之父母。坎离匡郭，运毂正轴。牝牡四卦，以为橐籥，覆冒阴阳之道……”，乾坤、父母、牝牡、阴阳，乃是《参同契》的基调。

不少注家都认为，“乾坤者，易之门户”，讲的是冶炼的丹鼎。丹鼎是带盖的鼎，盖被作为天、乾的象征；鼎身自然是地、坤的性质。药物就在这样的天地、乾坤里完成化合的过程。

药物中主要为铅汞：“汞日为流珠”[②]。这是说，汞是液态的明珠，好像太阳（日）一样的明亮，所以有时又叫“太阳流珠”。“太阳”此处与《论衡》、《内经》等书中的“太阳”一样。是指“阳”中之“太”者。因此，汞属阳，而且是太阳。汞来自丹沙，丹沙的红色更是阳的象征。因此，丹沙和汞属阳。铅是黑色，被喻为“北方河车”，属水。从阴阳关系上说，应当属阴。铅汞的化

① 《论衡·物势篇》。

② 《周易参同契》。

合,应是阳禀阴受,雌雄相须的过程。其他药物,也当随着铅汞,而大体附会于阴阳二类。

《参同契》认为,要炼成金丹,必须阴阳相配,就如生子必须雌雄交合一样。它描述这个过程“相结而不可解”,认为乃是自然发生而非人工控制的过程:

观夫雌雄交媾之时,刚柔相结而不可解,得其节符。非有工巧,以制御之。若男生而伏,女偃其躯,禀乎胞胎,受气元初。

假若有雌无雄,或有雄无雌,那就不可能炼成金丹:“物无阴阳,违天背元,牝鸡自卵,其雏不全”。《参同契》说,这就好比让两位女子住在一室,虽然都异常美丽,并且让苏秦、张仪这样能言善辩之士作媒,结为夫妻,就是到了头发白、牙齿落,也不可能配合生子。

铅也是性质极其活泼的金属。炼丹术炼成的“黄金”,常常指的是玄黄,这是一种铅、汞的氧化物的混合物,其成分是 HgO-PbO 或 $HgO-Pb_3O_4$,化学史家称为药金。药金的成功,体现着阴阳、雌雄的原则。

由于药物众多,性质各异,炼丹家们的认识又很不一致。比如汞是液态,像水,这种性质又可归为阴。而铅既然可炼成“金”,那它就是金之母。金自然属阳,作为金之母的铅自然不好仅归于阴。铅汞的归属,也很不确定。虽然如此,阴阳禀受,雌雄相须的原则并未因此受到影响,它成了后来炼丹理论的基本原则。

《淮南子·地形训》中,把金属分为青黄白赤玄(黑)五类,这里显然有五行思想的影响,只是由于它们都是金属,五行之一,才未能把五金与五行相对应。然而在后来的炼丹术中,还是把铅汞沙银和水火木金相对应。宋代曾慥辑录的《道枢》中,有《铅汞五行》篇,虽然讲得迷离恍惚,但企图将丹药纳入五行体系的思想则明明白白。类似的思想,还见于《太清石壁记》及《大洞炼真宝经九还金丹妙诀》。

用阴阳五行说解释炼丹过程,反映了炼丹家对理论的追求,以便在理论指导下,炼成金丹。长生不死。这种努力是可贵的,可惜化学至今还主要是实验性的学科,两千年前的阴阳五行说更无法帮助炼丹家们获得成功。

汉代阴阳说主要内容是阴阳消长说,其表现形式是卦气说,影响到炼丹术,就是用卦气消长去掌握火候。在《参同契》看来,药物的化合,像天地乾坤阴阳,化合的过程,也应像天地阴阳男女化生万物的过程。天地间的阴阳消长、春荣秋实,应是炼丹过程仿效的榜样,这叫作效法天道。讲阴阳消长的卦气说,就是天道的具体体现:

覆冒阴阳之道,犹工御者,准绳墨,执衔辔,正规矩,随轨辙,处中以制外,数在律历纪。月节有五六,经纬奉日使,兼并为六十,刚柔有表里。朔旦屯直事,至暮蒙当受,昼夜各一卦,用之依次序。

这里说的“阴阳之道”,就是阴阳消长进退之道。在一月之中,阴阳消长完成一个循环。从朔旦开始,屯卦值事;傍晚,蒙卦接替。其下依次运行。到三十日,六十卦完成一个循环。这里的次序、是严格按照《序卦传》中的次序,而没有采取“甲子起中孚”的汉代流行的卦气次序。

《参同契》同时也采用了其他卦气次序。比如其中说道:“变易更盛,消息相因,终坤始复,如循连环”。这里显然说的是十二消息卦的始终若环的循环。从复卦开始:“朔旦为复,阳气始通”,经临到泰:“仰以成泰……阴阳交接”,其后“夬阴以退,阳升而前”,……“否塞不通……阴伸阳屈”,直到“剥烂肢体,消灭其形”。最后“道穷则返,归乎坤元”。

《参同契》中有关卦气次序,尚有其他一些说法。这些说法的要点,都是用阴阳二气在天地间的消长为标准来掌握火候。《参同契》的这一思想,后来也成为炼丹术士们的基本原则。

五 阴阳五行与数学

把数字赋予阴阳的性质，始于《易传》。其《系辞传》说：

> 天一地二，天三地四，天五地六，天七地八，天九地十。天数五，地数五，五位相得而各有合。天数二十有五，地数三十，凡天地之数五十有五。此所以成变化而行鬼神也。

天数、地数，不过是后来所说的奇数、偶数，本没有什么深意。然而从此以后，却开了奇偶之数与天地阴阳相傅会的先河。

《汉书·律历志》说："一曰备数"。接下来是和声、审度、嘉量、权衡。作者很清楚，以下几种事业，都要用到数。数，是律历度量衡的共同基础。

《汉书·律历志》继续说："数者，一、十、百、千、万也，所以算数事物，顺性命之理也"。也就是说，数，分这五个量级。其作用，一是"算数事物"，这是一般的计算。如《九章算术》中的计算问题，如律历变量中的具体计算问题。二是"顺性命之理"。"性命之理"在汉代，尚无更复杂的含义。性就是事物的性质；命指事物禀受天地阴阳之气；理，指事物相互之间的秩序和规则，也就是说，数的作用，还可以描述天地万物的规则。

数可以描述自然法则，这样的思想本是正确的。由解析几何进而到微积分，近代以来物理定律的数学化，当代数学所处理的各类实际问题，或者许多领域建立的数学模型，原则上说，都是在"顺性命之理"，即描述事物的秩序和规则。汉代人的错误在于，他们所说的"性命之理"，仅是阴阳五行之理，并且把这个理固定、僵化，强套在数学头上，犹如给孙悟空套上金箍。

《汉书·律历志》继续说："书曰：'先其算命'。本起于黄钟之数。始于一而三之，三三积之，历十二辰之数，十有七万七千一百四十七，而五数备矣。其算法用竹，径一分，长六寸，二百七十一枚而成六觚，为一握。径象乾律黄钟之一，而长象坤吕林钟之长。其数以《易》大衍之数五十，其用四十九，成阳六爻，得周流六虚之象也。夫推历生律制器，规圆矩方，权重衡平，准绳嘉量，探赜索隐，钩深致远，莫不用焉"。

"算命"，据颜师古注，即"先立算数以命百事也"。"五数"，即从一到万的五个量级。然而数究竟是"本起于黄钟之数"，还是起于易数，即易为律数之本，还是律为易数之本？这一段未讲清楚。从整个《汉书·律历志》看，实际上已把易数作为数之本，但又难以抛却《史记·律书》的"六律为万事根本"的思想。然而无论是以律为本还是以易为本，以天地阴阳五行为本的思想则是十分明确的。

比如音律分十二为阴阳两组，与此相关的数自然也分阴阳。黄钟九寸，林钟六寸，被认为和阴阳相关。律数在计算中，分母依次乘以 3，最后分母为 177147，被认为是阴阳化生万物的过程，大约就是"顺性命之理"的体现，因为数描述了这个过程。

度，也分五级：分、寸、尺、丈、引，其中也有阴阳："用竹为引，高一分，广六分，长十丈，其方法矩。高广之数，阴阳之象也"。①

量，分龠、合、升、斗、斛五级，以十进位。五级量度单位可集合于一种量器之上："其法用

① 《汉书·律历志》。

铜，方尺而圆其外，旁有庣焉。其上为斛，其下为斗，左耳为升，右耳为合、龠。其状似爵，以縻爵禄”。这样的形制，也具有阴阳的意义：“上三下二，参天两地，圆而函方，左一右二，阴阳之象也”①。

重量单位分铢、两、斤、钧、石五级。重量单位不以十进位：“二十四铢为两，十六两为斤，三十斤为钧，四钧为石”。二十四铢一两，是“二十四气之象”。这样一斤为16×24＝384(铢)，是“易二篇之爻，阴阳变动之象”③，而钧的意思是平均。平均是“阳施其气，阴化其物，皆得其成就平均也”。四钧为石，一百二十斤，为120×16＝1920(两)，这也是“阴阳之数也”②

衡，与规、矩、准、绳称为五则。“五则揆物，有轻重、圆方、平直、阴阳之义，四方四时之体，五常五行之象”③。数，既然具有“阴阳之义”，“五行之象”，也就是“顺性命之理”。

既然要数顺阴阳五行之理，必然导致多所附会，而少顾实际。不少数学史家据王莽时刘歆所制的标准量器，求得刘歆的圆周率。钱宝琮先生在从事了这个计算之后指出，刘歆“未必有发明新率之意”④。在考察了汉代人，主要是刘歆的数学思想以后，我们可以更加肯定地说，刘歆确实没有发明新率之意。

数学史家还据张衡所提供的一些数据求得张衡的两个圆周新率。实际上，张衡和刘歆一样，也没有意思去打破周三径一的比率。所以后来刘徽批评他说：“欲协其阴阳奇偶之说，而不顾疏密”⑤。

阴阳五行思想，是汉代数学某些方面“不顾疏密”的重要原因。庆幸的是，汉代数学中的阴阳五行说并未对后世造成决定性影响。汉末以后，数学中的阴阳五行说即被打破，刘歆遭到了许多批评。数学思想，也发生了重大转变。

六 阴阳五行说与农学

《诗经》上说“相其阴阳”，可看作是农业和阴阳关系最早的文字记载。农事必须根据四季代换，而古人又把四季代换说成是阴阳、五行之气的代换，这样，阴阳五行说应是农业和农学天然应当遵守的原则。然而本节不讨论农业生产和阴阳五行说的天然联系，而是阴阳五行说与农业生产技术方面的某些具体联系。

《管子·地员》篇，将土壤分为斥(赤)垆、黄唐、斥(赤)埴、黑埴等四类，这里有着五行思想的影子。此外，该篇还提到五粟、五沃、五立、五隐、五壤、五浮……等等，就明显有五行思想的影响。

据《吕氏春秋》中的《任地》、《辩土》等篇，当时的耕作制度有垄和垄沟(四川)，《吕氏春秋》也把阴阳观念用于区别土壤的湿度和垄种的耕作原则。其《任地》篇说：“子能藏其恶而揖之以阴乎”，“其深殖之度，阴土必得”。“阴土”，指湿润的土壤，与此相对的干土虽未用“阳土”概念，但用“阴土”而不用“湿土”这样的概念，显然是由于阴阳概念的影响。其《辩土》篇说：“故晦欲广以平，甽欲小以深，下得阴，上得阳，然后咸生”，这就明显是阴阳思想的影响。

《淮南子·地形训》中，把全国分为东西南北中五方，五方土壤不同，适宜的作物也不同。

①,②,③《汉书·律历志》。

④ 《钱宝琮科学史论文选集》，科学出版社，1983年，第52页。

⑤ 刘徽《九章算术注·少广章》。

如东方苍,"其地宜麦";南方赤色,"其地宜稻";西方白色,"其地宜黍";北方黑色,"其地宜菽";中央黄色,"其地宜禾",就明显是五行思想将土壤作物硬性分类,而不是像《管子》那样,对土壤进行了深入研究的结果。《淮南子》中这样的思想,很可能对当时的农业产生过某些影响。

阴阳五行思想对农业的不良影响,主要是阴阳家讲究的忌日。《氾胜之书》说:"小豆忌卯,稻麻忌辰……凡九谷有忌日,种之不避其忌,则多伤败,此非虚语也"。这种思想经过魏晋南北朝,也逐渐淡化了。

对农业中自然灾害的解释,是汉代五行思想的重要内容,将在下节与其他自然灾害一起叙述。

七 阴阳五行说与自然灾害论

阴阳五行说也是汉代自然灾害论的理论基础。

世界上的事物依五行说被分为五类。依天人感应说,每一类事物发生灾变,都是人间与之相应的那一行的气发生乖戾的反应。因为,这样的思想出于董仲舒。所以《汉书·五行志》首列董仲舒,说董"始推阴阳,为儒者宗"。后来刘向作《五行传》,与董仲舒说法略有不同。刘向之子刘歆又对《五行传》进行解说,具体解释又有差别。班固对三个人的说法兼收并蓄,著成《汉书·五行志》。

《五行志》依《洪范》中五行的性质为根据,"水曰润下,火曰炎上,木曰曲直,金曰从革,土爰稼穑",假若五行失去自己本性,火不炎上,水不润下,就是某类人事发生了问题。综合《五行志》所载,可简述如下:

木不曲直。

其表现为"工匠之为轮、矢者多伤败,及木为变怪",比如"木冰",即今天所说的"树挂",即为变怪之一。

其原因是"田猎不宿,饮食不享,出入不节,夺民农时,及有奸谋"。

火不炎上。

其表现主要是宫观及宗庙火灾。这些火被认为是"自上而降"的火。

其原因是"弃法律,逐功臣,杀太子,以妾为妻"。

我们看到,这一类主要是朝廷及宫闱之内的事,其灾变也大抵在宫馆和宗庙。

这一类中还记载了一些炼铁炉爆炸事件:"征和二年春,涿郡铁官铸铁,铁销,皆飞上去"。"成帝河平二年正月,沛郡铁官铸铁,铁不下,隆隆如雷声,又如鼓音",铸工都逃走了,"音止,还视地,地陷数尺,炉分为十,一炉中销铁散如流星,皆上去"。

(土)稼穑不成。

其表现为"亡水旱之灾而草木百谷不熟"。

原因是"治宫室,饰台榭,内淫乱,犯亲戚,侮父兄"。

这一类主要指大兴土木,被认为是伤了土气,以致土失其性,稼穑不成。

金不从革。

表现是,铸铁时"金铁冰滞涸坚,不成者众,及为变怪"。

原因是"好战攻,轻百姓,饰城郭,侵边境"。也就是后来说的穷兵黩武,被认为是伤了金气。

水不润下。

其表现主要是水灾。水灾中大水横流，被认为是不润下。涝灾，也是水不润下的表现。原因是"简宗庙，不祷祠，废祭祀，逆天时"。

对上述每一类说法，都列举大量的历史事实作为例证。

《五行志》还援引《洪范》中貌、言、视、听、思五事及其相应的休征、咎征，来解释自然灾害的成因。

比如懒散、傲慢、奇装异服，被认为"貌之不恭"一类，其灾变是"恒雨"。从五行理论说，是"金沴木"。说话尖刻伤人，出言不逊，是"言之不从"，灾变是大旱一类，五行理论是"木沴金"。如此等等。

依据这一类理论，《五行志》解释了冬暖、春寒、蝗螟虫灾、风灾、雹灾等等。比如地震，刘向认为是"金木水火沴土"所致，山崩川竭，是"阳失在阴者"，"火气来煎枯水"。在这里，阴阳理论和五行理论结合起来了。

刘向《五行传》的出现表明，汉代思想家，也不满足于一件一件地去解释自然灾害的成因，而力求将它们归类，并说明灾害发生的机制，就像当时的医学家不满足于"风为百病之长"，而力图对发病机制作出解说一样。

《五行志》的思想影响深远。汉代以后的史书多有《五行志》。唐宋以后，人们才逐渐只记灾变，而不把它与人事相对应。

第五节　汉代天文学思想

一　"圣人统理天文"

《史记·天官书》在说了"三光者，阴阳之精，气本在地"之后说："而圣人统理之"。《汉书·天文志》继承《天官书》的思想，在"此皆阴阳之精，其本在地，而上发于天者也"之后说：

政失于此，则变见于彼，犹影之像形，响之应声。是以明君睹之而寤，饬身正事，思其咎谢，则祸除而福至，自然之符也。

因此，"圣人统理"的意思，就是他可以自身的行为影响天体运行的是否正常。班固还特意强调，这是"自然之符"，并没有神灵的干预。

"圣人统理"的思想，是汉代普遍的思想。如《太平经》卷四十二说："圣人职在理阴阳"。"理阴阳"就是理天文。因为日月是阳阴之精，五星是五行之精，它们根干在地。阴阳调和，运行才能正常。

《汉书·丙吉传》载，丙吉为宰相，有一次出行，见路上有百姓群斗，死伤很多，他认为那是有司的事。见到牛喘，却关心询问。部下不理解，他解释说：

方春少阳用事，未可大热，恐牛近行，用暑故喘。此时气失节，恐有所伤害也。三公典调和阴阳，职当忧，是以问之。

"三公典调和阴阳"，也就是"圣人统理"的意思。

据《史记·天官书》，"义失者，罚出岁星"；"礼失，罚出荧惑"；"杀失者，罚出太白"；"刑失者，罚出辰星”。罚，就是该星失行。礼义刑杀，是君主大臣们的行为。他们的行为不失，自然可使五星运行正常。

《汉书·天文志》说得更加具体：

仁亏貌失，逆春令，伤木气，罚见岁星。

礼亏视失，逆夏令，伤火气，罚见荧惑。

义亏言失，逆秋令，伤金气，罚见太白。

智亏听失，逆冬令，伤水气。罚见辰星，出早为月食。

貌言视听以心为正，故四星皆失，填星乃为之动。

在这里，天上的五星失行，与地上的五行变怪，在理论上统一起来了，它们都源于君主仁义礼智之失，貌言视听之亏，以致伤了金木水火之气，引起了五星和地上五行的灾变。

司马迁不无感慨地说：“自初生民以来，世主曷尝不历日月星辰”[①]。因为他们要查知政事得失。

中国古代历法研究五星运行，而许多古代民族的历法并无五星一项，原因在于中国古代天文学家要提供一个五星正行的情况，以便区别出它们的逆行，为政治得失提供依据。

二 律历一体说

《史记·律书》说：“律历，天所以通五行八正之气”。“八正之气”即是“八节之气，以应八方之风”[②]。这是说，律、历作用一样，都是“通……气”的。

律的作用，上文已经讲过，其作用在于通宣阴阳之气。比如黄钟，是“阳气踵黄泉而出”；应钟，是“阳气之应”云云。《淮南子·天文训》又进一步说：

夏日至则阴乘阳……冬日至则阳乘阴……昼者阳之分，夜者阴之分，是以阳气胜则日修而夜短，阴气胜则日短而夜修。

帝张四维，运之以斗，月徙一辰，复反其所。正月指寅，十二月指丑，一岁而匝，终而复始。

指寅，则万物螾螾也，律受太蔟。……指卯，卯则茂茂然，律受夹钟……

阴阳二气的消长，和斗柄的指向是一致的。所以音律既是阴阳二气消长的标志，也可用来标志斗柄指向。

据《汉书·天文志》，则晷影是日之进退、因而也是阴阳消长的标志。那么，立八尺之表测量日影，和用十二音律侯气，都是从不同方面测量阴阳二气的消长。

《后汉书·律历志》说：

夫五音生于阴阳，分为十二律，转生六十，皆所以纪斗气、效物类也。天效以景，地效以响，即律也。阴阳和则景至，律气应则灰除。

“纪”，相当于今天说的测量、计量、量度。“斗气”，即随斗柄指向不同而消长变化的阴阳二气。而斗柄指向，则反映着阴阳五行的运动。

也就是说，律和历，有着共同的目的和作用。它们所计量的，都是阴阳二气的消长状况。

---

① 《史记·天官书》。

② 《史记索隐·天官书》。

《汉书·律历志》不断强调律历的这种共同作用：

故阴阳之施化，万物之終始，既类旅于律吕，又经历于日辰，而变化之情可见矣。

历数之起，上矣。……故自殷周，皆创业改制，成正历纪，服色从之。顺其时气，以应天道。

历，其根本任务，就是“顺时气”，“应天道”。

但是历法没有一套固定的数字系统。晷影长短甚至也常常变动，一年的日数，司马迁当时已知道不准，这是一个由许多变量所组成的体系。但音律却有一套固定的数据：“钟律调自上古。建律运历造日度，可据而度也。合符节，通道德，即从斯之谓也”①。正因为如此，律，就成了一切度量的根据：“王者制事立法，物度轨则，壹禀于六律。六律为万事根本焉”②。司马迁提出了律历一体的原则，还未及在史书中贯彻。班固开始贯彻，他的《汉书》律历合志。后来正史的志书，大多据此体例。五代和宋代修唐志，律历分开，元人修宋志，又律历合志。直到明人修辽、金、元三史，律历才又分开，这已经到封建社会的晚期了。

三 律数、易数与历数

律历一体，律数为万事根本，自然也是历数的根本。据《汉书·律历志》说，汉武帝修订历法，巴郡落下闳“运算转历”，“其法以律起历”。并记载落下闳的言论说：

律容一龠，积八十一寸，则一日之分也，与长相終。律长九寸，百七十一分而終复，三复而得甲子。夫律阴阳九六，爻象所从出也。故黄钟纪元气之谓律。

律，法也。莫不取法焉。

并说落下闳所治之历，“与邓平所治同”。其主要数据是取一月为$29\frac{43}{81}$日。分母81，据说就是上文的“积八十一寸”。这个“积”，不是面积，也不是体积，而是黄钟管长九寸与围(周长)九分的“乘积”。据刘歆说，是黄钟“以其长自乘，故八十一为日法”。

“日法”是历法各种数据的基础，这样，律就成了历的根据。

据吕子方所说，所谓“以律起历”，“黄钟自乘”，完全是一种表象、假象。实际上，日法81是从原四分历中用连分数的方法得出的③。

四分历每月为$29\frac{499}{940}$日，将$\frac{499}{940}$分子分母都除以499，得：

$$\frac{1}{\frac{940}{499}}=\frac{1}{1+\frac{441}{499}}$$

再将尾数$\frac{441}{499}$上下各除以441，得：

$$\frac{1}{1+\frac{1}{\frac{499}{441}}}=\frac{1}{1+\frac{1}{1+\frac{58}{441}}}$$

①，②《史记·律书》。

③ 参阅吕子方《中国科学史论文集(上)、三统历历意及其数源》，四川人民出版社，1983年。

此时如舍去尾数$\frac{58}{441}$,则得近似值$\frac{1}{2}$。如将尾数$\frac{58}{441}$上下各除以 58,则得:

$$\frac{1}{1+\frac{1}{1+\frac{1}{\frac{441}{58}}}}=\frac{1}{1+\frac{1}{1+\frac{1}{7+\frac{35}{58}}}}$$

此时如舍去尾数$\frac{35}{58}$,则得近似值$\frac{8}{15}$。依此类推下去,可得近似值:

$$\frac{1}{2},\frac{8}{15},\frac{9}{17},\frac{17}{32},\frac{26}{49},\frac{43}{81}\cdots\cdots$$

落下闳的$\frac{43}{81}$仅是这众多近似值之一。由于考虑到当时的日食周期 135 月,遂被当时的历法所采用。吕子方还由此得出结论,汉代人已知使用连分数法。

吕子方的意见如何,尚可讨论。但说"以律起历"仅是一种表象,则非常正确。因为用律数可解释 81,无法解释 43。且解释 81 也非常牵强。因为"律容一龠",容积决非 81 寸。至于黄钟律自乘,其结果又有何意义?为何不直接用 9,非"自乘"不可呢?这些都是难以自圆其说的。

依落下闳说,"律阴阳九六,爻象所从出",也就是说易数源于律数。据刘歆的意见,历数,律数又来自易数中的天地之数。《汉书・律历志》载:

> 易曰:参天两地而倚数。天之数始于一,终于二十有五。其义纪之以三,故置一得三,又二十五分之六,凡二十五置,终天之数,得八十一,以天地五位之合终于十者乘之,为八百一十分,应历一统千五百三十九岁之章数。黄钟之实也。
>
> 由此之义,起十二律之周径。
>
> 地之数始于二,终于三十。其义纪之以两,故置一得二,凡三十置,终地之数,得六十。以地中数六乘之,为三百六十分,当期之日,林钟之实。

这就是说,历法中一统的章数、期之日,音律的黄钟、林钟之实,都来自易数。而易数不仅为历数、律数准备了"天地之数"这样的数据,而且"参天两地"之说,还为计算过程准备了 3 和 2 作为乘率。

其后又说,《易传》中的大衍之数,乃是"元始有象"为一,春秋为二、三统为三、四时为四,"合而成十,成五体,以五乘十"所得的结果。因为"道据其一",所以其用为四十九。这个四十九,"以象三三之,又以象四四之,又归奇象闰十九及所据一加之,因而再扐两之,是为月法之实"这样就得出了月法。

依此继续说下去,则闰法十九是"并终数"的结果;会数五十七是"参天九、两地十"得出的。朔望之会一百三十五来自"参天数二十五,两地数三十",如此等等。

以易数为历数的根据,在汉代也造成了相当影响。东汉时,太史待诏张隆说,他能"用易九、六、七、八爻知月行多少",经检验,"隆所署多失"。贾逵又命张隆"逆推前手所署,不应"①。

魏晋南北朝时,优秀的天文学家纷纷批判刘歆的历法思想。唐代一行,又将历数附会易

① 《后汉书・律历志》。

数,但无人效法。欧阳修撰唐志,又激烈批评一行。从此以后,再无人以历数附会易数了。只有律历一体的思想流传比较久远。不过后人也仅取其大致原则,而不再以历数附会律数。

四　改正朔与推历元

《史记·历书》说:“王者易姓受命,必慎始初,改正朔,易服色。推本天元,顺承厥意”。《史记索隐》注道:“言王者易姓而兴,必当推本天之元气行运所在,以定正朔,以承天意”。这就是说,“改正朔”的意义,是表示自己重新受命于天;天元,即历法之元,其意义乃是“元气行运之所在”。《史记·历书》继续说:“明时正度,则阴阳调,风雨节,茂气至,民无夭疫”。所以从帝尧以来,历代帝王都非常重视历法的修订。

司马迁所说改正朔、推天元,大约还是邹衍“五德终始”思想的产物。因为据史书所载,秦朝统一天下,即改正朔,易服色。汉朝初兴,刘邦也自以为是水德,所以沿袭秦制。孝文帝时,“鲁人公孙臣以终始五德上书,言:汉得土德,宜更元,改正朔,易服色”[①],并预言当有黄龙出现。公孙臣的思想,就是五德终始思想。

然而《史记·历书》说,夏正在正月,殷正在十二月,周正在十一月,并认为“三王之正若循环,穷则反本”。历法上的三正,被董仲舒发展为三统思想。

董仲舒认为,王者改正朔,制礼乐,“一统于天下,所以明易姓非继仁,通以已受元于天也”[②]。又说这是“法天奉本,执端要以统天下,朝诸侯也”[③]。

端,就是开端。正月是一年的开端,正月之朔又是这一月的开端。而这一年正月之朔又是以往的延续,推上去,历法就也有个开端。历法描述的是气的运行,历法的开端就是元气化生万物的开端。所以《史记·索隐》说“天元”是“元气行运之所在”。董仲舒说:

> 其谓统三正者,曰,正者,正也。统致其气,万物皆应,而正统正,其余皆正。
>
> 凡岁之要,在正月。法正之道,正本而末应,正内而外应,动作举错,靡不变化随从。

“而正统正,其余皆正”,只要开头端正了,其余就随之端正了。一年把正月初一端正了,一年的历法就端正了。一统的开头,就是历元。

董仲舒的三统应该都是天统。刘歆作三统历,把三统说是天统、地统、人统。颜师古注《汉书·律历志》,援引李奇的话说:“统,绪也”。绪是丝头,统,也就是丝头。天地人三统,就是天地人三者各自的开端。就万物生成论说,三者的开端就是元气。

因此,把每年正月的朔“改正”,进而把历元搞正确,就是正确描述了元气分化,化生万物、阴阳消长之状况。按这样的历法办事,才能顺承天意。所以,改正朔,推历元,其意义就是“顺阴阳以定大明之制”[④]。

从政治意义上说,改正朔是表示受命于天。从历法本身来说,使人们觉得,一个历法的正确与否,关键在于历元。只要历元端正,其他各项数据就自然端正。假如历法和天象不合,比如发现历法确实与实际天象相差半日或半日之半,那么,汉代人并不以为那是岁实不准,而

① 《史记·历书》。

②,③《春秋繁露·三代改制质文》。

④ 《汉书·律历志》。

认为是历元不正。

太初历颁行以后不久，太史令张寿王就上书说："历者天地之大纪，上帝所为"，"今阴阳不调，宜更历之过也"①。阴阳不调的原因，是"太初历亏四分日之三，去小余七百五分"。"亏"的原因，又是历元不正。张寿王认为黄帝至元凤三年(前78)为六千余岁，而不是三千六百余岁②。据《后汉书·律历志》，张寿王用的是甲寅元，以与丁丑元相争。

重视历元，成为汉代历法的基本思想。东汉时，太史令虞恭、治历宗䜣等认为："建历之本，必先立元。元正然后定日法，法定然后度周天以定分至。三者有成，则历可成也"③ 在这个顺序中，"度周天"这样的实际测量活动，被放在立元、定日法之后的第三位。

历是推"元气行运"、"顺阴阳"的事业，历正则阴阳调，历不正则阴阳不调。历之正不正则系于历元的正不正。张寿王已争之在先，东汉灵帝熹平四年(175)，冯光、陈晃又上书说："历元不正，故妖民叛寇益州……"④。然而从张寿王到冯光，二百多年间，仅靠改元以正历法，是不能奏效的。所以蔡邕反驳道："而光、晃以为阴阳不和，奸臣贼，皆元之咎，诚非其理"⑤。历法思想，就要发生变化了。

汉代以后，推历元是"推本元气"这样的思想逐渐淡漠，也很少有人把阴阳不调归因于历法和历元。但推历元却成为制订历法的必要步骤，直到授时历才根本取消。至于帝王易姓必改正朔，则与封建社会相始终。

"改正朔"，也就是改历法之元，简称改元。是帝王易姓受命的标志，这是一姓之元。一姓之中，换了皇帝，怎么办呢？在改历元的影响下，新皇帝就改变年号，叫"改元易号"。这个"元"，是该皇帝自己的"元"。皇帝都受命于天，这样的改元，也是受命于天的象征。一个皇帝在自己在位期间，因其政绩优劣，不断受到上天的褒奖或批评，因而不断发生接受天命的事件，因此也常常改元。那最初实行改正朔的汉武帝，他的年号就多达十几个。这样的改元易号也成了一种传统。直到授时历取消了历元，明代皇帝才不再频繁易号，直到清代，沿袭明朝，使得人们可用该皇帝的年号来作为他的代称了。

五 历法与占星

占星活动，是古代一切民族都从事的一项重要的神学活动。

表面上看，汉代的占星活动和以前没有什么区别。实际上，汉代的占星理论和前代则有着根本区别。前代占星，仅把星变说成是神灵对人的指示，而不论神灵为什么对人下这样的指示。汉代占星，则把星变归因于对人的反应。气，则是人与星感应的中介。而以气为中介的感应，就像磁石吸铁、鼓宫宫动一样，是一种必然的反映，所以董仲舒认为这是"自然之符"，《汉书》认为是如"影之像形，响之应声"。在这样的感应中，神灵并不加以干预。至于这种必然而自然的反应和神灵的意志有什么关系？汉代思想家并没有着力探讨，甚至有时径直把这种必然而自然的反应说成就是神灵的意志。

这是宗教神学观念的一大转折，也是科学思想的一大转折。这样的转折，显然是中国传

①,②《汉书·律历志》。

③ 《后汉书·律历志》。

④,⑤《后汉书·律历志》。

统观念在经过先秦的百家争鸣以后，所获得的进步。

汉代占星活动的第二个特点，是“过度乃占”。《史记·天官书》说：“凡天变，过度乃占”。这样的占星原则，显然是发现了过去占卜的许多星象，都是正常现象，在度数之内，不是对人事的反应，因而不必占卜的。比如五星逆行，过去大约是凡有逆行就要占卜的。然而司马迁发现：“余观史记，考行事，百年之中，五星无出而不反逆行。反逆行，尝盛大而变色”。并且它们“见伏有时，所过行赢缩有度”。这样，在它们有度的范围内，就不必进行占卜。

历法，就是日月五星行度一览表。合度，即为正常天象；过度，就要占卜，因为过度的原因在于人事。

为了说明什么样的人事引起什么样的天变，汉代不仅为地上五行之变制订了一套占卜规范，也为星变制订了一套占卜规范，这是汉代占星区别于前代占星的第三个特点。

前代的占星也可能有某种规范，比如郑国裨灶根据星象断定宋郑等国要发生火灾，但是这种规范似乎很不确定。以致司马迁说幽厉以往的占星，“其文图籍禨祥不法”。“不法”，就是不规范。而春秋战国时代的占验，又“凌杂米盐”，所以他考察以后，认为“未有可考于今者”[①]。司马迁的感慨，反映了汉代思想家建立占星规范的要求。《史记·天官书》，可说是天文学史上第一个比较成熟的占星规范。其中许多原则对后世影响深远，比如日为君主象征，五星失行是由于礼义兵刑等方面的缺失，五星之中，太白主兵事，荧惑主火灾等等，都大体为后世沿用。

《天官书》的原则后来又经过许多补充完善，其中最重要的是刘歆的朓与侧匿（或作“仄慝”）理论。《汉书·五行志》载，《京房易传》认为：“晦而月见西方谓之朓，朔而月见东方谓之仄慝。仄慝则侯王其肃，朓则侯王其舒”。刘向则认为，“朓者疾也，君舒缓则臣骄慢。故日行迟而月行疾也。仄慝者不进之意。君肃急则臣恐惧，故日行疾而月行迟，不敢迫近君也。不舒不急，以正失之者，食朔日”。刘歆的意见又有不同，他认为“舒者侯王展意专事，臣下促急，故月行疾也。肃者王侯缩朒不任事，臣下弛纵，故月行迟也”。《汉书·五行志》的作者非常相信刘歆的理论，他考察了春秋时的日食，“食二日仄慝者十八，食晦日朓者一”，因为那时“侯王率多缩朒不任事”；而汉家“食晦朓者三十六，终亡二日仄慝”[②]，说明刘歆的理论是正确的。

《汉书·五行志》所说春秋时日食的情况，与《春秋》的记载是不一样的。所谓“食二日”，是刘歆据三统历向上逆推的结果。三统历岁实、月实都大于实际状况，向上逆推，就会把上一月的晦日当作下一月的朔日，这样，食朔的日食就变成了“食二日”。同理，从汉武帝时使用的八十一分历，历法所记的晦日又往往是下一月的朔日，所以，食朔的日食就成了食晦。只要这个历法继续沿用，就决不会有“食二日”的情况。

然而从京房，经刘向、刘歆，到《五行志》的作者，谁都不怀疑历法有错，因为历法是由律数、易数、天地之数推衍而来，决不会错。因此，假若天象和历法不符，“过度”，那就一定是对人事的反应。

汉代把以前不规范的、“凌杂米盐”的占星规范化了、系统化了，从而使占星带有更残酷的性质。上古文献缺乏，春秋战国时代，少见有因天变而罢免大臣、甚至杀人的，而在汉代，则

① 《史记·天官书》。

② 《汉书·五行志》。

成了一种常例。

“过度乃占”的原则大约仅适用于五星。至于日食，虽不过度，也一定要占。如《汉书·五行志》所载，过度是由于朓与侧匿；不过度，则是“以正失之”，所以也必须占卜。由于日是君主象征，那么，所有与之有关的天变，就都是臣子们捣鬼，因此，就罢免大臣，特别是居三公高位的大臣，甚至杀头。

据《汉书》记载，第一个因日食被杀的，是司马迁的外甥、宰相杨敞之子杨恽。其后丞相翟方进因星变被逼自杀。到东汉，因日食策免三公就成了常例，如：

永平十三年(70)“冬十月壬辰晦，日有食之。三公免冠自劾”①。

永元十二年(100)“秋七月辛亥朔，日有食之。九月戊午，太尉张酺免”②。

永初五年春(111)“正月庚辰朔，日有食之……己丑，太尉张禹免”③。

永兴二年(154)，“九月丁卯朔，日有食之……太尉胡广免”④。

建宁元年(168)，“冬十月甲辰晦，日有食之……十一月，太尉刘矩免”⑤。

建宁二年(169)，(冬十月)“戊戌晦，日有食之。十一月，太尉刘宠免”⑥。

建宁三年(170)，“三月丙寅晦，日有食之。夏四月，太尉郭禧罢”⑦。

建宁四年(171)，“三月辛酉朔，日有食之，太尉闻人袭免”⑧。

熹平六年(177)，“冬十月癸丑朔，日有食之，太尉刘宽免”⑨。

……

错误的科学思想，严重危害了正常的社会生活。

第六节 天体演化论和宇宙结构说

一 《淮南子》的天体演化论

《淮南子》中提出了第一个较为完整的天体演化论。《淮南子·天文训》说：

> 天地未形，冯冯翼翼，洞洞灟灟，故曰太昭。道始于虚廓。虚廓生宇宙，宇宙生气。气有涯垠。清阳者薄靡而为天，重浊者凝滞而为地。清妙之合专易，重浊之凝竭难，故天先成而地后定。
>
> 天地之袭精为阴阳，阴阳之专精为四时，四时之散精为万物。积阳之热气生火，火气之精者为日；积阴之寒气为水，水气之精者为月；日月之淫为精者为星辰。

依照这个说法，在气产生以前，还有一系列的演化阶段：太昭、道、虚廓、宇宙等等。要一一弄清这些概念的实际含义是困难的。我们只能说，这是气出现以前、没有气存在的诸阶段。这显然是“无中生有”说的具体化，也是有始论的必然归宿。因为有始论若继续追下去，只能从天地追到气，再从气追到无。

---

① 《后汉书·明帝纪》。
② 《后汉书·和帝纪》。
③ 《后汉书·桓帝纪》。
④ 后汉书·安帝纪》。
⑤～⑨《后汉书·灵帝纪》。

从有始论的观点出发,《淮南子·俶真训》对《庄子·齐物论》中有关有始无始的争论作出了新的解说。依《淮南子》的意见,“所谓有始者,繁愤未发,萌兆牙蘖,未有形埒垠堮。无无蝡蝡,将欲生兴而未成物类”。未始有有始者,是“天地始下,地气始上,阴阳错合,相与优游竞畅于宇宙之间……”,而未始有夫未始有始者,则是“天含和而未降,地怀气而未扬”,是一种“虚无寂寞”、“萧条”、“冥冥”的状态。然后推到“无”,直至最后“未始有夫未始有有无者”,这是“天地未剖,阴阳未判,四时未分,万物未生,汪然平静”的状态。《俶真训》的论述,是从天地形成之后,推到天地形成以前的逆推过程,其中的思想,和《天文训》是一致的。

《淮南子》天体演化论的要点是:在气出现之前,是个无;从无中产生了气;气依据自身的重力学性质分化:轻的上升为天,重的下降凝结为地。天在上,地在下,这是盖天说体系的天体演化理论。

“无中生有”是有始论者的必然归宿,“轻清上升,重浊下降”适合古人的重力学观念,《淮南子》的天体演化论就被汉代思想家普遍接受,并对后世造成了广泛而深刻的影响。

二　从《易纬》到《白虎通》的天体演化论

万物都有形体,形体中充满着气。形是形状,如天圆地方是形,人直立、动物爬行也是形;体是体质,指有形物的质料。《易纬·乾凿度》企图为形、体、气三者各寻找一个始点:

> 夫有形生于无形,乾坤安从生了故曰:有太易、有太初、有太始、有太素也。
>
> 太易者,未见气也。太初者,气之始也;太始者,形之始也;太素者,质之始也。气、形、质具而未离,故曰浑沦。浑沦者,言万物相混成而未相离。

这也是一个无中生气,气而后才有形质的演化过程。《易纬·乾坤凿度》进一步说明太初、太始、太素的关系:“太初而后有太始,太始而后有太素。有形生于弗形,有法始于弗法”。《孝经纬·钩命诀》对太易、太初等作了具体解释:

> 天地未分以前,有太易,有太初,有太始,有太素,有太极,是为五运。
>
> 形象未分,谓之太易;元气始萌,谓之太初;气形之端,谓之太始;形变有质,谓之太素;质形已具,谓之太极。五气渐变,谓之五运。

《乾凿度》中只讲“气形质具而未离”,并认为这是浑沦。《孝经纬》认为这种浑沦即是太极。太极之后,就是天体的分化。《河图·括地象》说:

> 易有太极,是生两仪。两仪未分,其气浑沌。清浊既分,仰着为天,偃者为地。

《洛书·灵准听》说:

> 太极具理气之原。两仪交媾,而生四象;阴阳位别,而定天地。其气清者,乃上浮为天;其质浊者,乃下凝为地。

总的看来,这些纬书除了接受《淮南子》的“无中生有(气)”及轻清上升、重浊下降的观念以外,特别强调了“太极”作为阴阳二气的混沌未分状态。从易学上说,这是从天体演化观念出发,去解释《易传》中的太极生两仪、两仪生四象。

纬书的说法被采入《白虎通》,成为钦定的宇宙生成学说:

> 始起先有太初,后有太始。形兆既成,名曰太素。混沌相联,视之不见,听之不

闻，然后剖判。清浊既分，精出曜布……①

一般的学者，都接受了这种学说。如王符《潜夫论・本训》道："上古之世，太素之时，元气窈冥，未有形兆。万精合并，混而为一，莫制莫御。若斯久之，翻然自化，清浊分别，变成阴阳。阴阳有体，实生两仪……"。王符的议论表明，由《淮南子》所奠定的宇宙生成论模式，已成为汉代思想家的常识。

三 张衡的天体演化论

张衡《灵宪》所述，是浑天说的天体演化模式，但未脱离"有生于无"，清浊剖分的演化模式。《灵宪》说：

> 太素之前，幽清玄静，寂漠冥默，不可为象。厥中唯虚，厥外唯无。如是者永久焉，斯谓溟涬，盖乃道之根也。
>
> 道根既建，自无生有。
>
> 太素始萌，萌而未兆，并气同色，浑沌不分。故道志之言曰：有物混成，先天地生。其气体固未可得而形，其迟速故未可得而纪也。如是者又永久焉，斯为庬鸿，盖乃道之干也。
>
> 道干既育，有物成体。于是元气剖判，刚柔始分，清浊异位。天成于外，地定于内。……

张衡的论述从太素开始，太素以前，在他看来不过是个虚无，这个虚无就是道之根。张衡没有去深究太易、太始、太昭、太初等概念的意义，大约与他坚决反对纖纬有关。但更重要的，当是这些概念并无独立自存的科学意义。所以张衡统而论之，称它们为虚无。

这个虚无，是道之根。从无中生出了有，这个有，就是始萌的太素。太素，依张衡的意思，就是混沌未分的气，或元气。他认为，这个混沌未分的气，就是老子说的"先天地生"的物。

元气剖判的过程，是分刚柔，别清浊。张衡这里用了"清浊异位"的说法，而不讲清阳上升，重浊下降，因为浑天说的天是包于地外，而不是仅存于地上的。

然而清浊为何异位？又如何异位？清的为什么在外，浊的为什么在内？在内的有质体的浊物会不会沉下去？张衡没有回答这些问题，他也回答不了这样的问题。

四 评汉代天体演化论

汉代天体演化论，以有始论为依据，从无开始、到天地生成为止。天地生成以后，是否还继续演化？一般思想家不讨论这样的问题。只有董仲舒说："天不变，道亦不变"①，似乎天地生成之后，就不再变化了。王充《论衡・谈天》篇，承认当时的天地生成说有某些道理，但同时他也认为，"古天与今无异"，似乎也相信天地生成以后就不再变化。

较为一贯的理论，应承认有始者必有终，但汉代学者似乎更加不能承认天地有终。只有《河图・挺佐图》说："百世之后，地高天下，不风不雨，不寒不暑，民复食土。皆知其母，不知其父。如此千岁之后，而天可倚杵。洶洶隆隆，曾莫知其始终"。似乎那时天地又将合在一起，恢

① 《白虎通・天地》。

复混沌状态。这种朦胧的天地毁灭论没有引起人们的注意。

生活于安定、富足中的汉代思想家们，没有世界末日之类的危机感。

至于王充，在《论衡·道虚》篇中，又认为天地无生无死：

> 有血脉之类，无有不生，生无不死。以其生，故知其死也。天地不生，故不死；阴阳不生，故不死。死者，生之效；生者，死之验也。夫有始者必有终，有终者必有始。唯无终始者，乃长生不死。

“天地不生”，显然是“天地不死”的推论。而天地不死，仅是王充无法看到天地之死而主观设定的前提。

五　盖天说系统的天体结构论

《易·系辞传》说：“天尊地卑，乾坤定矣”。天在上，地在下，这是由视觉经验产生的最简单的天体结构论，也是一切古老民族对天地相对位置的最早结论。

在上的天，在下的地，形状如何？从中国古人的视觉经验出发，当是如《晋书·天文志》所说的“天圆如张盖，地方如棋局”。“棋局”的来源，当是田地中阡陌疆界的推广。

这样一种认识，出现的时间当会很早，它甚至不是经过认真思考和讨论的产物，而是一种不言而喻的常识。所以汉代人讲天人感应，都用天圆地方和人相比附。

据《大戴礼记·天圆》篇，孔子弟子曾参说过：“如诚天圆而地方，则是四角之不揜也”。并称他听孔子说过：“天道曰圆，地道曰方”。所谓孔子、曾参，都可能是托名，但天圆地方的观念在战国时代一定受到了批评，所以《吕氏春秋·圆道》篇用了一个专篇，论述天道圆、地道方。

天圆地方在科学上受到了批评，但作为传统观念，仍为一般人所道及，这是汉代及后来有些思想家继续讲天圆地方的原因。科学结论的普及，犹如水波的漫延，核心处虽然已经发生了变化，远处仍弥漫着旧说的余波。

大约在战国时代关于天地万物的重新检讨中，古老的天圆地方说得到了修正，逐渐形成了较为完整的盖天理论。据《晋书·天文志》载，《周髀》中的盖天说认为：

> 天似盖笠，地法覆槃，天地各中高外下。北极之下为天地之中，其地最高，而滂沲四隤，三光隐映，以为昼夜。
>
> 天中高于外衡冬至日之所在六万里，北极下地高于外衡下地亦六万里，外衡高于北极下地二万里。
>
> 天地隆高相从，日去地恒八万里。

这种盖天说认为“日所行道为七衡六间”。外衡日道直径47.6万里，则半径为23.8万里。如以外衡下地为天地边缘，则地的高与半径之比为6∶23.8，约1∶4，确实像一只倒扣的“槃”。

《晋书·天文志》还载有另一种盖天说：

> 又《周髀》家言，天圆如张盖，地方如棋局……
>
> 天形南高而北下，日出高，故见；日入下，故不见。天之居如倚盖，故极在人北，是其证也。极在天之中，而今在人北，所以知天之形如倚盖也。

这种盖天说继承了古老的天圆地方说，认为大地是平的，天像一个斜倚于地上的伞，对“天圆”作了某种程度的解说和修正，这种盖天说采用冬夏阴阳气的多少来解释二季之中白天长短的不同。它的天左旋，日月星辰右旋说则影响深远。

两种盖天说都把天看作如伞盖，如斗笠一样的形体，只是对地的形状看法不同。“天似盖笠，地法复槃”的说法，也见于《周髀算经》卷下，“复槃”说当与解释中国境内地形西北高而东南低有关。《淮南子·天文训》的解释是共工头触不周山，天柱折，地维绝，以致“天倾西北”，“地不满东南”。“地法覆槃”当是在这些神话传说基础之上发展起来的结论。

西汉时代，大约是这种盖天说的统治时期。东汉王充，原则上同意盖天说，但否定了“天似盖笠”的说法。王充认为：“天平正与地无异”①。

天似盖笠，和“天似穹庐”一样，都是人们对天的最初而又直观的感受。“天平正”的说法，当是对天的形状经过更深入思考的结论，从历史的观点看问题，“天平正”说是一种进步。

当盖天说居统治地位，并且不同说法在争论的时候，浑天说诞生了，并对整个盖天说体系采取了根本否定的态度。

六 扬雄难盖天八事

浑天说产生的时间也难以确定。据扬雄所说，落下闳等人已造了“浑天”，用来观测和模仿天象②。大约至少在西汉中期，浑天思想就悄悄诞生了。很可能，浑天思想是“天似盖笠”的发展。东汉蔡邕说，盖天“考验天状，多所违失”③，那么，浑天思想，也可能诞生或成长于元封末年那一次大规模地“考验天状”的活动之中。

随着盖天说理论的逐步成熟，扬雄提出了“难盖天八事”④。其中主要是揭露盖天说中的天状和实际天象之间的矛盾。如第二条：“春秋分之日正出在卯、入在酉，而昼漏五十刻。即天盖转，夜当倍昼。今夜亦五十刻，何也”。依盖天说，太阳运行的轨道是圆，圆心在北极。夏至轨道离北极最近，冬至最远，春秋分则在冬夏至轨道之间。日光投射于地面，永远是半径为16.7万里的圆。以这样的说法考察盖天说的太阳运行图，则中国大地上，于春秋分之时，一昼夜之间，只应有三分之一的时间见到日光，而实际上此时却是昼夜相等。因此，盖天说与天状不符。

第三条：“日入而星见，日出而星不见，即斗下见日六月，不见日六月，北斗亦当见六月，不见六月。今夜常见，何也”。

依盖天说，极下六月常有日光，六月常无日光。而日在天上所照的大小当与地上相等，北斗星所在，亦当有六月见日光，此时北斗当看不见，为什么北斗能夜夜见到呢？

第四条：“以盖图视天河，起斗而东入狼弧间，曲如轮。今视天河直如绳，何也”。

第五条：“周天二十八宿，以盖图视天，星见者当少，不见者当多。今见与不见等，何出入无冬夏，而两宿十四星当见，不以日长短故见有多少，何也”。

……

盖天说与日月星象运行出没的矛盾，是盖天说失去信任的根本原因。而日月星辰出没运行的情况，是浑天说立论的基本根据。

---

① 《论衡·说日》篇。

② 参见：扬雄《法言·重黎》。

③ 《后汉书·天文志》注引：蔡邕《表志》。

④ 《随书·天文志》。

以日月星辰出没运行为理论根据，就必须摆脱直观的视觉经验，而凭借抽象的思维进行推论。因此，浑天说的出现，是中国古代思想家对天体结构认识进一步深入的表现。

七　张衡《浑天仪注》[1] 与浑天说

据《晋书·天文志》载，葛洪引《浑天仪注》道：

> 天如鸡子，地如鸡中黄，孤居于天内，天大而地小。天表里有水，天地各乘气而立，载水而行。周天三百六十五度四分度之一，又中分之，则半覆地上，半绕地下，故二十八宿半见半隐，天转如车毂之运也。

这是浑天说的经典说法。依这种说法，则扬雄的“八事”都可得到较好的解释。

后来王蕃又有所补充。据《晋书·天文志》载，王蕃说：

> 前儒旧说，天地之体，状如鸟卵，天包地外，如殼之裹黄也。周旋无端，其形浑浑然，故曰浑天也。
>
> 周天三百六十五度五百八十九分度之百四十五，半覆地上，半在地下。其二端谓之南极、北极。北极出地三十六度，南极入地三十六度，两极相去一百八十二度半强……。

浑天说的要点是：天是个球形或椭球形，以南北极为轴，日夜旋转，因而天“半覆地上，半在地下”。“天表里有水”，天和地都“乘气而立，载水而行”。

依“地如鸡中黄”，则地也是球形。因而，球形的天是“盖笠”的发展，蛋黄形的地也应是“地法覆槃”的发展。

《后汉书·律历志》刘昭注所引张衡《浑仪》，没有讨论有关大地的计算问题，王蕃讨论了大地的计算问题。

依传统“千里一寸”说，夏至时“地中”阳城日影一尺五寸，证明“南戴日下”到阳城 1.5 万里，“以此推之，日当去其下地八万里”。而日斜射阳城，这就是“天径之半”。

依勾股法，1.5 万为勾，8 万为股，则弦为：

$$\sqrt{1.5^2+8^2}=8.1394(\text{万里强}),$$

这就是天球半径。王蕃并由此推算了天球直径和“周天之数”。

王蕃这个计算，以 1.5 万为勾，全然不考虑大地的曲率；“千里一寸”，完全是地平观念的产物。这样，一面认为“地如鸡中黄”，一面在有关大地的计算中一点也不考虑大地的曲率，构成了浑天说在大地形状问题上的基本矛盾。

如同张衡、王蕃没有讨论天半入地下时，日月星辰如何能从地下的水中通过一样，他们也没有讨论与球形大地有关的一系列力学问题。理论的粗疏、不完备及内在矛盾，将在理论的传播过程中，随着人们科学实践的深入而展开。

由于浑天说较为正确地解释了日月星辰的出没运行，而这一点正是它立论的基础，所以它终于为广大天文学家所接受，成为天体结构的权威理论。

---

① 学术界关于《浑天仪注》的作者曾发生过争论，我们认为还是以张衡注比较恰当。

八　地　动　说

地动说有两种：一种是地的旋转，一种是地的“四游”。《春秋纬·元命苞》说：“天左旋，地右动”。

《河图·括地象》补充说：“天左动起于牵牛，地右动起于毕”。这里讲的地动，和天旋一样，是围绕某一轴心的转动。天旋的方向，和董仲舒所说阳气运动的方向一致，地动的方向，则和阴气的运动方向一致。天是阳，地是阴，天旋地动说，很可能是由董仲舒的阴阳二气运动说发展而来。《春秋纬·元命苞》解释地右动(转)的原因说：“地所以右转者，气浊精少，含阴而起迟，故转右，迎天佐其道”。天地左旋右转说被采入《白虎通》，成于钦定的天地运动说：“天左旋，地右周，犹君臣、阴阳相向也”。它的根据，乃是天象：“地动则见于天象”①。

纬书还载有一种“地有四游”说，见于《尚书纬·考灵曜》：“地有四游。冬至地上行，北而西，三万里；夏至地下行，南而东，复三万里，春秋分其中矣”。地游的方向，和董仲舒所说阴气的运行方向也完全一致。“冬至地上行”，乃是因为冬至阴气在上的缘故。《考灵曜》还解释了地有四游而人不觉察的原因：“地恒动而不止，人不知。譬如人在大舟中，闭牖而坐，舟行而人不觉也”。

浑天说的出现，不仅是提供了一种新的天体结构说，更重要的是提供了一种新的思想方法。它明确意识到：天体结构，以及天地运动的真实情况，和人的主观感觉不是一致的。它的主要结论，都是突破直觉经验，从考验天象中经抽象思维而推论出来的。这种四游说，很可能是对冬夏时日影长短、太阳出没位置变化的一种解释。

当时认为的天高，在6万到12万里之间，大地3万里的位移，将使视觉中日月星辰的位置有很大变化，这一点与实际观测不符，所以地游说没有被普遍接受，而仅成为思想资料。

九　宣　夜　说

据《后汉书·天文志》刘昭注所引蔡邕《表志》，称“宣夜之学绝无师法”。据《晋书·天文志》载，宣夜之书已经亡佚，只有汉秘书郎郗萌记其先师相传之学，其内容是：

> 天了无质。仰而瞻之，高远无极，眼瞀精绝，故苍苍然也。譬之旁望远道之黄山而皆青，俯察千仞之深谷而窈黑，夫青非真色而黑非有体也。日月众星，自然浮生虚空之中，其行其止皆须气焉。是以七曜或逝或住，或顺或逆，伏见无常，进退不同，由乎无所根系，故各异也。
>
> 故辰极常居其所，而北斗不与众星西没也。摄提、填星皆东行，日行一度，月行十三度，迟疾任情，其无所系著可知矣。
>
> 若缀附天体，不得尔也。

依盖天说或浑天说，日月星辰都是“缀附”在“天体”上的，那么，为什么许多星辰都不动，仅随天运动，而只有日月五星运动，而且速率、方向都不同呢？较为合理的解释是：它们并不是镶嵌、缀附在天这个体上的珠宝，而是无所系属，可以自由运动的存在物。宣夜说的产生，应又

---

① 《春秋纬·运斗枢》。

是因为浑天说的缺陷。

宣夜说还力图解释这辽远无质，而望之苍然窈黑的现象，认为那是由于距离辽远而呈现的视觉形象，并举旁望远道黄色的山、下视深谷、其视觉形象都是青而窈黑作为例证。其对天的思考，当比浑盖二家深入得多，也正确得多。

然而宣夜说在深入思考“天”的时候，却忘记了日月星辰相互之间那稳定的相互关系，和日月五星运动那较为稳定的速率和轨道。这种稳定的秩序、速率和轨道，正是天文计算、预测的基础，然而宣夜说却无法回答日月星辰为什么有如此稳定的秩序，“任情”运动的星体为什么不去破坏这种关系？

从盖天说经浑天说到宣夜说，我们看到中国古人对天体结构认识的步步深入。后起的学说，总是力图回答旧说中的缺陷和难以自圆之处，而在新说回答了旧说缺陷的时候，又暴露出新的缺陷。而旧说尽管有这样那样的缺陷，然而它又毕竟是抓住了某些事实，并且依据当时的知识水平作出了某种合理的解答，而这种合理之处，又是后起的新说难以解释的。所以，汉代成型的论天三家，虽然浑天说较为合理地解释了日月星辰的运行而成为权威的天体结构说，但它也始终没能取消另外二家的存在，因为它不能解释只有另外二家才能解释的问题。

论天三家所用的方法，虽相互之间有精粗深浅不同，但总体看来，都是从特殊、局部的经验出发，而推广到全体。人们不能不作这样的推论，人们在作这样的推论时又不能不犯错误。每一次重大的科学进步，都无法避免这样的矛盾，要在科学当面临荣誉和鲜花时，应保持清醒、冷静和谨慎。

第七节　汉代人的变化观

一　贾谊《服鸟赋》中的天地为炉说

《庄子·大宗师》依据一气聚散理论，将万物的生成比作“大冶铸金”，万物都在大熔炉里被铸造出来。汉代贾谊发挥庄子的比喻，表达了自己的变化观念。

贾谊被贬长沙，某日，一只服鸟（燕子）飞进了他的居室。他打开谶书占卜，说是“野鸟人室，主人将去”。他问服鸟，主人何时将去？并借服鸟的意思表达了自己的变化观[①]。

在《服鸟赋》中，贾谊说道：“万物变化，固亡休息。斡流而迁，或推而还。形气转续，变化而嬗。沕穆亡间，胡可胜言”。万物的变化是没有间断的，有的随波逐流而变迁，有的折转又回返。形和气互相转化、接续、替代。形变成气，气又变成形，就这样代代相传。其间的深微奥妙，没法说得清楚。

这是贾谊对万物变化的一般看法。然后贾谊以人类社会为例，认为社会现象是“祸兮福所倚，福兮祸所伏。忧喜聚门，吉凶同域”。比如原来强大的吴国，后来失败了；而那濒临绝境的越国后来却成了霸主。李斯在事业上获得巨大成功，不料遭受肢解的酷刑；傅说不过是个奴隶，却作了武丁的宰相。所以，祸福纠缠在一起，没法分得清楚；人的命运难以测度，谁知道

① 见贾谊《服鸟赋》。

结局如何？

自然界的事物，变化也难以测度："水激则旱，矢激则远。万物回薄，震荡相转"，还有云升雨降，事物交错纷纭。它们就像从一个巨大的陶钧之上撒播出来，无穷无尽。变化是天的事情，变化之道也非人所得干与："天不可与虑，道不可与谋"。人的生死由命，谁知道什么时候变化！

这是服鸟对贾谊问题的回答，也是贾谊的变化观。

贾谊托服鸟之意继续说道："且夫天地为炉，造化为工，阴阳为炭，万物为铜，合散消息，安有常则，千变万化，未始有极"。这里贾谊再一次表达了变化没有极限的思想。变化的内含，仍是一气聚散：天地像个大熔炉，造化就是铸工，阴阳二气消长变化，就像炭火，万物就像金属(铜)，被炭火熔化，然后再被铸造。在这个比喻中，显然认为万物的质料是同一的。比如金属，不过是已聚成形的气。"合散"是气与形的合散，即庄子说的聚则成形，散则成气。"消息"，是阴阳的消长。由于阴阳消长而发生昼夜交替，四季代换。正是昼夜、四季的代换，使万物不断地生死往来。阴阳的消长、气的聚散没有尽头，变化也就没有极限。

在这样的变化中，气可能一下会聚而成人，人也可能会变成别的什么。这是无法控制，也不必伤感的过程："忽然为人，何足控揣；化为异物，又何足患"。正确的态度是："乘流则逝，得坎则止；纵躯委命……泛乎若不系之舟"。

贾谊的"万物"都包括什么？他并没有认真地分析和讨论。他虽然提到了水、矢、云、雨，实际上，他认为那被铸被熔的，往往是随阴阳消长而花荣枯落，而生存死亡的物，因而往往是指生物。而且，是不是有不变的物？贾谊也未认真讨论。这是一种朦胧的万物都在变化、而且变化没有规则、没有极限的变化观。

二 《淮南子》中的金属生成论

《管子·地数》篇说："山上有赭，其下有铁；上有铅者，其下有银；上有丹沙者，其下有黄金；上有慈石者，其下有铜金"。这里揭示了金属与其它矿物的共生或共存关系。到《淮南子》，这些经验事实发展为较为完整的金属生成论。《淮南子·地形训》说：

> 正土之气也御乎埃天，埃天五百岁生缺，缺五百岁生黄埃，黄埃五百岁生黄汞，黄汞五百岁生黄金……
>
> 偏土之气御乎清天，清天八百岁生青曾，青曾八百岁生青汞，青汞八百岁生青金……
>
> 壮土之气御乎赤天，赤天七百岁生赤丹，赤丹七百岁生赤汞，赤汞七百岁生赤金……
>
> 弱土之气御于白天，白天九百岁生白丹，白丹九百岁生白汞，白汞九百岁生白金……
>
> 牝土之气御于玄天，玄天六百岁生玄砥，玄砥六百岁生玄汞，玄汞六百岁生玄金……。

"生"，这里是"变成"的意思。五种土气，先分别变成五种矿物，五种矿物再变成五种汞，五种汞再变成五金。五金是有的，但五汞并不存在，上述变化过程，显然仅是人脑想象出来的。这里不在于矿物、金属是不是这样生成的，而在于从中反映出来的观念。依照这种观念，五种土气先变成五种矿物，再变成五种汞，最后变成五种金属。也就是说，金属、汞、矿物，都是气在变化过程中的不同阶段，而它们本身，也会发生变化。它们的存在，仅是一系列变化过程中的某一阶段而已。

当变成金以后，金还要继续变化：

> 黄金千岁生黄龙，黄龙入藏生黄泉，黄泉之埃上为黄云。阴阳相薄为雷，激扬为电，上者就下，流水就通，而合于黄海。

其他青金、赤金、白金、玄金，也分别变为青赤白玄之龙，龙入藏生青赤白玄之泉，泉之埃为青赤白玄之云，最后合于青赤白玄之海。经历这个过程，可说金属先变成动物又变成了水。水之"埃"，也就是水之气。生物(龙)、非生物，矿物、金属、水、土，都被组合成一条条系列变化的锁链。《淮南子》的说法，有意无意补充了贾谊未专门讨论的问题，并认为非生物中之土、矿物、金属，都是变化的产物，并且是变化过程的一个环节。

这些变化是想象出来的，但《淮南子》中也记载了一些确实存在的金属的变化："铅之与丹，异类殊色，而可以为丹者，得其数也"[①]。铅可变为丹，是因为"得其数"。那么，假若"得其数"，是否可以让事物之间都随人意发生变化呢?《淮南子》没有得出这样的结论，然而这正是人类追求的目标。

三 人的变化

传说的人的变化，是人变成了禽兽。《淮南子·俶真训》载："昔公牛哀转病也，七日化为虎。其兄掩户而入觇之，则虎搏而杀之"。变成虎的公牛哀，不像西方传说中的中了魔法，虽外形变化，但心灵没变。公牛哀化虎，是从外表到心灵，全都发生了变化："是故文章成兽，爪牙移易，志与心变，神与形化"。《淮南子·俶真训》还评论说，当他为虎时，他不知自己曾经是人；当他为人时，也不料自己将来成虎。人和虎二者互相代替，各自安于自己的形状。就像是非无端一样，不知道它怎么发生。又像冰变成水，水变成冰，水和冰在一个圆圈上打转。《淮南子·俶真训》得出结论说："若人者，千变万化而未始有极也"。《淮南子》说的"千变万化"，不仅包括牛哀化虎，而且包括人在梦中变为鸟、变为鱼。不论这些说法在今天看来是多么荒唐，在当时人们的观念中，认为人可千变万化而未始有极的观念却明明白白。而且这里所说的人的变化，还不仅是贾谊说的出生以前、死亡以后，接受天地这个大熔炉的陶铸，而是在未死之前，在正作人的时候，就发生了变化。

《淮南子》以后，人们对牛哀化虎的事仍深信不疑，高诱注《淮南子》道：

> 转病，易病也。江淮之间，公牛氏有易病，化为虎，若中国有狂疾者，发作有时也。其为虎者，便还食人。食人者因作真虎，不食人者更复化为人。

"易"病，就是变化之病。它像"狂疾"一样，是人的一种病。既是一种病，就不仅是个别事例，而且是许多人都可能发生的事。并且"发作有时"。发作起来，有的吃人，有的不吃人。吃人的就成了真虎；不吃人的还会变为人。难怪《淮南子》说如水变冰，冰变水，在一个圆圈上打转。

东汉时代，又有新的人变禽兽的传说。《后汉书·五行志》载："灵帝时，江夏黄氏之母，浴

---

① 《淮南子·人间训》。

而化为鼋，入于深渊，其后时出见。初浴簪一银钗，及见，犹在其首"。这个故事似乎比牛哀化虎更加真实可信，因为这个鼋还"时出见"，并且有特点：头上有一银钗，因而可以识别出来。虽然这个故事和牛哀化虎一样荒唐，但直到南朝梁代刘昭注《后汉书》，仍深信不疑，并加注道："黄者，代汉之色。女人，臣妾之体。化为鼋，鼋者，元也。入于深渊，水实制火"。在刘昭看来，这正是后来汉朝政权被人取代的前兆。至于鼋首上的银钗，则说明"卑弱未尽"，因而汉代灭亡以后，"蜀犹旁缵"。

和这些传说并行，是一些真实的、人的变化的故事。《汉书·五行志》载：

> 史记魏襄王十三年，魏有女子化为丈夫。《京房易传》曰：女子化为丈夫，兹谓阴昌，贱人为王；丈夫化为女子，兹谓阴胜，厥咎亡。一曰，男化为女，宫刑滥也；女化为男，妇政行也。

男化为女，女化为男，成为一项占卜内容，可见这种现象已引起思想家们的严重关注。哀帝时，又发生这样的事："哀帝建平中，豫章有男子化为女子。嫁为人妇，生一子"。变为女子后还作人妇生下一子，说明是确确实实变成了女子。

东汉时又发生了类似事件。汉献帝建安七年(202)，"越嶲有男化为女子"。当时还有人记得汉哀帝时的事件："时周群上言，哀帝时亦有此异，将有易代之事"①。二十五年后，果然曹丕逼迫汉献帝退位②。

真实的、虚幻的、甚至梦中境像，都被人们加在一起，造成一个总的观念：人，"千变万化而未始有极"。

四　变化与服药

现代医学认为，服药治病，其原理是药物杀死了病菌。中国古代医学，服药治病中的一条重要原理，是药物把自已的性质转移到人的身上，从而使人体自身发生变化。两汉之际出现的《黄帝九鼎神丹经》，总结长生药的效用时说，过去那些长生药之所生不能使人长生，其原因是自己本身就不具有长生的性质："且草木药，埋之即朽，煮之即烂，烧之即焦，不能自生，焉能生人"。草木药自已不具有长生的性质，也就不能把不死的性质传给人体。依此推论，人要长生不死，只有服食黄金、大丹等等。《黄帝九鼎神丹经》继续说："凡欲长生，而不得神丹金液，徒自苦耳。虽呼吸导引，吐故纳新，及服草木之药，可得延年，不免于死也"。神丹金液之所以能使人长生，其原因是自己可以长生、不死。《周易参同契》说："金性不败朽，故为万物宝。术士服食之，寿命得长久"。至少在西汉中期，人们已经把黄金和长生不死联系起来。《史记·封禅书》载，李少君说汉武帝：

> 祠灶则致物，致物而丹沙可化为黄金。黄金成以为饮食器则益寿，益寿而海中蓬莱仙者乃可见，见之以封禅则不死，黄帝是也。

这里还未明确讲到服食黄金。《盐铁论》中就明确指出："燕齐之士释锄耒，争言神仙……言仙人食金饮珠，然后寿与天地相保"。仙人食金饮珠，若凡人如此，当然也就成为仙人。食金的原理，则由后来的《参同契》明白说出，就是要汲取黄金不败朽的性质。

与黄金具有同等价值的是玉。《淮南子·俶真训》说："钟山之玉，炊以炉炭，三日三夜而

---

①，②《后汉书·五行志》。

色泽不变,则至德天地之精也”。那么,玉,和黄金一样,也具有不败朽的性质。服食玉,自然也可使人长生不死。《抱朴子·仙药》篇援引《玉经》的话说:“服金者寿如金,服玉者寿如玉”。服金玉者之所以能够如金玉一样长寿,乃是因为汲取了金玉不败朽的性质。可以相信,人们为了长生,一定服过真的金液、玉液。只是因为伤了性命,六朝时期的《黄庭经》才说“玉液”就是人的唾液。

《玉经》不知出于何时,今已亡佚。但可相信,服药是吸取药物性质的思想,汉代人已经明确。

药物性质转移的途径是:先变成气,然后像熏蒸的作用一样,把自己的性质送达身体各个部位。《周易参同契》说:“金沙入五内,雾散若风雨”,然后“熏蒸达四肢”,实现性质转移,使金的性质传给人体,使人变成长生不死的神仙。

扬雄解释螟蛉子,说是土蜂不断“祝”的结果,其更深的意思,也当是认为土蜂在“祝”的时候,通过气的传递,把自己的性质转移到小青虫身上,使小青虫变成土蜂。汉代人用金缕玉衣裹尸,也是要使金玉的性质传给人体,使尸体不朽。据葛洪《西京杂记》:“汉帝送死皆珠襦玉匣。匣形如铠甲,连以金镂。武帝匣上皆镂为蛟龙鸾凤龟麟之象,世谓为蛟龙玉匣”。由此看来,现在所说的金镂玉衣,本名应是“玉匣”。可惜汉陵多被人盗掘,刘胜墓得以保存此玉匣实物,乃是一大幸事。

与金镂玉衣相类,是所谓“黄肠题凑”。北京近郊发掘的燕王墓,就是黄肠题凑的一个实例。所谓黄肠,就是用柏木心垒成如墙一样的椁,以围护棺木,其意当也是吸取柏树的长寿性质,以使尸体永存。

汉代人的想法和作法,有的成功,但失败居多。要揭开汉代人防止尸体腐烂的秘密,还只能从汉代人的思路入手。

五　变与不变之争

汉代人所论及的变化,几乎遍及世界上的一切物类。从四时阴阳、虫鸟草木,到人,到金石,没有一类不发生变化。并且他们也不分什么物理变化、化学变化,真实存在的变化,还是梦中虚幻的影象,甚至今日为民,明日作官;今日弱小,明日强大,也都是变化。可以说,汉代人眼里的世界,也是一个变动不居的世界。

汉代人也看到了有些东西是不变的。比如金,比如钟山之玉。董仲舒说:“天不变,道亦不变”[①]。天地、道,也是不变的事物。汉朝初年,黄老之学流行。《老子》说:“道可道,非常道”。常道,就是恒道,不变之道。道家认为有一个不变的道,儒家也认为道不变,变的只是某些具体制度。因此,道不变,应是汉代人的普遍意识。

《庄子·知北游》说:“万物以形相生,故九窍者胎生,八窍者卵生”。这在某种程度上承认了物种的恒定。《淮南子·地形训》一面承认“立冬燕雀入海,化为蛤”,一面也指出:“万物之生各异类”。所以“蚕食而不饮,蝉饮而不食,蜉蝣不饮不食。介鳞者夏食而冬蛰,龁吞者八窍而卵生,嚼咽者九窍而胎生。四足者无羽翼,戴角者无上齿。无角者膏而无前,有角者指而无后”等等。而燕雀之所以变为蛤,在《淮南子》看来,也似乎由于它们是同类:“鸟鱼皆生于阴”,

---

① 《汉书·董仲舒传》。

“鸟鱼皆卵生”。物种的恒定也是人们常见的事实。

因此，一面是变，一面是不变，两种事实俱在，问题在于从中作出什么结论。

《易纬·乾凿度》把变与不变都看作世界的本质：“孔子曰：易者，易也。变易也，不易也，管三成为道德苞籥”。变的是气：“变易者，其气也”。如天地、五行、四时等等；不变的是位；“不易也者，其位也”。如天在上，地在下；君南面，臣北面等等。依《乾凿度》说，天地也在变的范围之内，不变的仅是天地、君臣、父子之位。这样一来，变的是气，就可理解为，一切物都是可变的，因为它们都是气的聚合。

万物可变思想的运用，首先不是去改造物种，而是用于炼金术和神仙术。黄金是物中最宝贵的，神仙是人生追求的最高目标，所以万物可变思想，首先被用于这两个方面。

然而从秦皇、汉武开始，没有一例求仙成功。此后的求仙者，也没有一例成功。炼金术的命运，和求仙一样悲惨。所以西汉末年，桓谭首先起来反对企图变异人之本性的荒唐主张。他在《新论·祛蔽》篇说：

> 人与禽兽昆虫，皆以雌雄交接而生。生之有长，长之有老，老之有死，若四时之代谢矣。而欲变异其性，求为异道，惑之不解者也。

桓谭把有生有死看作人和禽兽昆虫的共同本性，他认为这个本性是不可改变的。

桓谭之后，王充又进而反对神仙思想。《论衡·道虚》篇认为，人要变成神仙，飞升上天是不可能的。因为飞升首先要有鸟儿的羽毛，那些修仙的人们能长出羽毛吗？一个也没有。连长出羽毛这样的变化都不能实现，还谈什么白日飞升。当时传说曼都学仙，曾经上天，三年以后又复还。王充凭借对蝉的观察认为：“万物变化，无复还者。复育化为蝉，羽翼既成，不能复化为复育”。又如煮熟的肉不能再变成生肉，煮熟的鱼儿不能再让它游泳。因此，那上天复还的事是虚妄不实的传说。

“万物变化，无复还者”，主旨仅在于反对上天复还的虚妄，却概括了万物变化的一条重要规则。特别是生物界。生命的途程，只能生长壮老死，不可能中途停顿，更不可能倒退。昆虫的三态变化，也只能先幼虫、后蛹、后成虫，也不可能倒过来。

王充也不否认“虾蟆化为鹑，雀入水为蜄蛤”，但他认为，那是“禀自然之性，非学道所能为”①。

王充以后，应劭提出了新的变化原则。他不相信王阳作金，也不相信人能成仙。他说：“夫物之变化，固自有极。王阳何人，独能乎哉？语曰：金不可作，世不可度”②。所谓“语曰”，当是流行的意见。应劭给这种意见作了理论解说：原因在于事物的变化有个极限。

“变化有极”和“变化无极”是两种根本对立的变化观。主张变化无极的，其目的只在于说明命运难测，或者是为炼金、成仙辩护；主张变化有极的，也仅在于反对炼金、成仙。双方都没有对事物变化的可能及其条件作出进一步分析。

---

① 《论衡·道虚》。

② 《风俗通义》卷二。

六　无种化生论

从《庄子》明确讲气聚成人以后，气聚成物的思想就得到了普遍承认，然而，气怎么聚成物？则缺乏认真研究。特别是对于那些“以形相禅”的卵生，胎生之物，更难以追溯它们起初气聚成形的情境。但是对那些小的动物，如萤火虫，虱子、以及鱼虾，汉代人相信，它们是由气聚合而成的。

《吕氏春秋·季夏纪》道：“腐草化为蚈”。注者一般认为，蚈，就是萤火虫。到汉代，被采入《礼记·月令》，作“腐草为萤”。《淮南子·时则训》直引《吕氏春秋》，仍作“腐草化为蚈”。注者往往以后世的知识推想古人，有人认为这说的是萤火虫产卵于腐草而后生出萤火虫，不是腐草所化①，这只能说是后代人的理解，而不是汉代人的思想。在汉代人看来，萤火虫就是腐草所变成的。

《淮南子·泰族训》又补充了新的材料：“牛马之气蒸生虮虱”。这是又一个无种化生的例子，它认为虮虱是由牛马之气直接聚合化生的。

《淮南子》以后，王充又补充了新的材料。王充说：

> 山顶之溪，不通江湖，然而有鱼，水精自为之也。
>
> 废庭坏殿，基上草生，地气自出之也②。

王充认为，这些都是“无类而出”，也就是无种自生：“瑞应之自至，天地未必有种类也”③。同样，被视作灾变的事物，也是无种自生的：“灾变无种”。

王充认为，像鹰化为鸠，雀为蜃蛤之类的事，乃是“物随气变”，即物随着气运而发生变化。凤凰、麒麟，也是随着大时间段的气运而出现的动物：“或时太平气和，獐为骐麟，鹄为凤凰”。这叫作“气性随时变化”，没有“常类”④。

王充在《论衡·商虫》篇还说虫是“风气所生”，说“虫之生也，必依温湿。温湿之气，常在春夏”，其意义也不是如今天说的温湿之气造成了虫子滋生的条件，而是说，温湿之气聚合而成了虫子。

无种化生说表明，汉代思想家在承认“物生自类本种”⑤ 这个基本事实以外，还认为：(1)有的动物可随着气运的变化而变为其他种类；(2)有些动物是无种自生，由气直接聚合而成的。

汉代人无种自生的思想影响深远，直到宋代，程颐还认为：

> 陨石无种，种于气。麟亦无种，亦气化。厥初生民亦如是。
>
> 至如海滨露出沙滩，便有百虫禽兽草木无种而生，此犹是人所见。若海中岛屿稍大，人不及者，安知其无种之人不生于其间了⑥。

程颐的思想，比王充要走得更远。

气直接聚合成动植物，是汉代人变化观念的重要组成部分。

---

① 见陈奇猷《吕氏春秋校释·季夏纪》注五引沈祖绵语。

②，③《论衡·讲瑞》篇。

④ 以上均见《论衡·讲瑞》篇。

⑤《论衡·奇怪》篇。

⑥《程氏遗书》卷十五。

第八节 医、农等学科某些特有的科学思想

一 医学对鬼神观念的排斥

中国古代医学的理论基础是《黄帝内经》。《黄帝内经》的成书，一般认为在西汉初期或中期，甚至后来还有补充，它的许多内容，则春秋、战国时代都已具备。因此，中国古代医学理论基础的形成，经历了一个漫长的历史时期。

春秋战国时代，是一个无神论思想活跃的时代。医和就发表了我国医学史上最早的六气致病说。反对用诅咒、祈祷之类的办法去对付疾病。孔子有病，也不祈祷[①]，并赞扬有病不求神的楚昭王懂得"大道"。

先秦诸子中，墨子是极少数虔信鬼神的思想家之一，但在疾病问题上，却采取了实事求是的态度。他认为："人之所得于病者多方，有得自寒暑，有得自劳苦"。只是行善，不过是"百门而闭一门"[②]，并不是对付疾病的根本办法。所以他要求，治天下"譬之如医之攻人之疾"，"必知疾之所自起"[③]。墨子的言论表明，当时的医学已相当发达，社会对医学已寄予了极大的信任。

墨子以后，无神论思潮又继续发展。《荀子·天论》认为："养备而动时，则天不能病"。韩非认为"事鬼神、信卜筮"是亡国之道，他更不相信用这个办法可对付疾病。而据《史记·扁鹊仓公列传》，从扁鹊到汉朝初年的名医淳于意，治病或用三阴三阳，或以五色诊病，或对症下药，却并不求助鬼神。司马迁在叙述扁鹊的事迹时发表评论说："使圣人预知征，能使良医得早从事，则疾可已，身可活也"。并且把"信巫不信医"作为病不可治而导致死亡的原因之一。

《黄帝内经》继承了医学的这种优良传统，在《五脏别论》中，作者认为："拘于鬼神者，不可与言至德"。依《内经》的理论，人的患病，或得自风邪，或得之七情六欲、饮食房事不节，劳疲倦极，但有人没有这些因素，突然得了病，这不是鬼神吗？就在这些地方，《内经》也不承认鬼神的地位。《灵枢·贼风》说：

> 此亦有故，邪留而未发，因而志有所恶，及有所慕，血气内乱，两气相搏，其所从来者微，视之不见，听而不闻，故似鬼神。

至于祝由，在《黄帝内经》看来，那仅是"先巫"们使用的办法，在"往古""恬淡之世"奏效，而不能行于"当今之世"[④]。

但巫祝作为医疗手段，仍在实际医疗过程中流行。汉武帝要求仙，"尤敬鬼神之祀"，有一次病得厉害，"巫医无所不致"[⑤]。汉成帝末年，由于没有继嗣，许多人"上书言祭祀方术"。汉哀帝即位，有病，"博征方术士"，并且完全恢复了以前被废而不祭的"诸神祠官"，"凡七百余

---

① 见《论语·述而》。
② 《墨子·公孟子》。
③ 《墨子·兼爱》。
④ 参阅《灵枢·贼风》、《素问·移精变气论》。
⑤ 《汉书·郊祀志》。

所”,以致“一岁三万七千祠云”①。

虽然如此,直到西汉灭亡,医学理论始终不承认鬼神的地位。据《汉书》文帝、宣帝等纪,当时也曾发生数次大疾疫,但无人作出鬼神作祟的解释。而《汉书·五行志》,也无“疾疫”一项。

东汉时期,情况发生了变化。《后汉书·五行志》列上了“疾疫”一项。延光四年(125)冬天,京都洛阳疾疫流行。张衡上书,认为这是:“天地明察,降祸现灾”。所以他要求皇帝“使公卿处议,所以陈术改过,取媚神祇,自求多福也”②。

鬼神致病说又抬头了,不过直到汉末,重要的医学家如华佗、张仲景,重要的医学著作如《伤寒论》,也仍然不承认鬼神的地位。鬼神观念重新侵入医学,要待后来的南北朝时期。

二 气候与病因

墨子说,医生治病,“必知疾之所自起”。知道了病因,就好对症下药。因此,诊断就是医疗的前提。古往今来,病因说的进步,往往是医学进步的前提。春秋末年,在否认了鬼神病因说之后,人们找到的新的病因,首先是气候因素,也就是医和的六气病因论。《黄帝内经》改变了六气的内容,认为六气是风寒暑湿燥火。新的六气病因论也是气候因素,并被后来的医家普遍接受。

六气之中,最重要的是风。《素问·玉肌真脏论》:“是故风者,百病之长也”。《素问·骨空论》:“风者,百病之始也”。风的侵袭,使人得病:“因于露风,乃生寒热”③。反过来说,人的得病发热,首先也是由于感冒风寒:“今夫热病者,皆伤寒之类也。人之伤于寒也,则为病热”④。东汉末年张仲景把自己的专著叫《伤寒论》,就表明他对病因的基本看法。后人把他奉为医圣,把《伤寒论》视为临床医学的鼻祖,也表明后人普遍接受了汉代的病因论。

由于把气候条件看作得病的主要原因,汉代医学家才化大力气去研究气的运行,创立了五运六气说。五运六气,不过是从一点点可靠的经验材料出发,主要靠臆想建构起来的气候变迁规范。

把病因归结于气候,是一种表面的、浅层的认识,然而也是医学在摆脱鬼神的纠缠之后,所获得的第一个科学的认识。要在以后继续深入,遗憾的是直到二千年后封建社会终了,中国医学没能在病因说上深入一步。

由于把病因归结为气候,而气候在古代属于“天”的范围,因而迫使医学家去苦心孤诣地探讨天人之间的关系,于是有医学上的“人副天数”、“天人合一”之论,有所谓“人体小宇宙”之说。诊断和医疗,也都必须把天人加在一起综合考虑。表面看来,这就是医学上的整体观念。进而推论,似乎作整体思维乃是中华民族固有的本性。

实际上,整体思维在古代,乃是由于技术手段落后,古人在不得已的情况下不得不采用的思维方式。中国古代医学如此,古希腊医学也是如此。希波克拉底的“四体液”说,和中医的五行说,都是同一认识水平的产物。

---

① 《汉书·郊祀志》。

② 《后汉书·五行志》。

③ 《素问·生气通天论》。

④ 《素问·热论》。

从主观愿望上，也就是说从思想上，中国古代医学则力求打开人体这个黑箱，而不满足于仅对人体作囫囵认识，就像今天多数人们只求看到电视图像，而不求懂得电视机结构。中国古代医学家不是这样，他们力求弄清人体这架“电视机”的结构。

《灵枢·经水》篇说：“八尺之士……其死可解剖而视之”。表示了对人体解剖的浓厚兴趣。《灵枢·骨度》篇，认真描述了人体各部骨胳的长度。《灵枢·肠胃》、《灵枢·平人绝谷》篇，描述了肠胃的长、径和容积。《难经·三十五难》讲到“心肺独去小肠大肠远”。《三十六难》说“肾独有两”。《四十二难》讲到脏腑的尺寸、重量。这些都不是单凭臆说，而一定有解剖的基础。西汉末年，王莽命人扑杀、解剖王孙庆，手段虽然残酷，却反映了医学的要求[①]。

力求解剖人体，也是中国医学的重要思想。

三　从天时到时令

适时耕作，是农业生产自身的要求。见于思想家的言论，就是对“时”或“天时”的重视。《孟子·梁惠王》说：“不违农时，谷不可胜食也”。《荀子·王制》说：“春耕、夏耘、秋收、冬藏，四者不失时，故五谷不绝，而民有余食也”。《吕氏春秋·审时》篇专门论述天时的重要：“凡农之道，候之为宝”。“得时之稼兴，失时之稼约”。西汉末年的《氾胜之书》，总结了农业生产的基本原则，其第一条就是“趣时”。

《礼记·月令》甚至要求政府用严厉措施保证适时耕作：“仲秋之月，乃劝人种麦，无或失时。其有失时，行罪无疑”。

为了保证农业生产适时进行，要求国家政权的一系列活动，从祭祀、决狱到战争，都必须考虑农业生产的需要。《论语·学而》要求“使民以时”。《尉缭子·治本》要求“无夺民时”。从而使适时也成为政治、军事理论的重要原则。

战国末年，《吕氏春秋》把社会生产和生活中的天时观念发展为《十二纪》，这是一个国家政治生活的月程表，其中讲到每月的气候，物候，应进行的农事和政事，并指出如不遵守这种安排将受到的惩罚和报应。汉代思想家把《十二纪》简化，收入《淮南子·时则训》和《礼记·月令》，这就是“时令”思想。时令，就是天时的命令。天时到来，就像命令一样严厉。

《礼记·月令》是否被认真实行过，大可怀疑。时令思想的影响，却非常广泛。在这种思想气氛下成书的《黄帝内经》，也受到了时令思想的影响。《内经·玉机真脏论》说，人的生理机能，随着季节变化：“春脉如弦”，“夏脉如钩”，“秋脉如浮”，“冬脉如营”。《内经·四气调神大论》说，人的饮食起居，也必须适应时令要求：“春三月，夜卧早起”，“夏三月，夜卧早起”，“秋三月，早卧早起”，“冬三月，早卧晚起”。人的得病，和季节密切相关，治疗也必须考虑季节的要求。《内经·诊要经终论》说：“春刺散俞”，“夏刺络俞”，“秋刺皮肤”，“冬刺俞窍于分理”。如果不这样做，将会造成严重后果。《内经·四季调神大论》说：“逆春气则少阳不生，肝气内变；逆夏气则太阳不长，心气内洞……”。医学中的时令思想和政治生活中的时令思想一样，都是把一个合理的前提尽力推衍，从而导致荒谬的结论。

大约汉代以后，人们在农业、政治、军事以及医学中虽然仍旧要考虑天时、季节，但那过分刻板的时令思想则很少有人提起了。到了唐代，柳宗元作《时令论》，专门批判时令思想。比

---

① 见《汉书·王莽传》。

如说，依《月令》安排，春季行赏而秋后决狱。柳宗元说，如果一定要刻板地这样作，岂不要耽误许多政事！

时令思想被批判了，但遵守天时，仍是农业及政治生活中的一条重要原则。

四　土宜与改造自然

土宜，也是中国古代农业的一条重要原则。《周礼·地官司徒》载：

（大司徒）以土宜之法，辨十有二土之名物，以相民宅而知其利害，以阜人民，以蕃鸟兽，以毓草木，以任土事。

辨十有二壤之物，以知其种，以教稼穑树艺。

这大约是土宜思想的最早来源。土宜思想的基本内容，就是根据土壤性质来决定种植。《管子·地圆》对土壤进行分类，就是土宜原则的体现。

汉代，《氾胜之书》把天时和土宜结合起来。《氾胜之书》说道："三月榆荚时雨，高地强土可种禾……先夏至二十日，此时有雨，强土可种黍"。

土宜原则，无疑是农业生产中重要而又正确的原则，但在战国、秦汉时代，广泛流行着"橘生江（淮）南为橘，橘生江（淮）北为枳"① 的故事，并且后来又广泛流传，这个故事往往成为僵化土宜原则，反对作物移植的借口。

另一方面，从战国时代起，农业生产中改造耕作条件的实践已逐步成为理论原则。《吕氏春秋·任地》篇说，土壤的性质，可以加以改造："地可使肥，又可使棘。人肥必以泽，使苗坚而地隙；人耨必以旱，使地肥而土缓"。人的努力既然可改变土壤性质，就蕴含着对土宜原则的修正。

汉代《氾胜之书》所载农业生产基本原则，在"趣时"之后，就是"和土、务粪泽，早锄早获"。

"和土"，当是人工对土壤的改造和加工，而不是仅仅适应土壤的本性。"务粪泽、早锄 早获"，强调的都是人为的作用。人为，乃是对自然条件的改造。

农业生产，从它诞生之初，就是对自然的改造活动。仅是适应自然，就没有农业，甚至也没有人类的生产。所以农业生产中，注重人为，乃是重要的农学思想之一。而《氾胜之书》的几条原则，其总的精神，也就是强调人为，强调人对自然条件的利用和改造。

农业生产强调和注重人为的思想影响到人们的一般观念。先秦时代，老子讲无为，主张小国寡民，有什佰之器而不用。庄子甚至主张人兽杂处，抱瓮而汲，反对络马穿牛。到汉代，《淮南子》也讲"无为"，但《淮南子》无为的内容却仅是因势利导。而且认为："禾稼春生，人必加功焉，故五谷得遂长"，而不能"待其自生"②。王充认为一切出于自然，但他认为农业必须以"有为辅助"，他说"耒耜耕耘，因春播种"，就是"人为"的表现③。他甚至认为人功可以"助地力"，改变土地之本性④。

---

① 分别见《晏子春秋》卷六，《说苑》。

② 《淮南子·修务训》。

③ 参见：《论衡·自然》篇。

④ 参见：《论衡·率性》篇。

农业生产中人为和自然条件的矛盾是一对基本矛盾。要在人们随时根据实际情况，调整二者的关系，把任何一面过分强调，都会带来不利后果，甚至造成灾难。

五　望气与占声

天时、土宜仅是农业生产中大尺度的普遍原则。农业生产的成败，往往决定于每年甚至即时的气象条件。因此，预测每年的气候，就成为从农业实践中生发出来的迫切要求。预测每年气候的办法，就是岁始望气。《史记·天官书》载："凡候岁美恶，谨候岁始。岁始或冬至日，产气始萌"。《天官书》介绍的望气内容，首先是岁始"决八风"。即于正月初一凌晨看风向："风从南方来，大旱；西南，小旱……西北，戎菽为，小雨……北方，为中岁；东北，为上岁……"。"戎菽为"，就是豆子收成好。风向之后，是风经历的时间："旦至食，为麦；食至日昳，为稷；昳至铺，为黍；铺至下铺，为菽；下铺至日入，为麻"。望气还须和其他条件结合起来："有日、无云，不风，当其时者稼有败。如食顷，小败……各以其时用云色占种所宜"。

岁始候气的内容，还包括预测当年的政治及军事状态，但它的基础，主要是水旱灾害及适合种植的作物。由于缺乏必要的手段及理论上的缺陷[1]，使基于善良愿望和科学前提的活动，成了一种占卜术。

与望气类似，是占声。望气主要为了农业，占声主要用于军事。

占声的理论依据，是认为声是发声者气的发抒，因而是发声者内部状态的反映。因此，通过对声的测定，可推知事物的状况。《史记·律书》载：

> 六律为万事根本焉。其于兵械尤所重。故云：望敌知吉凶，闻声效胜负，百王不易之道也。
>
> 武王伐纣，吹律听声。

《史记索隐》注道："凡敌阵之上，皆有气色，气强则声强，声强则其众劲。律者，所以通气，故知吉凶也"。

类似的记载见于《周礼·春官》："大师执同律，以听军声，而诏吉凶"。郑玄注道："兵书曰：王者行事出军之日，授将弓矢，士卒振旗。将张弓大呼，大师吹律合音。商则战胜，军士强；角则军扰多变，失士心；宫则军和，士卒同心；徵则将急数怒，军士劳；羽则兵弱，少威明。"郑玄说的"兵书"是什么兵书，不得而知。现存《太公六韬》有这样的记载：

> 其法以天清净，无阴云风雨，夜半遣轻骑，往至敌人之垒，去九百步外，遍持律管当耳，大呼惊之。有声应管，其来甚微。角声应管，当以白虎；征声应管，当以玄武……此五行之符，佐胜之征，成败之机也[2]。

《太公六韬》的说法和郑玄不同，但用律管测定部队的声音以占胜负的思想是一致的。

从望气和占声活动中，又一次看到，古人怎样把科学结论变为占卜手段。

六　数字神秘主义

数字神秘主义源于数学的发展。战国时代，人们对数学家寄予了极大的信任："自此已

---

① 即认为每年岁始的天气将决定一年的气候状况。

② 《太公六韬·五音》。

往，巧历不能得，而况其凡乎”。“巧历”，指历法专家，也就是数学家。那纷纭交错的事物，数学家们都弄不清它的结局，更不论他人。

对数学家的信任就是对数学的信任，信任在一定条件下就产生神化。

从先秦到两汉，人们用数去推算各种各样的事物。

古已有之的历法计算有更大发展。历法计算的是日月五星的行度，而日月五星的行度是天道。天道可用数推算出来，数及其规则就也具有神圣的意义。《吕氏春秋》中，开始出现“天数”概念，它和天道一样神圣，指称那可以预知而确定不易的结局。

用数推算律管长短。律被认为是通宣天地之气，律数，特别是“三分损益法”中的3，就具有某种神圣的意义。

用数推算天地大小。《山海经》、《吕氏春秋》、《淮南子》，直到《灵宪》，都各有一套数字。这个工作一直继续到南朝祖暅。

《周易》占卜用卦象。据《易传》，卦象来自用50根蓍草以某种方式进行推演。《易传》说，易“弥纶天地之道”。而归根到底，乃是“大衍之数”50弥纶天地之道。这样，用数推算就可周知一切。比如人的命运。《汉书·李广传》说李广“数奇”，所以不得封侯，而且谁和他沾边谁倒霉。“数奇”，显然是数字推衍的结果。又比如推算王朝的命运。《左传·宣公三年》载，王孙满说，周朝建立时，“卜世三十，卜年七百”，所以周朝的王位还要继续坐下去。

一个王朝和人一样，寿命也有长短，即有数。而王朝的“气数”成为汉以后人们习以为常的概念。

从战国到秦汉时代，中国不是一个学派，而是几乎所有的思想家，都相信任何事物都有自己的数，用数可测算一切。这样，数字就获得了神圣的、因而也是神秘的意义。

被神化的数字，一般是那些较为简单的数据。如“大衍之数五十”的50。其中又特别是十以内的自然数。《易传》中“天一地二天三地四……”是一种方式。《五行传》又是一种方式。

《尚书·洪范》说：“一曰水，二曰火，三曰木，四曰金，五曰土”。这里一、二、三、四、五仅是序数词，即第一是水，第二是火等等，然而汉代刘向、刘歆父子却把一、二、三、四、五作了水火木金土的性质，并且把六、七、八、九、十依次加给水火木金土。而把前者叫“生数”，后者叫“成数”。从此以后，“五行生成数”就具有了神圣的意义。宋代人依此创作了洛书（刘牧）和河图（阮逸）。

与“五行生成数”同样神圣的有所谓太一下行九宫数。太一是当时认为的最尊贵的天神，它每隔一定时间，巡行某个方位。其次序，依“九宫数”。《易纬·乾凿度》说：“太一取其数以行九宫、四正四维，皆合于十五”。这四正四维皆是十五的九宫数，在数学上，也算一种创造。但把它和太一之行相联系，就具有了神圣意义。宋代人据此创作了洛书（阮逸）和河图（刘牧）。

数字神秘主义弥漫在汉代社会生活的各个领域。

《黄帝内经·九针论》说：“九针者，天地之大数也，始于一而终于九。故曰：一以法天，二以法地，三以法人，四以法时，五以法音，六以法律，七以法星，八以法风，九以法野”。

《淮南子·天文训》说：“一生二、二生三，三生万物，天地三月而为一时，故祭祀三饭以为礼。丧纪三踊以为节，兵重三罕以为制……”又说：“物以三成，音以五立。三与五如八。故卵生者八窍。律之初生也，写凤之音，故音以八生……”。

《淮南子·地形训》说：“凡人民禽兽万物贞虫，皆有以生。或奇或偶，或凡或走，莫知其情。唯知通道者，能原本之。天一地二人三，三三而九，九九八十一。一主日，日数十，日主人，人故十月而生。八九七十二，二主偶，偶以承奇，奇主辰，辰主月，月主马，马故十二月而生……”

似乎是数决定着世界上的一切。

这里似乎也没有神灵的地位，似乎仅靠数的推算，因而似乎是一种科学。问题仅在于把本没有必然联系的事物用必然性联系在一起。

这是一条通向神秘主义的道路。当把没有必然联系的事物说成有必然联系的时候，科学就变成神秘。

第九节　思维方式与汉代科学

一　贾谊的“德有六理”

汉朝初年，贾谊有《六术》、《道术》、《道德说》三篇文章，着重于概念的分析。

《六术》和《道德说》开头都说：“德有六理”。就是说，事物的性质有六个方面①。贾谊就是要分析这六个方面的性质，并探求它们之间的关系。

《道术》篇说：“道者，所从接物也”。道，是事物性质的第一个方面，它的意义是“接物”，即今天所说“待人接物”的“接物”。也就是说，道是用来和其他物发生联系的东西，或者说是事物相互联系的方式。“其本者谓之虚，其末者谓之术”。术，《说文》“邑中道也”。因此，术也是道。道的根本是虚，表现于具体行为是术。《道德说》“道者无形”，无形也就是虚。

物的第二个性质是德：“德者，离无而之有”②《道德说》还说：“道冰而为德”。冰，凝结。德是道的凝结，所以它离开无而到达有。“道虽神，必载于德”。道必须表现为德，不能停留于虚无。“德者，变及物理之所以出也”。物所有的理、所有的变，都源于德。“变者，道之颂也”。《说文》：“颂，皃也”。皃，即貌。变，是道的外部表现。

第三是性。《道德说》：“性者，道德造物”。造，就也。性，是道德在物，是物中的道和德。“性立，则神气晓晓然发而通行于外矣，与外物之感相应”。性一旦确立，神与气就出发，和外物发生感应。

第四是神。神是性的内在方面，与气相对立。在人，是人的精神。精神随气与外物感应，表现出来，就是明。

第五是明。《道德说》：“明者，神气在内则无光而为知，明则有辉于外矣”。明，是神表现于外的东西。“明生识，通之以知”。明就是智慧之光、神之光的照耀，照耀到物，即生“识”，产生识别。识别就获得知识，所以和“知”相通。

最后是命。“命者，物皆得道德之施以生，则泽、润、性、气、神、明及形体之位分、数度，各有极量指奏矣”。③

---

① 参阅任继愈《中国哲学发展史》(秦汉)，人民出版社，1985年。第155～160页。

②，③《道德说》。

物的性质以及它们的空间位置，还有它们的量的规定，都有一定的界限(极量指奏)。这个界限是客观的："此皆所受其道德，非以嗜欲取舍然也"①。事物从道德那里禀受了这些东西，不是由于自己的愿望："其受此具也，㟁然有定矣，不可得辞也，故曰命"②。一定要接受，而不得推辞，就像接受命令一样，所以叫做"命"。"命生形，通之以定"③。命是注定的，是必然的，不以主观愿望为转移的东西。

《道德说》指出："六理、六美，德之所以生阴阳、天地、人与万物也，固为所生者法也"。六德要体现于一切事物之中，所以也就是一切事物存在和运动的准则。而无论天地万物，都以六德为它们的基本性质。这是贾谊对世界基本性质、相互关系总的看法，是他的基本世界图像论。

这三篇文章，还未摆脱秦朝尚六的传统。

二 董仲舒"深察名号"

贾谊以后，董仲舒也认真研究了概念("名号")问题。其研究集中体现于《春秋繁露·深察名号》篇④。董仲舒说：

> 治天下之端，在审辨大。辨大之端，在深察名号。名者，大理之首章也。录其首章之意，以窥其中之事，则是非可知，逆顺自著，其几通于天地矣。

辨明主要的概念，是治理天下的前提，"端"，"首章"。这是孔子正名思想的继续和发展。辨明了名号，就"是非可知，逆顺自著"，具有重要意义。

> 名号之正，取之天地。天地为名号之大义也。
>
> 古之圣人，謞而效天地谓之号，鸣而施命谓之名。名之为言，鸣与命也；号之为言，謞而效也。……名号异声而同本，皆鸣号而达天意者也。

天地是名号的根据。名号的确定，必以天地为准则。

一切求之于天，求之于天意，也是汉代人基本的思维方式。数是天地之数，神圣无比。名号概念，也源于天地，无比神圣。圣人制名号，就是传达天意。"受命之君，天意之所予也。故号为天子者，宜视天如父，事天以孝道也"。"天子"这个概念，就是受意于天。意义是"天之子"。由概念之意义而"窥其中之事"，天子就应把天看作父亲，用孝道来对待天。

根据同样原则，董仲舒确定了诸侯的意义，就是"谨视所候奉之天子"；大夫，是应该"厚其忠信，敦其礼义，使善大于匹夫；而"士"就是"事"，"民就是"瞑"。

诸侯就是"视所候……"，大夫就是"……大于匹夫"，士是事，民是瞑，顾名思义，顾字思义，顾声思义，思，又仅凭主观臆测，为了服务于自己的某种目的。这也是汉代流行的思维方式。《史记·天官书》载：

> 亥者，该也。言万物藏于下，故该也；
>
> 子者，滋也。滋者，言万物滋于下也。
>
> 壬之为言。任也，言阳气任养万物于下也。
>
> 甲者，言万物剖符甲而出也。

---

①，②，③ 均见《道德说》。

④ 本节引董仲舒语，均见此篇。

丁者,言万物之丁壮也。

……

纬书的说法又有进步:

甲者,押也。

乙者,轧也。

丙者,柄也。

丁者,亭也。

……

子者,孳也。

丑者,纽也。

……

对概念的研究,是科学发展的必要条件。而凭主观臆测定义概念,则必然歪曲真象,危害科学。

名号之间,也有分别:"名众于号,号其大全;名也者,名其别离分散也"。"号其大全",即号是较有普遍意义的概念;名,是"别离分散"的概念,即荀子的别名、散名。所以"名众于号",即名比号多。"号凡而略,名详而目。目者,遍辨其事也;凡者,独举其大也"。凡只举其"大",即仅表达那共同的、普遍都有的东西,所以"略",即简略,不详细,因为只有普遍特征。"遍辨其事",即一个一个辨明所有事物。可以看出,董仲舒的名和荀子、乃至孔子的名,含义也不相同,它仅指特殊,个别的概念,仅相当于荀子的散名。号,则相当于"共名"。

一般与个别均有了自己的名,也是认识深入的表现。"物莫不有凡号,号莫不有散名"。个别都有它的一般,一般都有它的个别。董仲舒对一般与个别的论断,比荀子又有了进步。

董仲舒强调名之"真":"名生于真。非其真,弗以为名。名者,圣人之所以真物也。名之为言,真也。"

然而什么叫作真?董仲舒认为真的,别人以为非真。至于凭臆想所下的定义,则决不会有真。

名既然代表着真,且是表达天意,那么,名就是认识事物的标准:

> 凡百讥有黮黮者,各反其直,则黮黮者还昭昭耳。欲审曲直,莫如引绳;欲审是非,莫如引名。名之审于是非也,犹绳之审于曲直也。

名是是非的标准,它可使黑暗变为光明。因此,知道了名,就知道了真。此处丝毫也不顾虑名与实的脱离,董仲舒太天真了一些。

三 汉代的定名工程

事情并不像董仲舒所说的那样,名一定就能反映真。董仲舒以后,汉宣帝在石渠阁召集各派儒者,辨五经同异,统一各派认识。石渠阁会议的文件已基本丧失,保持下来的只鳞片爪,不少是讨论具体的礼仪制度。可以推想,既然是辨五经同异,一定会有对名词、概念的讨论,只是今日不得详情了。

东汉时，汉章帝“欲使众儒共正经义”①，又于白虎观召开会议，并由班固将会议的决议整理为《白虎通》。《白虎通》主要讨论概念：

天子者，爵称也。爵所以称天子何？王者父天母地，为天之子也。

或称天子，或称帝王何？以为接上称天子者，明以爵事天也。接下称帝王者，明位号天下，至尊之称，以号令臣下也。

禄者，录也。上以收录接下，下以名录谨以事上。

纲者，张也；纪者，理也。

族者，凑也，聚也，谓恩爱相流凑也。

……

显然也未摆脱望文生义，听声生义的思维方式。

《白虎通》也解释了一些自然现象。比如五行：“五行者何谓也？谓金木水火土也。言行者，欲言为天行气之义也”。

还有日月运行：

日行迟、月行疾何？君舒臣劳也。

天左旋，日月五星右行何？日月五星比天为阴，故右行。右行者，如臣对君也。

荀子曾希望由圣王起，重新制名，以统一思想。荀子的愿望在汉代得到了实现。

汉代还有两本研究名词概念的书，一是《尔雅》，一是《说文》。

《尔雅》传说为周公所作，孔子、子夏又加以增补。学术界一般认为出于汉代。

《尔雅》的目的不仅在于解释概念，而且在于介绍知识。比如《释山》：“河南，华；河西，岳；河东，岱；河北，恒；江南，衡”。但多数是解释名词概念，而且多是有关天地山水，虫鱼鸟兽草木的自然科学知识。如《释虫》：“有足谓之虫，无虫谓之豸”。“二足而羽谓之禽，四足而毛谓之兽”。这里我们可以看出，汉代生物学的分类思想，还仅停留在外部形态。

由于研究概念的定义及含义，保留了当时所知的许多自然科学知识。这是概念研究对科学的直接贡献。

《说文》作者许慎，东汉人。《说文》是一部字典，该书介绍了每个字的读音、意义及文字渊源。有时，许解字义同时又是概念的定义。如：“革，兽皮治去其毛曰革。革，更也”。“动，作也”。作，即兴起的意思，脱离静止状态，这是汉代人对运动的理解。而革，不仅指去了毛的皮革，而且是变更的意思。

“匕，变也”。

“化，教行也。从匕、人”。

也就是说，化是由人引起的变，这是显然把化局限于教化。

汉代思想家，实现了字义、概念定义的统一。

① 《后汉书·章帝纪》。

四　观察与验证

要求验证，是春秋战国时代就已产生的较为古老的科学思想，到汉代，得到了更加广泛的承认。汉武帝《策贤良文学之士制（三）》道："盖闻善言天者，必有征于人，善言古者，必有验于今"。

董仲舒《春秋繁露·深察名号》说："不法之言，无验之说，君子之所外"。

《春秋繁露·必仁且智》说道："人内以自省，宜有惩于心；外以观其事，宜有验于国"。

验证思想，是科学自身的要求，尤其是天文学自身的要求。历法推算是否正确，最终要由天象实际进行检验。由于古代天文学必须首先为政治服务，所以验证思想又特别指星占的应验。

从《史记·天官书》开始，到《汉书》和《后汉书》的《五行志》，一面记下天象及物象的种种变化和奇异，一面就指出这种天象、物象所应验的人间的事实。这就是汉武帝说的"善言天者，必有征于人"。征也就是考验、证验。依天人感应说，怪异天象与物象，都是人事引起的反应。比如"貌之不恭"则木不曲直之类。那么，这种思想是否正确？要由事实进行验证。《天文志》、《五行志》所载的人间的事实，就是所谓应验的记录。

司马迁作《史记》，要"究天人之际"。因为在他看来，"载之空言，不如见之于行事之深切著明"[①]。他那整部《史记》，就是用历史事实来验证的"天人之际"的道理。这是验证思想向史学领域的推广。

今天来看过去正史上的《天文志》和《五行志》，那些所谓的应验可说是一文不值。可是从汉代开始，上千年的时间里，人们都在辛辛苦苦地从事这样的验证工作，并认认真真地相信那些验证的结果。

所谓验证，就是对理论的验证。在大家都需要某种理论并且虔诚相信的时候，验证只能是为理论作注，以证明理论的正确。

要求验证的思想在汉代天文学领域得到了认真贯彻。太初历制订以后，张寿王就起而反对。为了比较历法的优劣，朝廷组织了一批天文学家，进行了几年的验证，结果证明太初历是正确的。《汉书·律历志》在述及这段历史时说："历本之验在于天。自汉历初起，尽元凤六年，而是非坚定"。

东汉末，宗诚和张恂关于推算日食发生争论。《后汉书·律历志》在述及这场争论时说："术不差不改，不验不用。天道精微，度数难定，术法多端，历纪非一，未验无以知其是，未差无以知其失"。

汉代以后，要求验证的思想在天文学领域越来越得到重视，成为判定历法优劣的基本根据。

为验证必须进行观测，波及其他领域，就是一般地对事物的观察。天文观测的内容，是天体的出没和行踪，包括建标测影。从《孟子》以来就知道，"诚者，天之道"[②] 天体出没及其运行，是真实而没有假象的运动，问题只在于人的观测是否正确。古代思想家对此都深信不疑，

---

① 《史记·太史公自序》。

② 《孟子·离娄》。

所以他们才把天道作为人事的榜样。推广到其他现象，他们对所观察到的那些事实也深信不疑。这些事实汇集在《五行志》中，是汉代人探测天意、推断政治状况的依据。

人们的观察可能发生错误。比如牛哀化虎，很可能是虎先吃了病中的牛哀又吃了他哥哥；土蜂化螟蛉，也是不正确观察的结果。至于腐草为萤，牛马气蒸生虮虱，山顶水中的鱼是无种自生，以及自古相传的雀入水为蛤等，应都属于不正确观察之类。

观察是观察事实，但人不可能事事躬亲，因而有必要借助他人的观察，这样间接得来的材料往往会出现错误。《五行志》所载男化女、女化男之类可能是确凿的事实，但人化为鼋，如果不是观察的错误，就是间接传闻的失实。

天人感应的基本思想，就是把自然现象看作对人事的反应。天人感应思想的全面统治，是促使人们格外用心地观察自然现象的动因。对这些现象的记录，绝大多数至今仍是有用的科学材料。错误在于对这些现象的解释。利用事实，甚至利用并不确切、甚至完全虚假的事实，也是一切荒谬理论用以证明自己以取信于人的基本手段之一。

观察和验证中的思维方式影响到易学，就是特别着重于卦象，着重从对卦象的研究中找出卦象所象征的意义。传统的意见认为，从汉代开始，易学分为象数、义理两大学派。汉代是象数派占上风的时代。汉代象数派也讲数，但他们更重视的是象。他们研究卦象的组合、研究卦象的交变，他们认为卦象的组合反映着现实事物本身的结构，卦象的变化反映着事物本身的变化。而从不问卦象和它象征的事物之间是否真有必然的联系，卦象的变化是否真的反映着事物自身的变化。

重视事实、现象和卦象，以探求其背后的因果关系，是汉代人基本的思维方式。

五　分析和演绎的衰落

贾谊的"德有六理"，分析是他运用的基本思维方式。然而贾谊以后，以分析、演绎为特色的著作就基本看不到了。汉代人习惯的思维方式是：这是什么，那是什么，其最典型的表现，就是《尔雅》、《白虎通》，还有扬雄的《法言》，《京房易传》、刘向《五行传》及《汉书·五行志》之类，也是这样一种思维方式。《尔雅》、《白虎通》前面已稍有说明，这里简单介绍一下《法言》。

《法言》写法模仿孔子《论语》，下判断，作结论，很少或基本不作论证。《法言》开首："学，行之，上也；言之，次也；教人，又其次也。咸无焉，为众人"。没有论证，也不讲什么道理。一些问答，甚至比《论语》还要简略。《法言·修身》："或问众人，曰：富贵生。贤者，曰：义。圣人，曰：神"。

关于浑天、盖天的问话是科学史界所熟悉的。《法言·重黎》载：

> 或问浑天。曰：落下闳营之，鲜于妄人度之，耿中丞象之。几乎几乎，莫之能违也。
>
> 请问盖天。曰：盖哉！盖哉！应难未几也。

在这些重大问题面前，扬雄也不愿在此处多化笔墨，虽然他在别处有"难盖天八事"。

汉代统一，学者们的争论少了。人们仍然需要各方面的知识，但只须讲出是什么就够了。是非标准，依赖于国家权力的承认。而国家权力一旦承认，学术就会像行政命令为人遵守一样，得到社会信任。人们从事官方承认的学术，就可博取功名，争论是很少必要的。

汉代也有几项重大的学术争论。一是盐铁会议，有关经济政策问题，其后是扬雄的"难盖天八事”和王充的《论衡》。就思维方式说，依盐铁会议写成的《盐铁论》，双方只是为自己的主张寻找论据，接着就作出结论。这用的是列举和归纳。不作论证，也用不到分析和演绎。“难盖天八事”和《论衡》主要依据对方理论和事实的不符。王充《论衡》有不少揭露错误理论自身矛盾的精采分析。如《论衡·商虫》篇载，“变复之家”认为虫“身黑头赤，则谓武官，头黑身赤，则谓文官”。王充道：“时或头赤身白，头黑身黄，或头身皆黄，或头身皆青，或皆白，若鱼肉之虫，应何官吏”？又如《论衡·论死》篇：“如审鬼者死人精神，则人见之宜徒见裸袒之形，无为见衣带被服也”。然而人们见到的鬼都是穿着衣服的，难道衣服也可作鬼吗？这就是王充要揭露的矛盾。

然而王充《论衡》虽出于汉代，却长期湮没无闻。《论衡》的传播在汉末，而其发生作用，则到了魏晋时代。

第十节 《论衡》的出现与天道自然说的复兴

一 《论衡》与深入观察

董仲舒以后，言灾异成为儒者的主要事业。灾异说把自然现象的发生归因于人事，人因为利益不同而分属不同的社会集团，对灾异的原因也就出现了不同解释。据《汉书·外戚传》载，西汉末年，“皇太后及帝诸舅忧上（按：汉成帝）无继嗣，时又数有灾异，刘向、谷永等皆陈其咎在于后宫”。但另一派不这么认为。“是时大将军凤用事，威权尤盛。其后，比三年日食，言事者颇归咎于凤矣，而谷永等遂著之许氏”。谷永等攻击皇后许氏，乃是要依附王凤。《汉书·谷永传》载：“永知凤方见柄用，阴欲自讬”。“善言灾异，前后所上四十余事。略相反复，专攻上身与后宫而已，党于王氏……”。言灾异成为政治党争的工具，说法自然不会一致。即使不陷于党争，诸家说法也不尽相同。《汉书·五行志》就兼收董仲舒、刘向、刘歆三说。至于不应验的事，当不在少数。天人感应说要求应验。似是而非的解释终究难免露出破绽。这些现象加在一起，必然要引起人们思考，那些灾异，即异常自然现象的原因到底是什么？

天人感应说解释的对象主要是那些灾异，要弄清灾异发生的真正原因，也必须从研究这些灾异本身入手。深入观察它们，探寻它们发生的真实原因。

依天人感应说，日食是臣子侵侮君主的象征，然而王充经过观察、研究发现：“在天之变，日月薄蚀，四十二月日一食，五六月月亦一食，食有常数，不在政治。百变千灾，皆同一状，未必人君政教所治”①。这是因为“日月行有常度”② 不会因为人事而变更。

与今天天文学比较，王充所说的日食周期非常粗疏，但这个数据是他自己观察研究的结果。通过观察使他确信，日食和日月的运行都遵循一定的规律，因而和人事无关。

打雷是常见的自然现象，也是天人感应说经常讨论的话题。王充认真观察了受雷击而死的人：“人为雷所杀，询其身体，若燔灼之状……”，雷“中头则须发烧焦，中身则皮肤灼燌，临

① 《论衡·治期》。
② 《论衡·感虚》。

其尸上闻火气"[①]。

他观察了打雷时的天象:"当雷之时,电光时见,大若火之耀";雷的作用:"当雷之击时,或燔人室屋,及地草木";雷所及的范围:"千里不同风,百里不共雷。易曰:"震惊百里。雷电之地,雷雨晦冥,百里之外,无雨之处,宜见天之东西南北也";雷出现的季节;"正月阳动,故正月始雷;五月阳盛,故五月雷迅;秋冬阳衰,故秋冬雷潜"。于是他得出结论说:"雷者,火也"。[②] 雷不是天怒,受雷击而死也不是被天惩罚。

他甚至用实验方法去演示雷的产生:

试以一斗水灌冶铸之火,气激䉪裂,若雷之音矣。或近之,必灼人体。

道术之家,认为雷烧石,色赤,投于井中。石焦井寒,激声大鸣,若雷之状[③]。

他进一步由此得出结论:"实说,雷者,太阳之激气也"[④]。从而彻底否认了天人感应说对雷的错误解释。

在《商虫》篇,王充一面揭露天人感应说的自相矛盾,一面认真考察了虫害产生及其消灭的原因:

夫虫,风气所生。

然夫虫之生也,必依温湿。温湿之气,常在春夏。

夫虫食谷,自有止期,犹蚕食桑自有足时也。生出有日,死极有月,期尽变化,不常为虫。使人君不罪其吏,虫犹自亡。

上述结论来自现实的经验。《商虫》篇继续说:

何知虫以温湿生也?以蛊虫知之谷干燥者,虫不生。温湿饐餲,虫生不禁。藏宿麦之种,烈日干暴,投于燥器,则虫不生。如不干暴,闸蝶之虫,生如云烟。

他从这种经验推论,虫是温湿之气所生。

他还介绍了一种防虫的方法:"煮马屎以汁渍种者,令禾不虫。如或以马屎浸种,其乡部吏,鲍焦、陈仲子也"[⑤]。鲍焦、陈仲子,是古代清介、廉洁的极端人物。这就是说,虫既然可防、其生灭又有一定规律可知,那就不是由于官吏的不良。

日食、雷电、虫螟,是王充认真观察的三个典型例子。除此以外,凡是与天人感应,虚妄之言有关的自然现象,他几乎都进行了考察和观察。比如有人说,钱塘大潮是伍子胥的灵魂愤怒,激水为涛。他认真观察了钱塘江口的地势,认为是海水入江后,"殆小浅狭",以致激为浪涛。他还进一步发现:"涛之起也,随月盛衰,大小满损不齐同"[⑥]。这是中国历史上第一次指出海潮和月亮盈亏的关系,也是此后海潮论的起点。没有长期而认真的观察,得不出这样的结论。至于"水旱饥馑,有岁运也","天之旸雨,自有时也"[⑦],若无认真而深入的观察,也难以得出这样的结论。还应指出的是,"顿牟掇芥"这种静电现象的首次发现者,也当归于王充[⑧]。

观察自然界,忠实地记录所见的事实,并对之作出解释,是汉代天人感应说的要求,也是

① 《论衡·雷虚》。
② 《论衡·雷虚》。
③,④《论衡·雷虚》。
⑤ 《论衡·商虫》篇。
⑥ 《论衡·书虚》篇。
⑦ 《论衡·明雩》篇。
⑧ 《论衡·乱龙》篇。

汉代科学思想的重要内容。从《汉书》、《后汉书》的《天文志》、《五行志》中，从现存的纬书中，我们可以看到汉代学者观察，记录了大量的自然现象。但是在天人感应思想影响下，学者们只是寻求这些现象和人事的关系，而这些现象相互之间，则显得零散而无联系。

王充的贡献，在于他寻求的是自然现象自身的相互联系，因而得出了比他人更进一步的结论。

汉代学者，在对事实的观察中为天人感应思想寻找证据，也在对事实的观察中否定天人感应，深化了对自然界的认识。

二 矛盾分析法的应用

任何科学研究都不可能事必躬亲，利用间接材料是不可避免的。为了鉴别这间接材料的真伪，在无法验证的情况下，进行矛盾分析是必要的。

有的书上说，埋葬孔子时，泗水倒流，为的是不冲刷孔子之墓。王充道：人活着可以修德，死后就不可能，五帝三王致祥瑞，都在生前。孔子生前不得意，常慨叹“河不出图，凤鸟不至”，难道死后倒有了报应吗？[①]

有的书上说，信陵君能使杀鸠的鹯鸟认罪。王充说：圣人也无法使鸟兽为义理之行，信陵公子岂能作到？再说鸟已飞走，怎能复得？能低头认罪，当是圣鸟。现在能认罪，事前就也应知不该杀鸠。人还不能改过认错，何况于鸟[②]。

书上还说，宋景公出三句善言，遂使荧惑。徙三舍，齐景公增寿二十一年。王充说，若荧惑守心是因为景公有恶，即使不出三善言，而是把惩罚转移给臣民，对事情本身也无益；若不为景公，即使出三善言，不把惩罚移给臣民，对事情本身也无损[③]。

有说武王伐纣，渡黄河，大风刮得天昏地暗，武王叱责道：谁敢阻挡我！于是风平浪静。王充说，武王伐纣，如果正确，天就应当安安静静地保佑他。如果不正确，天降大风，是天发怒。天发怒，武王反而不遵天的号令，是错上加错，风怎能停止？就像儿子有错，受父母责备，不但不认错，反而叱责父母，父母能原谅他吗[④]？

又有书说，燕太子丹与秦王盟誓，若一天有两个中午，天下谷，乌鸦变白，马儿生角，就放太子丹归国。这时天地保祐，果然如此，于是秦王释放了太子丹。王充说，汤困夏台，文王拘羑里，孔子厄于陈蔡，三位圣人都不能得到天的保佑，太子丹怎么能够[⑤]？

又传说杞梁氏之妻向城而哭，城为之崩。王充说，城是土墙，和衣裳一样，都是无心之物。雍门子悲哭，曾感动孟尝君的心，却不能感动孟尝君的衣，杞梁氏之妻怎能感动城墙？若城墙能被感动，那么，对林木哀哭，能够使草木摧折吗？对水火哀哭，能使水来灭火吗[⑥]？

师旷奏白雪之曲，致使神物下降，风雨暴至，晋平公卧病，晋国大旱三年，是当时广泛流行的故事。王充说，若果真如此，则是音乐乱了天地间的阴阳二气。音乐能扰乱阴阳，也就能调和阴阳，那么，作为君主，就不必修身正行，广施善政，只要使乐师奏调和阴阳的曲子，和气

① 参见《论衡·书虚》篇。
② 参见《论衡·书虚》篇。
③ 参见《论衡·变虚》篇。
④,⑤,⑥ 参见《论衡·感虚》篇。

就会到来，天下就会太平[①]。

商汤祈雨，也为人广泛称道。传说那时大旱七年，商汤背绑双手，把自己作为献祭的牺牲，在桑林里向上帝祷告，并检讨自己的过失，于是天下了雨。王充说，当时的大旱，是不是由于汤的过错，若是？他去求雨就是不与天地同德；若不是由于他的过错，那么，他自责祷告，都是没有用处的[②]。

当时传言，南阳卓公作缑氏县令，因为贤明，蝗虫避境。王充说，蝗虫，和蚊虻是一类东西。蚊虻不避贤者之家，蝗虫怎能不入卓公之县？蝗虫，和寒热一样，都是天的灾变，假若整个郡突遭寒冷袭击，在贤者主管的那个县里，能够单独温暖吗？寒热不能避贤者之县，蝗虫怎能不入贤者之境？[③]

《论衡》中类似上述的例子很多，不再列举。

"论衡"就是"衡论"。衡，就是鉴定、批评，看看言论是否正确。其方法一是与事实对照，与事实不符的言论就是错误的言论。这需要观察，需要借助实践经验；第二就是揭露言论自身的矛盾。错误的言论，几乎自身都存在着难以解决的自相矛盾。在许多情况下，揭露这类矛盾并非难事，然而人们却因为种种原因而缺乏一个批判的头脑，轻信那无根据的传闻为事实。王充的《论衡》，不仅给我们提供了一种衡量言论是非的方法，而且更重要的是给了我们一种不盲从轻信，善于分析各种言论内在矛盾的批判精神。在科学发展的转折时刻，批判精神，往往是科学进步的开路先锋。

今天在自然科学领域，同样存在着不少似是而非的言论，少根无稽的传闻。在异论纷呈、是非交错的情况下，王充的批判精神，是使我们保持头脑清醒的良药。

三 气感应的量化

《淮南子》、董仲舒谈论气的相互感应，不考虑量的规定。《淮南子》甚至明确认为："同气相动，不可以为远"[④]，气的感应不受距离的限制，天人感应的结论自然可以成立。

但王充发现："人之精乃气也，气乃力也"[⑤]。气既然是一种力，那么，以气为中介的事物的相互作用，就必须考虑这力的大小，以判断它们是否发生作用。比如人与水火："近水则寒，近火则温。远之渐微"。这个事实使王充得出结论："气之所加，远近有差"[⑥]。

这就是说，随着距离远近不同，气的感应也强弱不同。

在王充看来，天人之间，人要想让天感动，是不可能的。其原因就是天人距离太远，而人的气太微小。王充说：

> 天至高大，人至卑小，篙不能鸣钟，而萤火不能爨鼎者，何也？钟长而篙短，鼎大而萤小也。以七尺之细形，感皇天之大气，其无分铢之验，必也[⑦]。

王充把天与人的关系，比作人与身上虮虱的关系。在《论衡·卜筮》篇，王充说道，人在天地之

---

①,②,③ 见《论衡·感虚》。

④ 《淮南子·说山训》。

⑤ 《论衡·儒增》。

⑥ 《论衡·寒温》。

⑦ 《论衡·变动》。

间，就像虮虱在人身上。虮虱有什么想法，在人耳旁鸣叫，人尚且听不到。为什么？他们小大悬殊太多，彼此语言又不通的缘故。现在让如此微小的人，问如此巨大的天地，怎能互通消息，天地又如何能知道人的意思？

汉代流行的一句话是："天处高而听卑"。王充说，天处数万里之高，要听人的声音，是听不见的。就像人坐楼台之上，看地上的蚂蚁，根本看不到，更不要说听什么声音[①]。

董仲舒曾经认为："天地之间，有阴阳之气，常渐人者，若水常渐鱼也……人之居天地之间，其犹鱼之离水，一也……人常渐是澹澹之中，而以治乱之气，与之流通相淆也"[②]。王充认为，这不是事实。即使确如董说，人也不能感天。因为：

> 鱼长一尺，动于水中，振旁侧之水，不过数尺，大若不过与人同，所振荡者不过百步，而一里之外淡然澄静，离之远也。今人操行变气远近，宜与鱼等。气应而变，宜与水均。以七尺之细形，形中之微气，不过与一鼎之蒸火同。从下地上变皇天，何其高也[③]！

天离人是这样地高，人的气，根本不可能使天象发生什么变异。

王充在《感虚》篇中，反复阐明这个道理。他说："以箸撞钟，以筭击鼓，不能鸣者，所用撞击之者，小也。今人之形不过七尺，以七尺形中精神，欲有所为，虽积锐意，犹箸撞钟，筭击鼓也，安能动天？精非不诚，所用动者小也"。就是说，用来使天感动的东西太小了。又如"熯一炬火一镬水，终日不能热也；倚一尺冰置庖厨中，终夜不能寒也。何则？微小之感不能动大巨也"。

小不能动大，但大可以动小。王充认为，天人之间的感应，和天与物之间的感应一样，只具有单向性："天且风，巢居之虫动。且雨，穴处之物扰。风雨之气感虫物也"[④]。风雨使虫子扰动，那是由于它们的本性。比如"天且雨，商羊起舞"，那是由于商羊是"知雨之物"[⑤]。但天能使虫物扰动，虫物却不能扰动天，就像风使树枝摇动，树枝摇动却不能致风一样。况且，"人，物也；物，亦物也"[⑥]。物不能动天，人怎么能够动天："寒温之气，系于天地而统于阴阳，人事国政，安能动之"[⑦]。

考虑到物与物的相互作用受作用力大小及距离远近的制约，在近两千年前的汉代，是个非常卓越的思想。王充不仅借此否认了天人感应理论，而且在物理学思想史上，具有重要的意义。然而王充以后，一千多年间，几乎无人重提这一思想。天人感应思想，也就无法从理论上彻底否定。到了宋代，道教中甚至兴起了一个雷法派。他们企图以自己体内的气与天上的气相互感应，从而使天下雨或放晴。这一派的基本错误，就是不考虑气相互作用的力的大小及距离的远近。

到了元代，史伯璿《管窥外编》在讨论海潮问题时，重提距离远近问题，认为水与月相去几万里，水不可能从月。史伯璿的思想，也没有得到响应。

在中国古代，想深入思维的人们还只能想到作用与力的大小和距离远近有关，但还不能确定"大小"、"远近"的量究竟是多少？因为一系列的条件还不具备。但是，能够想到"大小"

---

① 见《论衡·变虚》。
② 见《春秋繁露·天地阴阳》。
③ 《论衡·变虚》。
④,⑤,⑦《论衡·变动》。
⑥ 《论衡·论死》。

和“远近”,本身就是重要的进步和认识的深化。

四 自然化生论与天地故生论(目的论)的斗争

天地故生论即生物学上的目的论。天地间的生物,直到人,它们的形态及相互关系,是天有意如此制造的,还是自然形成的?也是汉代思想界争论的问题之一。

《淮南子·地形训》载:

> 龁吞者八窍而卵生,嚼咽者九窍而胎生;四足者无羽翼,戴角者无上齿;无角者膏而无前,有角者指而无后……。

这本是对各种生物形态特点的描述。到董仲舒,给生物这种形态的差异赋予了目的论的意义。《春秋繁露·度制》道:“天不重与。有角不得有上齿。故已有大者,不得有小者,天数也”。

在董仲舒看来,人及生物界的关系,都是天的有意安排。比如天生下许多生物,就是为了供养人类:“天地之生万物也以养人。故其可食者以养身体,其可威者以为容服”①。至于五谷,更是天的恩赐:“五谷,食物之性也,天之所以为人赐也”②。人,以及人间的社会秩序、道德规范,也都是天的有意安排:“天之生人也,使人生义与利。利以养其体,义以养其心”③。

西汉末年,对天与万物的关系进行了讨论。扬雄认为,万物不是天的有意安排,否则天会力不从心的。《法言·问道》篇说:

> 或问天。曰:吾于天与,见无为之为矣。或问:雕刻众形者,匪天与?曰:以其不雕刻也。如物刻而雕之,焉得力而给诸?

这是用“无为而无不为”的思辩,对目的论的巧妙反驳。思想是正确的,但不深刻。

与扬雄同时的桓谭也反对生物学上的目的论。《新论·祛蔽》篇说:

> 余与刘子骏言养性无益。其兄子伯玉曰:“天生杀人药,必有生人药也”。余曰:“钩藤不与人相宜,故食则死,非为杀人生也。譬如巴豆毒鱼,礜石贼鼠,桂害獭,杏核杀猪,天非故为也。

世界上的物,多种多样。有的相宜,有的不相宜。遇到相宜之物,就能获益,至少是无害;遇不相宜者,就可能受损。不和不相宜的相遇,也就安然无事。桓谭的思想倾向与扬雄一致,他的论证比扬雄要深刻得多。

王充继承了扬雄、桓谭的思想倾向,并进一步从万物的来源说明万物化生皆出于自然,反对目的论,即反对“天地故生人”说。《论衡·物势》篇道:

> 儒者论曰:“天地故生人”。此言妄也。夫天地合气,人偶自生也。犹夫妇合气,子则自生也。
>
> 夫天不能故生人,则其生万物亦不能故也。天地合气,物偶自生矣。

无论是人还是物,它们的由来,都是偶然发生的现象。

---

① 《春秋繁露·服制象》。

② 《春秋繁露·祭意》。

③ 《春秋繁露·身之养重于义》。

五谷、丝麻,也不是天故意为了人而创造的。王充说:“夫天不故生五谷丝麻以衣食人”,而是“物自生而人衣食之”①。这就是说,人们衣食它们,是人的事情;它们自己,却不是为了人而存在的。人,和“含血之类”的生物一样,知饥知寒。见五谷可食而食之,见丝麻可衣而衣之。如果认为这都是天为人准备的,那就是把天当作为人准备衣食的“农夫桑女”②,从而贬低了天的品格。

这是桓谭相宜不相宜说的展开。

王充还继承了扬雄的“不雕刻”说,他认为,鸟兽的毛羽,毛羽之采色,都是不可能制造的。植物的春荣秋实,也不是天地有意为之。宋国有人刻木为楮叶,三年才刻成一片叶,如果天地要来有意制造这许多生物,一定会像宋人刻楮叶那样困难。况且,做事要用手,天有手吗?王充说:“如谓天地为之,为之宜用手,天地安得万万千千手,并为万万千千物乎”③!在王充看来,故意制做的东西,都不如自然形成的东西。比如胎儿在母腹之中,母亲怀孕,十月而生,鼻口耳目、皮肤、毛发、血脉、骨节,自然形成于母腹之中,而不是母亲有意为之的结果。那些土木偶人,鼻口都有,那是人为的产物,但是没有生命。如此看来,有意为之的东西,反倒是差的、不好的东西。

山顶溪中之鱼,是“无类而出”,“水精自为”的思想,也是自然化生论的产物。而大约从汉代以后,天地故生的思想就无人提起了。

五 天道自然,其应偶合

《论衡·验符》篇说:“天道自然,厥应偶合”,可说是概括了王充哲学的基本原则。

天生万物,是像夫妇合气生子。合气非必是为了生子而子自生,天地合气而万物自生。万物的由来,不是天地“故生”的结果。

天地不是有意生物,也不有意安排物与物的关系。天生五谷丝麻,不是为了给人衣食。事物间的相互关系,都是自然形成的结果。

物的相互作用,以气为中介。气,是一种力。力的作用,随大小远近而逐渐减弱。天离人辽远,人气微小,不可能使天发生感动。

这样,从物的来源,到物的相互关系,以及物的相互作用,都是自然而然发生的。所以王充作出结论:天道自然的原则才是宇宙间普遍存在的原则:“夫天道,自然也,无为。……黄老之家,论说天道,得其实矣”④。在天道如何这个问题上,王充经过自己的一番考察,赞成黄老之家的结论。

但他认为,黄老之家有个缺点,就是不知道援引事实证明自己的结论:“道家论自然,不知引物事验其言行,故自然之说未见信也”⑤。王充的贡献,就是用大量的事实证明了天道自然无为的结论,从而使这个结论成为可以信赖的结论。

---

①,②《论衡·自然》篇。

③,⑤《论衡·自然》。

④《论衡·谴告》。

天道自然是先秦老子、庄子首先提出来的结论。其意义在于反对把物的运动归于神的干预。与此同时，他们也否定了事物运动的原因及事物的相互联系、相互作用。此后，人们进一步发现了物与物的相互作用和相互联系，发现了事物运动的某些原因。董仲舒适应西汉政治的需要，把这些科学新发现推向一般，得出了天人感应的结论。现在，王充又以更深入的观察和更大量的材料，证实了天道自然的结论。和老庄的天道自然相比，王充的天道自然不仅不否认事物间的联系，反而是建立了事物联系之上的。虫子的产生，要依温湿之气；海潮的涨落，随月盛衰；巢居穴处之物，风雨来临之前会被扰动。这一切反而证明，物的运动，是由于自然的原因造成的，而不是由于人的行为使物的运动发生了变异。

这是天道自然说在新的、更高基础上的复兴。

然而，在天人感应说的理论之中，有些现象确实是相互对应的。怎样解释这些事实呢？王充认为，这些对应都是适逢偶会。

比如武王伐纣，刚好赤雀到来，白鱼入船，恰巧被武王看到，并不是上帝派它们为武王而来。又如邹衍呼天，适逢下霜，并不是由于邹衍呼天才下霜。汤祷于桑林，天下雨，那是由于久旱，天该下雨了，即使汤不祷告，雨也要下，下雨并不是由于汤的祷告。至于凤凰、麒麟之类的祥瑞，以及各种各样的灾异，与人事的对应，都只是一种巧合、适逢偶会而已。

至此为止。天道自然观念在新的基础上复兴了。

不过，王充的思想，虽产生在汉代，其发挥作用却在魏晋南北朝。因为他的书出来以后，长期湮没无闻。直到汉朝末年，他的书才由蔡邕传入京都，为士大夫所知。而天道自然观念重新为社会普遍承认，则在魏晋时代了。

第四章　魏晋南北朝时期的科学思想

第一节　魏晋玄学的天道自然思想说

一　《论衡》的传播与魏晋玄学的兴起

《论衡》著成以后，未能广泛传播。汉朝末年，才由蔡邕秘密带回洛阳。时间大约在公元189年年末。据《全晋文》所辑《抱朴子外篇》佚文说："王充所作《论衡》，此方都未有得之者。蔡伯喈尝到江东见之，叹为高文，度越诸子，恒爱玩而独秘之。及还中国，诸儒觉其谈论更远，嫌得异书，搜求其帐中，至隐处，果得《论衡》，捉取数卷将去。伯喈曰：唯与尔共之，勿广也"。《后汉书·王充传》注所引《袁山松书》也说："充所作《论衡》，中土未有传者，蔡邕入吴始得之，恒秘玩以为谈助"。

蔡邕以后有王朗。王朗在王充家乡会稽作太守，后被曹操徵召，到了北方。《后汉书·王充传》注引《袁山松书》道："其后王朗为会稽太守，又得其书，及还许下，时人称其才进。或曰：不见异人，当得异书。问之，果以《论衡》之益，由是遂见传焉"。

蔡邕是当时名士，作议郎时，发现儒经文字错讹较多，上奏皇帝，要求正定六经文字。经汉灵帝批准，蔡邕亲自书丹，刻成石经，作为六经定本。"于是后儒晚学，咸取正焉。及碑始立，其观视及摹写者，车乘日千余辆，填塞街陌"①。蔡邕又精通音律及天文历法。其"才学显著，贵重朝廷，常车骑填巷，宾客盈坐"②。王朗也是当时的儒雅之士，后来作到司空、司徒，其著作有"《易》、《春秋》、《孝经》、《周官》传"等。蔡邕和王朗对《论衡》的推崇，使《论衡》在北方，在当时的思想、学术中心流传开来。

蔡邕从吴地回到北方的时候，作为学术中心的中原一带，天人感应的空气还非常浓厚。即或蔡邕本人，也和张衡一样，反谶纬但不反天人感应。他向皇帝上的奏章，还反复以天降灾异来议论朝政，劝戒皇帝。在这种情况下，他虽然带回了《论衡》，却只能"秘玩"，并告诫朋友不可外传。在这浓厚的神学空气中，蔡邕已经觉得不能把水旱灾害归罪于历元不正，在他的思想中，神学的禁锢已经出现了某些裂口，所以他在避难中见到《论衡》，才异常喜爱，并且思想也发生了变化。"诸儒"发现了他的思想变化，不但不加指责，反而追根问底，说明这些儒者也迫切希望听到另一种声音，一种与谶纬迷信、天人感应神学不同的声音。《论衡》的议论，在这沉闷污浊的神学空气之中，就像是突然吹来了一股清凉的风。

大约十年以后，当王朗到了许下的时候，情况就发生了变化。王朗已不像蔡邕那样叮嘱

① 《后汉书·蔡邕传》。
② 《三国志·王粲传》。

别人不要外传，而是坦率承认自己"得《论衡》之益"。二人态度不同，反映了思想形势的变化。

王朗在许下，是曹操"挟天子以令诸侯"的时代，国家权力掌握在曹操手里。曹操曾下令求贤，要求"唯才是举"，即使"盗嫂受金"者也不嫌弃。"若必廉士而后可用，则齐桓其何以霸世"①。名存实亡的汉家政权，不能保守原来的秩序，也就不能保守原来的观念。现实中争城争地的斗争又迫切需要人才，曹操的观念改变了。曹操观念的改变影响着一大批士人的观念，汉代的名教伦理被冲破了一道缺口。名教伦理观念上的裂痕同时也是天命神学观念的裂痕。曹操"性不信天命之事"②。这样的政治气氛，也帮助了《论衡》及其思想的传播。

汉代政权倾颓，代之而起的是权臣挟持天子；汉代伦理残破，代之而起的是老、庄思想的兴盛。老子学说，在汉代就始终是儒家的主要对立面。在儒家学说随着汉朝政权衰落的时候，老子学说就受到了士人的注意。在曹操的谋士中间，就出现了仲长统这样的人物。

《后汉书·仲长统传》称："统性俶傥，敢直言，不矜小节，默语无常，时人或谓之狂生"。他不求立身扬名，但愿"安神闺房，思老氏之玄虚；呼吸精和，求至人之仿佛"，"消摇一世之上，睥睨天地之间。不受当时之责，永保性命之期"。他的诗中，公开申明要背叛五经："百虑何为，至要在我。寄愁天上，埋忧地下。叛散五经，灭弃风雅。百家杂碎，请用从火。抗志山栖，游心海左。元气为舟，微风为柂。敖翔太清，纵意容冶"③他的政论认为，君主的位置，是靠角智斗力得来的。继位的君主，又往往骄奢淫佚，产生新的混乱和争斗，从而"运徙势去"，"存亡以之迭代，政乱从此周复"。这是必然的规律："天道常然之大数"④。仲长统的历史观念，是一个天道自然的历史观，在思想倾向上，和王充极其接近。

天道既然是"常然之大数"，那么，治国也就只须求助于人事。仲长统认为，西汉时代的萧何、曹参、魏相、霍光等人，成就他们的事业，靠的是人事，而不是天道："唯人事之尽耳，无天道之学也"⑤。所以作一个大臣，不必知天道。仲长统说："所贵乎用天之道者，则指星辰以授民事，顺四时而兴功业，其大略吉凶之祥，又何取焉？⑥"然而董仲舒以来所讲的天人感应，就是讲"吉凶之祥"。仲长统认为，讲究这种天道而无人略，是巫医卜祝之民，昏乱迷惑之君，覆国亡家之臣⑦。

仲长统所指责的那种知天道而无人略的倾向，乃是汉代数百年来笼罩于朝野上下的普遍思想倾向。王充多从自然现象论证天道自然，与人事无关。仲长统则从治乱兴亡之中得出结论，天道只是时之宜，与吉凶无关，也是一个天道自然。

仲长统作曹操谋士时，《论衡》已广泛传播。从蔡邕、王朗到仲长统，标志着新的思想倾向在形成。这种新的倾向，与《论衡》的传播有极大关系。

积极传播《论衡》的人物，与魏晋玄学的中坚人物有着千丝万缕的联系。

蔡邕非常赏识王粲，他把自己的许多藏书都送给了这位年龄比自己年轻得多的才子。王粲是王弼的族祖，其子被曹丕所杀，所以王粲的书。后来都转归了王弼的父亲王业。蔡邕还有个学生叫阮瑀："瑀少受学于蔡邕"⑧。阮瑀之子阮籍，也是玄学的重要人物。

---

① 《三国志·武帝纪》。
② 《三国志·魏书·武帝纪》注引《魏武故事》。
③,④《后汉书·仲长统传》。
⑤ 《群书治要》卷45引。
⑥,⑦《群书治要》卷45引。
⑧ 《三国志·王粲传》。

王朗著有《易传》,后来由其子王肃定稿,列于学官。王朗的思想倾向,也就影响了一代学人。据朱伯崑《易学哲学史》,王肃易学对王弼影响很大:“王弼《周易注》中的许多观点,同王肃说是一致的”①。“王肃说”实际是“王朗说”,“王朗说”是一种深受王充《论衡》影响的学说。

《论衡》在江浙一带早有传播。蔡邕、王朗都是从那里把《论衡》带到中原的。吴国虞翻,曾为王朗下属。《会稽典录》载有他和王朗的一段对话。王朗问及会稽人物,虞翻回答道,有“徵士上虞王充”,“洪才渊懿,学究道源,著书垂藻,骆驿百篇,释经传之宿疑,解当世之盘结。或上穷阴阳之奥秘,下摅人情之归极”②。对王充推崇备至。王朗得到《论衡》,当是虞翻推荐的结果。

从汉末到三国初年,时间大约从蔡邕开始传播《论衡》的公元189年到正始元年即公元240年,约50年的时间里,是汉代神学经学向魏晋玄学的转变时期。学术思想的转变表现于两个方面:一是儒学衰落,二是残存的儒学对老、庄学说发生了兴趣。

据《三国志·王朗传》注引《魏略》:“从初平之元,至建安之末,天下分崩,人怀苟且。纲纪既衰,儒道尤甚”。到魏黄初元年(220),才“扫除太学太灰炭,补旧石碑之缺坏”,恢复太学。起初有弟子数百人,和东汉太学极盛时期学生数以万计的情况相比,已不可同日而语。十余年后,学生增至上千人。其原因是“中外多事,人怀避就。虽性非解学,多求诣太学”,而“诸博士率皆粗疏,无以教弟子。弟子本亦避役,竟无能习学”。以致到正始年间,“有诏议圆丘,普延学士。是时郎官及司徒领吏二万余人,虽复分布,见在京师者尚且万人,而应书与议者略无几人。又是时朝堂公卿以下四百余人,其能操笔者未有十人,多皆相从饱食而退”。这是一个巨大的学术断层。汉代儒学,被隔在了断层的彼岸。残存的儒学,对老、庄学说发生了兴趣。虞翻自称五世传孟氏易,但同时也作有《老子注》,并传于世。被《魏略》称为儒宗之一的董遇,“善治《老子》,为《老子》作训注”③。《魏略》又载一位名叫寒贫的人,建安初年,从长安宿儒栾文博学习,开始精通《诗》、《书》,后来“常读《老子》五千文及诸内书,昼夜吟咏”④。

在这学术出现断层及酝酿转变的时期,《论衡》的传播极大地促进了学术的转变。王充以充分的论据证明,作为汉代儒学理论基础的天人感应说是错误的,而道家“天道自然”的结论是正确的。当魏晋玄学兴起,学者们对老、庄兴趣盎然的时候,“天道自然”成为他们理解老、庄学说的基调,成为他们理解整个世界,特别是理解自然现象的基调。

二 魏晋玄学的天道自然思想

魏晋玄学的代表性著作是王弼的《老子注》、《周易注》和郭象的《庄子注》,天道自然构成了这些著作的基调。

王弼在《老子指略》中,这样概括《老子》的基本思想:

> 故其大归也,论太始之原以明自然之性,演幽冥之极以定惑罔之迷。因而不为,顺而不施⑤,崇本以息末,守母以存子,贱夫巧术,为在未有,无责于人,必求诸己,

① 朱伯崑《易学哲学史》,北京大学出版社,1989年版,第238页。

② 《三国志·虞翻传》注引。

③ 《三国地·王朗传》注引。

④ 《三国志·管宁传》注引。

⑤ 据楼宇烈《王弼集校释》,中华书局,1980年。

此其大要也。

在这“大归”、“大要”之中，“论太始之原以明自然之性”又是其他要点的基础。只有在“明自然之性”的基础上，才好因而不为，顺而不施，崇本息末，守母存子。在《老子注》中，王弼始终贯彻了自己对《老子》思想的基本理解。《老子注》第29章：“万物以自然为性，故可因而不可为也，可通而不可执也”。

之所以要“因而不为”，乃是因为万物“以自然为性”。万物的本性既然是自然，也就只能因任这个自然本性而不能违背。在王弼看来，天地对待万物，就是这个原则。《老子注》第5章：“天地任自然，无为无造……。天地之中，荡然任自然。圣人也是如此：“圣人达自然之性，畅万物之情，故因而不为，顺而不施”[1]。

天地、圣人的处事原则，是一切人都应遵守的共同原则。这个原则就是“道”。而道是法则自然的。《老子注》第25章：

> 法，谓法则也。人不违地，乃得全安，法地也。地不违天，乃得全载，法天也。天不违道，乃得全覆，法道也。道不违自然，乃得其性，法自然也。法自然者，在方而法方，在圆而法圆，于自然无所违也。

归根结底，人、地、天都要法则自然，因任而不违背万物的本性。

在这里，自然乃是万物的本性，本性也就是自然。道法自然，乃是因为万物本性如此。王弼哲学的出发点，正是《论衡》的结论。

依汉代的天人感应观念，万物的运动，从天上的日月星辰，到地上的草木鸟兽，几乎都要受人事、特别是政治状况的影响。政治清明，则风调雨顺，草木荣落有常，麒麟出世，凤凰翔集。政治昏乱，就风狂雨暴，地震山崩、日月无光，寒暑不调。然而王充证明：天道自然，万物的运动，无论对人是灾，是祥，都是自己运动的结果，即依自己本性运动的结果，而不是由于人事的影响。王充的结论，是魏晋玄学理解老、庄学说的基础，也是魏晋玄学理解整个世界的基础，因而成为普遍承认的自然观。

王弼认为，假如违背自然的原则，伤害了万物的本性，就会造成严重的后果。《老子注》第49章：“若乃多其法网，烦其刑罚，塞其径路，攻其幽宅，则万物失其自然，百姓丧其手足，鸟乱于上，鱼乱于下”。

类似的精神，也被王弼带进了他的《周易注》。王弼注坤卦：“任其自然，而物自生，不假修营，而功自成”。注损卦道：“自然之质，各定其分，短者不为不足，长者不为有余，损益将何加焉”。注艮卦道：“夫施止不于无见，全物自然而止，而强止之，则奸邪并兴”。

《系辞传》说，《周易》是讲大道的书，它囊括了天道、地道、人道，因而是有关世界的总原则。王弼的《周易注》则指出，《周易》之道，也是法则自然之道。任物自然，不强加损益，一切行为，以保全物的自然本性为目的，乃是《周易》的基本精神。

自然或本性，不是一个感性物，而是一个看不见、摸不着的东西，是“无称之言，穷极之辞”[2]，“其端兆不可得而见也，其意趣不可得而睹也”[3]，因而是个无。这个无，是本，是母，应该受到尊崇。在尊崇自然本性的基础上，王弼建立了他的“以无为本”或“崇本息末”理论。王弼所崇的本，不仅是道，而且是自然本性。

---

① 王弼《老子注》第29章。

②，③ 王弼《老子注》第25、17章。

王弼之后有郭象的《庄子注》，或向秀、郭象的《庄子注》[1]。在序言中，郭象指出："夫庄子者，可谓知本矣"。"本"是什么呢？郭象说："通天地之统，序万物之性，达死生之变，而明内圣外王之道。上知造物无物，下知有物之自造也"。也就是从天地间的总原则和万物的本性开始，到内圣外王之道为止。这总的原则，其中最主要的是"造物无物"，"有物之自造"。"造物无物"也就是"有物之自造"。"物之自造"，就是物由自已生成，这是郭象的万物"独化"论。独化，就是物由自已生成，不是其他物或力量所造成，因而是个自然过程。物的出生是自然，物的运动也是自然，即自已而然。郭象说："天地者，万物之总名也。天地以万物为体，而万物必以自然为正"[2]。那么，天地也就以"自然为正"了。这就是郭象说的"天地之统"，天地之间的总原则。

自然者，不为而自然者也。故大鹏之能高，斥鴳之能下，椿木之能长，朝菌之能短，凡此皆自然之所能，非为之所能也。不为而自能，所以为正也[3]。

依郭象注，则庄子所说的"正"，就是自然。"乘天地之正"，就是"乘天地之自然"。乘天地之正，也就是顺万物之性：

故乘天地之正者，即是顺万物之性也。御六气之辩者，即是游变化之途也。如斯以往，则何往而有穷哉。所遇斯乘，又将恶乎待哉！此乃至德之人玄同彼我者之逍遥也[4]。

逍遥的境界也就是最高的境界，这最高的境界也就是自然的境界，因为"天地之正"就是自然，或者说"天道自然"。这是郭象对庄子思想的理解，也是郭象对整个世界的基本主张：

物之生也，莫不块然而自生[5]。

块然而自生耳。自生耳，非我生也。我既不能生物，物亦不能生我，则我自然矣。自已而然，则谓之天然。天然耳，非为也，故以天言之。以天言之，所以明其自然也……故天者，万物之总名也。莫适为天，谁主役物乎？故物各自生而无所出焉，此天道也[6]。

万物的出生是自已而然，他们的运动也不是外力的役使，这就是天道。

由此很容易推论，只要满足了各个事物的自然，也就是它们的本性，就到了逍遥的境界："……则物任其性，事称其能，各当其分，逍遥一也"[7]。这样，郭象就把天道自然的原则贯彻到了一切事物之中。

魏晋玄学的其他代表人物，也都把天道自然奉为指导思想的最高原则。阮籍《通老论》说："道者，法自然而为化，侯王能守之，万物将自化……"，《达庄论》道："天地生于自然，万物生于天地"。嵇康态度激烈，他的《释私论》主张"越名教而任自然"。"任自然"，乃是因为自然是天地间的最高原则。

当时著名的玄学家还有夏侯玄。夏侯玄的著作基本没有留存下来，只有张湛《列子注·

---

① 《世说新语·文学》篇说，当时注《庄子》的不下几十家，但只有向秀的注为人欢迎，"大畅玄风"。并且指出："今有向、郭二庄，其义一也"。

②，③，④ 郭象《庄子注·逍遥游》。

⑤，⑥ 郭象《庄子注·齐物论》。

⑦ 郭象《庄子注·逍遥游》。

仲尼篇》引夏侯玄道："天地以自然运，圣人以自然用。自然者，道也"。自然就是道，圣人之所以"以自然用"，乃是因为天地"以自然运"。天道自然，也是夏侯玄的基本原则。

天道自然贯彻于人事，就是任其自然。魏晋玄学家们把自然的原则推崇到了顶点，并把自然的原则贯彻到社会生活的各个方面。魏晋士人多放达，不拘礼法，就是"任其自然"的原则在个人生活中的贯彻。儒家伦理的核心是"孝"，孝特别表现于父母的丧礼，有一套繁琐的规定。魏晋不少士人蔑视这套制度，因为他们认为："自然亲爱为孝"①。

魏晋士人也用自然的原则去解释个人的遭遇和命运。李康《运命论》，认为命运是一种"不求自合"的东西。挚虞《思游赋》，认为命运不可知，也无法改变，只有"信天任命"。最好是"乐自然兮识穷途，谙无思兮心恒娱"。《晋书》本传说他"以死生有命，富贵在天……崇否泰之运于智力之外"。在贤良对策时称"期运度数，自然之分"。其后南朝范缜说命运如风吹落花，也是一种天道自然论。

佛教传入之初，依附玄学。天道自然观念也被带入了佛教。郗超《奉法要》说，报应也是一种自然："夫理本于心，而报彰于事。犹形正则影直，声和而响顺，此自然玄应"。慧远的《三报论》是讲报应的名作，其中说道："罪福之应，唯其所感。感之而然，故谓之自然"。后来，竺道生认为，自然，乃是佛教的真理："夫真理自然，悟亦冥符"②。而他主张的"顿悟"，乃是对这个真理的符合。

崇尚自然的原则在道教中更是一个基本原则，本章对此将有专门论述。

三 《物理论》与天道自然观

《物理论》是魏晋之际专门探讨"物理"的著作。作者杨泉，也是王充的家乡会稽人。从《物理论》残存的内容看，作者杨泉不仅继承了王充研究自然现象的兴趣，也继承了王充的天道自然观念。

王充的《论衡》，主要内容还是要破除旧的天人感应观念，《物理论》则是要进一步建立一个完整的世界图象，力图对各种自然现象都作出说明。

《物理论》说，天，是浩大的元气："元气浩大，则称浩天。浩天，元气也。浩然而已，无他物也"。天不是一个有质体的物，和地不同："地有形而天无体"。天的形状，既不是浑天说的形状，也不是盖天说的形状："就浑天之说，则斗极不正；若用盖天，则日月出入不定"。天，只是浩然元气而已。

地是有形质的东西。地在水上："所以立天地者，水也"。水，是"地之本"，水吐元气，上升为天。日月星辰，也都由水吐的元气生成。

日是阳精。阳气的盛衰决定着冬夏寒暑、昼夜长短。月是水之精，所以"潮有大小，月有盈亏"。星是"元气之英"；天河也是水精，由地上的水气上升所形成。

风，是"阴阳乱气激发而起者"。四季之风各不相同，称为"四正之风"。加"四维之风"，共成"八风"。这八种风，"方土异气，疾徐不同。和平则顺，违逆则凶，非有使之者也"。它们是自然形成的："气积自然，怒则飞沙扬砾，发物拔树；喜则不摇枝动草，顺物布气"。杨泉由此得

① 王弼《论语释疑》。

② 《涅槃经集解》引竺道生序文。

出结论说:“天下之性,自然之理也”。

地,是“气自然之体”,也是“天之根本”。地有山陵,也有河流。地形各种各样,都是气造成的。地上的石头,是“气之核”。气生石头,就像人身生筋络爪牙。

土和气的和合,生就了万物:“土气和合,而庶物自生”。这里的庶物,指的是生物,接着杨泉赞美了工匠的巧思,指明了耕作的原则,阐述了人体结构及保持健康的机理。然后是对社会各种制度的讨论,比如丧葬制度。

《物理论》已经散失,现存的内容是由宋以来学者辑佚而成。从残存的内容看,杨泉所说的“物理”,也包括人事,这是一个从天到人完整的思想体系。这个体系不像《论衡》那样,仅从现存的世界万物出发,去探讨它们的关系,而是进一步追根溯源,阐明从天地到万物的由来以及它们运动的原则。依据这个体系,水吐的气,形成了天地日月星辰,以及山陵土石。阴阳二气决定着日月星辰的运行,天也在不停地旋转。地上的风是阴阳二气的相互作用形成的,生物是土和气的和合。人比蜘蛛、蜜蜂更为精巧,但人造器物和蜘蛛结网,蜂儿筑巢都是一样的性质。人的生死寿夭,也是个自然现象,是谷气和元气相互作用的结果,是和薪尽火灭同样的过程。因此,无论那个领域,物的运动都是依自己的本性,其相互作用也是个自然而然的过程。

从对具体自然现象的解说来看,杨泉没有更多的创造。日是阳精,水气为星辰河汉之类,是西汉以来就有的说法。薪尽火灭的说法也由来已久。汉以来已普遍承认天地万物是气的凝聚,杨泉加上气是由水吐出的,其立论并不高明。杨泉的独特之处,是把“物理”作为自己探讨的对象,以此为学术研究目标的人物,在中国历史上是不多的。他所探讨的结果,使“天道自然”观念向现象的背后,向物的纵深发展了。

第二节 天道自然观在天文学中的反映:“顺天以求合”

一 从历元为历本到悟出斗分太多

依汉代天文学家的思想,历元就是天地开辟的日子。这一天日月合璧,五星联珠,此后各自运行。每天日行一度,月行$13\frac{7}{19}$度。五星运行,速率也有一定。因此,他们认为,只要找对了历元,就会使历法准确。如仍有差误,就是受了人事的影响。

《续汉书·律历志》载:顺帝汉安二年(143)太史令虞恭等说:“建历之本,必先立元。元定然后定日法,法定然后度周天以定分至。三者有程,则历可成也”。“定日法”只是确定 一天分为多少份,“度周天”仅是确定分至时刻的需要,周天的度数则是一定的,太阳的行度也是一定的。虞恭等继续说:“日行一度,一岁而周。故为术者,各生度法,或以九百四十,或以八十一。法有细粗,以生两科,其归一也。日法者,日之所行分也。日垂令明,行有常节。日法所该,通远无已,损益毫厘,差以千里”。

周天度数一定,太阳行度一定,他们也不认为自己的测量有误差。刘歆说,那些数字都是从易数推出来的,因而不会有错。那么,假如发现历法误差,就只能调正历元。如果还有问题,就只能归结为人事的干扰了。

早在东汉永元年间(89 至 105)，贾逵就指出："天道参差不齐，必有余，余又有长短，不可以等齐"。又说："……数不可贯数千万岁，其间必改更，先距求度数，取合日月星辰所在而已"①。贾逵所说，实际上认为日月五星的行度并非一定，因为当时已经发现了月亮行度有迟有疾，贾逵并且据此否定了朓与仄匿之说。贾逵说："今史官推合朔、弦、望、月食加时，率多不中，在于不知月行迟疾意"。"梵、统以史官候注考校，月行当有迟疾，不必在牵牛、东井、娄、角之间，又非所谓朓、仄匿，乃由月所行道有远近出入所生"②。如采纳贾逵的意见，若发现历法与天象不合，就应考察历法数据是否准确。但贾逵以后很长时间，实际上没有人考虑他的意见。当历法和天象不合时，仍然在历元上面作文章。

东汉末年，刘洪首先突破了汉代历法思想的局限。《晋书·律历志(中)》载：

"汉灵帝时，会稽东部尉刘洪，考史官自古迄今历注，原其进退之行，察其出入之验，视其往来，度其终始，始悟四分于天疏阔，皆斗分太多故也"。

"斗分太多"，也就是每年 365 天以后，用分数表示的那个尾数分子太大。依次推论，若历法数字与天象不符，不是历元的问题，而是历法数据本身的问题。要使历法与天象符合，就不应去修订历元，而是应修改历法数字本身。历法数字中，最重要的就是那个"斗分"。实际上，就是每年的"岁实"。即每年 365 天以外，那个余数究竟是多大？这个余数的数值，除了靠实测以外，用其他办法，都不是导致数据准确的途径。

刘洪以前，有人屡次建议用"九道术"。九道术的来源，是发现了月行有迟疾。贾逵说：

梵、统以史官候注考校，月行当有迟疾……月所行道有远近出入……率一月移故所疾处三度，九岁九道一复，凡九章，百七十一岁，复十一月合朔旦冬至，合《春秋》、《三统》九道终数，可以知合朔、弦、望、月食加时③。

刘洪把月行迟疾的发现纳入历法计算，"以术追日、月、五星之行，推而上则合于古，引而下则应于今……方于前法，转为精密矣"④。

第一悟出历法疏阔是由于"斗分太多"，第二把月行有迟疾的发现采入历法，是刘洪对历法进步的两大贡献。这两大贡献不仅是使历法精密，而且是历法思想的根本进步。

汉代既然认为日行、天周都有一定，历元又是见于谶纬，是神圣至上，那么，历法本身就不会有错。他们要求的，是天象须与历法符合。他们观测天象的目的，就是看天象是否与历法符合。假若天象和历法不合，就认为是天象受了人事的干扰，因而就去设法"纠正"天象。若用后来杜预的话说，这叫作"为合以顺天"。就是说，汉代人观测天象的目的是要让天象和历法符合。

然而刘洪的结论表明，以前的差误，不是天象行度不对，而是历法数据不对。"斗分太多"，又没有考虑"月有迟疾"。这样一来，观测天象的目的，就应是让历法去符合天象。若二者不符，就修改历法数据。用后来杜预的话说，叫作"顺天以求合"。

"为合以顺天"和"顺天以求合"，是两种根本对立的历法思想，也是汉代和魏晋南北朝时代历法思想的根本差异。刘洪从实际上完成了从"为合以顺天"向"顺天以求合"的转变，却未能对这种转变作出理论总结。完成理论总结的学者，是晋代的杜预。

---

① 、②《续汉书·律历志》。

③ 《续汉书·律历志(中)》。

④ 《晋书·律历志(中)》。

二　杜预的"顺天以求合"思想

晋代杜预造《春秋长历》，从理论上批判了汉代的"为合以顺天"思想，提出了新的"顺天求合"思想。

杜预说，根据儒经，无论是天子还是诸侯，都必须设置日官。日官根据日月每日行度，确定晦朔，设置闰月。历久不错，四时八节也都符合，这一年的历法才算完成。其间的数据、计算，都非常精密，只有通达这些精微之处，才能使历法合于天道，不与天象违背："其微密至矣。得其精微，以合天道，事叙而不悖"。杜预也谈到日日行一度，月日行十三度十九分之七。但他已经感到，这中间有"精微"存在，这些数字，不一定是精确的数字。

杜预还进一步感觉到："阴阳之运，随动而差，差而不已，遂与历错"。日月一旦运动起来，其行度就与历法数据不同，小的差异积累起来，就造成了历法与天象的不符。

作为一个天文学家，应该怎样看待天象和历法的不符呢？

杜预说，历来论说《春秋》的，用各种历法推算春秋时代的日食，都不符合，其中以刘歆的三统历为最粗疏。但是汉代的儒者却说，春秋时代的日食，就是在初二日或初三日！杜预说，这是"公违圣人明文"。

四分历的岁实就大于实际的岁实，三统历又大于四分历。这样，依三统历从汉代上推春秋，月初、岁初将越来越深的推进到上月、上年的年末。这样，日月合朔的日子，在三统历上，就出现在初二日或初三日。但刘歆、班固等人不以为是自己历法的错误，却说当时的日食就是初二、初三日，其原因在于"侯王率多缩朒不任事"，以致"日月乱行"。[①]

杜预经过考察，针对刘歆、班固等人的说法，明确指出："日食于朔，此乃天顺。经传又书其朔食，可谓得天"[②]。
刘歆等人的错误，在于固守一种数据，而不能根据天象实际随时加以修正："其蔽在于守一元，不与天消息也"。有感于此，杜预曾著《历论》，论述"历之通理"。杜预认为：

> 天行不息。日月星辰，各运其舍，皆动物也。
>
> 物动则不一。虽行度大量可得而限。累日为月，累月为岁，以新故相序，不得不有毫毛之差，此自然之理也。

这就是说，日月是不断运动的物体，我们所制订的历法，其数据只是它们的"行度大量"。它们的实际运动，却每日、每月、每岁，都有"毫毛之差"。这毫毛之差是我们的历法所没有包括的。正是这个原因，造成了天象和历法的不符。杜预说，这是"自然之理"。自然之理，就是说误差不是由于政治的干扰，而是日月运行本来如此，而人又没有掌握它们运行中的"毫毛之差"。

在这样的情况下，依杜预的意见，应该修订历法，使之符合天象："始失于毫毛，而尚未可觉，积而成多，以失弦望朔晦，则不得不改宪以从之"。

"改宪"，就是修订历法。把上述原则浓缩为一句话，那就是："当顺天以求合，非为合以顺天"。
用今天的话说，就是应当让您的历法去符合天象，而不应让天象去符合您的历法。

---

① 《汉书·五行志》。

② 杜预《春秋长历》。本节所引杜预之论，均出此。不再加注。

“顺天求合”思想排除了人事对天象的干扰,认为历法中的误差是天体自身运动的结果,并且认为这是“自然之理”。因此,“顺天求合”思想的理论基础,乃是天道自然观念。“顺天求合”,是天道自然观念在天文历法领域里的具体表现。

杜预继续批评汉代学者,说他们不去根据经传的日月食记载去考订晦朔,推出和这些记载相符的历法,却仅根据自己所学的那一点知识去推断春秋时代的日月食记载。杜预说:“此无异于度己之迹,而欲削他人之足也”。

可以说,汉代占统治地位的历法思想,就是这种削足适履的思想。“足”,就是天象;“履”,就是历法。“顺天求合”思想把这种颠倒了的关系又颠倒了过来,它使履去适应足的大小,使历法去符合天象的运行,从而在历法与天象之间建立了正确的相互关系,并且成为魏晋南北朝时代占主导地位的历法思想。

三　天道自然观在天文历法领域里的深入

南朝刘宋初年,太子率更令何承天,私人撰就了一部历法。元嘉二十年(443),何承天将历法献给朝廷,并加以说明。何承天首先指出,自己的历法,是多年考校的产物:

> 臣授性顽惰,少所关解。自昔幼年,颇好历数。耽情注意,迄于白首。臣亡舅故秘书监徐广,素善其事,有既往七曜历,每记其得失。自太和至太元之末,四十许年。臣因比岁考校,至今又四十载,故其疏密差会,皆可知也①。

何承天考校的方法,主要是通过观察昏旦中星及月蚀时月亮的位置,来推测太阳的位置,同时参考史官土圭测影所得的结果。几十年考校的结果,他得出了和杜预同样的结论:

> 夫圆极常动。七曜运行,离合去来,虽有定势,以新故相涉,自然有毫末之差。连日累岁,积微成著。是以虞书著钦若之典,《周易》明治历之训,言当顺天以求合,非为合以顺天也②。

而他多年对天象的考校,乃是“顺天求合”的前提。

何承天还进一步发现:“又月有迟疾。合朔月食,不在朔望,亦非历意也”②。也就是说,日食必在朔,月食必在望。既然“顺天求合”,就应使历法服从天象。于是何承天采用定朔,以保证日食必在朔日,并使朔日成为名符其实的日月相合的日子。“顺天求合”思想开始向旧的历法体制进行挑战。

宋文帝下诏,认为“何承天所陈,殊有理据”,并让群臣进行讨论。太史令钱乐之等上奏,认为何承天所说,太阳冬至时刻的位置,完全正确。但援引经典,认为不当用定朔。钱乐之说:

> 又承天法,每月朔望及弦,皆定大小余。于推交会时刻虽审,皆用盈缩,则月有频三大、频二小,比旧法殊为异。旧日蚀不唯在朔,亦有在晦及二日,《公羊传》所谓‘或失之前,或失之后’。愚谓此一条自宜仍旧③。

由于太史令等人的反对,何承天不再坚持己见。他收回了自己的意见,仍旧使用平朔。

何承天把“顺天求合”作为自己制订历法的指导思想,表明这个新的历法思想已为优秀

---

① 《宋书·律历志(中)》。
② 《宋书·律历志(中)》。
③ 《宋书·律历志(中)》。

天文学家所接受。采用定朔,表明"顺天求合"思想已深入到旧的历法体制本身,尽管没有成功,但毕竟是新的开端。

太史令钱乐之对何承天历法的意见,主要也是援引天象事实,这也是顺天求合思想的体现。不像东汉的天文学家,把图谶作为改历的根据。

何承天的历法被采用。有关部门并因此上言:"术无常是,取协当时"①。依据"当时"的天象修订历法,成为普遍的认识。

十几年后,何承天的历法又出现了误差。南徐州从事史祖冲之依据"术无常是,取协当时"的原则,于大明六年(462)又制出了新的历法,称"大明历"。大明历同样以考天象为基础,并且更加深入地要求改革旧的历法体制。

祖冲之说:"若夫测以定形,据以实效。悬象著明,尺表之验可推;动气幽微,寸管之候不忒。今臣所立,易以取信"。祖冲之相信,自己的历法,经得起天象实际的检验,因为天象的实际,乃是他制历的基础。

祖冲之对旧的历法体制进行了两项重大改进:一是引入虞喜发现的"岁差",一是打破"十九年七闰"的"章法"。他发现,十九年七闰的章法,"闰数为多",经二百年,就差一天。"节闰既移,则应改法。历纪屡迁,实由此条"②。"节闰"在实际上既然已经迁移,那就应该改动历法。我们看到,这是明确的"顺天求合"思想。"历纪屡迁,实由此条",意思是说,以往的一切历法变改,其根本原因,乃是由是天象的实际突破了历法的时限。寥寥数语,祖冲之揭露了历法变革的真正原因。这样一来,"顺天求合"就不仅是人为规定的、使历法专家必须遵守的原则,而是表述了一切历法变革的规律,即使汉代也不例外。虽然汉代人讲了许多不相干的理由,但实际上,他们改历的原因也是因为历法与天象不符。

祖冲之还指出,旧历使冬至点固定,但实际上却是岁岁不同。长此以往,不仅太阳冬至点,而且月亮或五星的宿度,也都与历法不符,这时又要重新修改历法。因此,不如引入岁差,使太阳冬至点的位置,岁岁微有不同,这样就不必常常修改历法了。

很明显,这是一部更加深入地"顺天求合"的历法。他对旧历法体制的修改,也招致了更坚决的反对。戴法兴反对引入岁差,也反对改革十九年七闰的旧章法。戴法兴认为,若引入岁差,会造成"星无定次,卦有差方",甚至使星名混乱,使儒经的记载不能为后代所了解,因而是严重的"诬天背经"。打破十九年七闰,不过是祖冲之妄加穿凿。戴法兴还反对祖冲之用"甲子"年作上元,认为这是"为合以求天"②。戴法兴的论文表明,"顺天求合",反对"为合顺天",已成为历法领域判定是非的准则。

祖冲之针对戴法兴的反驳,逐条作了答辩。祖冲之说,戴法兴反对改革十九年七闰,主要理由是因为自古如此。考察古代历法,都是四分历。汉代用四分历,日食都常在晦日,魏代以来,改掉了这一条,并未遭人非议。为什么呢?"诚有效于天也"。十九年七闰,尤其粗疏。并且也不见于经典。戴法兴却说"此法自古,数不可移"。"若古法虽疏,永当循用,谬论诚立,则法兴复欲施四分于当今矣,理容然乎?③"

在祖冲之的驳议中,"有效于天",始终是他的基本出发点。

---

① 《宋书·律历志(中)》。
② 《宋书·律历志(下)》。
③ 《宋书·律历志》。

在北方,则有后秦时代的姜岌,认为考察日月之行乃是治历之本。姜岌说:"治历之道,必审日月之行,然后可以上考天时,下察地化。一失其本,则四时变移"[①]。

为了考察日月之行,顺天求合,天文学家们发明了许多数学的或测量的方法,努力提高天文数据的精度。比如何承天发明了"调日法"[②],用以调整历法中的分数部分。何承天设每月 $29\frac{26}{49}$日或 $29\frac{9}{17}$日,前者大于实际,而后者小于实际,分别称强率和弱率,于是将分子、分母分别相加:$\frac{26+9}{49+17}=\frac{35}{66}$,还是小于实际日数,于是就再加上强率$\frac{35+26}{66+49}=\frac{61}{115}$,仍然弱,就再加强率,直到满意为止。据说何承天的历法,就是 15 个强率和 1 个弱率相加:

$$\frac{26\times15+9}{49\times15+17}=\frac{399}{752}$$

何承天的调日法对后世影响深远。《宋史·律历志》说:"自后治历者,莫不因承天法"。

祖冲之则发明了测定冬至时刻的新方法。据祖冲之自己介绍:"大明五年十月十日,影一丈七寸七分半;十一月二十五日,一丈八寸一分太;二十六日,一丈七寸五分强。折取其中,则中天冬至,应在十一月三日"[③]。

因为冬至时日影最长,祖冲之设定,在冬至前后相等的时间里,影长也相等。因此,与十月十日相应的时刻应在二十五与二十六日之间。祖冲之还设定,在这段时间里,影长增减的速率是一样的。祖冲之根据他的设定,求得冬至时刻在十一月三日"夜半后三十一刻"[④]。

此外姜岌等人,对天文测量都作出了新的贡献。这些测量的或数学的方法,都服从一个总的目的,即"顺天求合"。而这些方法,也都不同程度地提高了历法和天象符合的精度。

何承天、祖冲之等人,在努力使历法符合天象的同时,严厉批评汉代的谶纬迷信。何承天批评说,四分历与实际天象比较,三百年多出一日,然而在汉朝,"积代不悟,徒云建历之本,必先立元。假言谶纬,遂关治乱,此之为蔽,亦已甚矣"。至于刘歆三统历,更加粗疏。然而"扬雄心惑其说,采为《太玄》;班固谓之最密,著于《汉志》"[⑤]。何承天认为,这些都是不知而妄言的人。

祖冲之反驳戴法兴时,也批评了汉代的谶纬。祖冲之说:"周汉之际,畴人丧业。曲技竞设。图纬实繁。或假号帝王以崇其大,或假名圣贤以神其说。是以谶记多虚,桓谭知其矫妄;古历舛杂,杜预疑其非直"。在祖冲之看来,合于图谶的那些说法,都没有什么可取之处:"合谶乖说,训义非所取"[⑥]。

在北朝,姜岌严厉批评刘歆:"按歆历于《春秋》日食一朔,其余多在二日,因附《五行传》,著朓与不灭慝之说云:春秋时诸侯多失其政,故月行恒迟。歆不以历失天,而为之差说。日之蚀朔,此乃天顺也。而歆反以己历非此,冤天而负时历也"[⑦]。

他们对汉代历法思想的批判,更加帮助了顺天求合思想的传播。

---

① 《晋书·律历志(下)》。

② 参阅《宋史·律历志》(七)。

③ 《宋书·律历志(下)》。

④,⑤《宋书·律历志(下)》。

⑥ 《宋书·律历志(下)》。

⑦ 《晋书·律历志》。

四 从“顺天求合”到否认灾异

北朝建国以后，先是用景初历，后来用赵𢾺的玄始历。崔浩曾造了一部五寅元历，因被杀而未及施用。经过一百多年的准备，公元500年左右，即北魏宣武帝景明年间，北魏王朝着手编制自己的历法。大约五六年后，历成。太乐令公孙崇上表，建议命名为“景明历”，并且指出：“然天道盈虚，岂曰必协，要须参候是非，乃可施用”①。他建议组建一个班子，对新编成的历法进行检验，然后再颁布使用。在这里，“顺天求合”思想已成为人们的实际行动。

检验持续了好几年，还未得出结果，公孙崇等相继去世。十年后，崔光上表，要求对这部历法与李业兴、李谧各自私撰的历法进行比较。表中说道：“天道幽远，测步理深”，因此须“更取诸能算术兼解经义者”，“与史官同检疏密。并朝贵十五日一临，推验得失，择其善者奏闻施用”②。同时，清河王怿等也上表说：

> 天道至远，非人情可量；历数幽微，岂以意辄度。而议者纷纭，竞起端绪。争指虚远，难可求衷，自非建标准影，无以验其真伪③。

从东汉以来，朝廷就不断组织对历法的讨论。东汉的讨论，只是一种口头上的辩论，并且多以图谶为根据。三国曹魏时代，南朝刘宋时代，也都对新制的历法进行讨论，虽然不再多引图谶，讨论也仅限于口头。这就是元怿等指出的“议者纷纭，竞起端绪。争指虚远，难可求衷”的情况。建标测影，对历法进行检验，是北朝的创举。其目的，自然是为了让历法“顺天”。

元怿继续说道，以往也对历法进行过检验，但不能“累岁穷究”，以致“不知影之至否，差失多少”。所以他建议连续观测三年。这样就可以作到：“令是非有归，争者息竞。然后采其长者，更议所从”④。“是非有归”，就是归于实际的检验，而不只限于口头的争论。

三年以后，检验完毕。大约各有长处。于是崔光将这三家历法加上另外六家，一共九家的历法综合起来，“共成一历”⑤，最后定名为“正光历”，颁布施行。

从历法本身看，正光历不是高水平的历法，但是它的产生，是长期实际测算，检验的结果。沿着这样的制历之路继续前进，就一定会出现优秀的历法。

北朝末年，出现了刘焯的历法。

刘焯死于大业四年(608)，在隋统一中国(公元589年)后19年，时年67岁。他的历法成就，乃是北朝历法思想发展的结果。

刘焯的历法叫“皇极历”。李淳风等人所修的《隋书·律历志》称，刘焯的历法虽未被采用，但“术士咸称其妙”，所以也被载入《律历志》。其中采用定朔法安排历谱，创立二次等间距内插法推算日月食及五星位置。由于历法精密，遂使刘焯宣布：“无灾祥”！据颜子推《颜氏家训·省事》篇：

> 前在修文令曹，有山东学士与关中太史竞历，凡十余人。纷纭累岁。内史牒付议官平之。吾执论曰：大抵诸儒所争，四分并减分两家尔。历象之要，可以晷影测之，

---

① 《魏书·律历志》。

②，③，④，⑤《魏书·律历志(上)》。

今验其分至、薄蚀,则四分疏而减分密。疏者则称政令有宽猛,运行致盈缩,非算之失也。密者则云日月有迟速,以术求之,预知其度,无灾祥也。

用疏则藏奸而不信,用密则任数而违经。且议官所知,不能精于讼者,以浅测深,安有肯服?

在这场争论中,颜子推以"议官所知,不能精于讼者",而采取了模棱的、不置可否的态度。

颜子推的态度,也反映了历法及历法思想的进步。在此以前,朝廷也往往把历法优劣交给"议官"们评议,那时的议官们,并不认为自己"不能精于讼者"。他们引经据典,对历法评头论足。其中有的抵制了谬误,如东汉的贾逵、蔡邕,有的也压制了正确,如戴法兴。一般说来,这种方法不是完全不能用。但随着历法的进步,专门的问题也越来越多,越来越精细,引经据典的方式越来越不适用,在这种情况下,才引出了颜子推"议官不能精于讼者"的议论。既然如此,判定历法优劣,只能靠"讼者"即天文学家们自己,而他们自己判别是非的标准,自然应是天象的实际。

颜子推所说的"山东学士",显然是刘焯等人。刘焯是信都(今河北冀县)人,即当时所说的"山东"(指崤山,华山以东)人。他宣称"无灾祥"的事还见于一行的《大衍历议》。一行说:

刘焯、张胄玄之徒自负其术,谓日月皆可以密率求,是专于历纪者也①。

一行认为:"若皆可以常数求,则无以知政教之休咎"②。因为从这样的历法中,见不到灾祥。

宣称日月迟速可以术求,没有灾祥,是"顺天求合"思想发展的顶点。从张衡开始,天文学家们可以反对谶纬,但一般不反对天人感应、灾异祥瑞。其中有些人,在实际上,或在某个局部,否认过天人感应、灾异祥瑞,但不能就整个历法从根本上、一般地反对灾祥,因为天人感应、灾异祥瑞是封建国家的立国之本,思想支柱。刘焯宣称用历法可以准确描述日月行度,因而没有灾祥,这就超出了封建国家所能容忍的限度。刘焯始终得不到任用,抑郁而死,其根本原因在此。

五 天道自然观在整个天文学中的地位

代汉而起的社会政治、经济制度,仍然是在小农经济之上的封建统治。统治的思想支柱,仍然是天命鬼神,是儒家的忠孝仁义。修订历法,仍然是接受天命的象征。

曹魏政权建立以后,要不要改正朔?群臣们曾有一备争论。主张改的,认为这是"明天道、定民心"的大事业;不主张改的,认为魏代汉是禅代,可以仍奉前代正朔。魏晋之际,也发生过这样的争论③。然而无论如何主张,皇帝是受命于天的观念则完全一致。曹操不信天命,仅是个人的行为,曹操死,就无人敢否认天命了。新的政权,仍然把皇天上帝或昊天上帝奉为最高神。最高神之下,是依等级排列的数百、上千位大大小小的天地之间的神灵,其中有日月、二十八宿,也有风伯、雨师等。它们都是封建国家的守护神。封建国家,对这些神灵,都规定了相应的祭祀制度。皇帝祭天,祭天下的名山大川。地方主官,依自己的品级,祭祀相应的神灵。其他从官,在祭祀中则担任助祭或陪祭的职务。历代正史的《礼志》,所记载的礼,首先就是以祭祀天或上帝为主心的祭礼。

---

①,② 一行《大衍历议·日蚀议》。

③ 参见《宋书·礼志一》。

祭祀天或上帝，是为了得到天或上帝的庇佑。同时也兢兢业业地观测着天象，以探测天意。占星，仍然是国家重要的政治活动，也是天文学家们的重要任务。曾要求禁绝谶纬的张衡说：

> 日者，阳精之宗；月者，阴精之宗；五星，五行之精。众星列布，体生于地，精成于天，列居错峙，各有攸属。在野象物，在朝象官，在人象事。其以神著，有五列焉，是为三十五名。一居中央，谓之北斗。四布于方各七，为二十八舍。
>
> 日月运行，历示吉凶，五纬躔次，用告祸福……庶物蠢蠢，咸得系命。不然，何以总而理诸[1]？

《晋书·天文志》的这段记载，是张衡《灵宪》的摘要，也是晋代及其以后占星活动的总纲。《晋书》及其以后的《天文志》，记载的仍然是天文学家们历代占星的记录。南朝梁代，祖冲之之子祖暅，"天监中，受诏集古天官及图纬旧说，撰《天文录》三十卷"。在北朝，"逮周氏克梁，获庾季才，为太史令，撰《灵台秘苑》一百二十卷，占验益备"[2]。

上述情况表明，魏晋南北朝时期的天文学，一面是天道自然，顺天求合思想的发展以及历法的不断进步；一面是占星术的发展，以致在北朝覆亡前夕，产生《灵台秘苑》这样部头巨大、占验完备的占星著作。

在这种情况下，天道自然观念在天文学领域里的发展，时时与占星术所依赖的天人感应思想发生着冲突。在顺天求合思想指导下不断进步的历法，一面受着传统思想的束缚和压制，致使定朔不能采用，祖冲之、刘焯的历法被扼杀不能应用；一面也不断占领着原由占星术所盘踞的领域。据《魏书·高祖纪(下)》，魏孝文帝曾下诏说："日月薄蚀，阴阳之恒度耳"。既然如此，日月薄蚀就不是什么天意的表现，也不必进行星占。但是，封建国家需要神学。魏孝文帝继续说："圣人惧人君之放怠，因之以设诫，故称'日蚀修德，月蚀修刑'……"。尽管已经知道日月食是阴阳恒度，因而是天道自然，与人事休咎无关，但是"人君"需要圣人的"设诫"，圣人的"设诫"也就不能不像紧箍一样套在天文学的头上。

颜子推的思想，更加明确地反映了天文学领域两种思想的矛盾和冲突。他很清楚，那些粗疏的历法的作者，不过是借"政令有宽猛"来文饰自己的粗疏，因而是挟诈藏奸，不可信任；但是，他又不能支持精密的历法，他害怕"任数"即单凭历法科学本身会"违经"。违背经典，宣称没有灾祥 ，也就摧折了封建国家的精神支柱，这是绝对不能允许的。

因此，天道自然观念在天文学领域，也像它在整个国家统治思想中的地位一样。在总体上，是天命神学，是儒家经典；在某些局部，某些具体问题上，讲天道自然，把神的干预排除出事件之外。这两方面互相冲突，又互相依存。前途如何？要依赖当时的社会需要及思想自身的发展程度。天文科学，就在这样的矛盾冲突中发展。一面履行着认识天象，描述天象的科学使命；一面履行着占测天意，为封建政治服务的神学使命。

---

① 《晋书·天文志》(上)。

② 《隋书·天文志》(中)。

第三节　宇宙观的争论

一　浑天理论的深入和发展(上)

张衡以后,浑天理论凯歌行进。蔡邕在流放中上书说:

《周髀》术数具存,考验天状,多所违失,惟浑天近得其情。今史官候台所用铜仪则其法也。

立八尺圆体而具天地之形,以正黄道,占察发敛,以行日月,以步五纬,精微深妙,百代不易之道也①。

就在这次上书中,蔡邕请求让刘洪和他一起,撰修天文律历志。

此后吴国陆绩造浑象,一个重大发展,是认为天形如鸟卵而不是正圆。依鸟卵说,则黄道应长于赤道。陆绩的鸟卵说可能有天文观测和推算方面的根据,但现在已不得详情。

陆绩还计算了这个浑天的大小,认为天的直径为35.7万里,且东西径与南北径长度相等。据王蕃《浑天象说》,这一数字来自纬书。纬书认为天周长107.1万里,依周三径一,天径为35.7万里。依陆绩的计算,天形应是正圆的,所以王蕃说他是“自相违背”。

从拥护浑天说,到认真地去计算天形的大小,说明浑天说深入人心。

稍晚于陆绩的王蕃,传刘洪乾象历,也拥护浑天说,他据纬书中的天周长度,依据自己考得的$\frac{142}{45}$的周率,算得天径应为32.94万里强。

但他认为,“天体圆如弹丸,地处天之半,而阳城为中”,“日春秋冬夏,昏明昼夜,去阳城皆等,无盈缩”。依此推论,日在天上,斜射阳城,日与阳城的距离,应为“天径之半”。

王蕃据“千里一寸”说和表八尺,夏至阳城一尺五寸,认为南戴日下距阳城应为1.5万里,此处日高应为8万里。依勾股法,则太阳到阳城的距离为:

$$\sqrt{1.5^2+8^2}=8.1394(\text{万里强})$$

王蕃认为,这就是“天径之半”。天径数为:

$$8.1394\times 2=16.2788(\text{万里强})$$

乘以周率,则得:

$$16.2788\times\frac{142}{45}=51.3687(\text{万里强})$$

王蕃认为,这才是天周的长度,比纬书的数值小55.7312万里有奇。

浑天说和盖天说、宣夜说的争论并没有结束。杨泉《物理论》说,天是元气,无体质,和地不一样。这是明显的宣夜说思想。依据此说,则浑天说和盖天说的天都是不存在的。杨泉指责浑天说使“斗极不正”,盖天说使“日月出入不定”。它们各自能解释一部分问题,但也都有不能加以说明的天象。它们都需要发展自己的理论,使之更加完善。

王充《论衡》的传播,同时也传播了王充的天体结构观念。王充认为,“天平正,与地无

---

① 《晋书·天文志(上)》。

异"[①],属盖天说思想体系,所以《晋书·天文志》说"王仲任据盖天之说,以驳浑仪"。依《晋书·天文志》的介绍,王充对浑天说的责难主要是:

(1) 天如何从水中通过:"旧说天转从地下过。人掘地一丈辄有水,天何得从水中行乎?甚不然也"。

(2) 太阳没有转入地下,而是转到了远处:"日随天而转,非入地。夫人目所望,不过十里,天地合矣,实非合也,远使然耳。今视日入,非入也,亦远耳"。

王充还指出:当日转远到西方之时,其下的人也将认为是到了中午。从那里东望,也会看到天与地合。就像在大泽之滨,极目四望,几乎四周都与天合,其实并没有合。天地没有合,日也就没有转入地下。王充得出结论说:"四方之人,各以其近者为出,远者为入矣"。《论衡·说日》篇还特意加上一句:"实者,不入,远矣"。也就是说,其实日并没有转入地下,只是转到远处罢了。

(3) 日是一团火,火之精;月是水之精。本身都不是圆的,圆只是我们的视觉形象:"日月不圆也。望视之所以圆者,去人远也。夫日,火之精也;月,水之精也。水火在地不圆,在天何故圆"。

据《晋书·天文志》所载,非常推崇王充的葛洪著论反对王充对浑天说的责难。

葛洪首先指出:"诸论天者虽多,然精于阴阳者少"。精于阴阳的张衡、陆绩,都认为占验天象,只有浑象最为精密。张衡依浑天说所造的浑天仪,一面在室内转动,一面在室外观星,浑天仪上星星的出没和实际天象,完全符合。浑天仪如此有验,说明浑天理论是完全正确的。然后,葛洪一一回答了王充对浑天说的责难。

葛洪说,假如天的形状,果然如浑天说之论,那么天出入水中,就是必然的事。他援引"黄帝书"道:"天在地外,水在天外"。说明水是浮天而载地。他援引《周易》的"时乘六龙",说明这是把天比喻成龙,天出入水中,应和龙一样,不会受损。这是圣人仰观俯察的结果。《周易》晋卦坤下离上,证明了日出于地;明夷卦离下坤上,证明日入于地;需卦乾下坎上,证明天入水中。天又属金,金水相生,出入水中,不会有损。

接着葛洪援引桓谭在西廊庑下对日影的观察,桓谭说:"天若如推磨右转而日西行,其光景当照此廊下稍而东耳,不当拔出去,拔出去是应浑天法也"。葛洪据此再次肯定:"天出入水中,无复疑矣"。

他自己的观察,众星也是出于东方,经人头顶,至西方,"稍下而没",并没有转向北。太阳运动也是如此,并没有转向北方。

葛洪说,日径千里,圆周三千里,足以相当小星几十个的大小,如转向远方,还应看得见。现在只见北方小星,却不见日,说明它并未转向北方。

假若日是转远,那么,它将没之时,应逐渐变小,可是此时却更大。假若日月像火炬,应远小近大,但它们从出到入,大小一样,这是王充自相矛盾了。

葛洪还说,日将没时,像一面横放的破镜,先没下半而留上半。假如转向北,日将没时应像竖破镜,先没右半而留左半。这也证明,日不是转向北方。

葛洪据"河、洛之文",认为水火皆阴阳之余气。因此,不是水火生日月而是日月生水火。水火不圆,不能说生水火的东西也不圆。如果说,日月之圆仅仅是因为离人太远,才被看成圆

① 《论衡·说日》。

的。那么,月亮初生和既亏之后,以及日蚀之时,日月为什么就不是圆形呢?葛洪最后得出结论说:“此则浑天之理,信而有徵矣”。较之《浑天仪注》以及王蕃的《浑天象说》,葛洪的论说是浑天理论的深入。他已不限于大而化之地阐述浑天理论,而是依浑天理论去解说诸种天象问题,并回答反对者的责难。假如依据这个理论能回答所有有关天象的问题以及来自反对者的责难,浑天理论就是比较圆满的理论。

我们看到,涉及观察所能解决的问题,葛洪的回答都比较圆满。说明他曾细致地观察了天象,对王充的反驳也非常有力。葛洪的反驳证明:日不转向北方,浑天说日入地下说是正确的。与此相关的是,日月是圆的,王充认为日月不圆的说法是站不住脚的。但是,当涉及那无法靠观察解决的问题,当葛洪引经据典来说明的时候,比如天出入水中是否受损?葛洪的说明只能说是神学胡说。他没有说明,那载有日月星辰的天,出入水中为何不受损害?王充说,日转远时,那里的人也会认为是日中。葛洪对此也未作回答。浑天说的理论深入了,但并没有完全解决问题。

二　浑天理论的深入和发展(下)

葛洪以后,何承天继续浑天理论,并企图更为合理地解释天出入水中水与日光为何都不受损害的问题。据《隋书·天文志》载,何承天说:“详寻前说,因观浑仪,研求其意,有悟天形正圆,而水居其半。地中高外卑,水周其下”。其证据呢?何承天说,有一种说法是:日出旸谷,入于濛汜。《庄子》中也说,北溟有鱼,化而为鸟,将徙于南溟。这就是四方皆水的证据。

旸谷、濛汜,都是古老的传说,《庄子·逍遥游》,只是寓言。何承天以此作为四方皆水的证据,是软弱无力的。

何承天认为,日是阳精,经过水中光耀不会受损。他要解决的问题是,由于日入水中而焦竭的海水从何处得到补充?何承天说:

> 四方皆水,谓之四海。凡五行相生,水生于金。是故百川发源,皆自山出,由高趣下,归注于海。日为阳精,光曜炎炽,一夜入水,所经焦竭。百川归注,足以相补,故旱不为减,浸不为益①。

何承天可能猜测到一些地球上水的循环现象,但对日入水中的解释,显然不能令人满意。他没有经验观察的根据,也没有说明日光为何不受海水损害。

与浑天说有关的问题,还有日离人远近的问题。与日离人远近相关,是如何解释冬夏寒暑及一日之中的凉热变迁问题。王充说过:

> 儒者或以旦暮日出入为近,日中为远;或以日中为近,日出入为远。其以日出入为近,日中为远者,见日出入时大,日中时小也。察物,近则大,远则小,故日出入为近,日中为远也。其以日出入为远,日中时为近者,见日中时温,日出入时寒也。夫火光近人则温,远人则寒,故以日中为近,日出入为远也②。

王充认为,两种说法各有自己的道理,但难以分出是非曲直。他自己用实验的方法论证:“日

① 《隋书·天文志(上)》。
② 《论衡·说日》。

中近而日出入远”①。其方法是：

在屋栋下树一竿，与地面垂直，其长度上抵屋栋，下触地面，此时就好像日在头顶。若使竿上端倾斜，竿挨不着屋栋，有可能倒下，因为斜倚的杆，底端到屋栋的距离要长，这就好像日出日入时与人的距离。王充认为，这就证明了“日中近而日出入远”。

王充这里的证明很难说是证明，但王充以日之远近解释一日凉热变化的立场也十分明显。

王充还解释了为什么日出入时看着大而日中时看着小，认为那是由于光的明暗：“日中光明故小，其出入时光暗故大。犹昼日察火光小，夜察之火光大也”②。

王充的问题，在《列子·汤问篇》中又以两小儿辨日的形式提了出来。两个小儿的主张，其实就是王充说的两派儒者的主张。《列子》书中认为孔子也无法解决，也就是说，在《列子》的作者看来，这是还没有解决的问题。

太阳与人的距离，有没有远近之分？是对浑天说的直接挑战。因为依浑天说：“天体圆如弹丸，地处天之半，而阳城为中，则日春秋冬夏、昏明昼夜，去阳城皆等，无盈缩”③。《隋书·天文志》也说：“旧说浑天者，以日月星辰，不问春秋冬夏，昼夜晨昏，上下去地中皆同，无远近”。

那么，为何一天之中，早晚凉而中午热；一年之内，夏天热而冬季寒呢？

汉代一般用阴阳二气的消长解释一年的寒暑变迁，而关子阳则用“天阳下降”、“地阳上升”来解释一日之中的凉热变化。据《隋书·天文志》载：

汉长水校尉平陵关子阳，以为日之去人，上方远而四傍近。何以知之？星宿晨昏时出东方，其间甚疏，相离丈余。及夜半在上方，视之甚数，相离一二尺。以准度望之，愈益明白，故知天上之远于傍也。

那么，为什么中午热而早晚凉呢？

日为天阳，火为地阳。地阳上升，天阳下降。今置火于地，从傍与上，诊其热，远近殊不同焉。日中正在上，覆盖人，人当天阳之冲，故热于始出时。

火之上热于火之旁，这是经验事实。“天阳下降”，因而日在头顶时热于在旁时，则仅是一种假说。《隋书·天文志》这段话来自桓谭《新论》，桓谭并不相信关子阳的说法，他说：“子阳之言，岂其然乎？”虽然如此，关子阳的假说还是对后来的浑天说发生了重大影响。

晋代束皙，认为“傍方与上方等”，即日出入与日中，与人距离相等。所谓日的大小，全是由于眼睛的错觉：

旁视则天体存于侧，故日出时视日大也。日无小大，而所存者有伸厌。厌而形小，伸而体大，盖其理也④。

“伸厌”的原因不是日体果有伸缩，而是“存”于人目的视觉形象。人目，是常受迷惑的：

又日始出时色白者，虽大不甚；始出时色赤者，其大则甚。此终以人目之惑，无远近也。

且夫器置广庭，则函牛之鼎如釜；堂崇十仞，则八尺之人犹短。物有陵之，非形

①,②《论衡·说日》。

③ 王蕃《浑天象说》。

④《隋书·天文志》。

异也。夫物有惑心，形有乱目，诚非断疑定理之主。故仰游云以观月，月常动而云不移；乘船以涉水，水去而船不徙矣①。

指出感官的错觉，是非常正确的。认为日体本身无大小的变化，大小仅是视觉形象，也是正确的。但认为视觉中有大有小的原因，仅是旁视与不旁视，而未能指出物为什么旁视大而直视小。后秦姜岌同意关子阳和束皙，并作了补充。姜岌认为，初出时日大，是由有“地有游气，以厭日光，不眩人目，即日赤而大也。无游气则色白，大不甚矣”②。这就是说，造成眼睛错觉的原因，乃是由于“游气”的有无。游气一般不上升，所以中午日色白。假若上升，蒙蒙四合，即使中午日色也赤。姜岌的假说，把造成日体视觉形象差异的原因归因于日与人目之间的中介物，从而深化了“日离人远近”的讨论。

梁代祖暅，综合了上述诸人的理论说：

日去地中，四时同度，而有寒暑者，地气上腾，天气下降，故远日下而寒，近日下而暑，非有远近也。

犹火居上，虽远而炎；在旁，虽近而微②。

祖暅这里抛弃了阴阳二气决定冬夏寒暑的理论，但也不认为是日离人远近的缘故，而认为是“日下”离人的远近所造成的。较之上述两种说法，要合理得多。在古代天文学中，可说是对冬夏成因的最合理的解释。至于造成视觉中日体小大的原因，那是由于仰视难而平视易：

视日在旁而大，居上而小者，仰矚为难，平观为易也。由视有夷险，非远近之效也。今悬珠于百仞之上，或置之于百仞之前，从而观之，则大小殊矣④。

这样的解释有一定的道理，浑天说的理论，就在这样的讨论中发展和深化。

浑天说还有一个大问题，即天的大小。依王蕃计算，天的直径只有16万里强，而半径才8万里强。依千里一寸，夏至影长1.5尺，则南戴日下距地中阳城1.5万里。那么，冬至影长13尺，则冬至戴日下距地中阳城应为13万里，大于天的半径许多，那么，此时太阳能跑到天外去吗？

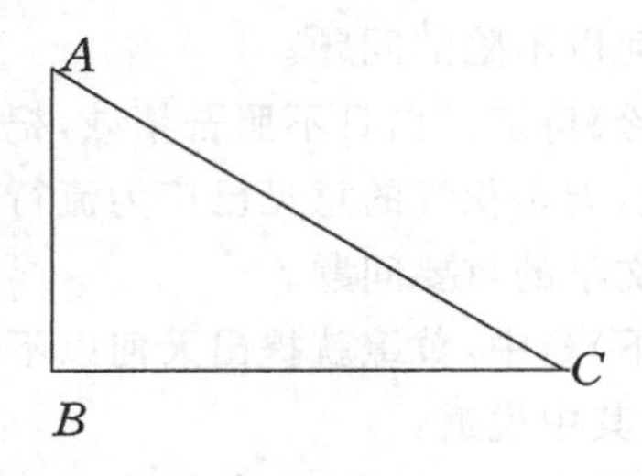

为了解决这个矛盾，祖暅求助于数学方法。如图，假若 AB 为标高，则 BC 为影长。若 AB 为8尺，$BC=13$ 尺，因为 $AC=\sqrt{\overline{AB}^2+\overline{BC}^2}$，两边都乘以 AB，则得：

$$AB\cdot AC=AB\cdot\sqrt{\overline{AB}^2+\overline{BC}^2}$$

那么：

$$AB=\frac{AB\cdot AC}{\sqrt{\overline{AB}^2+\overline{BC}^2}}=AC\frac{8}{\sqrt{8^2+13^2}}$$

如果 AC 是天半径，则 AB 就是冬至时南戴日下的日高。已知王蕃天半径为81394里强，则：

①,②,③,④《隋书·天文志》。

$$AB=81394\times\frac{8}{\sqrt{233}}\approx42658(\text{里})。$$

同理，可求得：

$$BC=69320\text{ 里强}。$$

祖暅并依次求出二分时日高为 67502 里强，南戴日下去地中 45479 里强。

祖暅用了王蕃的天径数据，却违背了王蕃的方法。依王蕃说，夏季表高 8 尺就意味着南戴日下天高 8 万里，那么，冬至表高也是 8 尺，南戴日下天高也应 8 万里，据王蕃法，则天半径应为

$$\sqrt{8^2\times13^2}=\sqrt{233}$$

即 15 万余里。但祖暅却以王蕃天径为据推出冬至日高及戴日下离阳城远近，其勉强之态可掬。

在王蕃和祖暅的计算中，都用了“千里一寸”这个数据，这是《周髀》中盖天说的数据。刘宋元嘉年间，曾派使者到交州测影，发现六百里相差一寸，到梁代，又两次派人测影，也发现千里一寸不可靠。但祖暅却没有利用这些数据。不摆脱千里一寸的数据，就摆脱不了盖天说。

魏晋南北朝时代，人们仍努力计算天体大小，说明他们相信天地大小是有限的。

三　新的论天三家

在浑盖宣夜之争中，魏晋之际出现了新的论天三家。新的论天三家，其目的大都在回答天何以不坠，地何以不陷的问题。

李白《梁甫吟》诗道：“白日不照吾精诚，杞国无事忧天倾”。似在嘲笑杞国人的愚昧，那是由于李白的时代，天是积气的意见已广为流行。李白以前，是否会天倾地陷？是宇宙观的重要问题，也是天文学的重要问题。

《庄子·天下》篇中，黄缭就提出天何以不坠不陷的问题。《列子·天瑞篇》，更深入地提出了这个问题。其中说道：

> 杞国有人，忧天地崩坠、身亡所寄、废寝食者，又有忧彼之所忧者，因往晓之，曰：天，积气耳，亡处亡气，若屈伸呼吸，终日在天中行止，奈何忧崩坠乎？

这显然是用宣夜说的观点说明天为何不会崩坠的问题。张湛的注，进一步发挥了“天是积气”的意见：“夫天之苍苍，非铿然之质；则所谓天者，岂但远而无极邪，自地而上则皆天矣。故俯仰喘息，未始离天也”。对天持这样的观念，不仅说明这是反对浑盖二家的宣夜说观念，而且说明这是一种持“无限论”的宇宙观。

虞喜的《安天论》，首先源于他对浑盖二说的不满：

> 或谓浑然而盖。愚谓若必天裹地似卵含黄，则地是天中一物，圣人何别为名而配天乎？古之遗语，日月行于飞谷，谓在地中也，不闻列星复流于地。又飞谷一道，何以容此？且谷有水体，日为火精，水炭不共器，得无伤日之明乎？此盖天所以为臣难也。

《太平御览》(卷二)的这段引文可能有错误，但大体意思明白，就是他对浑盖二家都不满意。他提出的责难主要有两条：①假若天像蛋壳，地像蛋黄，则地是天中之一物，天的一部分，因

而也应叫作天，为什么圣人要加以区别？②若日出入水中，水为何不伤日之明？前两节我们已经看到，浑天家们对这个问题的回答都不能令人满意。而虞喜则在宣夜说的基础上提出了《安天论》：

天高穷于无穷，地深测于不测，天确乎在上，有常安之形；地魄焉在下，有居静之体①。

这就是说，天是“常安”的，决不会崩坠。地永远在下，天永远在上。天高、地深都是无限的，所以地也不会陷下，也无所谓陷下。地，也是“常安”的。天地“当相覆冒，方则俱方，圆则俱圆，无方圆不同之义也。其光曜布列，各自运行，犹江海之有潮汐，万品之有行藏也”。日月星辰在天上，就像江海万物在地上一样，“各自运行”，自然而然。这也是一种彻底的天道自然的宇宙观。

安天论继宣夜说之后，又一次打破了浑盖二家的天壳，引起了葛洪的不满。葛洪讥笑说：“苟辰宿不丽于天，天为无用，便可言无，何必复云有之而不动乎？②”《晋书·天文志》和《隋书·天文志》都认为，葛洪“知言之选”。然而，也许正由于虞喜赋予日月星辰运动以充分的自由，才使他悟出“天为天，岁为岁”，发现了岁差。至于“日月星辰不丽于天”的意见，从今天看来，乃是最正确的意见。《晋书·天文志》、《隋书·天文志》的作者，都是李淳风等人。说明直到唐初，天文学家基本上还是认为天是有壳的。

虞喜族祖虞耸又造《穹天论》。《穹天论》说：

天形穹隆如鸡子，幕其际，周接四海之表，浮于元气之上。譬如覆奁以抑水，而不没者，气充其中故也③。

从某种意义上说，这可作为物理学上的发现，它认为充满了气的物体可以在水里不下沉。虞耸就以此为据解释了天为何不坠的问题。依《穹天论》：“日绕辰极，没西而还东，不出入地中”。这不是浑天说，但天的形状又是半个浑天，半个“蛋壳”作成的盖，因而是浑盖合一的产物。这样的天盖“有极”，且不是正扣在地上：“天北下于地三十度，极之倾在地卯酉之北亦三十度，人在卯酉之南十余万里，故斗极之下不为地中，当对天地卯酉之位耳”。这又是采纳浑天说中“北极出地”的意见。

安天论，穹天论只解决天何以不坠的问题，姚信的《昕天论》还要解决地何以不陷的问题。《昕天论》说：

若使天裹地如卵含鸡，地何所倚立而自安固？若有四维柱石，则天之运转，将以相害。使无四维，因水势以浮，则非立性也。

姚信近取诸身，解决地的“立性”问题：

今昕天之说，以为地形立于下，天象运乎上。譬如人为灵虫，形最似天。今人颐前侈临胸，而项不能覆背。近取诸身，故知天之体南低入地，北则偏高也。

这就是说，天是行于地中的。但冬夏所行不同。冬至极低，日去人远；夏至极高，日去人近，且“极之高时，日行地中浅，故夜短；天去地高，故昼长也。极之低时，日行地中深，故夜长；天去地下浅，故昼短也”。姚信又借助于日之远近来解决冬夏寒暑。然而他又说，冬至时，“北天气

① 《隋书·天文志(上)》。

② 《晋书·天文志》。

③ 《隋书·天文志·(上)》。

至，故冰寒”；夏至，“南天气至，故蒸热”。而南北天气之至否，是与极之高低相一致的。因此，这又是一个浑盖合一的产物。所以，姚信得出结论：“然则天行，寒依于浑，夏依于盖也”[①]。上述三论，产生于魏晋之际或东晋前期。三论的产生，把天体结构的讨论引向深入。它们指出了浑盖宣夜三说的不足，又企图弥补三说的缺陷。其总的结果，则使一些人看到，汉代论天三家每一家都不完满，从而产生了浑盖合一说。

四 浑盖合一论

在浑天说的凯歌行进中，盖天说虽然遭到许多批评，但并没有被完全抛弃。在一般原则上，浑天家明确说过：“地中高外卑”[②]，但在实际计算中，却又采取盖天系统的“千里一寸”数据。浑天理论中，总是掺有盖天说的因素。

据《隋书·天文志》载，在这一时期的天文学实践中，天文学家可能一直使用着“盖图”。该志引用晋侍中刘智的话说：“颛顼造浑仪，黄帝为盖天”，并且认为：“此二器，皆古之所制，但传说义者，失其用耳。昔者圣王正历明时，作圆盖以图列宿。极在其中，回之以观天象”。接着描述了这种图的形制。

依《隋书·天文志》的描述，则盖图的作用，一是“定日数”，一是“欲明其四时所在”。该志还认为，浑仪，乃是盖图的发展：“盖图已定，仰观虽明，而未可正昏明，分昼夜。故作浑仪，以象天体”。

这样，盖图和浑仪，就各有自己的用处。盖图用以“定日数”，“明四时所在”；而浑仪在于“定昏明、分昼夜”，谁也代替不了谁，只能互为补充。该志还认为，盖图用于“仰观”，是“明”的。这种说法，正是浑盖合一说的主张。

浑天说体系中掺合的盖天说因素，天文学家的科学实践脱离不了盖天说的成果，浑天说自身又有解答不了的问题，比如日如何出入水中等等，因此，在关于天体结构争论不断深入的情况下，出现了浑盖合一说。

据《梁书·崔灵恩传》：“先是儒者论天，互执浑、盖二义，论盖不合于浑，论浑不合于盖。灵恩立义，以浑、盖为一焉”。《南史·崔灵恩传》，所说与梁书相同。

崔灵恩浑盖合一说内容如何？已不得而知。在北朝，则有信都芳的浑盖合一论。

据《北史·信都芳传》，信都芳是“河间”人，“少明算术，兼有巧思，每精心研究，或坠坑坎。常语人云：算历玄妙，机巧精微，我每一沉思，不闻雷霆之声”。祖暅曾被北朝俘虏，在安丰王延明家，不被礼遇。信都芳曾劝延明礼遇祖暅，而祖暅则“留诸法授芳，由是弥复精密”。因此，信都芳是北朝一位刻苦认真的天文数学家。他曾私造“灵宪历”，认为超过何承天。该历“算月频大频小，食必以朔”，很可能采用了定朔，但未及完成。他还撰有《四术周髀宗》，其序言表达了他的浑盖合一思想。序言说：

> 汉成帝时，学者问盖天，扬雄曰：“盖哉，未几也”。问浑天，曰：“落下闳为之，鲜于妄人度之，耿中丞象之，几乎，莫之息矣”。此言盖差而浑密也。
>
> 盖器测影而造，用之日久，不同于祖，故云“未几也”。浑器量天而作，乾坤大象，

---

① 姚信《昕天论》，见《晋书·天文志》及《太平御览》卷二。

② 《隋书·天文志》引何承天语。

隐见难变,故云"几乎"。是时,太史令尹咸穷研晷盖,易古周法,雄乃见之,以为难也。自昔周公定影王城,至汉朝,盖器一改焉。

依信都芳所说,则盖天说不如浑天之密,是由于盖器用之日久的缘故,而不是本身有什么错误。他追溯了二说的来源,认为盖天说由测地而来,浑天说为量天而作,那么,二者正好相互补充。《四术周髀宗》序言继续说:"浑天覆观,以《灵宪》为文;盖天仰观,以《周髀》为法。覆仰虽殊,大归是一"。这就是说,浑、盖二家乃是从不同角度对同一对象的描述,其归宿,也是一个。

信都芳的浑盖合一论对后世影响深远。"浑天覆观","盖天仰观",成为浑盖合一论者的口实。

很可能由于浑盖合一论的影响,隋代浑仪与盖图并用,而不再造浑象了。《隋书·天文志》载:

自开皇以后,天下一统。灵台以后魏铁浑天仪,测七曜盈缩,以盖图列星坐,分黄赤二道距二十八宿分度,而莫有更为浑象者矣。

五 佛道教的宇宙论及其地位

佛教传入中国,也带来了印度的三千大千世界和世界要经历无量劫数说。

中国先秦时期,有邹衍的大九州说;《庄子》书中,把魏国比作蜗角之国,表达了某种宇宙无穷、无限的思想。汉代张衡的《灵宪》,认为浑天的天壳以外如何,是个弄不清楚的问题。这里也蕴含着这样一种思想:我们所在的天地,乃是太空中的一个部分而已。《列子·天瑞》篇说:"夫天地,空中之一细物,有中之最巨者"。依《列子》此说,天地之外,只是一个虚空,是个"无";在一切"有"中间,天地是个最大的物。这样的宇宙观,没有把天地看作宇宙空间的全部,但不认为在天地以外的宇宙空间还有什么存在。佛教传入以后,用他们的三千大千世界填补了天地以外的一无所有的空间。

依佛教说,宇宙空间是无限的,其中存在着无量的世界。由一个太阳和一个月亮所照的区域为一个世界。一千个世界组成一小千世界,一千小千世界组成一中千世界,一千中千世界组成一大千世界。这样一个大千世界,容有我们这样一日一月的天地 1000^3 即 10 亿个。由于一个大千世界由三个"千"的层次构成,故称"三千大千世界"。宇宙之中,有无数个这样的三千大千世界,其数量之多,像恒河里的沙粒,像我们这个世界上的微尘。

这样的宇宙观念被中国佛教徒首先接受。宗炳《明佛论》说:"今布三千日月,罗万二千天下,恒沙阅国界,飞尘纪积劫"。"今于无穷之中,焕三千日月以列照,丽万二千天下以贞观,乃知周孔所述,盖于蛮触之域,应求治之粗感,且宁乏于一生之内耳"。北朝末年,颜子推《颜氏家训·归心》篇,也批判儒者安于浑盖之说,对佛教的三千大千世界少见多怪。《归心》篇说:

儒家说天,自有数义,或浑或盖,乍穹乍安,斗极所周,苑维所属。若所亲见,不容不同;若所测量,宁足依据?何故信凡人之臆说,疑大圣之妙旨,而欲必无恒沙世界,微尘数劫乎。

接着他举例说,海上人不信有树大如鱼,山里人不信有鱼大如树,魏文帝不信有火浣布,如此等等,以证儒者不信三千大千世界是少见多怪。而他,自然是相信大千世界之说的。

大千世界说应是印度天文学观念,很可能是印度天文学家把天上的恒星都看作是一个太阳，而这样的观念，是正确的，是中国传统天文学所没有的观念。但这种观念只被佛教徒接受，只在社会上一部分人士中流传，却未能被天文学家所接受，不能载入天文志。

在一日一月所照的范围内，或说我们这个世界之内，其中央是须弥山，须弥山周围是七重香水海，香水海外是七金山。七金山外是咸海，其中有四大部洲。咸海外围，是铁围山，周匝环绕。日月星辰，各依自己的轨道绕须弥山运动。当南赡部洲中午时，东方胜身洲就是入夜，而西方俱耶尼州则是日出，北方俱卢洲则是夜半，依次类推。王充说，当我们认为日入时，那个地方的人民会认为正是日中。佛教的说法，使王充的理论更加圆满。依佛教说，日月也都是由东而南而西而北而东运转，不转入地下，也不从海水中通过。在这方面，和盖天说一致。

南朝梁武帝萧衍接受了这个说法。据《开元占经》所载萧衍《天象论》：

> 四大海之外，有金刚山，一名铁围山。金刚山北，又有黑山。日月循山而转，周迴四口。一昼一夜，围绕环匝。于南则见，在北则隐。冬则阳降而下，夏则阳升而高。高则日长，下则日短。寒暑昏明，皆由此作。
>
> 一岁之中，则日夏升而冬降。

梁武帝的天体结构观，明显是来自佛教。他认为日月在地上运转，不入地下，同于盖天说。但这个说法本身不是盖天说，因为它没有“盖”。在大地之上，是以“妙气为体”的天：“清浮之气，升而为天，天以妙气为体，广远无量，弥覆无不周……”这是个宣夜说的天。梁武帝的世界结构是宣夜、盖天和佛教天体结构说的混合物。

在这个天体结构中，日月是“丸”，而不仅是圆。《天象论》说：

> 月体不全光，星亦自有光，非受命于日。若是日曜月所以成光，去日远则光全，去日近则光缺，五星行度，亦去日远近，五星安得不盈缺？当知不然。太阴之精，自有光景，但异于太阳，不得浑赫。星月及日，体质皆圆。非如圆镜，当如丸矣。

“丸”，即是球形。梁武帝的这个猜测，是正确的。

我们所在的这个天地，有生成，是否有毁坏？汉代人只讲了生成，基本上没讲毁坏。《列子·天瑞》篇讨论了天地是否会坏的问题。这里所说的坏，不是由于无物支撑因而崩坠，而是即使不崩坠也要造成的损坏。《天瑞》篇借长庐子的话说：

> 虹蜺也，云雾也，风雨也，四时也，此积气之成乎天者也。山岳也，河海也，金石也，火木也，此积形之成乎地者也。知积气也，知积块也，奚谓不坏？

用现在的话说，它们都是物质性的东西，物质性的东西怎能不损坏？当然，不是马上就坏，所以忧虑它的损坏大可不必。但也不是不坏，它们归根到底是要坏的。到要坏那一天，怎能不忧？

《列子》书中最后以“不能知”为坏与不坏之争作了结论。但佛教却以无量劫数说明确认为，天地都是要坏的。而且不是坏一次，而是无数次的生成损坏。每一次生成损坏分成、住、坏、空四个阶段，称四劫，四劫合成一大劫，一大劫约有一百多亿年。每一个世界，成、住之后即坏、空，坏、空之后又是成、住，世界就这样在生成与毁坏之间轮回。这样的世界观也被中国佛教徒所接受，前引宗炳和颜子推的文章，在提到三千大千世界同时，也提到了佛教的“积劫”、“数劫”。在佛教，空间上的无穷无际和时间上的无限延续是密不可分的。

南北朝时期的道教，在吸收佛教教义时，也吸收了佛教的宇宙观，《洞玄灵宝诸天造化经》说：“天地败而更成，众生死而复生，无有穷已”。《魏书·释老志》说，道教“又称劫数，颇类佛经。其延康、龙汉、赤明、开皇之属，皆其名也。及其劫终，称天地俱坏”。

道教接受了佛教的无量数劫论，似未接受佛教的三千大千世界说。道教似乎把佛教的大千世界，小化为一个个洞天福地，据说在每一神仙洞府，都有日月星辰，光明照耀，与洞外一般无二。李白的《梦游天姥》：“日月照耀金银台”，就是关于神仙洞天的描写。

道教对古代天文学的贡献，似乎是促进了浑、盖天壳的消解。

《列子》认为天是“积气”，梁武帝认为“天以妙气为体”，颜子推《归心》篇说：“天为积气”是“儒家所安”。可知到南北朝后期，“天是积气”的观念已越来越为人接受。道教认为，地下也是气。《洞玄灵宝诸天世界造化经》说：

地深二十亿万里，次下有地，亦深二十亿万里。次下有粟金，二十亿万里。次下有刚铁，二十亿万里。次下有水，深八十亿万里，次下有大风，深厚五百二十亿万里。以是大风持地，不使有堕落。地浮水上，水浮风上。其下大空。

“地浮水上，水浮风上”说对后代的宇宙观曾造成了重要影响。

六　地理新发现与天地结构观

魏晋南北朝时期，新的地理发现首先是促进了天道自然观的传播。使人们打破已往的狭隘眼界，相信世界之大，无奇不有，进而促进了人们天体结构观念的某些转变。

三国时代，鱼豢作《魏略》，其《西戎传》记载了月氏，天竺、大秦等国，并记载了大秦以西诸国及其地理情况：

大秦西有海水，海水西有河水，河水西南北行有大山，西有赤水，赤水西有白玉山，白玉山有西玉母，西王母西有修流沙，流沙西有大夏国、坚沙国、属由国、月氏国，四国西有黑水，所传闻西之极矣。

这些国家的风土人情，也与中国不同。大秦国，“以水晶作宫柱及器物”。车离国，“人民男女皆长一丈八尺”等。于是鱼豢感慨道：

俗以为营廷之鱼不知江海之大，浮游之物不知四时之气，是何也？以其所在者小与其生之短也。余今泛览外夷大秦诸国，犹尚旷若、发蒙矣，况夫邹衍之所推出，《大易》、《大玄》之所测度乎！

鱼豢已经感到，人们以前视为奇谈怪论的邹衍大九洲说，很可能是事实，只是自己囿于狭小的区域和短暂的一生，无法亲自见到罢了。但是他向往着：“徒限处牛蹄之涔，又无彭祖之年，无缘讬景风以迅游，载騕褭以遐观，但劳眺乎三辰，而飞思乎八荒耳”。

《汉书·西域传》载：“自条支乘水西行，可百余日，近日所入云”。这显然是浑天说的观念。东汉永元九年(97)，班超派甘英出使大秦，抵条支，还想渡海，因怕海水广大而没有成功。《后汉书》作者注意到，实际情况和《汉书》记载不同：

或云其国西有弱水、流沙，近西王母所居处，几于日所入也。《汉书》云：从条支西行二百余日，近日所入。则与今书异矣。前世汉使皆自乌弋以还，莫有至条支者也。

这就是说，现在的记载与《汉书》不同，是由于亲自到了条支。

《魏书·西域列传》，就明确批评《汉书》的天地观念：

大秦西海水之西有河，河西南流。河西有南北山，山西有赤水，西有白玉山，玉山西有西王母山，玉为堂云。从安息西界循海曲，亦至大秦，回万余里。

于彼国观日月星辰，无异中国，而前史云条支西行百里日入处，失之远矣。

“前史”就是《汉书》。《魏书》的记载，当是实际经历的记录。这些材料表明，东汉以后，中西交通又有了新的发展。交通不仅是商业往来，而且改变了传统的天地观念。原来被认为是日入之处，其日月星辰却无异中国，这就证明了王充说的中国看来是日入地下，那里的人们可能正是中午，浑天说遇到了新的挑战。

新的地理发现，为天体结构争论提供了新的材料。

第四节 天道自然观在数学、音律学和农学中的表现

一 天道自然与数学

天道自然观在数学领域里的表现，就是剥去外加于数字身上的神秘油彩，只研究数字本身的相互关系。

给数字附加具体内容、特别是附加神学内容的神秘主义不是我国古代独有的现象，在我国古代，也不是开始于刘歆。但刘歆可说是把数字神秘主义推向了一个高峰。他实际上把“易数”，即《周易》中的几个数据作为基础，认为“推历、生律、制器、规圆、矩方、权重、衡平、准绳、嘉量……莫不用焉”。圆方关系，是古代数学特别重视的一种关系，然而从易数之中，无论如何是推不出圆周新率的，只能巩固周三径一的传统说法。刘歆依据《周礼·考工记》：“深尺，内方尺而圆其外”的形制造出了律嘉量斛，使我们可以根据他提供的数据推算出新的圆周率，但刘歆的斛却不是据这个圆周新率推算容量的，因为刘歆并不知道这个圆周新率。同样，我们也可依据张衡的有关数据推算出圆周新率，但正如后来刘徽所说，张衡在圆方问题上，也是欲协阴阳奇偶而不顾疏密。数字神秘主义同样束缚着张衡，他也无意于发明圆周新率。

东汉末年，天道自然观念兴起。刘洪悟得以前历法不准都是由于斗分太多，并且制出了乾象历。王蕃传刘洪之术，也继承了刘洪的治学精神。他开始注意圆周与直径的实际关系，并着意去创造圆周新率。

张衡《灵宪》，为推算黄赤道进退数，创造了竹篾量度法。刘洪的乾象历，曾据此法量度、计算，得出了有关数据①。王蕃传刘洪乾象历，又熟悉浑天说，自然熟悉这个方法。王蕃《浑天象说》道：“考之径一不啻周三。率：周百四十二而径四十五”。王蕃如何“考之”？他很可能使用了竹篾量度法。经量度：周 142，径 45，这就是王蕃得出的圆周新率：$\frac{142}{45}$。折算成小数，则是 $3.1\dot{5}$。

像王蕃这样的“考之”，至少对于张衡，是唾手可得的成果。但张衡没有迈出这一步。要迈出这一步，不需要技术的进步，只需要转变观念，破除对易数、对阴阳奇偶的迷信，如实地研究数据之间的实际关系。

---

① 参见陈美东《浑天仪注为张衡所作辩》，载：《中国天文学史文集》(第五集)，科学出版社，1989 年版。

王蕃死于甘露二年(266),刘徽于景元四年(263)注《九章》。王蕃的圆周新率很可能在刘徽注《九章》以前,然而用王蕃的方法无论如何也得不出圆周率的精确值,只有刘徽的割圆术,才把中国古代数学关于圆周率的计算推向世界先进水平。

综合前人的研究成果,刘徽割圆术的理论基础如下:

(1)圆内接正六边形,边长与半径相等;

(2)依勾股定理,由圆内接 n 边形周长可求得圆内接 $2n$ 边形的周长;

(3)圆内接正 n 边形边数愈多,其周长与圆周长度愈近。边数不断增多,最后可与圆周重合。此时,圆内接正多边形周长与直径之比,就是圆周长与圆径之比。

显然,我们求得圆内接正 n 边形的周长与圆径之比,其多边形边数愈多,则这个比率就愈接近圆周率的精确值。

刘徽割圆术原文,是以圆田或弧田面积立论的,认为随着圆内接正多边形边数增多,其面积将等于圆面积。此时用面积除以半径平方,也可得出近似圆周率的比值。从圆面积立论,也包含着圆内接正 n 边形边数不断增加其周长将等于圆周的思想。

较为可靠的说法是,刘徽求得圆内接正 192 边形周长与圆径之比,其比值是 $\frac{157}{50}$。刘徽知道这个比值小于实际的圆周与直径之比,所以称为“弱率”。

刘徽割圆术是一项具有世界意义的数学成就。这项成就的取得,首先是由于他发现,圆半径和圆内接正六边形的边长相等,径一周三,只是圆径和正六边形周长的比值。《九章算术注·方田章》载:

> 假令圆径二尺,圆中容六弧之一面与圆径之半,其数均等,合径率一而弧周率三也。
>
> ……此以周、径,谓至然之数,非周三径一之率也。周三者,从其六弧之环耳。以推圆规多少之较,乃弓之与弦也。

这就是说,周三径一之率的误差,就像弓长与弦长的误差一样,用周三径一,就是把弦长当作了弓长。

然而,人们长期使用这个比率,却不肯认真考察它是否精确:“然世传此法,莫肯精核,学者踵古,习其谬失,不有明据,辩之斯难”①。

刘徽在这里所遇到的问题,是在他以前刘洪造乾象历所遇到的问题,也是在他以后祖冲之要突破十九年七闰章法时遇到的问题:是因循、“踵古”?还是根据实际,精心考核,得出新的结论?刘徽和刘洪、祖冲之一样,选择了后者。刘徽认为,圆方问题非常重要:

> 凡物类形象,不圆则方。方圆之率,诚著于近,则虽远可知也。由此言之,其用博矣。谨按图验,更造密率……②。

既然“物类形象,不圆则方”,那么,圆方问题的重要程度也就可想而知。所以他才“更造密率”,创造了割圆术。这段注文,是他全部注文中最长的一段,由此可见圆周新率的创造在他心目中的位置。

刘洪由于悟得以前历法不准,都是由于“斗分太多”,刘徽悟得周三径一不过是圆内接正六边形周长与圆径之比。在这个基础上,产生了他们一系列的天文、数学成就。而促使他们

---

①,② 刘徽《九章算术注·方田章》。

有所领悟，并突破前人成说的思想基础，乃是剥去强加于有关数据上的神秘观念，实事求是地解决实际问题。这样的态度，就是天道自然观在天文、数学领域里的体现。

《九章算术注》中，处处体现着刘徽不迷信、不踵古的实事求是精神。卷一“宛田”术中，《九章算术》道：“术曰：以径乘周，四而一”。刘徽指出：“此术不验”。《九章算术·少广章》，求球体积，刘徽认为原术不对，他用了一种最实际的办法揭示原术的错误：“何以验之？取立方棋八枚，皆令立方一寸，积之为立方二寸……”也就在这里，他对张衡的球体积公式提出了批评，批评张衡为附会阴阳奇偶而不顾实际。

钱宝琮先生评论说：“徽不泥古法，不涉《易》理，事事视其力之所逮，详为解析，与赵君卿《周髀注》迥异”[①]。“不泥古法”，就是从实际出发；“不涉《易》理”，就是不受数字神秘主义束缚。在当时，这都是天道自然观念的体现。

在刘徽割圆术的基础上，祖冲之得出了他的圆周密率[②]。其方法是：

从徽率$\frac{157}{50}$可得出：$\frac{157}{50}=3\frac{7}{50}$。将分母减1，则$3\frac{7}{50}=3\frac{7}{49}=3\frac{1}{7}=\frac{22}{7}$。

$\frac{22}{7}$是祖冲之的“疏率”。依何承天调日法：使$\frac{157+22}{50+7}$，其数值大于徽率而小于疏率，较为接近圆周率精确值。

将$\frac{22}{7}$加到第九次：$\frac{157+22\times 9}{50+7\times 9}=\frac{355}{113}$，这就是祖冲之的“密率”。钱宝琮认为这个密率“尤为空前杰作”[③]。

可以相信，刘徽割圆术，确是祖冲之圆周率的方法基础。在得到了圆周率更精确的数值以后，祖冲之回过头来，批评刘歆和张衡：“立圆旧误，张衡述而弗改。汉时斛铭，刘歆诡谬其数。此则算氏之剧疵也”[④]。破除这个“剧疵”，前提就是破除数字神秘主义。

二　数学中实用倾向的发展

数字神秘主义赋予数许多不相干的内容，如阴阳五行、吉凶祸福等，从而使数日益远离它由以产生的物质实体，向抽象方面发展。如果清洗掉那些不相干的神秘色彩，那么，其中的抽象倾向就是数学提高自身的必由之路。

数学中的抽象倾向。在赵君卿《周髀算经注》和刘徽的《九章算术注》中，表现得十分明显。

赵君卿，名爽，据考为三国时吴人[⑤]。《周髀算经》最重要的数学方法为勾股术。赵在注释时，增画了“勾股圆方图”，用几何方法解析算术问题。这种方法，易于引导人们脱离数字的具体内容，而注意各计算要素的一般关系。对于图的解说，也是解说勾、股、弦的一般关系。

《周髀算经》说：“勾广三，股修四，径隅五”。用特例说明勾股弦的关系。赵君卿的“勾股圆方图”解说道：“勾股各自乘，并之为弦实。开方除之，即弦”。用一般算式表示。即

①，②，③《钱宝琮科学史论文选集》，科学出版社，1980年，第53页、57页。

④ 《宋书·律历志》。

⑤ 见钱宝琮校点《算经十书》，中华书局，1963年，第5页。

$$弦=\sqrt{勾^2+股^2}$$

这里，勾股弦的关系已不是一个特例，而是一般的相互关系。依此思路，他还得出了求勾、股的一般方法，以及求勾股弦各种相互关系的一般方法，如："令并（按：股弦并）自乘，与勾实为实。倍并为法，所得亦弦"。勾实，即勾^2，列成算式，则为：

$$\frac{(股+弦)^2+勾^2}{2(股+弦)}=弦$$

赵君卿得到了十余种勾股弦之间的一般关系。从中他看到，勾股方圆之间，"形诡而量均，体殊而数齐"，"迭相规矩，共为返覆，互与通分，各有所得"。这些关系，"统叙群伦，宏纪众理，贯幽入微，钩深致远"，"其裁制万物，唯所为之也"。也就是说，他从这些关系之中，看到了勾股关系的普遍意义。

又如：《周髀算经》："方数为典，以方出圆"。赵君卿注道："盖方者有常而圆着多变，故当制法而理之。理之法者，半周、半径相乘则得方矣。又可周径相乘，四而一。又可径自乘，三之，四而一。又可周自乘，十二而一。故曰'圆出于方'"。

令S为圆面积，C为圆周长，R为半径，以$\pi=3$为率，则以上关系可列成算式：

$S=\frac{1}{2}C\cdot R$（半周、半径相乘）

$S=\frac{C\cdot 2R}{4}$（周径相乘，四而一）

$S=\frac{(2R)^2\cdot\pi}{4}$（径自乘，三之，四而一）

$S=\frac{C^2}{4\pi}$（周自乘，十二而一）。

上述算式，都可以不很困难地换算为$S=\pi R^2$。如果不计较$\pi=3$的粗疏，则赵君卿所说圆面积、圆周、半周、圆径、半径之间的关系，都是正确的。

赵君卿注释《周髀算经》的思想和方法，在以辞析理、以图解题方面，与刘徽完全相同。

刘徽破除了汉代长期流行的数字神秘主义，打破了周三径一的局限，比赵君卿进了一步。但他力图从数学问题上析出普遍性的理，其思想又和赵君卿完全相同。《九章算术》卷二《粟米》章，刘徽注道：

> 凡九数以为篇名，可以广施诸率，所谓告往而知来，举一隅而三隅反者也。诚能分诡数之纷杂，通彼此之否塞，因物成率，审辨名分，平其偏颇，齐其参差，则终无不归于此术也。

"此术"指《九章算术》粟米章的"都术"。依刘徽看来，术是纷杂的计算问题的归宿，可以举一反三。《九章算术》每章的篇名，都具有一种普遍的意义。刘徽所注意的，就是《九章算术》中的普遍性内涵。他创造的割圆术，是追求数学普遍性的例子之一。此外他还创造了方程新术，并批评那些不知通、约而只专于一端的作法："其拙于精理徒按本术者，或用算而布毡，方好烦而喜误，曾不知其非，反欲以多为贵。故其算也，莫不暗于设通而专于一端。至于此类，苟务其成，然或失之，不可谓要约"①。他说还有一种"异术"，犹如"庖丁解牛，游刃理间，故能历久其刃如新"。而数，即数学方法，应是能游于理间之刃，使"易简用之则动中庖丁之理"。《九

① 刘徽《九章算术注·方程》。

章》的算法，不过一百种："凡九章为大事，按法皆不尽一百算也"。但它能解决的问题却很多："虽布算不多，然足以算多"①。原因在于这些方法都只是"举一"的一，具有可以反三的普遍意义。刘徽的注释，就是力求找出那具有普遍意义的一。

对于勾股，刘徽也仅仅指出方法："勾自乘为朱方，股自乘为青方，令出入相补，各从其类，因就其余不移动也。合成弦方之幂，开方除之，即弦也"②。

随着数字神秘主义的衰落，数逐步从具有神学色彩的天空降落到尘世，并被剥去各种神学外衣，还原其仅具有记数和计算功能的本来面目，几百年间，这样的思想逐渐发展，浸润人心，遏制了数学的理论倾向，加强了数学的实用倾向。

魏晋南北朝时期，除刘徽的《海岛算经》以外，又出现了《数术记遗》、《孙子算经》、《缀术》、《张丘建算经》、《夏侯阳算经》、《五岛算经》等六部著名算经。到唐代，它们被列入《算经十书》。至今为止，《缀术》失传。今传《夏侯阳算经》也不是原本③。从其余几部算经中，还能看到这一时期数学思想发展的脉络。

《数术记遗》署名汉徐岳撰。据《四库提要》及钱宝琮校点《算经十书》，都认为该书为后人伪托。该书所记，除大数记数法外，主要是"术数"，即借助数字计算的方术。如太一算、九宫算等。这些计数和计算法，多带有神秘意义。在这带有神秘色彩的计算中，也发现了一些较为简单的数与数之间的关系，如九宫算，但意义不大。这部书的出现，说明数字神秘主义还存在着，只是不能居于当时数学思想的主流。

《孙子算经》据钱宝琮考证约出于公元400年左右。该书序言虽然认为"算"是"天地之经纬"，"六艺之纲纪"，可以"穷道德之理，究性命之情"。但它的实际著述思想，仍然和《九章算术》一样，列出题目，给出答案，并给出解题之术。术虽然有普遍意义，但《孙子算经》的术绝大多数仅是一题一例的计算过程。其寻求术的普遍意义的自觉性，甚至还不如《九章算术》。比如《九章算术·商功》章，第十题："术曰：上下方相乘，又各自乘，并之，以高乘之，三而一"；第十四题："术曰：广袤相乘，以高乘之，二而一"。这里的"上方"、"下方"、"高"、"广"、"袤"等不是具体数字，而是普遍意义的概念。这样的术，在《九章算术》里还有不少。但《孙子算经》中的术，几乎全是特例的具体数字。如著名的"物不知数"题，其术为："三三数之剩二，置一百四十；五五数之剩三，置六十三；七七数之剩二，置三十。并之，得二百三十三。以二百一十减之，即得"。该书下面企图把这个具体的计算方法向普遍提升，也仍是借助作为特例的数字："凡三三数之剩一，则置七十；五五数之剩一，则置二十一……"。这里，视数学方法为一种普遍适用的工具的意识，弱于《九章算术》，比赵君卿、刘徽更是大大后退了。

北朝末年，甄鸾又注《周髀算经》。甄鸾的注不是把纷杂的数学问题提升为举一的一，游于理间的刃，而是用个别特例去解释那较有普遍意义的术。甚至不是注《周髀》，而是注赵君卿的注。

赵君卿"勾股圆方图"道："以差实减弦实，半其余，以差为从法，开方除之，复得句矣"。甄鸾注："以差实九，减弦实二十五，余十六。半之得八。以差一加之，得九，开之，得勾三也"。赵君卿说："减矩勾之实于弦实，开其余即股"。甄鸾注："减矩勾之实九于弦实二十五、余一十

① 刘徽《九章算术注·方程》。

② 刘徽《九章算术注·勾股》。

③ 据钱宝琮校点《算经十书》，中华书局，1963年。

六，开方得四，股也”。凡是勾、股、弦、勾实、股实、弦实这些一般意义的概念，在甄鸾那里都代之以三、四、五，九、十六、二十五这些特例数据。甄鸾的全部《周髀注》，几乎都贯彻了这样的精神。

钱宝琮论及甄鸾的《周髀注》说：“《周髀》书中有很多数字计算，甄鸾均详细叙述演算程序和逐步所得的数字。没有数字计算的文句，他就不加解释。赵爽的勾股圆方图说是一篇简明的勾股算法纲要，甄鸾依据勾三、股四、弦五的特例来核对它的各个命题”①。钱宝琮认为，甄鸾“对于有关勾股形的基本原理有了很多误解，连核算的工作都没有做好”②。

连甄鸾也不能很好地理解勾股的基本原理，其他人，更加只能注意那些计算特例了。《五经算术》，其实就是像甄鸾注《周髀》那样，用具体的计算过程去说明儒经中所涉及的数学问题。《张丘建算经》有题、有答案、有术，其著述思想和《九章算术》相同。在数学上，也有一些新的创造。在理论上，没有继承刘徽的倾向。至于刘孝孙的注，更是用一些特例和具体的演算过程。如卷上第十一题三人军营行题，“术曰：以内、中、外周步数互乘甲、乙、丙行率。求等数，约之，各得行周”。这里的术，还比较地具有一般意义，刘孝孙的“草”，的确仅是这术的演草：“草曰：置内营七百二十步于左上，中营九百六十步于中，外营一千二百步于于下，又各以二百四十约之。内营得三，中营得四，外营得五……”。其他各题的注释，也都是类似的方式。

这种详细的演算过程有助于我们对题本身和术本身的了解，但它毕竟只有助于我们对经的理解，而不能帮我们从经的水平出发，继续提高。数学实用倾向的加强，其代价是牺牲了数学在理论上的提高。

三 音律学中的天道自然观

音律学是古代自然科学的重要部门。依汉代的观念，“六律为万事根本”③。历法以及度量衡的各种数据，都要以律数为根据。而律数的根据，乃是阴阳二气的消长运动，所以汉代发明了候气法，用以占卜政治休咎。

从汉朝末年起，有关音律学的神秘主义说法开始出现了某些破绽。蔡邕《月令章句》中说：

> 古之为钟律者，以耳齐其声。后不能，则假数以正其度，度数正则音正矣……以度量者可以文载口传，与众共知，然不如耳决之明也。

这就是说，音乐的本质，是一种听觉艺术。乐音的高低，自然也是根据人的听觉决定的。这实际上否认了音律是黄帝“写凤之音”或是描述阴阳二气消长的说法，因而也是与什么“斗气”、“物类”无关的。

但是凭听觉辨别的声音不易文载口传，只好借助数量关系。在这里，律数只是对听觉效果的描述，因而也不具有什么神秘意义，不是什么万事的根本。虽然借助数字可以文载口传，但终“不如耳决之明”。这是蔡邕对音律源泉以及律数的见解，也是汉代音律学家之中唯一不带神秘色彩的见解。

---

①，② 钱宝琮校点《算经十书》第6页，中华书局，1963年。

③ 《史记·律书》。

大约由于蔡邕的见解在先,作《续汉书·律历志》的司马彪在该志开头就说:“古之人论数也,曰:物生而后有象,象而后有滋,滋而后有数。然则天地初形,人物既著,则算数之事生焉。”也就是说,先有物,有象,然后有数,有数学。数和数学,是对物、象的量的描述。这也是对数与物关系的正确说法。司马彪继续说:

夫一十百千万,所同用也;律度量衡历,其别用也。故体有长短,检以度;物有多少,受以量;量有轻重,平以权衡;声有清浊,协以律吕;三光运行,纪以历数。然后幽隐之情,精微之变,可得而综也。

数,不过是各种数量关系的一般表现,律数、历数等,乃是数的具体应用,数在某个具体问题上的表现。因此,它们的关系是平等的,历数不是据律数而来,度、量、衡中的数据,也仅是对物的长短、多少、轻重的描述,也不是据律数而来。律数的崇高地位被彻底否定了。

由律数还可想到易数,律、历、度、量、衡的数据既然各有自己的实际来源,自然与易数无干。易数,也不是它们的渊源。易数本身,也是数的一个“别用”而已。

到南朝刘勰作《文心雕龙》,其《声律》章开头便说:

夫音律所始,本于人声者也。声含宫商,肇自血气,先王因之,以制乐歌。故知器写人声,声非学器者也。

音律“本于人声”,是蔡邕观点的进一步明确。“器写人声”,是蔡邕观点的进一步发展。汉代的音律论总是说,音律的标准是天地之气,那是制乐的标准,这是一种“声学器”论。刘勰的议论,当是魏晋南北朝时期关于人声与乐器关系见解的总结,它反映了此一时期人们对音律渊源的正确看法。

魏晋之际,嵇康发表了他的《声无哀乐论》。他认为,声音和气味一样,是一种自然存在,不受人们感情因素的干扰。

夫天地合德,万物贵生。寒暑代往,五行以成。故章为五色,发为五音。音声之作,其犹臭味在于天地之间。其善与不善,虽遭遇浊乱,其体自若,而不变也。岂以爱憎易操,哀乐改度哉?

音声既然不以爱憎易操,不以哀乐改度,那么它就与人的感情无关:“声音自当以善恶为主,则无关于哀乐。哀乐自当以情感,则无系于声音”。声音的和谐,也是自然的和谐,与人情无关:“音声有自然之和,而无系于人情。克谐之音,成于金石;至和之声,得于管弦也”。

嵇康的《声无哀乐论》在相当长时间里得到了广泛传播,据《世说新语》,东晋丞相王导过江后,只讲《声无哀乐论》等几篇文章。在一段时间里,它成了“言家口实,如客至之有设”①。《声无哀乐论》的广泛传播,进一步促进人们从自然的角度去理解音律的本质。

南朝刘宋元嘉年间,太史钱乐之在京房60律的基础上扩充为360律。何承天反对这种作法,他认为:

上下相生,三分损益其一,盖是古人简易之法。犹如古历周天三百六十五分度四分之一,后人改制,皆不同焉。而京房不悟,谬为六十②。

律数以及它的三分损益法,在何承天这里都失去了它们的神圣意义。它们不过如古四分历,是一种“简易之法”。既然如此,它就是可以打破的,而且是必须被打破的。

---

① 《南齐书·王僧虔传》。

② 《隋书·律历志》。

大约由于何承天的影响,《宋书·律历志》的作者才说：

> 凡三分益一为上生,三分损一为下生,此其大略,犹周天斗分四分之一耳。京房不思此意,比十二律微有所增,方引而申之……竟复不合,弥益其疏。班氏所志,未能通律吕本源,徒训角为触,徵为祉,阳气施种于黄钟。如斯之属,空烦其文,而为辞费。又推九六,欲符刘歆三统之数。假托非类,以饰其说,皆孟坚之妄矣[①]!

这是对汉代音律学思想的根本否定。否定的结果,是新的音律学思想的建立。新的音律学思想不认为音律数据有什么神圣意义,认为三分损一也不过是简易之法。在新的音律思想指导下,何承天对音律数据进行了大胆改革。《隋书·律历志》载：

> 承天更设新律,则从中吕还得黄钟,十二旋宫,声韵无失。
>
> 黄钟长九寸,太簇长八寸二厘,林钟长六寸一厘,应钟长四寸七分九厘强。其中吕上生所益之分,还得十七万七千一百四十七,复十二辰参之数。

据现代研究,这是把中吕再上生黄钟不足的差数均分,累加于基音以后的各律。

从现代观点看来,这个方法还不是圆满的方法,但何承天的改进是大胆的。他之所以作如此改进,和刘徽等改进圆周率一样,首先是破除了思想上的神秘主义倾向。

音律学和天文历法一样,在古代,都是直接为国家政治服务的科学。天文历法通过天象占卜休咎,音律学是为了保证有中正和平的音乐,而中正和平的音乐首先是用于郊庙,祭祀上帝和祖先,其次是用于教化。因此,在这些领域里的每一个进步,都要遭受来自传统和政治方面的压力,神秘主义观念在这些领域里也总是占据着统治地位。我们注意那些思想的进步,甚至是微小的进步,正是这些进步开辟着中国古代科学前进、发展的道路;同时我们也不忘记在这些领域里不同思想倾向的实际配比,从而使我们正确认识历史的本来面貌。

四　天道自然观与农学

古代科学门类之中,农业,是人类与“天”直接交接的领域。天文历法的任务,只是认识和描述天象,农业则要直接作用于“天”所造的种种条件,用什么思想对待这些条件,是农学思想的主要内容。

农业生产本身就是对自然条件的改造,如开垦荒地,深耕细作,灌溉施肥;同时也必须适应天或自然界造成的条件,如适应天时土宜,及时耕作,相地播种等等,由于时代的不同,人们往往强调着不同的方面。

从春秋战国到汉代,科学和技术的进步,使人们对征服自然充满了信心,那个时代的思想家,多强调人与天地相参,甚至认为人可以统理阴阳,影响天体运行。虽然有许多是荒唐的想象,但对人力的赞颂可说是到了顶点。在这种气氛下产生的《氾胜之书》,也着意强调人对自然的改造作用。

魏晋时代,农业科学技术还是在不断进步,但在天道自然观的影响下,农学开始强调对自然的适应。

据《齐民要术》记载,在无条件实行灌溉的广大地区,防旱意识和防旱措施有了新的发展。体现于耕作技术,《齐民要术·耕田》篇要求“秋耕欲深,春夏耕欲浅,犁欲廉,劳欲再”。其

① 《宋书·律历志》。

注道："犁廉耕细，牛复不疲，再劳地熟，旱亦保泽"。在《杂说》篇，该书叙述了小麦等作物的耕作技术要求以后指出："但依此法，除虫灾外，小小旱不至全损，何者？缘盖磨数多故也"。并引用"锄头三寸泽"的谚语，说明锄耨以时的重要。《种谷》篇还要求："锄不厌数，勿以无草而暂停"。无草还仍然要多锄，其作用主要是及时切断土壤中不断形成的毛细管，防止水分蒸发，保墒防旱。

防虫技术也有新发展。《氾胜之书》曾提出晒干、扬净，然后杂以艾蒿储藏种子的办法。《齐民要术·大小麦》篇则进一步指出："蒿艾箪盛之良"。并注道："以蒿艾蔽窖埋之亦佳。窖麦法必须日曝令干，及热埋之"。其中所说"蒿艾"，当不仅是艾蒿，而是艾和另一种蒿草。对于一般食用小麦，该篇提出了"劁麦法"："供食者宜作劁麦，倒刈，薄布，顺风放火。火既著，即以扫帚扑灭，仍打之"。并注道："如此者无夏虫，不生热"。

《齐民要术》还创造了一种防霜法：

> 凡五果花，盛时遭霜则无子。常预于园中往往贮恶草、生粪。天雨新晴，北风寒切，是夜必霜，此时放火作煴，少得烟气，则免于霜矣①。

施放烟雾保持地温，使作物免于霜害，至今仍是农民有效的防霜方法。

《齐民要术》中反映出来的农业技术的进步，大都属于"防御"的性质，不像战国秦汉之际，改良土壤、实行灌溉、改进农具，呈现积极"进攻"的姿态。因此，这些进步并没有提高人们战胜自然条件的勇气，反而更加促使人们去强调对自然条件的顺应。

《齐民要术》认为，农业生产的基本原则是："顺天时，量地利，则用力少而成功多。任情返道，劳而无获"②。依据这个原则，《齐民要术》将"天时"分为上、中、下三时；将地利分为上、中、下三种地宜。并且指出，同一作物，天时、地宜不同，下种的数量也应有所差异。种子，会随着地宜而发生变化。比如蒜种，从并州到朝歌，呈退化趋势；而芜菁，则到朝歌以后反而变大。山东的谷子，进入壶关、上党，会出现苗而无实的情况，因此，地宜不可不讲。

为了克服不利条件获得好收成，《齐民要术》也研究了相应的耕作方法。比如良田应播种较迟，薄田宜提早播种。当然，对于良田，早播也没什么损害，但薄田晚播，则一定没有收成。一般说来，播种期应有早有晚，但多数以早播为好。

然而即使这些对天时、土宜的利用，也带有消极防御的性质。

对于畜牧业，《齐民要术》也主张以顺适为原则："服牛乘马，量其力能。寒温饮饲，适其天性。如不肥充繁息者，未之有也"③。这些原则，很容易使我们想起王弼《周易注·艮》卦中的："全物自然而止"，想起郭象《庄子注·逍遥游》中的"物任其性，事称其能，各当其分"。《齐民要术》中的顺适原则，和魏晋玄学崇尚自然的原则无疑是相通的。

过分地强调改造自然，会导致"任情反道"。《氾胜之书》中的"区田法"，就有一种不惜人力、不计成本的任情反道的性质。但是，一味强调顺适，也不可能有科学文明的进步。《齐民要术》反对"任情反道"是正确的。然而它仅强调顺天时、量地利，也给后代带来了消极影响。

作为一本农学著作，《齐民要术》坚定贯彻了以农为本，重农抑商的原则。贾思勰在序言中说："舍本逐末，贤哲所非。日富岁贫，饥寒之渐。故商贾之事，缺而不录"。依此原则，该书

---

① 《齐民要术·栽树》。

② 《齐民要术·种谷》。

③ 《齐民要术·养牛马驴骡》。

也不讲花木的栽培："花木之流，可以悦目，徒有春花，而无秋实。匹诸浮伪，盖不足存"。

石声汉在《从〈齐民要术〉看中国古代的农业科学知识》一书中指出，《齐民要术》有自己的哲学基础。这个基础就是：一切自然物，都有它们的本性，有它们自然的道理。这个自然的道理，就是它们对时间、空间的本性要求。《齐民要术》的中心思想，就是"顺天时、量地利"。这个思想的本质，就是承认事物的自然道理，满足事物对时间、空间的本性要求。

《齐民要术》是一部伟大的农学著作，它保存了过去的农业技术，又有许多新的创造。作者态度认真，许多技术来自实地考察，其科学价值和历史作用不可低估。作者认为种田必须"顺天时、量地利"，畜养牛马必须"适其天性"，都是正确的原则。作者反对"任情反道"，也完全正确。但其中对顺适的过分强调，则应是时代特征，即那个时代要求顺应自然天性的影响所致；也是这一时期农学思想和汉代的不同之处。

第五节　自然之道，无所不为

一　火浣布东来与五行观念的被破坏

东汉末年以后逐渐兴起的天道自然观，由于火浣布的传入而更加迅速传播。火浣布的存在破坏了传统的五行观念，它使人们看到：自然之道，无所不为；世界之大，无奇不有。并因此促使人们去好奇徇异，力图博知那未知的事物。好奇带来了轻信，在确实的知识周围，堆积着更多的虚幻不实之辞，构成了这一时期科学发展的独特面貌。

据《后汉书·西南夷传》注引《傅子》：

> 长老说，汉桓时梁冀作火浣布单衣，会宾客，行酒公卿朝臣前，佯争酒失杯而污之。冀伪怒，解衣而烧之。布得火烨然而炽，如烧凡布，垢尽火灭粲然洁白，如水浣。

此事大约流传很广，引起了曹丕的注意。布不怕火烧，不合五行生克。所以曹丕著《典论》，否认此事。曹丕说："火性酷烈，无含生之气"。"火尚能铄石销金，何为不烧其布"？曹丕死，其子魏明帝曹叡继位，下诏说："先帝昔著《典论》，不朽之格言。其刊石于庙门之外及太学，与石经并，以永示来世"①。

曹叡死，曹芳继位，时在景初三年(239)，"二月，西域重译献火浣布，诏大将军、太尉临试以示百寮"②。试验结果，此布果然不怕火烧。"于是刊灭此论，而天下笑之"③。也就是说，刻着曹丕《典论》的石碑就被推倒了。

据南朝刘宋时裴松之的《三国志注》，他曾跟随西征的大军到过洛阳，见到刻着《典论》的石碑还立在太学里，但太庙门外的不见了。他访问了一些老人，说是晋朝接受曹魏禅让以后，用魏的太庙作为自己的太庙，并将《典论》石碑移到了太学，并不是两处立碑，也没有"刊灭"之事。

但是"刊灭"《典论》的事流传很广。《抱朴子内篇·仙药篇》载："魏文帝穷览洽闻，自呼于

① 《搜神记》卷十三。

② 《三国志·魏书·三少帝纪》。

③ 《搜神记》卷十三。

物无所不经，谓天下无切玉之刀，火浣之布。及著《典论》，尝据言此事。其间未期，二物毕至。帝乃叹息，遽毁斯论”。依葛洪所说，似乎是曹丕自己毁了《典论》。

不管灭碑毁论事是否属实。此事流传如此之广，以致裴松之在随军征战之际，专门考察此事，一面说明此事影响之大，一面说明在时人的心目中，《典论》是应该毁、碑是应该灭的，因为它“绝智者之听”①。

火浣布事流传开来，人们给它加上了各种各样的说法。《列子·汤问》篇载：

周穆王大征西戎，西戎献锟铻之剑，火浣之布。其剑长尺有咫，练钢赤刃，用之切玉如切泥焉，火浣之布，浣之必投于火。布则火色，垢则布色，出火而振之，皓然疑乎雪。皇子以为无此物，传之者妄。萧叔曰：皇子过于自信，果于诬理哉！

一般认为，《列子》书中关于火浣布的记载，当出于太康二年(281)汲冢周书发现之后。其中的“皇子”，则是指曹丕无疑②。

张华《博物志》也载有：

周书曰：西域献火浣布，昆吾献切玉刀。火浣布污，则烧之即洁；切玉刀切玉如蜡。布，汉时有献者，刀则未闻”。

然而由于火浣布的出现，人们对切玉刀也深信不疑。张湛《列子注·汤问篇》道：

此一章(按：“周穆王征西戎”章)断后，而说切玉刀火浣布者，明上之所载皆事实之言，因此二物无虚妄者。

火浣布的出现，引起了人们对火浣布来源、及性质的种种揣测。托名东方朔的《神异经》说：

南荒之外有火山，长三十里，广五十里，其中皆生不烬之木，昼夜火烧，得暴风不猛，暴雨不灭。火中有鼠，重百斤，毛长二尺余，细如丝，可以作布。常居火中，色洞赤，时时出外而色白，以水逐而沃之即死。续其毛，织而为布③。

梁代任昉的《述异记》则认为是树皮所成：

南方炎火山，四月生火，十二月火灭。火灭之后，草木皆生枝叶。至火生时，草木叶落，如中国寒时也。取此木以为薪，燃之不烬。以其皮绩之，为火浣布。

《搜神记》认为可能是树皮所作，也可能是鸟兽之毛所作。不过它认为炎火之山不在南方，而在昆仑山周围：

昆仑之墟，地首也，是惟地之下都。故其外绝以弱水之深，又环以炎火之山。山上有鸟兽草木，皆生育滋长于炎火之中，故有火浣布。非此山草木之皮枲，则其鸟兽之毛也。

汉世，西域旧献此布，中间久绝④。

此外，郭澄之的《玄中记》，所说与《述异记》相同。王嘉的《拾遗记》、《全晋文》中的《奇布赋》，都说太康元年或二年，大秦国或羽山之民又献火浣布。《拾遗记》甚至说献布万疋。其它有关火浣布的记载还多。以确实可靠著称的郭义恭的《广志》也记载有：南方有炎洲，人们以火浣

---

① 《搜神记》卷十三。

② 见：杨伯峻《列子集释·汤问篇》。

③ 《三国志·魏书·三少帝纪》注引，《后汉书·西南夷传》所引与此大体相同。

④ 《搜神记》卷十三。

布为手巾。

在众多有关火浣布的记载之中，托名东汉郭宪的《洞冥记》关于石麻的记载较为切实。该书卷三道：

> 影蛾池中，有游月船……或以木兰之心为楫，练实之竹为篙，纫石麻之为绳缆也。石脉出晡东国，细如丝可缒万斤，生石里，破石而后得此脉，縈绪如麻纻也，名曰石麻。亦可为布也”。

《洞冥记》没说石麻作成的布就是火浣布，这大约是有关石麻的说法流传不广的原因之一。然而从思想上看，人们似乎更愿意相信，一种兽毛或树皮所造的布是不怕火烧的，甚至还欢迎火烧，因为那样才使它干净，洁白如初。这样，石棉（火浣布）的发现就不仅是多了一件奇物珍宝，而且是在汉代笼罩一切的五行生克思想体系上戳破了一个大洞。这件确凿无疑的事实，证明了五行生克说不是到处通行的。人们嘲笑曹丕，也是嘲笑他所坚持的五行说。

王充曾经反对过按五行将动物分类，并以五行生克解释动物之间的关系。那还可以说是理论观点之争，而火浣布却是无可怀疑的事实，它曾验之朝堂，以示百寮。如何解释这个事实呢？只有一种可能，那就是“天道自然”。

王充《论衡·自然》篇说：“天地合气，万物自生”，“自然之化，固疑难知”。河图、洛书是有的：“天道自然，故图书自成”。晋国唐叔虞，鲁国成季友，宋国宋仲子，三人出生之时，手上都写有他们的名字或将来的前途，这些也都是可能的。神石变为人，向张良授书，也是可能的。这些都是“自然之道”。

世界上的一切事物，不论是神话的虚构，还是确凿的事物，王充都不否认它们的存在。王充反对的只有一件，那就是把它们的出现说成是受了人事的感应、天神有意为之的结果。他的根本立场是：不论什么事物，都是可能存在的。但无论什么存在，都是“天地合气，万物自生”，是自然而然的结果。就是鬼，也是有的。王充只是不承认人死为鬼，但不否认鬼的存在。因为“自然之化，固疑难知”，为什么就不会形成一种叫作“鬼”的东西呢！“鬼者物也，与人无异”。[①] 它是妖祥之气所生，或像人，或像物。

火浣布的发现，极大地帮助了王充这种自然观的传播。人们相信，任何奇怪的东西都是可能存在的，从奇花异石，到妖魔鬼怪。于是，一门新的学科：博物学，迅速发展起来。

二 世界之大，无奇不有

魏晋南北朝时代的博物学著作，当以张华《博物志》为代表。据王嘉《拾遗记》，张华曾著《博物志》四百卷，献给晋武帝，晋武帝司马炎说：“卿才综万代，博识无伦。远冠羲皇，近次夫子。然记事采言，亦多浮妄。宜更删翦，无以冗长成文。昔仲尼删诗书，不及鬼神幽时之事，以言怪力乱神。今卿《博物志》，惊所未闻，异所未见，将恐惑乱于后生，繁蕪于耳目。可更芟截浮疑，分为十卷”。司马炎把这经过删节的《博物志》经常放在身边，有空就拿出阅览。

王嘉所记，不一定确实。张华原著四百卷，一下就删去97.5%，也难以置信。但有一点可以相信，在《博物志》书出现之初，一定会有人表示反对。所说司马炎对张华的批评，不论是否属实，这种意见本身是存在的，当无可怀疑。

① 《论衡·订鬼》篇。

为了回答反对意见，论证奇异事物的存在，必须进一步作出理论论证。郭璞的《山海经序》是一篇证明“世界之大、无奇不有”的代表性专论。

郭璞说，所有读《山海经》的，几乎都认为它“闳诞迂诗，多奇怪俶傥之言”，因而加以怀疑，不可相信。但是庄子说过：“人之所知，莫若其所不知”。《山海经》可算是对庄子的话作了证明。接着，郭璞就发挥了他的中心论点：

> 夫以宇宙之寥廓，群生之纷纭，阴阳之煦蒸，万殊之区分，精气浑淆，自相濆薄，游魂灵怪，触象而构，流形于山川，丽状于木石者，恶可胜言乎？

用现在的话说，就是宇宙这样的辽阔，万物品类是这样的众多，阴阳二气蒸腾嘘吸，精气弥漫渗透，互相动荡冲激，那些游荡的魂灵、鬼怪，碰到什么形象就附着在上面，或是山川，或是木石，这样的事情，怎能说得完呢？

这里显然采纳了《易传》“精气为物，游魂为变”的思想，并把这一思想推广到一个更加广阔的领域，更为博大繁杂的世界，认为那各种各样的怪物，都是这些游魂、精气的产物。既然如此，所谓的怪异，也就不是怪异。郭璞说：

> 然则总其所以乖，鼓之于一响；成其所以变，混之于一象。世之所谓异，未知其所以异，世之所谓不异，未知其所以不异。何者？物不自异，待我而后异；异果在我，非物异也。

一切变怪，都是一种动力：“鼓之于一响”；来自一个源泉：“混之于一象”。人们所说的怪异，其实并不知道为什么叫作怪异；被认为不是怪异的事物，也不知道它们为什么不是怪异。原因何在呢？物的本身，没有什么怪异不怪异的区别。怪异与不怪异的区别，是我们给划分出来的。所以结论是：事物本身没有怪异，怪异是我们自己给造成的。

从理论上说，郭璞的主张没有错。作为物，都是精气所变，阴阳所化，彼此一样，没有什么此为正常、彼为怪异之分。这种分别，是人造成的。人们之所以把一部分物叫作怪异，乃是由于自己少见的结果。郭璞说，胡人见到麻布觉得奇怪，越人见到毛衣感到奇怪，人们相信司空见惯之物，把不常见的看作怪异，也是人之常情。对于“阳火出于冰水，阴鼠生于炎山”的事，人们不感到奇怪，为什么对《山海经》所记载的事物感到奇怪呢？

“阳火出于冰水”不知何指，“阴鼠生于炎山”，显然是有关火浣布的传说。“阴鼠”，即作为阴类的老鼠。这个事例表明，火浣布的出现，正是促使郭璞相信《山海经》的动因之一。

人们对火浣布不感到奇怪，而对《山海经》的记载感到奇怪，在郭璞看来，这是“不怪所可怪，而怪所不可怪也”。郭璞认为，对于可怪的事物而不感到奇怪，那就几乎没有什么可奇怪的了；对于不可怪的事而感到奇怪，是不应该的，因为那本来是没有什么可怪的。郭璞的结论是：“夫能然所不可，不可所不可然，则理无不然矣”。敢于肯定那人们不认可的事物，而不认可那不应肯定的事物，这样的认识才是普遍实用的。

司马迁在《史记·大宛列传》中说道，张骞出使大夏，看到了黄河的源头，却没有见过传说中的昆仑山。因此，对于《禹本纪》、《山海经》上的怪物，他自己是不敢相信的。在郭璞看来，司马迁的态度是可悲的。

据刘秀（歆）的《上山海经表》，西汉末年，《山海经》也曾引起人们的极大注意。当时流行的各种纬书，对《山海经》也多有征引，但当时的目的，是“以为奇可以考祯祥变怪之物，见远国异人之谣俗”，并且遵守《周易》所说：“言天下之至赜而不可乱”的原则[①]。所以《山海经》在当时并没有进一步扩大影响，并没有扰乱当时的整个思想原则。但魏晋人士重视《山海经》，却是天道自然思潮的产物，而《山海经》的流传和被人重视，对这种思潮又起了推波助澜的作用。一大批博物学著作涌现出来。后世的研究者，多把魏晋南北朝时代大批的博物学著作视为小说，以为他们在着意编造故事。或着是认为他们受了佛教、道教的影响，从而多谈鬼怪。殊不知他们都虔诚地相信自己的记载，认为那些是确实可靠的事实。而他们之所以相信那些怪物怪事怪鸟怪兽，主要也不是受了佛教、道教的影响，而是由于他们相信：自然之化，无所不为。佛教、道教中的故事，只不过为他们提供了一部分素材罢了。

在众多的博物著作中，《搜神记》是较多引人注意的著作。和其他著作相比，它较多地搜集了内地的鬼神故事，作者干宝也被誉为“鬼之董狐”。但《搜神记》并非只记鬼神，它也博物，记载了许多奇物怪事。作者在卷十二说道：“天有五气，万物化成”。“五气”即五行之气。五气分清浊。清气为仁义礼智思，化生圣人；浊气为弱淫暴贪顽，化生下等百姓。“中土多圣人，和气所交也；绝域多怪物，异气所产也。苟禀此气，必有此形；苟有此形，必生此性”。干宝不像郭璞那样一视同仁，他把物分为怪和不怪两种。“中土”是和气所交，圣人多而怪物少；怪物来自远方异域，因为那里异气多。只要禀受异气，就一定产生怪物。承认怪物的存在，并认为这种怪物是气之所化，与郭璞完全一致。

葛洪从天道自然的立场出发，也相信世界之大，无奇不有。在他看来，人们多怪，是因为少见。没有见过的，不一定不存在。葛洪说：

> 虽有至明而有形者不可毕见焉。虽禀极聪，而有声者不可尽闻焉。虽有大章、竖亥之足，而所常履者，未若所不履之多……
>
> 万物芸芸，何所不有[②]。

人们的所见所闻，相对于整个世界那无限多样的存在，总是很少的一部分。那未见未闻的，不能说不存在。葛洪这样的议论，完全正确。那么，在我没见过的东西之中，是不是人们所说的一切都是存在的呢？在葛洪看来，是的，因为“万物芸芸，何所不有！”一切存在都是可能的，包括神仙的存在。葛洪的目的，也是要论证神仙的存在。

葛洪说：“夫存亡终始，诚是大体，其异同参差，或然或否，变化万品，奇怪无方，物是事非，本钧末乖，未可一也”。“变化万品，奇怪无方”，也是说，任何奇怪的事物，都是可能存在的。

葛洪举例说，夏长冬凋，是普遍现象，但“荠麦”夏枯，“竹柏”冬青。说生必有死，但龟鹤长寿，夏季会有凉爽的日子，严冬也有暂温的天气。水性冷，却有温泉；火性热，却有萧丘之寒焰，因此，“万殊之类，不可以一概断之”。这就是说，那通常的原则并不是必然的原则。

葛洪举出火浣布的例子，说明我们不可以用已知的那点常理，就断定那常理以外的事物不存在。但人们却常常用已知的那点常理去判断事物，比如不相信水精碗是“合五种灰以作之”，不相信黄丹及胡粉是“化铅所作”，以“物各自有种”为理由，不相信骡是“驴马所生”。[③]在葛洪看来，这一切，都是俗人，愚人之见。

---

① 刘秀《上山海经表》，见袁珂《山海经校注》第477～478页，上海古籍出版社，1980年。

② 葛洪《抱朴子内篇·论仙》。

③ 葛洪《抱朴子内篇·论仙》。

水精碗之类,对当时的中国科学,乃是一些新的发现。这些新发现进一步使人们相信王充的结论:自然之化,无所不为。那些怀疑怪物存在的意见,在葛洪看来,都是“少见多怪”:“夫所见少,则所怪多,世之常也。信哉此言。其事虽天之明,而人处覆甑之下,焉识至言哉”①?

郭璞、葛洪等人的议论,促进了天道自然观的传播和深化。经由他们的工作,很少再有人怀疑怪物存在的可能性,博物学著作也就迅速增加,形成魏晋时代特有的文化现象。

三　变化之道,何所不为

相信气的聚合可以成就一切,另一面,就是相信物的变化可以无所不为。

魏晋时代,借助天道自然观的广泛传播以及新的科学发现,人们开始更深入地讨论:物的变化有没有极限?

围绕变化观念的讨论首先是为成仙理论作论证。葛洪《抱朴子内篇·论仙》已经指出:“变化万品,奇怪无方”,认为事物的变化是没有极限的。在《黄白篇》,葛洪援引当时所知的有关变化的各种记载和传说,充分展开了自己的论证。葛洪说:

> 夫变化之术,何所不为。盖人身本见,而有隐之之法;鬼神本隐,而有见之之方。能为之者往往多焉。水火在天,而取之以诸燧。铅性白也,而赤之以为丹。丹性赤也,而白之以为铅。云雨霜雪,皆天地之气也,而以药作之,与真无异也。至于飞走之属,蠕动之类,禀形造化,既有定矣。及其倏忽而易旧体,改更而为异物者,千端万品,不可胜论。人之为物,贵性最灵,而男女易形,为鹤为石,为虎为狼,为沙为鼋,又不少焉。至于高山为渊,深谷为陵,此亦大物之变化。

葛洪所列举的例证,有些是事实。如男女易形,如铅与丹的变化,深谷与陵的变化等。用药作云雨霜雪,葛洪前后也有记载。《后汉书·张楷传》说,有人能作“五里雾”或“三里雾”;《列子·周穆王篇》,讲老成子可以“冬起雷,夏造冰”。这些记载的具体情况今天已不可得知,大约确有可能用某种方法造出了云雨霜雪雾雷冰的类似物。至于隐身术,招鬼神,人化虎狼等等,显然只是传闻。在葛洪这里,都以确凿无疑的资格成了例证。列举了这些例证以后,葛洪继续说道:“变化者,乃天地之自然,何为嫌金银之不可以异物作乎?”而变化的原因,则是“自然之感致”:“然其根源之所缘由,皆自然之感致。非穷理尽性者,不能知其指归;非原始见终者,不能得其情状也”。葛洪的理论支柱,仍是发展了的天道自然说。这种天道自然说已不仅仅限于指出天象中不含神意,而是认为一切事物的运动都是自然而然,不是其他因素干扰的结果。其原因,是由于自己的本性。在葛洪看来,物各有性,变化有理,所以他认为必须“穷理尽性”才能弄明白变化的始终、变化的原因和归宿。

大约在葛洪同时或稍后,干宝援引更多的例证,以证明任何事物都可以变化。干宝说道,千年乌龟能说话,千年老鼠会占卜,千年的老狐化为美女,这是“数之至也”。春分时,鹰变为鸠;秋分时,鸠变为鹰,这是“时之化”。腐草为萤,朽苇变为蛬,稻变为蛩,麦变为蝴蝶,是“自无知化为有知”的。雀变为麞,蛬变为蝦,这是“不失其血气而形性变”。而这些变化的事例,是数不胜数的:“若此之类,不可胜论”。干宝把这些变化分为“顺常”和“妖眚”两种。属于妖眚的,有人化兽,兽化人,“下体生于上,上体生于下”之类。并且认为,这些变化,都是有原因的:“朽草之为萤,由于腐也;麦之为蝴蝶,由乎湿也”。只有那“通神之思”,才能弄清它的由

---

① 葛洪《抱朴子内篇·论仙》。

来。

干宝的议论表明，葛洪以后，有关变化的例证又大量地增加了。“变化之术，何所不为”，业已被更多的人所接受，所以干宝才进一步将这些例证分类，并力求探测变化的原因。而探测变化的原因，又是为了控制这些变化。干宝说：“农夫止麦之化者，沤之以灰；圣人理万物之化者，济之以道”。用灰来防止小麦生蠹，是当时的农业技术。当时不能弄清蠹的真正来源，遂认为是小麦所化。由此出发，干宝认为，圣人应以道来控制物的变化。之所以要进行控制，自然是认为变化是普遍发生的。

万物可变的思想被广泛用于对事物的理解。郭璞《尔雅图赞》对“蝉”赞道：“潜蜕弃秽，饮露恒鲜。万物皆化，人胡不然”？郭璞这里已不是像赵简子慨叹人不能化，而是相信人能化为神仙的反问语。对于“蚌”，郭璞赞道：“万物变蜕，其理无方。雀雉之化，含珠怀珰。与月盈亏，协气晦望”。这也是“变化之术，何所不为”的思想。

葛洪批评人们多怪，是因为少见。少见多怪，从思想方法上说，是将局部、部分的例证作了不完全的归纳，并把归纳的结论推向一般。这是一条由个别、特殊到一般和普遍的思维道路。在这条思维道路上，除去少数例外，能作出完全归纳的情况是很少的。新的科学发现，总是不断打破旧的普遍性的思想体系。葛洪对少见多怪的批评也是合理的。但是，葛洪“变化之术，无所不为”的命题，以及“自然之化，无奇不有”的命题，也是普遍性的命题，对这些命题的论证，也是以“例证”为基础而归纳出来的，因而其结论同样是不可靠的，甚至更加不可靠。从这不可靠的命题出发，人们一面发现了前所未见、未闻的奇物、怪事，开阔了眼界，作出了新的科学发现；一面也引人走上相信一切的道路，包括相信人可成仙，相信鬼神的存在。因而这种“变化之术，何所不为”观念，首先是支持了成仙和炼金活动。“自然之化、无奇不有”，论证了神仙的存在；“变化之术，何所不为”，论证了神仙的可成，黄金的可作。葛洪也因此成为重要的道教理论家。

成仙之说，在今天几乎人人可以指出，这是荒唐的迷信。但是，如果要在理论上证明：人都是要死的，并不是一件易事，它甚至比证明哥德巴赫猜想更加困难。在这里，我们希望有志于此的朋友能完成这件事，以便彻底了结这场历史公案。

大约从宋代开始，中国的主流意识，包括道教自身，实际上已否认了不死成仙说，但不知什么时候，在欧洲也出现了不死永生的思想。著名的英国小说《格利佛游记》，其中就谈到了永生人的问题，可见英国已有这样的观念，并且当时还有人相信，所以才值得小说作者把此事讽刺一番。可见“人可不死”的观念，在近代欧洲，仍有某些影响。

黄金可成，在今天已是现实，人们可以用其他物质去“炼”出黄金来。只是现在的“炼金术”，不是古代的方法，也不是古代的理论，古代的理论和方法，仍然是不行的。在这里，今人和古人相通的只有一条：各种物，都有一个共同的、或大体相同的基础，因而可以互相转换。区别在于，今人知道，这“相同”又分许多门类、层次、系统，实现它们的转化要有许多技术条件，因而知道哪该作，哪不该作。古人却不能在“相同”中区分出门类和程度，更不明白需要何种技术条件，只是认为，既然都是一气所化，为什么不能用铅汞等炼出黄金？这正如小孩子的问题：豆可以种，小鸟为什么不可种？

炼金术及其观念，幼稚而荒唐。然而这是我们古代科学思想的一页。它铸下了许多弥天大错，也创下了许多光辉业绩。其成败是非，专门的科学史著作会有评说。

四 博物与志怪

相信自然之道，无所不为，促使人们去注意那些奇物怪事，导致了许多切实可靠的科学发现。

《博物志》卷九载：

> 斗战死亡之处，其人马血，积年化为磷。磷著地及草木如露，略不可见。行人或有触者，著人体便有光，拂拭便分散无数。愈甚有细咤声如炒豆，唯静住良久乃灭……
>
> 今人梳头脱著衣时，有随梳解结有光者，亦有咤声。

这是关于磷光现象及静电现象的细致描述。其卷四载："饮真茶，令人少眠"。这大约是我国饮茶的最早记录。又载："烧白石作石灰。既讫，积著地，经日都冷。遇雨及水浇即更燃，烟焰起"。

这段关于石灰的记载也大体正确。其卷一载："山居之民多瘿肿疾，由于饮泉之不流者"。对甲状腺囊肿的起因作了方向正确的推断。又载："渊或生明珠而岸不枯。山泽通气，以兴雷云。气触石，肤寸而合，不崇朝以雨"。对云雨成因的描述比王充更加细致和具体。据《韵语阳秋》所引，《博物志》佚文还有："杜鹃生子，寄之他巢，百鸟为饲之"。而西方直到种牛痘发明者琴纳时代，人们还在为杜鹃的习性问题进行争论。

《博物志》上述记载，都是宝贵的科学材料。

《古今注》也是当时的志怪书，其中说到蝙蝠："脑重，集则倒垂，故谓之倒折"。蛙类："虾蟇子曰蝌蚪……形圆而尾大，尾脱即脚生"。对蝙蝠及蝌蚪的观察细致而准确。

《洞冥记》被人斥为"皆怪诞不根之谈"，但关于"石麻"的记述却相当准确，已如上述。《述异记》也是怪诞居多，但对盐田的记录也符合事实：

> 盐田在河东郡，有一大泽。泽中产盐。引水沃之，则自成，号曰盐田，取之无尽，不沃则无也。又张掖有盐池，自然生盐。其盐多少，随月增减。

张掖盐池，很可能指的是青海湖。

上述这些记载，大都夹杂在许许多多怪诞不根之说中间。在这大量怪诞不根的书籍之中，也出了一些不涉怪诞的真正博物学著作。如郭义恭的《广志》，嵇含的《南方草木状》，戴凯之的《竹谱》等等。如《广志》记载了康居的"驴羊"，和土色相乱的"蝮蛇"，陈仓的胡桃皮薄，南方的槟榔"消谷下气"。并且区别蚂蚁有许多品种，知道交州没有蜣螂。其中关于三熟制的记载可使我们了解当时的农业状况。

然而，由于相信自然之道，无所不为，博物的同时就是好奇轻信，好奇徇异，有闻必录，不加鉴别。老树成精，狐狸变人，狗会说话，人化为石，都当作可靠的事实，被到处传颂，互相抄录。甚至《山海经》上那半人半兽形的怪物，仍然被当作实际存在。

等而下之，就是《齐谐记》、《还冤志》一类，完全是讲妖魔鬼怪，因果报应，都被当作事实而记载下来。这样，由博物而志怪，由志怪而相信鬼神，专讲因果报应。其思想原因，也是根源于天道自然，因为它要人们相信一切。

第六节　气论与人体

一　气论的深化

魏晋南北朝时期，对气的讨论已不是思想界注意的中心问题，思想界普遍接受了气为万物构成的物质基础的理论，并将气论运用于具体的社会生活领域，比如文学创作与文学评论；或者用于养生以保持健康，后者属本节探讨的内容。气论在魏晋南北朝时期，是被普遍接受并成为具体实践内容的时期。

"天是积气"，"地是积块"，是气论在天文学领域被广泛承认。"积块"的块，也是气的凝聚。日月星是水火之精，精，也是气之精，精气。也就是说，一切天体，都是气的凝聚。

地上万物，也是气的凝聚。阮籍《达庄论》说："人生天地之中，体自然之形。身者，阴阳之精气也"。人，是禀阴阳二气而生的。嵇康《明胆论》说："夫元气陶铄，众生禀焉。赋受有多少，故才性有昏明"。嵇康是在谈人的本性。但这里的"众生"，则是个一般性的概念。《周易》咸卦说："天地感而万物化生"。王弼注道："二气相与，乃化生也"。并且认为："天地万物之情，见于所感也。凡感之为道，不能感非类者也"。王弼不仅接受了气为万物质料的思想，而且接受了气是感应中介的思想。张湛对《列子·杨朱篇》篇题注道："夫生者，一气之暂聚"。这里的生，应是指一般的物。

曹丕首先把气论用于文学理论。《典论·论文》说："文以气为主，气之清浊有体"。在文学理论上首先提出了文气论，并为以后的文学评论所接受。《典论》评论孔融："体气高妙"；评刘桢则说："有逸气"；论徐干，说是"时有齐气"。南朝刘勰《文心雕龙·风骨篇》说："情之含风，犹形之包气"。他不仅承认人由形气组成，且认为正是人的气决定了他的文风。所以他专作《养气篇》，认为"吐纳文艺，务在节宣，清和其心，调畅其气"。进而要求把文气论付诸创作实践。

魏晋南北朝时代的人们，也接受了人体由三个要素组成的思想。并且以各种不同的方式表现于各种著作。阮籍《达庄论》："人生天地之中，体自然之形。身者，阴阳之精气也；性者，五行之正性也；情者，游魂之变欲也；神者，天地之所以驭者也"。嵇康《养生论》则说得简洁明白："形恃神以立，神须形以存"。据考成书于这一时期的《西升经》[①] 说："老子曰：神生形，形生神。形不得身，不能自生；神不得形，不能自成"。直到这一时期末产生的《养性延命录》，仍援引汉代的意见来说明人体的组成要素：

> 太史公司马谈曰：夫神者生之本，形者生之具也。神大用则竭，形大劳则毙。神形早衰，欲与天地长久，非所闻也。故人所以生者，神也。神之所托者，形也。神形离别则死。

神形之外，身体另一要素是气。魏晋时代也原封不动地继承了前代的观点。《抱朴子内篇·至理》篇说："夫圆首含气，孰不乐生而畏死哉"？"圆首"，就是人，人头圆象天。该篇还说："人在气中，气在人中，自天地至于万物，无不须气以生者也"。

---

① 参阅任继愈主编：《道藏提要》，中国社会科学出版社，1991年，第474页。

气和神一样,都是“形”所不能离开的,假若离开,人就死亡。《抱朴子内篇·至理》篇道:

夫有因无而生焉,形须神而立焉。有者,无之宫也;形者,神之宅也。故譬之于堤,堤坏则水不留矣。方之于烛,烛糜则火不居矣。

身劳则神散,气竭则命终。根竭枝繁,则青青去木矣;气疲欲胜,则精灵离身矣。

葛洪把人体比作一个国家。胸腹就像是宫室,四肢就像边境,骨节像百官。神是君,血为臣,气是民。爱民才能安国,养气才能全身。“民散则国亡,气竭即身死”[①]。因此,保持神与气不脱离形,乃是健康的必要条件。保持神与气不脱离形,其方法一是行气,二是存神。

二 行气、存神的理论与实践

行气的目的,起初当是如《吕氏春秋》所说,使精气流通。汉代的枚乘《七发》也是这种主张。那里认为,人体不运动,是体弱多病的重要原因。这种理论,和现代的卫生理论一致。行气的方法,一是导引,二是按摩。

导引的方法,主要是模仿动物的运动。这种方法初见于《庄子》中的“熊经鸟伸”,后来有马王堆汉墓出土的帛书导引图,汉末则出现了华佗的王禽戏。据说华佗弟子吴普用五禽戏,九十余岁仍非常健康。这些方法,魏晋时期仍然流行。南朝的《养性延命录》,较为详细地介绍了华佗的五禽戏。比如“虎戏”;四肢着地,前跳三次,后退两次,伸腰,侧脚,仰天。重复七次。《养性延命录》还引《导引经》中的方法,大致程序是:未起床时,叩齿、咽液、闭目、握拳,深呼吸。然后起身,“狼踞鸱顾”,左右摇首。然后下床,握拳,顿脚,手一上一下活动。然后叉手项上,左右活动等等。《导引经》所载,或许是古老的方法,或许是魏晋时代的创造。这方法与马王堆汉墓导引图不同,也不同于五禽戏。这说明,从汉初到南朝末年,人们不断使用和创造着类似今天体育锻炼的导引法。

“按摩”一词,《黄帝内经·灵枢·调经论》已经出现,但那仅是为了转移病人注意,辅助针刺。《汉书·艺文志》有《黄帝按摩》十卷,今已失传。魏晋南北朝时期,按摩法有所发展。据《真诰》引《大洞真经精景按摩》篇,前引《导引经》中导引法就是按摩法,只是小有区别。如《导引经》说是叉手项后,左右活动,《按摩篇》说是“仰面视上,举项,使项与两手争。《真诰·协昌期》说,按摩的作用是:“使人精和血通,风气不入。能久行之,不死不病”。按摩面部,可使“色如少女”。按摩眉后目旁,使目清明。按摩痛处,可以去病。还有栉发,遍数要多,可以“流通血气,散风湿”。还举例说,有个叫唐览的,居林虑山中,“为鬼所击,举身不授,似如绵囊”。有道人教他按摩,病就痊愈了。

说按摩可以使人不死,显然是过分夸大,但认为可保持健康,则是真理。其指导思想,乃是认为如此可使血气通流。

导引、按摩之外,还有一种借助意念导引的行气法。

据《抱朴子内篇·释滞》、《养性延命录》以及其他道经介绍,行气法的要领是:呼吸要微细、深长,长到数一千个数才吸一口气;吸入以后,闭气;在意念导引下,将气送到有关部位。比如某处有病变,就将气送入某处,据说可以治病,甚至可长生不死。《养性延命录》卷下道:

其偶有疲倦不安,便导引、闭气,以攻所患,必存其身头面、九窍、五脏、四肢,至

① 《抱朴子内篇·地真》。

于发端，皆令所在觉其气云行体中，起于鼻口，下达十指末，则澄和真神，不须针药灸刺。

凡行气欲除百病，随所在作念之。头痛念头，足痛念足，和气往攻之。从气至时，便自消矣。时气中冷，可闭气以取汗，汗出辄周身，则解矣。

行气要求少饮食，因为“饮食多则气逆，百脉闭。百脉闭则气不行，气不行则生病”。所以行气之法的作用是：“动其形，和其气血”①。因此，这种借助意念的行气，和导引、按摩一样，其指导思想都是一样的：通流血气，保持健康。

在行气实践中，行气逐渐变成了“服气”。《抱朴子内篇·释滞》篇说：“故行气或可以治百病，……其大要者，胎息而已”。行气，胎息，就是仙人所说的“服气”：“故曰：仙人服六气，此之谓也”。《养性延命录》卷下说的行气，有时也叫服气，其方法都是呼吸徽徐，鼻纳口吐。卷上则说：

俗人但知贪于五味，不知元气可饮。圣人知五味之生病，故不贪；知元气可服，故闭口不言，精气自应也。……是知服元气、饮醴泉，乃延年之本也。

服气之所以能够延年，乃是由于它保住了人身的气。《养性延命录》卷下：“志者气之帅也，气者体之充也”。这个气也是道：“《服气经》曰：道者，气也。保气则得道，得道则长存”。

服气可以保健，去病，甚至可长生不死，其思想渊源，应是《淮南子》的“食气者神明而寿”。当时的思想家们看到，几乎人人都要得病，生病的人，都吃五谷，于是他们认为，饮食五谷、五味，乃是疾病的根源。在此基础上，产生了辟谷术，也产生了服气术。魏晋时代，还流传着这样一个故事。汉代陈寔《异闻记》载：他同郡人张广定，避乱时把一个四岁的女儿放在一个墓洞中。三年以后，他准备去收女儿尸骨，却发现女儿仍然活着，原来三年来他一直在学乌龟伸颈吞气②。这个故事似乎证明，吞气或服气，是可以代替饮食的。因而也把魏晋时代的服气活动向前推进了一步。也就在这一时期，产生了专论服气的《服气经》。

服气活动后来产生了许多弊病。闭气被否定了，一部分人要求呼吸必须自然。服气同时要求节食，以致损害了健康，因而后来也受到了批评，使服气理论发生了许多改变。不过这是以后的事了。

服气自然是为了保气，使气不离形。与服气相伴，是存神，其目的在于使神不离形。从理论上说，保住了气，也就保住了神。南朝陆修静《洞玄灵宝斋说光烛戒罚灯祝愿仪》载：

夫万物以人为贵，人以生为宝。生之所赖，唯神与气。神气之在人身，为四体之命。人不可须臾无气，不可俯仰失神。失神则五脏溃坏，失气则颠蹙而亡。气之与神，常相随而行。神之与气，常相宗为强。神去则气亡，气绝则身丧……。

虽然如此，魏晋南北朝时期还是出现了专门的保存神的方法，简称为“存神”。

“存神”一词，先秦就已出现，指停止思维，保持心灵宁静。其作用只是心灵修养，一般说来与健康无关。《黄帝内经》认为，人体功能正常，就是各部器官的神没有离去，但却没有提供相应的存神方法。魏晋南北朝时期的道经，把神这个表示人体功能的概念变为一个独立的存在物，一个个有知的神灵。保存他们的方法，一是“思”，即想着神的形象；二是“念”，念着神的名字。《太上灵宝五符经》说：“子欲为道长生不死，当先存其神，养其根，行其气，呼其名。头

① 《养性延命录》卷下。

② 见《抱朴子内篇·对俗》。

发之神七人……”。《太清真人络命诀》说:“四肢五脏,各有其神……呼其名,下以除病,上以为仙”。存神的专著,当属《黄庭经》,该经认为:“泥丸百节皆有神”。从头上的眼耳口鼻、头发、牙齿,到四肢、五脏,都有自己的守护神。比如:“肾神玄冥字育婴,脾神常在字魂停,胆神龙曜字威明。六腑五脏神体精,皆在心内运天经,昼夜存之可长生”。存的办法,不外思、念两种。

表示身体各部功能的概念成了神灵,保持健康的活动成了祀神的宗教活动。科学与迷信,没有一道界限分明的鸿沟。

与保气、存神相关,还有叩齿、咽液。《黄庭经》说:“口为玉池太和宫,漱咽灵液灾不干,体生光华气香兰,却灭百邪玉炼颜,审能修之登广寒”。唾液,在这里被认为是玉液,常咽唾液,不仅可保持健康,而且可成仙得道。

战国时代的墨子就已经说过,疾病的原因,不只一种。南朝陶弘景《本草经集注》也持同样见解。他们虽然都是在讨论鬼神与病因问题,但认为致病原因有多种,则是正确的。中医的病因说,就既有外感,又有内伤。外感之中,分风寒暑湿燥火;内伤之中,也分七情六欲。今天知道,这一切,并没有包括全部病因。而且从今天观点看来,古代医学甚至还没有找到致病的主要原因,即细菌。在这样一种医学水平上,其去病和保健的理论与方法,也与医学水平大体相当。从保气、存神到叩齿咽液,都是建立在只知表面现象的、粗疏的理论基础上的保健方法。这样的方法,往往是把本有的一点合理因素吹胀。如唾液对健康是有利的,但认为咽液可除百病,则是无限夸张;保持心理平静对健康是有益的,但由此进而存神,则是走上了错误的道路。

上述诸方法之中,按摩、导引术,今天仍以稍为变通的方式在用,促使气血流通的理论也无大变。服气活动,今天被叫作气功中的内功,仍在流行。对于这种保健方法,一般认为,现代的科学理论无法解释。然而它的理论和方法都产生于古代,我们可以对这种理论的原貌作出某些检讨。

依《淮南子》以来对人体的认识,死亡,是气和神离开了人体,所以才倡导食气、服气。所谓气离开人体,明显是对人死呼吸停止的经验观察。然而今天我们知道,人停止呼吸,不是气离开人体,而是人不能再呼吸,更准确地说,是不能再吸进新的气。魏晋时代,人们仍然是这种观念。葛洪说,人在气中,气在人中。指的就是呼吸之气。所谓陈广定女学乌龟伸颈吸气事,尽管陈寔是仁义忠信君子,我们仍然不能相信。因为乌龟本身也并不是以服气为生的。

服气说就建立在这样一种理论基础之上,也就是说,从它产生的那一天起,就是在错误理论指导下的错误方法。

至于闭口行气,是说要把吸进的气用意念送到身体各个部位。然而我们知道,通过呼吸吸入的气,是无法送达身体各个部位的。这又是一种在错误理论指导下的错误方法。好在随着服气说的发展,后来已抛弃了这种不自然的闭气、憋气法。

直到《养性延命录》,仍把服气叫吐纳。吐纳就是呼吸,不过服气说要求深长微徐,有似胎儿之呼吸,所以又叫胎息。但是,后来的服气理论家知道,经过鼻口的吐纳是不能达到预期目的的,于是有服元气说(《养性延命录》中已经出现)、服内气说、服先天真一之气说,水火龙虎交媾内丹说等等。方之今天的理论,许多确是难以解释;若考察它们理论的源流,可就一切明白,不过本章不能多讲了。

三　假外物以自固

药物可以治病，是长期以来的实践经验。药物为什么可以治病，则是秦汉时代才作出的理论解说。这种理论认为，药物进入肠胃，会化成烟雾一样的气，然后像熏蒸的作用一样，把气送达身体各个部位。随着气的到达，药物可把自己的性质转移到人体。

这种通过气转移物性的观念，还表现于其他方面，比如扬雄认为土蜂通过咒祝，把自己的气传给小青虫，从而使小青虫改变了性质，成为土蜂。正是由于这种观念，《黄帝九鼎神丹经》才说，草木药自身就不能不死，怎能令人不死？晋代葛洪，也接受了这种观念。认为草木之药，“埋之即腐，煮之即烂，烧之即焦，不能自生，何能生人乎？[①]”只有金丹，才可使人长生。其道理是：

> 夫金丹之为物，烧之愈久，变化愈妙。黄金入火，百炼不消；埋之，毕天不朽。服此二物，炼人身体，故能令人不老不死。
>
> 此盖假求于外物以自坚固[②]。

葛洪举例说，“有如脂之养火而不可灭”，“铜青涂脚，入水不腐”，原因是“借铜之劲以扞其肉”[③]。金丹进入人体，也像脂与铜一样，滋养、捍卫着人体器官，使之不老、不死。

这又是借助类推得出的结果，而不管这里所说的事物是否同类，由此推论的结果是否成立。古人的许多错误，都发生在这不适当的类推上面。

“假外物以自坚固”思想，包含两个方面：一是如“脂之养火”，有滋养、营养作用；二是如“铜青涂脚”，借铜的力量保护皮肉。

药物的滋养作用，当是实践的产物。秦皇汉武时代所求的不死药成份如何？后世不甚了了。后来的文献才陆续指出，这些药物主要是饵术、黄精、芝麻、茯苓等药。行辟谷术的人，往往以这些药物为生。嵇康《与山巨源绝交书》：“又闻道士遗言，饵术、黄精，令人久寿”。大约成书于隋唐之前[④]的《太清经断谷法》，就记载了服食松根、茯苓、饵术、黄精、萎蕤、天门冬、黑芝麻、葵子等各种药的方法。服食对象一致，理论上却有两种。其一是中医的“寒温相补”。《宋书·王微传》载有王微《答何偃书》：

> 至于生平好服上药，起年十二时病虚耳。所撰服食方中，粗言之矣。自此始信摄养有征。故门冬、昌术，随时参进；寒温相补，欲以扶护危羸，见冀白首。家贫乏役，至于春秋令节，辄自将两三门生，入草采之。吾实倦游医部，颇晓和药，尤信本草，欲其必行。是以躬亲，意在取精。世人便言希仙好异，矫慕不羁，不同家颇有骂之者。

这是世俗的药补论。其理论基础，仍是中医的虚实寒温。这种理论可以说是浮浅的，因为它的基础仅是感官的直接经验，但还不是错误的。它的理论和实践效果，是一致的。

葛洪的如“脂之养火”论，是道教的滋养论。这种理论应是药物性质转移说的继续和发展。认为还丹、黄金摄入人体，会把自己的性质转给人体。这种性质转移说有天才的猜测。比如食物，就是供给人体的需要，确实是把自己的成份供给了人体，其中有蛋白、脂肪、糖类，以及铁、钾、钙等物质元素。自身组织成份的转移，自然也转移其性质。但葛洪当时不能作这种

---

①，②，③《抱朴子内篇·金丹》。

④　参见：任继愈主编《道藏提要》。

区别。而且从成仙立场看,他们所要的是不败朽、会变化的性质,而这样的性质,是无法转移给人体的。人体或是无法吸收黄金等药物的成份,或是吸收了反而有害,但葛洪还不了解它们还具有毒害人的性质。那个时代的人们,也都不能了解黄金、水银对人体的毒害作用。

以“铜青塗脚”为例,认为服食金丹是“假外物自固”,乃是葛洪的发展。“假外物自固”,也是对古代科学技术实践的一种总结。

“假外物自固”的事实,应当起源很早。镀金、上漆,都是“假外物自固”的事实。葛洪举出“铜青塗脚”而未讲其他,因为此事与人体有关。从而企图说明,人体也是可以假外物以自坚固的。

葛洪所说的铜青,当是空青(碱性碳酸铜:$Cu(OH)_2 \cdot CuCO_3$)、曾青($Cu(OH)_2 \cdot 2CuCO_3$)之类。葛洪不能区别化合物与单质性质的不同,认为化合物的作用与单质的作用是一致的。他认为铜青的作用,就是铜的作用。铜青可护卫脚,使其不受腐蚀,金丹自然也可护卫五脏及各部器官,这是葛洪的推类法。

当时也有人指出,像铜青这样的护卫作用,仅是“外变而内不变”:“诈者谓以曾青涂铁,铁赤色如铜;以鸡子白化银,银黄如金,而皆外变而内不变也”[①]。这段话是郑隐回答葛洪提问时所讲。郑隐接着又讲了一番人工造成的物与自然而生的相同等等,但实际上没有解释这种“外变而内不变”的问题,也没有说明如何使铁、银内外俱变的方法。“铜青涂脚”,也是一种外变内不变现象,葛洪以此为例,却未能说明,金丹使人长生,或使人体坚固,是仅能作到外变?还是也可作到内变,使人体都变成如金丹一样不败朽?

葛洪“假外物自固”思想,反映了当时科学技术领域中的某些现实,是当时已经存在的科学技术思想。但用之于人体,却是一种含混的思想。即在当时条件下,也未能作出更加自圆的说明。因而在这里,真正自圆的,还是性质转移说。

魏晋时代还有一股服食五石散风。它有奇异的疗效,也造成了恶劣的后果。然而无论是奇效还是恶果,都仅是基于实践效果[②],而未见有理论说明。

四 宝精与房中

房中术当起源很早,马王堆汉墓出土的帛书中,就有房中术的内容。这些早期的房中术,多是一些性禁忌。可能与战国时代阴阳家有关。因为司马谈说过,阴阳家使人“拘而多畏”[③],因为他们禁忌太多。政治、军事、耕作、旅行,都有禁忌,对性生活也规定一些禁忌,当是自然的事。

性禁忌主要是给上层社会、特别是给皇帝制订的。因为他们都享有比较充分的性自由。过频的性生活常常影响他们的家族人丁不盛,甚至后继无人。至于皇帝,如果无子,更是容易酿成影响重大的政治危机。所以道教的先驱人物向皇帝进献的《太平经》中,就有房中的内容。当时被称为“兴国广嗣之术”[④]。《汉书·艺文志》载有房中八家,魏晋南北朝时期,此类著

① 《抱朴子内篇·黄白》。

② 参阅王奎克《五石散新考》,载《科技史文集》11集,上海科技出版社。

③ 司马谈《论六家要旨》。

④ 《后汉书·襄楷传》。

作仍继续出现。现在这些著作多已不存,只能凭后人辑录了解某些内容。据现存零星资料仍可窥见,汉与魏晋,虽同称房中,但方法和思想似有不同。

董仲舒《春秋繁露·循天之道》说:“新牡十日而一游于房,中年者倍新牡,始衰者倍中年”。其指导思想在节欲。《汉书·艺文志》道:“房中者,性情之极,至道之际。是以圣王制外乐以禁内情,而为之节文。传曰:先王之作乐,所以节百事也。乐而有节,则和平寿考。及迷者弗顾,以生疾而殒性命”。其指导思想,也是节欲。

到了晋代,房中思想发生了某些变化。《抱朴子内篇·释滞》道:

> 房中之法十余家,或以补救伤损,或以攻治众病,或以采阴益阳,或以增年延寿,其大要在还精补脑之一事耳。

这样,房中术就由节欲广嗣变成了一种健身术。再后,到《养性延命录》,则成为一种“御女术”,即研究一个男子如何可与数以十计的女子发生连续的性关系。

不论在哪一阶段,房中术的要点都是相同的。《春秋繁露·循天之道》说:“天气先盛牡而后施精,故其精固”。葛洪所说“还精补脑”,也是要保持自己的精液不致泄出。

经验告诉人们,“纵情恣欲,不能节宣,则伐年命”①。其原因,就是泄失了精液。因此,保持健康,就应爱护自己的精液。不要泄失过频,这是汉代的房中思想,也是较为朴实而合理的思想。

如同服药治病会走向以服药求长生一样,节制欲望的合理要求在道教中被进一步发展。节欲成了窒欲,少泄变成了不泄,甚至认为,若能如此,就可长生不死。《抱朴子内篇·微旨》就托他人问语道:“闻房中之事,能尽其道者,可单行致神仙。”这就是说,房中术成了神仙术之一种。

要不泄精,只有断绝性关系。但《周易·系辞传》说:“一阴一阳之谓道”。当《周易》被尊为经典之后,“一阴一阳”的观念也广泛流传,成为对道的最正确的解说。《周易·参同契》说:“物无阴阳,违天背元;牝鸡自卵,其雏不全”。实践也告诉人们:“人不可以阴阳不交,坐致疾患”②。既要交阴阳,又要不泄精,这就是道教房中术所要解决的矛盾,也是道教房中术的基本思想。《抱朴子内篇·释滞》篇道:

> 人复不可都绝阴阳,阴阳不交,则坐致壅阏之病。故幽闭怨旷,多病而不寿也。任情肆意,又损年命。唯有得其节宣之和,可以不损。

房中术,就是得了这个“节宣之和”。而“节宣之和”的实质,就是交阴阳而不泄精。

著名的《黄庭经》说道:

> 结精育胞化生身,留胞止精可长生。
>
> 急守精室勿妄泄,闭而宝之可长活。

《抱朴子内篇·微旨》曾揭露,房中术成了一些人“规世利”的手段。其后寇谦之也指出,房中术被用来渲淫,败坏世风②。以致受到教内教外的猛烈抨击。道教把节欲、保健的房中术推向极端,后来人们又在反对渲淫的同时抛弃了房中术本身。

房中术后世断断续续地存在,要么它被一概排斥,要么它就帮助渲淫,助纣为虐。这种情

---

①,②《抱朴子内篇·微旨》。

② 参阅《老君音诵戒经》。

况的原因,主要是社会因素。房中术给道教留下的思想遗产只有一条,那就是促使道教及一般养生术对“精”的特别重视。精、气、神三者,成为养生或长生术的三大要素之一。精的内容广泛,每种事物都有自己的精,如日月是水火之精。但养生中所重视的精,不论后来作出什么解释,起初都是指的男子的精液。

五　气论与鬼神说

传统医学向来反对求神治病,虽然自古以来,求神治病的活动从未停止,汉代宫庭甚至大规模地祀神以求疗病,但医学科学本身,却不承认鬼神的地位。

魏晋时期,医学继承汉末张仲景传统,作风认真。又受天道自然观念影响,也不讲鬼神。

汉末张仲景著《伤寒杂病论》,原因之一,是对时医的不满。其序言说:

> 观今之医,不念思求经旨,以演其所知。各承家技,终始顺旧。省疾问病,务在口给。相对斯须,便处汤药。按寸不及尺,握手不及足。人迎趺阳,三部不参。动数发息,不满五十。短期未知决诊,九候曾无彷彿。明堂阙庭,尽不见察,所谓窥管而已。夫欲视死别生,实为难矣。

这些医生因循旧说,不思经旨,诊病草率从事,张仲景对此非常不满。所以他认真行医,努力学习,多闻博识,留下了《伤寒杂病论》这样千古不朽的著作。他的弟子王叔和,认真总结切脉经验,写下了《脉经》,也是医学名著。其《脉经》序言道:

> 夫医药为用,性命所系。和、鹊至妙,尤或加思。仲景明审,亦候形证。一毫有疑,则考校以求验。故伤寒有承气之戒,呕哕发下焦之间……。

这是对张仲景诸人的推崇,也是他自己医德、医风的写照。

皇甫谧的《甲乙经》专论针道。他认为针道本于自然。其《针道自然逆顺篇》说:

> 黄帝问曰:愿闻针道自然。岐伯对曰:用自然者,临深决水,不用功力而水可竭也;循掘决冲,不顾坚密而经可通也。此言气之滑涩,血之清浊,行之逆顺也。

这一段文,出自《灵枢》,本是《灵枢·逆顺肥瘦篇》之一段。此处加“针道自然”四字,成独立一篇。文中原是“愿闻自然奈何”,此处变为“愿闻针道自然”,从而把并不特别重要的话题变为“针道”的一般原则。“用自然者”四字是皇甫加的,可见他对自然原则的重视。

从张仲景到皇甫谧,反映了汉魏、魏晋之际的医学思想和医疗作风。基本不讲五运六气,少讲五行生克,天人感应的观念淡薄了,又接受了天道自然观念。他们从实际存在的生理、病理现象为基础去决定治疗方法,形成了严肃认真的治疗作风。不信鬼神,仍是他们医病的原则。

张仲景《伤寒论·自序》说,许多人平素不留神医药,只知“竞逐荣势,企踵权豪,孜孜汲汲,唯名利是务”,一旦“遭邪风之气,婴非常之疾”,就“降志屈节,钦望巫祝”。他认为,这样必然“告穷归天,束手受败”。张仲景的议论,既是医学自身的传统,也是对当时现实状况的总结。字里行间,表示了对巫祝的极端轻蔑。皇甫谧的《甲乙经》卷六第五节,则汇集了《内经》中批判鬼神的言论,同时也表明了自己对鬼神的态度。

汉魏、魏晋之际的医学家、和他们的前辈一样,基于医疗实践的经验,顽强地抗御着鬼神病因说及求神治病活动对医学的入侵。

服丹是服药的发展,炼丹家们一般也不求助于鬼神。晋代炼丹家的代表葛洪,更是激烈反对有病求神。《抱朴子内篇·道意篇》说:人的得病,或是精神困扰太多,体力劳累过度;或是感冒风寒,坐卧湿地,饮食失节等等,这都是自己造成的,却认为是鬼魅致病,因而向神灵谢罪,天地神明有什么办法呢?

葛洪不否认天地鬼神的存在,但不认为是鬼神引起的疾病。同时他还认为,天地鬼神是聪明正直的,不会因为人们的"行贿"而改变主意:"若命可以重祷延,病可以丰祀除,则富姓可以必长生,而贵人可以无疾病也"①。他还说道,即使人间的昏君和无耻之臣,也知道赏善不受贿赂,罚恶不循私情,一定要根据法令,不偏不倚,何况是鬼神呢?

葛洪这些话,真是对有病求神的精彩驳斥。他还用历史上媚神不能免祸和自己不媚神的经验,说明媚神医病的荒诞。他描述了媚神者的心理及悲惨状况:"偶有自差,便谓受神之赐;如其死亡,便谓鬼不见赦"②。即使病愈,也将倾家荡产,生计无着。假若死去,甚至无钱安葬,尸朽虫流。所以,他要求国家政权用最严厉的手段去镇压有病祀神行为。

但在这一时期之末,医学终于接受了鬼神病因说,并接受咒禁医病,其原因在于,医学仍然把人的灵魂当作是气。

《黄帝内经》之中,《素问·脉要精微论》认为作梦是阴阳五行之气的作用,《灵枢·阴邪发梦》在阴阳五行之上又增加了邪气对脏腑的侵害,把梦看作是人体生理、病理状况的反应。精神病,《内经》也认为是物质原因。《素问·脉解篇》说:"所谓甚则狂癫疾者,阳尽在上而阴气从下。下虚上实,故狂癫疾也"。治疗,也必须使用物质手段:

善恐者得之忧饥,治之取手太阳……善骂詈日夜不休,治之取手阳明……狂言,惊,善笑,好歌乐,妄行不休者,得之大恐,治之取手阳明③。

王叔和的《脉经》,仍然用物质原因去解释精神病或有精神症状的疾病。《脉经·重实重虚阴阳相附生死证》:"数虚阳明,阳明虚则狂"。《脉经·平咽中如有炙腐喜悲热入血室腹满证》:"妇人脏燥,喜悲伤,欲哭,象如神灵,所以数欠。甘草小麦汤主之"。《脉经·心手少阴经病证》:"心气虚则悲不已,实则笑不休"。其肝胆等经也有类似症状。

精神症状的疾病,有些是物质性的原因,有些不一定是物质性的原因。

对于梦的解释,王叔和基本是照抄《内经》,偶而有所发展。《脉经·肝足厥阴经病证》:"厥气客于肝则梦山林树木"。《脉经·脾足太阴经病证》:"脾气虚则梦饮食不足,得其时则梦筑垣盖屋。脾气盛则梦歌乐……"。

《内经》讲虚实,实是邪来,虚是正去,总之是气的运动。所谓神,不过是气:"神者,水谷之精气也"④。"神者,正气也"⑤。气可以出入往来,也就是说人的神可以出入往来。从这里,孕育了灵魂出游的必然结论。《脉经》中已有灵魂出游的苗头。

邪哭使魂魄不安者,血气少也。血气少者属于心。心气虚者,其人即畏,合目欲眠,梦远行,而精神离散,魂魄妄行……

五脏者,魂魄之宅舍,精神之依托也。魂魄飞扬者,其五脏空虚也,即邪神居之,神灵所使,鬼而下之。脉短而微,其脏不足,则魂魄不安⑥。

---

①,②《抱朴子内篇·道意》。
③《黄帝内经·灵枢·癫狂》。
④《灵枢·平人绝谷》。
⑤《灵枢·小针解》。
⑥《脉经·心手少阴经病证》。

不久以后,《肘后方》就使《脉经》中不甚明朗的观点明朗化了:“魇卧寐不寤,皆魂魄外游,为邪所执……”。其治疗方法,也是医巫各半。其卷六《治目》一栏,记有华佗禁方。其咒文为:“疋疋。屋舍狭窄,不容宿客”。《治卒腹痛》一栏有:“书舌上作风字,又画纸上作两蜈蚣相交,吞之”。

承认人的精神是气,进而从气可出入往来得出魂魄(即“神”)外游的结论。梦是灵魂出游,梦中所见的一切,就是灵魂出游时所见的。如情况正常,灵魂游历后仍安全返回,梦也正常。然而灵魂在出游时,也会碰见一种东西,那就是鬼神。

鬼神观念是古老的观念。王充否认人死为鬼,但不否认鬼的存在。鬼是妖气,是太阳之气。它存在于天地之间。灵魂在出游中碰到了它们,就要发生危险。“被邪所执”,就是被鬼神抓住了。因而发生梦魇。

隋代成书的《诸病源候论》,应是这一时期医学思想的总结,其卷二十三道:

> 人眠睡则魂魄外游,为鬼邪所魇屈。
>
> 卒魇者,屈也。……皆是魂魄外游,为他邪所执录,欲还未得。

于是,梦和梦魇都得到了解释。这是气论,也是鬼神观念。气论和鬼神观念在这里合一了。

由梦而进入精神病,更是为鬼物所魅了。《诸病源候论》卷二:

> 凡邪气鬼物所为病也,其状不同,或言语错谬,或啼哭惊走,或癫狂昏乱,或喜怒悲笑。
>
> 凡人有为鬼物所魅,则好悲而心自动。或心乱如醉,狂言惊怖……或与鬼神交通……。

治疗也只能用特殊的手段,同卷载:

> 入病者门,取坱然水,以三尺新白布覆之,横刀膝上,呼病者前,矜庄观病者语言眼色……。

《肘后方》中,魂魄为邪物所执,仅限于解释梦魇,《诸病源候论》也仅扩大到精神病。陶弘景《本草经集注》,则扩大到一般病症。陶弘景引用仓公的话说,信巫不信医,是致死的原因之一。认为邪不只是鬼气,而且还有风寒饥饱。但又认为,鬼神确是致病的原因之一:“但病亦别有先从鬼神来者,则宜以祈祷祛之”。这里所讲的鬼神及其祈祷,已完全抛弃了气论,成为纯粹的祀神活动。这里只是精神的沟通,而不再借助于气的往来。从而使鬼神病因说和相应医疗方式,脱离了医学。

至于医学,则一般仍是鬼神与气论之结合。其治疗方式则主要是咒禁。原来的咒禁主要是对付精神病,后来则推广至其他。隋代开始,国家医学正式设咒禁科,从孙思邈《千金翼方》看,所禁诸病除精神病外,还有禁疟,禁疮肿等等。

用咒禁去对付精神病,还可收到一定心理效果;用咒禁去对付疟疾、肿疮、蛇咬、外伤,可就荒唐绝伦了。

然而隋唐以后,咒禁作为医学之一科,仍不断发展。它不是一般的巫术,而是用新理论武装起来的巫术。

六　气论与咒禁

魏晋时代接受了天道自然的结论,但没有完全否认气类相感。王弼《周易注·咸卦》:

天地万物之情,见于所感也。凡感之为道,不能感非类者也,故引取女以明同类之义也。同类而不相感应,以其各亢所处也。

这里说的“感”,就是以气为中介的物与物的相互感应。魏晋时代和王充一样,所否认的,只是远距离发生的天人感应。比如天人之间。

在近距离上,气为中介,仍可使物与物发生感应,从这里产生了新的咒禁说。

据《抱朴子内篇》,咒禁在当时,乃是行气术(即今天所说的气功)之一种。其《释滞》篇道:

故行炁或可以治百病,或可以入瘟疫,或可以禁蛇虎,或可以止疮血,或可以居水中,或可以行水上,或可以辟饥渴,或可以延年命。其大要者,胎息而已。

善行炁者,嘘水,水为之逆流数步;嘘火,火为之灭;嘘虎狼,虎狼伏而不得动起;嘘蛇虺,蛇虺盘而不能去。若他人为兵刃所伤,嘘之血即止。闻有为毒虫所中,虽不见其人,遥为嘘祝我之手。男嘘我左,女嘘我右,而彼人虽在百里之外,即时皆愈矣。又中恶急疾,但吞三九之气,亦登时差也。

从葛洪的述说看,咒禁不仅当面可以施行,而且可以遥感百里之外。其所禁内容,有的是一种力,如灭火,使水逆流,禁蛇虎等。至于止血之类,就不知道理何在了。

《释滞》篇所说,许多还是内功类。《至理》篇则主要是外功了。其中说道:

善行气者,内以养身,外以却恶,然百姓日用而不知焉。

吴越有禁咒之法,甚有明验,多气耳。知之者可以入大疫之中,与病人同床而己不染。又以群从行数十人,皆使无所畏,此是气可以禳天灾也。

或有邪魅山精,侵犯人家,以瓦石掷人,以火烧人屋舍。或形见往来,或但闻其声音言语,而善禁者以气禁之,皆即绝,此是气可以禁鬼神也。

入山林多溪毒蝮蛇之地,凡人暂经过,无不中伤,而善禁者以气禁之,能辟方数十里上,伴侣皆使无为害者。又能禁虎豹及蛇蜂,皆悉令伏不能起。以气禁金疮,血即登止。又能续骨连筋。以气禁白刃,则可蹈之不伤,刺之不入。若人为蛇虺所中,以气禁之则立愈。

近世左慈、赵明等,以气禁水,水为之逆流一二丈。又于茅屋上燃火,煮食食之,而茅屋不焦。又以大钉钉柱,入七八寸,以气吹之,钉即涌射而出。又以气禁沸汤,以百许钱投中,令一人手探摝取钱,而手不灼烂。又禁水著中庭露之,大寒不冰。又能禁一里中炊者尽不得蒸熟。又禁犬令不得吠。

昔吴遣贺将军讨山贼,贼中有善禁者,每当交战,官军刀剑皆不得拔,弓弩射矢皆还向,辄到不利。

我们尽量完整地引用了葛洪关于咒禁的记述,以便全面了解,当时的人们认为用气咒禁能作些什么。

巫术和一切神学奇迹证明自己的方式,主要是列举例证,即各种各样的“事实”。这些作为例证的“事实”之间,没有内在的逻辑联系,比如无法说明咒禁在禁蛇虎、禁刀剑和禁水火、禁疾病之间的关系。至于这些“事实”,其可信程度和神学的可信程度是相同的。

然而气禁的特点,是不求助于鬼神,并且还可以“禁鬼神”。禁鬼神不是依靠此一大神去制服另一小神、小鬼,而是依赖人自身的气。在相信咒禁的人看来,气,乃是一种自然力。

气作为自然力,具有什么性质?咒禁术没有说明,而且也无意去探讨,只是列举例证,以求取信于人。所以在咒禁术中,这力可以和现在的力学上的力相同,也可以产生现在力学上的力所无法产生的作用，比如治病。但是气为什么能治病？以气为基础的咒禁术，却无法用气的原理去说明医病的机理。

王充说，气乃力也。这不仅是个人的主张，而且也反映了汉代人对气的认识。所以汉代用鬼神治病者有，却无有气禁治病的，汉代人还不认为气可以治病。魏晋时代的咒禁术，接受了汉代的气论，却把并不是气所能解决的问题强加于气论。

依据“气乃力也”，王充论证天人不能感应，因为人太小，天地太大，人的气不足以动天，但王充没能进一步证明，人的气能在多大的距离上发生作用，能发生多大的作用？王充的目的，仅在于反对天人感应。当咒禁术用气来作用于各个事物的时候，应当在王充的方向上解决王充提出的问题。但咒禁术也无意于这样作。咒禁术的目的，只在利用以前的科学和思想成果，却不想认识世界，也不去发展以往的成果。所以它是依赖鬼神的巫术在新条件下的复活，并且不久也就重新依赖鬼神了。

第七节　魏晋南北朝时期的科学技术观

一　国家是古代科学技术服务的第一对象

国家产生以后，就成为各种社会力量中最强大的力量。其他社会力量，不仅要接受国家力量的统治，而且要为国家服务。或者说，接受国家统治的意思，就是为国家服务。各种社会力量之间，彼此也提供服务，但是国家乃是它们服务的第一对象。科学技术作为一种社会力量或社会存在，也把国家作为自己服务的第一对象。

农业科学技术，其服务的直接对象自然是农业生产。但在农学的自我意识中，它之所以要服务于农业，首先是为了国家的利益。《吕氏春秋·上农》篇说：

> 古先圣王之所以导其民者，先务于农。民农，非徒为地利也，贵其志也，民农则朴，朴则易用，易用则边境安，主位尊……。
>
> 若民不力田，……国家难治。

发展农学，就是为了让百姓好好力田。

提倡“力田”，来源于提倡耕战。提倡耕战是为了国家富强。国家富强，皇位就尊贵，就安稳。从各种社会力量中产生了国家，各种社会力量也都希望国家能为自己服务。但国家权力一旦稳固，它就要求各种社会力量为自己服务。它本来是社会的仆人，现在成了社会的主人。长期的主人地位，使它忘记了自己曾是仆人的历史，而认为自己从来就是主人，社会各种力量为自己服务，乃是应该，是天经地义。

汉代，“力田”成为一项国策。“力田”而成绩突出者，由国家授与官位。

魏晋南北朝时期的农学，继续保持这样的认识。贾思勰作《齐民要术》，其目的在于“惠民”。他在自序中说，民“勤力可以不贫”。圣人惠民，就是为了让民不贫。民不贫，政权就巩固。否则就会闹出乱子：“腹饥不得食，体寒不得衣，慈母不能保其子，君亦安能以有民”[1]。

保民的办法，不是君主亲自耕而食、织而衣，而是“为开其资财之道”，他的《齐民要术》，

---

① 贾思勰《齐民要术·序》。

就是开资财之道的方法之一。

医学的目的是治病，应该对谁都一样，但实际上，君亲却是医学服务的第一对象。张仲景《伤寒论·自序》说，医学的作用是："上以疗君亲之疾，下以治百姓之病"。皇甫谧继续发挥这个思想。他的《甲乙经·自序》说："若不精通于医道，虽有忠孝之心，仁慈之性，君父危困，赤子涂地，无以济之……由此言之，焉可忽乎"。医学的指导思想反映到它的理论，病因说之中的七情六欲，主要是上层人物的特点。其中所谓"劳伤"，并不是为体力劳动所伤，而主要是房事不节。

据孙思邈《千金要方》卷七载，魏晋以前的医学，不知道有脚气病。东晋以后，由于所谓"衣冠南渡"，上层人物也染上了此病，这才受到一些医学家的注意。

天文学中，观测星象本是为了认识星象，但在古代，认识星象是为了认识人事，认识人间的行政状况。历法目的是授时，但由谁授时，谁就是代天行事，因而是接受天命的象征。因此，古代天文历法，更是直接服务于国家政治的科学。它的研究机构，同时也是国家政权的组成部分。一个天文学家，也只有成为国家天文机构中的一员，才成为真正的天文学家。因此，尽管有些天文学家长成于民间，却自觉地把自己的成果献给国家。

数学源于记数，它是百姓日用的学问。如果它仅停留于百姓日用，也就不会有大的发展。国家权力的产生和发展，给数学提供了更高的服务对象，也向数学提出了更高的要求，而数学也因此获得了大的发展。它要为历法、音律等学科服务，又要服务于国家管理。李约瑟说：

> (《九章算术》)从它的社会根源来看，它与官僚政府组织有密切关系，并且专门致力于统治官员所要解决的(或教导别人去解决的)问题①。

至于物理、化学及其有关的技术部门，如冶炼、工艺制造、酿酒、染色、纺织、陶瓷等等，更是首先以国家的需要为自己的第一服务对象。

古代科学以国家为第一服务对象，也就随着国家的需要程度而盛衰，国家的需要程度，又往往随着观念的改变而改变。观念产生于以前的生产和科学实践，它产生以后，又影响着以后的生产和科学实践。汉代的天人感应和魏晋南北朝时期的天道自然观念，都影响过它们时代科学的方向及盛衰。

二 天道自然观与魏晋南北朝的科技发展

从总体看来，魏晋南北朝时期，天人感应观念并没有被根本否定，"名教"依然是国家政治和社会伦理的指导思想。像嵇康那样，主张"越名教而任自然"，"非汤武而薄周孔"的思想是不多的。王弼、郭象等人，倡导自然，但不否定名教。庄子说，络马首、穿牛鼻是伤了牛马的天性。郭象注道，牛马的可"穿"，可"络"，说明它们天性中就有穿、落的可能。那么，名教之所以加于人，乃是人的自然本性中就有接受名教的可能。走到另一极，则认为名教就是自然。

与名教和自然的配比相当，在自然观上，天人感应的神学观念仍然占统治地位，观测天象以报告灾异祥瑞，仍然是天文学家的主要任务。天子受命于人，仍然是全社会普遍承认的观念。《宋书·律历志》说：

> 夫天地之所贵者生也，万物之所尊者人也。役智穷神，无幽不察，是以动作云

---

① 李约瑟：《中国科学技术史》，第3卷第341页，科学出版社，1978年。

为，皆应天地之象。

《魏书・天象志》说：

> 夫在天成象，圣人是观，日月五星，象之著者。变常舛度，征咎随焉。然则明晦晕蚀，疾余犯守，飞流欻起，彗孛不恒。或皇灵降临，示谴以戒下；或王化有亏，感达于天路……
>
> 百王兴废之验，万国祸福之来，兆动虽微，罔不必至……。

这些话，和汉代所修的天文、律历志，思想没有根本差别。

但是，崇尚自然的观念到底还是广泛流行，在天人感应思想的统治之下打破了一道缺口，占领了相当重要的思想阵地。它在许多问题上剥去了科学对象的神学面纱，使人们认识了许多现象的本来面目，同时也造成了人们对认识自然的冷漠。

崇尚自然表现于社会行为，是不顾名教束禁，冷漠社会事务。裴頠《崇有论》曾经指出，"处官不亲所司"，却被人视为高雅；干宝《晋纪总论》则说，那些"屡言治道"，"每纠邪正"的人，却被看作"俗吏"。其结果则如《颜氏家训・勉学》篇所说，江南士大夫多"耻涉农商，羞务工伎"。士大夫是国家机器的主要组成人员。他们的行为和观念，直接影响了科学技术的发展。

汉代国家，曾不只一次地组织大规模的科学活动。汉武帝时，曾征召民间天文学家，大规模地进行天文观测，制订历法。国家农业部门，还改革农具和耕作方法，加以推广。王莽时代，又大规模征集民间历法、音律等有一技之长者赴京师，"至者前后千数"，"皆令记说廷中，将令正乖谬，壹异说"[①]。其中"通知钟律者百余人，使羲和刘歆等典领条奏"[②]。这种行为，不一定能很快产生科学成果，但无疑极大地提高了士大夫们从事科学技术工作的兴趣。

东汉时代，多次建议改历。每次建议，都有许多朝臣参加讨论。延光二年(123)的历法讨论中，除建议者外，联名上书的，有李泓等 40 人联名，有太尉等 84 人联名，此外还有个人或少数几人联名参加讨论的。几乎所有的朝臣，都懂一点历法。

魏代初年，太史丞韩翊建议改历，并造出了黄初历。参加讨论的有尚书令陈群，太史令许芝，其他有孙钦、董巴、徐岳、李恩等人。这次讨论没有什么结果，但说明还有相当多的历法人才。不久，杨伟改进了乾象历，造景初历。其预报日月食的精度，比汉代有很大提高。

晋代建立，没再修订历法，只是把景初历改了一个名字，称为泰始历。十几年后，李修、卜显等修成乾度历，"表上朝廷"，经尚书及史官考校，"乾度历殊胜泰始历"[③]，但未见颁行。晋代朝廷，已怠于改革历法。东晋时，王朔之曾造成"通历"，未见颁行，也未见讨论。

南朝刘宋初年，由于"宋太祖颇好历数"[④]，促进了何承天历法的诞生及其应用。然而不久以后，当祖冲之历法献给朝廷的时候，就没人能够参加讨论了。《宋书・律历志》载："世祖下之有司，使内外博议。时人少解历数，竟无异同之辩"。从此以后，南朝天文历算之学就后继乏人了。《颜氏家训・杂艺篇》说：

> "算术亦是六艺要事。自古儒士，论天道，定律历者，皆学通之。然可以兼明，不

---

① 《汉书・王莽传》。
② 《汉书・律历志》。
③ 《晋书・律历志》。
④ 《宋书・律历志》。

可以专业。江南此学殊少,唯范阳祖暅精之,位至南康太守。河北多晓此术”。

东晋、南朝,是玄风极盛的地区。天文、历算是艰苦、细致并且需要长期坚持的工作。士大夫们不愿从事这样的工作。和汉代大相迳庭,不能不归咎于他们崇尚自然的生活态度。而他们的生活态度,也就是他们对待科学的态度。在他们看来,从事艰苦的科学研究,是违犯他们的自然本性的。

早在这一时代之初,嵇康和向秀就争论过:好学,是不是人的本性?向秀说是,嵇康说不是。虽然他们指的是学孔孟之道,带有要不要越名教的性质,但从思想倾向说,也完全适用于对待需“学而通之”的天文历算。

汉代的天人感应,其好处是可以动员大量士大夫从事天文历算,缺点是用神学观念给科学划定了一条不可逾越的界限,禁锢思想。天道自然观念的好处,是打破神学禁锢,能在前人积累的资料之上,创出优秀的科学成果;一面也会引导人们任其本性、脱离艰苦的科学工作。

北朝的情况,和南朝适成鲜明对比。起初,北朝的文化水平、科技水平都无法和南朝相比。他们接受了天道自然观念的影响,却没有南朝那样入人之深。而其天人感应的思想,则较南朝浓厚。所以北朝政权之下,士大夫就有较多的人兼通天文历算。朝廷上多次组织讨论历法,终于在北朝末年,产生了刘孝孙、张胄玄,特别是刘焯这样的历算学家及其优秀的历法成果。

天文历算只是这一时期科学发展状况的一个侧面。其他科学领域,也有类似的效应。数学:《九章算术注》和一批数学著作;医学:《脉经》、《甲乙经》、《肘后方》;博物学:《博物志》、《南方草木状》、《尔雅注》;农学:《齐民要术》;地理学:《畿服经》、《水经注》,以及著名的天文学发现:岁差和日有迟疾,大都集中于东晋中叶以前和北朝。

天道自然观念在对待科学对象的态度上,极易产生不求知的态度。既然一切事物的运动都是由于自己的天然本性,因而也就无须再作什么解释了。所以当庄子努力发挥天道自然的观念时,也就同时发挥了不求知的态度。南北朝末年或隋初,侯君素作《启颜录》,其中说道:

> 山东人聚蒲州女,多患瘿,其妻母项瘿甚大。成婚数月,妇家疑婿不慧。妇翁置酒盛会亲戚,欲以试之,问曰:“某郎在山东读书,应识道理。鸿鹤能鸣,何意”?曰:“天使其然”。又曰:“松柏冬青,何意”?曰:“天使其然”。又曰:“道边树有骨朏,何意?”曰:“天使其然”。

这是一段笑料,也是对魏晋南北朝时代学风的辛辣讽刺。这种学风的造成,乃是天道自然观念的流弊。

三　自然科学中理论兴趣的衰落

汉代人建立了许多思想体系,企图解说世界上的一切。阴阳五行说,卦气说,五运六气说等等,其中有大量的臆说和荒谬思想,但汉代人显然认为,世界是可知的,可以解释的。这个可解释的世界以一定的方式,保持着某种秩序,并依某种规则在运动。他们的那些学说,就是这世界秩序和运动规则的表现,因而也是那千差万别的现象世界背后存在着的,并支配着这现象世界的内在原因。

汉魏、魏晋之际,学术界一面破除了汉代人对世界秩序和事物运动原因的荒谬解说,一面仍然努力探索世界秩序和事物运动的原因。

在数学领域,有刘徽的《九章算术注》和《海岛算经》。

《九章算术》共有246个问题组成。对于这些问题,书中只写解法,不讲原理。刘徽注《九章算术》,重大贡献之一,就是把这些解法归类,寻找它们的一般原理。刘徽在序言中说,他作注的原则是:"事类相推,各有攸归。故枝条虽分,而同本干者,知发其一端而已"。从"枝条"去求"本干",从诸种解法去求它们的共同发端,这是归纳在数学上的应用。从归纳中把问题分类,以便同类的问题可由一种原理推导出解法,这是演绎。在这里,刘徽努力要提高数学自身的理论水平。刘徽继续说:"又所析理以辞,解体用图,庶几约而能周,通而不黷,览之者思过半矣"。刘徽要从大量的解法中析出"理"来,以便使数学问题作到简约、通达,也就是上升到理论的高度。

这一时期的医学,也仍然保持着理论的兴趣。张仲景的《伤寒杂病论》是一部临床医学著作,但其中以三阴三阳立论,用所谓"六经辨证"去诊断疾病。该书认为,人们得病,都是由于伤寒。寒邪由表及里,由浅入深侵害人体。首先是体表(太阳),后传入胃(阳明),胃传入胆(少阳),再传入脾(太阴)、肾(少阴)、肝(厥阴)。建立了一套完整的理论系统。王叔和的《脉经》,则把临床诊脉的经验加以总结,把脉象归为二十余类,企图把诊脉断病上升到理论高度。同时,王叔和还从不同的角度对疾病归类。或依患病部位,如肝、胆、心、胃、肺、脾……,或依治疗方式:可下,不可下;可吐,不可吐;可刺,不可刺;……,或依病的表现:尸厥、霍乱、血痺、中风、黄疸、消渴等等。分类是归纳的初步,是进入更高理论形态的前提。

自然科学一般理论著作,是杨泉的《物理论》。与亚里士多德《物理学》相比,不论有多少差异,但探讨"物理"的兴趣是一致的。亚氏《物理学》以物为对象,探讨物的本原、构成、运动、变化,运动的原因,作用的方式,以及有关的时空问题。这样的"物理",其范围大于今天的物理学。杨泉的《物理论》,探讨的范围更大于亚氏,有天体结构,有人体生理,有耕作技术,也有社会上的礼仪制度,其中包括人的灵魂问题。杨泉未能把这些物都抽象为一个"物",然后找出这个抽象物的问题进行理论的概括和推演,而只是一个一个、一种一种去说明物的理:天、地、日、月、星、风、庄稼、人等等。但是,这是我国历史上第一部以物理为对象的著作,也是唯一的一部以物理为对象的著作。它摈弃了汉代的许多神学观念,却保留了汉代的理论兴趣。

《物理论》的产生,表明中国古代科学同样具有理论化的要求,并希望进入更高的理论形态。但是,杨泉的工作后继无人,更不必说继续提高。既然天道自然,万物的动作云为皆发自本性,而它们的本性又千差万别,又如何能说得完呢?顺着杨泉的路,继续概括、抽象,被认为是无意义的。顺着杨泉的路,去逐件说明更多的物理,那将是"以有涯逐无涯"[①],不仅无益于物,而且有害于已。两方面都不可能,也就只好不作。理论兴趣逐步衰落了。

数学方面,也无人再继承刘徽企图使数学理论化的倾向。刘徽当时,就提出了一些明确的理论,但"没有能够把这些理论系统化",使有些可以得出的"重要的推论,失之交臂"[②]。刘徽以后,无人再把他的理论进一步系统化,他当时失之交臂、唾手可得的重要推论,也无人再把它捡起来。

刘徽以后的五、六部数学著作。仍然恢复了《九章算术》的著述方式:有题,有术,有答案,但没有一般的原理。有些甚至仅有答案而无术。所谓术,也仅是具体解法。虽然,每个数学

① 语见《庄子·养生主》。

② 《钱宝琮数学史论文选集》,科学出版社,1983年,第605页。

习题都是同类问题的代表，而它的解法都具有一般意义，但毕竟是“最初的一般”。数学的发展，要求能从这“最初的一般”不断上升，抽象化为高一级、高二级……的一般。但现实及当时的科学思想却未能促进数学向更高的一般攀登。

医学理论在这一时代之初，一面保留了汉代的理论兴趣，一面已经不满于汉代医学过分理论化、因而不切实用的倾向。张仲景等人不讲五运六气等等，已经显示了这个苗头，皇甫谧则公开指斥《黄帝内经》“浮辞”太多。《甲乙经》序言说：

> 今有《针经》九卷，《素问》九卷，二九十八卷，即《内经》也。亦有所亡失。其论遐远。然称述多而切事少，又不编次……。

皇甫谧的《甲乙经》，就要纠正这些弊病。其序言说：

> ……撰集三部（按：指《素问》、《九卷》、《明堂孔穴针灸治要》），使事类相从。删其浮辞，除其重复，论其精要，至为十二卷。

大约从皇甫谧时代开始，《黄帝内经》开始被冷落，所出医书，一是方剂书，一是本草书，二者合一，都是药和方。著名的《肘后方》、《刘涓子鬼遗方》等是讲方；《本草经集注》是讲药，《雷公炮炙论》讲药的采制。医学理论著作基本见不到了。《隋书·经籍志》所载医书，除服食、养生、神仙方外，明确标明为方剂著作的有六十余种，其中包括从西域、印度传入的《龙树菩萨药方》、《西域名医所集要方》、《婆罗门药方》等。有关本草的也有二十余种，而探讨理论的，不过三、五种，而且不知作于何时。整个看来，至少在东晋和南北朝，随着天道自然观的日益深入人心，人们在医学领域也只关心药的自然本性以及它所治的病症，医学的理论兴趣衰落了。

医学理论兴趣的衰落，导致人们只相信所谓事实。没有人去探讨：咒禁治病的原理是什么？咒禁师发出的气为什么能安顿病者的魂魄，驱走鬼魅？人的精神到底是什么？假如说它是气，和别的气又有什么区别？这一时期的医学家们，只相信所谓“事实”，鬼神与咒禁术这些已被医学抛弃了的迷信不必用任何医学理论武装，也没有遇到任何医学理论的抵御，就闯进了医学殿堂。请神容易送神难，从此以后，巫和医又重新合流了。而且历时上千年之久。

炼金和炼丹术，由《周易参同契》建立了一套理论。无论这理论是对、是错，是粗陋还是精制，理论毕竟是理论。魏晋南北朝时期，炼丹术继续发展，但却无人讨论药物化合的理论。《周易参同契》也无人过问，被炼丹家们扔到了一边，就像《黄帝内经》被医学家们冷落一样。葛洪《抱朴子内篇》，与其说是炼丹的理论著作，不如说是神仙说的理论著作。他议论、论证的中心，是神仙可作，金丹、黄金可成，而不是如何炼成黄金、金丹。他不讨论化合原理，也不讨论变化原理及变化过程中如何掌握火候等等。在他看来，只要有了药方和品质优良的药，就能炼成金和丹。和当时的医学只重方剂是同一种思想倾向。

四 一视同仁地看待科学和巫术迷信

人们力图认识自然，征服自然。然而怎样作才是正确的？怎样作不正确？极难分清。正确和错误的交织，使人们往往一视同仁地看待科学和巫术迷信。据《后汉书·方术列传》所说，孔子“不语怪神，罕言性命。或开末而抑其端，或曲辞以章其义”。但从汉武帝以后，方士又活跃起来：

> 汉自武帝颇好方术，天下怀协道艺之士，莫不负策抵掌，顺风而届焉。

后王莽矫用符命，及光武又信谶言，士之赴趣时宜者，皆骋驰穿凿，争谈之也。

这就是说，方术的兴起，王莽、刘秀又起了推波助澜的作用。由于谶纬迷信过于妖妄，以致“通儒硕生，忿其奸妄不经，奏议慷慨，以为宜见藏摈”。但在作者看来，方术固然有流荡失实者，把方术一概视为虚诞，也未免过分。《后汉书·方术列传》继续说道：

夫物之所偏，未能无蔽，虽云大道，其碍或同。若乃诗之失愚，书之失诬，然则数术之失，至于诡俗乎？……故曰：苟非其人，道不虚行。意思多迷其统，取遣颇偏，甚有虽流宕，过诞亦失也。

“甚有”即完全相信，“过诞”即把一切方术都视为荒诞，两者都是偏颇的。况且即使“大道”，也就是儒家六经之道，也有流弊。《诗经》会使人愚蠢，《尚书》会使人胡说，何况方术呢！作者的态度是，学《诗》，要“温柔敦厚”而不愚；学《书》，要“疏通知远而不诬”，那么，数术，要“知变而不诡俗”：“极数知变而不诡俗，斯深于数术者也”。《后汉书》作者范晔是南朝人，范晔的态度，反映了魏晋南北朝时期对待方术的正统态度。

魏晋南北朝时期成书的“方术传”，以《三国志·方技传》为最早，所记的人物及事迹有：

华佗，医。杜夔，音律专家。朱建平，相术专家；周宣，占梦专家；管辂，占卜专家。

《三国志》作者认为，他们的技能，都是“玄妙之殊巧，非常之绝技”，他要记录下来，“所以广异闻而表奇事”。

《三国志》所载的占术、相术，据说是“十中八九”。对于不中者，并不妨碍对术本身的信任。据裴松之《三国志注》，华长骏与管辂相处甚久，“常与同载周旋，具知其事”。据华所说，管辂占卜所应验，比记载的还要多三倍。但不是全部应验，只是“十得七八”，据管辂说，其原因在于问卜者未讲出全部事实：“理无差错，来卜者或言不足以宣事实，故使尔”，所谓“理无差错”，就是说，占卜术本身是正确的。

《后汉术·方术列传》说，占卜，也是君子之道：“仲尼称，《易》有君子之道四焉，曰：卜筮者尚其占。占也者，先王所以定祸福，决嫌疑，幽赞于神明，遂知来物者也”。各种占卜术，风角、遁甲、七政、元气、六日七分、逢占、日者、挺专、须臾、孤虚之术，它们“时亦有以效于事也”。圣人之言，效验的事例，使人们把占卜术和天文、数学、医学、机械制造等科学技术成就放在同等的地位上。

《后汉书》成书于《三国志》之后，其《方术列传》首推张衡“为阴阳之宗”，郎颛“咎征最密”，因他们各自有传，没有列入。

《后汉书·方术传》所载的人物，以懂天文星占、风占、遁甲等占术者居多，约20余人；医仅郭玉、华佗与华佗弟子数人；巫与神仙方术者，如王乔、费长房、左慈，甘始等十余人。占星、遁甲之类，是汉代谶纬学的内容，其中有些的确懂得“推步”即历算，能预报日食。如韩说，与蔡邕友善，光和元年(173)十月，曾预报晦日日食。其中有些是地学专家，同时也懂巫及方术。如许杨，“少好术数”，曾为巫医，在狱里能使“械辄自解”。同时又“晓水脉”，曾为汝南“都水掾”，领导治理鸿却陂，“因高下形势，起塘四百余里，数年乃立。百姓得其便，累岁大稔”。这些科学内容和科学成就，在方术传或方技传中，和占卜、巫术一起，都被称作“术”。

《后汉书·方术列传》多记载了神仙方术，带有明显的魏晋南北朝时代的时代印记。

神仙方术汉末已经盛行。据曹丕《典论》、曹植《辨道论》，这些方术之士的方术。有辟谷、行气、补导，其代表人物有郤俭、左慈、甘始等。他们都自称三百岁。《典论》叙述了他们的术如何盛行，比如郤俭初到，“市茯苓价暴数倍”；后来甘始到，“众人无不鸱视狼顾，呼吸吐纳”;左慈到,“又竞受其补导之术”,甚至宦官严峻也去学房中术;同时也揭露了这些术的误人:议郎李覃学辟谷,吃茯苓,喝生水,以致泄肚,几乎丧命。军谋祭酒董芬学吐纳,“为之过差,气闭不通,良久乃苏”。王和平自认为会成仙,结果病死。所以曹丕慨叹人的“愚谬”、“逐声”。《辨道论》说,从曹操到曹丕兄弟对待这些方士,“咸以为调笑”,并不相信,而甘始等人惧虚诞招祸,“终不敢进虚诞之言,出非常之语”。甘始曾说,有一种药,鱼吃了以后,沸水中可悠游自得,但必须自己亲自到万里以外去寻。《辨道论》说,甘始若遇秦皇、汉武,必为徐市、栾大之徒。

《典论》不信火浣布,被后人嘲笑;但不信神仙方术,头脑的确较为清醒。《典论》曾刻石立碑,与儒经同列,影响甚大。三国离汉不远,汉代“通儒硕生,忿其妖奸不经”的遗风犹存。在上层知识界,不信者居多。所以《三国志》也不为郤俭、左慈等人立传。

但是后来,这些方士们的虚诞大言,许多就成为人们坚信不疑的事实。《抱朴子内篇·论仙》就把“甘始以药含生鱼”当作了事实。到范晔生活的南朝,大约信者日渐增多,于是范晔就在《后汉书》中为这些方士正式立传了。

北朝末年写成的《魏书》,其《术艺列传》道:

> 盖小道必有可观,况往圣标历数之术,先王垂卜筮之典,论察有法,占候相传,触类长之,其流虽广。工艺纷纶,理非抑之……。

这样,历法、卜筮及占候、工艺等,都被放在了平等的地位上。

《魏书·术艺列传》所载,有造浑天仪的晁崇,有精历算的信都芳,有画家蒋少游,有建筑师郭善明,有书法家江式,有医生周澹等人,但以占侯家居多。占侯家中,许多确懂天文、气象;造浑仪的晁崇,懂天文,也从事占侯。这一切,都被视作术艺。

《魏书·术艺列传》记载了筮者刘灵助,由占筮位至公侯,后来又想作皇帝。筮得自己一定进入定州,却不料是被杀,传首定州。此例曾被司马光《通鉴》引用,作为占筮不可靠的例证。《魏书》关于占筮的记载仅此一例,神仙方术基本没有了,多出了画家、书法家、建筑师等事迹。史书记载的变化,反映了人们方术观念的变化。虚诞的成份在减少,确实的成分在增加,但总的格局未变。作者在传后以“史臣曰”评论道:“阴阳卜祝之事,圣哲之教存焉。虽不可以专,亦不可得而废也。徇于是者不能无非,厚于利者必有其害”。也就是说,可有不可无,但不可深信,更不可以此邀利。

《后汉书》作者曾认为大道、术数都有流弊,《魏书·术艺列传》则说:“诗书礼乐,所失也鲜,故先王重其德;方术伎巧,所失也深,故往哲轻其艺”。虽都有流弊,但方术的流弊大,大道、诗书的流弊小。方术的社会地位更降低了。《魏书》作者赞同《后汉书》作者“极数知变而不诡俗”的原则,并且发挥道:“夫能通方术而不诡于俗,习伎巧而必蹈于礼者,几于大雅君子”。这是当时一般上层士大夫的方术观,也是上层士大夫的科学观。这样的观念,使他们既容纳科学技术,也容纳巫术迷信。要把荒诞的巫术、迷信、卜筮、占候同确实可靠的科学技术分离,需要时间,需要在实践中长期的检验。

1990年春,在上海华东师范大学召开“中国传统思想与科学技术”讨论会,内蒙古大学吴彤提交《儒家与中国古代科技》一文。文中依正史《方术传》,描绘出从东汉到明代理性术数方技与超理性术数方技逐渐分离的过程,指出南北朝时期,这种分离已见端倪。(见袁运开、周瀚光主编《中国科学思想史论》第227～228页,浙江教育出版社,1992年)。

五 大道与小道

“小道可观”,“致远恐泥”的思想出于《论语》,它之成为后代对待科技的一般态度,主要不是因为传统,而是“小道”自身的社会作用。《后汉书·方术列传》载,南阳樊英,善长风角、星算等。据说他从南阳某山中含水向西喷去,竟化为乌云大雨,灭了成都市内的火。曾被征召,但托病不受任命,后来接受了任命,但没有“奇谋深策,谈者以为失望”。河南张楷还指责樊英既然出仕,“又不闻匡救之术”,是“进退无所据”。然而据说占验很灵验,云云。

对于秦汉开始建立的大一统的封建国家,其主要任务是巩固自身的统治,对人才的需求,也是有“奇谋深策”,能“匡救”政治的为第一位,军事才能还在其次。发展经济是需要的,但以人民温饱为度,甚至仅以人民不造反为度,并不要求人民生活水平的不断提高。所以这样的国家与社会需要科学和技术,但又不鼓励科学技术的不断发展。这就是“小道可观”,“致远恐泥”思想的现实基础。科学技术的社会地位如此,也就使士大夫们得出“可以兼明,不可以专业”[①] 的结论。

小道之中,又有主次之分。区分主次的标准,则是与国家政治关系的密切程度,而不是与生产联系的密切程度。天文、律历,因为与探测天意、教化百姓直接相关,所以国家设专职机构,史书也专为立志。医学、工艺制造,国家也有专门机构,但仅与上层人物的日用有关,无关政治得失,所以居第二等,史书一般不专为立志。数学作为历法的工具,随历法一起入志。其他部分,如方田、粟米的计算,虽也是行政所需,但无关大政方针,不可和历算同日而语。占卜、及各种占候,之所以被当作术技,和医、算等并列,是由于人们相信神灵存在。探测神意关系国家命运,所以常受皇帝重视。此类方术,在《后汉书》与《魏书》之中,都被列为方术之首,而居于工艺、医、算之前。

农学以及与农业有关的工艺制造,与生产关系最密,与政治关系却最疏。国家不设专门研究农学的机构,方术传一般也不记载农业之术。农学著述和与生产密切相关的工艺制造技术,一般不会遇到反对,但被视作可有可无。农学著述基本是士大夫或某些国家官吏的个人爱好。农具或其他制造技术往往随统治者的爱好而时兴时盛,或旋生旋灭。

魏晋时代,统治者忙于战事和内部纷争,与生产有关的方术进一步受到了忽视。据《三国志注》所引傅玄为马钧所作的序文称,马钧是著名的能工巧匠,因为家贫,就把原来“丧功费日”的“五十综者五十蹑、六十综者六十蹑”的织机改为都是“十二蹑”,从而提高了工效。他能“因感而作”,“犹自然之成形”。他造成了指南车,造成了灌溉的“翻车”。翻车“令童儿转之,而灌水自覆,更入更出,其巧百倍于常”。他还改进了连弩和发石车。傅玄认为马钧所要制作的,都是“国之精器,军之要用”,因而把马钧推荐给安乡侯曹羲,希望这样的“不世之巧”能被量才录用。安乡侯曹羲又报告给执掌国政的武安侯曹爽,但“武安侯忽之”,马钧也就没有发挥才能的机会。

据傅玄的意思,像张衡、马钧这样巧于制作的,应该“典工官”、领导工艺制造,结果都未能人尽其才。傅玄感慨地说,张衡、马钧都是已经在朝廷作官,且已有制作,“巧名已定”,尚且如此:“犹忽而不察”,何况那些“幽深之才”,“无名之璞乎”!傅玄的议论,道出了古代制造技

---

① 《颜氏家训·杂艺》。

术不能迅速发展、生产工具不能不断改进的思想原因。即使傅玄,他也认为:“夫巧,天下之微事也”。既为微事,自然容易被忽略。傅玄自己,只能同情马钧这样的巧匠不被任用,却无法从思想上提高制造技术在社会生活中的地位。

三国以后,制造技术还是有所发展。《魏书·术艺列传》载:“郭善明甚机巧,北京宫殿,多其制作”;“青州刺史侯文和亦以巧闻,为要舟,水中立射”。“豫州人柳俭,殿中将军关文备、郭安兴并机巧。洛中制永宁寺九层佛图,安兴为匠也”。“机巧”不能向改进生产工具方面发展,只好去为造宫殿、佛塔服务。

《魏书》认为,“方术伎巧,所失也深”,不仅是卜筮、占侯、神仙方术。制造技术由于不能向改进工具方面发展,就往往会向“奇技淫巧”方面发展,制造一些专供皇帝等少数人享用的奢侈品,为害当时的政治,浪费社会财富。马钧的才能,也被用来改进百戏,“使木人跳丸、掷剑、缘絙倒立,出入自在”,“百官行署,舂磨斗鸡,变巧百端”①。其他制作者,有的制作穷极壮丽的宫殿、佛塔,有的制作了极尽机巧的观风行殿。这些事业,也常常遭到士大夫们的反对。

当时的社会需要。无法给科学技术提供自由舒展的活动空间,科学技术在社会生活中仅具次要的作用,所以被视为小道。机械制造,又是小道中之小者。政治清明时会受到重视,政治混乱时最易受到忽视,或者被引向非生产应用。魏晋南北朝时期的观念和实践,再一次证明了这一点。

第八节 自然与人力之争

一 力与命、顺适与人为之争

汉代天人感应,认为人的努力可以调整日月运行,四季寒热,其思想是荒谬的。然而在对人为作用的过分夸张之中,包含着人为可以改变自然状况的进取精神。

天道自然承认万物运动是自己的本性,它不是为人而存在,也不受人的干扰。人,对物的运动,原则上是无能为力的。人不能干扰天体的运行,是正确的。若推广到一切,认为人们只能顺应外在的力量,则导致荒谬,使人安于现状、相信命运而无所作为。

魏晋南北朝时期,在天道自然观念广泛流行的时候,力与命,自然与人为的讨论又活跃起来。

命即命运。它的社会内容,是贵贱、穷达祸福;它与自然科学的关联,是生死寿夭、贫和富。以命运为中心,魏晋南北朝时代热烈讨论了人与自然的关系问题。张湛《列子注·力命篇》题解道:

> 命者,必然之期,素定之分也。虽此事未验,而此理已然。若以寿夭存于御养,穷达系于智力,此惑于天理也。

在张湛看来,寿夭和穷达都是命定的,“御养”和“智力”都无法改变。并且认为,这是“天理”。若认为御养和智力能改变寿夭、穷达,就是“惑于天理”。天理,就是自然之理。依据自然之理,物不仅各有自己的自然本性,而且各有自己的“定分”。比如鸟只能在天上飞,鱼只能在水中

① 《三国志注·魏书方伎传》。

游。虎狼必须吃肉，牛羊只能吃草。《庄子》郭象注，认为无论小鸟与大鹏，只要“各当其分”，就一样逍遥，也是承认物各有自己的定分。

由物推广到人，人也有自己的定分。穷达、祸福、寿夭，是自己所无法改变的，就像虎狼改不了吃肉，牛羊改不了吃草和被役使的地位一样，这就是命。

安于命运，是玄学的必然结论。任其自然，是安于命运的人生哲学。一般说来，在玄风盛行的时代，相信命运，安于命运，乃是时代的主流意识。其中尤其对于人的社会命运，几乎都认为无法改变。一些专门讨论命运的文章，有三国时李康的《运命论》，晋代挚虞的《思游赋》，戴逵的《释疑论》，刘峻的《辨命论》，范缜的《神灭论》，几乎都认为穷达祸福，命有定数，不可改变。只有佛教，认为积德、修行可以改变自己的命运，但又把积德所获得的善极推到渺茫的来世或来世之来世。所以，佛教实际上也不认为人的努力可以改变自己的社会命运。

寿夭、贫富也是社会命运，但往往关系人对自然因素的作用。

《列子·力命》篇说，杨朱之友季梁病危，儿子们要请医生。杨朱说，天不会保佑，人也不能为害，医也好，巫也好，都无法对付人的病。但儿子们还是请来了三个医生。第一个说，病是由于寒温不节，虚实失度，饥饱色欲，精虑烦散，可以治好。季梁认为，这是个普通的医生，应把他赶走。第二个医生认为、季梁的病是先天不足，不是一朝一夕之故，已经治不好了。季梁认为这是良医。第三个认为，人成为人之后，有“制之者”，有“知之者”，药石是没有用的。季梁认为这是神医。不久，季梁的病也不治自愈。

这是一个在寿夭问题上听天由命的寓言，它不赞成通过人的努力去改变人寿短夭的命运。《力命篇》的结论是，死生是由于“命”，贫穷是由于“时”。怨夭折的是不知命，怨贫穷的是不知时。推而广之，一切成败得失都是由于命：“农赴时，商趣利，工追术，仕逐势，势使然也。然农有水旱，商有得失，工有成败，仕有遇否，命使然也”。医、农、工，还有人类其他种类的生产和科学技术活动，一般说来，都是发扬人力，和命运作斗争的活动，没有这些活动，不和命运抗争，就没有人类的进步。人类的抗争能进到何种地步？却不是一个定值。每个时代，都有人认为，已经达到的地步就是人力所能达到的极限。他们要求顺应自然，适可而止。还有一部分人，却主张继续前进。前者往往不求进取，后者又易陷于荒唐。

《列子·天瑞》篇有一段如何致富的故事，主张人可以盗天时、地利而达到富有：

> 天有时，地有利。吾盗天地之时利，云雨之滂润，山泽之产育，以生吾禾，植吾稼，筑吾垣，建吾舍。陆盗禽兽，水盗鱼鳖，亡非盗也。
>
> 夫禾稼、土木、禽兽、鱼鳖，皆天之所生，岂吾之所有？

当然，人的贫富，不单是和自然的关系。但在社会条件大体具备的情况下，人的勤惰，确是决定贫富的重要因素。从这个意义上说。《列子》中“盗天地时利”以致富的故事，带有反对命定论的思想倾向。

这里的“盗”，仅是对自然条件的利用，因此，在人对自然的关系上，还没有超出顺应的范围。后来的《齐民要术》，对待自然条件的态度，和《列子》大体一致。在农业生产方面，魏晋南北朝时代的人们还无法走得太远。

但人们在生死、寿夭问题上，却把人为的作用推到了极点、极端。

二 我命在我不由天

像《列子·力命篇》中季梁有病不求医也不求神听其自然的态度是不多的。多数人还是不求医则求神，希望通过某种努力保持健康，延长生命。生命延长的程度，一般认为是尽其天年为止。“天年”的长短，虽各有不同，但大体一致。如希求更长，则被认为是非分妄想。非分妄想的极端，就是长生不死，甚至羽化成仙。秦皇、汉武求仙的失败，并没有阻止求仙的进程。魏晋时期，希望长寿，甚至长生不死的人更多，方法也多种多样。于是，人的寿命长短问题又引起了热烈讨论，并且上升到人与自然的关系问题。相信人可长生不死的人，就是相信通过自己的努力，可以改变自己必死的命运。

一次著名的争论发生于嵇康和向秀之间。嵇康先作《养生论》一文。他相信神仙，说神仙都是禀受特异之气的人，“非积学所能致”，不是通过个人努力可以达到的。但他认为，人如导养得法，可以活到数百以至上千年：“至于导养得理，以尽性命，上获千余岁，下可数百年，可有之耳”。世人之所以短寿，大多是因为意不诚、心不专。他举种田为例，认为种田的人，一亩十斛，谓之良田，这是天下之通例。但区种法，却可使每亩达百余斛。这就是说，收成提高了十倍。那么，人如果导养得法，为什么就不能数倍、十数倍地延长自己的寿命呢？这就是嵇康的逻辑。

区田法是否真正实行过？其效果究竟如何？没有历史记载。但嵇康是相信的。他相信人为可以造出超出常规的奇迹。在这一点上，他和区田法的作者心灵相通。

向秀不同意嵇康的主张，认为有生命者即有情欲，满足了它们的情欲就合乎自然。富贵、声色、嗜欲，都是人的自然，应该得到满足。人的寿命，也就百年左右，数百上千岁的人，是没有的。嵇康针对向秀的反驳，又作《答难养生论》，说好药不比五谷，可以使人长寿。这实际上是相信医学可延长人的寿命致数百上千岁。嵇康认为，反对人可长寿的人们，都是把自己的一点知识当作了永恒不变的真理：“（常人）以多自证，以同自慰。谓天地之理，尽此而已矣。纵闻养生之事，则断以己见，谓之不然……”[①] 嵇康把这种态度叫作“守常而不知变”[②]。从人与自然关系上说，常，是已经达到的对自然的认识水平和征服程度；变，就是从这个“水平”和“程度”继续前进。

在嵇康那里，这种对待自然的态度和他主张的“任自然”的人生态度，并不矛盾。他的“任自然”，一是不要名教束缚，二是节制情欲。再加上药物调养，就可长寿，这也是自然。

主张人寿可以无限延长的自然是神仙家，正是从坚信人可长生不死中，神仙家们得出了“我命由我不由天”的结论。

葛洪列举了许多事例，说明神仙、长生不死是可以作到的。这些事例有：“三十六石立化为水”，“消玉为粘，溃金为浆”，“吞刀吐火，坐在立亡，兴云起雾，召致虫蛇、合聚鱼鳖”，“入渊不沾，蹴刃不伤”[③]。这些事例也使葛洪相信，“以药物养身，以术数延命”，可以“使内疾不生，

①，② 嵇康《养生论》。
③ 《抱朴子内篇·对俗》。

外患不入"[①]，能否成功，决定于人的志向："夫求长生，修至道，诀在于志"[②]。"自无超世之志，强力之才，不能守之"。[③]

葛洪所举事例，有些只是魔术，如吞刀吐火等。有些仅是传说。但也有许多是事实，如化石为水，化金为浆之类。这些真真假假的例证放在一起，使葛洪相信，自然状况是可以改变的。或者说，改变物的自然状况也是"自然"，就像郭象认为络马穿牛也是自然一样。但需要有志，还需要坚持到底的决心，才能达到目的。

追求长生不死的道理，为什么有人知、有人不知呢？葛洪说，和其他技术问题一样，有人精通，有人粗疏："夫凿枘之粗技，而轮扁有不传之妙；掇蜩之薄术，而伛偻有入神之巧。在乎其人，由于至精也"[④]。可以说，人类认识自然，征服自然过程中成功的先例，是鼓励神仙家们追求长生不死的强大动力之一。

神仙家们将人类在某些方面的成功推向极端。《抱朴子内篇》引《仙经》道："服丹守一，与天相毕；还精胎息，延寿无极"[⑤]。认为生命可无限延长，与天地齐寿。再进一步推论，就是命运完全可由自己掌握。《抱朴子内篇·黄白篇》引《龟甲文》道："我命在我不在天，还丹成金亿万年"。"我命在我不在天"的实际内容，只是说金丹可以炼成，寿命可无限延长。但语言的表述，却采取了普遍的形式，似乎命运所含的一切内容，都可由自己掌握。

神仙家们深信命运可由自己掌握。《西升经》也说："我命属我，不属天地"。《西升经》还进一步找出"我命属我"的根据："吾与天地分一气而治，自守根本也"。据后人注释，这是说，天地和我一样，都是禀受自然一气所生，各自是一物，我的命不来自天地，也不由天地主宰。

《黄庭经》也说："仙人道士非有神，积精累气以为真"。它也相信，通过人自身的努力，而不是求助于神灵，可以通过"积精累气"，达到长生不死。

神仙家在命运问题上的主张，是最荒唐的主张，也是最积极的主张；是最积极的主张，也是最荒唐的主张。

三　《阴符经》与天人相盗思想

《阴符经》大约成书于北朝末年[⑥]，它把天人关系归结为"相盗"的关系，对自然和人生采取了积极而又不走极端的态度。

《阴符经》认为，天道，是人的行为准则：

天性，人也。　　　　人心，机也。
立天之道。　　　　　以定人也。

人有自己的天分，天分是人一切行为的基础。人的一切行为受心的支配，人心是变化的枢机。人心的变化，必须遵守某种原则，这就是天道。天道"定人"，就是给人以行为规范、行为准则。那么，掌握了天道，也就穷尽了一切："观天之道，执天之行，尽矣"。天道的内容，是五行相"贼"，掌握了这一点，就可以支配宇宙间的一切：

故天有五贼，　　　　见之者昌。

---

①，②《抱朴子内篇·论仙》。

③，④，⑤《抱朴子内篇·对俗》。

⑥　参见王明《道家和道教思想研究》，1984年，中国社会科学出版社，第146页。

五贼在心，　　　　施行于天，

宇宙在乎手，　　　万化生乎身。

“贼”，即互相贼害；“五贼”，即五行互相贼害。五行互相贼害的思想来自汉代。《论衡·物势篇》载，当时有人认为：“五行之气，天生万物。以万物含五行之气，五行之气更相贼害”。由于五行之气互相贼害，才使人能利“用万物作万事”：

欲为之用，故令相贼害。贼害，相成也。故天用五行之气生万物，人用万物作万事。不能相制，不能相使；不相贼害，不成为用。金不贼木，木不成用；火不烁金，金不成器。故诸物相贼相利[①]。

《论衡·物势》篇中“五行相贼”思想，是对人类文明进步的重要总结。人类的诞生，是由于工具的发明。人类的进步，依赖工具的改进。改进工具的途径，从五行生克的观点看，主要有两条：一是火克金，二是金克木。火克金，可以把从矿产中得来的各种金属加工成各种工具；金克木，金属工具又可把木材加工成其他工具。铁和木的结合，是铁器发明以来古代生产工具的主要形式。工具的改进，极大地提高了人类征服自然的能力，创造了灿烂的古代文明。那些留传至今、值得骄傲的文化遗迹，多数都是铁木工具的作品。从某种意义上说，人类古代文明史，就是一部火克金、金克木的历史。注意到五行相生，人们主要还是利用自然；注意到五行相克，表明人们注意于改造自然，征服自然。所以《阴符经》才说，“五贼在心，施行于天”，就可以作到“宇宙在乎手，万化生乎身”。

从这个意义上说，天、地、人，都有伟大的作用？

天发杀机，　　　移星易宿；

地发杀机，　　　龙蛇起陆；

人发杀机，　　　天地反覆。

天人合发，　　　万变定基。

《阴符经》看到了人的伟大作用，但它认为，人的作用，应与天地配合，才能最好地发挥。

在天人之间，《阴符经》认为存在着一种相盗的关系：

天地，万物之盗也；

万物，人之盗也；

人，万物之盗也。

三盗既宜，三才既安。

“人盗万物”思想，很可能和《列子·天瑞篇》盗天时地利的说法有关。不过在《阴符经》中，应当具有更积极的意义。它要“执天之行”，它认为“五贼在心”就可以“宇宙在乎手，万化生乎身”。因此，这里的盗，已不仅是《列子·天瑞》所讲的利用，而应包含着改造。盗，也不是顺、适，更不是任命运摆布，而是人为作用的充分发挥，是“力”在“命”面前的独立。

《阴符经》接着说：“故曰：食其时，百骸理；动其机，万化安”。这就是“盗”的作用，它可以使身体康健：“百骸理”；可使一切成功：“万化安”。

“机”存在于“时”间之中，“时”间之中存在着转瞬即逝的“机”。所以机也是时，“动其机”也是动其时；时的某些点也就是机，“食其时”也是食其机。盗，主要是盗天地之机：

① 《论衡·物势》篇。

日月有数，　　大小有定。
圣功生焉，　　神明出焉。
其盗机也，　　天下莫不见，
莫能知也。

天地之机，从那“有数”、“有定”的正常现象中出来。《阴符经》主张从这正常的现象中捕捉时机，获取成功。

《阴符经》表达了一种积极的改造自然的态度，但不主张任情妄为，而主张从正常的自然运动中把握时机，实现人类改造、征服自然的目标。它不讲神仙长生，没有把人的作用夸张到极端。在人与自然的关系上，《阴符经》的态度是积极的，又是稳妥的。

《阴符经》对后世产生了重要影响。多数主张征服、改造自然的思想和著作，都要从《阴符经》中吸收思想营养①。

① 参见李申《阴符经全译》，巴蜀书社，1992年。

第五章 隋唐时期的科学思想

第一节 天人关系争论的余波及天理概念的初萌

一 祥瑞观念在隋代的复兴

隋文帝杨坚依靠卑劣的阴谋手段作了皇帝，他需要神化自己。统一而强大的政权也使他有能力神化自己，压制不同意见。在杨坚的直接干预下，祥瑞观念在隋代一度复兴起来。

早在杨坚上台之前，道士张宾就揣摩杨坚的心思，自称精通历法，说根据天象，皇位将发生更迭，而杨坚相貌非凡，应当接受天命，于是得到杨坚信任，被收在幕府。杨坚称帝以后，即命张宾制订新历。张宾根据何承天的历法，稍加增减，就当作新历，由杨坚下诏，颁布施行。

张宾历法粗疏，遭到刘孝孙与刘焯的反对。二刘指责张宾依仿何承天，却丢了何承天的精华，得了何承天的糟粕，并自造新历，献给朝廷，希望朝廷能用自己这比较精密的历法，代替张宾历。由于张宾深得杨坚信任，二刘竟被借故“斥罢”。①

当时在天文台工作的张胄玄，看到单凭科学成果无法取得朝廷信任，就制造“影短日长”的祥瑞，讨好杨坚，被任命制造新历。

张胄玄的历法，一面受到历法更精的刘焯的反对，一面受到原来依附张宾的刘晖等人的反对，由于张胄玄的历法和此前的历法相差一日，据说是符合汉代落下闳所说八百年后历法将差一日的预言，“高祖欲神其事”，② 通过了张胄玄的历法，并任命张为太史令。

但张胄玄的“影短日长”之说遭到不少人的怀疑，当时未能得到承认。开皇十九年(599)，袁充接替张胄玄作太史令，次年，即继续张胄玄未成之说，讲“影短日长”之瑞。

据袁充说，隋代建国之后，日影的长度发生了如下变化：

冬至日影	开皇元年长	12.72 尺
	开皇十七年长	12.63 尺
夏至日影	开皇二年长	1.48 尺
	开皇十六年长	1.45 尺

依《周礼》，夏至日影长 1.5 尺。开皇十六年(596)夏至日影短于标准值 0.05 尺；依汉儒郑玄说，冬至日影长 13 尺，开皇十七年(597)冬至日影短于郑说标准值 0.37 尺。盖天说认为，日影长度变短，标志着太阳距北极近，白天时间变长。太阳行道的变化，乃是隋朝天子的功德感动了上天：

---

① 《隋书·天文志》。

② 《隋书·律历志》。

"伏唯大隋启运,上感乾元,影短日长,振古希有。"①

当时杨坚刚刚废除了太子杨勇,立杨广为太子。袁充上奏的祥瑞,恰好适应了杨坚的政治需要,杨坚宣布,日影长度的变化,是上天的保佑,应根据上天的旨意,改换年号,于是把开皇二十一年改称仁寿元年(601)。杨坚还发布命令,由于日影变短,白天时间变长,此后所有的劳役,都要延长工作时间。《隋书·天文志》在评论这次事件时说道:

"案日徐疾盈缩无常,充等以为祥瑞,大为议者所贬。"

然而无论"议者"如何瞧不起袁充的行为,都未能阻止以杨坚为代表的隋代政权将所谓"影短日长"看作祥瑞。祥瑞观念在隋代朝廷上复兴了。

在这次事件中,赞成"影短日长"为祥瑞的,认为是人的行为改变了太阳的运行轨道;反对"影短日长"为祥瑞的,认为太阳运行的轨道和速度本来就是经常变化的,和人的行为没有关系。这两种思想的斗争,构成了中国古代天文学思想中的主要矛盾。

认为人的行为可改变太阳的运行状况,包含着一个前提,即太阳的运行本是恒定的,其改变是由人造成的。认为人的行为可造成太阳运行状况的改变是错误的,但认为太阳的运行状态恒定,则是正确的。与之相反的意见,认为太阳运行和人的行为无关,其意见是正确的。认为太阳运行状态本来就经常变化,则是错误的。到宋代,认为太阳运行本来就经常变化的思想成了不断改历的指导思想。

祥瑞观念在隋代朝廷上的复兴具有强行人为的性质。它没有得到朝野上下的普遍拥护,纯粹是由于政治权力的干预。这种情况表明,科学的发展已使天道自然观念深入人心,并且不断缩小着神学迷信观念所占据的地盘。要夺回失去的地盘,祥瑞观念不得不完全依赖政治权力,从而再一次暴露了自身的虚弱。而政治权力对思想和科学事件的逆向干预,只能奏效于一时,祥瑞观念的衰落已成无可挽回的趋势。

二　灾异祥瑞观念在唐代前期的一波三折

李渊和李世民父子二人依赖多年征战取得了皇位,他们深知夺取政权、巩固政权应依赖什么。但是封建皇权无法从自身找到自己存在的根据,无法从自身说明自己存在的合理性,而必须把自己存在的根据和合理性寄托于神权。一面是对客观现实的较为清醒的认识,一面是皇权自身必不可少的思想需要,二者的矛盾使灾异祥瑞观念在唐代前期出现了一波三折的局面。

唐代建国不久,臣下也连连上报祥瑞。有一天,唐太宗李世民对群臣说道:

比见臣下屡上表贺祥瑞。夫家给人足而无瑞,不害为尧舜;百姓愁怨而多瑞,不害为桀纣。后魏之世,吏焚连理木、煮白雉而食之,岂足为至治乎。②

李世民非常清楚,真正的祥瑞是老百姓家给人足,没有愁怨。而不是什么连理木、白雉之类罕见的自然物。从历史事实中他看到了,那些罕见的自然现象未必是祥瑞,即未必是上帝对君主的表彰。第二天,李世民下诏,今后凡有大瑞,可以上表朝廷;其他祥瑞,只需申报有关部门即可。李世民的行为,是政治权力首次以公开的形式对祥瑞说的贬抑,是祥瑞说走向衰落的

① 《隋书·天文志》。

② 《资治通鉴》卷一九三。

一个重要步骤。

依当时制度，所谓“大瑞”指景星、庆云等天象，共计64种；大瑞之下为“上瑞”，指白狼、赤兔等罕见的动物变异，有38种；上瑞之下有“中瑞”，指苍乌、朱雁等鸟类变类，有32种；最后是“下瑞”，指嘉禾、芝草、木连理等罕见的植物及其变异，有14种。祥瑞观念的根本错误，是把天象以及自然物的出现及其变化说成是人世善恶的影响，是上帝、神灵的指示和安排，而不是物自身的变化。这样的思想，妨碍着人们对这些自然现象的认识和研究。李世民的谈话及其诏书，看到了祥瑞说的不可靠，但还不能根本否认祥瑞观念本身。作为封建时代的君主，他不能否定天命观念，也未找到天命观念的新形式。

贞观二年(628)二月，李世民对侍臣们说，都说天子无比尊贵，什么都不怕，我不是这样。我上畏皇天的监视，下畏群臣的期望，所以整天兢兢业业。即或如此，还怕对上不能合乎天意，对下辜负百姓的期盼。名臣魏征说道，这实在是达到天下大治的要领，希望皇上能慎终如始。[①]

相信天命、天意，仍然是唐代君臣不可逾越的思想界限。但是，和大讲祥瑞的君臣们相比，唐初的君臣更加偏重把治国、治民的实际行动看作天意的表现，而不重视从祥瑞中，也就是不重视从那些罕见的自然现象，甚至科学的错误(如“影短日长”)中去体察天意，因而有利于人们实事求是地对罕见的自然现象进行研究，有利于使科学不断克服自身的错误。有一天，白鹊在李世民皇宫的槐树上筑巢，“合欢如腰鼓”，[②]臣子们向李世民祝贺。李世民说，我常常嘲笑隋炀帝喜欢祥瑞，真正的祥瑞是贤才，一个鸟巢有什么可贺的。他命令臣子们捣毁了鸟巢，把白鹊赶出宫中。

就在这一时期，天文学家李淳风编成了一本大型的星占书:《乙巳占》。其内容从春秋战国时代的梓慎、裨灶，中经汉代的刘向、京房，直到隋代的袁充。他在序言中说:“天道神教，福善祸淫，谴告多方，鉴戒非一。故列三光以垂照，布六气以效祥，候鸟兽以通灵，因谣歌而表异。同声相应……同气相求……”。这仍是纯粹的天人感应思想。依照这种思想，日月星辰、风云雨露，草木鸟兽，都是上天用以表达自己旨意的工具。自然现象，几乎都是为人而出现的。但是从历史的事实中，李淳风把星占家分为两类:一类是好的，如蔡邕、祖暅等人，他们把星占用于拾遗补缺；还有一类是坏的，他们借星占陷害他人，抬高自己，阿谀奉承，谗害忠良。比如袁充，他说的那些星占内容，都是挟诈藏奸。从李淳风的论述中可作出推论:过去的星占，包括其他形式的占卜，有相当一部分并不是天意的表现，而是人的故意捏造。李淳风的议论表明，当时的人们对星占的认识，至少有一部分是清醒的。

武则天时期，又掀起了四方争言符瑞的高潮。嵩阳县令樊文献上一块瑞石，武则天命令在朝堂之上，公开向百官展示。尚书左丞冯元常认为，此事“状涉谄诈，不可诬罔天下”，[③]武则天不高兴，把冯元常贬为陇州刺史。不久以后，武承嗣又命人在白石上凿出“圣母临人，永昌帝业”字样唆使别人献上，说是得自洛水。武则天大喜，把这块石头命名为“宝图”，意思是说，这就像是“河出图”那样的祥瑞，并亲自到洛水祭拜，举行隆重的受图仪式。然后又到南郊祭天，向上帝报告并表示感谢，年号也改为“永昌”。不久以后，武则天就作了皇帝。

---

①,②《资治通鉴》卷一九三。

③《资治通鉴》卷二百三。

武则天称帝以后，祥瑞事件更是接连不断。有人献上一块白石，中有红色花纹。问这是什么祥瑞？那人说，这块石头有一颗红心。侍郎李昭德愤怒地说，别的石头都要造反吗！引起哄堂大笑。又有个叫胡庆的，用丹漆在龟的腹甲上写下“天子万万年”字样，说是祥瑞。李昭德用刀刮去字迹，证明那不是龟腹自生，而是人给涂上去的，要求对胡庆治罪。武则天说，他没什么坏心。于是释放了这位假祥瑞的制造者。武则天还让她的猫和鹦鹉同处一笼，说是皇帝仁德感动，连猫儿也改变了残忍的本性，命令向百官传视。还没传视完，猫儿饿了，吃掉了鹦鹉。

这一系列祥瑞事件，再三再四地暴露了祥瑞说的虚伪和荒谬。开元十三年(725)，唐玄宗对他的大臣说，《春秋》不记载祥瑞，今后各州各县，不得再上报祥瑞。和李世民相比，李隆基对祥瑞的态度就更加明朗了。从此以后，祥瑞观念在唐代就呈一种逐渐衰落的趋势。

祥瑞的反面是灾异。唐高宗时，有人上书言灾异，被认为是诬罔。唐高宗下《赦妄言灾异诏》，其中说道，天降灾异，为的是警告君主。假若事实确凿，言者应当无罪。即使虚妄，闻者也可引为鉴戒。唐高宗的诏书，一面反映了封建皇权与灾异说不可分离的依赖关系，一面也反映了灾异说的衰落，因为一些灾异事件被明确斥为诬罔。唐高宗以后，灾异观念也受到了更加有力的抵制。

三　灭蝗斗争与灾异祥瑞观念

蝗灾是古代农业的重大灾害，并且一般地被认为是上帝对人的惩罚。古代文献中，常有某地方官德行好，以致蝗虫不入境的记载。这些记载，仅仅表达了人们的一种善良愿望。在这种无力抵抗的灾害面前，他们希望依赖自己的德行，免遭蝗虫这样的自然灾害。

唐太宗李世民即位之初，京城附近就出现了蝗灾。李世民拣到几只蝗虫，祷告道，你们宁可吃我的肺肠，也不要吃百姓的庄稼。说完就把蝗虫吞了下去。《资治通鉴》记载这件事的后果道：“是岁，蝗不为灾”，似乎是李世民的祷告起了作用。

开元三年(715)，潼关以东广大地区发生严重蝗灾。老百姓在田旁焚香祭拜，不敢捕杀。宰相姚崇派遣使者，督促各州县捕杀。有人说，蝗虫众多，捕杀不完。唐玄宗也心生疑虑。姚崇说，现在蝗虫遍地，黄河南北的百姓们，差不多都逃亡了，总不能坐视蝗虫咬吃田苗。即使捕杀不完，也比不杀强。卢怀慎说，杀蝗虫太多，会伤害天地间的和气。姚崇说，不忍杀蝗虫，难道忍心看着老百姓忍饥挨饿吗？假若因为捕杀蝗虫而招祸，由我一人承当。

其他灾异祥瑞事件，所关虽是政治休咎，但仅是一种预兆，一般不会造成直接后果。像蝗虫这样的真正的灾异，直接关系千万人的生死存亡。姚崇未必就不信灾异，是现实迫使他作出了正确选择。

第二年，潼关以东又闹蝗灾。宰相姚崇和汴州刺史倪若水发生了一场更为严重的争论。

倪若水原为尚书右丞，唐玄宗李隆基为加强都督、刺史权力，将倪由京官放外任。倪在刺史任上，颇有政绩。唐玄宗命宦官到各地搜罗奇鸟异雀。宦官所到之处，生事扰民。路过汴州，倪若水说，现在还是农忙季节，让百姓放下农活去捕鸟，又要途经千山万水，护送进京，沿途百姓围观，岂不是要说皇上贱人而贵鸟！希望皇上把凤凰、麒麟也看作凡鸟凡兽，即使见了也不要尊贵它们。唐玄宗接受了批评，并奖赏了倪若水。在这由人所造成的扰民事件中，倪若水表现了非凡的勇气和开明态度。

但是对于蝗虫所造成的灾害，倪若水就失去了他的勇气和开明。当姚崇又命令捕杀蝗虫时，倪若水就公然违抗命令。其理由是：蝗虫是天灾，非人力所能制止，应该用修德的办法进行禳除。并援引前例说，后汉刘聪曾命令捕杀，结果是越捕越多，灾情更重。

倪若水对蝗灾的态度再一次表明，神学迷信，就是产生于人力所不及的领域。

不过，神学迷信观念往往有着自身不可克服的矛盾。姚崇反驳道：刘聪是伪皇帝，他的德战胜不了妖孽；现在是圣明天子，妖孽胜不了皇帝的德行。这一条理由，是倪若水所无法反驳的。姚崇继续说：如果修德可免蝗灾，那些有灾之处的郡守是不是都无德呢？其言外之意也很明显，汴州也遭了蝗灾，是不是因为倪若水无德呢？如果再推而广之，全国广大地区都遭了蝗灾，谁又该承担无德的责任？

姚崇的申斥使倪若水无法反驳，只好遵命行事。姚崇还派遣使者到各地督促检查，并把地方官员捕蝗是否积极向中央上报。由于措施严厉，此后接连几年蝗灾，但没有造成大的危害。

为了严厉督促捕蝗，李隆基还下了《捕蝗诏》。诏书中批评一些官员：

> 任虫成长，闲食田苗，不恤人灾，自为身计。向若信其拘忌，不存指麾，则山东田苗，扫地具尽……

李隆基的诏书为长达数年的捕蝗斗争作了理论总结，那就是不应“信其拘忌”，而应积极捕杀。李隆基还指出了一些官员消极捕蝗的原因，是害怕开罪神灵、危及自身。捕蝗斗争的胜利，使神学迷信思想遭受了一次严重挫折。

盛唐时代的这次捕蝗斗争，给后世产生了良好影响。在很长一段时间里，对于捕杀蝗虫，没有再发生严重争论。五代时期，后梁太祖朱温《令诸州捕蝗诏》道：“令下诸州。去年有蝗虫下子处，盖前冬无雪，今春亢阳，致为灾沴”。他要求“精加翦扑，以绝根本”。朱温的诏书表明，当时对蝗虫的生活规律，对蝗灾与气候等条件的关系，已经有了较为深入的认识，这显然是唐玄宗之后所取得的科学成果。从宋代开始，国家还于秋末至春初，组织农民挖掘虫卵，并根据所挖多少，用粮食进行奖励。对于幼虫和成虫，还创造了挖沟驱赶，用火焚烧等等捕杀措施。而这一切成就，其始点，就在盛唐时期这一捕蝗斗争的胜利。

四　唐代思想家对祥瑞观念的批判

汉代王充批判天人感应，却不否定祥瑞。到了唐代，历史积累了更多的经验材料，使人们有条件弄清祥瑞说的真象。唐代思想家对中国古代思想发展的贡献之一，就是对祥瑞说进行了较多的批判。

唐代批判灾异、祥瑞观念的第一篇专论是卢藏用的《析滞论》。该论借“客”者之口，叙述了当时以灾异、祥瑞为中心的各种迷信观念：

> 客曰：天道玄微，神理幽化，圣人所以法象，众庶由其运行。故大挠造甲子，容成著律历，黄公裁变，玄女启谟，八门御时，六神直事。从之者则兵强国富，违之者则将弱朝危，有同影响，若合符契，先生亦尝闻之乎？

依这位“客”者所说，干支、律历的作用，主要是“法象”天道。所谓“法象”天道，就是测度灾异、祥瑞；第二个作用，就是如下文所说，定时日禁忌。至于“八门”、“六神”之类，乃是六壬、遁甲类的占卜术。在这位客者看来，听从灾异祥瑞、时日禁忌、卜筮之类的指导，就可以“兵强国富”,否则就会“将弱朝危”。

干支、律历等,本身是科学成果;六壬、遁甲,基础是“九宫数”。九宫数在数学史上,自有它的地位。这些科学成果,从战国到汉代,都逐渐被用来占卜政治休咎、个人命运,是新发展起来的术数迷信。

卢藏用援引儒经及历史事实证明,“得丧兴亡,并关人事;吉凶悔吝,无涉天时”,“天道所以从人者也”。所谓“天道从人”,也就是说,只要人能修德,一定能得天的庇佑:“皇天无亲,唯德是辅;为不善者,天降之殃”,“人事苟修,何往不济”。因此,“法象”天道,测度祥瑞灾异,择时日,信卜筮,都是不必要的。

“皇天无亲,唯德是辅”,见于《左传·僖公五年》引《尚书·周书》中的文字,也见于《古文尚书·蔡仲之命》,是儒者的一贯信条。从理论上说,君主只要治理好百姓,就会受皇天之佑。但是,好坏标准如何?则非常难以确定。所以从汉代以来,儒者们才兴起了灾异祥瑞之说,把灾异祥瑞作为上帝对君主的褒贬,同时也就把灾异祥瑞作了政治好坏、君主德行优劣的客观标准。历史事实表明,这样的标准是靠不住的,于是引起了卢藏用的反对。卢藏用并不一般地反对上帝、鬼神观念,也不反对上帝、鬼神对人事的干预,但他反对把自然现象作为天意的载体,从而使自然科学获得了一定程度的解放。

天道与人事关系的讨论,可上溯到春秋甚至更早的时期。其内容主要是天如何干预人事,干预的原则是什么?这个问题的讨论涉及到古代思想文化的各个领域。司马迁作《史记》,其目的也不单是记录史实,而是要“究天人之际”。从春秋时代起,天人关系的讨论就集中于自然现象是不是天意的载体。一部分人认为“是”,另一部分人认为“不是”。梓慎、裨灶及绝大多数天文学家、董仲舒及汉代儒者持第一种意见,子产、老子、庄子、王充、王弼、郭象等,持第二种意见。汉代,认为“是”的意见占了上风,董仲舒是这种意见的代表人物;魏晋及南北朝时期,认为“不是”的意见广泛流传,其代表人物是王弼、郭象等。隋唐时期,这两种意见又进行了新一轮的直接交锋。卢藏用的《析滞论》,仅仅是两种意见交锋的开始。

继卢藏用之后是刘知几。刘是一位历史学家。作为儒者,他不能根本否定祥瑞观念,但他认为,真正的祥瑞是很少的:“求诸《尚书》、《春秋》,上下数千载,其可得言者,盖不过一二而已。”① 后来出现的,多数是假造出来的:“盖主上所惑,臣下相欺,故德弥少而瑞弥多,政愈劣而祥愈盛”。②这些所谓的祥瑞,根本与治乱无关。刘知几还揭露以《汉书·五行志》为代表的灾异说,同一件事,董仲舒说的和刘向不同,刘向说的又和刘歆不同,究竟应在什么事上?没个定准。况且那些解释,多为牵强附会,甚至不惜颠倒时间关系,就好像“移的就箭”。更有甚者,则不顾客观事实,任意胡说,把菽(豆类)说成强草,把鹜(野鸭)说成青色,说负蠜(蝈蝈)不是中原一带的昆虫,把鸜鹆(八哥)说成是夷狄之鸟。诸如此类,仅是由于当事者知识缺乏,于是就把他们所不懂的事当成了灾异或祥瑞,在刘知几看来,这是非常荒唐的。

就基本立场来说,刘知几并不反对灾异,祥瑞说,相反,他认为灾异祥瑞说是正确的:“夫灾祥之作,以表吉凶,此理昭昭,不易诬也”。③ 他反对的只是假的灾异、祥瑞而不是真的灾异祥瑞。然而当时流行的,就是这些假的灾异祥瑞。因此,说他反对当时的祥瑞观念,是完全正确的。

---

①,②《史通·书事》。
③《史通·书志》。

《史通》完成于唐中宗景龙四年(710),即武则天时代刚刚过去不久。《史通》对灾异、祥瑞说的批判,也是对武则天时代灾异祥瑞盛行的直接反应。不久,唐玄宗即位,即宣布今后不许再上报祥瑞。政治上的这种举措,当与思想界对祥瑞观念的批判有关。

整个唐代,以柳宗元对灾异,祥瑞的考察最全面,也最深入。永州龙兴寺有一屋,屋中一块地面鼓起一尺多高。铲平又鼓,铲的人都死了。于是人们说这是神土,是上帝的"息壤"。柳宗元说,鲧窃上帝息壤的事,不见经典,难以置信。据《史记·天官书》、《汉书·天文志》,都记有地长泽竭的事。《甘茂传》说甘茂和秦王曾在息壤这个地方盟誓,可见确实有那么一种地方,那里的土自己能长,并没有什么神奇。南方致病因素多,劳累的人易感染,又累又病,才是铲土人的死因。[①] 零陵地方产钟乳石,品质优良,是当地的贡品,矿源枯竭已有五年。崔简来作刺史,采矿者说又有钟乳石了,大家以为是祥瑞,到处传扬。采矿者笑道:什么祥瑞!先前那个刺史贪暴,让我们干活不给钱,所以我们骗他。现在的刺史好,所以我说了实话。况且石钟乳远在深山,采矿又辛苦又危险,我怎么能不这么作!有什么祥瑞!柳宗元讲完这个故事以后说,采矿者认为不是祥瑞的东西,才是真正的祥瑞。真正的祥瑞是待人以诚,治民以道,政治清明,老百姓安乐听命。[②]

灾异祥瑞问题不能只靠举例说明,必须有一个根本解决,柳宗元为此写了《贞符》。在序言中,他不仅反对董仲舒说的三代受命之符,而且认为刘向、司马相如、班固等人说的瑞物、符命,"其言类淫巫瞽史"。在正文中,他描述了人类社会的进程:起初,人民众多,杂乱无章,风云霜雪逼迫人们去建屋造衣,饥渴男女的欲望促使人类去吃喝配偶。交往使人们发生争斗,有力者胜,于是有了君臣上下的秩序。黄帝征服了许多地方,但并非一切都作得完备,后来尧舜禹汤都有自己的贡献。由此看来,真正的受命之符是"德"。后世那些妖言惑众的家伙,说黄帝、尧舜禹汤文武等等的受命之符是什么大龟、大虹、玄鸟、赤乌,完全是荒诞之词。汉朝的成功,完全是因为他们能爱护百姓,任用贤能。好虚妄的臣子说是什么斩白蛇、聚五星,用来欺骗百姓。后来即使汉光武那样的贤能,也信什么赤伏符,其余诸人,更不足论。隋朝末年,天下大乱,大圣人出来使百姓免除了流离之苦,安居乐业,获得了百姓的拥护。所以真正的符命不是受于天,而是受于人;不是什么祥瑞,更是仁德。柳宗元说:"未有丧仁而久者也,未有恃祥而寿者也"。[③] 这话与卢藏用《析滞论》所说,如出一辙。

柳宗元以后,李德裕作《祥瑞论》。他从当时的实例出发,说明芝草未必是祥瑞。贞元年间,隐士王遇的丹灶旁生出几株芝草,王以为自己"名在金格",结果一个多月之后就病死了。有个叫齐中书的,他的一处院子中长了一百余株芝草,数月以后齐中书也去世了。余姚太守卢从,屋梁上长出了芝草,结果不久就被叛将所害。李德裕多年为相,他所说的例子,当是较为可靠的史实。李德裕得出结论说,即使是瑞,也不一定是谁的瑞。若是敌手的瑞,恰恰是自己的灾。

上述诸人思想立场不尽相同,但反对当时的祥瑞观念,则完全一致。思想批判产生了政治效果。唐宪宗时,下《禁奏祥瑞及进奇禽异兽诏》,认为祥瑞是"王化之虚美"。唐文宗时,又下《禁奏祥瑞诏》,认为祥瑞是"虚美推功",而且"探讨古今,亦无明据",这就根本上否定了祥

---

① 见《柳河东集·永州龙兴寺息壤记》。

② 见《柳河东集·零陵郡复乳穴记》。

③ 《柳河东集·贞符》。

瑞观念。唐穆宗为《长庆宣明历》写序,要求历法上不必记载那些与祥瑞有关的事。

这个时代之初,借助政治权力的干预,祥瑞观念获得了复兴。到这个时代之末,又是在政治权力的干预下,祥瑞观念衰落下去了。当初那次干预,政治权力作用的方向与科学思想的发展方向是相反的,所以那次干预只具有暂时的作用;后来这次干预,政治权力作用的方向与科学思想的发展方向是一致的,所以影响深远。唐代以后,祥瑞观念已经无可挽回地衰落下去了。虽然整个封建时代不可能抛弃王权神授观念,也不可能完全抛弃祥瑞说,但唐代以后,王权神授还是采取了更为精制的形式,祥瑞的地位大大不如从前了。

五 唐代思想家对其他迷信观念的批判

祥瑞观念是粗陋的神学迷信观念的核心,因为它所关联的,主要是政治的休咎,甚至是王朝的兴亡。那些关系政局稳定、政权更迭的事件,至今仍是社会生活中最重要的事件。与此类事件相关的思想,自然也是具有特殊重要意义的思想。

但是社会生活不单是政治生活,每个人、每个家族,都有自己的生死荣辱。这些生死荣辱事件,至今仍是个人或小的社会集团(如家庭、家族)所难以把握的。在古代,人们更是只能从社会生活之外寻找这些事件发生的原因。寻找的结果,往往涉及某些自然现象或人们有关自然界的某些知识。人们找到的这类原因,从汉代开始,多数不是上古迷信的延续,而是科学的发展所提供的某些思想资料。这是一件很可悲的事:科学一面为人类提供着认识自然,改造自然的思想武器,一面也为新的迷信提供根据。

《续汉书·律历志》载:“天子常以日冬夏至御前殿,合八能之士,陈八音,德乐均,度晷景,候钟律,权土炭,效阴阳。……八能各以候状闻,太史封上。效则和,否则占”。钟律、土炭、晷景之类,几乎都是周代、甚至是春秋战国时代才逐步发展起来的科学成果。到汉代,这些成果都成了占卜休咎的工具。人们用这些手段进行占卜,还不完全是由于神学信仰,而首先是人们过高地估计了这些成就的效能,因而把它们的作用进行了不适当的推广。当这种推广超出了这些成果自身的适用范围,科学就成了迷信。这些成果自身的效能,不仅未能成为产生新的迷信的障碍,反而成为支持这些新迷信的根据。当这些新迷信刚产生的时候,即使非常优秀的人物也往往认识不清。王充写了《论衡》,对于天人感应和谶纬迷信,他的头脑是清醒的。但是他推崇卦气说对气候的预测,迷信骨相学,也不否认祥瑞。

汉以后数百年的社会生活,检验了这些新兴的迷信,唐代思想家,在批评祥瑞观念同时,对这些形式的迷信也进行了整理,总结和批判。被唐代思想家整理和批判的迷信,主要有:卜筮、阴阳宅的选择、禄命、月令等。

卜筮是一种古老的迷信形式,商周时代,主要是龟卜和占筮。人们用龟卜和用蓍草进行占筮,主要是获得神的指示。一般说来,它们不具有科学的形式。战国秦汉时代,一些新的占卜形式发展起来。比如司马谈所说拘而多忌的阴阳家,利用干支记日手段占卜时日的吉凶。此后发展起来的六壬、遁甲等占卜形式,利用各种数学、符号系统,相互交错,编排成不同的格局,占卜时日、方位、吉凶。这些占卜形式本身,具有科学的意义。比如干支、音律、星纪等,大多是人们对客观事物的认识成果,因而具有科学的形式。这些形式在各自的领域里,都能描述、说明自己的对象,于是人们就将它们的功能进一步推广,认为它们也能描述和说明人事的成败、吉凶。从描述自己的对象,到说明人事的吉凶,人类的思维曾经历了一个复杂而曲折的过程。然而,人类的思维在这个历程中付出的劳作,只值得同情,却不值得赞许,因为这种劳作的结果是荒谬的、错误的。到了唐代,这种荒谬和错误逐渐暴露出来。

唐初,吕才奉命整理葬书,在《叙葬书》中,吕才援引儒经和历史事实指出,择年择月择日择时以葬埋死者,既不是儒经的规定,也不关人事的吉凶祸福。比如据葬书,已亥日用葬最凶。但在《春秋》的记事里,这一天用葬的有20余件。因此,已亥日用葬最凶的说法是没有根据的。卢藏用《析滞论》指出,吉凶祸福,和时日的选择是没有关系的。假若搞不好人事,即使"卜时行刑,择日出令",也不会成功。卢藏用从时日的选择追溯到一般的卜筮行为,认为卜筮也是不必要的:"任贤使能,则不时日而事利;明法审令,则不卜筮而事吉"。柳宗元更进一步指出:"卜者,世之余伎也,道之所无用也"。然而卜筮是圣人曾用过的手段,这又作何解释呢?柳宗元说,圣人用卜筮,"盖以驱陋民也,非恒用而征言矣"。[①] 这就从根本上否定了卜筮的实用价值。

引起唐代思想家注意的第二项迷信,是阴阳宅的选择。依当时流行的《葬书》所说,"富贵官品,皆由安葬所致;年命延促,亦曰坟垅所招"。吕才指出,古人选择墓地,主要是为了死者的安宁。因为"朝市迁变,不得豫测于将来;泉石交侵,不可先知于地下",与生者的吉凶祸福是没有关系的。说墓地关系生者的祸福,是"近代"即秦汉以后新起的说法,以致葬书有120余家,各家说法又各不相同。这些说法,都是完全没有道理的。它只能使人们在遭受丧亲痛苦的时候,还要选择墓地,心里盘算着如何升官发财。[②] 阳宅的选择,吕才说是起于殷周之际。后来,又加上了"五姓"的说法。所谓五姓,就是把所有的姓氏都配属于宫商角徵羽五音。如张王为商,武庚为羽,原则是"同韵相求"。实际上有些配属又违背声韵,或者同是一姓而分属宫商,复姓又难以安排。况后世许多姓氏,在古代往往是一姓,分别配于五音,实在是没有道理。

科学的重要特点之一,就是它的理论必须合乎逻辑,而不能自相矛盾。唐代思想家揭露这些新起迷信的自相矛盾,也就证明了这些迷信的非科学或伪科学性质。

禄命说是受唐代思想家专门批评的第三种迷信。依禄命说,是人的出生日时,决定着他一生的贫贱富贵。禄命说利用当时的天文历法知识,把时日和星象及其他事件联系起来,认为某日某时所生者将会遭逢与此日此时相关联的那些事件。因而或吉或凶,或祸或福。吕才援引鲁桓公、鲁庄公、秦始皇、北魏孝文帝、南朝宋高祖等人的生年生月生日生时,与禄命书对照,全都不相符合。

与关系个人祸福的各种时日理论相类,是战国末年兴起的时令论或月令思想。这种思想见于《吕氏春秋·十二纪》及《礼记·月令》。时令论从一个正确的基点出发,认为人的行为应随时令的变化而进行调整和转换。比如春夏季农忙,不宜大兴土木和发动战争;秋冬季可以修城郭、训练军队等等。在一个农业社会里,这种思想是合理的。但时令论把这合理的思想推向极端,认为只有春季才可以布德封爵,只要秋季才可以用兵行刑,这就导致了非常荒谬的结论,因为政治不是农业,不一定非要依时令不可。所以柳宗元作《时令论》,一面肯定了时令论的正确前提,一面指出时令论把这种正确的前提变成了一种僵化的思想。柳宗元指出,假使全依时令论,"则其阙政亦以繁矣",因为像"罢官之无事者,去器之无用者"之类,是应当

① 柳宗元《非国语·卜》。

② 吕才《叙葬书》。

“不俟时而行之者”的政事。更进一步,假如认为不合时令将会有暴风骤雨,土地将会荒芜,五谷不熟,敌寇犯境,那就是“瞽史之语”,[①] 不是圣人之言。

汉代王充所推崇的骨相说,也遭到了唐代思想家的批判。商周时代,就有相马术出现。春秋战国有所发展,并发展到相狗等等。依据体形鉴别动物的优劣,依据体形判断人适宜某种体力活动,都是有效的。但要依据体形判断人的思想状况及其德行,进一步判断人的吉凶贵贱,就是荒谬的了。在汉代,圣人都被描绘成奇形怪状,如文王有四个乳头,伏羲是牛首等等,认为凡是特殊的人物,都有特殊的体形。到唐代,骨相学在相马术中也发展到了畸形状态。传说周穆王有八匹骏马,有人为此作了“八骏图”。其体形都被描述得奇形怪状。柳宗元作《观八骏图说》,并由马及人,认为圣人也是人,决不会奇形怪状。并指出现实之中,那些能发财的和不能发财的、能作官的和不能作官的,他们的体形相貌,都差不多少。因此,只有抛弃这类学说,才能找到真正的骏马和圣人。

唐代对各种迷信的批判表明,科学的进步,也产生着新的迷信形式。其特点,就是夸大科学成果的效能,将它推广到适用范围之外的领域,把本没有必然联系的事件牵强附会地联系起来。科学不断发展,新的迷信也会不断产生。批判这些新迷信、伪科学,将是科学发展的必要前提。

六 唐代后期关于天人关系的争论

祥瑞观念及禄命说,时令论、骨相学、加上择日择时的各种迷信,归根到底,是一个天人关系问题,其实质是,自然现象和社会现象有没有必然的关联?

据柳宗元《天论》,韩愈曾发表一种理论,说人在痛苦的时候,往往会仰天呼叫,质问上天:为什么自己作了好事,却要受到恶报?这样的人,都是由于不了解天。比如果实草木,腐烂了就生虫子。谁能把虫子去掉,果实草木就欢迎他;谁保护虫子,果实草木就不欢迎他。天,就是元气阴阳。元气阴阳坏了,生出了人。人,就是天的“虫子”。他们砍伐森林,开垦土地,凿井挖渠,建屋筑城,从而残害了元气阴阳的本来面目。因此,残害人的,就有功于天,应受天的赏赐;做好事,使人多多地繁殖,健康地成长,实则是危害天地,应受天的惩罚。那些呼天怨天的人,就是不明白这个道理。

柳宗元说,韩愈的议论很雄辩动人,不过可能是有感而发的牢骚。天地阴阳寒暑,虽然是大物体,但和果实草木性质一样。果实草木自己不能去掉虫子,天地又怎能对人进行赏罚?或祸或福,都是人们自己造成的。认为天能赏罚是错误的,指望天去佑护志士仁人,就更加错误。人应按照自己的信条生活,不必去关心什么天能不能赏善罚恶这类事情。

韩愈和柳宗元的议论,其共同之处,是都把天当作一个物。韩愈反对天能赏善罚恶,但他反过来说天能赏恶罚善,仍然认为天是有意志的。柳宗元与韩愈不同,认为天是无意志的。在柳宗元看来,天不能赏善罚恶,也不能赏恶罚善,就像果实草木不能自己去掉害虫一样。其思想基础,乃是天道自然,即自然现象不是对人世善恶的反应。

柳宗元和韩愈的争论引起了刘禹锡的关注。在刘禹锡看来,无论是韩愈还是柳宗元,都没有能够把天人关系讲清楚。他写了《天论》三篇,提出了“天人交相胜”说。

① 柳宗元《时令论》。

刘禹锡认为，一切有形的事物，都有所能，也都有所不能，所以它们的作用既互相补充，又互相战胜。

天与人，是一切事物中最突出的两件事物。天，是“有形之大者”；人，是“动物之尤者”，它们是各有所能，也各有所不能：“天之能，人固不能”，“人之能，天亦有所不能”。所以是“天与人交相胜”。

天的功能，是生殖万物：“天之道在生殖”。天道之中，起作用的是强弱，所以阳生阴杀，木坚金利，壮健老衰，弱肉强食。人的功能，是用法制来进行管理：“人之道在法制”。人道之中，起作用的是“是非”，所以春种秋收，长幼有礼，尊卑有序，赏功罚过。如果社会的法则能够执行，社会有正常的秩序，公认的是非，就是人战胜了天。如果法制遭到破坏，社会秩序紊乱，是非不再能约束人的行为，强力、欺诈成为追求幸福的手段，自然法则起作用而社会法则不起作用，就是天战胜了人。

比如旅途劳顿，旅客们争占荫凉与泉水，必定是强有力者胜利，这就是“天胜人”。假如要在社会上争取锦衣玉食，则必须依靠德行和能力，这就是“人胜天”。刘禹锡认为，即使在旅途上，如果讲究是非，也会是“人理胜”。即使在都市，如果不讲是非，也会是“天理胜”。因此，当人们能根据社会秩序井然不紊地生活时，人就胜天，也不相信天会干预人事。如果社会秩序混乱，人就好像在一望无际、波浪翻滚的大海上航行，完全丧失了掌握自己命运的能力，这时候，人就会相信天干预人事。刘禹锡指出，天不追求战胜人。所谓“天胜人”，只是人把自己的不幸归之于天。但人却力求胜天，因为“天无私”，没有意志，人就力求战胜它。

自然现象的发生，不是对人事善恶的反应，也不是为了干预人事，在这一点上，刘禹锡和柳宗元完全一致。但柳宗元只到“天不预乎人”[①]为止，刘禹锡则进一步探讨了自然过程和社会过程的交互影响。这种交互影响是客观存在的。天人感应的错误，在于把不是交互影响的现象说成是交互影响的结果，比如人以是非善恶使天作出反应，天则把吉凶祸福报给世人，这样的影响是不存在的。天道自然否认天人之间善恶祸福的影响是完全对的，但仅到“天不预乎人”为止，也就忽略了天人之间客观存在的相互作用。刘禹锡力图克服天人感应和天道自然各自的片面性，较为正确地阐明天人之间的相互关系。

刘禹锡把天人之间的关系归结为“天人交相胜”的关系。在这种关系中，天是无意志的，不求胜人；而人是有意志的，力求胜天。也就是说，人力求控制自然过程，改造自然面貌。“天胜人”的情况，是在人力所不及的情况下发生的，是人力尚不能控制的自然过程。因此，“天胜人”的实际内容，只是“人胜天”的缺失和不足。

指出人力求胜天，是刘禹锡的重要贡献之一。它表明在人与自然的关系中，人是主动的方面，而自然过程是被动的。人要将自己的意志加于自然界，而不是自然界要把自己的意志强加于人。这是对人与自然，也就是天人关系的正确描述。

不过，刘禹锡说的“人胜天”，虽然是全称判断，然而实际上，这里的“天”却仅指人的自然本质。“人胜天”的实际内容，乃是社会的伦理、秩序战胜人的自然本质的过程，因而也是一个社会过程。与此相对，“天胜人”的过程，实际上也是社会过程。因此，刘禹锡的“天人交相胜”，实际上谈论的仍是社会的治乱问题，而不是人应如何改造自然的问题。

由于刘禹锡从天人关系这个一般性的命题谈论社会治乱，也就使社会治乱具有了天人

---

① 柳宗元《答刘禹锡〈天论〉书》。

关系这个一般性的形式。从一般性的意义上,他研究了天人两个方面,也就是研究了自然界和人类社会两个方面。研究使他发现,自然界和人类社会各有自己的特点和运动法则,并从自然法则的意义上,提出了"天理"这个概念。

七 刘禹锡的天理概念

刘禹锡所说的"天人交相胜",也就是"天理"、"人理"交替发生作用。"天理"在刘禹锡《天论》中的含义,就是自然法则。刘禹锡认为,天理,也就是自然法则,其特点是强而有力者胜,不讲伦理道德,也不守任何规定。刘禹锡思想中天理和人理的对立,非常类似赫胥黎所说的自然状态和人为状态的对立。[①] 作为自然法则的天理概念的提出,表明唐代思想家已不满足于天道自然观念,而开始探讨那自然而然、与人事无关的自然现象究竟遵循着什么样的运动规则。

"天道"概念,其内容本来也是对自然法则的描述,但由于它最初是作为神学观念产生的,和天命同义,所以人们不认为那些规则是自然物自身的规则,而认为是上帝借以表达自己意志的手段。到了汉代,则进一步认为,人的善恶,会使自然物的正常运动发生改变。比如使太阳、月亮走得快些或走得慢些。因此,在人们的主观意识中,自然物的运动实际上是没有规则的,它受人的善恶影响,随上帝的意志而改变。这就是汉代天人感应说的基本思想。

从战国时代开始,人们对天道也进行了许多描述。比如《易传》说"一阴一阳之谓道"。《吕氏春秋》、《礼记·月令》、《春秋繁露》以及汉代的许多著作,都对天道作了许多描述。但是这些描述,都未超出一阴一阳的范围,即都未超出昼夜交替、寒暑往来的范围。在这个范围内,描述的仅是气象、物候的变化。战国秦汉时代的人们认为,这就是天道。人的行为,从国家政治到个人起居,都须按天道行事。否则将受惩罚,这就是前面说过的"月令"思想。天对人的惩罚,就是改变这正常的天道,出现非常的天象、物候,如冬暖春寒,如疾风暴雨,如五谷不熟。这样,事情又回到了人的善恶、上帝意志。既然人的善恶,上帝意志能改变天道之正常状态,那么,改变了正常状态的非常情况就也是天道,因为那都是上帝表达自己意志的方式。而天道,也就无法成为仅仅与自然法则同义的概念。

天道自然否定了天道对人事的干预,但它也仅到天道"自然"为止。它否定了自然过程和社会过程那并不存在的联系,但是却不主张去说明自然过程遵循着什么样的规则。在这种思想支配下,人们只能搜集许多自然现象的材料,很难去探讨这些现象彼此的内在联系。虽然在天道自然统治时期,人们并非完全不关心自然现象的内在联系,但天道自然的消极影响也是不可否认的。直到柳宗元,仍然只到"天不预乎人"为止,而不去继续探讨"天",也就是自然过程,究竟有着什么规则。他和王弼以后的许多思想家一样,甚至不关心自然过程到底有没有规则。

从这个意义上说,刘禹锡"天理"概念的提出,具有重要的理论意义。因为这个概念认为,自然过程是有规则的,并且这个规则是和社会过程的规则不一样的。虽然刘禹锡认为,"天理胜"的时候,也就是弱肉强食、无秩序、无规则的时候。然而这种无秩序、无规则,就是一种规则,一种强胜弱败、弱肉强食的规则。可惜刘禹锡未能进一步详细阐明这个规则。刘禹锡的

---

① 参阅:赫胥黎《进化论与伦理学》(T. H. Huxley, Evolution and Ethics)科学出版社,1971 年。

探讨，也仅到自然过程是有规则的为止，仅对这个规则作了最初步的描述。从天道自然出发，刘禹锡又前进了一步，这一步是非常重要的。第二、第三步，当由刘禹锡以后的思想家接着往前走。

与天理概念相伴，刘禹锡还提出了数与势的概念，作为对自然法则的描述。刘禹锡说："水与舟，二物也。夫物之合并，必有数存乎其间焉。数存，然后势形乎其间焉。"① 数，指物的数量规定，包括一般的大小多少等等。势，指数量的对比。刘禹锡认为，任何物，都有自己的数量规定。天有自己的数量规定："天形恒圆而色恒青。周回可以度得，昼夜可以表候，非数之存乎？"②水与舟，有自己的数量规定，它们都有自己的大小长短，比如长江海洋大，而伊河洛水小。所谓的无形之物，只是"无常形"，必借有形之物表现出来，也是有数量规定的。有数，就形成了势。水与舟，天的崇高和恒动不止，都是有势的。数有大小多少，势有高下缓急疾徐。数小而势缓，人们容易认识。不论是成功还是失败，都会归结为人的作用，这是因为"理明"。数大而势急，人们不易认识，不论是成功还是失败，都会归结为天的作用，这是因为"理昧"。就像在小河里行船，由于"理明"，无论是迅速完全，还是搁浅甚至翻船，都会归结为人。在大江大海中行船，由于"理昧"，无论是安全到达还是船沉人亡，都会归结于天。刘禹锡这里所说的理，就是包括数与势在内的自然法则。在刘禹锡看来，这样的法则是普遍存在的，人在自然界中的成功和失败，就决定于对这些法则的认识如何。

刘禹锡说的理或天理，已经不只是昼夜寒暑、气象物候等显而易见的因素，而是事物的数量规定。力量对比、运动特点、相互关系，是需要更为深入的观察研究才能发现的那些规则。刘禹锡对自然法则的描述和认识，是很粗浅朴拙的，但他指出自然法则的存在，指出认识这个法则的重要，其思想是十分光辉的。尤其是刘禹锡对天理和人理的区别，在科学思想史上具有非常重大的意义。在刘禹锡之前，人们也讲天道、人道，但认为二者是一致的。人道来自天道，应该效法天道。讲天人感应者不必说，即使讲天道自然的，也不否认天人的一致性。他们提倡人应该任其自然，归根到底，还是因为天道是自然的。但刘禹锡认为，天理和人理是不同的，并且是对立的。人理是秩序、法制、伦理道德，是善和美的东西；天理是混乱，是以强凌弱，是有力者胜。就事实而言，刘禹锡的观察正确而深刻。但是在实际上，刘禹锡的意见却难以被接受。在封建社会中，天，是个神圣的字眼。和天联系在一起的东西，只能是真善美的代表，而不能是别的。柳宗元在复信中就指出，刘把"乱"归于天理，把"治"归于人理，是荒谬的。其他的思想家，更是不能接受刘的意见。

然而刘禹锡的"天理"论，毕竟是一个新的开端。宋代思想家开始不限于天道自然的结论，而把"穷理"，即认识自然法则作为对待自然界的基本任务，从科学思想发展的角度来观察，其起点就在唐代刘禹锡的天理论。只是他们不再把乱归于天理，而把天理说成是真善美的代表。

①,② 刘禹锡《天论(下)》。

第二节 科学理论兴趣的增长和“理”概念在自然科学中地位的升高

一 “理”概念兴起的必然性

当道作为哲学最高范畴被普遍使用的时候，“理”这个概念才刚刚产生。所以韩非说：“道者，万物之所然也，万理之所稽也”。① 在那个时代，道比理要高得多、普遍得多。

“道”从行和路上升为抽象的哲学范畴，指的是人们的办事方式。起初，人们并没有去考察行为方式的根据，就像一般人也仅仅注意别人如何办事，而并不深究别人为什么那样办事一样。所以，“道”也就没有根据，它以自身为根据，它自己就是最高的根据。在老子那里，这个自给自足的范畴上升到天地万物之上，成为一切事物行为，甚至存在的根据。老子哲学中，道与天道同义，所以天道自身也无根据，它自给自足，以自身为根据。

“道”概念的产生，与人的行为有关，所以它自始就是一个动态的概念，一个描述事物运动的范畴。它不仅是行为方式，而且包含行为本身，行为则必取一定方式。

行为必然表现出来，因而是可感的，外在的东西。“道”产生于这种可感的，外在的东西。通过对象的行为，仅用静态的观察，加上思维，就可以认识对象的“道”：君道、臣道、父道、子道、治国之道、用兵之道等等。从这些“道”中，再抽象出“道”本身，虽然迷离恍惚，但总是不能完全摆脱它赖以产生的现实基础，就像抽象的圆不能摆脱现实的圆一样。所以庄子说道在瓦砾，在尿溺。禅宗说，运水搬柴也是妙道。

“理”不是产生于对人们行为的认识，而是产生于对物自身各种因素相互关系的认识。韩非说，“理”就是指方圆、短长、粗细、坚脆等等。这是物的外部形态。又说“理”是“成物之文”，②这是物的内部结构。《庄子·养生主》说“依乎天理”，指的也是牛的内部结构。

物体自身各个因素之间有稳定的相互关系，构成一定的秩序，这就是物的“理”。假若把天地作为一个物，其间的日月星辰、山川河流、草木鸟兽，也存在着稳定的相互关系，构成一定的秩序，在天叫天文，在地叫地理。地理就是地文，天文也就是天理。至此，“理”，就是表示事物自身及其与他物之间相互关系的概念。物自身的秩序，物与物的关系，是静态的。所以，“理”自始就是一个静态的概念。

源于动态的东西，由于物自身在动，一般通过静态的观察就可了解。源于静态的概念，由于物自身不动，往往必须在改变现实的实践活动中才能认识。《说文》道：理，治玉也。正是在治玉的实践中才认识了玉的纹理。因此，理是比道更深一层的概念，所以它比道晚出。

理描述物的外部形态，但主要是描述物的内部结构。戴震将它说成是“在物之质”，是肌

①，②《韩非子·解老》。

理、腠理、文理、条理等等，并且说是“察之而几微”然后“区以别之”。[①] 肤浅的认识不能察知物之理。

道源于对人的行为的认识，其中又特别是人的社会行为，所以它本质上是以容纳社会内容为己任的概念。它用于描述自然界，是从社会方面搬过去的：天道是人道的影子。理自始就源于对物的认识：“物之理”。后来才推广到其他方面：精神现象有“神理”，社会现象有君臣父子之理。人工的产品，文章有文理，音乐有乐理。理用于描述社会的等级尊卑秩序，也是从自然界方面搬过来的。社会现象中的理，是“物之理”的延伸和推广。

佛教说“万法唯心”，一切都是幻妄，都是心的变现。心的变现是人的主观行为，主观行为就是事。自然界的物也成了事，华严宗也就把“物之理”变成了“事之理”，并用事与理的关系概括了世界上的一切。

在大量的事物需要处理的时候，人们无暇穷究那些行事方式的根据。中国古代思想家也多是忙人，他们栖栖遑遑，为着平治天下。如果要探究一下，也多是“三年无改于父之道”，遵尧舜周孔之道，“道之大原出于天”。归根结底，道还是以自身为根据，或者以天（上帝）为根据。

然而“道”是有根据的。现在的公路、铁路、航线也要根据地之理，天之文，古代的大路，小路更要受地形的制约。人们处理社会问题，行事之道，必须根据现实的社会关系：见君必尊，见父必敬，否则就要受到惩罚。也就是说，行事之道的根据是“理”。

社会的发展，思想的进步，理论探讨的深入，迟早要把“道”的根据问题提出来。先秦时期，“道”的根据已经或多或少地提了出来。《庄子·养生主》说，庖丁解牛是“依乎天理”，《庄子·刻意》篇要求“去知与故，循天之理”。《管子·心术》说：“礼出乎义，义出乎理，理因乎宜”。礼义，正是道的内容。《韩非子·解老》说：“理为物之制”，“理定而后物可得道也”，都包含着道循理的意思。但是，这种理论探讨未能深入下去。历史毕竟主要是人们生产、生活的历史，而不主要是思想的历史。所以依逻辑推论几分钟即可解决的问题，实际的历史往往要几十、几百、甚至几千年才能实现。逻辑只是简化的历史，而历史却是带有全部丰富性的逻辑。

到了唐代，“理”的问题终于又提了出来，刘禹锡从自然观的角度，指出“天理”的存在及其研究自然法则的必要。在自然科学其他领域，探究各领域之理的问题也都以各种不同的方式，或深或浅地提了出来。

二　医学中理论兴趣的增长

据《隋书·经籍志》载，魏晋南北朝时代的医书，多是方剂和本草书。《黄帝内经》受到冷落，少人过问。隋唐时代，医学对理论的兴趣逐步增长起来。

隋代大业六年（610），太医博士巢元方奉命著成《诸病源候论》，将各种病症进行分类，探寻各类疾病的病因。全书共 50 卷，分 67 门，1720 个症候，只论病因，不讲方剂，是一部纯粹的理论著作。该书所说的病因，主要是传统的“七情六淫”说，在整体上，没有根本性的突破。但对于不少症候，则有新的认识。对于新的医学学科的建立，也作出了卓越贡献。

① 戴震《孟子字义疏证》。

比如对于传染病,该书指出,这是人感“乖戾之气”而生病。感染的原因,则是由于“岁时不和,温凉失节”。并且指出,这种病“转相染易,乃至灭门,延及外人”。[①]巢元方说的“乖戾之气”,似乎仍然不出气象因素的范围,但从他对这种气的命名看来,已经觉出这不是平素说的寒热暑湿燥火之类的气。这种认识是非常宝贵的。对于皮肤病,该书发现疥疮是由“难见”的小虫引起的。在金疮诸候条下,巢元方分析了病因和病机,指出惊悸是由于失血过多,损伤了心,“心守不安”。悸,就是“心动”。金疮损伤血气,使经络空虚引起发热,病人烦躁不安。该书详细描述了头外伤引起的直视、失语、口急、手妄取等症状,并把原因直接归于“陷骨伤脑”。这些地方,都比《内经》有所进步,体现了作者从疾病本身出发寻找病因的实事求是态度。

《诸病源候论》有八卷谈论妇科疾病,并将妇科疾病分为杂病、妊娠、将产、难产、产后诸病,分别论述它们的病因,从而初步形成了中医妇产科理论,为妇科的建立奠定了理论基础。

《诸病源候论》是在《内经》之后,在新的历史条件下对中国医学发展所作出的理论总结。该书不拘守阴阳五行框架,主要依疾病自身的特点进行分类,进行理论探讨。这样的方向,是中医学发展的正确方向。该书问世以后,逐渐成为和《内经》、《难经》并列的中医理论著作。并对方剂学产生了重要的影响。唐代王焘的《外台秘要》,就以《诸病源候论》为指导。宋代初年的《圣惠方》,每类方药之前,都要先写上《诸病源候论》对该病病因的论述。宋代考试医生,也常用此书作为基本内容之一。《四库提要》称,《诸病源候论》为“证治之津梁”,这样的评价是恰当的。

《诸病源候论》的出现,表明中医理论在长期沉默以后,开始活跃起来。然而理论活跃起来以后,并没有沿着《诸病源候论》的方向前进,而是找到了《内经》。其代表性著作是唐代杨上善的《黄帝内经太素》[②] 和王冰的《增广补注黄帝内经素问》。

《黄帝内经太素》打破《黄帝内经》原来的体系,重新编排。重编的原则,是“以类相从”,即按照医疗自身所需要的分类,将《黄帝内经》原来的内容归于各类之下。其类别有摄生、阴阳、胸腑、经脉等19类。这样的分类,使《内经》服从医疗实际,还保留着《诸病源候论》的作法,但内容已经改变了。其理论方向主要不是从实际出发,而是从经典出发了。

《黄帝内经》论病因,以天人关系为基础,认为风是百病之长,并且讲天人相应,人副天数。杨上善继承并发展了这种理论。《黄帝内经太素》卷六载:“肺心居其上,故参天也。肝脾肾在下,故参地也。肝心为牡,副阳也;脾肺肾等牝,副阴也……”这样的说法,是《黄帝内经》所没有的,是在天人感应思想重新抬头的情况下,天人相副说的新发展。

唐代著名医学家孙思邈,其主要著作《千金要方》、《千金翼方》,仍然是方剂论的延续。但他在医疗实践中,已不满足于仅到方剂为止,而是要力求弄清天与人的关系。《旧唐书·方伎传》记载了孙思邈对治病基本原则的论述:

> 吾闻善言天者,必质之于人;善言人者,必一本之于天。
>
> 天有四时五行寒暑迭代。其转运也,和而为雨,怒而为风,凝而为霜云,张而为

① 《诸病源候论·温病候》。

② 从宋代林亿开始,一直认为杨上善是隋朝人。但有人注意到,《黄帝内经太素》将“丙”作“景”,是避唐讳,且杨上善为“太子文学”,隋无此官。据我们考察,《黄帝内经太素》凡引老子语,皆称“玄元皇帝”。尊老子为玄元皇帝是在唐高宗时,所以杨上善可能曾在隋朝为官,但《黄帝内经太素》的成书,则应在唐高宗时或以后。

虹霓，此天地之常数也。人有四肢五脏，一觉一寝，呼吸吐纳，精气往来，流而为荣卫，张而为器色，发而为音声，此人之常数也。

天运失常，就是日月薄蚀，五星失行，寒暑不节。人有病，也就像日食月食、五星失行一样，是经常发生的。而人病的原因，也是“本之于天”。比如办了恶事要受天的惩罚，惩罚的手段之一就是让人得病；日月食时吃东西牙要被蚀等等。这就是孙思邈的结论。孙思邈的探讨，把病因说从气象因素引向鬼神迷信。

但是《黄帝内经》不讲鬼神迷信。当医学对理论的探讨逐步深入、且归向《内经》以后，孙思邈的主张和巢元方的主张一样，都不能得到发展。

王冰“增广”《内经》，补入“七大论”，是隋唐时期对医学理论探讨的顶点。

“七大论”的主要内容之一，是讲“五运六气”。五运六气的内容，是讲气候在不同时间段内的差别。其缺点，是没有注意到气候的地域性差别。王冰补充了五运六气说的缺陷。在《气交变大论》的注文中，王冰把气候从南到北、从东到西各分为三段：

从南到北：海上到汉江、蜀江；汉江到平遥县；平遥县到蕃界北海。南边热、北边寒，中间是寒热各半。

从东到西：海上到开封；开封到汧源；汧源到沙洲。东边温，西边凉，中间是温凉各半。

因此，“寒极于东北，热极于西南”。王冰认为，历法所描述的，只是开封到汧源一带的情况。从开封到海边，每100里，春秋的气候相差一日，汧源以西，每40里气候相差一日。从南到北，由于地形的原因，或15里，或50里，寒气的早晚相差一日。

人们的健康状况，不仅受天气温凉寒热的影响，还受湿度的影响。干湿不同，人得的病也不同，寿命的长短也不同。王冰认为，了解这一点，对于一个医生，是非常重要的：不明天地之气，又昧阴阳之候，则以寿为夭，以夭为寿。虽尽上圣救生之道，毕经脉药石之妙，犹未免世中之诬斥也。”① 所谓“天地之气”、“阴阳之候”，都是指的气象因素。王冰的补注，只是使气象病因说更加细密，却没有突破这种说法的框框。王冰之后，“七大论”的地位日益提高，其中的“五运六气”说，似乎成了《内经》的基本理论。宋金元时候，要作一个医生，首先必须懂得五运六气。王冰对《内经》的整理和补注，为宋金元时期五运六气说的流行，准备了资料，也准备了思想基础。

三　天文历法领域理论兴趣的增长

魏晋南北朝时期的天文学家，观测日影天象，改进数学方法，作了许多切实的工作。他们反对汉代刘歆等人强加给历法数据的神秘色彩，把“顺天求合”作为制订历法的基本指导思想。“顺天求合”是天道自然观念在历法领域里的表现，它把日月星辰作为一个自然物，把日月星辰的运动作为不受神人意志干扰的自然物的运动，认为用精密的测量和正确的方法，就可以准确描述日月星辰的运动。隋代刘焯认为历法领域里无灾异，是这种历法思想的集中表现。

但是，就在魏晋南北朝时期，天道自然观念也不是所有天文学家都信奉的观念。占星活动仍然是天文学家的正常工作，向朝廷报告吉凶祸福仍然是天文学家的基本任务。那么，日

① 王冰《增广补注内经素问·气交变大论》。

月星辰的运动是不是不受神人意志干扰的运动?用数学方法能否完全描述日月星辰的运动?为什么?魏晋南北朝时期的天文学家未能对这些问题作出理论说明。到了唐代,天文学家们对历法理论问题进行了探讨。

首先是唐朝初年的李淳风等人,在他们撰写的《隋书·律历志》中写道:"夫历者,纪阴阳之通变,极往数以知来,可以迎日授时,先天成务者也"。历法,既是用数描述阴阳变化的事业,也就和《周易》发生了联系:

> 天数五,地数五,五位相乘而各有合。天数二十有五,地数三十,凡天地之数五十有五,所以成变化而行鬼神也。乾之策二百一十有六,坤之策一百四十有四,凡三百六十,以当期之日也。至乃阴阳迭用,刚柔相摩,四象既陈,八卦成列,此乃造文之元始,创历之厥初者欤?

这是比较含糊的一段话,它对易数和历法的关系没有作出明确的说明。但它在谈论历法起源时谈到了易数,也就把易数和历法联系了起来。而易数,乃是天地之数。那么,人们很容易得出结论。历法之所以能描述天象,乃是由于它用的是天地之数。

到唐代中期一行作大衍历,易与历的关系明确起来了。一行把自己的历法取名《大衍历》,就是说,它是根据《易传》的大衍之数得出来的。

大衍历最重要的数据是"通法",即三统历所说的"日法"。三统历为81,大衍历为3040。据薄树人的研究,3040和刘歆的81一样,也是得自科学,是一行据刘焯皇极历的数据,用何承天的调日法得出的结果。[①]

但一行说,他的3040来自大衍之数,其步骤是:

1+2+3+4+5=15　这是五行生数。

6+7+8+9+10=40　这是五行成数。

五行成数乘以五行生数,即40×15=600,为"天中之积"。

五行生数乘以五行成数,即15×40=600,为"地中之积"。

二者相加:600+600=1200,为"天地中积"。

因为占筮时是每四个一组地数蓍草,所以用1200÷4=300,称为"爻率"。

300×10=3000,叫作"二章之积"。

五行为5,八卦为8,5×8=40,叫作"二微之积"。

二章之积加二微之积,即:

3000+40=3040

这就是所求的"通法"。

一行继刘歆故伎,把历数附会易数,不断遭到后来思想家的批评。

欧阳修批评说,汉代造历,以81为"统母"。起初,说81来自音律,即黄钟自乘。到刘歆,"又以《春秋》、易象推合其数,盖傅会之说也"。[②] 到唐代,一行又把易数说成是历法的基础。欧阳修说,数的作用,是自然的作用,它作用无穷而且无所不通,所以对于音律、易数、历法都可以符合。但历法的基础是验影候气,是观测日月星辰,不是根据易数。

明代邢云路作《古今律历考》,其第一卷首先考察《周易》和律历的关系。邢云路说:《周

---

① 薄树人,浅谈中国古代历法史上的数字神秘主义,载《天文学哲学问题论集》,人民出版社,1986年。

② 《新唐书·历志一》。

易》讲的是道，什么事物能没有道？历法当然也在《周易》的大道之中。但历法的数据很精细，必须随时测验、修正。搞准了历法数字，也就增加了易的神圣。刘歆、班固不懂这一点，他们把大衍之数这些表示大单位的数字，和历法牵强凑合，说什么历数就来源于此，这就不对了。

《古今律历考》卷16说道，一行的大衍历，基础是测影观象，与大衍之数本无关系。比如大衍之数说，乾坤之策三百六十，说此策数合于一年的天数，不过是象征性的说法。历法的难点，乃是整日以后的零数。分分秒秒，用大衍数绝对推不出来。一行要让历数一一都和大衍之数符合，也太徒劳了。邢云路还援引章俊卿的话说，是一行要和大衍数相合，并不是大衍之数真的合乎一行的历数。

清代阮元作《畴人传》，对一行评论道：

推步之法，至大衍备矣。术议略例，援据经传，旁采诸家，以证为术之善，其学博，其词辩，后来造算者未能及也。然推本易象，终为傅会。昔人谓一行窜入于易以眩众，是乃千古定论也。①

“推本易象”，把易数说成历数的根据，是唐代探讨历法理论的一个重要部分，也是唐代历法理论中一个非常荒谬的组成部分。在这一方面，李淳风、一行等人的理论探讨走上了一条错误的道路。值得肯定的只有一条，那就是唐代天文学家不满足于仅仅改进测量精度和计算技术，而要探讨那些计算方法的根据，探讨历法制订过程中的理论问题。

四 炼丹术理论兴趣的增长

从唐太宗开始，唐代皇帝也想仿效秦皇、汉武，希望借丹药延年益寿，甚至长生不死、肉体飞升。他们到处寻访炼丹术士，炼丹术士也开始重新浮上社会表面，频繁出入宫廷。丹药的效能也因此而暴露于社会表面。唐太宗因服丹药而死，类似的情况可能不只一起，失败迫使炼丹术士对丹术进行反思，《周易参同契》在沉寂多年以后重新受到了重视。

唐玄宗时，诏求炼丹术士。昌明县令刘知古作《日月玄枢论》，献给朝廷。其中盛赞《周易参同契》，认为“道之至秘者，莫过还丹；还丹之近验者，必先龙虎。龙虎所自出者，莫若《参同契》”。但他慨叹，读此书者多，懂此书者少。刘知古的慨叹，反映了唐代丹术开始给《参同契》以特殊的重视。

刘知古认为，所谓“参同契”、“五相类”，说的就是丹术符合“三才之理”和“五行之理”。所谓三才、五行之理，也就是天地乾坤、阴阳男女、四象五行之理。只有懂得这个理，才能获得成功。所有的失败，都是由于不懂这个理。

所以千举万败者，其由不达三五与一之理。此非大道曲隐，由思虑之未至。老子所谓“能知一，万事毕”，亦为此义也。世人徒知还丹可以度世，即不知度世之理，从何生焉。

刘知古要寻求的，就是这“三五与一之理”，“度世之理”。他求得的理是：

故还丹以玄象为准。日月之符，在乎晦朔。会合刑德之气，顺乎卯酉，出入乾坤，徘徊子午，以天地为雌雄，以阴阳为父母。故左名为龙，右名为虎。经曰“汞日为流珠，青龙与之俱”，理在于此。

---

① 阮元《畴人传》卷16。

这样的理，就载于《周易参同契》中。

魏晋南北朝时代的术士们，坚信服丹可以长生不死、肉体飞升、坚信只要找到品质优良的丹药、改进配方，就能炼成使人不死的丹来。和当时的医生重方药而轻视《内经》一样，炼丹术士们也长期把《周易参同契》弃置一旁。唐代，像医学又重视《内经》一样，丹术也重新重视起《周易参同契》。

现存唐代的《周易参同契》注本，一般认为是《道藏》容帙的无名氏注和托名阴长生的注本①。其容帙无名氏注在"稽古当元皇，关雎建始初"下说道：

> 《诗》云："关关雎鸠"。雌雄相命，喻其汞得金花，相和顺，是雌雄相命成丹也。若无雌雄，将何伏制变化成丹？雄者，汞也；雌者，铅精也。九元君曰：单服其汞砞，名曰孤阳；单服其铅花，名曰孤阴，故铅汞相须而成丹也。

"单服其汞"或"单服其铅"，当是此前存在的说法和作法，在这里受到了批评。《周易参同契》曾批评过炼服丹药不讲阴阳的作法："物无阴阳，违天背元；牝鸡自卵，其雏不全。"但这种批评似乎没有引起很多人的注意，在《神农本草经》和《抱朴子内篇》中，仍然认为单服黄金、丹砂是可以长生不死的。现在，单服的作法再次受到了批评。

就炼丹实践来说，不论"单服"还是"双服"，都是不能成功的。"双服"的必要，也不是经实践验证过的结论，而是从《周易参同契》中推演出来的结论。所谓"双服"，就是丹药必须有铅、汞二味。唐代术士和《周易参同契》一样，认为只有如此才符合阴阳之道：

> 夫丹不得阴阳而成，终无得理。二味成丹同服，正合阴阳之道。

炼丹的配方，在这里成了一般的哲学原则。或者说，炼丹术士们感到，必须用正确的哲学原则来指导，才可以获得成功。容帙无名氏注严厉批评此前的错误作法：

> ……今人略得其法，云用七返砞砂和九炼铅粉入鼎而烧，不测其理，不晓阴阳运火度数，汞即飞走，唯铅得在似黄丹，云用汞伏火成丹矣。故令人服者，腰重体沉，瘦人里阴，必无长生之理。

主张以铅汞作丹，被称为炼丹术中的铅汞派。这一派，发端于东汉的《周易参同契》，而它的兴盛则在唐代②。唐代铅汞派的兴盛，直接原因就是《周易参同契》的被重视。

唐代炼丹术从《周易参同契》中吸取了阴阳五行学说，并把这种学说上溯到《周易》。《道藏》容帙无名氏注《周易参同契》的序言说道：

> 昔真人号曰龙虎上经……后魏君改为《参同契》，托在《周易》。谓易者有刚柔表里、君臣父子、水火五行。其神丹不出阴阳五行，所以托于《周易》也。

大约从此以后，《周易》及阴阳五行说才真正侵入炼丹术，并在外丹向内丹的转变中起了重要的作用。

对炼丹理论的探讨，使炼丹术士深深感到，在炼丹术中，存在着一种"理"，只有得了这个理，才可以获得成功。容帙无名氏注《周易参同契》道：

> 顺五行气，火则得其理。
>
> ……不测其理，不晓阴阳运火度数……必无长生之理……
>
> 夫大丹但从铅起。铅尽汞伏，即可服之。若不从铅，必无得理。

---

① 参阅：任继愈主编《道藏提要》，中国社会科学出版社，1991年。

② 参阅：任继愈主编《中国道教史》，上海人民出版社，1990年，第415页。

……

这样,唐代炼丹家就不仅像《周易参同契》所说,认为成丹是“自然之所为”就算到底,而是更进一步地认为,在这“自然之所为”的过程中,有一个理存在着。是否懂得这个理,乃是成败的关键。从此以后,直到宋元时代,对丹术中理的探索,成为炼丹家更为重要的任务。

对《周易参同契》的重视,仅仅说明唐代丹术开始重视丹理。至于唐代丹术所探求出来的丹理如何,本章将有专节介绍。

五 海潮理论的兴起

对潮汐的科学讨论,始于王充。王充有两点结论:一是三江浅狭,水激为涛,二是“涛之起也,随月盛衰,大小满损不齐同”。[①] 王充的结论,为探讨潮汐成因及运动规律,指出了正确的方向。

唐代中叶,封演和窦叔蒙开始对潮汐进行研究。

封演著有《封氏闻见记》,据《四库提要》所说,唐人小说,多涉怪诞。只有此书,语必征实。其中无论是掌故还是杂论,“均足以资考证”。《说潮》是该书中的一条,今存《全唐文》卷四百四十。

封演《说潮》讲道:从小他家住海边,朝夕观潮,发现每日两潮,昼夜各一。而且涨潮的时间,逐日后移。假若月初在平明,二日三日就渐晚。到月中,早潮变为夜潮,夜潮又变为早潮。再经半月,又一切复初。一月循环一次。虽然月有大小,月亮有盈亏,但潮水的规律却毫厘不差。

封演的潮汐论,进一步探讨了潮汐变化的原因,认为这是月与水的“潜相感致”:“月,阴精也;水,阴气也。潜相感致,体于盈缩也。”[②] 王充的潮汐“随月盛衰”,只是一种现象的描述,封演的论述,则是对导致这种现象原因的理论探讨。

虽然如此,封演的《说潮》,终究只是他的《闻见记》中的一条。《说潮》的目的,也是为了广见闻,和晋代以来的博物风一脉相承。其特点仅在于他语必征实,不再好奇轻信,有闻必录。

和封演同时的窦叔蒙,开始自觉地把海潮作为一门新的学科来对待。窦著《海涛志》,[③] 共六章。其第一章以《海涛论》载《全唐文》卷四百四十。文字小异,内容基本相同。

窦叔蒙说,关于天的理论,从古以来的研究非常详尽。“著之成说,存诸史册”。这一方面,我无话可说了。但是有关海潮的理论,历代史官却缺乏研究。潮汐的涨落,也有一定的规则,可像制历一样,用数字推算出来,与天道的运行并驾齐驱。史官不记这一点,乃是一种缺失。

从王充到窦叔蒙,清楚地看到了天道自然观念到万物有理观念的演进。王充论海涛,虽然发现了“随月盛衰”的规则,但这个规则却不是他注意的重心。对他来说,海潮的规则性只是表明它不是受鬼神的驱使,而是一种自然而然的现象。所以王充也不去研究海潮的规则本身。而在窦叔蒙,也不认为潮汐是鬼神的驱使,而是一种自然而然的现象。但他不在“自然而然”的结论上停止下来,他要去研究这个规则本身。和医学、天文学、炼丹术中的倾向一样,潮

① 《论衡·书虚》。

② 封演《说潮》。

③ 载:清俞思谦编《海潮辑说》。

汐论也把探讨潮汐之理作为自己的基本任务。窦叔蒙所探得的潮汐之理,我们将辟专节予以介绍。

窦叔蒙之后,卢肇作《海潮赋》。其序言说道,海潮之理,没有载于经籍之中,他“观乎日月之运,乃识海潮之道,识海潮之道,亦欲推潮之象。得其象亦欲为之辞。非敢衒于学者,盖欲请示千万祀,知圣代有苦心之士如肇者”。一个学者,苦心孤诣,要去研究海潮之理,并且诉诸文字,企望传给后人,说明这个问题是如何地激动着当时学者的心。卢肇深信,他探讨的结果是完全正确的:“今将考之不惑之理,著之于不刊之辞。陈其本,则昼夜之运可见其影响;言其征,则朔望之候之爽乎毫釐。”① 他对自己的研究充满了信心。

《海潮赋》借“知元先生”与“博闻之士”的问答,表达了对探讨海潮之理的坚定信念,客人博闻之士说,从大章量度天地四极以来,周公测晷景,作《周髀》,裨灶穷天象,扬雄作《太玄》,张衡造浑仪,李淳风造新历,他们都好学沉思,探讨天地之理,为什么对海潮之事一言不发?知元先生答道:

> 事有至理,无争无胜。犹权衡之在悬,审锱铢而必应。②

因此,海潮的奥秘,是完全可以探究的。《海潮赋》的作者,就是探得了海潮之理的人:

> 赋之者究物理、尽人谋,水无远而不识,地无大而不搜。③

卢肇的《海潮赋》表明,他认为海潮的涨落有一个“至理”存在着,他对海潮规律的探讨,乃是“究物理”的行为。

和历法攀附易数,丹术托于《周易》一样,卢肇也把海潮的原理托庇于《周易》象数:

> 臣仰遵前哲,辄揆圆虚,偶识海潮,深符易象,理皆摭实,事尽揣摩……
>
> 臣为此赋以二十余年,前后详参,实符象数……④

卢肇还仅是在《海潮赋》完成以后,托庇《周易》。其后邱光庭作《海潮论》,就更加自觉地援引《周易》,作为自己立论的基础,他援引《易传》“水流湿”,证明水不会盈缩;援引《周易》坤卦“利牝马之贞”的卦辞,论证地是会动的。其牵强附会之迹,明显可见。又可见攀附《周易》,已成为唐代科学理论的一大特色。

六　隋唐科学理论探索的得失

隋唐对科学理论的探索,出现了许多宝贵的思想成果。如《诸病源候论》不拘阴阳五行体系,依疾病本身进行分类,实事求是地探寻治病的方法;如发现月亮盈亏和潮汐涨落的关系,并进行了精确的数字推算。这些成果,不仅增加了人类的知识总量,而且开辟了一条正确的认识自然的道路:那就是从实际出发,去探讨事物自身存在的内在联系。

这些成果的取得,重要原因之一,就是对科学理论的重视。比如潮汐论,假若汉代思想家注意研究,也会得出相当精确的结论,唐代窦叔蒙等人的成果,也没有新的技术设备和认识手段,他们只是得益于唐代思想家的思想成果,把事物的运动看作是自身的运动,相信事物自身的运动有必然的规则,并把探寻事物运动的规则作为自己重要的历史使命。

---

①,②,③ 卢肇《海潮赋》。

④ 卢肇《进海潮赋状》。

当唐代科学家把自己的理论进一步提升的时候，他们就碰到了那更高的、似乎囊括一切的理论模式，这就是阴阳五行说。阴阳五行说作为比较完备的理论体系，产生于战国、盛行于汉代，在历史上曾扮演了非常重要的作用，成为天人感应思想的理论框架。王充批判天人感应，也顺便批评了阴阳五行说。在天道自然学说兴盛的魏晋南北朝时代，阴阳五行说也失去了它在汉代那样的崇高地位。但是，当唐代思想家从天道自然出发，去建立各种科学理论的时候，阴阳五行说又未经批判地被以各种方式接受下来。在医学，五运六气可说是阴阳五行说的表现形式。从王冰把它补入《内经》之后，它似乎成了医学最重要的理论，并且掩盖了《诸病源候论》的理论方向。五运六气不是从医疗实践导出的理论，而是从一个先验的模式去推演医学。到了宋代，医生可以不懂《诸病源候论》，却不能不懂五运六气。这种状况对于医学，是十分可悲的。

在天文历法领域，人们从阴阳学说出发，找到了《周易》和易数；炼丹术、海潮论，也都处处可见阴阳学说的影响。对于炼丹术，无论什么样的理论都不能炼成使人长生不死的还丹。但在历法和潮汐论领域，阴阳学说，特别是所谓易数，并没有给它们增加新的知识，也未能帮助人们更为深入地理解对象之间的关系。其唯一的功效，就是给本来朴实的科学理论涂上了一层不必要的哲学甚至神学的油彩。

唐代科学理论发展的失误，重要原因之一是，当它把某种思想遗产作为前提和最高理论时，未能对之进行批判。科学如果接受那些未经批判的理论作为自己由以出发的前提，其成功的希望可说是没有的。可惜直到今天，仍有不少人不加批判地援引古代的和国外的思想遗产和理论框架，作为解救今日某些危机的灵丹秘药。这种情况，除了窒息自己的思维创造能力之外，别无任何益处。

唐代科学理论探索的另一重大失误，就是在医学中正式接纳了鬼神说。主要表现是国家正式把咒禁作为医疗的一课，而且在医学著作中，如孙思邈的《千金翼方》，正式承认了鬼神病因说，并把驱鬼作为医病的手段之一。

《黄帝内经》正式否认过鬼神病因说，并认为有病求神是错误的方法。在相当长一段时期里，虽然上至王侯下至庶民医病仍然多求鬼神，但医学著作中却不承认鬼神的地位。

汉代以后，一面由于不能正确理解精神的本质，一面由于咒禁术的兴起，遂形成了以鬼神为病因、以咒禁为治疗手段的新的医学咒禁术。这种医学咒禁术表面上是旧巫术的复活，实际上却具有新的内容，所以取得了医学的信任。

古老巫术承认诅咒的作用。但是诅咒为什么会发生作用？则没有相应的理论说明。说古人认为诅咒是依赖一种神秘的力，不过是今人的解释，而这种解释实际上仍然使人停留于神秘之中，因而算不得解释。古老的巫术往往和鬼神观念结合在一起，认为在鬼神观念出现以前存在着纯粹的巫术，主要是一种推论，或者靠调查得来的民族学材料。在比较发展的民族中，纯粹的巫术很难见到。

汉代以后，咒禁术被认为是由气在传达着某种作用，所以又叫气禁。气禁的能力是可以通过修炼获得的。这样，咒禁术获得了一种科学的解释，从而获得了人们的信任，气禁可以在相当遥远的距离上传递非常大的作用力，甚至能对鬼神产生作用。

与气禁或咒禁术发展的同时，医学对人的精神现象也进行了探讨。从王叔和《脉经》开始，认为精神（或称作“神”）是一种气，而气是可以在人体内外出入往来的。人的梦境，就是“神”出入往来的表现。由于医学虽否认鬼神致病，却不否认鬼神存在，梦魇和精神病就被解释成人的“神”(精神、灵魂)在外出活动中遭受了鬼神的袭击,因而需要用咒禁来进行治疗。对气禁的理论说明,对梦境和精神病的探索,都是汉代以后许多优秀思想家辛勤劳作的思想成果,这古老的巫术也就具备了新的理论形态。

气禁术对气的作用的说明是夸大了的,把精神现象或灵魂说成一种气也是错误的,加上鬼神观念,这三重错误扭在一起构成了一个更大的错误。这更大的错误又借助于古老的巫术形式,使人至今也难以把它和更为古老的巫术传统加以区别,在隋唐时代,它就更加容易和更为广泛的鬼神观念混在一起。从《诸病源候论》看来,咒禁术在南北朝时期主要还是用于治疗精神疾病,至少在医学著作中,鬼神观念还少涉及其他疾病,到了唐代,鬼神观念几乎渗入了医学的各个领域。

从生理学上,孙思邈接受了《黄庭经》的说法,认为五脏皆有神灵,并给五脏之神重新取了名字。如肝神名蓝蓝;肺神名鸿鸿等。每位神灵之下,还有数名童子、玉女守护。[①] 杨上善也接受了这样的思想,认为保护五脏神灵,是健康的首要条件:

> 五脏之神不可伤也。伤五神者,则神去无守……脏无神守,故阴虚……故不死之道者,养五神也。[②]

杨上善对神的认识,使我们看到了此前的哲学、医学探寻精神本质的艰难道路:

> 一形之中,灵者谓之神也,即乃身之微也。问曰:谓之神者,未知未此精中始生,未知先有今来?答曰:案此《内经》,但有神伤、神去与此神生之言,是知来者非,曰始生也。及案释教,精合之时,有神气来托,则知先有,理不虚也。故孔丘不答有知无知,量有所由,唯佛明言,是可依。[③]

由于不能正确地说明精神现象的本质,在经过几百年的探索之后,医学终于又接受了鬼神观念。使人遗憾的是,医学此时忘记了前人对鬼神观念的批判。

探索、前进,是可贵的;探索“探索”中的失误,对前进的方向是否正确作出批判,是更加可贵的。可惜唐代缺乏王充那样的人物,不能对鬼神观念作出详尽的批判。

生理上承认了神的独立存在,病理上就接受了鬼神病因说。孙思邈的《千金翼方》,承认疟疾是由鬼引起的,认为人应时刻检点自己的行为,不要触犯天地神灵。比如日月食时不能吃东西、不能交合阴阳,夜里不能赤身裸体,白天不能对着锅灶骂人等等。

治疗上,不仅使用咒禁术,而且要求礼拜四方神灵、天地诸佛。作为医生,“又须妙解阴阳禄命、诸家相法及灼龟五兆、《周易》六壬”。[④] 这样,当时存在的一切迷信,就一齐汇入了医学。

科学的发展,有时会表现为向旧形式的回归。就中国古代的情形看来,向鬼神、咒禁(今日叫气功)及各种术数的回归,每一次都是严重的失误。

唐代科学理论探索的另一重要特点,就是攀附《周易》。无论是历法、丹术、海潮理论、医学理论,都有着意攀附《周易》的现象。其中有一些学者,是在成果出来以后,攀附《周易》,当是受时尚影响或别有苦衷及用心。但也有相当一部分学者,是真诚相信《周易》对于科学的指导,甚至期望由《周易》推出科学的结论。

---

① 参阅:孙思邈《千金翼方》。
② 杨上善《黄帝内经太素》卷六。
③ 《黄帝内经太素》卷六。
④ 孙思邈《千金要方》卷一。

《周易》是一本哲学书，当各门科学的具体理论日益提升，最终几乎都可以和《周易》接轨，这种情况是可以理解的。但《周易》中的普遍原则决然代替不了具体的科学理论，更不能从《周易》中推出这些理论。在这里最易发生的错误，是认为《周易》之中已经具备了一切。唐代一些学者之中，已经出现了这样的倾向。攀附《周易》的倾向，使唐代科学的理论探讨在前进了一两步之后，就转了一个弯，回到了过去。

在科学前进的道路上，如果新理论必须时刻注意要和旧理论接轨，或者必须托庇旧理论以证明自己的价值，对于科学的发展是非常不利的。如医学必托庇《内经》，天文、数学必托庇《周髀算经》或《九章算术》，丹术托庇《周易参同契》，就是如此。如果再进一步，又都托庇于《周易》，其对科学的危害就更加严重。我们从唐代的科学探讨中，看到了这样的教训。

《黄帝内经》、《周易参同契》等，是具体科学部门中的经书。《周易》，则是高踞于这些经书之上的经书。经书是圣人所作，圣人之言不仅没有错误，而且是万古不变的真理。所以崇拜经书，乃是古人的普遍心理，也是古代世界不可回避的现实。西方世界认为《新旧约全书》穷尽了一切，中国古代认为儒经、其中特别是《周易》穷尽了一切，这是古代世界的普遍特点，也是古代世界的悲哀。从唐代的情形我们看到，古代世界普遍的思想特点已影响到科学思想本身，影响到科学理论的发展。

第三节　新旧交替中的天文学思想

一　历法与“天地之心”

汉代刘歆把历数附会易数，那是因为在刘歆看来，“《易》与《春秋》，天人之道也”。而修订历法，是为了“顺其时气，以应天道”。[①] 唐代李淳风重提“易为历本”，一行进而把历数攀附易数，同样的思想有了新的说法。

《新唐书·历志》所载《大衍历议》，其撰定者为“特进张说与历官陈玄景”，所以该“历议”所反映的，不仅是天文学家的意见，也是儒家学者的意见，它总结了唐代前期的历法思想，表达了当时思想界的普遍看法。

《大衍历议·历本议》较为详细地阐述了把易数作为历数之本的理由。该议起首，援引《易传》道：《易》“天数五、地数五，五位相得而各有合，所以成变化而行鬼神也。”这是《历本议》的思想纲领。依照这种思想，则10以内的自然数中，五个奇数（“天数”）和五个偶数（“地数”）的交互配合，成就了一切变化，表达了鬼神的行为和意志。

《历本议》接着分析说，天数从一开始，地数从二开始，这两个始数合在一起，其作用是“位刚柔”；天数到九终结，地数到十终结，两个终结合在一起，其作用是“纪闰余”；天数中间一个是五，地数中间一个是六，这两个中间数合起来，其作用是“通律历”。这样，所谓易数，就成了历数之本。

从《周易》的立场来说，“天地之数”既然是“成变化而行鬼神”，那么，律历是“变化”之一，自然也逃不出天地之数的范围。这是科学向神学的靠拢和复归。

---

① 《汉书·律历志》。

律历之中，音律表达的是“天地之心”：

天有五音，所以司日也。地有六律，所以司辰也。参伍相周，究于六十，圣人以此见天地之心也。

“天地之心”见于《周易·彖传》：“复，其见天地之心乎”。又见于《尚书·咸有一德》：“克享天心，受于明命”。“天心”或“天地之心”是和“天命”联在一起的观念，它是上帝意志的同义语。如何见到天心或天地之心，历来说法不同。《孟子·万章》引《尚书·泰誓》：“天视自我民视，天听自我民听。”这是主张从民心以见天心。《礼记·礼运》说：“人者，天地之心”，当和《孟子》所引《尚书》的例子相类。汉代有些儒者承继了这种思想。王符《潜夫论·遏利》：“天以民为心，民之所欲，天必从之”。此外还有一些说法。从天文、律历专家的立场来看，他们认为音律中可见天地之心。说音律实际也包括了历法，实际上也认为历法是圣人见天地之心的桥梁。不过，《历本议》认为，历法还有不同于音律的一些特殊性质：

自五以降，为五行生数；自六以往，为五材成数。错而乘之，以生数演成位。一、六而退极，五、十而增极。一、六为爻位之统，五、十为大衍之母。

“自五以降”，也就是五以下一二三四；“自六以往”，也就是六以上，七八九十。所谓“以生数演成位”，就是把生数的次序(位)推广到成数，则六和一相同，为开始，称“退极”；十和五相同，为终结，称“增极”。“五、十为大衍之母”，当是五与十这两个数字组成五十，即“大衍之数”。《历本议》的这种分析，即体现了《易传》“五位相得而各有合”的思想。

生数乘成数或成数乘生数，得出“天地中积”各六百，合为一千二百。这一千二百除以五十，得二十四：

$$1200\div50=24$$

二十四被称为“四象周六爻”。一千二百除以二十四，得五十：

$$1200\div24=50$$

五十被称为“太极包四十九用”，即《易传》所说：“大衍之数五十，其用四十有九”。在《历本议》看来，这是一个循环。

把成数相加，为四十，分别除“天中之积”和“地中之积”，其商都是十五。即：

$$600\div40=15$$

把生数相加，为十五，分别除“天中之积”和“地中之积”，其商都是四十。即

$$600\div15=40$$

把二者之商相加：

$$15+40=55$$

即“兼而为天地之数”。本来《易传》是说：“天数五，地数五，……天数二十有五，地数三十，凡天地之数五十有五”。现在由“综成数、约中积”和“综生数，约中积”的途径，也得到了天地之数。在《历本议》看来，这又是一个循环。

假若用五除天地之数，则得十一：

$$55\div5=11$$

这个过程，被称为“复得二中之合”。即天的中数五和地的中数六之和。当然，这又是一个循环。此外，易数还有许多奇妙的变化：

蓍数之变，九、六合一，乾坤之象也；七、八各三，六子之象也。故爻数通乎六十，策数行乎二百四十。

这一切,《历本议》都认为是非常巧妙的。所以,大衍之数为"天地之枢":

是以大衍为天地之枢,如环之无端。盖律历之大纪也。

所谓"天地之枢","环之无端",当是取《庄子·齐物论》:"彼是莫得其偶,谓之道枢。枢始得其环中,以应无穷"。"环中"指道,"大衍为天地之枢",即大衍为天地之道。围绕着五与十或五十的数的变化,就像环之无端一样,非常巧妙。所以一行用了"大衍"来作自己的历法名称。而大衍历,也当是"天地之枢"。

前面讲了律,是圣人以此见天地之心;这里又讲了历,历是"天地之枢"。于是《历本议》作出总结:"盖律历之大纪也",即律历的基本法则。

应当承认,《历本议》对上述数字相互关系的研究,无论今天看来多么浮浅,还都是一种纯数学的研究。可惜的是,作者未能将这种纯数学的研究继续下去,而是用自己刚刚得到的一点成果去证明了"易数"的伟大,并且把"易数"加冕为所有一切数据(如历数、律数)之王。

《历本议》对易数的这种拥戴是不公平的,也不符合历史事实。然而却是存在于古代世界一种相当普遍的思想。因为《易传》讲了"天数五、地数五"以及"大衍之数五十"等等,所以从一到十这些数字以及它们的组合、运算之结果,都成了推演"易"数,而不仅仅是推演数;因为《易传》讲了阴阳,因此一切讲阴阳的也都是推演易理,而不仅是推演自然之理。其原因,盖在于《周易》被奉为儒经之首,在于人们对经书的盲目崇拜。这种盲目崇经的现象见之于中外科学史,而无论这种现象发生在哪里,都对科学造成了危害。从欧阳修到阮元,都尖锐批评一行和大衍历崇拜易数,其批评是非常正确的。

二 日月运行的常与不常

从汉代对历法有明确记载以后,关于日月运行的状况就不断发生着争论和认识上的变化。由于历法的精确度差,日月合朔以至日食的时刻预报经常出现误差。在刘歆等人看来,日月运行的速率是固定的,天象和历法的不符是人的善恶影响的结果。于是有刘歆的朓与侧匿(或仄慝)之说。东汉时期,天文学发现了月亮在一月之中运行速率不是每天都一样的。这个发现得到儒者贾逵的支持,并被刘洪引入历法,大大提高了日月合朔及日蚀预报的精度。到杨伟,认为太阳的运行速率是固定的,月亮是不固定的。

晋代,虞喜发现了岁差,太阳的运行速率也是不固定的,不过当时还无人提及这样的思想。北朝张子信的天文观测,进一步发现太阳一年之中运行的速率是随着分至的交替而或快或慢的。这个发现被刘焯引人历法,得到天文学界的承认。由此导致的天文学思想,就是认为太阳运行的速率是不固定的。李淳风在批评袁充时说:"案日盈缩疾徐无常……",就是这种思想的表现。

"日盈缩疾徐无常"可从两方面理解,一种是太阳的视运动在一年之内不是每天均衡的,但这种不均衡以年为一个周期。每个周期之中,太阳的视运动又是相同的。如果考虑到岁差,则太阳视运动每个周期都有所变化,但这种变化则是均衡的。两项加起来,结论应是:太阳的视运动速率是不断变化的,但这种变化是有规则的、均衡的,可以用数学方法(比如内插法)来描述。《颜氏家训·省事篇》所载:"密者则云日月有迟速,以术求之,预知其度",当是这种思想的表述。这种思想可称为"均衡变化"论。

"日盈缩疾徐无常"的另一种理解,是"非均衡变化"论。即太阳视运动的速率(包括轨道)都在不断变化,并且变化是非均衡的。李淳风的本意,应是非均衡变化论。

唐朝初年,在傅仁均与王孝通之间,发生了均衡变化与非均衡变化的争论。

由太史令庾俭、太史丞傅奕推荐,东都道士傅仁均制成"戊寅元历"。戊寅元历的特点是采用定朔,"月有三大三小","日食常在朔,月食常在望",使"月行晦不东见,朔不西朓"。① 由于施行不久即预报日食不效,遭到算学博士王孝通的诘难。王孝通说:

> 又平朔、定朔,旧有二家。三大三小,为定朔望;一大一小,为平朔望。日月行有迟速,相及谓之合会。晦朔无定,由时消息。若定大小皆在朔者,合会虽定,而蔀、元、纪首三端并失。②

王孝通反对定朔的理由,乃是"日月行有迟速",以致"晦朔无定,由时消息"。王孝通的意见,应是非均衡变化论。因为假若他认为变化是均衡的,晦朔就不应"无定"而"由时消息"。由于日月运行非均衡变化,晦朔在原则上是不能"定"的,所以只有截长补短,大致肯定,采用平朔。

王孝通主张保存历法中的蔀、元、纪等内容,这些内容描述的,是日月以及五星运动在更大尺度上的周期变化。历法上这些周期的存在,表明王孝通认为,在更大的尺度上,日月运行的变化又是均衡的。因此,王孝通的意见,又可称为"有限非均衡变化论"。

傅仁均反驳王孝通说:

> 治历之本,必推上元,日月如合璧,五星如连珠,夜半甲子朔旦冬至。自此七曜散行,不复余分普尽,总会如初。
>
> 唯朔分、气分有可尽之理……③

从大尺度来讲,七曜已不能再"余分普尽,总会如初"。那么,七曜之中,一定有非均衡变化的运动。但傅仁均似乎没有明确提出这样的问题,他只是相信,"朔分、气分有可尽之理"。既然"可尽",太阳的视运动就是规则的,即有变化,也当是均衡的。傅仁均还说:"冬至自有常数,朔名由于月起,月行迟疾匪常,三端安得即合"。④傅仁均仅承认月有迟疾。然而既然朔分可定,月的迟疾也当是均衡变化。至于"冬至自有常数",那是明确承认日行是均衡变化。

从王孝通和傅仁均的争论看,他们对于日行的疾徐盈缩,其认识还不能彻底和一贯。或认为在小尺度内变化均衡,而在大尺度上则可能不均衡(如傅仁均);或认为在小尺度内变化不均衡,而在大尺度上则可能均衡(如王孝通)。到《大衍历议》,两种思想的对立就较为明确了。

《大衍历议》从冬至、合朔、日食、岁差等几个方面分析太阳的运动。其《中气议》道:"历气始于冬至,稽其实,盖取诸晷景。"所谓"冬至",是由测量日影而来的。

《中气议》考察了后世的历法,和《左传》所记的冬至日多不相合,或者是和冬至记载相合,又和朔望的记载相违,顾此失彼,难以两全。比如杨伟等人的历法,"考经之合朔多中,较传之南至则否。"

冬至的确定依赖日影,然而日影的长度也不固定:"据浑天,二分为东西之中,而晷景不等;二至为南北之极,而进退不齐。此古人所未达也。"也就是说,这其中的道理,是古人所不

---

①,②,③,④《新唐书·历志》。

了解的。

《中气议》进一步考察后世的历法。据记载，元嘉十三年(436)十一月甲戌，日影最长，但皇极历、麟德历、大衍历的推算，却都在癸酉。《中气议》认为，其原因在于"日度变常"。祖冲之的历法本于甲戌不合，他以为是"加时太早"，于是"增小余以附会之"。其结果，元嘉十二年(435)戊辰影长，祖冲之推算为己巳；十七年(440)甲午影长，祖冲之推算为乙未；十八年(441)己亥影长，祖冲之推算为庚子。以致"合一失三，其失愈多"。其后刘孝孙、张胄玄的推算，也同样存在失误。《中气议》认为："治历者纠合众同，以稽其所异。苟独异焉，则失行可知。那些历法推算不准的情况，乃是日的"失行"所造成的。

北周建德六年(577)，壬辰日影长，麟德历、大衍历推算都在癸巳；开皇七年(587)，癸未日影短，麟德历、大衍历的推算都在壬午。鉴于以上情况，《中气议》得出结论说："先后相戾，不可叶也，皆日行盈缩使然。"就是说，历法和实际的这种不符，不是历法的失误，而是由于历法和自己描述的对象原则上是不可能相符合的，即"不可叶"的。"不可叶"的原因，乃是"日行盈缩"。

"日行盈缩"的后果，不仅是历法推算的冬至日和实际日影最长的日子不能相符，而且还包括日影长度的本身也不能相同。因此，这里说的"盈缩"，应包括太阳视运动的轨道和速率。《中气议》认为，在这两个方面，太阳的视运动本身都是不规则的，或变化是非均衡的："又比年候景，长短不均，由加时有早晏，行度有盈缩也。"

一年之中，太阳运行速度的变化，《大衍历议》认为是均衡的。其《日躔盈缩略例》道：

> 凡阴阳往来，皆驯积而变。日南至，其行最急，急而渐损，至春分及中而后迟。迨日北至，其行最舒，而渐益之，以至秋分又及中而后益急。急极而寒若，舒极而燠若，及中而雨旸之气交，自然之数也。

所谓"自然之数"，就是说日行在一年之中，其本身的运行速率变化是有规则的、均衡的。《日躔盈缩略例》还批评刘焯，错误地描述了太阳在一年之中视运动的变化规则；"焯术于春分前一日最急，后一日最舒；秋分前一日最舒，后一日最急。舒急同于二至，而中间一日平行。其说非是。"这个批评也是正确的。

刘焯错误地描述了一年之中日行的变化规则，但在认为日行变化是有规则的这一点上，刘焯和一行都是一致的。既有规则，就可以准确确定气朔，所以大衍历和刘焯皇极历一样，也采用定气和定朔。在《大衍历议·合朔议》中，作者解释了以前常见的朓朒现象：

> 昔人考天事，多不知定朔，假食在二日，而常朔之晨，月见东方；食在晦日，则常朔之夕，月见西方。理数然也。

也就是说，以前人们看到的朓和仄慝现象，既不是人的善恶所致，也不全是历法的错误，原则上，它是日月自身运动的规则所造成的。这样，由于历法科学的进步，神学迷信观念又减少了一块阵地。

《合朔议》又考察了历法与《春秋》所载天象的密合程度，几乎没有一个能全部密合："故经朔虽得其中，而躔离或失其正；若躔离各得其度，而经朔或失其中，则参求累代，必有差矣。"在《合朔议》看来，这个矛盾是历法不能解决的：

> 若乾度盈虚，与时消息，告谴于经数之表，变常于潜遁之中。则圣人且犹不质，非筹历之所能及矣。

那么，"乾度盈虚"全是由于"告谴"，或仅是部分由于"告谴"，《合朔议》没有说明。但是，认为筹历原则上不能完全描述日行，其思想则非常明确。

《日度议》道：“古历，日有常度，天周为岁终，故系星度于节气。其说似是而非，故久而益差。”后来虞喜发现岁差，使“天为天，岁为岁”，地上的节气和天上的星度不再固定对应。

但是，太阳退行的速度，即岁差数值究竟是多少？又人各不同。推算出来的冬至点，就各不相符。比如姜岌用月食所测，当时冬至点为斗十七度，何承天用同样的方法，测得在斗十三四度，其原因是何承天的冬至日与姜岌差三日。这是历法精度影响了冬至点的数据。测量本身，也受刻漏精度及测量方法的限制。到了隋代，关于仁寿四年(604)的冬至点，刘焯历法，日在黄道斗十度，在赤道斗十一度。刘孝孙用刘焯的方法，得出日在斗十度。张胄玄历，冬至在斗十三度。

冬至点推算、测量中的误差，引起了李淳风的疑议。在他制订的麟德历中，取消了岁差法。

李淳风取消岁差法，当不是因为他又回到古历“日有常度”的思想，而应是他认为“日盈缩疾徐无常”的表现。

综合唐代关于日行的争论和探讨，可得出结论说，“日盈缩疾徐无常”的思想已深入人心。争论在于，日行的变化是均衡的呢？还是非均衡的？在什么范围内是均衡的？日行的变化及其非均衡现象是由于测量的不准？还是由于日行本身的变化就是非均衡的？人们能不能通过方法和手段的改进完全正确地描述日月的运行？在这些问题上，《大衍历议》虽较唐初态度较为明朗，但总体说来，还是没有透彻而统一的认识，多处还只能就事论事，使相互矛盾的意见混杂在一起。

关于日行的探讨和争论，对于当代科学，或许有借鉴的意义。当代对于微观世界的认识，存在着三种不同的意见。一种意见认为，微观世界原则上是可以准确认识的，只要改进认识的方法和手段；另一种意见认为，微观世界原则上是不可以准确认识的，因为测量手段必然影响测量对象的本来状况；第三种意见则认为，不是由于测量手段的影响，而是由于微观世界的存在和运动本身，原则上就是不可认识的。

中国古代关于日行的讨论，现在已经有了明确的结论。当代关于微观世界的讨论能否在有朝一日得出明确结论，我们将翘首以待。

三 人感应思想的继续发挥

以灾异、祥瑞为主要内容的天人感应思想，虽然受到了许多批评，却仍然没有绝迹。尤其在天文学领域，它还得到了新的理论支持。

《大衍历议》在总结以往的历法成就时，发现历法总是难以和天象密合，《大衍历议》把部分原因归于人事的干扰。《合朔议》中，就把“非筹历之所能及”的原因，一面归于“干度盈虚，与时消息”；一面归于“告谴于经数之表”。在《日食议》中，更鲜明地表达了作者的天人感应思想。

《日食议》援引《诗经·小雅》：“十月之交、朔日辛卯”的诗句，认为这表达了“交会而蚀，数之常也”的思想。接着又引“彼月而食，则维其常。此日而食，于何不臧”，认为这里所表达的意思是：日食，不是日月运行必然要发生的现象：

日，君道也。无朏魄之变；月，臣道也。远日益明，近日益亏。望与日轨相会，则徙而浸远，远极又徙而近交，所以著臣人之象也。

望而正于黄道，是谓臣干君明，则阳斯蚀之矣；朔而正于黄道，是谓臣壅君明，则阳为之蚀矣。

且十月之交，于历当蚀，君子犹以为变，诗人悼之。

根据历法，应当发生日食，但君子“犹以为变”，这说明了什么呢？《日食议》得出结论说：“然则古之太平，日不蚀，星不孛，盖有之矣。”由此推论，后世即使历法算定必然发生的日食，也应是世道不太平的结果。

假若君主能够修德，即在后世，日月也可“交而不蚀”：

若过至未分，月或变行而避之；或五星潜在日下，御侮而救之；或涉交数浅，或在阳历，阳盛阴微则不蚀；或德之休明，而有小眚焉，则天为之隐，虽交而不蚀。

此四者，皆德教之所由生也。

也就是说，世人（当然主要是君主和大臣）之所以修德，完全是由于畏惧上天的监临。

正由于这样的思想，作者坚持认为，开元十二年(724)七月和开元十三年(725)十二月两次历法预报的日食都没有发生，就是由于“德之动天”。因为根据推算，第一次日食“当蚀半强”，但从交趾直到朔方，都未能观测到。第二次日食“当蚀太半”，也没有发生。因此，《日食议》得出结论说：“虽算术乖舛，不宜如此。然后知德之动天，不俟终日矣。”

《日食议》深切赞扬“近古大儒”刘歆、贾逵，认为他们深知“轨道所交，朔望同术”，只是由于他们明达“日蚀非常”，才“阙而不论”。从曹魏黄初年间开始，历法专家们才开始“课日蚀疏密”，到张子信，就更加详细，并由此产生了另外一种观念，认为日食完全可以预测。其代表人物就是刘焯。《日食议》批评道：“刘焯、张胄玄之徒自负其术，谓日月皆可以密率求，是专于历纪者也。”“专于历纪”，就是只相信历法。在《日食议》的作者看来，这样的思想是不可取的，片面的。

作者不否认应努力改进历法，倒是认为治历者“必稽古史”，“反复相求”。“由历数之中，以合辰象之变；观辰象之变，反求历数之中”。从这反复的推求、比较中发现，天象有常、有变。常，是历法描述的对象；变，是星占所注视的内容。常与变，既是天象的实际；历法与星占，也就哪一样都不可或缺。《日食议》的作者认为，懂得了这一点，才真正懂得了天道：

类其所同，而中可知矣；辨其所异，而变可知矣。其循度则合于历，失行则合于占。占道顺成，常执中以追变；历道逆数，常执中以俟变。知此之说者，天道如视诸掌。

“如视诸掌”，典出《论语·八佾》：“或问禘之说。子曰：‘不知也。知其说者之于天下也，其如示诸斯乎’。指其掌。”《日食议》用这个典故，表明作者把常与变、历法与星占的关系当作了自然观中最高的道理。这个道理，也是《大衍历议》所信奉的最高的自然哲学。最后，《日食议》得出结论：“使日食皆不可以常数求，则无以稽历数之疏密。若皆可以常数求，则无以知政教之休咎。”

通过对《大衍历议》的考察可知，作者对常与变、历与占、可求与不可求关系的认识，是认真考察了历法发展史所得出的结论，也是认识考察天象以后得出的结论。以现代标准所量出的失误，其根源还在于当时的历法精度不够。观测和计算手段都无法使历法作到精确描述天象。由此我们还可推论：科学自身的发展程度影响着科学思想的发展。

在《日食议》之后，《大衍历议》还考察了五星的运动。其《五星议》道：“故五星留逆伏见之效，表里盈缩之行，皆系之于时，而象之于政。”如果政治有失，五星的运行就会发生变化。“政小失则小变，事微而象微，事章而象章”。在表示了吉凶之象以后，五星的运行又会恢复正常。“不然，则皇天何以阴骘下民、警悟人主哉！”

《五星议》作者批评两种倾向，一种是历法专家，不明白天象示警的道理；另一种是占星家，不懂得数学推算的效能。因此，占星家往往把七曜运行的正常情况当作天灾；历法专家则把五星的失行统统归于历法的错误。“终于数象相蒙，两丧其实”。显然，这是《大衍历议》处理常与变、历与占关系的又一典型事例。

《五星议》认为：夫日月所以著尊卑不易之象，五星所以示政教从时之义。故日月之失行也，微而少；五星之失行也，著而多。”当然，失行多少的原因，并不真如作者所言，而是由于五星运行比日月更难测算的缘故。这再次证明，科学的发展程度制约着科学思想的发展，而神学迷信的发生发展，多在科学失误或不及的领域。

在理论上，《大衍历议》仍然承认上古太平之世有“日不蚀，星不孛”的时代。实际上，在历法可测的范围以后，人们已逐渐地不再把日食当作天谴。唐德宗贞元三年(787)八月日食，有关部门请求依古礼伐鼓于社，得不到批准。太常卿进谏，也得不到答复。也就从这一个时代起，人们对于历法所测的日食已不甚畏惧，因而也不甚重视了。只是在所测日食没有发生的情况下，群臣才上表庆贺，认为是皇上的德行感动了上天。

唐宪宗元和三年(808)发生了日食。唐宪宗问宰相：司天监为什么预报得那么准确？为什么又要素服救日？宰相李吉甫阐述了日食成因之后说道：

> 虽自然常数可以推步，然日为阳精，人君之象。若君行有缓有急，即日为之迟速。稍踰常度，为月所掩，即阴浸于阳，亦犹人君行或失中，应感所致。①

一面承认日食可以预测，一面又认为日食是对人君行为的感应。这是一行思想的延伸，也是唐宪宗的疑问所在。唐宪宗的疑问，显然是觉察到了可测与救日的矛盾：既然可测，何必救日，救又有何用？既然要救，又为何可测？这是相互排斥，不能兼容的两套观念，却又不能排斥而必须兼容。因为问题不在于科学本身，而在于现实的政治的需要。李吉甫继续说道：“人君在民物之上，易为骄盈，故圣人制礼，务乾恭兢惕，以奉若天道”。所以救日是必要的。话说至此，唐宪宗也不再重申自己发现的矛盾，更不求把道理弄个明白，而是恭恭敬敬地说道：“天人交感，妖祥应德，盖如卿言。素服救日，自贬之旨也。朕虽不德，敢忘兢惕?！卿等当匡吾不逮也。”② 为了现实需要而放弃理论的彻底性，甚至根本无意于把逻辑的一贯性贯彻于自己的思想之中，确是中国古代科学和思想的缺点，是中国古代不如古希腊的地方。中国作为一个文化大国，应当有更高的理论建树，应当有撇开现实利害的、逻辑一贯的各种理论建树。其实，这种撇开现实利害的、纯学术的理论建树，也是社会现实的需要，是对人类文化的更长远、更根本、更具普遍意义的贡献。

四　浑盖之争的终结

汉代论天三家(浑、盖、宣放)出现之后，由于各自都有一些说明不了的问题，魏晋时代，

①，②《旧唐书·天文志》。

又出现了新的论天三家(安天、穹天、昕天)。在理论上,新三家乃是对旧三家的补充和修正,同时也出现了兼取旧三家之长的融合倾向。比如昕天论认为“寒依于浑,夏依于盖”。南北朝时期,出现了崔灵恩等人明确的浑盖合一论。唐代,新的科学发现使浑盖是非难分,出现民行的浑盖不可知论。

据《新唐书·天文志》,唐朝初年的李淳风仍然坚持盖天说。他认为“天地中高而四隤,日月相隐蔽,以为昼夜。绕北极常见者谓之上规,南极常隐者谓之下规,赤道横络者谓之中规”。但是后来,一行考察月行出入黄道,作了三十六幅图,李淳风的主张就站不住脚了。

为了制订新的历法,一行进行了规模空前的大地测量。这次测量的起因,是由于南朝刘宋元嘉年间发现了“千里一寸”数据的不可靠,隋代刘焯曾建议进行测量以便验证。到唐代刘焯的愿望才由后人加以实现。

起因如此,但这次测量的表面原因则是为了寻找、确定“土中”:

> 初,淳风造历,定二十四气中晷,与祖冲之短长颇异,然未知其孰是。及一行作大衍历,诏太史测天下之晷,求其土中,以为定数。[1]

制订历法须测量日影。然而这日影不是随便什么地方的日影都可以,而必须是地中的日影。因此,寻找地中,乃是为了确定日影的标准长度。

一行以前,祖冲之已有一套日影长度,李淳风也有一套日影长度,和祖冲之不一样。鉴于这种状况,也必须确定一套标准的日影长度。要确定标准的日影长度,就需要找到地中(土中),于是进行了大地测量。

其实,单就制订历法来说,李淳风的日影长度和祖冲之的日影长度都是可用的,只要测量得较为准确。两套日影长度的差异也是必然的,因为祖冲之在江南,李淳风在长安。假如怀疑二者的精度,只要在他们的原地重新测定即可,没有必要在长达数千里的距离上数处设点。因此,一行大地测量的真正目的,乃是为了实现刘焯的设想。

经过测量,一行获得了如下的数据:[2]

观测地	北极高	夏至日影	冬至日影
林邑国	17°4′[3]	表南0.57尺	6.90尺
安　南	20°6′	表南0.33尺	7.94尺
朗州武陵县	29°5′	0.77尺	10.53尺
上蔡县	33°8′	1.365尺	12.38尺
许州扶沟	34°3′	1.44尺	12.53尺
阳城	34°4′	1.48尺	12.715尺
浚仪	34°8′	1.53尺	12.85尺
滑州	35°3′	1.57尺	13.00尺
蔚州	40°	2.29尺	15.89尺

据《周礼·地官司徒》:“日至之影尺五寸,谓之地中”。依上述数据,地中应在阳城与浚仪之间。一行等是否这样确定了地中,不得而知。但由此带来的副产品,却是对浑盖二说的否定。

王蕃据“千里一寸”,推得浑天说的天周约513687里。按天周365$\frac{1}{4}$度,则每度弧长:

---

① 《新唐书·天文志》。

② 据《旧唐书·天文志》。

③ 每度10分。

$$513687 \div 365\frac{1}{4} \approx 1406(\text{里})$$

新的测量得出，从滑州到上蔡，夏至影差：

$$1.57-1.365=0.205\text{ 尺}=2.05\text{ 寸}$$

两地相距约 526.5 里，则影差一寸距离为：

$$526.5 \div 2.05 \approx 257\text{ 里}$$

“千里一寸”的数据被否定了。依据测量，从阳城到安南，北极高约差 14 度，距离为 5023 里，每一度地面长度为

$$5023 \div 14 \approx 351(\text{里强})。$$

阳城到安南的距离，是天径中的一段，它对应的半径弧长，据周三径一，应乘以 1.5。因此，天周一度的长度应为：

$$315 \times 1.5 \approx 520(\text{里})$$

若与王蕃天周一度之长相比，则：

$$520:1406 \approx 1:3$$

所以一行说：“一度之广，皆宜三分去二”。他因此怀疑王蕃说的天体太小：“计南北极相去才八万余里，其径五万余里，宇宙之广，岂若是乎？”① 并说王蕃的计算，是以管窥天，以蠡测海。

怀疑王蕃的数据，就是怀疑浑天说的理论。浑天说的天球太小，令人难以置信。

测量数据本身，也揭露了浑盖二说的谬误。“千里一寸”是盖天说的数据，现在这个数据被否定了。依浑天说，北极出地 36 度，为恒显圈。实测表明，越往北，北极出地就越高。这是浑天说的第二个漏洞。

在这次实测以外，人们已经发现，从交州仰望北极，出地才二十余度，被认为恒隐圈里的那些星星，都灿然可见，这又是一个否认浑天说的证据。早在唐初，人们就发现，薛延陀以北，是铁勒、回纥部落。铁勒、回纥以北，是骨利干部落。该部落居沙漠之北，北又距大海，“昼长而夜短。既日没后，天色正曛，煮一羊胛才熟，而东方已曙”。② 一行等人认为，这是因为该地“近日出入之所”。所谓“近日出入之所”，乃是盖天说的“日出入之所”，这是有利于盖天说的证据。

盖天说的理论，从扬雄开始，就遭到了许多批评，要一行等人信奉盖天说是不可能的。但是，新的发现和实际测量，虽然否定了千里一寸，因而也进一步否认了盖天说，但更多的则是否定了浑天说。其中有些证据，反而对盖天说有利。于是，一行对浑盖二家的学说都不信任了：

> 今诚以为盖天，则南方之度渐狭；以为浑天，则北方之极浸高。此二者，又浑、盖之家未能有以通其说也。③

进一步考察使一行发现，浑盖二家的错误，在于他们以近测远，以小况大。用这样的方法得出的结论，是不可靠的。

一行说，古人的测量，靠的是勾股术。却不知这能测算“近事”的手段不能推广到远事。人

① 《旧唐书·天文志》。

② 《旧唐书·天文志》，并见《资治通鉴》卷一百九十八。

③ 《新唐书·天文志(一)》。

的目力有限，微小的误差到了远处，就会造成巨大的错误。比如在湖边，可以看到日月朝夕出入湖中；在海边，所看到的也是同样情形。湖之大，不过百里；海之大，却是千里万里。但是若用勾股术测量，两处的结果定然相同而难以分清远近大小。

横向的情况如此，竖直的情形也是一样。他假设树起两根数十里高的表杆，相距十里。在一表之上置火炬，表下树八尺之杆，必定无影。从这一表下仰望另一表的顶端，由于太高，两表的顶端定会几乎重合。这时测者也定会推想，假如在另一表上置一火炬，此八尺之杆也会无影。假如在两表之端都置一火炬，两表之间树八尺之木，无论火炬置于哪个表端，都不会有影。这样，几十里高与十里之远，斜射与直射的影子就没有差别。要据八尺之木的影子去推测表的高度及相互距离都难以办到，何况要据这八尺之木的影子去测天地大小、推度天体形状呢！

一行这里所说，是两个设想中的实验。为了证明自己的结论而设想一个实验加以证明，其思想是非常宝贵的，他原则上和近现代科学的思维方式没有差别。通过这种设想中的实验，一行证明，测算近事的方法，原则上不能用来测算远事。这又是一个非常可贵的结论。如同我们现在不把在宏观世界适用的方法用于微观世界一样。这样，一行不仅否定了浑盖之说的结论，并且根本否定了浑盖二家的方法。于是一行得出结论说：

> 原古人所以步圭影之意，将以节宣和气，辅相物宜，不在于辰次之周径；其所以重历数之意，将欲恭授人时，钦若乾象，不在于浑盖之是非……则王仲任、葛稚川之徒，区区于异同之辨，何益人伦之化哉！①

一行主张，对于这种视听所不及的领域，君子当阙而不议，而不该用那不可靠的方法妄加测度。这样，一行就以“浑盖不该争是非”结束了浑盖是非之争。

人类认识世界的历史表明，不局限于感官所及的范围，乃是人类认识的本性。直到今天，人们还是用以近测远、以小况大的方法去推测宇宙的起源和结构。把其中的某一学说奉为真理，是不恰当的；若因此而取消这种讨论，也会妨碍认识的进步和智力的发展。问题不在于结论如何，而在于追求这个结论的过程。在追求远大目标的过程中，人类将会不断发展自己的认识手段和认识水平，推动科学的发展。

当人类认识有了某种进展的时期，一方面的成就往往会鼓起人们多方面的勇气，各种学说、假说都会提出来，并且都各自以为穷尽了真理。待到日后发现并非如此，人类又会消沉下来，出现怀疑的、不可知的论议和情绪。因此，人类认识世界的历史，也是人类情绪波动的历史，完全乐观和完全悲观的情绪，仅是人类情绪波动的波峰和波谷。

一行以后，浑盖是非之争沉寂下去了。到了元代，还在一架仰仪的铭文上写道：

> 不可体形，莫天大也……安浑宣夜，昕穹盖也。六天之书，言殊话也。一仪一揆，孰善悖也。以指为告，无烦喙也。②

天文学界已不屑再从事于此种争论了。

---

① 《新唐书·天文志(一)》。

② 《元史·天文志(一)》。

第四节 新兴的潮汐论及其思想

一 封演、窦叔蒙的月水感致论

清人俞思谦编《海潮辑说》，断封演为"唐德宗时御史中丞"，并引宋人张君房语，说封演的潮汐论"盖少得于窦氏，而未臻于壶奥也"。《四库提要》从《封氏闻见记》中考出，封演在天宝年间(742～755)为太学生，大历年间(766～779)曾为邢州刺史，唐德宗时任御史中丞。据《全唐文》卷四百四十，则窦叔蒙为"大历中浙东处士"。因此，封、窦大约同时。张君房说封得于窦氏，仅因封论简要而窦论详备罢了，并无证据可查。从二人所论看来，很可能是各人独立得出的成果。从思想的发展看问题，则封演潮汐论仅是他的"闻见"之一，还没有把潮汐作为一个独立的科学问题而加以特殊重视。窦叔蒙则认为，应当像重视历法一样，重视潮汐理论问题。从窦叔蒙开始，潮汐论成了中国古代科学中一个独立的学科。

王充《论衡》否定了潮汐论中的神学观念，指出潮汐"随月盛衰"的事实。但是潮汐为什么"随月盛衰"，王充则没有解释，依据他的天道自然观念，他不会认为海潮涨落是对月亮的感应。封演的潮汐论虽短，却提出了两个重要论点，一是海潮成因在于月水之间的"潜相感致"；二是水之体会"盈缩"。也就是说，他认为涨潮是水的膨胀，落潮是水的收缩。而膨胀和收缩的原因，则是由于对月亮的感应。

"潜相感致"，显然是利用战国开始出现的同声相应，同类相求说，对"随月盛衰"的解释，相对于王充，是一个决定性的进步，并且成为此后潮汐论的理论基石。"体于盈缩"，则是一个全新的观念，这显然是对海潮涨落的一种推测。封演不可能把潮汐涨落解释为海水的增多和减少，只能套用月亮的盈缩解释为水的膨胀和收缩。这个潮汐涨落的机制问题，始终是古代潮汐论的一个难点。

窦叔蒙发展了封演的"潜相感致"论。他首先认为，海潮涨落，是自然而然的现象：

> 夫阴阳异仪而相违。以其相违，赖以相资。故天与地违德以相成，刚与柔违功以相致，男与女违性而同志。造化何营，盖自然耳。①

这是窦叔蒙潮汐论的总纲。潮汐涨落，也应该是和这些自然现象一样，"盖自然耳"。大地形成以后，就"幽通潜运"，把配天作为自己的职责：

> 夫凝阴以结地，融阴以流水。钟而为海，派而为川。或配天守雌，或制火作牝，观其幽通潜运，非神而何？②

因此，潮汐和月亮的相符，"若烟自火，若影附形"，是有自己的原因的："有由然矣"。③其原因，乃是由于水与月都是阴类：

> 地载于下，群阴之所藏焉；月悬于上，群阴之所系也。太溟，水府也，百川之所会也；北方，阴位也，沧海之所归焉。天运晦明，日运寒暑，月运朔望。错行以经，大顺

---

① 窦叔蒙《海涛志》。

②，③ 窦叔蒙《海涛志》，载《海潮辑说》。

小异，以合大同。……夜明者，太阴之主也，故为涨海源。[1]

把月亮说成潮汐的根源，和前面说的“阴阳异仪”之类的道理，似乎并无必然联系。从“阴阳异仪”出发，窦叔蒙推出的结论是“相违相资”，“相违相致”。月与水同类，无“相致”之理，为何为“涨海源”呢？从理论上说，窦并不彻底和一贯。他之所以认为月亮是潮汐根源，乃是由于他不能不服从事实，而不能仅靠从理论原则往下推演。不可否认的事实是：

月与海相推，海与月相明。苟非其时，不可踵而致也。时既来，不可抑而已也。虽谬小准，不违大信，故与之往复，与之盈虚，与之消息。

蜉蝣伺日，蜧蛤候月……方诸接明水，阳燧延景火，昭昭乎见日月之感致矣。[2]

这是明确的同类相感说，是对封演“潜相感致”的进一步说明。

从窦叔蒙所说“与之盈虚”看来，他和封演一样，也把潮汐涨落看作水的膨胀和收缩，只是没有封演讲得明确罢了。

据窦叔蒙统计，从太初上元到唐宝应元年(762)，积年79379，积月980787又8日；积日28992664，其间共发生海潮56021944次。这些海潮，都可以像历法那样，被记录下来，被预测出来。根据他的观察研究：“甲之日，乙之夜，日月差互，月差13度，日迟差月，故涛不及期。一晦一朔，再潮再汐；一朔一望，载盈载虚；一春一秋，再涨再缩……天动地应，约为差率13度……”[3]。据现代折算，窦叔蒙已知一日潮汐的间隔为12时25分14.02秒，两个早潮或两个晚潮的间隔比一个太阳日多50分又28.04秒，折0.8411208时。而现代的精确值为0.8412024时。所差无几。[4] 为了使人有个感性的认识，窦叔蒙还把他的发现绘成图。标出月朔、朏、上弦、盈、望、虚、下弦、魄、晦等月相，以及对应的潮汐时间，使人查起来非常方便。

窦叔蒙《海涛志》的另一思想，就是用阴阳君臣的比附，来解释潮汐的大小。窦叔蒙说：

夫日以一致，而月体盈亏，君臣之义斯在矣。月以有素而晦明殊质，将相之业斯分矣。月朔譬诸相，月望譬诸将。相，朔以合，故附亲；将，望以远，故分权。附亲故授其任，分权故专夜明。是故推日月知君臣，体朔望知将相。将相，臣之贵也；朔望，月之盛也。是故潮大于朔望焉。[5]

窦叔蒙用君臣将相的比喻来解释朔望潮大，可说是窦叔蒙潮汐论中最荒唐的思想之一。可以理解的仅是：他在当时确实找不到更好一些的可资利用的理论。

一年之中，二月和八月的潮汐又比其他月份为大。窦叔蒙解释说，二月朔，日月合会于降娄，此后又各自历经大梁、析木；八月朔，日月合会于寿星，后经析木，降娄又到大梁。“析木，汉津也；大梁，河梁也。阴主经行，济于河汉，乃河王而海涨也”[6]。这种解释，简直就是美丽的神话了。

窦叔蒙理论中的荒唐成分，表示着初起的潮汐论的幼稚。也标志着单用水与月的关系还不能解释全部海潮现象。要建立完备的潮汐理论，还有许多工作要作。

虽然如此，窦叔蒙紧紧抓住月与水的关系，断定月是潮汐的根源，在今天看来，仍然是根本正确的。在古代，也对后世的海潮论发生了极其深刻的影响。北宋初年，张君房著《潮说》，

---

① 窦叔蒙《海涛论》，载《全唐文》卷四百四十。

②，③ 窦叔蒙《海涛论》。

④ 参阅《中国古代地理学史》第255页，科学出版社，1984年。

⑤，⑥ 窦叔蒙《海涛志》。

认为窦叔蒙的《海涛志》"详覆于潮，最得其旨。诸家依约而言，皆不适其妙也。"欧阳修在扬州作官时，得到窦叔蒙的《海涛志》，把它贴在座右的壁上，为的是整天都能看到。窦叔蒙的《海涛志》，可说是中国古代潮汐论的奠基之作。

二 卢肇的日水相激论

卢肇晚于窦叔蒙，他的潮汐论著作是《海潮赋》。在序言中，他首先表达了自己和窦叔蒙截然对立的观点：

夫潮之生，因乎日也；其盈其虚，系乎月也。

依卢肇，则潮汐之源不是月，而是日。

卢肇批评窦叔蒙的《海涛志》，仅仅看到潮汐和月亮出入的相应，就认为月是潮汐之源，并且解释说，这是由于月与水都是阴类，因而互相感致的结果。卢肇认为，这种同类感致的思想是错误的。

卢肇认为，海潮的产生，是相激的结果。月与海同类，同类是不能相激的。卢肇援引《周易》道：

易曰：天地睽而其事同也。男女睽而其志通也。夫物之形相睽，而后震动焉，生植焉。

睽，违背，乖离。"物之形相睽，而后震动"，用今天的话说，就是两个不同的事物撞击，冲突，才能激荡、震动。在这里，卢肇显然是看到潮汐的激荡如同沸腾，而同类相加只能是数量增多，却不会震动和激荡。卢肇对窦叔蒙的反驳，也有着深厚的经验基础。

卢肇举例说，譬如烹饪，假如添上水以后，却不用火加热，要作熟饭，是不可能的。由此类推，潮汐也是日入水中灼激的结果：

天之行健，昼夜复焉。日傅于天，天右旋入海，而日随之。日之至也，水其可以附之乎？故因其灼激而退焉。退于彼，盈于此。则潮之往来，不足怪也。

水受灼激产生了潮，但潮的大小，则受月的制约：

其小大之期，则制之于月。大小不常，必有迟有速。故盈亏之势，与月同体。

其证据是，在日月合朔的时候，"潮殆微绝"。这是因为月这个至阴之物，离太阳太近，从而遏制了阳的威力，使它不得发挥，月自身也因此而失去了光明。阴阳匹敌，所以潮水几乎不生。假若月亮行度或朓或朒，潮水也将随之大小。由此可知：

日激水而潮生，月离日而潮大，斯不刊之理也①。

在《海潮赋序》中，卢肇着重阐述了"潮生因日"，"大小系月"这个基本观点。《海潮赋》正文，卢肇自设宾主，提出了潮汐论中几个重要问题。这些问题是：假若潮汐是因日而生，那就应该非常规则，那么：1. 为什么春夏潮小，而秋冬潮大；2. 合朔之后，潮应逐渐增大，为什么突然增大；望日过后，应当逐渐减小，为什么又会增大；3. 海潮为什么夜间大而白昼小；4. 为什么钱塘江潮特别大；5. 四季之中，为什么秋天潮水最大，等等。我们看到，这些问题，都是窦叔蒙所未能很好解决，甚至回答得非常荒唐的问题。

卢肇说，春夏季节，"气蒸川源，润归草木"。气成为云雨，滋润草木，养育鸟兽，散为"万物

① 卢肇《海潮赋序》。

之腴”。在这气散而为万物的季节，潮水就小。秋冬时节，草木凋落，水归泉下，这是气聚的季节，所以潮大。

卢肇的这个解释，也难说有什么道理，但比起窦叔蒙说的月渡河津，卢肇的说法即使错的，也是真正的科学理论。

至于朔望之际潮水大小的变化，卢肇解释说，日月的大小，是相同的。所以合朔的时候，互相抵消，谁的力量也发挥不出来。这时候，日的威力在畜积，月一旦离开，海水畏惧日的威力，日的威力也突然迸发，潮水也就突然增大。这就像诸侯上朝，在朝廷上，各各低首屏息，一旦散朝，就四散狂奔。所以潮水总是在合朔刚过，就突然增大。

卢肇这里用作解释的根据，乃是阴阳双方的力量对比。阴阳，还仅是一种自然力。“诸侯上朝”的说法，仅是一种比喻。不像窦叔蒙真正把日月作为君臣，并用君臣关系来解释朔望大潮。在这一点上，卢肇也比窦叔蒙要稍为合理一些。

合朔之后，阳的力量不再受到干扰，可以充分发挥，海水也就充分振动起来。月从日旁退下，到望日，退到了极点，又开始向日旁前进。“退为顺式”，“进为干德”。进退之积，月的力量也积蓄到了极点，所以第二天，潮水也就盛大起来：

> 伊坎精之既全，将就晦而见逼；势由望而积壮，故信宿而乃极。此潮所以后望二日而方盛也。昼夜潮汐大小的分别，卢肇也用阴阳的消长加以解释：
>
> 自晓至昏，潮终复始。阳光一潜，水复迸起。……分昼于戌，作夜于子。子之前，日下而阴滋；子之后，日上而阳随。滋于阴者，故铄之于水而不能甚振；随于阳者，故迫之为潮而莫稍少衰。此潮之所以夜大而昼稍微也。

卢肇对于秋冬潮大，春夏潮小；朔望刚过潮大，平素潮小；夜里潮大而白天潮小的解释，从今天的科学眼光看来，不能说是正确的。就他自己本身的理论看来，也不是一贯的。如有的用气聚气散，有的用阴阳消息。但是，用日月的共同作用来解释潮汐涨落以及大小的变化，在原则上是正确的，也是今天的科学可以承认的。因为单用水与月的关系，仅可解释潮汐起落的时间，却难以解释潮汐为什么在春秋朔望昼夜之间有大小之别。而后者正是窦叔蒙潮汐论的难点，是窦叔蒙的“月为涨潮源”所不能解决的问题。无论卢肇的理论在根本观点上多么荒唐，都应该承认，从窦叔蒙到卢肇，标志着中国古代对潮汐现象认识的深入。

对潮汐的观察，卢肇比窦叔蒙也深入得多。昼夜之间潮汐大小的问题是窦叔蒙所没有提出来的；卢肇指出大潮发生在朔望之后，而不是朔望当时，这也是窦叔蒙所没有细加考察的。卢肇解释朔望之后的大潮，使用了阴阳力量积聚和迸发的观念，从而把日月对潮汐的作用看作一个过程，也是符合实际的。可以说，在窦叔蒙所忽略，所未及，所难以解释的地方，正是卢肇的高明之处。卢肇的潮汐论，是对窦叔蒙潮汐论的补充和纠正。从另一面说，在窦叔蒙正确的地方，卢肇却出现了根本失误。其表现就是依据浑天说，坚持日出入于海水之中。

据卢肇自述，他曾从监察御史王轩学浑天法，相信落下闳、张衡、何承天等人的学说和王蕃对天地大小的计算。他批评《庄子·逍遥游》、《玄中记》、王充《论衡》、《山海经·山经》、以及佛教的四天之说。认为这些或是没有证验，或是一无可取。他从浑天法汲取的最重要的思想，乃是“日之激水而成潮”[①]。他在《进海潮赋状》中，曾说他“为此赋以二十余年，前后详参”。从他对海潮的细致观察来说，这话是可信的。从这些材料中我们可以作出判断，卢肇的潮汐论不是从浑

---

① 卢肇《浑天法》，载《全唐文》卷七百六十八。

天说中推论出来的理论，理论的起点，首先是他对海潮的观察。在观察研究中，发现了海潮起落大小的规律，也发现了窦叔蒙理论的不足。为了寻求更为合理的解释，卢肇才找到了浑天说。这样的顺序，当是卢肇潮汐论诞生的实际思维过程。同时，也应是理论和现实关系的一般表现。

卢肇的失误还告诉我们，当为了创造新理论而汲取旧理论的时候，一定不要忘记带上一具可以进行批判分析的头脑。一般说来，旧的理论无论多么光辉，都只能表现已经过去了的认识水平。卢肇之前，对浑天说的批评已不只一端。日入于海，乃是浑天说中最薄弱的一环。而卢肇为了自己的理论需要，着意坚持的，又恰恰是这一点。这种情况表明，有时最有利于自己的理论恰恰是最荒谬的理论。因此，当自己有了急需而寻求理论的时候，需要特别的谨慎和小心。

当解释为何钱塘潮大，他处潮小时，卢肇完全归于地形的因素：

且浙者，折也，盖取其潮出海屈折而倒流也。

夫其地形也，则右蟠吴而大江覃其腹，左挟越而巨泽灌其喉。独兹水也，夹群山而远入，射一带而中投。夫潮以平来，百川皆就，浙入既深，激而为斗。……

对钱塘江潮的形成，卢肇是第一个解释者，也是一个非常正确的解释者。

秋潮盛大，卢肇归之为阴盛；昼夜两潮，卢肇归为太阳的一入一出。从他自己的理论来说，也未能一贯。因为一年四季之中，阴极盛是在冬至，为何此时之潮反而不如秋季？中国古代的科学理论，往往不能形成逻辑严密的体系，卢肇的潮汐论再一次暴露了这个缺点。卢肇也不否认天人感应思想。他认为“参二仪之道，在一人之功。一人行之，三才皆协”。[①] 君主有德，就风调雨顺；君主失德，就有荒年。这些，都是“为政之所致，非可以常度而制裁”[②]。这种解释表明，卢肇知道在他能解释的现象之外，还有着许多不正常的潮汐现象。一一解释这些非常现象，是卢肇力所不及的。在这些地方，他就统统归于天人感应。

如果由此提升，我们应该作出这样的判断：在卢肇看来，一切非常的潮汐现象，都是天人感应的结果。推而广之，认为一切非正常的自然现象，都是由于政治的得失造成，而不把这些现象归于虽现在未知，但将来可知的领域，并继续进行探讨，乃是古代科学思想的重要特点之一。因此，天人感应思想在古代科学中起了疑难问题圈栏的作用：它包罗一切疑难问题，并阻止科学向这些疑难问题进军。

在卢肇的潮汐论中我们还发现，他对日月有这样的认识：①日月的体积是差不多相等的：“两曜之形，大小唯敌”[③]；②太阳是一种不会被水浇灭的，特殊的火：“太阳之精，火非其匹；至威无craftsmanship，至精无质，入四海而水不敢濡，照入纮而物所能区”[④]。这些说法，也是古代科学中重要的观念，但也是未经论证的假说。这样的观念，也是中国古代科学重要的思想之一。

卢肇《海潮赋》中，还出现了以“天地噫气”为理论基础来解释潮汐的理论。

（客曰）吾闻之，天地噫气，有吸有呼，昼夜成候，潮乃不踰，岂由日月之所运……

但卢肇批评说：

子以天地之中，元气噫唠，为夕为朝，且登且没……孰观地喙呼深泉之涯，谁指天吭乎巨海之窟？既无究于兹源，宁有因其呼吸而腾勃者哉！

但卢肇之后，出现了一个类似天地噫气的理论，这就是邱光庭的潮汐论。

---

①～④ 卢肇《海潮赋》。

三　邱光庭的潮汐论思想

邱光庭的潮汐论，建立在两个理论基点之上。第一，水是不会盈缩的；第二，潮汐是由于地之升降，地之升降是由于地中之气的出入。邱光庭说：

《易》称"水流湿"，《书》称"水润下"，俱不言水能盈缩，则知海之潮汐，不由于水，盖由于地也。[①]

自从独尊儒术以后，每一种科学理论，几乎都想在儒经中找到根据，我们在邱光庭这里，再次看到了古代科学的尊经现象。

邱光庭解释他的论断说，地处于大海之中，随着气的出入而上下。当气呼出时，地就下降，这时海水就涌入江河，形成海潮；当气吸入时，地就上升，这时江河的水就归于大海，叫作"汐"。这就是潮汐形成的基本原因。

邱光庭批评《论衡》、窦叔蒙和卢肇，说他们虽然多方论证，并且借助譬喻，但其结论则都是不正确的。他们论潮汐的一个基本思想支柱，就是海水能够盈缩。邱光庭就着重批评了水能盈缩的思想。

邱光庭说，大海是水，江河也是水。江河的水不能盈缩，可知大海的水也不能盈缩。江河不能盈缩的根据，就是江河没有潮汐。假若潮汐的成因是由于海水的盈缩，那么，由于地在海中，海水膨胀时，大地也应随之上升；海水收缩时，大地也就随之下降，这样就不会产生潮汐。

说江河没有潮汐，那是由于观察的粗疏。说潮汐不是由于海水的盈缩，其判断是正确的。对海水盈缩的批评，也逻辑严密，论述精彩。不过，这一整套论述的基点，都建立在"地在海中"这一基本思想之上。所谓地在海中，就是大地是飘浮在海上的。这是浑天说的主张。由此出发所得出的推论是：大地是不断运动的。

为了论证大地是运动的，邱光庭也求助于儒经：

《易》言："坤，元亨，利牝马之贞"。《传》言"牝马地类，行地无疆"。观其所象，地非不动之物。

这样的论证是非常薄弱的，邱光庭又求助于汉代的纬书：

《河图·括地象》云："地常动而不止。春东、夏南、秋西、冬北。冬至极上，夏至极下"。

阳动阴静，天动地静，是传统公认的观念，也是《周易》的基本思想。邱光庭援引《周易》来证明地动，可说是自相矛盾，其牵强附会是必然的。实际上，邱光庭不是从《周易》中看出地非不动之物，而是他首先得出"地非不动"的结论，然后才到《周易》之中去找论据罢了，这是古代科学对儒经的又一种关系。在这种关系中，科学可说是"利用"儒经。这种关系，也使我们看到古代科学在儒经的权威之下蜷曲前进的艰苦处境。

《河图·括地象》的论断，当是启发邱光庭思想的真正源泉。该书虽是纬书，但关于地动的论断，当是汉代天文学家从实际观察中得出的结论，是大地和日月五星相对运动的一种假说。

《河图·括地象》只确认了大地运动这一事实，未能说明大地为什么运动？邱光庭补充了这个理论，说明了大地运动的动因：

---

① 邱光庭《海潮论》，载余思谦编《海潮辑说》。

……其故何哉？由于气也。夫夏至之后，阴气渐长而盛于下，气盛于下，则海溢而上，故及冬至而地随海俱极上也；冬至之后，阳气渐长而盛于上。气盛于上，则海敛而下，故及夏至而地随海俱极下也①。

这是大地在一年之中的运动。在一昼夜之间，大地呼吸两次，因而升降两次。随着大地的升降，就出现了潮汐。大地下降时，海水涌入江河，为潮；上升时，海水又退回海里，潮水退落，这就是汐。

为了证明一昼夜之间大地呼吸两次，邱光庭援引经验事实。据《诗疏》②言，鱼兽之皮，千之经年，每天阴或涨潮，其毛都会竖起。若天晴及落潮，毛就倒伏如旧。即使在数千里外，也能应验。鱼兽之毛一昼夜起伏两次，可以证明大地一昼夜呼吸两次，潮有两起两落。

邱光庭这个证明实在也是非常无力的。张君房评论说："及详其自问一昼夜再潮再汐，即答以鱼兽之为验，斯又乏之矣"③。古代科学理论的不能一贯，随便抓住一个什么理论观点或经验事实就要去证明什么，而不管这用作证据的观点和事实是否经过批判，是否和其他论据相统一，是中国古代科学理论最令人不满的缺点之一。邱光庭援引鱼兽之毛的起伏，使我们又一次看到了这个缺点。

这样，一年之中，地一起一伏；一日之中，地起伏两次。就是邱光庭给我们描述的大地运动的基本图像。有人怀疑大地的运动，邱光庭说："天大于地逾数倍，尚能空中旋运，况地比于天殊为小者，岂不能随气动息哉！"人们可以相信天的旋运，为什么要怀疑地的升降呢？

这个反驳很机智，却不足服人。即使相信地的运动，还有个地如何运动的问题。纬书说地有四游，是地向东西南北四方横向移动，不是上下升降。四方横移，是对天象与地相对位置变换的一种解释；上下升降，则是对海潮涨落的解释。邱氏首先看到海潮涨落，由此推出地有升降。然后由地的升降，去解释潮汐起落。这才是邱氏思维的实际进程，但他不能这样表述，否则将陷于循环论证。于是援引纬书的地有四游。四游本身就难以立足，更难以用作地有升降的证据。邱氏此处的论证也是牵强的。

地动人为何没有感觉？邱光庭援引《河图·括地象》人处大舟之中的经验事实加以解释。地震时人为什么有感觉，邱光庭认为那是动的程度不同。在这些具体的地方，邱的比喻贴切，解释也正确，说明他对一些相关的现象和理论，进行了深入的观察和思考。在对这些问题的思考中，他还发现，有些人感觉不到的事情，动物则能感觉得到。每逢潮来，潮鸡就会鸣叫。这样的发现，是邱光庭潮汐论的副产品。

据邱光庭所言，每年的大潮，不在秋冬二季，而在二八两个月份，即一春一秋。对春秋大潮的解释，邱光庭援引气论，认为二八月是气交之时，朔望是气变之时。其《海潮论》在"二月八月，阴阳之气交"下注道：

卯酉者，阴阳出入之门也。

在"月朔月望，天地之气变"下注道：

日，天伦也；月，地类也。朔，形交焉；望，光偶焉。光偶形交，其变如一。

所谓出卯入酉，是古人对日月出入位置的解释。地支和月份的相应，仅是人为的安排。然而邱光

① 邱光庭《海潮论》。

② 疑即陆玑《毛诗草木鸟兽虫鱼疏》，早佚，今本乃后人从《诗经正义》辑录。

③ 见余思谦《海潮辑说》卷上。

庭通过地支符号，把两件本不相干的事情联在一起。把仅因使用了同一类符号，就认作有必然的内在联系，也是中国古代思想中最不可靠的思维方式之一。所谓“二月八月，阴阳之气交”，就是由这种最不可靠的思维方式所推出的结论。再用于解释此时的大潮，也更难使人置信。

所谓“天地之气变”，是邱氏把日月分属为“天伦”和“地类”。从而把日月之交，说成天地之气相交，又把“形交”和“光偶”同等看待，又不作论证。这一系列判断，全是邱氏自己的主观判断。即在当时，也难获赞同。用于解释朔望大潮，也是非常无力的。

从这里还可看出邱氏对日月的看法。他认为日月是阴阳之气，所以可以“形交”；并且日月都是可以发光的，所以才有“光偶”。这些问题，也都是古代长期争论不休的问题。

从对海潮的讨论中，邱光庭建立了一个新的天体结构论：

气之外有天。天周于气，气周于水，水周于地。天地相将，形如鸡卵。[1]

其自注道：

黄即地，白即水，膜即刚气，壳即天也。[2]

这种新的天体结构说，其重要特点之一，就是在浑天说的天与水之间，加上了一层气。从而避免了日出入海水这个难以自圆的命题。天水之间的气，乃是葛洪说的万里刚气。这可说是邱光庭对浑天结构的发展和补充。

作为海潮论，邱光庭的理论以后影响不大。但他的天体结构说，却极大地影响了朱熹。朱熹的天体结构说，不过是剥去了邱光庭那个“蛋壳”般的天，直接把那周旋的万里刚气当作天罢了。而邱光庭的大地升降说，也被张载采入《正蒙》，当作真理。其后徐兢作《高丽图经》，企图以气与大地之升降解释海潮，使邱的理论更加一贯，也未能成功。[3] 因此，邱光庭的理论贡献，主要在天体结构方面。

对潮汐的讨论，始于王充。其后葛洪曾著《潮说》，已知“涛潮往来有大小之变”。[4] 葛洪以后，关于潮汐的讨论又沉寂了大约四百年。唐代才继续这一课题。思想家们企图从各个方面说明潮汐的运动规律，不论其中有多少荒唐和谬误，对潮汐科学，都作出了自己的贡献。

和天体结构的讨论相比，明显的进步是不仅提出论点，而且还作论证。这些论证尽管今天看来不尽人意，但在当时已是难能可贵。因为汉代关于天体结构的讨论。论天三家往往是仅下判断，不作或只作很少论证的。因此，潮汐论的出现，不仅是中国古人科学视野的拓宽和深入，而且也是科学思维方式的进步。

第五节　丹术与丹理

一　唐代丹药功过格

丹术对科学的最大贡献，应是火药的发明。过去一般认为，火药的配方，最早见于《道藏·众术类》的《诸家神品丹法》，其原料主要是硫黄、硝石和皂角子，目的是制服硫黄，其方法

①,② 邱光庭《海潮论》。

③ 参阅余思谦《海潮辑说》卷上载：徐兢《高丽图经》。

④ 王明《抱朴子内篇校释》卷八，中华书局，1985 年版。

为孙思邈所创,遂奉孙思邈为火药发明人。1991年《化学通报》第六期发表郭正谊《火药发明史料的一点探讨》,对史料的归属及年代提出了疑问。并提出,有年代可考的火药配方,应是唐元和三年(808)清虚子撰写的《铅汞甲庚至宝集成》,其中"伏火矾法"所说的配方,有硫、硝和马兜铃。三物一起焙炼,自会成为火药。郭文还指出,出于唐代的《真元妙道要略》,其中讲到"有以硫黄、雄黄合硝石并密烧之,焰起烧手面及烬屋舍者",并且告诫,不可把硝石和硫黄一起烧炼,否则"立见祸事"。这里所说的,明显是火药的燃烧现象。从后来宋代已有火药武器的情况看,把火药的发明归于唐代,也是合适的。

丹术对科学的第二贡献,应是某些药物的制成。张觉人《中国炼丹术与丹药》,[①] 比较全面地介绍了炼丹术对传统医药学的贡献。该术还指出,除了某些医药以外,还有一些原料和合金,也是炼丹家的贡献。[②]

历史地看问题,炼丹家的贡献并非炼丹家的本意。相反,这些贡献,或是他们的副产品,或是被他们视为"祸事"的失误所造成的。因此,造成这些贡献的思想过程,也是今天最难追寻的。我们今天很难说明,唐代丹家为什么要用皂角子去伏硫黄,或者为什么用蜂蜜和硫黄、硝石一起烧炼,为什么把马兜铃作为伏火矾的原料之一。因此,火药及一些医药、染料、合金的制成,仅是神仙长生思想进程中的偶然现象,甚至是失误。火药发明中的思想,仍是神仙长生思想,是神仙长生思想进程中的曲折。

唐代丹术首先是为皇帝服务,并且首先也是被皇帝看中的。唐代以前,隋炀帝曾命道士潘诞为他合炼金丹。"帝为之作嵩阳观,华屋数百间,以童男童女各120人充给使。位视三品。常役数千人,所费巨万。云金丹应用石胆石髓,发石工凿嵩高大石深百尺者数十处。凡六年,丹不成。"[③] 后来,潘诞竟要求用童男女胆髓各三斛六斗,被炀帝所杀。因此,丹术的第一项罪过,就是造成了大量人力财力的浪费。

唐代皇帝对丹术的迷信,比隋炀帝更加厉害。唐高宗时,朝廷供养的丹术之士就有一百多人。[④] 唐宪宗时,甚至任方士柳泌为台州刺史。柳泌到任后,"驱吏民采药,岁余无所得"。[⑤] 由于皇帝的推动,合炼丹药之风遍及朝野。社会财富的浪费也难以数计。

丹术最大的危害是误人性命。唐代服丹药而死的,皇帝有六位,其中包括英明盖世的唐太宗李世民。以下是:唐宪宗、唐穆宗、唐敬宗、唐武宗、唐宣宗。其他欲服未服的皇帝,还有唐高宗、唐玄宗等人。至于王公大臣因服金丹而死者,也比比皆是。韩愈撰 有《故太学博士李君墓志铭》,集中叙述了几位深遭丹药之害的著名人物。其中有工部尚书归登、殿中御史李虚中,刑部尚书李逊、侍郎李建、襄阳节度使兼工部尚书孟简、东川节度使兼御史大夫卢坦、金吾将军李道古。这位"故太学博士",则是韩愈的亲戚李于,因服丹药而死,留下了3个未成年的孩子。

丹药毒死的绝不仅是以上数人。据说初唐王勃、卢照邻等著名诗人也喜欢仙道,卢照邻服食丹药,"几至于不免"。[⑥] 白居易《思旧》一诗,怀念故友退之、微之、杜子、崔君等人,都因

---

① 张觉人《中国炼丹术与丹药》,四川人民出版社,1981年。

② 参阅《中国炼丹术与丹药》第3页。

③ 《资治通鉴》卷一百八十一。

④ 参阅《新唐书·方伎传》,《旧唐书·方伎传》说九十余人。

⑤ 《资治通鉴》卷二百四十一。

⑥ 王勃《游山庙序》,载《全唐文》卷一百八十一。

服食丹药,“或病或暴夭,悉不过中年”,而他和元稹也曾向术士郭虚舟学炼金丹,只是没有成功,才侥幸免遭丹药之害。[①]

丹药不仅误人性命,而且使死者非常痛苦。据韩愈《故太学博士李君墓志铭》,归登自诉说,他服药以后,就像一根烧红的铁棒,从头一直插到脚,火焰从九窍骨节往外喷涌,狂痛难忍,只求速死。吐血多年后死亡。卢坦死前,大小便拉出血肉,疼痛难忍,以至于“乞死方死”。

这些王公大臣,特别是皇帝,他们的生死往往关系着政局的安定。李世民死时,才53岁。假若他长寿,武则天就未必能入宫,唐朝此后的政局或许就是另一种样子。唐宪宗“服金丹,多躁怒,左右宦官往往获罪,有死者。人人自危。庚子,暴崩于中和殿。时人皆言内常侍陈弘志弑逆”。[②] 唐穆宗死于丹药,继位的唐敬宗才十三四岁。这位皇帝“游戏无度,狎昵群小,好手搏。禁军及诸道争献力士……性复偏急。力士或恃恩不逊,辄配流籍没。宦官小过,动遭捶挞。”不久,就被力士及宦官们杀死。而他性情“偏急”的原因,就是服食丹药。唐敬宗死后,宫廷内又是一场兵戎相见。因此而伤害的生命,更是难以统计。

唐代上层人物服食丹药,基本原因就是相信服药可以长生不死,甚至得道成仙。将军李抱真,信方士孙季长的金丹,一次服下两万丸。并且认为,这样的金丹,秦皇汉武都得不到,自己真是幸运。服后泻痢不止,骨瘦如柴,已奄奄一息。孙季长说,就要成仙了,不可半途而废。于是又服三千丸,不多一会儿就死了。[③] 唐宪宗任命柳泌为刺史时,群臣进谏,唐宪宗说:“烦一州之力,而能为人主致长生,臣子亦何爱焉。”[④] 而丹药能否使人不死?这并不是个宗教问题,而是一个科学问题。关于丹药的效用,在唐代也引起了激烈的争论。

二 唐代士人论丹药

魏晋南北朝时代,尽管有《抱朴子内篇》问世,但服食金丹的情况则很少见于记载。显现于社会表面的,是士大夫的服石风。金石药中,五石散往往使人燥热难忍,甚至炭疽发背,不少人因此丢了性命。孙思邈总结这段历史,认为五石散是不可服的:

> 寒石、五石、更生散方,旧说此药方、上古名贤无此,汉末有,何侯者行用。自皇甫士安已降,有进饵者,无不发背解体,而取颠覆……[⑤]

但孙主张服食乳石。直到柳宗元时代,地方官仍把钟乳石作为贡品进奉。孙思邈也不反对服食金丹。其《千金翼方》卷二仍然认为,丹砂、金屑、水银等,服食可以神仙不死。

孙思邈还未能说明五石散误人的药理,对于钟乳石,他也只能说该药可“温肺助阳”。[⑥] 这一切,还仅是对金石药效用的经验总结。

孙思邈之后,医学家王焘也相信乳石、金丹之类,不仅可延年益寿,甚至可以羽化登仙。人们所以没有成功,那是由于他们修养不够,方法不精:“虽志贪补养,而法未精妙。”[⑦] 他相

① 参阅任继愈主编《中国道教史》,上海人民出版社,1990年,第430～431页。

② 《资治通鉴》卷二百四十一。

③ 参《旧唐书·李抱真传》。

④ 《资治通鉴》卷二百四十。

⑤ 孙思邈《千金要方》卷二十四。

⑥ 孙思邈《千金要方》,卷二十四。

⑦ 王焘《乳石论·序》。

信,如果方法对头,就可长生不死。

李林甫《嵩阳观纪圣德感应颂》,描述了玄宗君臣相信丹术的心理:

(方士曰)臣闻昔者太初之先也,尝有受命握符,一君千岁。后代圣人,顺其外为封禅,修其中为导养。故玉检有不死之名,金丹为长生之要。五三以降,兹道蔑闻……(今)玉检之文已备,金丹之验未彰。天将授之,其在今矣。上览曰:朕闻神丹者,有琅玕雪霜、三化五转,太乙得之为上帝之伯,元君得之为下教之尊。必将假无为之功,任自然之力,乃可就矣。

唐玄宗炼丹未成,没有服食。不过直到此时为止,反对的声音还是非常微弱。

后来,由于"金丹之验"已彰,反对的声音就逐渐多起来。唐宪宗服食丹药时,起居舍人裴潾上书道:

若夫药石者,前圣以之疗疾,盖非常食之物。况金石皆含酷烈热毒之性。加以烧制,动经岁月,即兼烈火之气,必恐难为防制。①

裴潾要求献药者先自服一年,就可辨其真伪。唐宪宗阅后大怒,把裴潾贬为江陵县令。

裴潾说"金石皆含酷烈热毒之性",可说是对服食丹药的经验总结,也是对金石药类的总体认识。在人们缺乏分析鉴定手段以前,对药性的认识,几乎只能求助于实践经验。裴潾从丹药的危害,进一步上升为对药性的认识,这种判断,在大体上是正确的。裴潾并不反对金石药的医疗作用,但反对作为长生药经常服用。

服食求仙的历史,本身也是一部不断从实践经验中总结理论的历史。炼丹家首先否定了草木药,认为草木自身不能长生,怎能令人长生。并因此把眼光转向黄金、丹沙、水银,企图从这些药物身上汲取永不败朽的性质。提出了"服金者寿如金,服玉者寿如玉"的口号。进一步的实践表明,服金玉者不但不能寿如金玉,反而夭折早死,由此认识到金石皆含酷烈热毒之性,因而与人体是不相容的。这是由许多生命和财富的代价换来的血泪教训,它予示着丹药观的根本转变。至于"兼烈火之气",不过是裴潾的推测而已。

裴潾要求烧炼者自己先服用一年,从科学上来说,也是一种实验思想。炼丹术士们宣称自己的丹药有效,不经实验就应用于他人。从他们的作为,至少可说明他们是不负责任的。裴潾要求他们先服,也是合理的。

裴潾之后不久,有处士张皋上书,认为"药有偏助",不可长服:

药以攻疾,无疾不可饵也。昔孙思邈有言,药势有所偏助,令人脏气不平。借使有疾,用药犹须重慎②。

"药有偏助",是对"金石酷烈"的进一步发展。它说明不仅金石药不可常服,即使草木药也不可常服,更何况金石之类。这样的认识,在今天也仍然是正确的。有些人滥用补剂,也会"脏气不平",出现不良后果。

"药以攻疾,无疾不可饵",这种用药思想,可说是千古良言。这样,人们最初由用药治病,走到用药求长生。求长生的药中,又从草木药走到金石药。在经过上千年的实践以后,人们终于回过头来,先否定了金石药的长生作用,又进而认为一切药都不可常服。那么,经常可以

---

① 《旧唐书·裴潾传》。

② 《资治通鉴》卷二百四十三。

食用的，只能是食物。韩愈在《故太学博士李君墓志铭》中，叙述了那些沉痛教训以后指出，那些服食丹药者，对食物却有许多禁忌。他们认为五谷不能令人长生，所以尽量少吃；调味的盐醋，几乎一概不要；鸡鸭鱼肉，被他们看作是害人的东西。韩愈批评说，这是不信常识而信鬼怪，是非常愚蠢的行为。

对丹药，神仙的讨论进一步发展为一般人生观的讨论：人们应该不应该追求长生？人应怎样活着才有意义？梁肃《神仙传论》说：

彼仙人之徒，方窃窃然化金以为丹，炼气以存身，觊千百年居于六合之内，是类龟鹤大椿，愈长且久，不足尚也。

梁肃所崇尚的，仅是老子"损之"之义，颜子（颜渊）"不远之复"。

柳宗元被贬以后，友人周君巢劝柳服食丹药。柳宗元回信说，他不要什么长生药。他认为，自己的使命，是行圣人之道，即使不能长寿，所行之道也能长存，这才是真正的长寿。有些人，只求自己活着，看到别人死亡，不能动其肺肝。即使肉体长寿，精神也日益愚昧。这样的人，即使活上千年，他认为也是夭折。①

此后牛僧孺，孟郊、皇甫湜等人也纷纷著文，从人生观的角度讨论丹药神仙以及一般的养生问题。牛僧孺《养生论》说，把自己养得胖胖的，不过是对屠夫有利。龟蛇千年，并不算长寿。只有行道于世，才是真正的长寿。孟郊的《又上养生书》，主张安于天命，"法天之味而食"，"法天之听而听"，而不作非分的追求。皇甫湜《寿颜子辨》，援引佛教四大和合之说，认为人体必然化去，只有"心之知"不知去向那里，但绝不会是无。圣人之心，当再结为圣人；愚人之心，会再结为愚人，甚至为禽兽。由此而论，他认为长寿的彭祖才是夭折，而夭折的颜回才是真正的长寿。

唐代后期思想家对丹药神仙和人生观的讨论，对后世造成了极其深远的影响。宋代士大夫经常谈论丹灶之事，但真正付诸实践的，几乎绝无。然而，对丹药性能的全面总结，是到李时珍才完成的。其《本草纲目》卷八《金石部》论金道：

岂知血肉之躯，水谷为赖，可能堪此金石重坠之物久在肠胃乎！求生而丧生，可谓愚已矣。

他批评抱朴子说银"化水服，可成地仙"是"方士谬言"。认为铅"其气毒人"，指出服铅之人，"皮肤痿黄，腹胀不能食"，并且"多致疾而死"。玉，只可使死者不朽，"未必能使生者不死"。水银有治病之功，但为求长生而服食，会"致成废笃，而丧厥躯"，《本草》经却妄言久服可成神仙，这是非常不应该的。至于雄黄，乃是"治疮杀毒"的要药。方士用它来炼治服饵，"被其毒者多矣"。方士所说某某服了神仙方药，雄黄水银可长生不死的话，都是不足信的。

李时珍对金石药性的分析具体而详尽，不只停留在"金石酷烈"的论断之上。他说明黄金致人死命是因其重坠，水银、铅与雄黄是因其毒性。这样，"服金如金"的思想无立足之地，"金石酷烈"的论断也没有必要了。在科学自身所能解决问题的地方，依靠思维所建立起来的联系，即科学思想也失去了存在的必要。

① 见：柳宗元《答周君巢饵药久寿书》。

三 服丹理论中的返本还原论

大约在南北朝时期，道，就被说成是气。《养性延命录·服气疗病篇》说：

《服气经》曰：道者，气也。保气则得道，得道则长存。

北朝寇谦之的《老君音诵诫经》等书，常常“道气”并提。在一些道教思想家看来，道和气，是同实而异名的概念。这种情况的造成，当是《老子》“道生一”哲学和汉代流行的元气生成论相结合的结果。在这两种思想体系中，道和气，都是天地万物的始点。由于二者同格、同位，南北朝时代的思想家没有像《淮南子》和《灵宪》一样，把道与气分个先后，生与被生，而是把二者等同起来，看作同性的概念。不过，这里的气不是一般的气，而是和道同格的气：元气。

汉代的《河上公老子注》就认为，使人具有生命的气，不是一般的气，而是元气：

万物之中皆有元气，得以和柔。若胸中有脏，骨中有髓，草木中有空虚。和气潜通，故得长生也。[①]

依《淮南子》的观念：“食气者神明而寿”。[②] 魏晋时代的养生神仙家，也相信“服气胎息可长生。”[③]但是，服气或食气的实践，并不如理论所想。理论反思的结果，认为所服的气不是一般的呼吸之气，而是内气或元气。服内气之说影响不大，服元气之说则影响深远。《存神炼气铭》道：

神气若俱，长生不死。若欲安身，须炼元气。

《洞玄灵宝玄门大义》说：

服光化为光，服六气化为六气，游乎十方。服元气化为元气，与天地合体。服胎气返为婴童，与道混合为一也。

《道教义枢》中的文字，与此基本相同。服元气化为元气，大约是受了外丹“服金如金、服玉如玉”的影响。

据任继愈主编《道藏提要》，上述几篇文字是南北朝末年或隋唐之际的作品，它反映了这一时期的服气理论。

对道和元气的追求，是一种返回人生始点的追求，道教称之为“返本还原”。南朝成书的《三天内解经》道：

老子教化，唯使守其根，固其本。人皆由道气而生，失道气则死。故使思真念道，坚固根本，不失其源，则可长生不死。

到了唐代，“返(反)本还原(元)”的口号正式提出来了。相传为张果所作的《太上九要心印妙经》道：

一者精也。精乃元气之母，人之本也。在身为气，在骨为髓，在意为神，皆精之化也。……精者，人之本也。是以圣人返其本而还其元，此乃返本还元之道也。

《太上老君元道真经》也是唐代人的著作。其中说道，道有3种，元道最高。元道的修炼过程，就是“归根复本”：

---

① 《河上公老子注》第四十二章。

② 《淮南子，地形训》。

③ 《黄庭经》。

此道归根复本，合于自然，故曰元道。

“归根复本”，不过是“返本还原”的另一表述而已。道士吴筠，把“返本还原”表述为“反其宗源”：

块然之有，起自寥然之元。积虚而生神，神用而孕气，气凝而渐著，累著而成形。形立神居，乃为人矣。故任其流遁则死，反其宗源则仙①。

唐代末年，杜光庭注《太上老君说常清静经》，经文说：“降本流末，而生万物”。杜光庭注道：

本者元也，元者道也。道本包于元气，元气分为二仪，二仪分为三才，三才分为五行，五行化为万物。万物者，末也。人能抱元守一，归于至道，复于根元，非返于末……人能归于根本，是谓调复性命之道者也……人能归真神，归真神是谓反本还源，不可逐物也。

唐代道士，从不同的角度，表达着一个共同的理论：只有返本还原，才是成仙不死之道。

是顺应自然过程还是逆反自然过程，是炼丹家们讨论的一个基本思想课题。若顺其自然，则从元气剖分，天地形成到万物化生，同时也化生了人，而人是有生有死。这是不可能成仙的，结论只能是：不能顺应这个过程。

长生不死的思想，是在这自然过程的某一点上使其停止，不再发展，这样，人就可以永远存活，不再死亡。但是，所有这些努力都失败了。失败并没有使人丧失信心，反而使丹家术士们采用了更激进的思想：返回本原。并且借用《老子》的“归根”，返本理论，把仙道自身所生的理论说成是《老子》哲学的产物。

《老子》讲归根复命，不过是说，万物来自何处，还要归于何处。这是对自然过程的认识和描述，不是对人们应如何行动的主张。是丹家术士们，把这样一种哲学的认识变成了行动的主张。

返本还原说认为，万物来自元气，元气来自虚无。从无到元气到万物，是一个自然进程。听任这个进程自然发展，那就是万物生生死死，不能自己主宰自己的命运。返本还原，逆着这个自然过程运动，就会把有质碍的形体，炼成如气如烟的虚无状态。并且自己可以主宰自己，想显即有，想隐即无，隐显自如，且永恒不死。这种理论放弃了肉体成仙的理想，把神仙变成一种如光如烟的气态存在。

新的神仙论深刻地影响了炼丹术。炼丹的过程，也被解释为返本还原的过程。《修炼大丹要旨》道：

阴阳运转，气化为精，精化为朱，朱化为汞，汞化为金，金化为药，故号金沙，名曰大还。大还者，返归之义。

《玉清内书》讲道：

万物以春夏发泄为黄芽，秋冬收敛同成熟，各归本色，反本味，不改旧容，尽名曰还。(还)丹之义，反本也。

神仙修炼也只有一条道，那就是返本还原。《阴真君金石五相类》道：

凡至道之理，只在含精返本，资神气也。采其真液，却归元祖，填其血脑，自然老而复少，枯而复荣。

返本还原，就可长生变化。《铅汞甲庚至宝集成》道：

① 吴筠《宗玄先生文集》卷中。

朱沙至七转，色返红，复为母沙，故曰还丹。至此灵变出也。初产时，色碧像母也，不用铅，则五黄三白变化之中，须候同药。及至七返九还之数，却以元产之铅为外固，此乃返本还元之道也。

凡万物返本还元，乃长生变化也。

依照返本还原理论，人们从丹药中汲取的，就不是它不败朽的性质，而是丹药中所含的元气。丹药主要成份是铅和汞，铅汞之所以能作为丹药的主要原料，也是因为自身含有丰富而充足的元气。《修炼大丹要旨》道：

还丹像人，四气足而生，亦如婴儿，乳育三年，大，元气足而成金丹。

《大洞炼真宝经修伏灵沙妙诀》载：

至紫金即是七返灵沙之金，而含积阳、真元之精气足矣……名曰紫金还丹。服之者，形神俱合，当日轻举。

《大丹记》道：

龙者汞也，虎者银也。汞于沙中而受气，银于铅中而受气，二气各得天地之元气也。

《金丹真一论》：

灵丹之源，禀乎真一之气。

"真一之气"，不过是元气的别名。金陵子《龙虎还丹诀》道：

金陵子曰：真铅者，取其矿石中烧出未曾烋抽伏治者，含其元气，为之真铅。

丹药理论的变化并不能改变服食铅汞的实际，说铅汞之中含有元气也不能改变铅汞害人的性能，炼丹术并未因其理论改变而缓和自身面临的危机。此后的丹家术士，对铅汞丹药含其元气的说法也不满意了。他们终于抛开这种实际的铅汞丹药，把铅汞都当作譬喻，发展起了内丹术。内丹的兴起和雌雄交媾说和服食丹药屡遭失败的同时，另一种成仙手段，服气胎息，也遭到了同样的命运。著名道士吴筠说：

每寻诸家气术，及见服气之人，不逾十年五年，身已亡矣。[①]

这样的效果，和服食金丹是完全一样的。只是由于服气者多为下层人物，所以没有引起社会更多的注意。

柳宗元的《与李睦州论服气书》，描述了服气者的身体和精神状态。那是柳宗元的一个朋友，"服气以来，貌加老而心少欢愉，不若前去年时"。柳宗元愿意杀牛宰羊、大酒大肉地款待他，使他心恬体胖，跳舞歌唱，去建功立业，而不希望他整日愁眉苦脸，弄得精瘦棒干，像个猴儿。柳宗元的描述，说明了服气术对人们身心健康的摧残。

服气的目的是长生不死，这当然是不可能的。它也和服食丹药一样，欲求长生，返得速死。到唐末五代时期，道教内部反对服气的呼声也日益强烈。《破迷正道歌》反对"行气为火候"，"闭息服元气"；《西山群仙会真记》否认吐纳服气、闭目内视之类；《钟吕传道集》认为服气、缩龟之类也是"傍门小法"。失败，以及内外的反对，迫使胎息服气术寻找新的理论支持。

由于炼丹术把服食丹药说成是汲取元气，就在最终目的上和服气说完全一致了。不论是服气还是服丹，都认为自己是向元气复归的、返本还原的过程，从而在对自身手段的解释上也完全一致了。但是新的理论并未给二者带来乐观的效果，迫使双方都需继续改进自己的理

① 吴筠《宗玄先生文集·服气》。

论、发展自己的实践。

丹药致人死命的现实，使丹家自己也不得不承认，《本草经》所说金、汞、铅等无毒是错误的。《黄帝九鼎神丹经诀》卷九：

凡服金银，金银多毒，必须炼毒尽，乃可服之。

卷十三：

人见《本草》，丹沙无毒，谓不伤人。不知水银出于丹沙，而有大毒。故《本草》云：水银是丹砂之魂，因丹而出。末既有毒，本岂无毒。

卷三：

臣按：五金三汞九铅八石皆有毒。

这是一个全称判断。在这一点上，丹家和士大夫的认识完全是一致的。

但是，《本草经》是经，而经是不会错的。因此，人们只能把失败归结为自己错误地理解了经典，错认了铅汞。纠正错误的第一步，就是寻找真铅、真汞。

真铅、真汞，最初还是对药物品质的要求。《大洞炼真宝经九还金丹妙诀》载：

真铅者，含其元气，从矿石烧出，未经�抽抽炼者，为之真铅也。

上品光明沙中，抽得汞转，更含内水火之气，然后为真。

《龙虎还丹诀》所说，与此大同小异。《铅汞甲庚至宝集成》道：

出山真铅，要极软嫩者，元气足……

这种真铅，也是从矿石中刚刚炼出，并且纯度较高的。

当然，这样的铅汞也不能使人长生，于是人们认为，这还不是真铅真汞。《金碧五相类参同契》道：

铅汞并是下元命门之根，为橐籥中所产，生于肾。左肾主壬，右肾主癸。肾之二气，合为一体，是铅汞本一体……汞者阳，为木，亦名婴儿……铅者阴，为金，亦名姹女。故经云：坎男离女为夫妇，水火为大药，此者真男真女真水，真火真铅真汞，要妙神用也矣。①

铅汞自在人身，不假外求。②

这样，以往人们从矿石中炼铅，从丹沙中取汞，全是一种错误。杜希遁《大还丹金虎白龙论》说：

世人枉炼五金，调和八石，呼铅作虎，唤汞为龙；妄配阴阳，错排水火。夸三黄是圣，骋五矾为神。道理既乖，圣意全失。

类似的言论，充斥于唐末五代的炼丹术著作。

铅汞既然不是矿石中炼出的铅汞，而是人身就具备的东西，那么，人们还何必外求呢，只在自身寻找就是。从自身中找到了铅汞，就在自身中烧炼。与铅汞相关，水火、丹鼎、炉灶，也都移入了自身。人身就是炉灶，就是丹鼎，水火也就在人身之内。至于人身之中什么是铅汞水火？人们从中医五行说中找来了根据。肾属水，心属火。《周易参同契》中，早把铅比作水，譬喻为北方河车；而汞，自然属阳属火。这样，心肾就成了汞铅火水，成了炼丹的原料和燃料。唐末五代的丹术认为。这样的铅汞水火，才是真正的铅汞水火，或者说，是真铅真汞真水真

①，②《金碧五相类参同契》卷上、卷下。

火，只有用它们来烧炼，才能炼成真正的金丹或还丹。而还丹，也并不是那种可入口、有质体的药物，而仅是一般譬喻：

所谓金丹者，故非金石之类为丹，借位而呼之。①

在《周易参同契》中，铅汞曾被譬喻为龙虎。然而，依中医五行说与《周易》八卦取象说，肝属木，属东方、震卦，龙属；肺属金，属西方、白虎属。所以最初人们把心肾视为铅汞水火的时候，也把肝肺视为龙虎。但是后来，肝肺龙虎之说未能被很多人接受，铅汞水火，以及它们的譬喻龙虎之类，也全都归属了心与肾。

依《周易参同契》，丹药化合的最重要原则是雌雄交媾、阴阳相配，那么，这人体之内的，真正的"铅汞"，要想炼成金丹，也必须交媾雌雄，否则就不可能成丹。但是，心肾的位置是无法移动的，所以交媾只能是心肾之气的交媾；心肾之气不过也是一种推测和假说，心肾之气的交媾也只是意念的交媾。由意念导引，使心肾之气在体内交媾，再由意念想像出，这真正的"铅汞"如何相配成丹。丹的颜色，也是红润晶莹，丹的大小，也如黍米一样。在想像中，丹被存于某处，以备他日服用。这样的丹，被称为"内丹"。和内丹相对，以前从矿物中炼出的丹被称为"外丹"。炼制内丹的方法，就是内丹术。

内丹术和外丹术的区别，不言自明。内丹之"药"，是象征之药；内丹之炼，是象征之炼；内丹之丹，也是象征之丹。至于炼制的方法和最后所成之丹，内丹术中又有种种说法，那都是它们内部各家各派的区别了。

内丹术和胎息服气术的区别，最主要的就是交媾成丹。服气术原本仅讲吐纳，认为人若能不食五谷，只像乌龟那样，以食气为生，就可如乌龟一样长寿。后来又演变为胎息，认为所服之气不应是外气，而应如胎儿，呼吸内气，这内气，又被认为是元气。其基本要求，不过是呼吸深长微徐而已。服气入体以后，又要求意念导引，使气在体内运行。服气者相信，假若身体某处有了病，将气导引至病处，就可治病。这样往往要求憋一口气。憋气的结果，往往对身体带来不良影响，所以又有人要求顺其自然，不可强行憋气或着意微徐。这些，就是服气说中最基本的要求。在这些要求中，所谓意念导引之下的气的运行，都是单向的。内丹术中，意念导引下的心肾之气，其运动不仅是相向的，而且要交媾偶配。不过，气无论是顺行还是交媾，都是意念导引之下的一种想像中的运动，所以人们又往往把汉魏以来的服气术叫作内丹术。实际上，二者在理论上不仅有着重大区别，而且从服气到内丹，曾经历了一个长期的历史发展。

从古代一般的哲学观念推论，把铅汞说成是心肾之气也非全是无根的附会。汉代以来的哲学即认为，万物皆由元气所生，人也生于元气，并且死后也要复归于元气。那么，当人们认为铅汞富含元气时，也就有可能把人体或人体的某些部分说成铅汞。重要的是，当思维把铅汞和心肾等同起来时，进程中的每一步都应经过批判和审查。可惜的是，在外丹、服气术向内丹术演进的时候，内丹家对于自己思维进程中的每一步，几乎都没有经过批判和审查。在这里，人们很容易提出这样的问题：既然任何事物都是元气所生，可不可以把它们都当作铅汞？

事实上，借助一般的哲学命题，经过一系列象征的环节，把两件或两件以上事物联系起来，甚至等同起来的思维进程，并没有因为内丹说的建立而停止下来。借助于这样的思维，建立了内丹说。这种思维的进一步发展，又否认了刚刚建立不久的内丹说。宋代的内丹书说，

---

① 《金丹真一论》。

铅汞也不是心肾，丹鼎也不是人身，真铅是“先天真一之气”，炉灶是整个天地乾坤。至于什么是“先天真一之气”？如何把乾坤天地当作炉灶，那非遇明师相传不可。再往后，则说金丹就是道，就是心，[①]“或者说：“本来真性唤金丹”，[②]所谓炼丹，完全成了心灵的修养过程。

当外丹术转向内丹的前夕，唐代丹家们也曾设想过服食药金，他们认为药金可能是无毒的。《张真人金石灵沙论》道：

石金性坚而热，有毒，作液而难成。忽有成者，如面糊，亦不堪服食，销人骨髓。药金若成，乃作金液，黄赤如水，服之冲天。如人饮酒注身体，散如风雨，此皆诸药之精，聚而为之。

药金服之，肌肤不坏，毛发不焦，而阴阳不易，鬼神不侵，故寿无穷也。

药金的成分，也是铅汞之类，其效果如何，可想而知。服食药金的理论也没人继续，最终也都转向了内丹。

四　丹理与唐代科学的思维方式

把铅汞说成心肾，其间的思维过程可分析如下：

命题一：铅汞皆富含元气。作成图，则是：

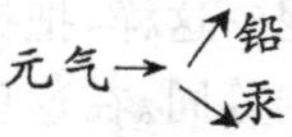

元气→↗铅
　　　↘汞

这是一个无法证明的命题。为什么铅汞富含元气，而其他物质就不富含元气。当然，丹家也作了一些证明，或者说是说明。比如说丹砂是“金火之精”所结，汞受阳精足等等。[③]这样的说明，和判断本身一样难以证明。虽然如此，命题本身还只能看作是古人受认识水平所限，又与一般都承认的元气说相联系，可以作为思维的出发点。命题的正确与否，可不由思维方式负责。同样，在另一极也有一个类似的命题：

命题二：人身（含心、肾等）生于元气。如图：

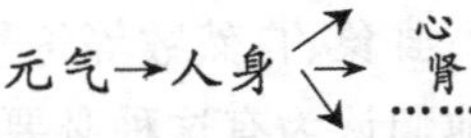

元气→人身↗心
　　　　→肾
　　　　↘……

命题二和命题一具有同样的性质，它是丹家思维的出发点，也是我们考察的出发点。

据《金碧五相类参同契》，则汞为阳、为木；铅为阴，为金。据《大洞炼真宝经修伏灵沙妙诀》，则丹沙是“太阳之至精”，是“金火之精”所结。而汞，是“火去于金”。把铅归属阴和金，一般没有疑义。大约又因其颜色，将铅归于五行中之水。而汞，是金？是水？既是，又不是。所谓丹沙是“金火之精”，大约也是因其颜色鲜红之故。由于汞出于丹沙，铅又最合理的占据了阴水的位置，汞也就只能随着自己的母体，被归入阳火。虽然，火与木不同，这二者之矛盾已足以引起对这种归属的不信任，但我们还是把这作为认识水平问题，作为唐以前五行说的责任。于是我们又得到一个作为出发点的命题。

命题三：铅属水（又属金），属阴；汞属火，（又属木），属阳。如图：

铅→阴→水（或金）；　汞→阳→火（或木）

① 参阅《白玉蟾全集·鹤林问道篇》。

② 王重阳《全真集》。

③ 参阅《大洞炼真宝经修伏灵沙妙诀》。

依据传统医学的五行说,则得命题四:

命题四:肾属水,心属火,肝属木,肺属金。按水火又可归属阴阳,可作图如下:

肾→阴→水; 心→阳→火

合并前面数图,可得下图:

```
           ↗ 阴 → 水 ↗ 肾
元气                  ↘ 铅
           ↘ 阳 → 火 ↗ 心
                      ↘ 汞
```

丹家由此得出最后一个命题:

命题五:肾即铅,心即汞,富含元气。如图:

肾=铅,心=汞。

且不说铅属金未必属水,汞属木未必属火,即使肾与铅都属水,也仅是同类,同类未必同质,有什么理由说心肾就是汞铅呢?也就是说,在这里,作者的思维跨越了他不应该跨越的界限。

从汉代开始,五行说就不只是一个对世界物质的分类系统,而早已蜕化为一个符号系统,如将动物、植物果实等,都依其某一方面的性质,分别归于五行。我们在铅属水还是属金。汞属木还是属火这个问题上也可看到,金水木火,并不能反映铅汞的本质,甚至也不反映它们的局部性质,比如汞这种银白色呈液态存在的金属,怎么能属火类呢?这样,把铅等于肾,汞等于心,还不能说是把同类物相等同,而是把同一符号所表达的物相等同。在这里,思维所逾越的不该逾越的鸿沟,比我们前面所说的要更深、更宽。古人的这种思维,如写成一般形式,则是:

因为X代表A、代表B、代表C、代表D……

所以A=B=C=D=……

这是丹家在完成由外丹向内丹过渡时所用的思维方式,也是古代许多思想家在借助符号系统实现某种思想过渡时所常用的思维方式。这种思维方式特别集中体现在以《周易》象数为基础的思维过程中。思维者在思维的时候,仅仅借助干支、音律、卦象、自然数等符号系统,就可把世界上所有的事物曲曲折折地联系起来,等同起来,只要他们认为有这种必要。这样的思维方式,都可归结为上面的简单方式。或者用另外一种方式表达,那就是:

因为这些事物使用了同一符号。

所以它们彼此相类甚至相等。

稍有一点逻辑常识的都可看出,这样的思维者在这里犯了多大的思维错误。这样的思维方式,是古代最不可靠的思维方式之一。

这种思维方式有时以变通的形式表现出来。《大丹铅汞论》道:

铅属阴,黑色而为玄武,其卦为坎,位属北方壬癸之水。水能生金,水中有金,其色白而为白虎,其卦为兑,西方庚辛金也。

汞属阳,色青而为青龙,其卦为震,位禀东方甲乙之木。木能生火,故沙中有汞,其色赤而为朱雀,其卦为离,南方丙丁火也。

以是论之,则坎为水、为月、为铅;离为火,为日,为汞,当无一毫之差也。

这一长串符号系列,包含着:阴阳、五行、四象(龙虎龟雀)、方位(东西南北中)、卦象、干支,还有日月。一个物,只要能在这个系列上找到一个可以接合的地方,它都可以借助符号的对应关系，随人之意，和另外的物联系和等同起来。由于人意不同，等同或联系的结果也不同。如有人认为汞为青龙，有人认为铅为青龙，而依照中医五行说和卦象方位，则应肝为青龙。有人认为汞色白应为白虎，有人认为铅属金应为白虎，依中医五行说和卦象方位，则肺属金应为白虎。争论只能表明，这样的思维方式是不可靠的。

从这样的思维方式中，我们还可以得出结论：这样的思维者分不清符号和概念的关系，而以为符号也是概念，并且反映着对象的本质。

科学发展到今天，全面地、综合地考虑问题的需要，产生了以系统方法为基础的现代整体观念。然而，科学之所以为科学，其最基础的思维要求就是分辨，没有分辨，就没有认识，也没有科学。现代整体观念和古代整体观念最重要的区别，就是现代整体观念对自己的对象是分辨得清楚的，是在分辨基础之上的整体观念。缺乏分辨的自觉性，不能正确分辨自己的对象，在这样基础上建立起来的一切联系都是不可靠的。而这一点，正是所谓象数思维的最大缺陷。

五　丹术与实验思想

大约在炼丹术诞生不久，就产生了实验思想。汉代问世的《黄帝九鼎神丹经》道：

> 玄女曰：作丹华成，发试以作金。金成者，药成也。金不成者药不成。

这种检验法，可以叫作“续成实验法”，即把已成的最终产品当作原料，使其成就另一产品。当时的丹家大约认为，假若金丹可以使其他药物变成黄金，就也能使人体成为像黄金那样不败朽的存在物，长生不死。

但是，金丹是给人吃的。即使金丹可让其他药物变成黄金，却未必能使人的肉体长生不死，因此，更可靠的实验方法应该是用和人体相近的存在物。据葛洪所作《神仙传·魏伯阳传》载：

> 伯阳入山时，将一白犬自随。又丹转数未足，和合未至，自有毒丹。毒丹服之，皆暂死。伯阳故便以毒丹与白犬食之，犬即死。伯阳乃复问诸弟子曰：“作丹恐不成。今成而与犬食，犬又死，恐是未得神明之意，服之恐复如犬焉。”

魏伯阳其人其事都不可考。这个故事说明，至少在葛洪时代，人们已知金丹可能是有毒的，并产生了用动物实验的思想。

动物实验后来发展为用人作实验。《魏书·释老志》载：

> 天兴中(398～404)，仪曹郎董谧因献服食仙经数十篇。于是置仙人博士，立仙坊，煮炼百药，封西山以供其薪蒸。令死罪者试服之，非其本心。多死无验。

用死囚作实验，这是只有皇帝才能实现的特权。用死囚而不用平常人，也表明了时人对于仙药的极端不信任态度。用人实验，是残酷的，不人道的，可称赞的只有一条，那就是他们对服食仙药的谨慎。

到了唐代，受长生不死愿望的驱使，皇帝们就失去了这种谨慎。这时候，裴潾要求献药者应先以自身作实验。由于献药者是把别人作了自己的实验品，所以裴潾的要求并不过分。

服食金丹的全部历史，可说就是人类历史上一个漫长而痛苦的实验过程。人类付出了沉重的代价，最终才得出了一个结论：长生不死是不可能的，金丹是有毒的。

唐代以前，在这漫长而痛苦的实验过程中，炼丹者用作实验的对象大约主要是他们自身。到了唐代,这种实验的对象则主要是皇帝以及达官贵人、文人学士。至少从文献的记载来看,很少发现炼丹者自服丹药的情况。这种情况的造成,大约有以下几种原因。

首先,是认为服药者必须有高尚的德行和一定的社会地位。从汉武帝求仙开始,方士就认为,只有像皇帝那样的地位,仙人才肯赐药。① 后来成书的《汉武帝内传》,就把汉武帝求仙不成归结为他的穷奢极欲。至少到葛洪时代,炼丹家们就一面强调金丹的重要,一面强调德行和天命或先天条件。《抱朴子内篇·对俗篇》就说:"欲求仙者,要当以忠孝和顺仁信为本。若德行不修,而但务方术,皆不得长生也"。此后的丹书道籍,也大都强调德行为成仙的必要条件,甚至认为是主要条件。这样,一面可对那些服药非但不仙、反而速死者作出解释,也促使健在的道士术士们把仙方仙药献给皇帝和贵者。至少在当时的标准看来,皇帝和贵者都是德行高尚和受天命者。因此,唐代术士们自己服药的不多,而用他人作实验,其多数当不是存心欺人。

其次是对死者作出合乎仙道的解释。汉武帝时就认为李少君是尸解仙去。唐高宗时术士刘道合死,也被认为是尸解仙去。此类解释,也充斥于道书仙传。此外还有其他一些解释,说死者只是暂死或假死,不久即可复生,复生即为仙,且援引某某亲眼所见云云。这里的解释,一半是欺骗,一半也是表达了解释者自身的愿望,愿望常常导致人们相信如愿的言论,也是人类的普遍心理。假如他人也有相同的愿望,极易相信解释者的解释,这是唐代皇帝和许多显贵深信不疑、甚至至死不悟的原因。而那些批评神仙说的人们,如梁肃、柳宗元、皇甫湜等人,在人生观上,也是不以长生住世为高的人。他们认为,真正的长寿是行道、建功,而不是肉体不死。这种情况告诉我们,人的道德和思想状况,也影响着他对科学事件的判断能力。

第三个原因是当受害者觉悟的时候,已经难以补救,自己又很难把教训传给别人,以致别人又要重复同样的全部过程。韩愈《故太学博士李君墓志铭》道:

> (服丹者)不信常道,而务鬼怪,临死乃悔。后之好者又曰:"彼死者皆不得其道也,我则不然"。始病,曰:"药动故病,病去药行,乃不死矣"。及且死又悔。呜呼!可哀也已,可哀也已。

赖有韩愈,著文传达了这几位受害者的教训与悔恨,成为我们了解丹药"实验"效果的重要文献。

丹药发展的历史,证明拉卡托斯的关于科学理论"硬核"和"保护带"的理论是正确的。② 假若实验证明了理论的无效,其拥护者总是要想出种种附加性的解释,以保护自己理论的核心。不过,丹药的发展史同样证明了,一种理论的是非,归根到底,要看它的实验效果。人们最终抛弃金丹术,根本原因,还是它的无效。

前事不忘,后事之师。我们希望,有了金丹术这段历史,后人应能避免一些这类漫长而代价昂贵的实验。为了作到这一点,科学不仅需要实验,而且需要冷静的头脑,批判地对待各种理论。

---

① 参阅《史记·封禅书》。

② 拉卡托斯,科学研究纲领方法论,第65~72页,(Imre Lakatos ,The Methodology of Scientific Research Programmes)上海译文出版社,1986年版。

第六节　隋唐科学中的气论

一　律气、卦气与阴阳人格论

“律气”一词出于汉代。《后汉书·律历志》载:“阴阳和则景至,律气应则灰除。”所谓律气,就是用律管所候的阴阳之气的升降。

杨坚对于音律候气的态度,从思想进程来看,也是由于天道自然观念的洗礼,使人们减少了许多盲从。因而在与自己切身利益密切相关却不能为自己带来什么好处的科学事件中,能够保持一点冷静的头脑。

与律气接应的是卦气。卦气是用卦象表示的,阴阳二气在一年之中的消长循环运动。《大衍历议·卦议》的定义是:“其说《易》本于气,而后以人事明之。”

《大衍历》所采用的卦气说,自以为源于孟喜,“自冬至初,中孚用事”,以下的次序,乃是复、屯、谦、睽等等,这是汉代流行的卦气顺序,每卦主管六日七分。六十卦,共司管:

$$6\frac{7}{80}\times 60=360\frac{420}{80}=365\frac{1}{4}(\text{日})$$

这是上古四分历一年的岁实。分母80,是因为一天80分。此后京房为溱洎“七日来复”,使坎离震兑四正卦各管$\frac{73}{80}$日,与之相邻的前一卦则主管

$$6\frac{7}{80}-\frac{73}{80}=5\frac{14}{80}(\text{日})$$

这样,其总和仍是$365\frac{1}{4}$日。

依《大衍历议》所述,四正卦二十四爻,每爻主管一个节气,它们表示的意义是:

> 坎以阴包阳,故自北正,微阳动于下,升而未达,极于二月,凝涸之气消,坎运终焉。
>
> 春分出于震,始据万物之元,为主于内,则群阴化而从之,极于南正,而丰大之变穷,震功究焉。
>
> 离以阳包阴,故自南正,微阴生于地下,积而未章,至于八月,文明之质衰,离运中焉。
>
> 仲秋阴形于兑,始循万物之末,为主于内,群阳降而承之,极于北正,而天泽之施穷,兑功究焉。

《大衍历议》的理解,和汉代并不完全一致。他对四正卦的说明,也有牵强之感。比如“南正”、“北正”,应用纯阳,纯阴的乾坤才对。一行对四正卦的强调,并把它们和阴阳的意义相对应,就促使后人对这一系统的研究和改进。

依《魏书·律历志》,卦气主要用来预测气象变化,它和二十四气、七十二候是分开的。大衍历把它们排在一起,依照“以人事明之”的原则,若物候与卦象所示不合,就要占卜休咎。只是大衍历没有具体列出占卜的标准和方法,使我们难知其详。

律气和卦气,基础都是阴阳二气的周年运动。阴阳二气,在这些理论中都获得了独立运

动的性质，它们的相互关系，被人们赋予了人格的性质。《大衍历议·历本议》道："阳，执中以出令"，"阴，含章以听命"，这不仅讲的是日月的君臣关系，也讲的是一般阴阳二气的君臣关系。因为在当时的天文学看来，日月不过是阴阳之精罢了。

阴阳的君臣关系若是和睦，相会时就不会发生日食：

> 日月嘉会，而阴阳辑睦，则阳不疚乎位，以常其明；阴亦含章示冲，以隐其形。若变而相伤，则不辑矣。

在这里，阴阳日月，完全是个有人格，有情感的存在物。

由于日月运行的主动、人格性质，所以在日月相遇时会出现月变行相避的可能。这时候，虽然依历法应当日食，实际上也不会发生。到宋代，以朱熹为代表的，影响广泛的阴阳二气相避论，其前驱则是《大衍历议》。

把阴阳二气赋予人格的性质，是唐代科学中阴阳说的特点之一，我们在其他领域还将碰到这样的阴阳说。

二 气与潮汐论

在潮汐论中，气首先是物与物感应的中介。封演和窦叔蒙认为月与海的"感致"，其中介就是气的往来。月与海相感的原因，则是由于它们同类。如窦叔蒙所说，地是"群阴所藏"，月是"群阴所系"。实际上，这种"同类相感"的理论，一开始就带着非常片面和牵强的性质。

最早记载同类相感的文献当是《周易·文言传》："水流湿，火就燥"。后来，就是《吕氏春秋》、《淮南子》、《春秋繁露》所讲的"鼓宫宫动"、"慈石吸铁"，以及"牛鸣牛应"之类，还有所谓阳燧取火、方诸取水等等。然而，这里所举的事实，有些相感的并非同类，如慈石与铁；有些同类则是似是而非的，如牛鸣牛应。因为牛和牛可说是同类，但在牛之中，还有同性排斥，异性吸引的事实存在。如按阴阳分类，则感应的可能恰恰是发生在异类的阴阳之间。这种阴阳之间同类相斥的事实，在现实生活中，在宫廷之内，都是屡见不鲜的事实。《诗经》以"关雎"开篇，《周易》讲一阴一阳之道，都在述说着异类相吸引的事实，但这样的事实却不能被古代思想家纳入他们的感应理论。因此，即使月亮和海水之间果然存在着吸引关系，也决不是因为它们都是阴类。在这里，从王充到窦叔蒙都只是发现了月亮运动与海潮涨落的相应，却并未能提供正确的解释。

同类相感的理论被应用于天人之间，在汉代曾造成了广泛而持久的影响。"天道自然"的兴起，只是否认了天人之间可以互相感应，却未能再深入一步，探讨物与物相互感应的另一部分事实，对物与物的相互关系，作出全面而合乎实际的说明。而这样的工作，即在当时，也并不是作不了，而是无人去作。无人去作的原因当不是缺乏王充那样的人才，而是社会缺乏突破同类相感思想模式的需要和动力。

由于看到了同类相感的缺陷，卢肇才提出了阴阳相激的问题。物与物相击而发声，人们很自然会想到自然界的某些声响，如雷鸣，并用气的相激去解释。卢肇提出了由于火才使水沸腾的事实，并由此推广到海潮的成因。卢肇对海潮的解释，即在当时，也被认为最是荒谬，所以他对阴阳关系的新见也未引起更多的注意。实际上，卢肇的潮汐论，对古代的气论和阴阳学说提出了一个新的问题，即所谓同类之间以气为中介的感应到底会造成什么样的后果。而自然界中那些剧烈的事件和变动，是不是同类相感造成的？

从思想史上说，阴阳相激而引起剧烈自然事变的假说在先秦时代就产生了，伯阳父就用阴阳的一迫一伏来解释地震的成因。但是，由于人们把阴阳关系用于君臣男女尊卑的关系，而社会需要和谐与安定，也就限制了人们用较为实际而不带偏见的眼光去看待自然事件。可以说，在阴阳二气的关系问题上，古代社会生活的现实极大地干扰了人们的客观认识。

卢肇援引《周易》"天地睽而其事同"，"男女睽而其志通"，以论证"物之形相睽，而后震动焉，生植焉"。这是大量存在的客观事实，也是事物运动的一个重要原则。它以朴素的语言表达了相反相成、对立中的统一或统一中的对立这样的客观法则。我们不应因为卢肇援引"日入于海"的荒唐观点否认他对古代气论的贡献，不应否认他实事求是的科学态度和不墨守陈说的科学勇气。

卢肇的阴阳相激成潮论，在邱光庭那里得到了一定程度的反映。邱光庭用阴阳气交解释二月、八月大潮，用阴阳气变解释朔望之既的大潮，当是卢肇阴阳相激说的延续。因为相激必相交，相交才能相激。而相变也是相交，合朔就是阴阳的交会。邱光庭事实上也是认为，只有阴阳二气的相交、相激，才能造成剧烈的自然事件。大潮，就是这剧烈的自然事件之一。

在潮汐论中，谁都没有援引"一阴一阳之谓道"。倒是阴阳的君臣关系和人格性质，成为窦叔蒙潮汐论的重要基础之一。这种情况说明，把阴阳二气赋予人格的内容，在唐代已是相当流行的观念。

邱光庭的潮汐论还把气分为元气和地中之气。造成每日两潮的，是地中之气的升降；造成一年之中大地升降的，是天的元气。天的元气和地中之气有什么关系？二者与阴阳之气又是什么关系？邱氏没有说明。他对天之元气和地中之气的区分没有实践或理论的依据，仅是想像的产物，也不具有普遍意义。

邱光庭对气论的贡献，是他借助葛洪的刚气对天气运动的说明：

> 抱朴子云：从地向上，四千里之外，其气刚劲，居物不落。以此推之，知周天之气皆刚，非独地之上也。
>
> 夫日月星辰，无物维持而不落者，乘刚气故也。内物既不能出，外物亦不能入①。

刚气，就是迅速运动的刚劲之气。说四千里之上其气刚劲，当是对高山之上风大的推广。说这样的气可使"居物不落"，则是邱光庭的进一步推论。这样的推论，很可能是源于观察旋风或大风的经验事实。邱光庭的论述，给中国古代气论又增加了一项新的内容：迅速运动或旋转着的气，具有负载重物的巨大力量。到朱熹，则进一步推广了刚气论。认为迅速旋转的刚气，乃是使大地不至"坠落"的基本原因。

这种飞速旋转的大气漩流，是邱光庭的丰富想像，也是近代科学产生以前的宝贵思想财富。

三 气论和唐代丹术

唐代丹术把铅 、汞、金丹都看作是富含元气的物质，这是炼丹史上丹药观的一个重大转变。

---

① 邱光庭《海潮论》。

"元气"的概念,起于汉代。元的意思,就是始:"元者,始也"。① 所以在后来的道教文献中,又常常把元气称为"始气"、"祖气"。

元气是天地万物之始,那么,天地万物出现以后,它是否还存在?存在于哪里?依汉代思想家的意见,它仍然存在。一是存在于天上:"天禀元气",② 是天地间的精微之气,"元气,天地之精微也",③一是存在于人身:"布恩施惠,若元气之流皮毛腠理"。④《老子河上公注》说元气在身,身体才得以和柔不死,当是汉代人的普遍认识。

以此推论,万物也都包含元气,因为它们和人一样,也是禀元气而生。在这里,似乎没有哪一种物质含元气多些,哪一种物质含元气少些的问题。说铅、汞富含元气,只是丹家由意愿而生的判断,即在当时的理论中,也难以找到证明。比如说,富含元气的为什么不是雄黄八石,甚至草木之药?丹家最初抛弃草木药而推重金丹,那是因为草木药自身就有生有死,金丹却不仅不死,而且还能变化。不论这种理论多么错误,在逻辑上,它是一贯的。说铅汞富含元气因而可使人不死,就缺少了"服金如金"那样的理论严密性。

既然自身之内就有元气,又何必服食金丹呢?丹家的意思当是认为:人身有元气,但并不全是元气。骨肉毛发爪甲,都是重浊之体。服食金丹,就是把它们都变成元气。假若肉体都成了元气,那就可以轻举飞升,可以不死常存。

然而,如汉代思想家所说:"人未生,在元气之中;既死,复归元气。"⑤ 这样,自然死亡也是复归元气,为什么又要修炼呢?依道教思想家的意思:"死不自由死,死后由他生,知见由我灭,由我后不生"。⑥也就是说,自然的死亡,是被动的;所以死后的再生,也是被动的。运用到复归元气理论之中,也就是说,只有经过修炼的向元气的复归,复归之后才能听任自己的意志,隐显自如,来去自由。

复归元气的理论是唐代金丹术的基本理论。不过平心而论,这个理论在哲学上是矛盾多出的。比如元气含不含或分不分阴阳?体内除元气之外还有没有阴阳二气?或者说,元气和肉体的对立与阴阳二气的对立是什么关系?不采用这种说法,在理论上较为一贯的,是吴筠的"炼尽纯阴说"。

吴筠认为,"气本无清浊",⑦ 只有阴阳。九天之上,纯阳无阴;九地之下,纯阴无阳;中间是阴阳混蒸。禀纯阳而生的是圣哲,禀纯阴而生的是凶顽,一般人是二气均合。所谓修炼,就是以阳炼阴。阴气炼尽,即可成仙:"有纤毫之阳不尽者,则未至于死;有锱珠之阴不灭者,则未及于仙"⑧。

在吴筠的理论中,没有元气的地位。吴筠的理论和复归元气说的重要相同点,是都主张炼掉这个有质碍的形体,使自己成为如云如烟的气态存在物。这是唐代占主流地位的神仙观,也是唐代丹术气论的一个重要组成部分。

---

① 《春秋繁露·王道》。
② 王充《论衡·超奇》。
③ 王充《论衡·四讳》。
④ 《春秋繁露·天地之形》。
⑤ 《论衡·论死》。
⑥ 王玄览《玄珠录》。
⑦ 吴筠《玄纲论·天禀》。
⑧ 吴筠《玄纲论·以阳炼阴章》。

至少从汉代起，人们就把鬼看作一种气，而且是一种阳气："鬼，阳气也，时藏时见。阳气赤，故世人尽见鬼其色纯朱。"而且，鬼作为一种妖，不是一般的阳气，而且是"太阳之气"；"所谓鬼神者，皆太阳之气为之也。"这种太阳之气，是天气："太阳之气，天气也"。它纯阳无阴，不能为形："太阳之气，盛而无阴，故徒能为象不能为形。"①

吴筠说的"纯阳"，也就是王充的"太阳之气"，也就是存在于九天之上的"天气"，因而也就是元气。不过吴筠不能承认这种状态的存在物是鬼，而认为是仙。至于王充自己，也不能作到理论一致，在《论衡·论死篇》说："阴气逆物而归，故谓之鬼；阳气导物而生，故谓之神。"吴筠以后，丹家术士也都一致认为鬼是阴气了。

鬼、神、仙，无论说他们是阴是阳，都是一种气，虽然在南朝关于形神关系的争论中，无论是范缜还是他的反对者，都知道"神"，即人的精神，是一种和气不同的存在，但是，唐代道教思想家还是不能把神与气区别开，他们把道也说成是气。而他们的最高追求，就是把这有质碍的形体炼成纯粹的元气或阳气。

"服金如金"，企图借金玉沙汞使肉体长住不死，甚至羽化飞升，就是荒唐到极点的、永远不能实现的追求。炼形成气，又是比那荒唐到极点的、永远不能实现的追求还要荒唐、更加不能实现。我们甚至很难想像，丹家术士们怎么能这样的忽发奇想，竟想把这血肉筋骨之躯炼化成气！那么，若真能如此，这样的气是否就要和天地间的元气，和九天之上的纯阳之气混而为一，"我"是否就要消失？假若"我"不消失，"我"又是什么？而这不消失的"我"是否能随心所欲地把已化成元气的我的身体聚拢在一起？这些问题，丹家术士们根本不加讨论，其他思想家也是稍一接触此类问题，就马上跳开了。诚然，这是一些假问题，但思维在这些假问题上的作业则是真的。而在这些假问题上的思维作业，则可以通过这些假问题得出真理。可惜的是，古人并非缺少闲暇，却很少在这些问题上进行思维作业。

丹家指望把有形质的躯体炼化为气，是荒唐的。但是他们对有形质体的否定，却对后世发生了深远的影响。依道教思想家所说，元气在未聚成人时，是无限清澈的，而且是纯善无恶的。元气一旦结成形质，就丧失了清明的本性，出现了恶："水至清而结冰不清，神至明而结形不明。"②

他们把在未成形以前，处于元气状态的性叫作"天地之性"，把成形以后的性叫作"气质之性"。天地之性是至清因而也是至善的，气质之性则夹杂着恶。因此，炼形化气的过程，也就是去恶归善的过程。

气质之性说后来成了宋明理学人性论的基石，成为宋明理学中最重要的理论之一。理学不能要求炼形化气，但要求变化气质；变化的手段也不能借助服丹，而只能借助于学习：

> 变化气质……
>
> 如气质恶者，学即能移③。

气质之性说，是古代气论的一部分。此说的始点，乃是唐代道教的炼形化气说。

炼形化气的重要手段之一，是服食由铅汞炼制而成的金丹。说铅汞及还丹富含元气，已是无法证明的假说。由此再推广到体内，说心肾即是铅汞，在理论上更加难以自圆。依照铅

---

① 《论衡·订鬼》。

② 谭峭《化书》。

③ 《张载集·经学理窟·气质》，中华书局，1978年。

汞的五行、阴阳归属，则一阴一阳。那么，作为阴水的铅如何富含元气？而铅汞在体内的交媾，和阴阳二气的交变是同还是异？如果有异，异在何处？如果相同，那么，这样的交媾成丹何必非心肾不可？思维由此前进，以致否认铅汞就是心肾，否认炉灶就是人身，是完全合乎逻辑的。

否认铅汞就是心肾之后，其中一个重要说法是，铅乃“先天真一之气”。这先天真一之气性质如何？它存在于何处？丹家往往说得迷离恍惚。如果说它在体内，则和元气有什么区别？如果在九天之上，人又如何采来炼丹？如果说在天地之间，那和呼吸之气又有什么区别？因此，这样的气，只是丹家想像中的产物，它后来也未能影响于气论的其他方面，仅存于丹家的著作之中。

炼形化气的另一途径，是直接服食元气。服食元气说源于服食内气，服食内气则是由于呼吸吐纳的失败，于是要求呼吸尽量微徐深长，几乎不存在。人们认为，这样的呼吸方式，如同胎儿在母体之内的呼吸。胎儿在母体之内呼吸不到外面的气，所“食”的只能是“内气”。人们依照这种方式呼吸，得到的也是“内气”。而这种“内气”，也就是体内的元气。

人们最初认识到气对生命的作用，得自人是否停止呼吸这样一个经验事实。由此推出体内有气则生，无气则死。但是，人们无法得知人吸入的气在体内达于何处。魏晋时代的行气说，认为由意念导引使气在体内运行，所指就是这种吸入体内的空气。他们认为，这种吸入体内的气，可以到达身体各个部位。这样的说法也不能说全部不对，只是他们不了解这气不能直接进入身体各部，也不了解进入身体各部的只是吸入之气中的一部分。说体内有气也不能说不对，只是这种气不能“服”，而只能依靠呼吸来补充。因此，它也不是根本不同于外气的所谓内气，而是完全相同的气。因此，说内气根本不同于呼吸之气，甚至是可以使人长生不死的元气，就是一种错误的认识了。

当外丹术寻找真铅、真汞的时候，服气术也在寻找“真气”，并且认为，只有这种真气，才可使人长生不死。实际上，真气和真铅、真汞一样，并非就是真正的气，真正的铅汞，而以前的都是假，不真。如果说果有真假之别，那么，这种被说成真的东西才是真正的假。比如说真铅、真汞是心肾，这心肾就是假铅假汞。而真气，则和先天真一之气一样，也只是丹家想像中的产物，仅存在于丹家的著作中。其他著作中也偶而提到这一名词，不过仅仅是偶而提到而已。这些概念，始终未能进入气论哲学系统。

哲学气论，作为对客观事实的一种解释，尽管并不准确，但一般无碍于事物的实践进程。但是，假若反过来，企图立足于这种并不准确的解释之上，甚至立足于完全错误的解释之上去进行实践活动，比如去寻找真气或先天真一之气以求延年益寿，甚至交媾成丹、长生神仙，其后果如何，也就可想而知。

历史上对丹药、丹术和人体认识的历史，应作为今天的一面镜子。

四 唐代医学与五运六气说

古代描述气运的学说，有两大系统。一是阴阳消长说，二是五运六气说。描述阴阳消长说的先是律气，后是卦气。其内容是阴阳二气在一年之中的循环消长运动。到宋代，邵雍将一年之中的阴阳消长推广到整个人类甚至整个宇宙的发展历史；五运六气说描述的是五行之气的运动，它起源于汉代，到唐代王冰又重新得到重视。

在阴阳五行说流行的战国中后期，人们一面用五行气的循环去解释一年四季的变化，比如《吕氏春秋·十二纪》。其中伴随着一年四季循环的，是五行气的循环。一面也用五行气的循环去解释人类的历史，其中主要是王朝的更迭，如《吕氏春秋·应同篇》。在方位中，金木水火居于四方，土居中央。在时间的流转中，无"中央"可言，有人主张"土王四季"。但《吕氏春秋》还是把土安排在夏秋之际或水木之间，成为循环运动中的必要环节。汉代医学中的五运六气说，当是《吕氏春秋》中五行气循环的继续。可以想像，五运六气说当初未必就局限于医学，它之局限于医学，很可能是被卦气说排挤的结果。

五运六气说以五行气的循环为基础，借助干支系统，构成60年为周期的循环模式。依据这样的模式，似乎就可知晓逐年的气候和疾病流行状况。这样一个模式是在时间链条上的循环模式。即使这个循环模式正确，也存在着时间和空间上的矛盾。王冰正是意识到这一点，才在校注中把空间划为横竖交错的9个方块，借以区别南北东西的不同寒热，以弥补五运六气说的循环。然而事实上，这样的弥补也解决不了问题。宋代程颐说：

> 观《素问》文字气象，只是战国时人作。谓之三坟书，则非也。道理却总是。想当时亦需有来历，其间只是气运使不得。错不错未说，就使其法不错，亦用不得。除是尧、舜时，十日一风，五日一雨，始用得。且如说涝旱，今年气运当涝，然有河北涝、江南旱时，此且做各有方气不同，又却有一州一县之中涝旱不同者，怎生定得[1]？

这是对五运六气说的一篇很好的批评文字。"有一州一县之中涝旱不同者，怎生定得"，可说是五运六气说最致命的弱点之一。

程颐不说五运六气说的"错不错"，事实上，这个理论的基础也是错的。五行之气本是一种解释性假说，再用它来对应四季循环，大部分都是牵强附会，而不如阴阳消长说合理。再将它推广到流年，说今年是木运而明年是火运，那很少的一点合理因素也将会消耗殆尽。因此，用于解释气候的逐年变迁，也绝对是一个不可靠的假说。

通过五运六气说去预测疾病的发生和流行，是基于这样一种医学思想，即疾病的起因，是由于气候的因素。所谓"风为百病之长"，所谓致病的"七情六淫"说，都说的是气候因素（除"七情"外）。这是中医传统的病因论。这样，五运六气说即或预测气候是正确的，在预测疾病上也未必是正确的。或者说，五运六气说预测疾病的正确与否，要依赖气候病因说的正确程度。

明朝末年，吴有性在对传染病的考察中发现，疾病的成因，绝大多数是由一种看不见的，与气候无关的乖戾之气所引起的。由于气候因素（伤寒）引起的疾病是极少的。虽然这个理论当时未能得到承认，但它是正确的。当气候病因说被否定的时候，也就同时确定了五运六气说的是非和价值。

就唐代医学的整体情况来看，从官方到民间，注重的还是方剂和药物。对《黄帝内经》的研究仅仅是个开始，对《黄帝内经》中的五运六气说就更是如此。只有到了宋代，五运六气说才在医学界广泛流行。不过，也主要限于医学界，而且，在医学界的应用，也主要是讲"小运"不讲"大运"，即只讲求一年之中的疾病发生状况，而不多预测逐年的变化。即或如此，也还是遭到程颐批评。再往后来，五运六气在医学，主要就只是对疾病和医药的分类规范了。也就是说，这种学说在医学界也未能坚持下去。

---

① 《二程集》，中华书局，1984年，第263页。

如果在今天要估价五运六气说的价值，不仅要考虑到上述情况，还要考虑到，这仅是产生于处在北温带的、四季较为分明的、中国中原一带的古老学说。

五 气占的新发展

南北朝到隋唐时代，气占又有新的发展。依照气论，每一物都有自己的气，每一事件，或物的每一状态，也有自己的气，因而有所谓喜气、怒气等等。开元年间姚崇灭蝗时，卢怀慎就以为“杀虫太多，有伤和气”，① 他认为和谐的关系也伴随着自身的气。与此类似的还有杀气之类，《旧唐书·方技传》引张文仲语道：“风有一百二十种，气有八十种。”当是仅从医学方面的总结，实际情况还不只此数。

每一物，或几乎每一事都有一种气，自然可根据它的气对该物该事作出判断。秦汉时代望气说已很流行，但未见有理论总结。南北朝末年，庚季才奉命撰《灵台秘苑》，对气占术作了总结。据《灵台秘苑》卷四，所提到的气有：帝王气、猛将气、军胜气、军败气、伏兵气、暴兵气、城胜气、屠城气、战阵气、图谋气、此外还有军中云气、吉凶云气等等。不同的气，有不同的表现。如帝王气：

> 帝王气。气内赤外黄，或赤云如龙，若有游幸处，其地先见此云雾。或如城门隐，或如千石仓，皆常带杀气。森森然如华盖。……又如龟凤、大人，有五色。又营上气如龙马，或杂色郁郁冲天，其气多上达于天……

又如猛将气：

> 猛将气。凡用兵皆占其气。两军相当，气发其上，如龙如虎，在杀气中。将欲行动，亦先发此气……或白如粉沸，或如火烟……或上赤下黑，或青白如膏……又黑气中赤气在前者，将悍勇不可当……凡气上与天连，军中有名将。

其他各种气：

> 军败气。凡气上黄下白，名喜气。所临之军，欲求和退。
>
> 城胜气。青气临城有雨，喜……城上气出外如大烟者，人将散出战。……
>
> 屠城气。赤气在城上，黄气四面绕之，城中大将来告急。气一条，则一使。气散满一方，则有众来依。……
>
> 图谋气。白气群行，或如群羊徘徊结阵来者，敌使来有谋……

唐代思想家，仍然相信气占。瞿昙悉达作《开元占经》，气占部分大体依庚季才，又略有修正和增删。其卷九十四《云气杂占》道：“将军之气，如龙如虎，在杀气中”。显然是承庚季才而来。该书又有所发挥，比如增加了“贤人气”：

> 贤人气。视四方，常有大云五色具者，其下贤人隐也。

此外“兵气”，“九土异气”，也和《灵台秘苑》略有不同。其卷九十七，“猛将气”外，又有“贤将气”，说明唐代思想家不仅仍然相信气占，而且还在继续总结经验，发展气占。

杜佑作《通典》，把气占完全依附于军事。其卷一百六十二《兵典》第十五“风云气候杂占”道：

> 察气者，军之大要，常令三五人参马登高若临下察之，进退以气为候。

---

① 杜佑《通典》卷七。

《通典》主要是摘录汇编前代资料，云气杂占也是如此：

凡气上与天连，军中将贤良。

凡气如龙如虎，如火烟之形……皆猛将气。

凡敌上气青而疏散者，将怯弱。

或遥视军上云如斗鸡，赤白相随，在气中，得天助，不可击。

凡军营上有五色气，上与天连。此应天之军，不可击。

气占有天命鬼神迷信因素。如天子、猛将、贤将之气都上与天连。上与天连之气是"应天之军"，某种气"得天助"等等。但它的立足点，不是鬼神的干预，而是相信事物自身的性质或内部状态有自己的外在表现，而这种外在表现是可以看到的。杜佑《通典》中，和"风云气候杂占"同处一卷的，是"推人事破灾异"，讲述姜太公和唐代王孝恭如何不信天道鬼神而终于取胜的事。因此，气占，乃是古代科学思想的误区。

第七节　隋唐时期的科学观

一　科学、技术与社会

农业和农学的自然目的，是解决人们的吃饭问题。当人组成社会，进而又产生国家，吃饭就不仅是个人的生命需要，而且同时又是社会问题，是国家的政治问题。所以历代政治家及社会思想家在强调人们衣食的重要同时，也往往指出这个问题于社会治乱，政治安危的关系。唐代思想家，也引经据典，继续阐述这一关系。杜佑《通典》卷首道：

夫理道之先在乎行教化，教化之本在乎足衣食。《易》称"聚人曰财"；《洪范》八政，一曰食，二曰货；《管子》曰："仓廪实知礼节，衣食足知荣辱"。夫子曰："既富而教"，斯之谓矣。

所以《通典》的编次，"食货"为首，其次是选举、职官、礼、乐、刑等等。

使民衣食足的措施有两个方面，一是制订正确的农业政策，其中又特别是土地和赋税政策；二是发展农业生产科学和技术。唐文宗太和二年(828)，曾下诏制造水车，赐给百姓灌田。这是一种新式水车，百姓们以此为样品，竞相仿制，大大有利于农业生产。五代时，后唐明宗见农具不良，非常感慨，说百姓们依靠这样的农具，如何能丰衣足食？他命令民间进献农具，把优良者作为样品，颁布各地仿造。

水利是农业的命脉，唐代继续前代政策，由国家领导，修建了许多大型的水利工程。据《唐会要》，李袭志任扬州长史，引雷陂水灌田800顷；韦挺凿汶水，灌田13000顷。杜佑、白居易在作地方行政，军事长官期间，都曾领导修建了大型的水利工程。唐政府在太湖地区修建的圩田及其配套排水沟渠，使那里成为重要的粮食基地。

据贾餗《中和节献农书赋》，唐德宗贞元五年(789)规定，中和节，臣子们要进献农书，"用广异同之说"。这是中国古代国家干预农学著述的发端。由于国家的提倡，从唐代开始，农学著作开始增多。[①] 隐士陆龟蒙著《耒耜经》，其自序说，耒耜是圣人的创造，从古以来人民就靠

---

① 参阅：王毓瑚《中国农学书录》。

它生活，治理国家的人不能丢掉它。他自己听耕夫讲耒耜，“恍若登农皇之庭，受播种之法”。于是作《耒耜经》，一来为了“备忘，同时也“无愧于食”。实际上，他不仅因此觉得自己在人格上得了提高，同时也为国家政治作了贡献。

现实的需要，政治的安危，促使人们冲破陈旧的迷信观念。姚崇之所以坚决主张扑灭蝗虫，因为“倘不救其收获，百姓岂免流离！事属安危，不可胶柱”。所谓“安危”，也就是政治的安危。在这种时候，不可拘泥旧的思想。在扑蝗事件中，姚崇并不否认天道神意，但他认为，“救人杀虫，天道固应助顺”。[①]也就是说，在姚崇看来，神应该帮助人，而不是帮助蝗虫。现实的政治需要引起了宗教观念的改变。

宗教观念，不过是世俗观念折射出来的影子。一旦现实有了某种需要，宗教观念就会提出相应的解释，并给予现实行为以神意的保证。唐代后期，当国家鼓励臣子们进献农书时，他们就认为，这是有助王化、合乎天意的行为。郑式方《中和节百辟献农书赋》[②]道：“命陈书而王化可阐。俾知方而农政斯列。”

侯喜《中和节百辟献农书赋》[③]说：“观其克合天意，咸造皇居，佥曰国以人为本，人以食为储。”发展农学合乎天意，有助王化，是唐代农学的重要思想。

天文学为农业提供授时服务，也是合乎天意、有助王化的行为。此外，天文学自身还有特殊的方式为王化服务，那就是探测神意。

农业的自然目的是为了吃饭，但国家发展农业的目的却不是为了吃饭，而是为了自身的安危，它以自身为目的。农业的自然目的在这里仅成了它达到自身目的手段。天文学更是如此，授时服务也仅是手段，目的是为了王化；对天象的认识也不是目的，而是手段。认识天象的目的，也是为了王化。人们为了王化，可以努力发展天文学，发展对天象的认识；同时，人们为了王化，也可以丢弃天文学，至少是取消其某些部分，只要觉得它无助于王化，或者与王化发生牴牾。一行取消浑盖之争，其根本原因，就在于古代天文学的目的不是求知，不是知识，不是为了认识世界。而认识的目的仅是为了现实的需要，特别是为了王化、即政治的需要。这个思想，以一行在大地测量完毕之后所发的一通议论最为明确。依一行说，古人“步圭影”，目的是“节宣和气，辅相物宜”，而不是弄清“辰次之周径”；古人“重历数”，目的是“恭授人时，钦若乾象”，不是弄清“浑盖之是非”[④]。这里的“节宣和气”，首先是“节宣”人世的和气，因而首先是政治、教化行为；“辅相物宜”的“物”，也首先是指的人。“物宜”，首先是人宜。总之，辰次之周径，浑盖之是非，是可以不必深究的。这是荀子“不求知天”论在新条件下的发展。荀子的“不求知天”，带有反对迷信的性质，他主张人只需知道自己该作什么就行了。一行主张不需弄清浑盖的是非，一面是由于当时天文科学的无力，一面也是因为他把天文学的目的归结为服务于人伦教化。因此，天文学也只需懂得该如何为人伦教化服务就是了。所以他批评葛洪与王充之辩，认为那是不足道的。因为它无益于“人伦之化”[⑤]。

古代天文学服务于人伦教化的主要手段，还不是授时，而是通过对天象的观测和解释，去探测天意；并通过天意，说明政治的得失优劣。所以古代国家对天文学给予了特殊的重视，

① 杜佑《通典》卷七。

②,③ 载《全唐文》卷七三二。

④,⑤《新唐书·天文志》。

设立专门机构，罗致专门人才。唐代于贞观二年(628)，又专设“书算学”，隶属于国子学之下。这是我国古代设置专门的天文数学教育机构的开始。书算学的地位虽然不高，但毕竟显示了国家的重视，它也是我国古代设置自然科学教育机构的开始。但是，书算学的目的，也不在于发展数学、天文学自身，也是为了人伦教化，为了国家政治的需要。由此出发，可以认识古代天文数学以及一切科学部门的兴废盛衰，可以理解古代自然科学发展的种种矛盾现象。

为了人伦教化，国家支持天文学的发展；天文学的发展，又必然加深对天文现象的认识。天文学自身的认识目的，是在为人伦教化服务的目的之下实现的，而且也只有在为人伦教化服务的前提之下才能实现。天文学自身认识目的的实现，又影响着服务于人伦教化的内容和手段。以前认为是表达天意的天象，原来不过是物自身的运动，是历法的不精确，因而不再具有表达天意的功能。这种事实的积累，会使一些天文学家得出结论：一切天象，都不具有表达天意的功能。这就是一行所批评的、刘焯的结论。但是，政治的需要，又会使杨坚这样的人物把已被认为不是表达天意的现象说成是天意的表现。这是两个极端。这两个极端都将受到遏制。刘焯的结论，是天文学自身功能的彻底表露，是天文学争取自身自由、解放的呼声。但是，古代天文学要想仅仅实现自身的目的是不可能的。在一切社会力量都必须接受政治权力统治的时代，天文学的解放、一切自然科学的解放都是不可能的。

古代天文学的发展，经常处于这样的矛盾之中：作为一门科学，其自然目的当然是认识世界；作为一种社会团体、国家机构所从事的事业，它又必须以人伦教化为首要目的。一行在大地测量之后所发的议论以及《大衍历议》，较好地处理了这个矛盾：一面肯定天象的可以认识，一面又不肯定那些认识暂时所不及的领域原则上也是可以认识的，而把这一部分归结为天意的表达，因而原则上是不可认识的。

当时与天文学几乎同样重要的医学，也存在着同样的内在矛盾。作为包括认识与应用为一体的科学部门，其自然目的当然是治病。但是，作为一种社会的职业，其目的也首先是为了人伦教化。唐初，孙思邈《千金要方・序》说道：“君亲有疾，不能疗之者，非忠孝也。”其结论只能是，要想尽忠孝，必须明医术。而据王焘《外台秘要方・序》，唐代以前，已经把这样的思想作为社会道德规范：“齐梁之间，不明医术者，不得为孝子。”

虽然，把医学作为尽忠孝的手段，带有医学为争取自身社会地位的因素；但也必须承认，这也确是当时的社会对作为社会职业之一的医学所提出的必然要求。

作为国家，则把发展医学看作自己的善举，“惠民”的行为。贞观三年(629)，开始在各州治设立医学，唐太宗在诏书中说道：

> 远路僻州，医术全无，下人疾苦，将何恃赖？
>
> 宜令天下诸州，各置职事医学博士一名，阶品同于录事。每州《本草》及百一集验方，与经史同贮。[①]

在这里，解除下民疾苦的，首先不是医学，而是发展医学的国家，李世民非常理解自己行为的社会政治意义。

据《唐会要・医术》，开元二十七年(739)命令，十万户以上的大州，置医生 20 人；十万户以下，12 人。其职责是巡回医疗。此前显庆二年(657)，唐高宗曾命令许敬宗等人改定陶弘景所注《本草》，考证“其所误及别录不书者四百有余种”。开元十一年(723)，唐玄宗亲制《广济

① 《唐会要》卷 82《医术》。

方》,颁布天下。乾元元年(758)定制:"自今以后,有以医术入仕者,同明经例处分"。后来又制订考试办法,使从医者也可像业儒一样,参与国家管理。

从汉代独尊儒术以后,古代国家向来以"重人事"作为治国的基本精神。但是,要彻底贯彻这个精神,却是一条复杂的,艰难崎岖的过程。因为从理论上讲,天子受命于天,因此,天的意志、好恶,是古代政治所关心的首要问题。《易传》说:"天垂象,示吉凶。"董仲舒说:"谨按灾异以见天意"①。所以汉代君臣,主要致力于从自然现象中去探测天意。延至唐代,自然科学的进步,历史上国兴国亡的事实,使唐代君臣认识到,真正的祥瑞是家给人足,安排好人事就是遵奉了天意,并不断发出"天道从人"的议论。因此,发展农学以求百姓丰衣足食,是"克合天意"。发展医学,救民疾苦,自然也"克合天意"。天文学地位特殊,但也认为修明历法就是为了"钦若乾象",即"法天地顺四时以理国家"。所以皇帝要求太史"候望于清台,论思于别殿,究以微妙,考其祯祥,观浑仪以见天心",而不必"记威风之晨","仙仙蓂之荚"②。也就是说,不仅是上报祥瑞灾异,而且历法本身,也是遵奉天意的行为。在这里,科学自身的要求被转化为神学的形式,因为那是人伦教化的需要。从另一面说,则是科学自身的进步迫使神学观念发生了改变,迫使社会政治承认自身的地位和意义。

认识到科学自身的重要,由国家来组织、支持科学的发展、举办科学教育、提高科学工作者的地位,是一个重大的进步。这一面是由于科学自身的需要,③一面也是由于人们思想的转变。

二 关于"天人合一"

人与自然的关系,在古代包括于天人关系之中,天人关系的一般表述,是"天人合一"。天人合一的判断,最早出于董仲舒。其《春秋繁露·阴阳义》道:

天亦有喜怒之气,哀乐之心,与人相副。以类合之,天人一也。

因此,天人合一的意义,最初是天人同类。天人同类的内容,就是"天人相副"。天人相副的表现,就是所谓人头圆象天,脚方法地,天有四时人有四肢,天有360日人有360节之类。这是最牵强的比附之一。这样的比附也见于《淮南子》,它是汉代思想家的一般观念,不仅是董仲舒个人的意见。

说天人相副因而同类,目的是为了证明天人感应。因为物与物相感的原则,是同类相感。所以天人合一,原是天命神学的命题之一,其内容是天人相副或天人同类;其目的是证明天人相通,可以感应。

后来,人们把先秦以来关于天人关系的论述多归于天人合一命题之下,其内容主要是:

(1)人从肉体到灵魂都与天同源或原本于天;

(2)人的行为应顺从天命、天道、天意。

对于第一点,历代思想家最多的表述是"天生万物",因而也生人,并且在万物之中人最尊贵,

① 《春秋繁露·必仁且知》。

② 唐穆宗《长庆宣明历序》。

③ 赵匡《举选议》中提出的《举人条例》有:"天文律历,自有所司专习,且非学者卒能寻究……"(载《通典》卷十七)。

为万物之灵。《孟子》因此提出“万物皆备于我”[①]。董仲舒甚至说天为人的曾祖父”。[②] 这样，人的肉体和灵魂既然都来源于天，所以明白了自己，也就明白了天。《孟子》叫作“尽心、知性、知天”。[③]翻译成今天的语言，就是说人的意志就是天的意志，所以明白了人的心意、本性，也就懂得了天意、天道。《孟子》因此提出“天视自我民视，天听自我民听”，[④] 即天的意志表现于人的意志之中。另一种表述从宇宙生成论而来，认为人与天都来自元气的聚合。气中有理。气中之理，在天为理，在人为性或心。从肉体到精神，人和天都本为一体。这种说法多流行于宋明时代。从这个意义上说，天人本来不是二物，没必要说“合一”[⑤]；说“合一”，也就是把天与人先当作二物了。在这一派看来，天人关系最正确的表述，就是“天地万物一体”。[⑥]

对于第二点，则充斥于古代文献之中，或者说，古代文献用不同的方式表达着同样的意思：人应遵天、奉天、顺天，人道本于天道，或人道应效法天道等等。

在上述主张之外，古代还有不同的主张。荀子认为天人各有自己的职分，刘禹锡认为天人交相胜，在他们议论所及的范围内，不主张天人合一，也不讲人应奉天、顺天。与他们类似而影响久远的学说，则是“天道自然”。天道自然不认为天人相副、相通，但主张人道效法天道。天道是自然无为的，人道也应该任其自然，清静无为。即使荀子或刘禹锡，在天人各有职分以及交相胜说之外，也不主张天人不同。荀子甚至认为，礼的本原，首先是来源于天。[⑦] 因此可以说，不论是否主张天人合一，在法天，顺天这一点上，古代多数思想家几乎没有分歧。

法天、顺天思想表现于政治伦理，则认为“三纲五常”原本于天，或者说“道之大原出于天”[⑧]，人们行儒家之道，遵三纲五常，就是法天、顺天的行为。法天思想见于程式化，就是《吕氏春秋・十二纪》和《礼记・月令》思想。法天思想表现于农业，是《齐民要术》的“顺天时、量地利”原则；表现于天文学，则认为步圭影、制历法，就是为了法天、顺天。表现于医学，则是“养备而动时”，甚至用药、治疗都要考虑天时，比如季节、月份，甚至一日之内的昼夜早晚等等。

但是，农业生产的实践，本身乃是改造自然的活动，所以法天、顺天并不是它的全部原则。不过唐代农书留下的不多，未见唐代思想家对此有何讨论。至于医学，自身也不全是法天、顺天行为，唐代思想家对此有所讨论。

唐代医学讨论的问题之一是：人的生命长短是不是由某种力量确定以后就无法改变？或者简而言之，是不是有所谓“天命”。李世民《九峻山卜陵诏》道：

> 天生者，天地之大德；寿者，修短之长期。生有七尺之形，寿以百龄为限，含灵禀气，莫不同焉。皆得之于自然，不可以分外企也。虽回天转日之力，尽妙穷神之智，生必有终，皆不能免。

李世民的诏书，似乎还未明说寿夭前定或寿夭天命，不可更改。但寿夭前定或寿夭天命的观

---

① 《孟子・尽心上》。
② 见《春秋繁露・为人者天》：“天亦人之曾祖父也”。
③ 《孟子・尽心》：“尽其心者，知其性也。知其性，则知天矣。”
④ 《孟子・万章上》。
⑤，⑥《宋元学案・明道学案》：“天人本无二，不必言合”；“仁者以天地万物为一体，莫非己也”。
⑦ 参阅《荀子・礼论》。
⑧ 《汉书・董仲舒传》。

念，却是古代一般人所信奉的观念。他们认为，人的生命长短，就像王朝的兴废一样，都是天之所命。“革命”一词的本义，就是天命更迭；“生命”一词的本义，就是人生的寿夭乃是天之所命。

但是唐代医学家反对这种意见。王焘《外台秘要方·序》：

客有见余此方曰：“嘻，博哉！学乃止于此耶”。余答之曰：“吾所好者寿也 岂进于学哉”……

又谓余曰：“禀生受形，咸有定分，药石其如命何？”吾甚非之，请论其目。夫喜怒不节，饥饱失常，嗜欲攻中，寒温伤外，如此之患，岂曰天乎！

王焘给医学规定的直接任务，就是延长人的寿命；通过延长人的寿命，来尽忠孝。他认为，人的短寿，许多都是由于不善于保养造成的。因此，人的寿命，不是“咸有定分”，药石，可以拯救人的生命。

孙思邈从天人一致的立场出发，认为人的疾病就像天地灾异一样，圣人可以用修德去除灾异，医生也可以药石治好疾病；“良医导之以药石，救之以针剂”，“故形体有可愈之疾，天地有可消之灾”。① 人的死亡，多数是由于疾病，承认疾病可治，也就在实际上承认人命长短并非一成不变。

长生术，就是把医药的治病作用推到了极端。唐代有那么多皇帝及达官显贵因服食金丹而丧命，就是因为他们相信药物可以使人长生不死。医学家王焘，也相信金丹、乳石可以延年益寿，甚至羽化登仙。而人们之所以没有成功，在他看来，乃是由于“虽志贪补养，而法未精妙”②。从这里我们看到，韩愈在《故太学博士李君墓志铭》中所披露的服丹药者的心理状态，并不全是他们的愚昧，也不全是炼丹术士们的骗局，而是当时的医学家们也持有的观念。也就是说，有相当多的人相信，只要有了正确的配方，就可以造出长生药来。

唐代可说是金丹术集中而大规模地付诸实践的时期，其中有大规模的愚昧和贪婪的公开表演，也有人类与命运抗争的悲壮剧情。在反对长生术者看来，求长生者的行为是卑鄙和自私的，在求长生者看来，人有了血肉之躯，为什么要让他死亡呢？玄真子孟要甫《修丹择地仪式》道：

予每读《老子》五千言，《黄庭内外景》，皆说无为之理，唯明其性，而患有形也。形者性之宅舍，苟无其形，性著何处？窃谓无能生有，有能生形。既有此因，何不固之？然行无为之道，死后却生，争似还丹之术，生前不死……

《老子》讲无为，把身体看作累赘，看作大患。但是，假若没有形体，性，也就是精神、灵魂，将何处附着？与其“死后却生”，为什么不用还丹之术，使形体“生前不死”！这是对死亡的抗议，也是对死亡的抗争。

死亡，不仅是古代诗文的一大主题，也是古代科学的一大主题。汉代司马迁说过，激于道义者例外，至于常人，则“莫不贪生而恶死”。③对生命的留恋是人的自然感情。在中国古代诗歌中，慨叹生命短促的诗句甚至超过对爱情的咏叹。广为流传的王羲之《兰亭序》，认为古人兴感的缘由，都由于“死生之大”。“对酒当歌”，“秉烛夜游”，“人生如梦”，都是广为传颂的慨

---

① 《旧唐书、孙思邈传》。

② 王焘《乳石论·序》。

③ 司马迁《报任安书》。

叹生命短促的名句。一部分人看到死亡的不可避免,主张“死生有命”。[1]另一部分人,则不甘于接受命运的安排,起而与生命的短促抗争,与生命的有死抗争。尽管一次次地遭到了失败,但唐代的人们仍然不屈不挠。王冰相信,善于保养,可以活到120岁:

> 此十卷书,可以见天之令,运之化。地产之物,将来之灾害,可以予见之……若能究其玄珠之义,见天之生,可以延生;见天之杀,可以逃杀。《阴符经》曰:“观天之道,执天之行,尽矣”。此者使人能顺天之五行六气者,可尽天年120岁矣[2]。

苏游相信,丹药可以使人长生神仙:

> 若能依八节,顺四时,采百物之初生,合众药而为长;或干或湿,为散为丸;适寒暑以调和,随导引而消息,一服之后,万事都捐……滓秽日去,清虚日来……体生羽翼,身若虚空……长生久视……天仙上品。[3]

对长生的盼望,对长生术的信心,使人们认为,自己可以主宰自己的命运。见素子胡愔说,五脏是一身之主。一脏损伤,人会有病;五脏都被损伤,人就要死亡。但是,如能善自养护,就可“却老延年”,使“造物者翻为我所制”。[4] 人能控制造物者!这是中国神仙方士们才有的信念和豪言。

葛洪援引过的,《龟甲经》的名句继续在唐代流传。《张真人金石灵沙论》道:

> 《龟甲经》曰:“我命在我,不在天地”。天地有金,我能作之。

“天地有金,我能作之”,天地间其他的事物,我能不能作呢?“造物者翻为我所制”,使我能主宰自己生命的长短,那么,我控制了造物者之后,能不能控制除自身生命以外的事物呢?

出于五代时期的《化书》,向我们提供了鲜为人知的、中国古人企图主宰一切的思想信息,卷二《术化》,描写了许多“小人”们大胆和狂妄。其中说道:小人们见到自然界中“神气相召”、“神以召气”,于是“知阴阳可作,山陵可拔”;见到风的威力,于是“知河山可移”;见到蜗牛无足而行,于是也想效法;看到“人无常心,物无常性”,“由是知水可使不湿,火可使不燥”;看到螟蛉变为土蜂,懂得了“蠢动无定情,万物无定形”,“由是知马可使之飞,鱼可使之驰”;看到不同物的结合可生出新种,比如嫁接,于是又知道“可以为金石,可以为珠玉,可以为异类,可以为怪状”,并认为这是“造化之道”;见到摩擦生火,水火化云,于是知“阴阳可以召,五行可以役”。阴阳五行可以役使,还有什么不能役使呢!人能为“造化之道”,那还有什么不能为呢!

《化书》的作者,对小人们的想法和作法是不赞同的。他主张的是以道化身,以仁、德、俭化民治国。但是他对小人们的批评,却使我们知道,在他以前,还有一大批“小人”,有着比长生不死更大胆,更狂妄的想法和作法,并且很可能有许多已付诸实践。这些人不满足于自然界给自己安排的一切,而要自己行造化之道,自己主宰一切。

伴随着丹术大规模付诸实践,《阴符经》广泛流行开来。据郑樵《通志・艺文略》,所录三十九部《阴符经》注疏及相关著作,明确署名为唐及五代时期的,有三分之一。这个量的统计,至少可大略说明唐代《阴符经》的流行。《阴符经》流行的原因之一,当是其中“盗天地之机”的

---

① 《论语・颜渊》。

② 王冰《素问六气玄珠密语序》。

③ 苏游《三品颐神保命神丹方叙》。

④ 胡愔《黄庭内景五脏六腑补泻图》。

精神，其中可使“宇宙在乎手、万化生乎身”的信心，鼓舞着人们去同自然界抗争。最早出现的《黄帝阴符经集注》，用神仙术解释“宇宙在乎手，万化生乎身”的意义。其后张果批评李筌等人借此讲神仙术，但他同样赞扬掌握了造化之力的伟大：

> 见其机而执之，虽宇宙之大，不离乎掌领，况其小者乎；知其神而体之，虽为万物之众，不能出其胸臆，况其寡者乎！自然造化之力，而我有之，不亦盛乎！不亦大乎①！

神仙术一次又一次地遭到了惨败，反对神仙术的呼声也越来越高。如果说对待生命从来就有两种态度，那么这两种态度的对立在唐朝后期则日益明朗化、尖锐化了。一面是梁肃、柳宗元、韩愈、牛僧孺、皇甫湜相继著文，反对神仙术，认为只有行儒者之道才是真正的长寿；一面是宪宗、穆宗、敬宗、武宗、宣宗及一大批达官显贵们的服食不辍，以至殒身丧命。这两种态度的对立，是人类对待自然进程的矛盾态度的表现。追求长生的人们，由于失败而遭到时人和后人的无数指责；但是“唯行道为寿”的主张，也容易导致人们在自然进程面前的无为和消极。

在追求长生以至希望控制自然的人们那里，也存在着法天、顺天和逆天而行的矛盾，即存在着顺从自然进程和反抗、控制自然进程的矛盾。他们的目的，是逆天而行，是反抗和控制自然。金丹神仙术把成丹和求仙都归结为“返本还原”，“返”和“还”就是与自然进程的逆向运动，因而，其目的和本质乃是反抗和控制自然。但是他们认为，要达到控制自然、掌握自己的目的，必须遵从，效法自然法则。唐代《周易参同契》流行，就是因为《周易参同契》提供了炼丹所需要的理论原则，而其中最重要的，乃是法阴阳、效四时的卦气、纳甲说。前引孙思邈、王冰、苏游等人的议论，在主张长寿，甚至长生不死的时候，无不主张法天道、顺四时以保护健康，以炼丹求仙。可以说，他们为达到逆天的目的，必以顺天为手段；而他们之所以顺天，其目的乃是为了逆天。

这种顺和逆的矛盾，也是其他科学领域共有的内在矛盾。依其对象不同，顺逆的情况也不同。农业和农学，本质上是人类逆天而动的事业。荒地成了良田，野生动植物成了庄稼和家畜，并且又要改良品种，提高产量，这一切，没有一样不是在反抗自然进程，不是在逆天而动。但农学又深深知道，要达到目的，必须顺天时，量地宜。逆天时、地宜，就会没有收成。然而僵化天时、地宜，也同样会妨碍农业的发展。唐代以后的农业实践，使人们对地宜原则有了新的认识。同样，医学一面努力研究医病之方，一面主张根据时令保养身体和进行治疗。其他科学技术领域：冶炼、纺织、陶瓷、酿造……无不存在着这样的矛盾，它们一面改造着自然，反抗过自然进程；一面又必须顺应自然法则。

中国古代，最为强调法天、顺天的，是社会政治领域。实行法天之治，是几乎各家各派都同意的，不可动摇的政治原则。然而社会之所以成为社会，由原始无序或有序度不高的状态变为有序或高度有序状态，本身就是反抗自然进程的行为，是逆天的行为。主张天人合一的董仲舒，认为大多数人本性中存在着善恶两个方面，教化，就是要除去人性中本有的恶。主张天人一体的宋代儒者，也认为人成为人以后，就有气质之性。正是这种气质之性，造成了人的恶。他们要求人们向学。向学的目的，就是变化气质，以求作个好人，圣人。把生非圣贤者变为圣贤，本身也是反抗自然进程的行为。

---

① 张果《黄帝阴符经注》。

这是普遍存在的无为和有为、自然和人为的矛盾。老子、庄子看到了这个矛盾，所以主张回到上古，否定人为。认为所有改变物的自然本性的行为都是不对的，而不论本性是善是恶。老、庄的思想，成了魏晋思想家的旗帜。这些主张彻底顺天、法天的人们，却未必是天人合一论者。荀子看到了人为和自然的矛盾，比较直率地把教化及施政说成是改变天生之恶的过程；刘禹锡看到了这个矛盾，把人理和天理对立起来。至于多数思想家，则把实际实行的逆天行为也说成是顺天，犹如把络马、穿牛说成顺从牛马的本性。

分析顺和逆的内容，往往并不处于一个时空象限之内。往往顺的是此，逆的是彼。比如丹术，顺的是天道四时，逆的是生必有死；农业，顺的是天时、土宜，逆的是变荒地为良田，变低产为高产。其他领域，也大多如此。再分析顺、逆双方的发展，原来顺的，后来就不一定再顺。所以柳宗元反对《月令》思想，后世农学家反对以土宜为借口否认棉花移植。[①] 原来逆的，也不一定再逆，比如今天无人再去服食丹药，追求长生了。而是顺是逆，则决定于科学自身的进步，决定于人类能力的提高。而这种对待自然的顺和逆的矛盾，也是科学自身存在的永恒矛盾。

每当科学出现某种兴旺发展的时候，人类就会出现一些过分的乐观，甚至狂妄的信心。炼丹术，不过是其典型事例之一，每当科学遭受挫折，又往往出现不必要的悲观。这两种情绪，或交替出现，或同时存在。科学中顺和逆的矛盾将永远存在，过分乐观和不必要的悲观情绪就谁也不会消失。不过从中国科学思想的进程来看，这两种情绪都未免失之偏颇。

近代科学的成功，造成了人们对科学的过分乐观；现代发现了科学与技术进步造成的不良后果，又引起了对科学主义的责难和对人文主义的呼吁。我们希望，科学思想史的研究，有助于克服人类对待自然界的偏颇态度。

---

① 参阅《农桑辑要·论苎麻木棉》。

第六章 宋明时期的科学思想

第一节 气论与科学

中国传统哲学的几大范畴(气、阴阳、五行)这一时期仍在人们理解自然现象方面起着重要作用。我们先从气论谈起。

一 张载、沈括等论气

(一)张载论气

张载(1020～1077)批判继承古代气论思想,提出“太虚即气”的命题。他认为整个虚空都充满着气,气在不断地运动、聚合、疏散。《正蒙·太和篇》曰:“太虚无形,气之本体,其聚其散,变化之客形尔”。太虚就是气的本来状态,万物是气聚合形成的。又曰:“由太虚,有天之名”。天就是无形的虚空,地就是气聚合而成的形体。这样,天就是虚空,虚空就是气的本来面目。于是,气是从来就有的,没有产生的过程,天也是从来就是这样的,没有起源的问题。宇宙间只有一种气,疏散于无限的空间,常常聚合成各种形体,形成万物,万物消灭,仍然返回无限的太虚(气)。

张载在《正蒙·神化》中论证了气的物质实在性:“所谓气也者,非待其蒸郁凝聚,接于目而后知之;苟健、顺、动、止、浩然之得言,皆可名之象尔。然则象若非气,指何为象?时若非象,指何为时?”作为物质的气,不一定是凝聚有形肉眼可以看得见的,只要是刚健柔顺,有动有静,有广度深度的,可以用名词表示的现象,都可以称之为气。现象就是气。

张载认为气无所不在。《正蒙·太和篇》曰:“气之聚散于太虚,犹冰凝释于水,知太虚即气,则无‘无’。”

王夫之注:“人之所见为太虚者,气也,非虚也。虚涵气,气充虚,无有所谓无者。”“阴阳二气充满太虚,此外更无他物,亦无间隙。”太虚不“虚”,在太虚中除气外“更无他物”。

气有一种至为重要的性能:能动性。张载《正蒙·太和篇》曰:“气坱然太虚,升降飞扬,未尝止息,《易》所谓‘絪缊’,庄生所谓‘生物以息相吹’、‘野马’者与! 此虚实、动静之机,阴阳刚柔之始。”《正蒙·参两篇》曰:“若阴阳之气,则循环迭至,聚散相荡,升降相求,絪缊相揉。盖相兼相制,欲一之而不能,此其所以屈伸无方,运行不息,莫或使之。不曰性命之理,谓之何哉!”

总而言之,气分为阴阳,阴阳二气处于无休止的聚散离合、屈伸往来的运动之中,这些运动是气本身固有的特性,气具有能动性。

那么气和物是什么关系呢？《正蒙·太和篇》曰："太虚不能无气，气不能不聚而为万物，万物不能不散而为太虚。循是出入，是皆不得已而然也。""气聚，则离明得施而有形；不聚，则离明不得施而无形。方其聚也，安得不谓之客；方其散也，安得遽谓之无。"王夫之注解说：

> 离明，在天为日，在人为目，光之所丽以著其形。有形则人得而见之，明也；无形则不得而见之，幽也。无形，非无形也，人之目力穷于微，遂见为无也。……聚而明得施，人遂谓之有；散而明不可施，人遂谓之无。不知聚者暂聚，客也，非必为常存之主；散者，返于虚也，非无固有之实；人以见不见而言之，是以滞尔。

气散而为太虚，气聚而为万物。

（二）沈括论气

沈括（1031～1095）不仅是卓越的科学家，而且也是出色的思想家。他继承和发扬了气学思想，并以科学对之作出有力论证。

《补笔谈·象数》曰："凡积月以为时，四时以成岁，阴阳消长，万物生杀变化之节，皆主于气而已。"这里明确肯定世界万物皆以气为主。所谓"主"，犹如《易·系辞》中之"枢机之发，荣辱之主也"之"主"，意为枢要。就是说，世界万物的运动变化皆统属于气。既然万物的运动变化都统属于气，那末，气就是万物的根本。这就无异肯定了世界的物质性。

沈括肯定了从宇宙天体到微小之物，其本质均是气。《梦溪笔谈·象数》曰："日月气也，有形而无质。故相值而无碍。"又从医药的作用的角度论述气为万物的本原，《梦溪笔谈·药议》曰："天地之气，贯穿金石土木，曾无留碍"。"如细研硫黄、朱砂、乳石之类，凡能飞走融结者，皆随真气洞达肌骨。"文中说气弥漫于天地间，贯穿金石土木，以至万物而无留碍。

沈括又以太阴玄精（即石膏）实验结果论证气是万物的本原，《梦溪笔谈·药议》曰："叩之则直理而折，莹明而鉴，折处亦六角，如柳叶，火烧过则悉解析，薄如柳叶，片片相离，白如霜雪，平洁可爱。此乃禀积阴阳之气凝结，故皆六角。"沈括认为：太阴玄精"乃禀积阴阳之气凝结"，因此为六角晶体状。

（三）王廷相论气

明代王廷相（1474～1544）认为元气是"天地万物之宗统"（《慎言·五行篇》）。他在《慎言·道德篇》中说得更清楚："天地未判，元气混涵，清虚无间，造化之元机也。……二气感化，群象显设，天地万物所由以生也。"王廷相认为元气中包含万物的种子，也包含人的精神的种子，正因为元气中有这么些种子，后来才会派生出天地万物来。《内台集·答何柏斋造化论》曰：

> 元气之中，万有具备。
>
> 天地、水火、万物皆从元气而化，盖由元气本体具有此种，故能化出天地、水火、万物。
>
> 万有皆具于元气之始。
>
> 元气未分之时，形、气、神，冲然皆具。

这样，它就有特别的宇宙演化模式。他认为：太虚之气首先化生出天来，然后天又化生出日星雷电和月云雨露，接着化生水火，水火蒸结而生土地，有土地以后才生出金和木。《慎言·道体篇》曰：

> 天者，太虚气化之先物也，地不得而并焉。天体成，则气化属之天矣……化而为

日星雷电,一化而为月云雨露,则水火之种具矣。有水火则然土生焉。……有土则物之生益众,而地之化益大。金木者,水火土之所出,化之最末者也。

值得注意的是,王廷相讲宇宙本原时,既讲元气,又讲太虚之气,《慎言·乾运篇》说:"两仪未判,太虚固气也。天地既生,中虚亦气也。是天地万物不越乎气机聚散而已。"王廷相既讲气本体论,也讲元气本原论,最后把元气叫做太虚之气,使元气本原论归结为气本体论。

(四)方以智论气

方以智(1611～1671)认为"盈天地间皆物","一切物皆气所为"。《物理小识·自序》曰:"盈天地间皆物也。人受其中以生,生寓于身,身寓于世。所见所用,无非事也,事一物也,圣人制器利用以安其生,因表里以治其心,器固物也,心一物也。深而言性命,性命一物也。通观天地,天地一物也。""物"指客观存在的事物,天地也是客观存在的事物。世界的多样化被概括为"物",统一于"物",这就肯定了世界的物质性。

那么,"物"从何而来?由何而生?《物理小识》卷1曰:"一切物,皆气所为也";"虚,固是气";"无始两间皆气";"气凝为形,发光、声,犹有未凝形之空气与摩荡嘘吸。"

那么,"气"又是什么,它有什么性质和特点呢?《物理小识·气论》曰:"世惟执形以为见,而气则微矣,然冬呵出口,其气如烟;人立日中,头上蒸歊,影腾在地。考钟伐鼓,窗棂之纸皆动,则气之为质,固可见也。充一切虚,贯一切实,更何疑焉!"气是实实在在的物质。

(五)黄宗羲论气

黄宗羲(1610～1695)肯定气是根本,有气然后有理,无离气之理。《孟子师说》曰:"天地间只有一气充周,生人生物"。《易学象数论·图书》也曰:"夫太虚,絪缊相感,止此一气,无所谓天气也,无所谓地气也"。世界上事物千差万别,究其根本,乃为一气。

黄宗羲还论证了气与理的关系,肯定了气为理之本,他说:"其谓理气无先后,无无气之理,亦无无理之气,不可易矣。又言气有聚散,理无聚散。以日光鸟喻之,理如日光,气如飞鸟。……羲窃谓理为气之理,无气则无理,若无飞鸟而有日光,亦可无日光而有飞鸟,不可谓喻。盖以'大德敦化'者言之,气无穷尽,理无穷尽;不特理无聚散 ,气亦无聚散也。以'小德川流'者言之,日新不已,不以已往之气为方来之气,亦不以已往之理为方来之理,不特气有聚散,理亦有聚散也。"(《明儒学案·河东学案》)

黄宗羲认为:理与气无先后之分,没有无气的理,也没有无理的气。也就是说,气中含有理,理在气中。

二 气论在各门自然科学中的运用

(一)天文

张载《正蒙·参两篇》中认为日月星辰都是由气聚合而成的,而且还会离散于太虚之中而还原为气。

沈括认为日月为气组成。《梦溪笔谈》卷7曰:

予编校昭文书时,预详定浑天仪。官长问予:"……日月之形如丸邪,如扇邪?若如丸，则其相遇岂不相碍?”予对曰：“日月之形如丸。……日月，气也，有形而无质，故相值而无碍。”

马永卿《嫩真子》卷1中说：“盖天，积气耳。”

朱熹说：“天积气”，“星不是贴天，天是阴阳之气在上面”，还说：“地便只在中央不动，不是在下”(《性理精义》卷10引)。《朱子语类)卷1朱熹说：

天地初间，只是阴阳之气，这一个气运行，磨来磨去，磨得急了，便拶出许多渣滓，里面无处出，使结成个地在中央。气之清者便为天，为日月，为星辰，只在外常周环运转，地便只在中央不动，不是下。

这是一个力学模型，它用可见的漩涡现象比拟宇宙演化，比较合理地说明了为什么会产生“天成于外，地定于内”这种浑天格局。

明邢云路用气解释星月运行受太阳影响的原因，《古今律历考》卷72曰：

太阳为万象之案、居君父之位，掌发敛纹之权。星月借其光，辰宿宣其炁(气)，故诸数壹禀于太阳，而星月之往来，皆太阳一气之牵系也。故日至一正而月之闰交转五星之率，皆由是出焉。此日为月与五星之原也。

邢云路把太阳当作“万象之宗”，居于“君父之位”，是对日心说的朦胧认识。月球和五星的运行受到太阳气的“牵系”即吸引。

(二)物理

1．海市蜃楼现象

关于海市蜃楼的形成有多种观点，而引人注目的是气论的观点。

明陆容提出“山川灵淑气观”。《菽园杂记》卷9曰：

蜃气楼台之说出《天官书》，其来远矣，或以蜃为大蛤，《月令》所谓雉入大海为蜃是也。或以为蛇所化，海中此物固多有之，然滨海之地未尝见有楼台之状。惟登州海市世传道之，疑以为蜃气所致。苏长公海市诗序谓其尝出于春夏，岁晚不复见，公祷于海神之庙，明日见焉！是又以为可祷而得，则非蜃气矣！《辽东志》云：辽东南皆山也，时雨既霁，旭日始兴，其山岚凝结，而城郭楼台，草木隐映，人马驰骤于烟雾之中，宛若人世所有。虽丹青妙笔，莫尽其状。古名登州海市，谓之神物幻化，岂亦山川灵淑之气致然邪？观此，则所谓楼台，所谓海市，大抵山川之气掩映日光而成。固非神物，东坡之祷，盖偶然耳。

这里批驳了“蜃气观”，而又提出“山川灵淑气观”。认为登州海市为山川灵淑之气所致。

明陈霆提出“地气观”。《两山墨谈》卷11曰：

寿州安丰塘积水数千顷，……塘心平阜处，左安丰府也。岁久陷入塘中，今雾雨浃旬，或现城郭人马观其处，若登州海市然。考之史传，安丰初不闻，建府县，废之。后元虽有安丰路，然即今之寿州是也，或者所云未尽足，然城郭人马之状凝塘水浩漫时，阳焰与地气蒸郁偶而变幻而见者，寡知识遂妄云已耳！

陈霆认为天空中城郭人马之状是由于阳焰与地气蒸郁变幻而成。

揭暄则提出“水气观”。《物理小识》卷2“海市山市注”曰：“气映而物见。雾气白涌，即水气上升也。水能照物，故其气清明上升者，亦能照物。气变幻，则所造之形亦变幻。”揭暄认为海市山市为上升水气所照。游艺也是这种观点。《天经或问》曰：

或有昼见兵马戈戟行空者，或见楼台宫室森然者，是日光为湿气所蔽，湿云上受日光下吸地影，故有此象，若倒映水面，即蜃楼之类也。然冬间气敛火弱，则无此象矣！……然海现蜃楼皆是远地楼阁上映于空中，湿气倒映水面，人望之，楼阁嶒峻，谓之蜃气者。

水在涯涘，倒照人物如镜，水气上升，悬照人物亦如镜。或以为山市海市蜃气，而不知为湿气遥映也。

游艺有时称水气为湿气，实际是一回事。

2. 火、光、热成因

关于火的成因，学者们大都用气来解释。

张载认为火是阳气。《正蒙·参两篇》曰："火之炎，人之蒸，有影无形，能散而不能受光者，其气阳也。"

朱熹认为火是温热之气。《朱子学归》卷6曰："火自是个虚空中事物，只温热之气便是火。"

光的本质是什么？

《朱子语类》卷2曰："问：'月本无光，受日而有光。'季通(蔡元定)云：'日在地中，月行天上，所以光者，以日气从地四旁周围空处迸出，故月受其光。'"蔡元定直接把日光说成日气，反映了一种光为气的认识。

明张介宾《类经·素问·天元纪》曰："盖明者，光也，火之气也；位者，形也，火之质也。如一寸之灯，光被满室，此气之为然也；盈炉之炭，有热无焰，此质之为然也。"这不但主张光是火发出的一种气，而且明确指出光源与光的差异。

(三)地学

1. 天气

张载在解释气象现象时，利用了阴阳二气的运动特征。《正蒙·参两篇》曰：

阴性凝聚、阳性发散；阴聚之，阳必散之，其势均散。阳为阴累，则相持为雨而降；阴为阳得，则飘扬为云而升。故云物班布太虚者，阴为风驱，敛聚而未散者也。凡阴气凝聚，阳在内者不得出，则奋击而为雷霆，阳在外者不得入，则周旋不舍而为风。其聚有远近、虚实，故雷风有小大、暴缓。和而散则有霜雪雨露，不和而散则为戾气曀霾；阴常散缓，受交于阳，则风雨调，寒暑正。

阴气的凝聚，阳气的发散，二者变化、作用的结果形成雷霆降雨、霜雪霾露。

2. 物候

沈括对南方和北方气候的不同也用地气解释。《梦溪笔谈》卷26曰：

土气有早晚，天时有愆伏。如平地三月花者，深山中则四月花。白乐天《游大林寺》诗云：'人间四月芳菲尽，山寺桃花始盛开。'盖常理也。此地势高下之不同也。如筀竹笋有二月生者，有三四月生者，有五月方生者，谓之晚筀。稻有七月熟者，有八九月熟者，有十月熟者，谓之晚稻。一物同一畦之间，自有早晚，此物性之不同也。岭峤微草，凌冬不凋；并汾乔木，望秋先陨。诸越则桃李冬实，朔漠则桃李夏荣，此地气之不同也。

他认为物候与"地气"或"土气"有关。诸越桃李冬实，而朔漠桃李夏荣，这就是地气不同所致

3．天气预报

沈括不仅用“气”来解释物候差异形成的原因，而且用“气”的理论来预报天气。《梦溪笔谈》卷7记载，“熙宁中，京师久旱，连日重阴；一日骤晴，炎日赫然，”沈括预告明日必雨。次日，果然大雨。沈括的解释是：

是时湿土用事，连日阴者，‘从气’已效，但为‘厥阴’所胜，未能成雨。后日骤晴者，‘燥金’入候，‘厥阴’当折，则‘太阴’得神，明日运气皆顺，以是知其必雨。此亦当处所占也。若他处候别，所占亦异。其造微之妙，间不容发。推此而求，自臻至理。

从现代气象学的角度看，连日阴云之时，空气中水分很丰富，但缺乏热力条件，未能成雨。一旦骤晴，具备了产生气流上升运动的热力条件，就会引起对流不稳定从而产生降雨。

4．岩石与矿物

明李时珍认为岩石是“气之核”，即是说，岩石是由气形成的。《本草纲目》卷8曰：

石者，气之核、土之骨也。大则为岩崖，细则为砂尘。其精为金为玉，其毒为礜为砒。气之凝也，则结而为丹青。气之化也，则液而为矾汞。其变也，或自柔而刚，乳齿成石是也；或自动而静，草木成石是也。飞走含灵之为石，自有情而之无情也。雷震星陨之为石，自无形而成有形也。

气之核为岩石，气之凝为丹青，气之化为矾汞。不仅石头，就是矿物也是由气形成的。《土宿本草》曰：

锡受太阴之气而生，二百年而锡始生，锡禀阴气，故其质柔，二百年不动，遇太阳之气，乃成银。铁受太阳之气。始生之初，卤石产焉，一百五十年而成慈石，二百年又经采炼而成铜，铜复化而成白金，白金化为黄金，是铁与金同一根源也。

《土宿真君》也曰：

丹砂受青阳之气，始生矿石。二百年成丹砂而青女孕。又二百年而成铅，又二百年成银，又二百年复得太和之气，化而为金。（《本草纲目》卷8、9引）

不同的矿物所受之气不一样，也就是不同的气化为不同的矿物。

5．地震成因

宋周密《齐东野语》曰：

然以理揆之，天文有常度可寻，时刻所至，不差分毫，以浑天测之可也。若地震，则出于不测，盖阴阳相薄使然，而犹人一身血气或有顺逆，因而肉瞤目动耳。气之所至则动，气之所不至则不动。而此仪置京都，与地震之所了不相关，气数何由而薄，能使铜龙骧首吐丸也，细寻其理，了不可得，当更访之识者可也。

文中认为：地震为阴阳气相薄而产生。这是继承了《国语》中伯阳父的有关思想。

6．海水不溢

杨慎《升庵全集》卷77曰：

《楚辞·天问》‘东流不溢’，孰知其知？柳子之对，朱子之注，大抵以归墟为说。余谓水由气而生，亦由气而灭，今以气嘘物则得水，又以气吹水则即干，由一滴可知其大也。……又庄子云：‘日之过河也有损焉，风之过河也有损焉。’风日皆能损水，但甚微而人不之觉。若曝衣于日中，湿�于风际，则立可验，此随时而消息也。覆杯水于坳堂，则立而覆洒；激泉于焦原，则立可涸，此随地而消息也。盖二气迭运，五行更胜，一极不具备，一物不独息，端指何地为归墟邪！

杨慎用水变为气，气又变成水相互循环的道理来解释“东海不溢”，接近于事实。

（四）生物

1. 气命论

明陶辅《桑榆漫志》曰：

> 生物以气言，……纯一不杂。……以质言，质成而有形，形分而有象，象异而有类，所以各类其类而不同也。万物以牝牡为模范，而各生其类，虽草木虫鱼鸟兽人物，其形性之不同而气命岂有二乎。

文中认为：动植物和人的性状特征都取决于生命物质，即“纯一不杂”的“气”和“质”。由“质”产生一定形状，分化为各种物象，区别为不同种类，而“各类其类”（同类相似）。不同种类生物通过有性繁殖，又“各生其类”（同类产生同类）。所以无论草木鸟兽虫鱼以至于人，虽然形态特征和固有性状互不相同，均为有生命的物质所主宰，并无二致。陶辅的“气命”论相当灵活，有较高的概括力，既能解释植物，也可解释动物和人类的生殖与遗传现象。更值得重视的是：他不仅认识到同类生物相似的原因在于“气”的纯一性，而且指出各类生物同为有生命的物质所主宰的统一性。虽然作为一种混沌物质的“气”与遗传因子相去甚远，但是它否定了造物主的安排，申明包括遗传现象在内的生命过程都有其物质基础。

2. 气种论

明代王廷相认为在天地生成之前，万物的种子已具备于元气之中，遇到合适的条件，自然就会衍发成物，不需要加入五行这一中间环节。《王氏家藏集·五行辨》曰：

> 自夫圣王之政衰而异端之术起，……始有以五行论造化生人物者矣。斯皆假合傅会，迷乱至道。……夫天地之间，无非气之所为者，其性其种，已各具于太始之先矣，金有金之种，木有木之种，人有人之种，物有物之种，各各完具，不相假借。

《王氏家藏集·雅述上》又曰：

> 天地未形，惟有太空，空即太虚，冲然元气。气不离虚，虚不离气，天地日月万形之种皆备于内，一氤氲萌孽而万有成质矣。

王廷相的“种子说”有些类似于西方的预成论，在中国而言，这是一种比较独特的万物化生学说。《慎言·道体》曰：“万物巨细柔刚，各异其材；声色臭味，各殊其性，阅千古不变者，气种之有定也。”气指物质，种言宗根。“气种”意为种气，无妨看作种质。说各类生物的性状和特征之所以千差万别，亘古如恒，都是由种质决定的，这是前人没有的认识。

王廷相论述“气种”说时，补充了人类遗传中偏父、偏母和返祖现象，并用来解释返祖。《慎言·道体》曰：“人有不肖其父，则肖其母。数世之后，必有与其祖同其体貌者，气种之复其本也。”种质回复到早先出现过的血亲类型，所以后代与祖先的体貌相同。“气种”说也有严重缺陷。它错误地认为生物性状和特征千古不移，因而在摧毁神造论变种——先成论的同时，又陷入不变论。

3. 嫁接

徐𤊹《荔枝谱》在记载无性繁殖法时说：“接枝之法，取种不佳者，截去元树枝茎，以利刃微启小隙，将别枝削针插固隙中，皮肉相向，用树皮封系宽紧得所，以牛粪和泥斟酌裹之，凡接枝必得时暄，盖欲借阳和之气。一经接博，二气交通，则转恶为美也。”嫁接的原理就是“二气交通”,“转恶为美”。

4. 插花技术

明袁宏道《瓶史》曰:“常见江南人家所藏日觚,青翠入骨,砂斑垤起,可谓花之金屋。古铜器入土年久,受土气深,用以养花,花色鲜明如枝头,开速而谢迟,就瓶结实。”

明文震亨《长物志》曰:“铜器入土久,土气湿蒸,郁而成青,入水久,水气卤浸,润而成绿。”

清孙知伯《培花奥诀录》曰:“铜器……惟以有砂斑为上,因得土气深厚贮水不坏,花亦不谢且能结实可称花之金屋。”

铜器之所以能用来扦花,在于它入地久,“受土气深”。

5. 丽质与繁英

《群芳谱·花谱小序》曰:“大抵造化清淑精粹之气,不钟于人,即钟于物。钟于人,则为丽质。钟于物,则为繁英。试观朝华之敷荣,夕秀之竞爽,或偕众卉而并育,或以违时而见珍。”人为清淑精粹之气所钟便得“丽质”,植物为其所钟,便会呈繁英之状。

6. 芝

芝是腐朽余气所生。李时珍《本草纲目》曰:“芝乃腐朽余气所生,正如人生瘤赘,而古今皆以为瑞草,又云服食可仙,诚为迂谬。”

(五)炼丹

炼丹中常发现“诸矾制伏水银不得”,究其原因则是“二气同根”。《金液还丹百问诀》曰:

> 光玄曰:先生所言诸矾制伏水银不得,亦不与水银相同,又见绿盐共青盐相和制得水银成粉、成霜,是何理也?先生曰:水银者,金之魂魄;绿矾者,乃是铁之津华。论五金即二气同根,议铅汞则铜铁疏远。是以暂制水银成粉,却再烧之,复其本源,终无成遂,恰同不制。光玄曰:矾既如此,青盐因何与矾同水银为用也?先生曰:盐于水银无以相类,只是矾制水银之时,盐助其色,别无其功。亦如飞烧砒黄,上覆其盐,即得色白,若非盐覆,其色不白。

“二气同根”,造成铅汞与铜铁的疏远,因而诸矾制伏不了水银。宋《九转灵砂大丹》(第一)曰:

> 升砂法:先用大锅(铁锅),……再以水洗净烘乾,用来醋研墨,以笔蘸墨涂火鼎内并水鼎底,再用石斛、艾叶烧烟熏之,隔铁气。侯冷放稳,却将前青金头末以匙轻桃入火鼎中,令虚不可满,约离水鼎三指为准。醋调赤石脂封子口,坐上水鼎,按实,用铁线串水火鼎上下眼,紧扎定。

这是认为“铁气”会在升砂中起作用,因而必须设法隔开。

(六)农业

农学中不少理论与气论有关。如宋陈旉《陈旉农书》曰:

> 四时八节之行,气候有盈缩、踦赢之度;五运六气所主,阴阳消长,有太过不及之差,其道甚微,其效甚著。盖万物因时受气,固气发生;其或气至而时未至,或时至而气未至,则造化之理因之也;若仲冬而梅李实,季秋之月而昆虫不蛰藏,类可见矣。阴阳一有愆忒,则四序乱而不能生成万物,寒暑一失代谢,即节候差而不能运转一气。

气候的变化受“五运六气所主”,“万物因时受气,固气发生”,如果未能因时授气,就会造成作物生长早熟或迟熟。如果阴阳二气愆忒,四时的顺序就会错乱,万物便不能生成。

第二节 阴阳五行论

一 阴阳论与科学

(一)冷热

冷热如何形成,这一时期有两种观点:一是吁炎吹冷说。《朱子语类》卷95曰:“譬如口中之气,嘘则为温,吸则为寒耳。”

宋苏轼《苏东坡全集》曰:

“夫阳动而外,其于人也之嘘,嘘之气温然而为湿;阴动而内,其于人也为噏,噏之气冷,然而为燥。”这是用阴阳说来解释嘘温吸冷现象的。

还有一种摩擦生热说。《河南程氏粹言》卷2曰:

动极则阳形也,是故钻木戛竹皆可以得火。夫二物者,未尝有火也,以动而取之故也。击石火出亦然。惟金不可以得火,至阴之精也,然轧磨既极,则亦然热矣,阳未尝无也。

程颐以运动解释摩擦生热,也将其与阴阳说相结合。

(二)日月食

张载用阴阳学说来解释日月之食问题。《正蒙·参两篇》曰:“日质本阴,月质本阳。故于朔望之际精魄反交,则光为之食矣。”日的本质原来是阴,相反,月的本质是阳,因此在朔和望的时候,相互作用,产生交食。在朔的时候,月精对日作用产生日食,在望的时候,日精对月作用而产生月食。又曰:“月所位者阳,故受日之光,不受日之精,相望中弦则光为之食,精之不可以二也。”

月所在的位置是阳位,日光也属于阳,同性相感,所以月能将禀受日的光。由于日精属于阳,所以月不能禀受日精。日月“相望中弦”,这里实际上包括了地球,即三者在一条直线上,于是产生了月食。

(三)雷电与风雨

宋代多数思想家用阴阳学说来解释打雷现象。《性理会通·论雷电》汇集各家论述。张载《正蒙·参两篇》曰:“凡阴气凝聚,阳在内者不得出,则奋击而为雷霆。”张轼同意张载的说法,他认为阳气被阴气包在中间,出不来,最后冲破出来,就成了雷霆的声音。胡寅说,“天地之间无非是阴阳二气的聚散开合所造成的,打雷也是这样,只是气的作用。所谓龙车、石斧、鬼鼓、火鞭,都是异端的怪诞,不可相信”。胡寅认为雷是气,没有形体。但是朱熹认为,气既然有聚散的变化,雷这种气也一定会聚成某种形体,象雷斧之类。

关于风雨,《霜红龛集》卷36曰:“盖一阳动于内为雷,发泄到外面,便是霆。一阴盘旋于下为风，薰蒸到上面便是雨。”风乃阴气盘旋于下所成，阴气上升便成为雨。

（四）潮汐

宋张君房受葛洪、卢肇的影响，主张潮汐是阴（月亮）和阳（太阳）共同作用的结果。《海潮辑说》卷上曰：“日月会同谓之合朔，合朔则敌体，敌体则气交，气交则阳生，阳生则阴盛，阴盛则朔日之潮大也。自此而后，月渐之东，一十五日与日相望，相望则光偶，光偶则致感，致感则阴融，阴融则海溢，海溢则望日之潮犹朔之大也。”阴盛在朔日，阴融在望日，故二日潮最大，望日的潮又大于朔日的潮。

（五）火药理论

火药是中国的一大发明，关于火药的发明，不光是实验的结果，也是理论探索的结果，这种理论探索是以阴阳理论作为指导，辅之以其他思想。

《太古土兑经》卷上曰：“或阳药阴伏，或阴药阳制，明达气候；如人呼吸皆有节度。”以阴阳相对待，以药性属性说明相互作用。

《张真人金石灵砂论》曰：“圣人法阴阳夺造化，故阳药有七，金二石五：黄金、银白、雄、雌、砒黄、曾青、石硫黄，皆属阳药也，阴药有七，金三石四：水银、黑铅、硝石、朴硝，皆属阴药也。阴阳之药，各禀其性……”阴阳分析势必对每种药作出归类，这里是对归属的一种看法。

《金木万灵论》曰：“夫一阴一阳之谓道，一金一石谓之丹，石乘阳而热，金乘阴而寒。”这里实为化学中电化二元论的萌芽思想。

《大还心鉴》曰：“论大丹惟一阴一阳之道，即合天地机也；一金一石谓之丹，亦天地合也。一为真铅，白虎是也；二为汞者，丹砂中水银也。”

《大还丹金龙白虎论》曰：“夫烧丹炼药，须烹龙虎之阴阳。龙虎相凝成液，神气交驭为真。”

文中概括出铅汞作用、硫汞作用以及其他化合、复分解反应。特别是“一金一石”富有金属与非金属相互作用的意味。不过阴阳属性分析，大体是活泼金属为阴，非金属为阳，与近代化学的电负性概念的含意相反。在金属内部，活泼金属为阴，稳定性高金属为阳，也与电负性含意相反。

在阴阳学说的基础上，又引进了子母兄弟、君臣佐使的概念。这些概念大多来自医药学。《神农本草经》曰：“药有阴阳配合，子母兄弟。”

《素问·至真要大论》曰：“主病之谓君，佐君之谓臣，应臣之谓使。”《至真要大论》曰：“君一臣二，制之小也；君一臣三佐五，制之中也，君一臣三佐九，制之大也。”《神农本草经》又曰：“药有君臣佐使，以相宣摄。合和宜一君、二臣、三佐、五使；又可一君、三臣、九佐使也。”

较早引进君臣佐使等概念的炼丹书有：

《太古土兑经》卷上曰：“上件银药中，君臣相使明了，五金百法百中，不过七、八味之药矣。”卷下曰：“知君臣，在人意；修理亦与古方大同小异。”

> 陶公（弘景）药性，不达君臣，若了此原，即知要妙。
>
> 用石胆、黄砒、白矾为使，用金、银以为母，用曾青为将，用四黄以为君。夫四黄之中，不如雄也；三青之内，不如曾也。

《龙虎还丹诀》，原注曰：“一说雄为君，雌为臣，流（硫）为使，砒为将。”

《真元妙道要略》,曰:“凡伏四黄八石,若犯草霜……,盖是君臣乖错,暂伏相近,熔炼五偏(遍)必渐去而玄枯,稍枯者不可用也。”

硫黄宜服养诸药,硝石宜佐诸药,多则败药。

《参同契五相类秘要》,曰:

二姓合和,为妻、为子、为母、为君、为臣、为佐。

夫大还丹用铅为主,用水银为君,硫黄为臣,雄黄为将,雌为佐,曾青为使。故君臣配合,主将拘伏,使佐宣通。虽用为傍助,久久为伏火灰矣。

到了《火龙神》,已经运用得十分娴熟。《火龙神》说:

火攻之药,硝、磺为君,木炭为之臣,诸毒为之佐,诸气药为之使。然必知药性之宜,斯得火攻之妙。硝性主真[直发者以硝为主],磺性主横[横发者以磺为主],灰性主火[火各不同,以灰为主,有箬灰、有柳灰、桦灰、葫灰之异]。性直者,主远击,硝九而磺一。性横者,主暴击,销(硝)七而硫三,青扬为灰,其性最脱(锐);枯杉为灰,甚性尤缓;箬叶为灰,其性尤燥。

这些是朴素而完整的火药理论大纲。文中“君”或“主”指配合数量上最大量成分,指火药反应中的最活性物质,指发挥实用效果上的最主要负担者。当然君主不是唯一者,混合剂中数量上、反应中,效果上的次要成分为臣,君臣为必要成分,而佐使在配伍中是可以变通,可以代替的成分。《火龙经》关于硝、硫、炭分别具有直、横、火的作用的认识,有其正确性;以之检验它的不同火药配方,并对照近代黑药成分,也是大体相符的。按黑药反应最简式为:

$$2KNO_3+3C+S=K_2S+N_2+3CO_2$$

按此计算的理论组成为硝酸钾 74.84%,硫 11.84%,炭 13.32%,近代通用配方为硝 75%,硫 10%,炭 15%。《火龙经》曰:

大炮药方:硝火[一两]、硫 火[一钱],杉炭[一钱七分]。

火炮药方:硝火[一两]、硫火[一钱],炭[七钱],斑猫(蝥)[一钱二分]。

流星发药方:硝火[十两]、柳炭[一两五钱]。

火酒拌碾极细为度。

走线方:硝火[一两]、磺[三钱],柳炭[三钱五分]。

明茅元仪《武备志·火药赋》中规定:硝是君,硫是臣,炭是佐使。这更加符合火药成分配比和作用的实际。

李时珍也接受阴阳二气、君臣佐使的观念,他在《本草纲目·石硫黄·发明》中曰:“如太白丹、来复丹,皆用硫黄佐以消石,至阳佐以至阴。”

《本草纲目·消石·发明》也曰:

消石……与硫黄同用,则配类二气,均调阴阳,有升降水火之功。

盖硫黄之性暖而利,其性下行;消石之性暖而散,其性上行。……一升一降,一阴一阳,此制方之妙也。今兵家造烽火铳机等物,用消石者,直入云汉,其性升可知矣。

《本草纲目·石硫黄·释名》还曰:“硫黄秉纯阳火石之精气而结成,性质通流,色赋中黄,故名硫黄。含其猛毒,为七十二石之将,故药品中号为将军。”硫黄为纯阳,但未指消石为纯阴。

用阴阳分析朴素地阐明火药反应机理的是宋应星。《天工开物·燔石、硫黄》曰:“凡火药，硫为纯阳，硝为纯阴，两精逼合，成声成变，此乾坤幻出神物也。”《天工开物·佳兵·火药料》曰：“凡火药以消石、硫黄为主，草木灰为辅。消性至阴，硫性至阳，阴阳两神物相遇于无隙无容之中。其出也，人物膺之，魂散惊而蚤粉。”硫是纯阳性，硝是纯阴性，二者结合，便成火药。中国火药理论使用阴阳，并不用五行。

（六）炼丹

中国炼丹术中的主要理论就是阴阳五行论，丹药的配方、炼制过程均用阴阳思想作为指导。宋周去非《岭外代答》曰：

> 邕人炼丹砂为水银，以铁为上下釜。上釜盛砂，隔以细眼铁板；下釜盛水，埋诸地。合二釜之口于地面而封固之，灼以炽火，化为霏雾，得水配合，转而下坠，遂成水银。然则水银即丹砂也，丹砂禀生成之性，有阴阳之用，能以独体化二体，此其所以为圣也。

之所以能将固体的丹砂炼成液体水银，就是因为丹砂禀生成之性，有阴阳之用，故能以一体化为二体。

南宋程了一《丹房奥论·三论真汞凡汞》也是这种思想，文曰：

> 按《八石本草》云，朱砂乃阴中金液，与离宫所交之气，下降入地，结汞而成，借南方为体。所以真人取砂中之汞，炼而成丹。其歌曰：‘抽取砂中汞，还烧汞作砂。胎中受五彩，火里现黄花’，此之谓也。

（七）毒气

沈括《梦溪笔谈》曰：“陵州盐井深五百余尺，皆石也。上下甚宽广，独中间稍狭，谓之‘杖鼓腰’。旧自井底用柏木为干，上出井口，自木干垂绠而下，方能至水，井侧设大车绞之。岁久井干摧败，屡欲新之，而井中阴气袭人，入者辄死，无所措手；惟候有雨入井，则阴气随雨而下，稍可施工，雨晴复止。后有一人以一木盘，满中贮水，盘底为小窍洒水，一如雨点，设于井上，谓之雨盘，令水下终日不绝。如此数月，井干为之一新，而陵井之利复旧。”井中所出毒气为“阴气”，它可致人于死地，据推测可能是硫化氢一类的毒气。

（八）医药

医药学中普遍使用阴阳学说。李时珍《奇经八脉考》曰：

> 凡人有此八脉，俱属阴神，闭而不开，惟神仙以阳气冲开，故能得道。八脉者先天大道之根，一气之祖，采之惟在阴跻在先。此脉才动，诸脉皆通，次督任冲三脉总为经脉造化之源。而阴跻一脉，……上通泥丸，下透涌泉，倘能知此，使真气聚散皆从此关窍，则天门常开，地户永闭，尻脉周流于一身，贯通上下，和气自然上朝，阳长阴消，水中火发，雪里花开。所谓天根月窟闲来往，三十六宫都是春，得之者身轻体健，容衰返壮，昏昏默默，如醉如痴，此其验也。

这是阴阳学说在脉学上的运用。下面是在药理上的运用。

陈少薇《大洞炼真空径九还金丹妙诀·中三品陈五石之金品第四》曰：

> 夫五石之金，各皆禀五种之阴精。……铅锡具禀北方壬癸之气。铅禀癸气，故铅所禀于阴极之精也。其五金阴毒之甚，服之久皆伤肌败骨，促寿损命。……且其

矿石之金皆受五种阴浊之气，结而成质，质地沉顽，虽遇四黄（硫黄、雄、雌黄、砒黄）能变易其体，阴毒之性，终不轻飞，纵令炼化为丹，服之亦乃伤于五脏。五金"各禀五种之阴精"，其阴毒尤甚，因而"炼化为丹，服之亦乃伤于五脏。"

在《本草纲目》中，李时珍非常重视药物的理论，对药物的阴阳、升降、浮沉等非常重视，研究气味的厚薄、同意用药需要辨清阴阳属性和升降浮沉，但他又指出升降浮沉固为药物原来的属性，却可以人为地加以改变，如加工炮制（生升熟降），引经药的应用（引之以咸寒或酒）等，同时，认为药物不但可分阴、阳、阳中阴、阴中阳之外，还有阴中微阳的区别。李时珍还将阴阳学说与五行学说结合起来用。他说：

天造地化而草木生焉，刚交于柔而成根荄，柔交于刚而成枝干叶。萼属阳华，实属阴。得气之粹者为良，得气之戾者为毒。故有五行焉，曰金、木、水、火、土。有五气焉，曰香、臭、臊、腥、膻。有五色焉，曰青、赤、黄、白、黑。有五味焉，曰酸、苦、甘、辛、咸，有五性焉，曰寒、热、温、凉、平。有五用焉，曰升、降、浮、沉、中。

这里五行、五气、五色、五味、五性、五用一一对应。

（九）动植物区分

张载《正蒙·动物篇》曰：

动物本诸天，以呼吸为聚散之渐；植物本诸地，以阴阳升降为聚散之渐……有息者根于天，不息者根于地。根于天者不滞于用，根于地者滞于方，此动植之分也。

以动植物的呼吸生理来加以区分，其根据就是阴阳二气之说。

二　五行论与科学

（一）五行思想

五行思想虽然肇始于先秦，而对后世却发生深远的影响。宋王安石《临川文集·洪范传》曰：

五行，天所以命万物者也，故初一曰五行。

五行：一曰水，二曰火，三曰木，四曰金，五曰土，何也？五行也者，成变化而行鬼神，往来乎天地之间而不穷者也，是故谓之行。万物的形成，即由五行的变化。

王廷相用五行论来解释宇宙的演化。他认为元气包含有太虚真阳之气和太虚真阴之气，真阳之气感于真阴之气形成天。"一化而为日、星、雷、电"，成为火；一化而为"月、云、雨、露"，成为水。水火相感，如同"日卤之成鹾，炼水之成膏"一样，水中的渣滓沉淀蒸结成地，地就是土。土既含金又能长木。金木是水火土"三物之所由生。"这一宇宙演化模式可以概括为："一（元气）——二（阴阳二气）——五（即火、水、土、金、木）——万（即万物）"。

（二）矿产

万物本原同源于气，那为什么世界上物质有形形色色、殊性异质的状况呢？沈括用五行学说进行解释。《梦溪笔谈·杂志》曰：

信州铅山县有苦泉，流以为涧，挹其水熬之则成胆矾，烹胆矾则成铜，……按

《黄帝素问》有“天五行、地五行。土之气在天为湿。土能生金石，湿亦能生金石。”此其验也。又石穴中水，所滴皆为钟乳、殷孽；春秋分时，汲井泉则结石花；大滷之下，则生阴精石；皆温之所化也。如木之气在天为风，木能生火，风亦能生火。盖五行之性也。

胆矾即硫酸铜，钟乳为下垂之石笋，殷孽为直立的石笋，石花是水结出花形沉积物，阴精石俗称石膏。除硫酸铜溶液可取铜外，这里说岩洞中的钟乳石，井泉中的石花，卤中的石膏，都是水湿的变化，以及木、风都能燃烧的解释完全是用五行说来进行的。

方以智等曾运用五行相生原理论述金矿的形成。《物理小识·金石类》曰：

土皆生金：陶沙于水，取黄金者，犹问其地，埽泥于衢，则无处不可，以衢中万人行处，有肥腻焉。日月蒸人、盉之澄之，重者在下，铅硝煎之，白金出矣。

(三)生物

五行思想在生物学方面的运用，主要是用来解释生物的生理特征和生态特征。明黄省曾《兽经》曰：“色随五行：苍龙之属木行，赤豹之属火行，黄熊之属土行，白虎之属金行，黑猪之属水行。“毛应四气：春则毛盛，夏则毛希少而革易，秋则更生而整理，冬则生而毛细，毛以自温焉。”

黄省曾认为动物皮毛的颜色是与其五行属性相一致的。

清赵学敏《凤仙谱》卷上“名义”曰：

盖天有五行，发为五色，惟凤备其全，凤仙亦全备五色；凤不处秽地，凤仙亦性最喜洁，有用污泥培壅者多死；凤喜高翔，凤仙亦喜高，高则发枝多而顶带圆；凤有德，凤仙亦具五德。且其性属火，故子触辄裂。其枝干皆中虚，得水自然呼吸，而上有离之象焉。多受水则花肥，以克为用，盖阳盛必济以阴而始和，凤仙属火，又受炎日之午火，有重离之亢，非水不解。犹阳之必附以阴而始能生物成物，凤仙惟受水多，故能孕为秋华。华则色绿，盖天一生水，地二生火，水火既济，而后天三生木，绿色行乎其中矣。《元命苞》曰：“火离为凤”。《演孔图》曰：“凤，火精也。”凤仙属火，不与凤同体乎？凤仙各异种皆生于五色，其梗空虚，吸露辄能蕴酿颜色，孕结奇胎，一本中有开出不可指状之形色，再感日月精气，此花便结子全变异种，如人之脱凡换骨然。

赵学敏认为：天有五行，发便有五色，而凤五色全备，凤仙亦如此。凤性属火，凤仙性也属火。凤具五德，凤仙也具五德。凤仙的异种皆生于五色。完全按五行理论硬套进行解释。

(四)炼丹

炼丹术丹药的配方大都依据五行理论进行配制。《庚道集》卷3“第四煮制灵砂法”曰：

青桑条，明矾二两，雄黄二钱，川椒一两，青盐一两，胆矾三钱。

右五味药入灰汁加醋，安新铁铫或砂石器中。将灵砂成块子，细密竹箩盛之，入药汁内，悬胎煮三伏时。候干，同炒，取出，以川椒汤汁浴……

硫汞成形，须要真死，必须煮倒。其五味药按五行也，故曰五行桑灰汗煮硫法，谓硫倒则汞死也……

青桑条的五种成分明矾、雄黄、川椒、青盐、胆矾是按五行理论挑选配制的。

(五)医药学

五行学说应用到医学上来,起自《黄帝内经》。李时珍曾精研《内经》,在他的作品中,处处以《内经》的理论为论据。用五行学说来解释药物的治疗作用,是《本草纲目》的基本内容之一。这种五行学说的应用,在很大程度上仍然处于直觉的感性阶段。例如说"诸草木忌铁"是金克木;说菊之黄者入金水阴分、红者行妇人血分、白者入金水阳分;由于羚羊角能惊痫、目疾,而谓其属木;谓蜀椒之叶青、皮红、花黄、膜白、子黑则以禀五行之气释之……等等。虽然如此,五行学说的应用,却是符合祖国医学的发展特点的,是传统的继承。

李时珍对基础理论的应用有所发挥。例如:对于木瓜治转筋与血病脚膝乏力,一般医家以酸能入肝解释,李时珍则认为是理脾伐肝的后果,因土病金衰木盛,木瓜收脾肺之耗散,泻木以助金,木平则土得令而金受荫矣;对南星、半夏,他认为性并不燥,其燥在土之湿去以后,痰涎不生,因而一般认为二物皆燥;又如对泽泻治头重而目晕耳鸣,认为是去湿去热,脾胃深湿既去,则土气得令,而清气上行,天气明爽。

第三节 格物致知说的兴起

一 从哲学角度的解释

(一)宋代

"格物致知"学说初见于《礼记·大学》,书中曰:"致知在格物,物格而后知至。""格物致知"学说同《大学》本身一样,在汉唐时期沉寂了几百年后,到北宋时期,由于理学的产生和理学家的提倡,人们纷纷对"格物致知"进行诠释。司马光专门写了《致知在格物论》,将其赋予政治内容。二程认为,人心中本来有知,由于被外物所蔽,使心不能直接认识自己,所以要通过"格物"或"即物究理"而获得知识,认识自己。程颐说:"知者吾之所固有,然不致之不能得之,而致知必有道,故曰致知在格物。""致知在格物,非由外铄我也,我固有之也,因物而迁则天理灭矣,故圣人欲格之。"(《程氏遗书》第二十五)据此,程颐对"格物致知"作了自己的解释:"格犹究也,物犹理也,犹曰:究其理而已矣。""诚意在致知,致知在格物。格,至也。如'祖考来格'之格。凡一物上有一理,须是穷致其理。"(同上,第十八)

程颐尤其强调:"大凡学问,闻之知皆不为得。得者,须默识心通。""闻见之知,非德性之知,物交物则知,非内也;今之所谓博物能者是也。德性之知,不俗见闻。"(《程氏遗书·伊川先生语》)

程颐之"格物致知"是内省的功夫,是"德性之知"。

"格物致知"的目的在于治天下国家。《二程粹言》卷第一曰:

> 学莫大于知本末终始。致知格物,所谓本也,始也;治天下国家,所谓末也,终也……格犹穷也,物犹理也?若曰穷其理云尔。穷理然后足以致知,不穷则不能致也。

程颐所说的格物、致知、穷理并不是要认识、体察一物有一物之理,而是要体认万物皆出于一理,一物一物的"格",不过是体认一理的手段,通过这个手段体认万物皆出于一理。所以说：

格物穷理，非是要尽穷天下之物，但于一事上穷尽，其他可以类推。……如一事上穷不得，且别穷一事；或先其易者，或先其难者，各随人深浅。如千蹊万径皆可适国，但得一道入得便可。所以能穷者，只为万物皆是一理，至如一物事虽小，皆有是理。(《程氏遗书》第十五)

朱熹继承和发展了二程的“格物”与“致知”的学说，对《大学》信之甚笃，用力至深。他认为书中有阙文，因而根据他自己的观点，补上阙文，作为该书的第五章，即《补大学致知格物传》。文曰：

右传之五章，盖释格物致知之义，而今亡矣。间尝窃取程子之意以补之，曰：所谓致知在格物者，言欲致吾之知，在即物而穷其理也。盖人心之灵，莫不有知，而天下之物，莫不有理。惟于理有未穷，故其知有不尽也。是以大学始教，必使学者即凡天下之物，莫不因其已知之理，而益穷之，以求至乎其极。至于用力之久，而一旦豁然贯通焉，则众物之表里精粗无不到，而吾心之全体大用无不明矣。此谓物格，此谓知之至也。

这就是朱熹的“格物致知论”。什么叫“格物”，“致知”？《大学章句》曰：“格，至也。物，犹事也。穷至事物之理，欲其极处无不到也”。格物，就是彻底探求事物之理，到达它的极处。注中又曰：“致，推极也。知，犹识也。推极吾之知识，欲其所知无不尽也。”致知，就是把“吾之知识”推求到无不尽的极处。注中又曰：“物格者，物理之极处，无不到也。知至者，吾心之所知，无不尽也。”从字表面上看，朱熹的意思好像是要探求客观世界的真理，其实并不然。注曰：“物格知至，则知所止矣。”“知所止”，止在什么地方？“止者，所当止之地，即至善之所在也，知之，则志有定向。”格物致知的终极目的，是要求认识所当止的“至善之所在”，使“志有定向”。因此，所谓“格物致知”，不在于求科学之真，而在于明道德之善。

关于“格物致知”的认识过程，朱熹同意通过一物一物地“格”，积习多了后，便能“豁然贯通”。《朱子语类》卷18中说：“一物格而万理通，虽颜子亦未至此。但当今日格一件，明日又格一件，积习既多，然后脱然有个贯通处，此一次尤有意味。”朱熹认为，万物都有理，为了体察 已经存在的先验之理，未尝不可去格一下。同卷又曰：“虽草木，亦有理存焉。一草一木，岂不可以格？如麻麦、稻、粱，甚时种，甚时收，地之肥、地之硗厚薄不同，此宜植某物，亦皆有理。”“格物”与“致知”不在于求知外物之理，而在于体认心之理，因此，朱熹说：

格物之论，伊川意虽眼前无非是物，然其格之也，亦须有缓急先后之序，岂遽以为存心于一草木、器用之间而忽然悬悟也哉！且如今为此学而不穷天理，明人伦、讲圣言、通世故，乃兀然存心于一草木、器用之间，此是何学问！如此而望 有所得，是炊沙而欲其成饭也。(《朱子文集》卷39“答陈齐仲”)

朱熹非常重视学校中的“格物致知”教育，他在《(南剑州)尤溪县学记》中说：

立学校以教其民，……必始于洒扫应对进退之间，礼、乐、射、御、书、数之际，使之敬恭，朝夕修其孝弟忠信而无违也。然后从而教之格物致知以尽其道，使知所以自身及家、自家及国而达之天下者，盖无二理。认为只有“格物致知”，才“能尽其道”，除此“盖无二理”。朱熹在《答吴晦叔书》中说得更清楚：盖古人之教，自其孩幼而教之以孝弟诚敬之实，及其少长而博之以诗书礼乐之文，皆所以使之即夫一事一物之间，各有以知其义理之所在，而致涵养践履之功也。及其十五成童，学于大学，则其洒扫应对之间，礼乐射御之际，所以涵养践履之者，略已小成矣，于是不离乎此，而教之以格物以致其知焉。致知云者，因其所已知者推而致之，以及其所未知者，而极其至也，是必至于举天地万物之理而一以贯之，然后为知之至，而所谓诚意、正心，修身、齐家、治国、平天下者，至是而无所不尽其道焉。

十五成童，学于大学，必须"教之以格物以致其知"，以达到诚意正心、修身、齐家、治国、平天下的目的。程朱的"格物致知"的思想对宋代的学术思想产生了深刻的影响。

晁公武《郡斋读书志》卷第一曰：

孔氏之教，别而为六艺数十万言，其义理之富，至于不可胜原，然其要片言可断，曰修身而已矣。修身之道，内之则本于正心诚意，致知格物；外之则推于齐家、治国、平天下；内外兼尽，无施而不宜。学者若以此而观六艺，犹坐璇玑以窥七政之运，无不合者。不然，则悖缪乖离，无足怪也。

晁公武所言"修身之道，内之则本于正心诚意，致知格物；外之则推于齐家、治国、平天下"，即为程朱思想，而且他坚信"内外兼尽，无施而不宜"。

郑樵对当时理学思潮有过中肯的评述，他在《通志·昆虫草木略·序》中说："学者皆操穷理尽性之说，而以虚无为宗，至于名物之实学，则置而不问。"

(二)明代

王守仁(1472～1528)早年笃信朱熹的"格物"之说，因格竹而生病，故认为"格物"做不了"圣贤"，便悟出"致良知"论来。《传习录·下》曰：

众人只说格物要依晦翁，何曾把他的说去用，我著实曾用来。初年与钱友同论做圣贤要格天下之物，如今安得这等大的力量，因指亭前竹子令去格，看钱子早夜去穷格竹子的道理。竭其精神，至无三日，便致劳神成疾。当初说他这是精力不足，某因自去穷格，早夜不得其理。于七日，亦以劳思致疾。遂相与叹圣贤是做不得的，无他力量去格物了。及在夷中三年，颇见得此意思，乃知天下之物，本无可格者，其格物之功，只在身心上做，决然以圣人为人人可到，便自有担当了。

王守仁由此而反对朱熹的学说，把"格物致知"纳入自己"致良知"的体系。他认为：

所谓'致知格物'者，致吾心之良知于事事物物也。吾心之良知即所谓'天理'也。致吾心良知之'天理'于事事物物，则事事物物皆得其理矣。致吾心之良知者，致知也。事事物物皆得其理者，格物也。是合心与理而为一者也。(《传习录·答顾东桥书》)

"致知"是"致良知"，那么"格物"是什么？《大学问》曰：

然欲致其良知，亦岂影响恍惚而悬空无实之谓乎？是必实有其事矣，故致知必在于格物。物者，事也，凡意之所发必有其事，意所在之事谓之物。格者，正也，正其不正以归于正之谓也。正其不正者，去恶之谓也；归于正者，为善之谓也。

《传习录下》中也说：

先生曰：先儒解格物为格天下之物。天下之物如何格得？且谓一草一木亦皆有理，今如何去格？纵格得草木来，如何反来诚得自家意？我解格作正字义，物作事字义。《大学》之所谓身，即耳目口鼻四肢是也。欲修身便是要目非礼勿视、耳非礼勿听，口非礼勿言，四肢非礼勿动。

“格”是“正”，“物”是“事”，“格物”就是合心与理而为一者。由此把“致知”与“格物”的解释统一起来。王守仁又认为：“心即理”，“心外无理”，由此而形成心学理论。

《传习录·答顾东桥书》曰：

夫物理不外于吾心，外吾心而求物理，无物理矣。遗物理而求吾心，吾心又何物耶？心之体，性心，性即理也。……心虽主乎一身，而实管乎天下之理，理虽散在万事，而实不外乎一人之心。

《传习录·下》曰：

目无体，以万物之色为体；耳无体，以万物之声为体；鼻无体，以万物之臭为体，口无体，以万物之味为体；心无体，以天地万物感应之是非为体。

由此可见，王守仁心学体系中的“格物致知”不是认识外物求其知，而是一种主观的人身道德修养功夫，即“明明德”，“为善为恶”的修养论。

王守仁认为“致良知”为天下第一学问。《王文成公全书·答黄勉叔问》曰：

吾教人致良知，在格物上用功，却是有根本的学问，日长进一日，愈久愈觉精明。世儒教人事事物物上去寻讨，却是无根本的学问。

《传习录·答顾东桥书》曰：

学校之中，惟以成德为事，而才能之异，或有长于礼乐，长于政教，长于水土播植者，则就其成德，而因使益精其能于学校之中。

明何瑭(1474～1543)著《柏斋集》，书旨以存心为主，以格物致知为先，当时学者多宗法王守仁的良知之说，而他独以躬行为本。清《四库全书总目提要·集部·柏斋集》：

(何)瑭笃行励志。其论学以格致为宗。《集》中“送湛若水序”谓：“甘泉(湛氏号)以存心为主，予以格物致知为先。非存心固无以为格致之本。格物知至，则心之体用益备。”其生平得力在此。故当时东南学者多宗王守仁良知之说，而瑭独以躬行为主，不以道学自名。复留心世务。

王廷相(1474～1544)认为人的认识是一个从“格物致知始”，到“精义入神”、“贝理真切”的完整发展过程。人不能抛弃、超越感性认识。《慎言·作圣》说：“圣人之道，贯彻上下。自洒扫应对，以至均平天下，其事理一也。自格物致知，以至精义入神，其学问一也。”《慎言·潜心》中说：“必从格物致知始，则无凭虚泛之妄之私；必从洒扫应对始，则无过高躐等之病。上达则存乎熟矣。”

依据他的“物理不闻不见，虽圣哲亦不能索知之”的真理，对格物说作出了自己的说明。他说：“格物，《大学》之首事，非通于性命之故，达于天地人之化者，不可以易而窥测也。诸士积学待叩久矣，试以物理疑而未释者议之，可乎？天之运，何以机之？地之浮，何以载之？月之光，何以盈缺？山之石，何以欹侧？经星在天，何以不移？海纳百川，何以不溢？吹律何以回暖？悬炭何以测候？夫遂何以得火？方诸何以得水？龟何以知来？猩何以知往？蜥蜴何以为雹？虹霓何以饮涧？何鼠化为鴽，而鴽复为鼠？何蜣螂化蝉，而蝉不复为蜣螂？何木焚之而不灰，何草无风而自摇？何金之有辟寒？何水之有温泉，何蜉蝣朝生而暮死？何休留夜明而昼昏？蠲忿忘忧，其感应也何故？引针拾芥，其情性也何居？是皆耳目所及，非骋思于六合之外者，不可习矣而不察也。”(《策问》五)从这段材料看出，王廷相所谓“格物”，是指接触，观察和探索外界事物的客观规律而言。上至天文，下至地理，从动物到植物，从地质到物候，都存在着“物理”。只有通过人们的感官去接触客观事物，才能“通于性命之故，达于天人之化”，获得对客观规律的理性认识。

吴廷翰(1491～1559)继承和发扬王廷相“格物致知”方面的思想，严厉批驳了王守仁的心学思想。《吉斋漫录》曰：

今人为格物之说者，谓‘物理在心，不当求之于外，求之于外，为析心与理为二，是支离也’。此说谬矣。夫物理在心，物犹在外。物之理即心之理，心之物即物之物也。万物皆备于我，天下无性外之物，故求物之理，即其心之理，求心之物，岂有出于物之物哉！若谓格理者为在外，则万物非我，而天下之物为出于性之外矣。求为一本而反为二本，谓人支离而自为支离，其原实起于好高自胜之私，而不知首尾衡决一至于此也。

说物理在人的内心，心外无物，心外无理，认识只要向自己内心寻求，就无所不知，这是陆九渊、王守仁论调。对此论调，吴廷翰斥为荒谬。吴氏指出，认识事物的固然是心，但认识的对象(物)却在人心之外，求物之理，“岂有出于物之外哉”！吴廷翰认为离开物而求知是“空知”，他说：“正是一个知，须有一个物”。“知只在物，则不求于物之外也。”认识离开了物都是虚见虚闻，有物才有实理、真知。他说：“不曰格理而曰格物者，有物有则，则即是理，但理字虚，物字实，不言物言理，则致知工夫犹无着落。”又说：“致知者——都于物上见得理，才方是实。盖知已是心，致知只求于心则是虚见虚闻，故必验之于物而得之于心，乃是真知。”承认客观外界的物是认识的对象，即承认认识的源泉是物。

“格物致知”已成为当时学人的一种时尚。宋应星在《天工开物·序》(1637)中说：“吾友涂伯聚先生，诚意动天，心灵格物，凡古今一言之嘉，寸长可取，心勤勤恳恳而契合焉。”这里的“心灵格物”是说涂伯聚“心底灵巧”，故而格物，所格之物是无所不包，当然也包括宋应星《天工开物》中的内容。

二　格物致知即研究科技的理解

(一)天文

现所知，天文学中最早用到“格物”的“格”字见于《隋书·天文志》。该书曰：

至大同十年，太史令虞廓，又有九尺表，格江左之影。

这里的“格”表示“观测”。唐代也用“格”表示“观测”之意。《旧唐书·天文志上》在谈到一行上书要求制造黄道游仪时说：

黄道游仪，古有其术而无其器。以黄道随天运动，难用常仪格之，故昔人潜思皆不能得。今梁令瓒创造此图，日道月交，莫不自然契合，既于推步尤要，望就书院更以铜铁为之，庶得考验星度，无有差舛。

到了明代，人们认为对“天与日月五星之行”的探索便是“格物致知之学”。《明太祖实录》卷11曰：

(洪武十年三月)丁未，上与群臣论天与日月五星之行，翰林应奉傅藻、典籍黄麟、考功监丞郭传，皆以蔡氏左旋之说为对。上曰：“天左旋，日月五星右旋。盖二十八宿，经也，附天体而不动。日月五星，纬乎天者也。朕自起兵以来，与善推步者仰观天象，二十有三年矣。尝于气清爽之夜，指一宿为主，太阴居是宿之西，相去丈许。尽一夜，则太阴渐过而东矣。由此观之，则是右旋，此历家亦尝论之。蔡氏谓为左旋，此则儒家之说。尔等不析而论之，岂所谓格物致知之学乎？”

朱元璋认为对“左旋说”不加分析就不是“格物致知之学”，用现在话说，即不是科学态度。

（二）医学

金代已将“格物致知”的思想运用于医学研究之中。宋云公《伤寒类证·序》曰：

医不通道，无以知造化之机，道不通医，无以尽养生之理。然欲学此道者，必先立其志。志立则格物，物格则学专。学虽专也，必得师匠，则可入其门矣。

文中说欲学医，“必先立其志，志立则格物，物格则学专”。得到师匠后便可入门了。这里隐含学医也是格物的一项活动。

金代刘守真还论述学医的方法应是“直格”。佚名《伤寒直格·序》曰：“‘习医要用直格’，乃河间高尚先生刘守真所述也。守真深明《素问》造化阴阳之理，……。”刘守真即刘完素，金元医学四大家之一。他所用的三阳三阴辩证，是“热论”的旨意，用以分辨表里，虽仍称伤寒，但与《伤寒论》不相同。他的思想是：因时因地因人制宜，坚持辩证论治原则，避免机械“按证索方”的弊端。

金朝人当时认为了解玉石草木禽兽虫鱼等物的性味就是“穷理”。刘祁《重修证类本草·跋》曰：

余自幼多病，数与医者语，故于医家书，颇尝涉猎。在淮扬时，尝手节本草一帙，辨药性大纲，以为是书通天地间玉石草木禽兽虫鱼万物性味，在儒者不可不知。又饮食服饵禁忌，尤不可不察，亦穷理一事也。

这就是认为中医药学也是格物穷理的内容之一。

到了元代，朱震亨直呼其医书名为《格致余论》。其《格致余论·序》曰：“古人以医为吾儒格物致知一事。故目其篇曰《格致余论》”。所说“古人”不知是何代，但至少在金代已是如此。

明代李时珍继承这一思想，他在《本草纲目·凡例》中说：“虽曰医家药品，其考释性理，实吾儒格物之学，可裨《尔雅》、《诗疏》之缺。”又在同书卷14“芎穷”中强调：“医者贵在格物。”李时珍认为“物理”是客观的，存在客观事物之中。果蓏的性味有良毒，这就是“物理”（卷29“果部”），生物之微的虫类，有“外骨内骨，却行仄行。连纡行”，有“羽毛鳞介倮之形，胎卵风泾化生之异”；这些都是“物理”，必须像圣人那样加以“辨之”，才算是“格物”。所以他频频告诫人们“可不究夫物理”、“岂可纵嗜欲而不知物理乎？”

李时珍这些合乎科学原理的认识，都是通过它对事物入微细致的观察的必然结果，用他自己的话说，就是“然有禀赋异常之人，又不可执一而论”（卷9“石钟乳”），“肤学之士，岂可恃一隅之见，而概指古今六合无穷变化之事物为迂怪耶？”（卷52“个傀”）很明显，他之所以能有这种判断能力，是由于其博学而来的，也是和他的勤奋好学、孜孜不倦分不开的。明王世贞盛赞李时珍《本草纲目》为“格物之通典”。《本草纲目·序》曰：

上自坟、典，下及传奇，凡有相关，靡不备采。如入金谷之园，种色夺目；如登龙君之宫，宝藏悉陈，如对冰壶玉鉴，毛发可指数也。博而不繁，详而有要，综核究竟，直窥渊海。兹岂禁以医书觏哉，实性理之精微，格物之通典，帝王之秘箓，臣民之重宝也。

明吴有性也认为他的医学研究工作就是“格物穷理”。《温疫论·自序》曰：

余虽固陋，静心穷理，格其所感之气，所入之门、所受之处、及其传变之体，平日所用历验方法，详述于左，以俟高明者正之。

明代以“格物致知”命名的医书有万全《痘疹格致论》，汪普贤《医理直格》等。

清朝人仍然认为医学属于“格致之学”，刘芳《豳风广义·叙》曰：“先生格致之精，洞达医理，尝针里人肠胃之疮，预诊友人三年之死，疗久弃之痿、症，起数载之沉痼，亲目奇验，难以枚举。”《豳风广义》作者为杨屾。刘芳认为杨屾先生“格致之精”，其表现就是“洞达医理”。

张炯认为医书不仅是医家之书，而且也是儒家之书。因为医理与儒家“格物穷理”是相通的。《神农本草经·序》曰：

孔子曰：“多识于鸟兽草木之名”。又曰：“致知在格物”。则是书也，非徒医家之书，而实儒家之书也。

清代用“格物”做医书书名的有：顾靖远的《格言汇纂》、胡大淏的《易医格物编》、翟绍衣的《医门格物论》和高应麟的《格致医案》等。

（三）炼丹术

宋程了一《丹房奥论·序》：

窃谓金丹大药，上全阴阳升降，下顺物理迎逢。圣人所谓格物致知，大概不过子母相生、夫妇配偶之理，须藉水火无私之力，结构铅汞二物之精要，得真土擒铅，真铅制汞，加以手法火候，故能超凡入圣，返老还童。后世学丹之士不识真土真铅，不知手法火候，惟求世间罕有之草木，衒惑于人，各述已私，妄施工巧，迷迷相指，白首无成，深可叹惜。

程了一的序作于天禧四年(1020)，序中认为：格物致知在炼丹术中指的是研究“子母相生、夫妇配偶之理，须藉水火无私之力，结构铅汞二物之精要”等的化学变化。其书《丹房奥论》主要讲外丹黄白术十六论：真土、真铅、真汞、三砂、三黄、三白、用铅、用母、假借、转制、浇林、点化、灰霜、烟煤、作葢、装制。

（四）博物学

博物学有专书自晋张华《博物志》始。将博物之学与格致之学联系起来则始于宋元时期。元范椁《格物粗谈》跋：“《物类相感志》相传东坡所作，前辈已有议其伪者，此属假托无疑。庶汇纷错，有相反亦有相成。造化之机妙诚难测度，若必于此穷究其理，其格物亦太疏矣。存之以资谦谈可也。”

《物类相感志》为宋僧赞宁所著。后人又在此书基础上增补一些材料，名为《格物粗谈》。此二书均为博物学著作。晁公武《郡斋读书志》卷2曰：“《物类相感志》十卷。右皇朝僧赞宁选。采经籍传记物类相感者志之。分天、地、人、物四门。赞宁，吴人，以博物称于世。”博物著作取《格物粗谈》之名，表明当时人们认为“格物”即是“博物”。

到了明代，曹昭著《格古要论》，该书后经舒敏编校，王佐校增，改名为《新增格古要论》。全书十三卷，分为古琴、古墨迹、金石遗文、古画、珍宝、古铜、古砚、异石、古漆器、古锦、异木、竹、文房、诰勅、杂考等门类。从内容上看是典型的博物学著作。曹昭在《格古要论·序》中说得很清楚：

先子真隐处士，平生好古博雅，素蓄古法书名画古琴旧研彝鼎尊壶之属，置之垒阁，以为珍玩，其售之者往来尤多，子自幼性尤嗜之，侍于先子之侧，凡见一物，必遍阅图谱，究其来历，格其优劣，别其是非而后已，迨今老尤弗怠，特患其弗精。自尝见近世纨袴子弟习清事古者尤有之惜其心，虽贵而目未之识矣。因取古铜器书法异物，分其高下，订其真赝，正其要略，书而成编，析门分类，目之曰格古要论，以示世之好事者，然其间或有谬误，尚冀多识君子幸而正之。

作为增补者舒敏在《格古要论·序》中直接将博物与格物联系起来：

石鼓无声，非张华不能扣；紫珍有识，非窦仪不能知，故知博古博物君子所当务。云间曹明仲，世为吴下簪缨旧族，博雅好古，凡世之一事一物莫不究其理，明其原，而是非真伪，不能逃其鉴，由其见之广，识之精，而讲之素也。因读书之暇，闵世之玉石之难辨，红紫之乱朱，遂著为《格古要论》，以辨释器物，使玉石金珠琴书图画古器异材，莫不明其出处，表其指归，而真伪之分了然在目，凡诈伪苦窳之器，不能眩惑求售，可谓有益于世矣。予窃观而爱之，颇为增校，订其次第，叙其篇端，亦可谓格物致知之一助也。君子观之，更能以辨物之玉石，辨人之玉石，使卞和止泣，宋愚免笑，庶有以发明，于世岂小补哉。

舒敏认为该书的目的是“世之一事一物莫不究其理，明其原”，为“格物致知之一助也。

清代人仍认为博物学就是“格致之学”。周心如《重刻博物志序》曰：

窃尝论之，形过镜而照穷，智遍物而识定。镜亦物也，故虽能物物，而不能以穷物。人则物之灵者也，故不惟不物于物，而且是就见闻所及之物并穷其见闻所不及之物，是所谓格致之学也。茂先（张华）建策伐吴，运筹决胜，虽当暗主虐后之朝，而能弥缝补缺，使海内晏然，亦足征其格致之所得力矣。后之人以成败论，不能窥其格致之学，并其格致之绪余而亦束而不观，何异画地以自限欤！若徒以其辨龙鲊，识剑气，竟诩为博物君子，亦线之乎窥茂先矣。余之穷年矻矻，独有志于此，以公同好者，盖欲知茂先之博物有所博乎物者在耳。

明清时期有不少博物学著作用“格物致知”命书名，如：明王你《格物编》，清曹昌言《格物类纂》，陈元龙《格致镜原》，屠仁守《格致谱》等。

（五）自然科学

将格致之学与自然科学直接联系起来是在西方传教士来华之后。意大利人利玛窦（1522～1610）是在中国传播西学的先驱。他对中国的哲学和科学也进行过探讨。《天主实义》中说：

中国文人学士讲伦理者，只谓有二端：或在人心，或在事物。事物之情合乎人心之理，则事物方谓真实焉；人心能穷彼在物之理而尽其知，则谓之格物。据此两端，则理固依赖，……二者皆在物后。

这里利氏用到了“格物”一词。他还将“格物穷理之法”视为自然科学的代名词。《几何原本·序》曰：“夫儒者之学，亟致其知，致其知当由明达物理耳。……吾西陬国虽褊小，而其庠校所业，格物穷理之法，视诸列邦为独备焉。……其所致之知且深固，则无有若几何一家者矣。”他把格物、致知、穷理作为科学方法来看待，而且认为几何学是最高深坚实的格致之学。

崇尚西学的徐光启也认为“格物之学”就是自然科学。他在《几何原本·序》中说：“先生

(指利玛窦)之学略三种:大者修身事天,小者格物穷理,物理之一端别为象数”。大者应是天主教义,小者则是自然科学,一端是“象数”。

在此之后,有西洋人高一志撰《空际格致》,有江西人熊明遇撰《格致草》,均以“格致”为书名。

方以智(1611～1671)对中学、西学均有较深的造诣,他对“格物致知”有独到的见解。《物理小识·总论》中说:“其格致研极之精微,皆具于易。”“舍物,则理亦无所得矣。又何格哉?”“物格而随物佑神,知至而以知还物,尚何言哉?又何不可就物言物哉?”方以智认为理离不开物:“舍物,则理亦无所得矣”。又说:

> 潜草曰,言义理,言经济,言文章,言律历,言性命,言物理,各各专科,然物理在一切中,而易以象数端几格通之,即性命生死鬼神,只一大物理也。舍心无物,舍物无心,其冒耳,苟不明两间实际,则物既惑我,而析物扫物者,又惑我,何能不恶赜动而弥纶条理耶。

“舍心无物,舍物无心”,这就是方以智鲜明的观点。

方以智在研究了传入的西学之后,认为四部中子部的科技内容应即“格致之学”。《通雅·藏书删书类略》曰:“子部凡十一……,而农学、医学、算测、工器,乃是实务,各存专家,……总为物理,当作《格致全书》。”这就是说格致之学就是自然科学。当然,方以智还将自然科学另取了一个名字,即“质测之学”。

王夫之《搔首问》曰:“密翁与其公子为质测之学,诚学思兼致之实功。盖格物者,即物以穷理,唯质测为得之。若邵康节、蔡西山则立一理以穷物,非格物也。”

清末以“格物致知”命名翻译的综合性自然科学书籍有:英国艾约瑟译《格致总学启蒙》,美国林乐知等译《格致启蒙》,美国丁韪良著《格物入门》,英国傅兰雅编《格致汇编》、《西学格致大全》,益智书会辑《格致指南》等。

(六)生物学

宋明时期,不少学者认为“多识于鸟兽草木之名”的生物学属于“格物之学”。宋陈景沂《全芳备祖·序》曰:子之说则信辨而美矣,子之书则信全而备矣,不几于玩物丧志乎?答曰:余之所纂盖人所谓寓意于物,而不留滞于物者也,恶得以玩物为讥乎,且《大学》立教,格物为先,而多识于鸟兽草木之名,亦学者之当务也。以此观物,庸非穷理之一事乎?程先生语上蔡云贤却记得多许事谓玩物丧志,今止纂许多、姑以便检阅,备遗忘耳,何至流而忘返而丧志焉?卑于《尔雅》“虫鱼”注可怜无补费精神,观者幸毋以为诮。

陈景沂批评了二程“玩物丧志”的论调,认为观鸟兽草木之“物”就是“穷理之一事”。

清乾隆皇帝弘历具体讲到如何格动物的一个例子,他在《麋角解说》中说:

> 壬午为《鹿角记》,既辨明鹿与麋皆解角于夏,不于冬,既有其言而未究其故,常耿耿焉。昨过冬至,陡忆南苑有所谓麈者,或解角于冬,亦未可知。遣人视之,则正值其候。有已落地者,有尚在戴骨或双或落其一者,持其已解者以归。乃爽然自失曰:天下之理不易穷,而物不易格,有如是乎!使不悉麈之解角于冬,将谓《月令》遂误,而不知吾之误更有甚于《月令》者矣。然则《月令》遂不误乎?曰:《月令》之误,误在以麈为麋,而不在冬之有解角之兽也。盖鹿之与麋,北人能辨之,而南人则有所弗能。麋之与麈亦如是而已耳。而《说文》训麈有“麋属”之言。而《名苑》则又曰:“鹿

大者曰麈,群鹿随之,视尾所转而往。"夫鹿也,麋也,麈也,迥然不同,亦不相共群而处,实今人所知者;而古人乃不悉孰为鹿,孰为麋,孰为麈。则《月令》不去夏至麋角群,冬至鹿角群,为幸矣。而又何怪乎其误麈为麋也耶?既释此☐,因为说以识之。《月令》古书不必易,灵台时宪书则命正讹,以示信四海焉。

虽然乾隆的结论是错误的,但他认为他对鹿与麋所做的研究就是"格"物,应该是可取的。

清代还有学者认为对鹌鹑的优劣的研究也是"格"物。程石邻《鹌鹑谱》曰:

谱中所载百法大备,然言究易尽,而理或难穷,凡调养有寒暖之时,而争斗有先后之节,又知临事善其转变,当局相其权宜。且鹌亦间有上相而转劣,或无相而反优,此又格可常定而法难执一者也。惟俟博物君子,充夫法中之意,搜其法外之奇,以补是谱所未及焉。

(七)风水地理学

风水地理学中也使用"格"一词,《古今图书集成·艺术典》卷651曰:

玄女昼以太阳出没而定"方所",夜以子宿分野而定"方气"。因蚩尤而作指南,是得"分方定位"之精微。始有天干"方所",地支"方气"。后作铜盘合局二十四向,天干辅而为天盘,地支分而为地盘。"立向纳水"从乎天,"格龙收沙"从乎地。今之象占以"正针"天盘格龙,以"缝针"地盘立向。圆者从天,方则从地,以明地纪。

(八)光学

宋沈括曾记载算家称用阳燧照物为"格术"。《梦溪笔谈》卷3曰:

阳燧照物皆倒,中间有碍故也,算家谓之格术。如人摇橹,臬为之碍故也。若鸢飞空中,其影随鸢而移;或中间为窗隙所束,则影与鸢遂相违,鸢东则影西,鸢西则影东。又如窗隙中楼塔之影,中间为窗所束,亦皆倒垂,与阳遂一也。阳燧面洼,以一指迫而照之则正,渐远则无所见,过此遂倒。其无所见处,正如窗隙、橹臬、腰鼓碍之,本末相格,遂成摇橹之势。故举手则影愈下,下手则影愈上,此其可见。(阳遂面洼,向日照之,光皆聚向内,离镜一、二寸,光聚为一点,大如麻菽,著物则火发,此则腰鼓最细处也。)

三 对科学发展的影响

"格物"的"物"包罗万象,既有人文的,也有自然的。不少学者强调自然方面,因而将更多的注意力投向自然。由于"格物致知"又是一种认识事物的方法,它在认识自然方面的运用,促进了科学的发展。

(一)潮汐

宋人朱中有在研究潮汐中就运用了"格物"的思想和方法。《潮颐》曰:

或问:前人之论,或是或非,既闻命矣。敢问子之说何如?

答曰:愚不敏,何足以语此,物格知致,粗尝学焉。欲知潮之为物,必先识天地之间有元气、有阴阳。元气犹太极也，絪缊之间，希微而不可见。阴与阳，则生乎元气者也。本之而生，亦能为之病焉。何者为病，常旸常雨是也。当阴阳二气之极，则元气不能胜。子欲知之，幸反覆其问。

问者曰：潮一昼夜小升降，则三百六十之昼夜，大小一律可也。今夏之日，昼潮小夜潮大。冬之日，昼潮大夜潮小。欲所谓“潮畏热畏寒”是耶非乎？答曰：潮“畏热畏寒”，虽出俗说，实确论也。愚固言矣。阴阳生乎元气，至其极也，元气有不胜焉。夏为极阳，日昱乎昼，阳气特盛。元气虽升，而为至阳所迫，气不得伸，故潮亦不得遂。格之于物，以火爨鼎，水半于鼎，火气既升，水从而涌，此元气升而潮进之象也。于鼎之上，置铁炙床，炽炭其上，则涌水为火所胁而复下，此潮当进，而元气为至阳所迫，而不遂也。冬为极阴，日既西没，阴气特盛，元气为至阴所薄，而潮不遂，正与夏同。亦犹鼎水方涌，以疏箔覆鼎，置巨冰其上，冰气严冱，涌水复下，均一理耳。“畏热畏寒”俗说是矣，特不能推其理耳。

书中两次用到“格物”。第一次用到是在问者要求回答对前人的潮汐理论的看法。作者谦虚地说：“物格知至，粗尝学焉。”意思是说进行潮汐科学的研究，还不深入。表明潮汐学属于格物致知之学的范围。第二次用到则是讲如何运用他物之理与潮汐现象进行类比以说明潮汐的成因。因此可知朱中有的格物之法就是借他物之理来找出所研之物的道理。

(二)生物

“格物”思想对生物知识的发展也是有积极影响的。由于“一草木皆有理，可以类推”，故学者也就重视对一草一木的探讨。宋王厚斋《尔雅翼·序》曰：

右《尔雅翼》三十有二卷，歙罗公願端良撰。惟大学始教，格物致知。万物备于我，广大精微。一草木皆有理，可以类推。卓尔先觉，即物精思，体用相涵，本末靡遗。水华庭草，玩生意以自怡。钜而苞万汇乎《观物》，纤而折芳乎《楚辞》。约不肤陋，博不支离，蓄德致用，一原同归。彼謏闻者，误荔挺杜若，不识蟹蟚。骀牙重常徒语怪，而颁麃售欺。矧编绝简脱之馀，鴽虎鱼豕，柳卯荄兹……

研究草木，是正当的“格物”之举，而“非玩物”，“君子养德，于是乎在。”宋叶大有《王氏兰谱·序》曰：

窗前有草，濂溪周先生盖达其生意，是格物而非玩物。予及友龙江王进叔，整暇于六籍书史之余，品藻百物，封植兰蕙，设客难而主其谱，撷英于千叶香色之殊，得韵于耳目口鼻之表，非体兰之生意不能也。所禀既异，所养又充，进叔资学亦如斯兰，野而岩谷，家而庭阶，国而台省，随所置之，其居无斁。夫草可以会仁意，兰岂一草云乎哉？君子养德，于是乎在。

研究鸟兽鱼虫也是“格物”、“穷理”的活动。清金文锦《促织经·序》曰：

昔《葩经》咏昆虫甚夥，而蟋蟀见于《唐》什，详于《豳风》，是亦风雅之士究心所在也。自李唐来宫中为蟋蟀戏，传至外间，人争效之，然辨形辨色之说，究未通晓。至宋贾秋壑著《促织经》，所谓形色始详论焉。迨明季坊刻，多创为歌吟，著其名兼著其象，绘其色亦绘其声，然错舛纰缪正复不少。余植小圃凉生，酒酣夜坐，风飘桐叶，露湿桂花，蛩声四壁，凄凄切切，因检旧编挑灯删定，非敢自附于古之格物君子，亦一时游戏偶及云尔。

“非敢自附于古之格物君子”乃自谦之词，实际讲自己的工作就是“风雅之士究心所在”。学者们“以瑰博之木，究心物理”写成《水蜜桃谱》、《草木状》、《虞衡编》、《种树书》和《杜阳》等该为“体物之精”之作。清蒋超曾《水蜜桃谱·跋》曰：

> 丙子秋日，读文洲褚君《水蜜桃谱》，旨哉！体物之精，此其一斑矣。粤自《草木》著嵇含之状，《虞衡》成范氏之编，《种树》传自橐驼，《杜阳》作于苏鹗，载被往册，具数《群芳》。文学以瑰博之才，究心物理；光禄以典坟之暇，搴胜林泉。

第四节　综合性科学思想

一　物质和运动守恒思想

中国古代对物质质量和运动守恒有全面讲述的是张载和王夫之。

张载《正蒙》曰：“凡可状，皆有也；凡有，皆象也；凡象，皆气也。”（《乾称篇下》）“形聚为物，形溃反原。”（《乾称篇下》）“聚亦吾体，散亦吾体，知死之不亡者，可与言性矣。”（《太和篇》）“若谓虚能生气，则虚无穷，气有限，体用殊绝，人老氏‘有生于无’自然之论，不识所谓有无混一之常。”（《太和篇》）“彼语寂灭者，往而不返；徇生执有者，物而不化；二者虽有间，以言乎失道则均焉。”（《太和篇》）

张载提出“形溃反原”的观点，反复论证了物质的气不能“有生于无”，也不能“寂灭”。聚后形成的物、散后回归的气，都是气之体。张载强调无限的空间不能自动生气。如果能生的话，空间是无限的，气则是有限的，这样气的“体”与其功用（弥散分布于所有空间）就不相一致。

王夫之《张子正蒙注·太和篇》曰：“人所见为太虚者，气也，非虚也。虚涵气，气充虚，无所谓无者。”“阴阳二气充满太虚，此外更无他物，亦无间隙，天之象，地之形，皆其所范围也。”“散而归于太虚，复其氤氲之本体，非消灭也。聚而为庶物之生，自氤氲之常性，非幻成也。”“于太虚之中具有未成于乎形，气自足也，聚散变化，而其本体不为之损益。”

这几段话论述了两个问题：一是说世界按其本体来说是由物质性的气构成的，此外更无他物。二是说气有聚散的变化，但不会消灭或任意创生（幻成），物质是守恒的。特别值得注意的是王夫之用了“损益”二字，即物质不会因变化而减少一些（损），或增多一些（益），这正是物质守恒的确切含义，并且具有量的概念。王夫之在《张子正蒙注·太和篇》中还举出自然现象变化的三个例子说明物质能量守恒：

> 车薪之火，一烈已尽，而为焰、为烟、为烬，木者仍归木，水者仍归水，土者仍归土，特希微而人不见尔。一甑之炊，湿热之气，蓬蓬勃勃，必有所归；若奁盖严密，则郁而不散。汞见火则飞，不知何往，而究归于地。有形者且然，况其絪緼不可象者乎！

关于物质的运动守恒，张载也有论述。《正蒙》曰：“至虚之实，实而不固；至静之动，动而不穷。实而不固，则一而散；动而不穷，则往且来。”（《乾称篇》）“太虚不能无气，气不能不聚而为万物，万物不能不散而为太虚，循是出人，是皆不得已而然也。”（《太和篇》）“太虚无形，气之本体，其聚其散，变化之客形尔。”（《太和篇》）“天道不穷，寒暑也；众动不穷，屈伸也。”（《太

和篇》)

这些话都反复说明物质存在各种运动形态的转化，聚散、往来、屈伸、幽明等等是运动转化的具体方式，而运动转化的能力又是“众动不穷”、“动而不穷”的，“循是出入，是皆不得已而然也”。

张载还以冰和水两种物质形态的互相变化来说明运动守恒的观点：“气之聚散于太虚，犹冰凝释于水；知太虚即气，则无无。”(《太和篇》)

王夫之继承和发展了张载的思想，进一步论述量的守恒。《周易外传・系辞下》曰：“太虚者，本动者也，动以人动，不息不滞。”《思问录・内篇》曰：“实不窒虚，知虚之皆实；静者静动，非不动也；聚于此者散于彼，散于此者聚于彼。动者，道之枢，德之牖也。”表述了运动的绝对性和静止的相对性，一种运动不断地转化为另一种运动(动以人动)，永不止息(不息不滞)。又认为，运动及其转化的观点是认识一切事物的基本原则(道之枢)，也是区分事物不同性质的根本门径(德之牖)。《张子正蒙注》曰：“二气之动，交感而行，……“以气化言之，阴阳各成其象，则相为对。刚柔、寒温、生杀必相反而相仇，乃其穷也。””究，谓已成形体也。”这是说气的运动变化是阴阳一对对立物的斗争(相反而相仇)，因而形成万物的形体(乃其穷也)。《周易外传・杂卦》曰：“反者有不反者存，而非积重难回，以孤行于一径矣……规于一致，而昧于两行者，庸人也；乘乎两行，而执为一致者，妄人也。”

《周易外传・说卦》曰：“天下有截然分析而必相对待之物乎？求之于天地，无有此也；求之于万物，无有此也。”意思是说：物质的运动存在对立统一的规律，只见统一，不见对立物是庸人之见；只见对立物，否认统一，是妄人之见。天下一切事物本身的对立物双方，那有截然分离、不相互依存，而能对立斗争以成万物的呢？《周易外传・系辞》曰：“生者，外生；成者，内成。外生，变而生彼，内成，通而自成。故冬以生温于寒，夏以生凉于暑；夏以成温而暑，冬以成凉而寒。””变”是事物由旧变新，由此物变为彼物的运动形式，其基本特点是“外生”，即由此物变化而生他物。“通”是事物在同一形质内由小到大、由弱而强的自我发展的运动形式，其基本特点是“内成”即内自我发展而成。又曰：“是故备乎两间者，莫大乎阴阳，故能载道而为之体，以用则无疆，以质则不易，以制则有则而善迁。”

存在于一切事物中的对立物，没有超越于阴阳之外的，故能合乎规律运动变化，其作用是无穷多样的，而气的本质不变，制约阴阳二气的运动是“有则而善迁”的，即是遵循由此物转化为彼物的运动规则。《张子正蒙注・太和篇》曰：“气之聚散，物之死生，出而来，入而往，皆理势之自然，不能已止者也。不可据之以为常，不可挥之而使散，不可挽之而使留……。”

运动转化的能力是无限的，不能是有限的，如果是有限的话，必然导致运动转化的终止，而运动也就消灭了。《周易外传・系辞》曰：“是故有往来而无死。往者屈也，来者伸也，则有屈伸，而无增减，屈者固有其屈以求伸，岂消灭而必无之谓哉！”

当物质处于往来、屈伸的运动转化时，“屈”保持其“屈”的状态以求转化为“伸”的运动，这时运动也不会增多或减少的。

二　物类相感

“物类相感”思想出现很早，前几章已有论述，这里只谈宋以后的有关著作。

《物类相感志》，宋人赞宁著。将所收集到的相感现象分成天、地、人、鬼、鸟、兽、草、木、竹、虫、鱼、宝器十二门。依据现代科技知识分析，其内容有：关于冶金方面——如锡铜相和硬且脆，水淬之极硬。银铜相杂亦易熔化。鍮石铜先烧赤，取出令冷，以水淬之，槌打则不爆。关于疾病治疗方面——鞋中着樟脑去脚气，用椒末去风，则不痛冷。霍乱转筋不可忍，用冷水浸于至膝乃愈。关于药物方面——甘遂面里煮熟毒自去。服茯苓勿食腊。当归晒干，乘热收入缺，不令透风则不蛀。关于花草栽培方面——冬青树上接梅，则开洒墨梅。石榴树以麻饼水浇则花多。凤仙花欲令再开，但将子逐旋摘去，则又生花。关于果实蔬菜收藏保鲜方面——藏金橘于菉豆中，则经时不变，生姜社前收无筋，秋分后次之，霜后则老矣。藏梨子用萝卜间之，勿令相着，经年不烂。关于动物方面——金鱼生虱者，用新砖入粪桶中浸一日，取出令干投水中。母鸡生子与青麻子吃，则常生不抱卵。令蛙不鸣，三五日以野菊花为末顺风撒之。关于纺织品染色和除污方面——红苋菜煮生麻布，则色白如苧。染头巾用黑豆荷汤洗，入绿矾染之。墨污绢绸，牛胶涂之，候干，揭起胶，则墨随胶而落，凡绢可用。绿矾白药煎污衣服用乌梅汤洗之。关于金属去锈防锈——刀子锈用木贼草擦之，则锈自落。胡桃烧炭可藏针。石灰可以藏铁器。另外还有烹饪技巧、食物防变质去味、工艺技术等方面。绝大多数为生活小常识，当然也有不少非科学或伪科学的东西。

《格物粗谈》，旧题苏轼撰，实为后人所伪托。约成书于宋末元初。此书是依据赞宁《物类相感志》扩充而成的。全书分为天时，地理、树木、花草、种植、培养、兽类、禽类、鱼类、虫类、果品、瓜蓏、饮馔、服饰、器用、药饵、居处、人事、韵藉、偶记二十门。与《物类相感志》比较："天时"、"地理"、"居处"门是增加的。前书中的"花竹"门在此书中分为"树木、花草、种植、培养"四门。"禽鱼"门在此书中分为"兽类、禽类、鱼类、虫类"四门。前书中的"身体、衣服、饮食、药品、文房、果子、蔬菜、杂著"等门在此书中分别改为人事、服饰、饮馔、药饵、韵籍、果品、瓜蓏、偶记等名。前书中"疾病"一门在此书中被取消。全书的指导思想与《物类相感志》相同，收录的大多是经验性的生活常识，并不作任何原因上的探讨，均因"物类相感"而收集在一起。

《群物奇制》，明周履靖撰。全书分为身体、衣服、饮食、器用、药品、疾病、文房、果子、蔬菜、花竹、禽鱼、杂著等十二门。其内容与《物类相感志》和《格物粗谈》相同，均为一些经验性生活常识。该书在各门之前有一段抄自前述二书及其他书中的内容，末句曰"物类相感，如斯而已"，是点明本书撰写的中心思想。

明张岱《夜航船》卷十九"物理部"分门为：物类相感、身体、衣服、饮食、器用、文房、金珠、果品、蔬菜、花木、鸟兽、虫鱼。其内容也是抄录《物类相感志》和《格物粗谈》等书中的内容，补充了一些新收集的材料，其分类体系略有变化。

明代还有胡赓昌《广物类相感志》，应是《物类相感志》扩充。

《物理小识》，明末清初方以智撰。方中通《物理小识编录缘起》曰：

> 宋赞宁禅师有《物类志》十卷，所称识昼夜牛色者也。陶九成载东坡《物类相感》数百十条，得毋东坡阅赞宁而取其近用者乎？邓潜谷先生作《物性志》，收《函史》上编。余曾祖廷尉公曰：此亦说卦极物之旨乎。王虚舟先生作《物理所》，崇祯辛未，老父为梓之。自此每有所闻，分条别记，如《山海经》《白泽图》，张华、李石《博物志》、葛洪《抱朴子》、《本草》，采摭所言或无征、或试之不验，此贵质测，征其确然者耳，然不记之，则久不可识，必待其征实而后汇之，则又何日可成乎？沈存中，嵇君道、范至能诸公，随笔不倦，皆是意也。老父《通雅》残稿，自京师携归，《物理小识》原附其后。老父庚寅苗中，寄回一簏，小子分而编之，生死鬼神，会于惟心，何用思义，

则本约矣。象纬历律、药物同异,验其实际,则甚难也。适以远西为郯子,足以证明大禹周公之法,而更精求其故,积变以考之。士生今日,收千世之慧,而折中会决,又乌可不自幸乎。是用类成,附《通雅》后,亦可单行。知格物大人,以为盐酱,所不废也。

由方中通此"缘起",知方以智撰本书的动机是受宋赞宁《物类相感志》一类书籍的影响而"每有所闻,分条别记"而成。方以智此书从科学水平上已远远超过前述几种书籍。但书中仍有不少关于物类相感的论述和摘录了前几种书中的材料,说明方以智继承了"物类相感"的思想。如卷之一"同声相应之征"条说:"《梦溪笔谈》曰,叒有琵琶,以管色奏双调则琵琶有声应之,以为异物,殊不知乃常理。二十八调,但有声同者即应,若遍二十八调而不应,则是逸调也。古法一律七音,共八十四调,更细分之,逸调至多,偶见其应,便以为奇耳。智按洛钟西应,即此理也。今和琴瑟者,分门内外,外弹仙翁,则内弦亦动,如定三弦子为梅花调,以小纸每弦帖之,旁吹笛中梅花调一字,此弦之纸亦动,曹师夔𨱔磬不应钟,犹之茂先知铜山崩也。声音之和足感异类,岂诬也载?"又卷之二"虹霓"条说:"老父为南玺乡时,夜无月而见斜晕如虹,范质公大司马问其故,老父曰:天地体圜,日光又圜,故几晕光无不圜者,特斜见于地上,则桥起半规耳。陆农师㬋日征之是也。夜见者空中别迸火光,如春秋恒星不见之类,其光穿地,则为五色晕矣。范公问其占,曰:以端几类应而言为阴胜阳。或曰淫征,何也?曰:因古有虹为淫气之说也。方士于东海见虹处,掘地得红虫为媚药,亦取其类应耳。"

清人王晫有《物类相感续志》一卷,《续编》一卷,则是在《物类相感志》基础上的增补。

三 无神思想

(一)不信鬼神

宋程大昌《演繁露》卷九"菩萨石"曰:

> 杨文公《谈苑》曰:"嘉州峨嵋山有菩萨石,人多收之,色莹白如玉,如上饶水晶之类,日射之有五色,如佛顶圆光。"文公之说信矣,然谓峨嵋有佛,故此石能见此光,则恐未然也。凡雨初霁或露之未晞,其余点缀于草木枝叶之末,欲坠不坠,则皆聚为圆点,光莹可喜,日光入去污之,五色俱足,闪烁不定,是乃日之光品著色于水,而非雨露有此五色也。

程大昌认为峨嵋菩萨石的"佛光"是"日之光品著色于水"而成,而非因佛而成。

明王廷相认为"魃魅魍魉及猿狐之精"皆有形体,与人不同,但并不是什么鬼。吴廷翰《翁记》载:

> 王子衡(即王廷相)曰,山都木客魃魅魍魉及猿狐之精,皆有形体,与人差异,世皆以为鬼,不知上古山川草木未尽开辟,此类与人相近,亦能来游人间,今去鸿荒日远,深山大泽开辟无余,人尽居之,犀象龙蛇日益远去,况此类尤灵于物者而不避邪?人多不见,遂以为鬼神,误矣。此说甚明,足以破世俗之惑。

吴廷翰完全接受王廷相的无神论思想,认为王廷相的观点明确,足以破除世俗对鬼神的迷信。

(二)剖析神话

古代流传下来许多神话,对于这些神话,有人相信,但也有不少人不相信。宋晁公武《郡斋读书志·神仙类·度人经》曰:

神仙之说,其来尚矣。刘歆《七略》,道家之学上神仙各为录。其后学神仙者稍稍自附于黄、老,乃云:有元始天尊,生于太元之先,姓乐,名静信,常存不灭。每天地开辟,则以秘道授神仙,谓之开劫度人。延康、赤明、龙汉、开皇,即其纪年也。受其道者,渐致长生,或白日升天。其学有授箓之法,名曰"斋";有拜章之仪,名曰"醮";又有符咒以摄治鬼神,服饵以蠲除秽浊。至于存想之方,导引之诀,烹銕变化之术,其类甚众。及葛洪、寇谦、陶弘景之徒相望而出,其言益识于世。富贵者多惑焉,然通道人皆疑之。

晁公武记载:"通道人"对道教神仙之类的事情是怀疑的。明杨慎还对"玄鸟生商"的神话进行了剖析。《升庵全集》卷42曰:

《诗纬·含神雾》曰:"契母有娀浴于玄邱之水,睇玄鸟啣卵过而堕之,契母得而吞之,遂生契。"此事可疑也,夫卵不出孽,燕不徒巢,何得云啣,即使啣而误堕,未必不碎也,即使不碎,何至取而吞之哉。此盖因诗有'天命玄鸟,降而生商'之句,求其说而不得,从而为诬。《史记》云:"玄鸟翔水遗卵,简狄取而吞之",盖马迁好奇之过,而朱子《诗(集)传》亦因之不改,何耶?或曰:"然则鸟之诗何解也?"曰"玄鸟者请子之候鸟也。"《月令》"玄鸟至",是月祀高禖以祈子意者,简狄以玄鸟至之月请子有应,诗人因其事颂之曰"天命"曰"降"者,尊之贵之神之也。

杨慎对"天命玄鸟,降而生商"进行了解释,他认为玄鸟为候鸟,祀高禖之月而至,适此月请子有应,故诗人将两事扯到一起,便成了"玄鸟生商",实际是错误的。当然杨慎的解释还不彻底,如何祀高禖求子便有应呢?其实也是巧合。

(三)批判术数

最早用数学论证八字算命之虚妄的是宋人费衮,《梁溪漫志》卷9"谭命"曰:

尝略计之,若生时无同者,则一时一人,一日当生十二人,以岁记之,则有四千三百二十人,以一甲子计之,止有二十五万九千二百人而已。今只以一大郡计,其户口之数尚不减数十万,况举天下之大,自王公大人以至小民何啻亿兆,虽明于数者有不能历算,则生时同者必不为少矣,其间王公大人始生之时则必有庶民同时而生者,又何贵贱贫富之不同也。此说似有理,予不晓命术,姑记之以俟深于五行折衷焉。

朱熹反对风水术中的"五音姓利"说,他在《山陵议状》中说:

必取国音,坐丙向壬之穴。记有之日,死者北首,生者南面,皆从其朔。又曰:葬于北方北首,三代之达礼也。即是古人葬者,必坐北面向南。盖南阳而北阴,孝子之心,不忍死其亲,故虽葬之于墓,犹欲其负阴而抱阳也。岂有坐南向北反背阳而向阴之理乎,若以术言,则凡择地者,必先论其主势之强弱,风气之聚散,水土之浅深,穴道之偏正,力量之全否,然后可以较其地之美恶。政使实有国音之说,亦必先此五者,以得形胜之地,然后其术可得而推。今乃全不论此,而直信其庸妄之偏说,但以五音尽类群姓，而谓塚宅向背各有所宜，乃不经之甚者。洛、越诸陵无不坐南而向北，固已合于国音矣，又何吉之少而凶之多邪？(《朱子大全》)

朱熹认为“五音姓利”之说，“乃不经之甚者”，并举洛、越诸陵的实例进行反驳。反对风水的还有宋罗大经等。罗大经《鹤林玉露》“风水”条曰：“郭璞谓本骸乘气，遗体受荫，此说殊不通……今枯骨朽腐，不知痛痒，积日累月，化为朽壤，荡荡游尘矣，岂能与生者相感，以致祸福乎？此决无之理也。”罗大经认为朽壤与生者不相感应，因而也就不能“致祸福。”

明政府曾经下令销毁术数书，并决定“传习者必有刑诛”。《明宪宗实录》卷 136 曰：

(成化十年十二月甲午)都察院左都御史李宾等奏：“锦衣卫镇抚司累问妖言罪人，所追妖书图本，举皆妄诞不经之言，小民无知，往往被其幻惑，乞备录其妖书名目榜示天下，使愚民咸知此等书籍决无证验，传习者必有刑诛，不至再犯。”奏可。

其被禁书籍有《翻天揭地搜神记经》等 80 多部，由于这些书大都不存，无法知晓其具体内容，从书名看，大都为术数类、民间宗教或道教著作，其中可能也有一些佛教著述。

(四)禁巫辟疫

宋代巫师的活动较为猖獗。其巫师的数量也十分惊人。宋仁宗时，江西洪州的巫师多达一千九百余户，宋神宗时，江西虔州的巫师更多，有三千七百家。他们作为一种受社会习俗承认的特殊社会阶层，较为广泛地参与了宋代的社会生活。巫师凭借社会上尚鬼信巫的风气，利用神权，对民众实施精神上的压迫，肉体上的折磨。这就导致了宋王朝禁巫活动的产生。宋太宗淳化三年(992 年)，颁布了一条诏令：“两浙诸州先有衣绯裙、巾单，执刀吹角称治病巫者，并严加禁断，吏谨捕之。犯者以造妖惑众论，置于法。”(《宋会要辑稿·刑法》二之五)

这条诏令，虽只局限于两浙地区，但却是中国历史上较早的明文禁止巫师治病的法令，具有很大的积极意义，从此以后，宋王朝又陆续颁发了一系列的禁巫法令。在这一系列禁止巫师治病的法令颁行后，不少地方官积极奉行，厉行禁巫，其中绰有成效的有知洪州夏竦、戎州通判周湛和广西转运使陈尧叟。宋曾敏行《独醒杂志》卷 2 曰：

夏英公帅江西日，时豫章大疫。公命医制药分给居民。医请曰：“药虽付之，恐亦虚设。”公曰：“何故？”医曰：“江西之俗，尚鬼信巫。每有疾病，未尝亲药饵也。”公曰：“如此则民死于非命者多矣，不可以不禁止。”遂下令捕，为巫者杖之，其著闻者黥隶他州。一岁部内共治一千九百余家，江西自此淫巫遂息。

夏竦一年内共治理巫师近二千家。宋李元纲《厚德录》卷 4 曰：

周谏议湛，通判戎州日，其俗尚巫，有病辄不医，皆听巫以饮食，往往不得愈。湛为禁俗之习为巫者，又刻方书于石，自是始用药，病者更得活。

陈文忠公尧叟，尝为广西转运使，有俗有疾不服药，唯祷神。尧叟以集验方，刻石桂州驿舍，是后始有服药者。

周湛和陈尧叟不仅治巫医，且将方书刻于石，让人懂医求医。

第五节 儒家思想与科技

儒家思想对于科技发展的影响是多方面的。这里主要叙述前人较少论及的、对科技进步有积极作用的思想。

一 多识于鸟兽草木之名

《论语·阳货》曰:“子曰:‘小子何莫学夫诗?诗可以兴,可以观,可以群,可以怨。迩之事父,远之事君,多识于鸟兽草木之名。”孔子“多识于鸟兽草木之名”这一思想对于科学研究有重要影响。宋陈世崇《随隐漫录》卷4曰:

> 古之大儒,格物以为学,伦类通达,谓之“真知”。其次博物以为闻,敏识强记,谓之“多知”。“真知”者,德性之知。若颜子闻十知十,子贡告往知来,曾子致知,子夏日知月无忘,是也。“多知”者,见闻之知。若子产汾神之对,绛老疑年,师旷知获侨如之岁,左史倚相,能读三坟、五典、八索、九丘,不能知《祈招》之诗,而子革能子,祝陀(佗)诵载书于苌弘,以长卫候于盟,是也。

孔子这一思想对生物学研究的影响尤其大。

首先,出现了以“多识”或“识”命名的生物学类书籍。

《胡氏诗识》明胡文焕撰。谓《诗经》可以兴观群怨,须多识鸟兽草木之名,因采择朱子集注,分类编之。自天文、时令、占候至训诂凡三十七目,名之曰《诗识》。

《毛诗多识编》明林兆珂撰。作者万历进士。是根据陆机《毛诗草木鸟兽虫鱼疏》,推衍补充而成。分草部、木部、鸟部、兽部、虫部、鳞介部。

到了清代,这类书籍更多,这里也顺便胪列如下:

《毛诗识名解》清姚炳撰。此书鸟、兽、草、木分列四门,故以多识为名。

《毛诗名物图说》清徐鼎撰,刻于乾隆三十六年(1771年)。书前发凡曰:“诗之为教,自兴观群怨,君父外终之以多识鸟兽草木之名。故不辨名,胡知是义?不见物,胡知是名?”故此书首在图写名物,以知其形而探诗之义。是书所辑名物,置图于上,分列注释于下,分鸟、兽、虫、鱼、草(上、中、下)、木(上、下)九卷。

《多识录》清石韫玉撰。作者乾隆庚戌进士。该书以多识名录,盖取《论语》言诗有“多识于鸟兽草木之名”一语,书中兼及虫鱼,则从徐鼎名物图说例也。此书取材大抵以《毛传》郑笺为主,次及《说文》、《尔雅》,他书所载有关物之名状者亦采之。

《多识考》清何震撰,嘉庆十五年(1801年)成书。作书之旨在于多识草木鸟兽虫鱼之名。是书因之分为六卷,为鸟部、兽部、草部、木部、昆虫部、鳞介部,汇集各类,拾掇诸家之说。

《诗学识要》清杨登训撰。书成于道光元年(1821年)。其书五卷,厘为九类,首论风雅颂各篇大义,依次释兽、释虫、释鱼、释草、释蔬、释谷、释木。

《学诗识小录》清包世荣撰,道光三年(1823年)成书。全书八卷,草木二卷,鸟兽一卷,虫鱼一卷,另有舆地一卷。

《诗名多识》清佚名撰。该书第一卷为识草、识谷,第二卷为识木、识菜;第三卷为识鸟、识兽;第四卷为识虫、识鱼。取《禽经》、《菜谱》、《本草》等书,互相参考较验。朝鲜奎章阁藏有写本。

《诗识名解》清姚炳撰,全书分为四部:鸟部三十一类,兽部二十四类,草部七十类,木部四十一类。是书考据广博,辨析细微,虽名物而义行其间,比类所及,必与六艺相证明。

《多识类编》清曹昌言撰。该书分动物、植物二门,从前人诸书中摘取,以物性、物理和俪语联缀成文,颇为博广融洽。

《毛诗名物释》清焦循撰,存手稿,未刊。初名《毛诗多识》,后又用丹笔改为今名。

其二,不少生物学或博物学类著作虽未以"多识"命名,但多是在"多识"思想指导下而作成。

《续博物志》为宋李石撰。宋黄公泰《续博物志·跋》曰:

夫道固绝学,然岂必漫不省识一物而颓然以独造耶?《诗》识鸟兽草木之名,《易》知鬼神之情状,于道与有力焉。子在川上所见者水,而所取者道也。具此以观此书,则几矣。

《全芳备祖》为宋陈景沂纂。宋韩境《全芳备祖序》曰:

予拱而曰:盈天壤间皆物也,物具一性,性得则理存焉。《大学》所谓格物者格此物也,今君晚而穷理,其昭明贯通,倏然是非得丧之表,毋亦自其少时区别草木,有得于格物之功欤。昔孔门学《诗》之训有曰"多识于鸟兽草木之名",陈君于是书也奚其悔。

《山海经补注》为明杨慎所作。明刘大昌《刻山海经补注序》曰:"夫子尝谓'多识鸟兽草木之名'。计君义不识撑犁孤涂之字,病不博尔。"

《异鱼图赞》也为明杨慎所作。杨慎《异鱼图赞跋》曰:"若孔子则岂其然,教小子以学诗,终于多识,则虫鱼固在其中矣……"明范允临《刻异鱼图赞题辞》曰:"昔周公教成王读《尔雅》,而孔子训门人学《诗》,亦曰多识于鸟兽草木之名,然则博物洽闻,固圣哲所不废已。"

明阎调羹《校刻异鱼图赞叙》曰:

夫孔训多识,传释格物,博闻强记,谓之君子,一物不知,学者耻之。故子产之辨黄能,方朔之对毕方,刘向识相顾之尸,王颀访两面之客,此岂异人,率由该洽。自非邺侯万轴,安世三箧,乌能综宇宙之变,穷品汇之秘乎!

《猫苑》为清黄汉著。清张应庚《猫苑·序》曰:

圣人云:"多识于鸟兽草木之名。"非徒务于博雅也。盖以物虽微,其功用著于世,则不以物而忽之,此《尔雅》"虫鱼"一疏之所以传也。《礼·郊特牲》一篇曰"迎猫",夫猫曰迎,非重猫也,重其食田鼠也。陆佃曰:"鼠害苗,猫捕鼠,故字从苗"。"然则猫之功,非大有盖于人者耶!"

《勇卢闲诘》为清赵之谦者。清董沛孟《勇卢闲诘·后序》曰:"凡此诸事,㧑叔固稔知之,然不欲以稗官委琐之语,羼入本书,致乘著述之体,则其慎也。博物君子,就所见闻,益我未备,傥亦有裨于多识乎。"

二 博 学 于 文

孔子、孟子特别重视"博学",有时将它作为一种手段,有时又将其作为目的。《论语·雍也》曰:"子曰:'君子博学于文,约之以礼,亦可以弗畔矣夫。'"

《论语·子罕》曰：

达巷党人曰：大哉孔子，博学而所成名。子闻子，谓门弟子曰：吾何执，执御乎，执射乎，吾执御矣。

颜渊喟然叹曰：仰之弥高，钻之弥坚，瞻之在前，忽焉在后。夫子循循然善诱人，博我以文，约我以礼，欲罢不能，既竭吾才，如有所立卓尔。虽欲从之，未由也已。

《孟子·离娄下》曰："孟子曰：博学而详说之，将以反说约也。"

《孟子·尽心下》曰：

言近而指远者，善言也。守约而施博者，善道也。君子之言也，不下带而道存焉。君子之守，修其身而天下平，人病舍其田而芸人之田，所求于人者重，而所以自任者轻。

孔孟的博学思想对后世也有较大的影响，以至形成"一物不知，君子之耻"的说法。学者们纷纷追求于博学，探讨各方面的问题，其中也包括自然科学方面的问题。远在晋代，葛洪就有精辟的论述。《抱朴子·外篇》曰：

正经为道义之渊海，子书为增深之川流，仰而比之，则景星之佐三辰；俯而方之，则林薄之裨嵩岳。而学者专守一业，游井忽海，遂踬踬于泥泞之中，而沈滞乎不移之困。……先民叹息于才难，故百世为随踵。不以璞不生板桐之岭，而捐曜夜之宝；不以书出周孔之门，而废助教之言。犹彼操水者，器虽异而求火同焉；譬若针灸者，术虽殊而攻疾均焉。狭见之徒，区区执一，去博辞精思，而不识合锱铁可以齐重于山陵，聚百千可以致数于亿兆。……可悲可慨，岂一条哉！

葛洪认为：不仅"正经为道义之渊"，而且"子书为增深之川流"。"学者专守一业"则是"可悲可慨"的事。

宋明时期人们极为重视博学。宋黄庭坚《山谷集·与潘子真书》曰：

故适千里者，三月聚粮，又当知所问，问其道里之曲折，然后取途而无悔，钩深而索隐，温故而知新，此治经之术也。经术者，所以使人知所问也。博学而详说之，极支离以趋简易，此观书之术也。博学者所以使人知道里之曲折也夫。然后载司南以适四方不迷，怀道鉴以对万物而不惑。

黄庭坚将"博学而详说之，极支离以趋简易"定为"观书之术"。

我们从下面史料中还可发现，从事自然科学研究的人大都崇尚博学，或者自己就是博学之士。

宋叶珪《香录·序》曰：

古者无香，燔柴焫萧，尚气臭而已，故香之字，虽载于经，而非今之所谓香也。至汉以来，外域入贡，香之名始见寺百家传记。而南蕃之香独后出焉，世亦罕知，莫能尽之。余于泉州职事，实兼舶司，因蕃商之至，询究本末，录之以广异闻，亦君子耻一物不知之意。

宋傅肱《蟹谱·序》曰：

蟹之为物，虽非登俎之贵，然见于经，引于传，著于子史，志于隐逸，歌咏于诗人，杂出于小说，皆有意谓焉。故因益以今之所见闻，次而谱之。自总论而列为上下二篇，又叙其后，聊亦以补博览者所阙也。

宋史正志《史氏菊谱》曰：

自昔好事者为牡丹,芍药、海棠、竹笋作谱记者多矣,独菊花未有为之谱者,殆亦菊花之阙文也欤!余姑以所见为之。若夫耳目之未接,品类之未备,更俟博雅君子与我同志者续之。

宋曾肇《赠司空苏公墓志铭》曰:

(苏颂)博学,于书无所不读,图纬、阴阳、五行、星历,下至山经,本草、训诂、文字、靡不该贯。尤明典故,喜为人言,(亹亹不绝。学士大夫有僻书疑事,多从公质问。朝廷有所制作,公必与焉。每燕见从容,多所咨访,公必据引古,参酌时宜以对,上未尝不嘉叹焉。至于因事建明,著在台阁。(《苏魏公文集》)

明徐𤊹《荔枝谱》曰:

爰仿蔡书,别构兹梅,状四郡品目之殊,陈生植,制用之法,旁罗事迹,杂采咏题,品则专取吾闽,事乃兼收广、蜀。物匪旧存,品准今疏。深愧闻见未殚,笔札荒谬,博雅君子将廑挂漏之讥,予小子其可敢辞焉!

明都穆《跋弘治乙丑贺志同刻本〈博物志〉》曰:"茂先(即张华)读书三十车,其辨龙鲊,识剑气,以为博物所致。是书固君子之不可废欤!"

明崔世节《湖广楚府刻本〈博物志〉跋》曰:

天地之高厚,日月之晦明,四方人物之不同,昆虫草木之淑妙者,无不备载。其昔物理之难究者尽在胸中,开豁无碍,正如披云雾睹青天,可乐也。……世之博雅君子,如以沈之《笔谈》,段之《杂俎》参而考之,则其于研察众理多哉?

清金文锦《鹌鹑论·序》曰:

余读《葩经》,诸所载鱼虫鸟兽颇详,每欲一一穷其情状,而素性尤喜鹌鹑,爰广辑旧闻,参以时论,汇成一编,以俟博物君子,供闲暇之清鉴,助寂寞之笑谈,即以为得《相鹤经》之遗意也可。

清王初桐《猫乘·自序》曰:

积久成帙,取而治之,削繁去冗,分门析类,厘为八卷,名曰《猫乘》。窃附于《相马经》、《相中经》、《麟经》、《驼经》、《虎苑》、《虎荟》之列,虽无关于大道,亦著略家所不废也。

清计楠《牡丹谱》曰:

余癖好牡丹二十余年,求之颇广,自亳州、曹州、洞庭、法华诸地所产,圃中略备。平望程君鲁山、嘉定韩君湘仲,赵君沧螺与余同志,花时每以新种投赠,秋时分接,其有花同而名异者两存之,以俟博雅者论定焉。爰释花名于后。

清陆庆循《缸荷谱·序》(清杨钟宝著)曰:

六经而外,皆子也。古人学问,各守专门。故自唐以上,撰述具有源流,至宋而体裁杂出。凡一名一物,如器具,饮食、草木、鸟兽、虫鱼之属,无不勒有成书。今观四库所藏,其著录文渊阁者,犹不下数十种。盖以资利用,以广记闻,俱足为学问之助,故古人亦不废焉。

清裘曰修《陶说·序》曰:

桐川(指朱琰)此书,谓之为陶人之职志可也,谓之为本朝之良史可也。后之视今,因器以知政,因不独为博雅君子讨论之资矣。

上述材料足以说明孔孟"博学"思想对自然科学研究有着积极的作用。

三 不违农时 树艺五谷

孟子极为重视农业，他在叙述王者治国之道中强调“不违农时，谷不可胜食”，“树艺五谷，五谷熟而民人育，人之有道也。”

《孟子·梁惠王》曰：

不违农时，谷不可胜食也；数罟不入洿池，鱼鳖不可胜食也。斧斤以时入山林，材木不可胜用也。谷与鱼鳖不可胜食，材木不可胜用，是使民养生丧死无憾也。养生丧死无憾，王道之始也。五亩之宅树之以桑，五十者可以衣帛矣。鸡豚狗彘之畜无失其时，七十者可以食肉矣。百亩之田勿夺其时，数口之家可以无饥矣。

《孟子·滕文公》曰：

当尧之时，天下犹未平，洪水横流，泛滥于天下，草木畅茂，禽兽繁殖，五谷不登。禽兽逼人，兽蹄鸟迹之道交于中国。尧独忧之，举舜而敷治焉。舜使益掌火，益烈山泽而焚之，禽兽逃匿。禹疏九河，瀹济漯而注诸海，决汝汉，排淮泗而注之江，然后中国可得而食也。当是时也，禹八年于外，三过其门而不入，虽欲耕得乎？后稷教民稼穑，树艺五谷，五谷熟而民人育，人之有道也。

孟子的重农思想对后世是有积极影响的，一方面是在政府农业政策方面，一方面是在科学研究方面。这里着重论述后者。宋楼钥《耕织图·后序》曰：

周家以农事开国，生民之尊祖，思文之配天，后稷以来，世守其业，公刘之厚于民，太壬之于疆于理，以致文武成康之盛。周公无逸之书，切切然欲其君知稼穑之艰难，至七月之陈王业，则又首言九月授衣，与夫无衣无褐何以卒岁，至于条桑载绩，又兼女工而言之，是知农桑为天下之本。孟子条陈王道之始，由于黎民不饥不寒，而百亩之田、墙下之桑言之至于再三，而天子三推，皇后妾蚕，遂为万世法。

孟子认为农为王道之始，故后世极为重农。元王磐《农桑辑要·序》曰：

予尝读《豳诗》，知周家所以成八百年兴王之业者，皆由稼穑艰难，积累以致之。读《孟子》书，见其论说王道，丁宁反覆，皆不出乎，“夫耕、妇蚕、五鸡二彘，无失其时；老者衣帛食肉，黎民不饥不寒”数十字而已。大哉，农桑之业！真斯民衣食之源，有国者富强之本。王者所兴教化，厚风俗、敦孝悌、崇礼让，致太平，跻斯民于仁寿，未有不权舆于此者矣？然则是书之出，其利益天下，岂可一二言之载？施于家，则陶朱、猗顿之宝术也；用于国，则周成康、汉文景之令轨也。

王磐读《孟子》，知其论说“王道”的关键在于“夫耕、妇蚕、五鸡二彘，无失其时，老者衣帛食肉、黎民不饥不寒”等方面。恍然大悟地说：“大哉，农桑之业！”可见《孟子》对他心灵的震撼。清张潮也因读《孟子》而悟出道理，对于野生动物，“既不忍殄灭之，无俾遗种”，惟有驱赶之法。《蛇谱·题辞》曰：

予既屡遭蛇毒，遂怒目而对斯谱，循览一过，知定九盖欲效大禹之图神奸，使魑魅魍魉世皆莫能逢之，其功亦甚伟矣。予幼时读《孟子》，至大禹驱蛇龙而放之菹，周公驱虎豹犀象而远之，以是知大圣人之于若辈，亦处于无可如何？既不忍殄灭之，无俾遗种；亦惟有驱之之法，俾不致与斯人相值斯已耳。然则定九此编，其殆犹楚史之有《梼杌》也夫！

四 虽小道必有可观者

《论语·子张》曰:“子夏曰:虽小道必有可观者焉,致远恐泥,是以君子不为也。”

关于“小道”问题的讨论,从某种角度来说,促进了人们对于科技地位的认识。一种认为:“农圃医卜”不是小道,因而不是“君子所不为”的。元陈天祥《四书辨疑》曰:

“君子不为也”之一语,此甚疾恶小道之意。必是有害圣人正道,故正人君子绝之而不为也。农圃医卜,皆古今天下之所常用,不可无者,君子未尝疾恶也。况农又人人赖以为生,其尤不容恶之也。《注》文为见夫子尝鄙樊迟学稼之问,故以农圃为小道,此正未尝以意逆志也。盖樊迟在夫子之门,不问其所当问,而以农圃之事问于夫子,夫子以是责之耳,非以农为不当为也。古人之于农也,或在下而以身自为,或居上而率民为之,舜耕于历山,伊尹耕于莘野,后稷播时百谷,公刘教民耕稼,未闻君子不为也。又农圃医卜亦未尝见其致远则泥也。盖小道者,如今之所传诸子百家功利之说,皆其类也。取其近效,固亦有可观者,期欲致远,则泥而不通,虽有暂成,不久而坏,是故君子恶而不为也,农圃医卜不在此数。

清李中孚《四书反身录》也曰:

小道,《集注》谓农圃医卜之属,似未尽然。夫农圃所以资生,医以寄生死,卜以决嫌疑定犹豫,未可目为小道,亦且不可言观。在当时不知果何所指,在今日诗文字画皆是也。为之而工,观者心悦神怡,跃然击节,其实内无补于身心,外无补于世道,致远恐泥,是以知道君子不为也。然则诗文可全不为乎?曰岂可全不为。顾为须先为大道,大道诚深造,根深末自茂,即不茂亦不害其为大也。伊傅周召,何尝藉诗文致远耶?问大道。曰:内足以明心尽性,外足以经纶参赞,有体有用,方是大道,方是致远。其余种种技艺,纵精工可观,皆不足以致远,皆小道也,皆不足为。为小则妨大,所关非细故,为不可不慎也。

一种认为:“农圃医卜”虽是“小道”,但也是“道”,“虽小道必有可观者”。清何梦瑶《医碥·自序》曰:

文以载道,医虽小道,亦道也,则医书亦载道之车也。顾其文繁而义晦,读者卒未易得其指归,初学苦之。瑶少多病失学,于圣贤大道无所得,雅不欲为浮靡之辞,以贻虚车诮。因念道之大者以治心,其次以治身。庄子曰:哀莫大于心死,而身死次之。医所以治身也,身死则心无所寄,因小道中之大者。

五 多能鄙事

《论语·子罕》曰:

太宰问于子贡曰:“夫子圣者与?何其多能也?”子贡曰:“固天纵之将圣,又多能也。”子闻之,曰:“太宰知我乎?吾少也贱,故多能鄙事。君子多乎哉?不多也”。

关于“多能鄙事”,古人有不同的解释,但有一种解释是对人们学习“鄙事”是有积极作用。皇侃《论语义疏》引栾肇云:“《周礼》百工之事,皆圣人之作也,明圣人兼材备艺过人也。是以太宰见其多能,固疑夫子圣也。子贡曰:‘因天纵之将圣,又多能。’故承以谦也,且抑排务言不以多能为吾子也。谓君子不当多能也,明兼材自然多能,多能者非所学,所以先道德后伎艺耳,非谓多能必不圣也。据孔子圣人而多能,斯伐柯之近鉴也。”又皇侃《论语义疏》引缪协云:“此盖所以多能之义也。言我若见用,将崇本息末,归纯反素,兼爱以忘仁,游艺以去艺,岂唯不多能鄙事而已。”

宋朱肱《类证活人书·自序》曰:“仲尼曰,吾少也贱,故多能鄙事。学者不以为鄙,然后知余用意在此而不在彼。”

在明代,出现了一本以“多能鄙事”命名的农书——《多能鄙事》。该书十二卷,旧题刘基撰。此为他人从《居家必用事类全集》中抽出,伪托刘基之名而刊刻的。是一种农书,内容包括饮食、器用、方药、农圃、牧养、阴阳、占卜等类。除卷一饮食类、卷七农圃类、牧养类属农业外,其它各卷内容均略同于《便民图纂》,很方便参考应用。按书中内容推断,此书大约成书于明代中期。书首有程法序。

六　“经典”观

在中国古代,“经典”观念,原先是将几种重要典籍作为中国传统文化的渊源所自,后来发展成各学科均应有自己的“经典”。读经、诵经、释经、解经被认为是天经地义的事情;尊经、护经成为一种学术传统;仿经、造经成为一种时尚。这种观念使得将大量的精力花在注释经典之上,奉经典为臬宝。唯言是听,唯义是从,不敢越雷池半步;仿经续貂,造书充经,蔚然成风。

(一)“经”义

“经”字本义是指丝织品的“纵丝”。《说文解字》曰:“经,织也。从系,巠声。”姚文田、严可均校议曰:“经,《御览》卷八百二十六引作‘织从丝也。’此脱‘从丝’二字,从与纵同。”徐灏注笺曰:“下文云:‘纬,织横丝也。’则此似当有‘从丝’二字。”甲骨文中无“经”字,金文中有“经”字,意谓“经维四方”。自战国始,“经”方含有“经典”之意,《荀子·劝学》曰:“始于诵经,终乎读礼”。《庄子·天道》曰孔子“缙十二经”。战国中后期出现“六经”概念,《庄子·天运》曰:“孔子谓老聃曰:‘丘治《诗》、《书》、《礼》、《乐》、《易》、《春秋》六经’。……老子曰:夫六经,先王之陈迹也,岂其所以迹哉?”此为“六经”一词首见处。因《乐》无书,汉代多称“五经”。汉武帝建元五年时立“五经博士”,“五经”之称便大为流行。

(二)五经中科技篇章的研究

五经被捧为“经典”,五经中的各篇不管内容如何自然也是经典,其中科技著述也享有经典的待遇。如《尚书·禹贡》、《周礼·考工记》、《小戴礼记·月令》、《大戴礼·夏小正》等。

关于《禹贡》、《考工记》、《月令》以及《夏小正》的研究书籍,大体有三类,一是包括各篇在内的全书研究,二是单篇研究,三是群经研究。这里主要论述独立成篇的第二类。

现知较早对《禹贡》进行研究的是晋裴秀《禹贡地域图》,他“以《禹贡》山川地名,从来久远,多有变易。后世说者,或强牵引,渐以暗昧。于是甄擿旧文,疑者则阙;古有名而今无者,皆随事注列,作《禹贡地域图》十八篇(《晋书·裴秀传》)。”宋明时期研究《禹贡》较重要著作的有宋毛晃《禹贡指南》、程大昌《禹贡论》、傅寅《禹贡说断》;明韩邦奇《禹贡详略》、郑晓《禹贡图说》、王鉴《禹贡山川郡邑考》、茅瑞征《禹贡汇疏》、艾南英《禹贡图注》等。

宋明时期对《考工记》研究的著作主要有宋林希逸《鬳斋考工记解》等。

研究《月令》较早的著作是汉蔡邕,《月令章句》,后有唐李林甫等注《唐月令》(残卷)。宋明时期研究《月令》的著作主要有:宋张虙《月令解》、元吴澄《月令七十二候集解》、明黄道周《月令明义》。

宋明时期研究《夏小正》的著作主要有:宋傅崧卿《夏小正戴氏传》、明杨慎《夏小正解》等。

(三)仿经之作

所谓仿经之作,即按照儒家经典的思维模式、思想体系进行模仿式论述。如《月令》类,便有汉崔实《四民月令》、明冯应京《月令广义》等。

(四)纷立专科之经

儒家有自己的经典,科技各部门也就纷纷为本科确立自己的经典。宋荣棨《黄帝九章·序》曰:

> 是以国家尝设算科取士,选《九章》以为算经之首,盖犹儒者之六经,医家之《难》、《素》,兵家之《孙子》欤。后之学者,有倚其门墙,瞻其步趋,或得一二者,以能自成一家之书,显名于世矣。比尝较其数,譬若大海汲水,人力有尽而海水无穷,又若盘之走圆,横斜万转,终其能出于盘哉?由是自古迄今,历数千余载,声教所被,舟车所及,凡善数学者,人人服膺而重之。

明张介宾《类经·自序》曰:

> 《内经》者,三坟之一。盖自轩辕帝同岐伯、鬼臾区等六臣,互相讨论,发明至理以遗教后世,其文义高古渊微,上极天文,下穷地纪,中悉人事,大而阴阳变化。小而草木昆虫,音律象数之肇端,藏府经络之典析,靡不缕指而胪列焉。大哉!至哉!垂一柝之仁慈,开生民之寿域,其为德也,与天地同,与日月并,岂直规规治疾方术已哉!

清赵一清《水经注释·序》也曰:

> 盈天地之间,数物有万,而物莫不始于一。《说文》部叙,始一终亥。徐楚金曰:一,天地之始也;一,气之化也。天一生水,而地六成之;五行之次,惟水最先。此易数与箕畴互相发也。故水浮天而载地,元气之布濩,筋脉之流通。昔贤撰述,尊之曰经,郦氏条分,诠之曰注。审其远近之端,详其小大之势,于是源流之径趣,归宿之殊区,所谓经水、枝水、川水者,百世悠悠,如指诸掌。……后之职志方舆者,如李弘宪、乐永言、王正仲之流,莫不掇其菁华,奉为蓍蔡。

天文学有:《周髀算经》、《甘石星经》、《开元占经》。

算学有:《算经十书》——《周髀算经》、《九章算术》、《海岛算经》、《孙子算经》、《夏侯阳算经》、《张丘建算经》、《缀术》、《五曹算经》、《五经算术》、《缉古算经》。

地理学有:《山海经》、《水经》、《相雨经》、《宅经》、《葬经》等。

医学有:《黄帝内经》、《神农本草经》、《难经》、《脉经》等。

农学有:《氾胜之书》、《四民月令》、《齐民要术》、《相牛经》、《耒耜经》、《茶经》等。

这些各科的“经典”成为人们重点学习和研究的对象，也成为模仿的对象。

（五）争做“经”书

早期并不是每一门具体学科都有“经”，随着知识的积累，很多原来很小的分支都可以撰成专著。因而，不少学者附庸风雅，自题所著书曰“经”。如：

地理学中的《海道经》、《撼龙经》、《汉原陵秘葬经》等。

医学中的《新集备急灸经》、《颅囟经》、《铜人腧穴针灸图经》、《圣济经》等。

农学中的《禽经》、《兽经》、《促织经》、《养鱼经》、《相贝经》、《鸽经》、《烟经》、《痊骥通玄经》、《类方马经》、《猪经大全》、《芋经》、《农桑经》等。

技术中的《木经》、《酒经》、《北山酒经》、《武经总要》等。

“经典观”的作用有两个方面：一方面是促进科技的普及和发展，如《禹贡》、《考工记》、《月令》、《夏小正》收入儒家经典之后，学习和研究的人多了。它在当时作为先进的科技知识便更加光大发扬。又如一些学科不仅没有经典，而且连专门著作也没有，有的学者找到作“经”的空白点，写出专著，自诩为“经”。虽说所作未必是经，但追求写作“经”的行为则有利于科技知识的汇集和发展。

另一方面“经典观”走向“唯经典论”，是禁锢人们的思想，束缚科技的发展。有的人尊“经”，因而对“经”不能有半点怀疑，即使“经”错了，也要为之曲说辩解。还有的学者以研习经典为学术正统，不思创新，不思开拓，美好年华白白浪费。穷经皓首，走入空谈的泥坑，于事无补。

第六节　科技典籍分类体系

由于目前对中国传统科技知识分类体系缺乏全面研究，这里只能就科技典籍的分类体系进行粗略的论述，由此窥见科技知识分类体系的一些情况。

一　宋　以　前

现所知最早对中国典籍进行综合分类是汉刘向，他在《别录》中分为六类：

六艺、诸子、诗赋、兵书、数术、方技。其具体内容见于其子刘歆《七略》：

六艺略：易、书、诗、礼、乐、春秋、论语、孝经、小学九种。

诸子略：儒、道、阴阳、法、名、墨、纵横、杂、农、小说十种。

诗赋略：屈原赋之属，陆贾赋之属，孙卿赋之属，杂赋、诗歌五种。

兵书略：兵权谋、兵形势、兵阴阳、兵技巧四种。

数术略：天文、历谱、五行、蓍龟、杂占、刑法六种。

方技略：医经、经方、房中、神仙四种。

名曰“七略”，实只“六略”，还有一“小序”也算一“略”，置于书首。“小序”的作用非常重要，它在于“考一家之源流”，“剖析条流，发明其旨”。清姚振宗在《七略别录佚文》中说：“《七略》首一篇，盖六略分门别类之总要也。大抵六艺传记则上溯于孔子，诸子以下各详稽其官守，皆一一言师承之授受，学术之源流，杂而不越，各有攸归。”

从《七略》中我们可以看出其科技类的书籍分散在六略之中，农学在诸子略。天文、历谱在数术略，医学集中在方技略。这种分类方法对后代有深远的影响。

中国第一部史志艺文志——汉班固《汉书·艺文志》就是依据《别录》和《七略》分类的。《汉书·艺文志》分六艺、诸子、诗赋、兵书、数术、方技六略。略下分三十八种，五百九十六家，一万三千二百六十九卷，大体上保留了《七略》中六略三十八种的分类体系。

班固也并非完全照搬《七略》，而是做了不少"删去浮冗，取其指要"的工作。首先是精减《辑略》原文，散附于种类之后，以为大小类序。其二是删取《七略》中各书的"叙录"作为各书的注释。其三是增加《七略》未曾著录的著作，其四对《七略》中重复著录或错误归类的作以纠正。该志不仅是我国第一部史志目录，也是我国现存最早的一部图书目录。

到了晋代，产生了图书的四部分类法。晋荀勖《中经新簿》分书籍为四部：

甲部——纪六艺及小学，相当于《七略》的六艺略，收录经部书。

乙部——有古诸子家、近世诸子家、兵书、兵家、数术，相当于《七略》的诸子、兵书、数术、方技四略，收录子部书。

丙部——有史记、旧事、皇览簿、杂事，相当于《七略》六艺略中的春秋类目所附的历史书籍扩大而成，收录史部书。

丁部——有诗赋、图赞、汲家书，相当于《七略》的诗赋略，收录集部书。荀勖的四分法可能受魏郑默《中经》的影响，但《中经》一书未传下来，具体情况不详，所以人们一般认为四部分类法从荀勖开始。

从四部分类中可以看出：农、天、算、医等均收入乙部，科技更为集中。地理类还未出现。

此后不久，东晋李充在《中经新簿》基础上将四部调整为：五经为甲部，史记为乙部，诸子为丙部，诗赋为丁部，著成《晋元帝四部书目》。从而经、史、子、集之次序形成定制，为历代沿用。

南齐时出现了王俭的《七志》。他沿用《七略》的六分法，增加了"图谱志"，其分类体系为：

经典志：纪六艺、小学、史记、杂传。

诸子志：纪古今诸子。

文翰志：纪诗赋等。

军书志：纪兵书。

阴阳志：纪阴阳图纬。

术艺志：纪方技。

图谱志：纪地域及图书。

附见道经、佛经。

这是名符其实的七分法。有关农学的在诸子志，在关天文历算的在阴阳志，有关医学的在术艺志。"图谱志"的设立，反映了当时图学、谱学的发展，也说明王俭对它的重视。

梁代阮孝绪著《七录目录》，其分类又较前人有大的进步。其分类体系为：

内篇

经典录：易、书、诗、礼、乐、春秋、论语、孝经、小学；

纪传录：国史、注历、旧事、职官、仪典、法制、伪史、杂传、鬼神、土地、谱状、簿录；

子兵录：儒、道、阴阳、法、名、墨、纵横、杂、农家、小说、兵家；

文集录：楚辞、别集、总集、杂文；

术技录：天文、谶纬、历算、五行、卜筮、杂占、刑法、医经、经方、杂艺。

外篇

佛法录：戒律、禅定、智慧、疑似、论记；

仙道录：经戒、服饵、房中、符图。

这一分类有几个重要贡献：一是类名已启唐代经、史、子、集之先声。虽然在晋已有四部分类法，但其类名仅以甲、乙、丙、丁相别，从字义看不出内容。而阮孝绪的分类中出现"经典、纪传、子兵、文集"的类名。二是史部的确立和细分。《七略》将史书附于"六艺略·春秋"后，荀勖、李充以后设立史部，但一无类名，二不见细目。阮孝绪则仿四部法，列史书为第二，并名之曰"纪传"。他进一步将"纪传录"分为12类，这是史学分类的创举，其中"土地"类即后来的"地理"类，是置史学之内，这个观念一直统治以后的学术界。三是图谱分散著录。图的内容很广，应按图的内容主题各归其类。谱多是帝王谱系，姓氏家谱，义同注记，故应列入"纪传录"。

魏晋南北朝时期出现科技著作的专科目录：

一是地理目录。由于此一时期地理学得到较大发展，地理和方志著作激增，仅《隋书·经籍志》史部地理类著录就有139部1432卷，其小序称："齐时陆澄聚一百六十家之说，依其前后远近，编而为部，谓之《地理书》。任昉又增陆澄之书八十四家，谓之《地记》。陈时，顾野王抄撰众家之言，作《舆地志》。"该志著录陆澄《地理书》，有《录》1卷，既是本书的目录，又是地理专科目录。可能《地记》也编有目录，否则224家之书将不知如何查阅。

二是术数目录。阮孝绪《七录序》说：刘孝标编定梁文德殿四部书目时，"乃分数术之文，更为一部，使奉朝请祖暅撰其名。"《古今书最》载有"梁天监四年文德殿正御四部及术数书目录"。可知这个目录由祖暅所编。可惜已失传，无由知道其详情。

唐魏征等《隋书·经籍志》是继《七略》之后，我国书目分类史上又一次大的总结。该志的分类体系为：

经部：易、书、诗、礼、乐、春秋、孝经、论语、谶纬、小学。

史部：正史、古史、杂史、霸史、起居注、旧事、职官、仪法、刑法、杂传、地理、谱系、簿录。

子部：儒家、道家、法家、名家、墨家、纵横家、杂家、农家、小说家、兵法、天文、历数、五行、医方。

集部：楚辞、别集、总集。

道经、经戒、饵服、房中、符录。

佛经：大乘经、小乘经、杂经、杂疑经、大乘律、小乘律、杂律、大乘论、小乘论、杂论、记。

该志有如下贡献：

(1)确立了四部类名。阮孝绪的四部类名还属草创，而到魏征等则已完全确立，名为经、史、子、集，为千百年沿袭不改。

(2)展开四部体系。全志分经部为十类，史部十三类，子部十四类、集部三类，后附以道经四类、佛经十一类，共五十五类，形成一个有纲有目、部类统系，结构严密的分类体系。子部序论中说："《汉书》有诸子、兵书、数术、方技之略，今合而叙之，为十四种，谓之子部。"表明子部分类的渊源和内容。

(3)调整类目。该志根据"离其疏远，合其近密"的原则，对一些类目进行了改隶合并，如将术技一类并入子部，将五行、卜筮、杂占、刑法合为五行一类，将医经、经方、杂艺合为医方类。

(4)阐明各类界义。该志给经史子集四部40类下了定义,作为众人编目的依据。有关科技的有:史部地理以纪山川郡国。子部农家,以纪播植种艺;天文,以纪星辰象纬;历数,以纪推步气朔,五行,以纪卜筮占候;医方,以纪药饵针灸。这实际就是当时的科学知识分类。

二 宋 代

王尧臣《崇文总目》的图书分类体系为:

经部九类:易、书、诗、礼、乐、春秋、孝经、论语、小学。

史部十三类:正史、编年、实录、杂史、伪史、职官、仪注、刑法、地理、氏族、岁时、传记、目录。

子部二十类:儒家、道家、法家、名家、墨家、纵横家、杂家、农家、小说家、兵家、类书,算术、艺术、医书、卜筮、天文占书、历数、五行、道书、释书。

集部之类:总集、别集、文史。

史部删故事、增岁时。子部变历算为算术、历数,天文为天文占书、卜筮。合经脉、医术为医书。新增道书、释书。

后晋刘昫等《旧唐书·经籍志》分类体系为:

甲部经录:易、书、诗、礼、乐、春秋、孝经、论语、谶纬、经解、诂训、小学。

乙部史录:正史、编年、伪史、杂史、起居注、故事、职官、杂传、仪注、刑法、目录、谱牒、地理。

丙部子录:儒家、道家、法家、名家、墨家、纵横家、杂家、农家、小说、天文、历算、兵书、五行、杂艺术、类事、经脉、医术。

丁部集录:楚辞、别集、总集。

刘昫在《旧唐书·经籍志》中,第一次把佛、道经籍列入子部,成为现存最完整的四部分类目录,并将原子部医方析为经脉、医书。在子部增加杂艺术和类事两类。

欧阳修《新唐书·艺文志》的分类体系与《旧唐书·经籍志》略同,只是稍有变动。经部中,旧志有"诂训类,此书并入"小学类",增"谶纬类"。史部中改"杂传类"为"杂传记类"。子部中改"类事类"为"类书类",改"经脉类"为"明堂经脉类"。

宋代在图书分类上作出突出贡献的是郑樵。他在《通志·艺文略》中创立的分类法为:

经类第一:易:古易、石经、章句、传、注、集注、义疏、论说、类例、谱、考证、数、图、音、谶纬、拟易。书:古文经、石经、章句、传、注、集、义疏、问难、义训、小学、逸篇、图音、续书、谶讳、逸书。诗:石经、故训、传、注、义疏、问辨、统说、谱、名物、图、音、纬学。春秋:经、五家传注、三传义疏、传论、序、条例、图、文辞、地理、世谱、卦繇、音、谶纬。春秋外传国语:注释、章句、非驳、音。孝经:古文、注解、义疏、音、广义、谶纬。论语:古论语、正经、注解、章句、义疏论难、辨正、名氏、音释、谶纬、续语。尔雅:注解、图、义、音、广雅、杂尔雅、释言、释名、方言。经解:经解、谥法。

礼类第二:周官:传注、义疏、论难、义类、音、图。仪礼:石经、注、疏、音。丧服:传注、集注、义疏、记要、问难、仪注、谱、图、五服图仪。礼祀:大戴、小戴、义疏、书钞、详论、名数、音义、中庸、谶纬。月令:古月令、续月令、时令、岁时。会礼:论钞、问难、三礼、礼图。仪注:礼仪、吉礼、宾礼、军礼、嘉礼、封禅、汾阴、诸祀仪注、陵庙制、家礼祭仪、东宫仪注、后仪、王国州县、仪注、会朝仪、耕籍仪、车服、书仪、国玺。

乐类第三：乐书、歌辞、题解、曲簿、声调、钟磬、管弦、舞、鼓吹、琴、谶纬。

小学类第四：小学、文字、音韵、音释、古文、法书、蕃书、神书。

史类第五：正史：史记、汉、后汉、三国、晋、宋、齐、梁、陈、后魏、北齐、北周、隋、唐、通史。编年：古史、两汉、魏、吴、晋、宋、齐、梁、陈、后魏、北齐、北周、隋、唐、运历、纪录。霸史：上、下。杂史：古杂史、两汉、魏、晋、南北朝、隋、唐、五代、宋朝。起居注：起居注、实录、会要、故事。职官：上、下。

刑法：律令、格、式、敕、总类、古制、专条、贡举、断狱、法守。传记：耆旧、商隐、孝友、忠、名士、交游、列传、家传、列女、科第、名号、冥异、祥异。地理：地理、都城、宫苑、郡邑、图经、方物、川渎、名山洞庭、塔寺、朝聘、行役、蛮夷。谱系：帝系、皇族、总谱、损谱、郡谱、家谱。食货：货宝、器用、豢养、种艺、茶、酒。目录：总目、家藏总目、文章目、经史目。

诸子类第六：儒术。道家：老子、庄子、诸子、阴符经、黄庭经、参同契、目录、传、记、论、书、经、科仪、符录、吐纳、胎息、内视、道、引、辟谷、内丹、外丹、金石药、服饵、房中、修养。释家：传记、塔寺、论议、诠述、章钞、仪律、目录、音义、颂赞、语录。法家。名家。墨家。纵横家。杂家。农家。小说。兵家：兵书、军律、营阵、兵阴阳、边策。

天文类第七：天文：天象、天文总占、竺国天文、五星占、杂星占、日月占、风云气候占、宝气。历数：正历、历术、七曜历、杂星历、刻漏。算术：算术、竺国算法。

五行类第八：易占、轨革、筮占、龟卜、射覆、占梦、杂占、风角、鸟情、逆刺、遁甲、太一、九宫、六壬、式经、阴阳、元辰、三命、行年、相法、相笏、相印、相字、堪舆、易图、婚嫁、产乳、登坛、宅经、葬书。

艺术类第九：射、骑、画录、画图、投壶、弈棋、博塞、家经、樗捕、弹棋、打马、双陆、打球、彩选、叶子格、杂戏格。

医方类第十：脉经、明堂针灸、本草、本草音、本草图、本草用药、采药、炮灸、方书、单方、胡方、寒食散、病源、五脏、伤寒、脚气、岭南方、杂病、疮肿、眼药、口齿、妇人、小儿、食经、香薰、粉泽。

类书第十一：（无细目）

文类第十二：楚辞、别集、总集、诗总集、赋赞颂、箴铭、碑碣、制诰、表章、启事、四六、军事、案判、刀笔、非谐、策、书、文史、诗评。

该分类体系在科技典籍分类方面的贡献有：

（1）与科技有关的、原属二级类目的至一级类目，与经、史、子相等同。如原子部的天文（包括算术）、五行、医方类等。

（2）原科技类又分出众多子类。如天文类分为天文、历数、算术三小类，每小类又分出若干更小的类。天文小类分为天象、天文总占、竺国天文、五星占、杂星占、日月占、风云气候占、宝气等。历数小类分为正历、历术、七曜历、杂星历、刻漏等。算术小类分为算术、竺国算法等。医方类分为脉经、明堂针灸、本草、本草音、本草图、本草用药、采药、炮灸、方书、单方、胡方、寒食散、病源、五脏、伤寒、脚气、岭南方、杂病、疮肿、眼药、口齿、妇人、小儿、食经、香薰、粉泽等。这是医书比较详细分类的开始。

（3）在原非科技类中析出科技性质的更小类。如经部诗类中立名物类，春秋类中立地理类,道家类中立金石药、道、引类等。

(4) 新设与科技有关的小类。如史部食货类为新设,内分货宝、器用、豢养、种艺、茶、酒等。

这些不仅说明他于分类有独到的见解,也说明他对社会科学史的政治、法制和自然科学以及类书十分重视。

陈振孙《直斋书录解题》将时令从子部农家中别出,置于史部。“小序”说:“前史时令之书,皆入子部‘农家类’。今案诸书上自国家典礼,下及里间风俗悉载之,不专农事也。故《中兴馆阁书目》别为一类,列之‘史部’是矣,今从之。”

三 明 代

明杨士奇《文渊阁书目》在编排上,按千字文编号分厨,从“天”字到“往”字,共20号,50厨:

天字:国朝。地字:易、书、诗、春秋、周礼、仪礼、礼记。玄字:礼书、乐书、诸经总类。黄字:四书、性理、附、经济。宇字:史。宙字:史附、史杂。洪字:子书。荒字:子杂、杂附。日字:文集。月字:诗词。盈字:类书。昃字:书、姓氏。辰字:法贴、画谱(诸谱附)。宿字:政书、刑书、兵书、算法。列字:阴阳、医书、农圃。张字:道书。寒字:佛书。来字:古今志(杂志附)。暑字:旧志。往字:新志。

该目录最大特点是敢于突破四分法,另创新制。

明赵琦美《脉望馆书目》也按千字文编号分厨,但在多厨中的分类比《文渊阁书目》详细。其中医书分为医总、本草、素问、脉诀、伤寒、小儿科、针灸、外科、养生、女科、眼科、风科、祝由、按摩、医马等十五门。极为详细。

明高儒《百川书志》依四部分类共九十三子目:

经志:易、书、诗、礼、春秋、大学、中庸、论语、孟子、孝经、经总、仪注、小学、道学、乐、蒙求。

史志:正史、编年、起居注、杂史、史钞、故事、御记、史评、传记、职官、地理、法令、时令、目录、姓谱、史咏、谱牒、文史、野史、外史、小史。

子志:儒家、道家、法家、名家、墨家、纵横家、杂家、兵家、小说家、德行家、崇正家、政教家、隐家、格物家、翰墨家、农家、医家、卫生家、房中术、卜筮家、历数家、五行家、阴阳家、占梦术、刑法家、神仙家、佛家、杂艺术、子钞、类书。

集志:秦汉六朝文、唐文、宋文、元文、圣朝御制文、睿制文、名臣文、汉魏六朝诗、唐诗、宋诗、元诗、圣朝御制诗集、睿制诗集、名臣诗集、诏制、奏议、启扎、对偶、歌词、词曲、文史、总集、别集、唱和、纪迹、杂集。

难能可贵的是,该志首次立有“格致家”,这应是当时的学术思潮的反映。所收书籍有:

张华《博物志》,李石《续博物志》,崔豹《古今注》,马镐《中华古今注》,佚名《事物纪原集类》,赵弼《事物纪原删定》,闵文振《异物汇苑》,朱德润《古玉图》,王厚之《汉晋印章图谱》,高似孙《砚谱》,佚名《端溪砚谱》,佚名《砚谱》,洪景伯《歙州砚谱》,景伯《歙砚说》,洪迈《辨歙石说》,米元章《砚史》,陶宏景《古今刀剑录》,虞荔《鼎录》,师旷《禽经》,洪刍《香谱》,可山林等《文房职官图赞》,罗先登《续文房职官图赞》,安晚等《文房四友除授集》,胡谦原《拟弹驳四友除授集》,曹昭《格古要论》。

从上目可知,所谓"格致家"即为博物学。

明陈弟《世善堂藏书目录》分类体系奇特,将农圃、天文、时令从子部析出各立家类,成六部六十三类,"各家部"分为:

农圃、天文、时令、历家、五行、卜筮、堪舆、形相风鉴、兵家书、医家、神仙道家、释典、杂艺等十三小类,是有独到见解。

祁承爜《澹生堂藏书目》四部之下分 46 类 243 子目:

易类十目、书类五目、诗类五目、春秋八目、礼类八目、孝经三目、论语五目、孟子三目、总经解四目、理学类六目、小学类六目。

国朝史类十三目、正史类、编年史类四目、通史类二目、约史类、史钞类二目、史评类三目、霸史类二目、杂史类三目、记传类九目、典故类二目、礼乐类四目、政实类五目、图志类十一目(统志、约志、省会通志、郡邑、关镇、山川、祠宇、梵院、胜游、题咏、园林)、谱录类。

儒家类、道家类十一目、释家类十八目、诸子类五目、农家类五目(民务、时序、杂事、树艺、收养)、小说家类八目、兵家类二目、天文家类二目(占候、历法)、五行家类四目(占卜、日家、星命、堪舆)、医家类九目(经论、脉法、治法、方书、本草、伤寒、妇人、小儿、外科)、艺术家类七目(书、画、琴、棋、射、数、杂技)、类家类三目、丛书类七目。

诏制类二目、章疏类三目、辞赋类三目、总集类七目、余集类四目、别集类八目、诗文评类五目。

从中可以看出,其科技内容的书籍分类也是有自己的特色的。

宋代已出现专门的医学目录。《秘书省续编到四库阙书目》卷一中有《医经目录》二卷,这是医书有专门目录的开始,可惜这一目录,业已亡佚了。明殷仲春《医藏目录》是现存最早的一部医书专门目录。

殷仲春《医藏书目》根据释家学说,采用佛家的名词,把所过目和收辑的全部医书分为:

无上函(内难类)、正法函(伤寒类)、法流函(各科医书)、结集函(各科医书)、旁通函(各科医书)、散圣函(各科医书)、玄通函(各科医书)、理窟函(脉学)、机在函(眼科类)、秘密函(医学杂书)、普醍函(本草类)、印正函(各科医书)、诵法函(各科医书)、声闻函(各科医书)、化生函(妇产类)、杨肘浸假函(外科类)、妙窍函(针灸类)、慈保函(儿科类)、指归函(医学基础书)、法真函(养生类)。

每函前均有一小序,说明本函收录书籍的内容。

此书之后,有王宏翰《古今医籍考》,余鸿业《医林书目》、董恂《古今医籍备考》、邹澍《医经书目》、改师立《医林在观书目》等,但也都亡佚。这使得殷氏的书目更为可贵。

茅元仪《白华楼书目》,将书分为九学十部目,九学者,一曰经学,二曰史学,三曰文字,四曰说学,五曰小学,六曰兵学,七曰类学,八曰数学,九曰外学。其十部者,九学之部加以世学。上书目将数学独立为一学(部)。

另外,李时珍《本草纲目》中有《引据古今医家书目》,"[时珍曰]自陶弘景以下,唐、宋诸本草引用医书,凡八十四家,而唐慎微居多。时珍今所引,除旧本外,凡二百七十七家。"(《本草纲目·序例》)虽然只是引用书目,但收书较多,也可算作一部医书经典的目录。

程大位《算法统宗》中有"算经源流",实际是一算学书目。此书目按时间顺序分三类著录了北宋以来刊刻或完成的 51 种算学书。虽然它在算学史上有一定的意义,但在典籍分类史上意义不大。

正像有的学者指出的那样，中国古代知识分类的特征是一种人本位模式，即以事物相对于人的关系作为区分的主要依据。因而它具有极强的伦理性（把人的信仰伦理观念外在地同某些事物联系起来）、直观性（以事物外在的，可以被人所直接感知的形态作为区分的依据）、功用性（按事物对于人的功用来区分）、非结构性（不反映事物间逻辑关系）。典籍分类便是最好的反映。

第七节 科学方法

一 考察与观察

（一）考察

实地考察是积累地理知识的重要方法，中国古代不少学者有精辟的论述。

丁宝书《安定言行录》上记载了北宋学者胡瑗（字翼之）的一段话：

> 胡先生翼之尝谓滕公曰："学者只守一乡，则滞于一曲，隘吝卑陋。心游四方，尽见人情物志，南北风俗，山川气象，以广其闻见，则为有益于学者矣。"一日，尝自吴举率门弟子数人游关中，至潼关，路峻隘，舍车而步。既上至关门，与滕公诸人坐门塾。少憩，回顾黄河抱潼关，委蛇汹涌，而太华、中条环拥其前，一览数千里，形势雄张。慨然谓滕公曰："此可以言山川矣，学者其可不见之哉！"

胡瑗认为：学者只守一乡，只能是滞于一曲。心游四方，才会广其闻见。所以他带领学生外出游览考察。

明杨慎也论述了实地考察的必要性，《滇侯记序》说：

> 远游子曰：千里不同风，百里不共雷。日月之阴，径寸而移；雨旸之地，隔垄而分，兹其细也。太明太蒙之野，戴斗戴日之域，或日中而无影，或深瞑而见旭，或衔烛龙以为照，或煮羊脾而已曙，山川之隔阂，气候之不齐其极也。是以有测景之圭，有书云之台，有相风之帐，有侯风之津，海有星占，河有括象，以此知其不齐矣。故曰不出户知天下，天下诚难以不出户知也，非躬阅之，其载籍乎？

他的结论是："天下诚难以不出户知也。"

不少地理学家还自觉地运用野外考察的方法进行科学研究。

沈括通过实地考察，认识了山岸之中"往往衔螺壳"的现象，进行研究，从而得出流水沉积形成华北平原的结论。《梦溪笔谈》卷 24 载："予奉使河北，遵太行而北，山崖之间，往往衔螺蚌壳及石子如鸟卵者，横亘石壁如带。此乃昔之海滨，今东距海已近千里。所谓大陆者，皆浊泥所堙耳。……凡大河、漳水……桑干之类，悉是浊流……其泥岁东流，皆为大陆之土，此理必然。"范成大也是自觉进行地理考察的地理学家。《吴船录》卷上曰：

> 过新店、八十四盘、娑罗平。娑罗者，其木叶如海桐，又似杨梅，花红白色，春夏间开，惟此山有之。初登山半即见之，至此满山皆是。大抵大峨之上，凡草木禽虫，悉非世间所有。昔故传闻，今亲验之。余来以季夏，数日前雪大降，木叶犹有雪渍斓

斑之迹。草木之异，有如八仙而深紫，有如牵牛而大数倍，有如蓼而浅青。闻春时异花尤多。但有时山寒，人鲜能识之。草叶之异者，亦不可胜数。山高多风，木不能长，枝悉下垂，古苔如乱发鬖鬖挂木上，垂至地，长数丈。又有塔松，状似杉而叶圆细，亦不能高。重重偃蹇如浮图，至山顶尤多。又断无鸟雀。盖山高飞不能上。

按现在的观察，峨眉山上的植物垂直分布状况是：山脚植被为常绿阔叶林，山顶为针叶林（冷杉）和灌丛（杜鹃等），范成大的考察记载与现在基本相吻合。

北宋燕肃自1016年开始的近十年中，足迹遍及南海、东海沿海地区。经常在海边用刻漏来测潮汐时刻。约于1026年在明州（宁波）时，绘制了《海潮图》，撰写了《海潮论》两篇。《海潮论》曰："以上诸郡皆沿海滨，朝夕观望潮汐候者有日矣，得以求之刻漏，究之消息，十年用心，颇有准的"。在书中燕肃精确地阐述了一朔望月中潮的变化规律。《海潮论》曰：

今起月朔夜半了时，潮平于地之子位四刻一十六分半，月离于日，在地之辰，次日移三刻七十二分。对月到之位，以日临之次，潮必应之。过月望复东行，潮附日而西应之。至后朔子时四刻一十六分半，日、月潮水俱复会于子位。其小尽，则月离于日，在地之辰，次日移三刻七十三分半，对月到之位，以日临之次，潮必平矣。至后朔子时四刻一十六分半，日、月潮水亦俱复会于子位。

这里首先明确指出初一日、月合朔时刻是四刻一十六分半，这就明确指出当时百刻记时的零点不在日、月合朔的子时中间点，而在子时的开始点，而且具体给出了北宋潮时推算的起算值是4.165刻。这些应是在通过实地考察的基础上进行理论探讨而出的结论。

（二）观察

坚持实际观察也是获得第一手材料的方法。它既可以为科学研究提供新的信息，又可以检验旧理论的正确与否。

沈括为了验证祖暅关于北极在纽星外一度的说法，他用一个长窥管来观极星，初夜时，极星在窥管中，过一会儿再从窥管中观察，看不见极星，极星跑到管外去了。从此他认识到窥管小，不能容纳极星运转的轨迹。他就逐渐扩大窥管来观察，经过三个月时间，才使极星在窥管内旋转，一直到都能看到。最后得出结论，天极不动处远离极星还有三度多。他还将观测情况画下来，初夜、中夜、后夜分画一图，共画二百多图，才搞清了这一问题。（《梦溪笔谈》卷7）。

宋罗愿极为重视观察，《尔雅翼·自序》记载："观实于秋，玩华于春。俯瞰渊鱼，仰察鸟云。山川皋壤，遇物而欣。""有不解者，谋及刍薪。农圃以为师，钓弋则亲。"且"用相参伍，必得其真。"此类见于书中者，比比皆是。如"兰"下云："予生江南，自幼所见兰蕙甚熟。兰之叶如莎，首春则茁其芽，长五六寸，其杪作一花，花甚芬香。大抵生深林之中，微风过之，其香蔼然达于外，故曰芝兰生于深林，不以无人而不芳。"以此验证兰不同于兰草，正前人沿习之讹。"桐"下说，云南牂牁人以"其叶饲豕，肥大三倍"，而"乡人养鲩鱼者，每春以草养之，顿能肥大。秋后食以桐叶，以封鱼腹，则不复食，亦不复瘦，以待春复食也。"此为植物方面之验证例。"枳首蛇"又名两头蛇，"今生宁国，黑鳞白章，长盈尺，人家庭槛中，动有数十同穴"。又"予所见夏月雨后，有蛇如蚯蚓大，但身有鳞，蜿蜒而行，其尾如首，不缴杀，亦号两头蛇"此为动物方面之验证例。以所见所闻，验之于山川，或补前人未及，或证旧说不实。

程大昌也是重视观察的，他在《演繁露》卷8"龙门"中说：

> 秦耳思《记异录》曰："地志慈州文城县搔口，本夏禹凿山道河年年鱼化之地也。每春，大鱼并河西上，唐人尝敕"禁采捕。至仲春后，有点额不化者傍岸求死，终不过富平。津浮梁孟州，岁以致贡。柳宗元尝为文刻置禹庙，此盖因此之有是鱼而《禹贡》又有龙门之文遂从而为之说，曰："过门者为龙，而其浮死自下者，则是不变而遭退者也。"予疑此语久矣。于《禹贡》论不敢辨正者，以龙门之名其来已古，而化龙之说世亦信之，故付之不辨，然终含糊不快也。以书类求之，导河自熊耳。熊耳者，地书以为形似熊耳也。其曰似者，肖之而已。岂其实尝有熊分耳为山也乎？砥柱为析城，实皆如柱如城，而何人建为此柱？折为此城？无有能言其自者也，并类而言，则夫龙门也者，正以湍峻束狭意象如门，而又龙者，水行之物，故取象以名，未知真有尝化龙之事也乎。然而其事又"有不可不究者四：渎未尝无鱼，何为此地独有大鱼暴鳃而下，下又过富平也。以予所见，盖河鱼趋水而上于湍急处，产子及其困极，故翻腹流不能自主富平。虽为大河而有浮梁横亘津面，鱼已困浮又为津梁所约，不能潜泳以过，人因得乘困而拾取之耳。其为点额而浮者，盖跳掷产子为木石所撞拉耳。非有司其点陟而点额以记，如世传所云也。天下事大小有异，而理之所在四海一也。凡鱼产子，必并木根草干，戛刮其腹，子乃出，出则粘著根茎之上，离离如珠，然后泥不能淹，浪不能漂，其子乃成鱼也。龙门予所不历，无能验其的为如何矣。此之所云乃在吾乡而亲常目击者，非得之传闻也。鱼之戛腹而子得出也，则已奋跃劳惫不复更能潜泳，则遂仰卧露白浮水而下，边岸之人白手取之，不用器械也。此乃吾乡所常见，以类明类，则龙门之鱼可想矣。吾乡溪浅涧，安得试龙之地而鳞鳃亦遭损暴也。此其事理可以互相发挥者，故详记之。"

程大昌不同意鱼跳龙门化为龙之事，通过观察，得知是鱼产子的结果。

明王廷相对于观察有很好的论述："学者于道，贵精心以察之，验诸天人，参诸事会，务得其实而行之，所谓自得也已。使不运吾之权变，逐逐焉惟前言之是信，几于拾果能知味也乎哉？"(《慎言·见闻篇》)王廷相所谓的"参验"，除了继承前人所说的"证据"、"证明"等含义外，更重要的是指"考视"、"察辨"、"尝试"之意，包含有"以行验证"的意思。这里，试举几例，说明他是如何"以行验证"是非的。

其一是春雪五出(辩)还是六出(辩)。当时人们根据先儒之言，皆以为"春雪五出"，而王廷相则通过亲自观察、试验，证明春雪皆"六出"。他说："今日春雪，以亦稗说琐语，乌足凭信？什北方人也，每遇春雪，以袖承观，并皆六出。云五出者，久矣附之妄谈矣。"(《答孟望之论慎言》)

其二是观察螟蛉产子。《雅述》曰："《小雅》：'螟蛉有子，黑裸负之。'《诗笺》云：'土蜂负桑虫入木孔中，七日而化为其子'。予田居时，年年取土蜂之窠验之，每作完一窠，先生一子在底，如蜂蜜一点，却将桑上青虫及草上花知(蜘)蛛衔入窠内填满。数日后其子即成形而生，即以次食前所蓄青虫、蜘蛛，食尽则成一蛹，数日郡蜕而为蜂，啮孔而出。累年观之，无不皆然。始知古人未尝观物，踵讹立论者多矣。无稽之言勿信，其此类乎！"王廷相对土蜂育子情况进行了精细的观察，纠正了古来关于螟蛉的传说。

王廷相还有一观察的实例是观察陨石雨。左丘明解《春秋》"夜中星陨如雨"为星"与雨偕"。王廷相通过夜观星陨，认为左氏之言乃"揣度之言"。他写道："'星陨如雨'予尝疑之。今嘉靖十二年十月七日夜半，众星陨落，真如雨点，至晓不绝，始知《春秋》所书'夜中星陨如雨'，当作如似之义，而左氏乃谓星'与雨偕'，盖亦揣度之言，不曾亲见，而不敢谓星之落真如雨也。然则学者未见其实迹，而以意度解书者，可以省矣。"(《雅述》下篇)

二　分类与类比

在中国古代的逻辑思想中，关于"类"和"类比"的理论很多，如公孙龙谓"正举"，"狂举"，以"知类"为断；墨家讲"类名，类同，类行，推类"；孟子由"知类"以至"无类"；荀子讲"统类、别类、比类、伦类"等。《墨经》中所说的"援"是类比推理。《易传》中"引而中之，触类而长之，天下之事毕矣"，孟子的"无类比附"，荀子的"以人度人，以情度情"，韩非的"同类相扦走"等都是对"类比推理"的概括与阐释，这些思想对后世有一定的影响。

(一)分类

宋郑樵在《通志·昆虫草木略》中按性状和用途将植物分为草类(菌、藻、地衣、苔、蕨类和草木被子植物)、蔬类、稻粱类、木类、果类五类。把动物分为虫鱼类(有环节动物、软体动物、节肢动物和少数两栖、爬行动物)，禽类和兽类三类共八大类。从各类前位排列次序的科学性看，它比较早的《证类本草》(成书于1086年)把动植物分为草、木、人兽、禽、虫、鱼、米谷、菜9类，每类再分上、中、下三品的方法更科学。

明屠本畯《闽中海错疏》(1596年)将性状相近的种类放在一起。例如，把鲤、黄尾、大姑、金鲤、鲫、金鲫、棘鬣、赤鬃、方头、乌颊等排在一起，虾蟆、蟾蜍、雨蛙(蛤)、石鳞、水鸡、尖嘴哈、青鉀、黄鉀等排在一起，白虾、虾姑、草虾、梅虾、对虾、赤虾等又排在一起，等等。这些动物分别相当于现代动物分类上的鱼类、两栖类和节肢动物。在大类中，他又把性状更接近的排在一起。例如，在鱼类中，把鲥、鳓、鰶排在一起，现在它们都属于鲱科；在两栖类中，把水鸡、青鉀、黄鉀等排在一起，现在它们都属于蛙科。在大类中又分了小类。如鱼类中的棘鬣、赫鬃和乌颊排在一起，根据书中的描述，它们就是现在所称的真鲷、黄鲷和黑鲷，都属于鲷科；虎鲨、锯鲨、狗鲨、胡鲨等排在一起，都属于软骨鱼类。屠本畯把水产动物分成不同的大类，在大类中再分小类，这种排列方法在一定程度上揭示了动物的自然类群，反映了它们中间的亲缘关系，这些不同的大类和小类，相当于现代生物学中的科、属各阶元，其中包含着科和属的概念。

明李时珍对药物的分类，有着相当的科学性。这里单以动物为例，他把动物药顺序分成虫、鳞、介、禽、兽、人等部。虫相当于现代的节肢动物(还包括一部分两栖类)，鳞相当于脊椎动物中的鱼类、爬虫类，介相当于软体动物，禽相当于鸟类，兽包括哺乳动物，最后是人。除去介类以外，我们可以看到李时珍已经把动物依照进化的顺序予以排列，这个分类法在当时是和社会相适应的。我们知道，分类法的方法有两种，在人们认为不多，掌握材料还少的时候，分类方法往往受主观认识的限制，往往从实用观点出发，《神农本草经》的三品分类法就是这样一种情况。随着知识的丰富，人们观察到事物之间有着客观的联系，分类法就越来越合乎客观性和发展的原则了，于是进而依照外表形态来区分。从梁代《本草经集注》起，一直到宋代的《证类本草》，都属于这种性质的分类。以后，对客观联系的更进一步认识，分类法就转化按自然演化的系统来进行了。李时珍的分类法就已经接近这样的水平。他的分类法并不是偶然的，他已经看到各种动、植物之间在演化上由简单到复杂的关系，即他自已所说的"从贱至贵也"(《本草纲目·凡例》)。在分类学上,李时珍之所以能达到这样的境地,正是因为他抓住了各种生物之间的客观联系,他在叙述每一类动物(矿、植物也如此)之前,都有一段小序言,这等于是给每一类动物下定义,对禽类概括为"二足而羽曰禽",兽类则概括为"四足而毛之总称",肯定了《尔雅》的说法,对当时的水平说,这已经是相当准确的描述了。

李时珍还在《进本草纲目疏》中指出前人分类的错误:

> 宋仁宗再诏补注,增药一百种,召医唐慎微合为《证类》,修补众本草五百种。自是人皆指为全书,医则目为奥典。夷考其间,玭瑕不少。有当析而混者,如葳蕤,女萎,二物而并入一条。有当并而折者,如南星,虎掌,一物而分为二种。生姜、薯蓣,菜也,而列草品。槟榔、龙眼,果也,而列木部。八谷生民之天也,不能明辨其种类。三菘日月之蔬也,罔克的别其名称。黑豆赤菽大小同条,硝石芒硝水火混注。以兰花为兰草,卷丹为百合,此寇氏《衍义》之舛谬。谓黄精即钩吻,旋花即山姜,乃陶氏《别录》差讹。厥浆若胆草菜重出,掌氏之不审天花。栝楼两处图形,苏氏之欠明。五倍子耦虫窠也,而认为木实大。蘋草田字草也,而指为浮萍。似兹之类,不可枚陈。略摘一二,以见错误。若不分别品类,何以印定群疑。

明王逵《蠡海集·花信风》按节气和物候将风分为二十四类:"从小寒至谷雨,凡四月八气二十四候,每候五日,以一花之风信应之,也所言'始于梅花,终于楝花'也。即小寒三候:一候梅花,二候山茶,三候水仙;大寒三候:一候瑞香,二候兰花,三候水矾;立春三候:一候迎春,二候樱桃,三候望春;雨水三候:一候菜花,二候杏花,三候李花;惊蛰三候:一候桃花,二候棣棠,三候蔷薇;春分三候:一候海棠,二候梨花,三候木兰;清明三候:一候桐花,二候麦花,三候柳花;谷雨三候:一候牡丹,二候酴醾,三候楝花。总称'二十四番花信风'"。这种分类的实质是按功能,从气象学的角度来看,这些风不会有如此大的差别,这里之所以分为二十四类,主要依据风对具体的花的作用。

(二)类比

宋蔡襄《荔枝谱》把各种荔枝按品质分为上、中、下三等,并论述了区分质优劣的方法。文中说:

> 荔枝以甘为味,虽百千树莫有同者,过甘与淡,失味之中。维陈紫之于色香味自拔其类,此所以为天下第一也。凡荔枝皮膜形色一有类陈紫,则已为中品。若夫厚皮尖刺,肌理黄色,附核而赤,食之有查,食已而涩,虽无酢品,自亦下等矣。

从蔡襄对荔枝生态和品质划分的描写中,可以看到他已掌握和运用了类比方法。

宋人《海客论》曰:

> 光元曰:亦见时人论黄芽,皆不知其至理,不知黄芽将何物制造得成也。
>
> [道人]曰:铅出铅中,方为至宝。汞传金气,乃号黄芽。不见《古歌》云:"黄芽铅汞造,阴壳含阳花,平得黄芽理,还丹应路赊。世人炼至药,尽认为黄华,铅黄是死物,那得到仙家。"
>
> 光元曰:铅有二耶?
>
> [道人]曰:铅非有二。譬如养子,若割父母身上肉,内(纳)于腹中,而孩子生应难得,若离父母,孩子自何而生。《古歌》云:"鼎鼎元无鼎,药药元无药,黄芽不是铅,须用铅中作。黄芽是铅,去铅万里,黄芽非铅,从铅而始;铅为芽母,芽为铅子。……

知白守黑，神明自来。"此之谓也……故《古歌》云："用铅不用铅，须用铅中作，世人若用铅，用铅还是错。"

这里用类比法区分了金属铅、铅黄华与黄芽（铅汞混合氧化物）的异同。

三　演　绎　法

宋初学者对《易经》象数的推衍特别发达，在演绎法的运用上开了一道广阔的观念认识之门。周敦颐、邵雍是象数学的建立者。其象数推衍，概而言之，就是用一些等比级数上的抽象概念，对自然物象或人事变化作些主观配分的比附说明，一方面从"象"以"顺观"物理，另一方面，更从数以"逆推"变化。邵雍《皇极经世·观物外篇》曰：

> 推类者必本乎生，观体者必由乎象。生则未来而逆推，象则既成而顺观。……推此以往，物奚逃哉。

又曰：

> "太极不动，性也；发则神，神则数，数则象、象则器，器之变复归于神也。……神生数、数生象、象生器。

这里的"象"不是物质的，而"数"也不关于物事。所谓象数之变，完全是主观符号推断的形式。邵雍就是依据其《先天图说》按象数的"顺"、"逆"推论宇宙物事的生成变化：

> 太极既分，两仪立矣。阳下交于阴，阴上交于阳，四象生矣。阳交于阴，阴交于阳，而生天之四象。刚交于柔，柔交于刚，而生地之四象，于是八卦成矣。八卦相错，然后万物生。是故一分为二，二分为四，四分为八，八分为十六，十六分为三十二，三十二分为六十四，故曰分阴分阳，迭用柔刚，易六位而成章也。十分为百，百分为千，千分为万，犹根之有余，干之有枝，枝之有叶，愈大则愈小，愈细则愈繁，合之斯为一，衍之斯为万。

这里所谓四象生、八卦成，是属于象变的生成之数、是为顺观顺数；所谓阴阳、刚柔、愈大愈小，愈细愈繁及合一、衍万等等是为数衍的推知，即逆推逆数。

象数玄化的推衍，被数学家所使用。秦九韶的《求一术》、蒋周的《益古》、李文一的《照旮》、石信道的《钤经》、刘汝楷的《如积释锁》、李德载的《两仪群英集》、刘大鉴的《乾坤括囊》等所讲的数学内容都受到象数逻辑的影响。宋元间算法所指太极、天元、四元大衍等名，皆是"用假断真、借虚课实"，他们把数学的形式演算抽象到"礼幽而微，形秘而约"的推衍形式，表现了典型的形而上学的思维方式。

张载极为重视对逻辑方法的应用，他说："学既得于诸心，乃修其释命；命辞无失，然后断事，断事无失，吾乃沛然。"这里的"辞命"就是指逻辑论断的表达。"命辞"正确，"断事"也就无误。张载的逻辑方法运用的特色就是：从观察实验的假设出发，把演绎推理的原则结合到归纳论证上，大胆地提出推测式的结论。《正蒙·参两篇》中所论旋转运动和推论。《正蒙·参两篇》中所论旋转运动和推论风雨雷霆寒暑现象的变化规则就是逻辑方法运用典型的例子。

《正蒙·参两篇》曰：

> 地纯阴，凝聚于中；天浮阳，运旋于外；此天地之常体也。恒星不动，纯系乎天，与浮阳运旋而不穷者也。日月五星，逆天而行，并包乎地者也。""凡圜转之物，动必有机。既谓之机，则动非自外也。

又曰：

地有升降，日有修短。地中凝聚不散之物，然二气升降其间，相从而不已也……此一岁寒暑之候也。至于一昼夜之盈虚升降，则以海潮汐，验之为信。然间有小大之差，则系日月朔望，其精相感。

四　统计与数理分析

(一)统计

明谈迁《枣林杂俎》从方志，邸报，史册、传闻中收集到各地蜃景资料十五条，冠以“水晶营”、“地镜水影”、“卤影城”、“城郭气”、“海市”等标题，包括有“海市”、“水市”、“盐碱地”的蜃景和“广漠”的蜃景等。他发现安徽的盱眙、灵壁、霍立，山东的济南、汶上、东阿、景川、恩县，山西的繁峙，河北的临洺、巨鹿，河南的荥泽，浙江的海盐等地都出现过蜃景现象。

对日月晕在一个时期出现的种类和次数进行统计始于北宋，《宋史・天文志》曰：

治平后迄元丰末(1066～1085)凡日晕一千三百五十六，周晕二百七十七，重晕七十四，交晕四十九、连环晕一、珥八百八十二、冠气四十二、戴气二百七十一、承气五十、抱气二，背气二百四十六，直气二、戟气一、缨气五、璚气一、白虹贯日九，贯珥三。

开统计晕现象出现之先河，为后人研究大气光学和气象留下了珍贵的史料。

(二)数理方法

明朱载堉在研究音律的过程中，大量使用数理计算和分析的方法，使其结论建立在可靠的数据基础之上。《律吕精义・内篇》曰：

度本起黄钟之长，则黄钟之长，即度法一尺，命平方一尺为黄钟之率，东西十寸为句，自乘得百寸为句幂；南北十寸为股，自乘得百寸为股幂；相并，共得二百寸为弦幂。乃置弦幂为实，开平方除之，得弦一尺四寸一分四厘二毫一丝三忽五微六纤二三七三〇九五〇四八八〇一六八九，为方之斜，即圆之径，亦即蕤宾倍律之率。以句十寸乘之，得平方积一百四十一寸四十二分一十三厘五十六毫……，为实，开平方法除之，得一尺一寸八分九厘二毫〇七忽……，即南吕倍律之率。仍以句十寸乘之，又以股十寸乘之，即立方积一千一百八十九寸二百〇七分一百一十五厘……，为实，开立方法除之，得一尺〇五分九厘四毫六丝三忽……，即应钟倍律之率。盖十二律黄钟为始，应钟为终，终而复始，循环无端。此自然真理，犹贞后元生，坤尽复来也。是故各律皆以黄钟正数十寸乘之，为实，皆以应钟倍数十寸〇五分九厘四毫六丝三忽……为法，除之，即得其次律也，安有往而不返之理哉。

后一段话是朱载堉的“密率律度”的基本理论和方法。提示出“密率”即因子 1.059463，也即$\sqrt[12]{2}$，在一个音阶的十二律内，只要将其任一律除以$\sqrt[12]{2}$，就可以得到下一律。人们任意给出黄钟音的高度，就可以依次计算出十二个半音的音高数字。

《律吕精义・内篇・总论造律得失》曰：

律非难造之物，而造之难成，何也？推详其弊，盖有三失：王莽伪作，原非至善，而历代善之，以为定制，根本不正，其失一也；刘韵伪辞，全无可取，而历代取之，以为定说，考据不明，其失二也；三分损益，旧率疏舛，而历代守之，以为定法，算术不精，其失三也。欲矫其失，则有三要：不宗王莽律度量衡之制，一也；不从汉志刘歆、班固之说，二也；不用三分损益疏舛之法，三也。以此三要矫彼三失，《律吕精义》所由作也。

他大胆地放弃了“黄钟九寸”的历代旧说，果断地不从三分损益的疏舛成法，而使用$\sqrt[12]{2}$这个数字。《律吕精义·内篇·不取围径皆同第五之上》曰：

旧律围径皆同，而新律各不同……琴瑟不独徽柱之有远近，而弦亦有巨细焉，笙竽不独管孔之有高低，而簧亦有厚薄矣。弦之巨细若一，但以徽柱远近别之不可也；簧之厚薄若一，但以管孔高低别之不可也。譬诸律管，虽有修短之不齐，亦有广狭之不等。先儒以为长短虽异，围径皆同，此未达之论也。今若不信，以竹或笔管制黄钟之律一样两枚，截其一枚分作两段，全律、半律各令一人吹之，声必不相合矣。此昭然可验也。又制大吕之律一样两枚，周径与黄钟同，截其一枚分作两段，全律，半律各令一人吹之，则亦不相合。而大吕半律乃与黄钟全律相合，略差不远。是知所谓半律皆下全律一律矣、大抵管长则气隘，隘则虽长而反清；管短则气宽，宽则虽短而反浊。此自然之理，先儒未达也。要之长短广狭皆有一定之理、一定之数在焉。

朱载堉发现以管定律和以弦定律不同，他提出以“异径管律”的办法解决管口校正的问题。因而其管径计算方法在声学史上占有重要地位。首先，朱载堉观察了决定弦线及簧管发音的几个要素：弦长及其粗细；管长和簧片厚度。他进而提出影响律管发音的不仅有管长，还有管径。然后，朱载堉经实验证明他的推论，并从特殊实验中作出一般的结论：在管径相同的情况下，所有半径管将降低全律的半音，即如果全律管发大吕音，半律管并不发清大吕音，而是发清黄钟音。最后，朱载堉以他那时的认识水平解释上述结论。认为这是管的长短及其气的宽隘造成的，“气隘”则音变高，“气宽”则音变低。

为了使不同的律管准确地发出具有一定音高关系的音，朱载堉提出了“异径管律”的系统的管口校正方法：

律管的长度和按照十二平均律求弦线长度一样，任一律的律管都以比它高一律的律管除以$\sqrt[12]{2}$；求律管内径或外径的方法和求律管长度的方法一样，只是除以 1.029302 也即$\sqrt[24]{2}$。这样，朱载堉就得到了倍律、正律、半律共 36 根大小和长度都不一样，但发音准确的律管。

五　怀疑、批判与继承

(一)怀疑

“怀疑”是进步的起点，因而大凡有成就的学者都具有强烈的怀疑精神。

宋张载《经学理窟·学大原》曰：

在可疑而不疑者，不曾学。学则须疑。譬之行道者，将之南山，须问道路之出，自若安坐，则何尝有疑。

义理有疑，则濯去旧见以来新意。中心苟有所开，即便劄记。不思，则还塞之矣。

张载强调："学则须疑"，只有怀疑才会"剔去旧以来新意。"

朱熹也大力提倡怀疑精神。朱熹曰："读书无疑者，须教有疑。有疑者却要无疑，到这里方是长进。"（《学规类编》）"读书始读，未知有疑。其次则渐渐有疑。中则节节是疑。过了这一番后，疑渐渐解，以至融会贯通，都无所疑，方始是学。"（《晦翁学案》）

（二）批判

宋沈括具有很强的批判精神。《梦溪笔谈》卷七曰：

古今言刻漏者数十家，悉皆疏谬。历家言晷、漏者，自颛帝历至今，见于世谓之大历者，凡二十五家，其步漏之术，皆未合天度。予占天候景，以至验于仪象，考数下漏，凡十余年，方粗见真数，成书四卷，谓之《熙宁晷漏》，皆非袭蹈前人之迹，其间二事尤微。一者，下漏家常患冬月水涩，夏月水利，以为水性如此。又疑冰澌所壅。万方理之，终不应法。予以理求之，冬至日行速，天运未期，而日已过表，故百刻而有余；夏至日行迟，天运已期，而日未至表，故不及百刻。既得此数，然后复求晷景、漏刻，莫不吻合。此古人之所未知也。二者，日之盈缩，其消长以渐，无一日顿殊之理。历法皆以一日之气短长之中者，播为刻分……。

沈括认为他以前的数十家讲刻漏的都有疏谬。谬在何处？谬在"未合天度"。抓住了问题的关键，沈括才避免重蹈覆辙。

黄宗羲对钦定的四书五经的注释进行了批判，认为朱熹的注释"穿凿"之处不少。《易学象数论·序》曰：

自科举之学一定，世不敢复议。稍有出入其说者，即以穿凿诬之。夫所谓穿凿者，必其与圣经不合者也。摘发传注之讹，复还经文之日，不可谓之穿凿也。《河图》《洛书》，欧阳子言其怪妄之尤甚者，且与汉儒异趣，不特不见于《经》，亦复不见《传》。"先天"之方位，明与"出震齐巽"之文相背。而晦翁反致疑于经文之卦位。生十六，生三十二，卦不成卦，爻不成爻，一切非经文所有，顾可谓之不穿凿乎？

（三）继承

苏颂是宋代著名的科学家，他也注重吸收前人的优秀成果。总结前人的先进经验。其《本草图经序》曰：

昔神农尝百草之滋味，以救万民疾苦，后世师祖，由是本草之学兴焉。汉魏以来，名医相继，传其书者，则有吴普、李当之《药录》，陶隐居、苏恭等注解。国初两诏近臣，总领上医兼集诸家之说，则有《开宝重定本草》，其言药之良毒，性之寒温，味之甘苦，可谓备且详矣。然而五方物产，风气异宜。名类既多，赝伪难别，以蛇床当蘼芜，以荠苨乱人参，古人犹且患之、况今医师所用，皆出于市贾，市贾所得，盖自山野之人，随时采获，无复究其所从来，以此为序，欲其中病，不亦远乎？昔唐永徽中，删定本草之外，复有图经相辅而行，图以载其形色，经以释其同异；而明皇御制，又有《天宝单方药图》。皆所以叙物真滥，使人易知，原诊处方，有所依据。

苏颂正是在吸取前人成果的基础上修纂成《本草图经》。

六 规律与原因

(一)规律

对于规律和原因的探讨在某种意义上讲是真正的科学研究。

沈括尤为重视规律和原因的探讨,《梦溪笔谈·象数》曰:"阳顺阴逆之理,皆有所从来,得之自然,非意之所配也。"这就是说,理来自自然,不是人的主观意志所能干预的,它具有客观性。由于理为自然属性,沈括有时直接称之为"自然之理"或"物理",并用此来论述事物的规律和原因。《梦溪笔谈·乐律》曰:

圜钟六变,函钟八变,黄钟九变,同会于卯,卯者昏明之变,所以交上下,通幽明,合人神,故天神、地祇、人鬼可得而礼也。此天理不可易者。古人以为难知,盖不深索之。听其声,求其义,考其序,无毫发可移,此所谓天理也。一者人鬼,以宫、商、角、征、羽为序者,二者天神,三者地祇,皆以木、火、土、金、水为序者;四者以黄钟一均分为天地二乐者。

这里用音调次序和客观过程次序有一定的规律联系论证"理"是贯通一切事物的内在必然联系。沈括认为自然界的变化,如正常的寒暑风雨和异常的水旱螟蝗都是有规律可寻的。《梦溪笔谈·象数》曰:"天地之变,寒暑风雨、水旱螟蝗,率皆有法。"

沈括以《易经》之卦自下而上顺序解释生物的"胎育之理"。《梦溪笔谈·象数》曰:

《易》有"纳甲"之法,未知起于何时,予尝考之,可以推见天地胎育之理。……物之处于胎甲,莫不倒生,自下而生者卦之叙,而冥合造化胎育之理。此至理合自然者也。

他考察生物孕育于胎中均倒立,与易卦自下而上次序符合,表明"理"合于自然,非外力而是自然界自身固有的规律。沈括曾运用"五运六气"学说预报了一次降雨。《梦溪笔谈·象数》曰:

是时湿土用事,连日阴事,"从气"已效,但为"厥阴"所胜,未能成雨,后日骤晴者,"燥金"入侯,"厥阴"当折,则太阴得伸,明日运气皆顺,以是知其必雨。

这是沈括对降雨规律的深入探索。沈括还通过长期的研究,找出药物间相生相克的规律。《补笔谈·药议》曰:

巴豆能利(痢)人,唯其壳能止之;甜瓜蒂能吐人,唯其肉能解之;坐拿(新莨菪的根部)能昏人,食其心则醒,楝根皮泻人,枝皮则吐人;邕州所贡蓝药,即蓝蛇之首,能杀人,蓝蛇之尾能解药;鸟兽之肉皆补血,其毛角鳞鬣,皆破血,鹰鹯食鸟兽之肉,虽筋骨皆化,而独不能化毛。如此之类甚多,悉是一物而性理相反如是。

随着人们对河流汛情认识的深入,人们发现河流汛情的变化与物候有较紧密的联系,汛情有规律地出现。《宋史·河渠志》曰:

自立春之后,东风解冻,河边人候水,初至凡一寸,则夏秋当至一尺,颇为信验,故谓之"信水"。二月、三月桃花始开,冰泮雨积,川流猥集,波澜盛长,谓之"桃花水"。春末芜青花开,谓之"菜花水"。四月末垄麦结秀,擢芒变色,谓之"麦黄水"。五月瓜实延蔓,谓之"瓜蔓水"。朔野之地,深山穷谷,固阴沍寒,冰坚晚泮,逮乎盛夏,消释方尽，而沃荡山石，水带矾腥，并流于河，故六月中旬后，谓之"矾山水"。七月菽豆方秀，谓之"豆花水"。八月菼乱花，谓之"荻苗水"。九月以重阳纪节，谓之"登高水"。十月水落安流，复其故道，谓之"复槽水"。十一月、十二月断冰杂流，乘寒复结，谓之"蹙凌水"。水信有常，率以为准；非时暴涨，谓之"客水"。

这段文字体现了宋人对一年中黄河水汛的一般规律已经掌握。在此基础上，便可以开始作洪水预报。

明马出图探讨地球上水循环的规律。《格物绪语》曰：

问天下名川大渎之水皆归于海，不知海水归于何处？曰，地尽头处是水，水尽头处是天，水至天际复无去处，仍复归于地下矣。问天下之水复归下，不知地下之水复归何处？曰，今之江、淮、河、汉之水，皆地下之水涌泉而出者也。地下之水涌而为江、淮、河、汉之水，江、淮、河、汉之水朝宗于海，仍复为地下之水，地下之水，又涌而为江、淮、河、汉之水，周流无滞，正如人身中之血，自足之顶，自顶又之足，瞬息不停，少有止息，则聚而为痈肿矣。

马出图认为，名川大渎流向大海，大海之水复归于地下，地下之水又涌出归为大江大河。这里的解释，有一点是不对的，地下水是降水渗透地下而形成，而非海水流入地下。

（二）成因

宋代一些学者对各种降水有明确的区别，并阐述其原因，如程颐、朱熹等。明胡广等《性理大全》卷27曰：

或问伊川（程颐）云，露是金之气如何？曰：露自是有清肃之气。古语云露结为霜，今观之，诚是。然露气与霜气不同，露能滋物，而霜杀物也。雪霜亦有异，霜能杀物，而雪不杀物也。雨和露不同，雨气昏，而露气清。露与雾不同，露气肃，而雾气昏也。

天气降而地气不接则为露，地气升而天气不接则为雾。

程颐论述了露、霜、雪、雨、雾的区别及形成原因。

朱熹对天气现象的成因也进行了探索，而且有的已接近事实。《朱子全书》卷50曰：

气蒸而为雨，如饭甑盖之，其气蒸郁，而汗下淋离。气蒸而为雾，如饭甑不盖，其气散而收。或问高山无霜露，其理如何？曰，上面气渐清，风渐紧，虽微有雾气，都吹散了，所以不结。若雪，则只是雨遇寒而凝，故高寒处，雪先结也。

《朱子语类》卷3曰：

密云不雨，尚往也，盖止是下气上升，所以未能雨，必是上气蔽盖，无发泄处，方能有雨。""霜只是露结成，雪只是雨结成。古人说露是星月之气，不然。今高山顶上，虽晴亦无露，露只是自下蒸上。高山无霜露，却有雪。某尝登云谷，晨起穿林薄中，并无露水沾衣，但见烟露在下，茫然如大洋海。

中国古人还对运动的原因进行了解释，他们认为：万物由气组成，而气本身是能动的，由此，物体在本质上是运动的。张载《正蒙·太和》曰：

气坱然太虚，升降飞扬，未尝止息，……此虚实动静之机，阴阳、刚柔之始。两体者，虚实也，动静也，聚散也，清浊也，其究一而已。

《朱子语类》卷1曰："为知觉为运动者，此气也。"

王夫之《张子正蒙注·太和篇》曰："止而行之，动动也；行而止之，静亦动也；一也。"

由这些说法可知，气自身是能动的，这就是运动之源，物质运动状态有动有静，静和动本质上统一于动。从这个意义上说，物质处于永恒的运动之中。

元史伯璿对月食的成因作了自己的解释，《管窥外篇》曰：

但不知对日之冲何故有暗虚在彼？愚窃以私意揣度，恐暗虚是大地之影，非有物也。盖地在天之中，日丽天而行，惟天大地小，地遮日之光不尽，日光散出遍于四外，而月常得受之以为明。然凡物有形者，莫不有影，地虽小于天，而不得为无影。既日有影，则影之所在，不得不在对日之冲矣。盖地正当天之中，日则附天体而行，故日在东，则地之影必在西；日在下，则地之影必在上。月既受日之光以为光，若行值地影则无日光可受，而月亦无以为光矣，安有不食者乎？如此则暗虚只是地影可见矣，不然日光无所不照，暗虚既曰对日之冲，何故独不为日所照乎？

他认为天空的暗虚是大地之影，月“行值地影则无日光可受”，便产生了月食，这个结论是对的。

沈括曾为研究潮汐的成因对潮汐现象作过长期考察。从海上观察的结果是：每当月亮正在子午线（正南方）上时，潮就涨平了，反复观察，万万无差。在陆地观察时，离海远的，潮就来得晚些。这样，便发现了潮汐与月亮的相应关系，即潮汐是由于月亮的作用而产生的。

结论正确与否是由许多因素决定，但人们这种不仅要知其然，而且还要知其所以然的治学态度是对的。

宋人对月晕的形成进行了解释，杨万里《月晕赋》曰：当他和客人“坐于露草之径”时，先见“寒空莹其若澄，佳朋澈其如冰，一埃不腾，一氛不生”。随之“微风飒然……有薄云莫知其所来”，使月亮“骤眩”，出现“惊五色之晁荡，恍白虹之贯天，使人目乱而欲倒”的景象。以此，“客”解释说：“明月之依轮囷，光怪相薄相荡而为此也。殆紫皇之为地，风伯之为媒欤？”在这篇文字中，已认识到晕是微风吹来薄云遮蔽月光并和月光“相薄相荡”而产生的道理。对晕和日月光、大气中卷层云的伴随情况已有所认识。而“光怪相薄相荡”，则已有光在“薄云”（现卷层云）中反射、折射形成晕的朦胧认识。

明人对盐碱地经过改造后可以种植禾苗的原因进行了分析，崔嘉祥《崔鸣吾纪事》曰：

咸水非能稔苗也，人稔之也。……夫水之性，咸者每重浊而下沉，淡者每轻清而上浮，得雨则咸者凝而下，荡舟则咸者溷而上。吾每乘微雨之后辄车水以助天泽不足。……水与雨相济而濡，故尝淡而不咸，而苗尝润而独稔。

咸水受雨水稀释，盐度降低，因此便能生长禾苗。

七 试 验

明代明确记载有武器的试验。《明宪宗实录》卷153曰：

成化十二年五月癸卯朔，兵部奏：“近奏旨看洋保举将材，生员何京所言，欲以今军中所用神铳，制以为牌而置九枪其上，谓之‘神铳牌’，又欲以今步军所执团牌，不用刀而用弩，而弩之矢淬以毒药，名之曰‘边三药弩牌’……宜令工部给与工料，委京指画，各造一事。仍并京送至军营，验其利否施行……”诏可。仍命给工料，造器械各一事，送营试验。

试验的是“神铳牌”铳，“边三药弩牌”弩。《明世宗实录》卷313曰：

(嘉靖二十五年七月)已卯,总督宣大侍郎翁万达言:"臣尝仿古火器之制,造成三出连珠、百出先锋、铁棒雷飞、母子火兽、布地雷等炮。屡经试验,比之佛朗机神机枪等器轻便利用。因奏讨帑银二万两督造,分发宣大三关并各边城堡应用。

试验的是"三出连珠"、"百出先锋"、"铁棒雷飞"、"母子火兽"、"布地雷"等炮。

《明崇祯长编》卷40曰:

(崇祯三年十一月辛巳)甘固赞画户部员外朗郭应响疏进铳车……又摘取先臣戚继光所著《闽浙纪效新书》、《蓟门练兵纪实》二书,发其未尽之蕴,辑为《兵法要略》一卷,恭进御览。帝命:铳车发所司试验,《兵法要略》留览。

试验的是铳车,只有试验才能知道其功效。

八 解剖与图谱

(一)解剖

按儒家的理论,人的身体是父母身体的一部分,开刀截肢就是不孝,因而就更谈不上对人体进行解剖。所以很多人认为中国古代没有解剖。其实,医家为了观察人体的内部结构和疾病的发展状况,曾经进行过多次解剖,只是缺乏记载罢了。虽然如此,仍有一些记载流传下来。宋赵与时《宾退录》卷四曰:

庆历间,广西戮欧希范及其党凡二日,剖五十有六腹,宜州推官吴简皆视详之为图,以传于世。王莽诛翟义之党,使太医尚方与巧屠共刳剥之,量度五脏,以竹筳导其脉,知其终始,云可以治病,然其说今不传。

叶梦得《岩下放言》也曰:

世传《欧希范五脏图》,此庆历间杜杞待制,治广南贼欧希范所作也。……杞大为燕犒,醉之以酒,已乃执于座上。翌日尽磔于市,且使皆剖腹刳肠,因使医与画人,一一探问而成图云。

这次解剖是太医尚方和巧屠夫拿犯人的尸体做的,并且绘出了五脏图,以供医用。

(二)图谱

古人是极为重视图谱的作用的,素有"左图右史"之说。流传下来的古籍中有不少插图。在古籍分类中还专列有"图谱"一门。最早对图谱的功能和类型进行系统描述的是宋郑樵。《通志·图谱略·明用》曰:

图谱之用者十有六:……非图无以见天之象,非图无以见地之形,非图无以作宫室。凡器用之属,非图无以制器。为车旗者,……非图无以明章程。衣服者,……非图无以明制度。为坛城者,……大小高深之形,非图不能辨。为都邑者,……非图不能纪。为城筑者,……无图无以明关要。为田里者,……非图无以别经界。为会计者,……非图无以知本末。法有制,非图无以定其制。鱼虫之形,草木之状,非图无以别要。

《索象》中说:"图至约也,书至博也。……索象于图,索理于书。……未有无图谱而可行于世者。"郑樵将图分为十六类,具体叙述了每类图的功用,有的图是作为科技知识的一种表达形式，有的则是科学研究的一种方法。

第八节　科学社会观

一　科技的社会地位

(一)九流之末

宋人认为医、卜、技、艺为先王之政，应附于先王之教的九流之末。宋晁公武《郡斋读书志》卷第十曰：

> 序九流者，以为皆出于先王之官，咸有所长，及失其传，故各有弊，非道本然，特学者之故也，是以录之。至于医、卜、技、艺，亦先王之所不废，故附于九流之末。夫儒、墨、名、法，先王之教；医、卜、技、艺，先王之政，其相附近也固宜。

这里讲的虽是书籍的分类、排列，实际也是对于知识的分类和地位的划分。

(二)九儒十丐

元代将世人分为十等，即一官、二吏、三僧、四道、五医、六工、七猎、八民、九儒、十丐。清赵翼《陔余丛考》卷42“九儒十丐”条曰：

> 《谢叠山集》有《送方伯载序》曰：“今世俗人有十等：一官、二吏、先之者，贵之也；七匠、八娼、九儒，十丐，后之者，贱之也。”《郑所南集》又谓：元制一官、二吏、三僧、四道、五医、六工、七猎、八民、九儒、十丐。而无七匠、八娼之说。盖元初定天下，其轻重大概如此，是以民间各就所见而次之，原非制为令甲也。

《谢叠山集》即谢枋得的文集，《送方伯载序》为《送方载伯归三山序》。《郑所南集》即郑思肖的《心史》，其文载卷下《大义略序》。这里将医列为第五，工列为第六，儒列第九，都低于官、吏、僧、道。尤其是儒列第九，仅比第十的丐强一点。说明地位之低。但是清朝的洪亮吉等对此有另外的解释。洪亮吉等《历朝史案·九儒》曰：

> 元置江南人为十等，宋谢枋得曰：一官二吏，先之者贵之也；七匠八娼九儒十丐，后之者贱之也。又七匠八娼，一作七猎八民。或曰元初定天下，其轻重大概如此，是以民间各就所见而次之，原非制为令甲也。
>
> 四民之业士居首，而元则列之第九等，曷为一贱至此。考宋祖矫五季尚武之习，喜用读书人，逮后嗣不无偏重。指即戎为粗人，斥为伧伍，而武功益以不振。元故矫宋人之失，而过其正欤。然元自耶律文正公(楚材，字晋卿，辽东丹王后)当国，进用文臣，尊孔子，崇道学，建书院，校儒生，中原经济之士，咸乐为用，文教诞敷，由来旧矣。况世祖时廉(希宪，字善术)许(衡，字平促)窦(默，字子声)三文正公，同时秉用。又有姚枢、王鄂、刘秉忠、宋子贞、张德辉诸公，皆济济同朝，其得人之盛，虽宋祖弗之过也。曷独于江南之儒而贱之。稽自宋理宝祐间，信用贾似道，国是日非，迄开庆而宠任益专，倡优得幸，群小满朝，士习愈趋愈降，而斯文扫地矣。越在德祐，元兵东下，诸路叛降，廷臣接踵宵遁。宋太后曰：我朝三百余年，待士大夫以礼，遭家多难，

未尝有出一言以救国者。平日读圣贤书。自谓云何，乃于此时，作此举措，生何面目对人，死亦何以见先帝。及幼主纳款，举朝文武北狼，世祖犹召降将而切责。（世祖问降将曰：汝等降何容易？对曰：贾似道专国，每优礼文臣，而轻武臣，臣等久积不平，故望风送款。帝遣董文思语之曰：似道实轻汝曹，特似道一人之过，汝主何负焉？正如汝言，则似道轻汝也，固宜。）彼以儒生致位公卿者，宋主累世重之。至似道而倍加优礼，乃悉甘与武夫，反颜事仇，其忘恩负义，曾娼丐之不若也。元人实深恶而痛贬之，列其等于八娼十丐之间，皆南人之自取也，又何怪焉？弟以鄙薄南人之故，致后世疑元初人等，其轻重大概如此，并疑其制为令甲，转为吾儒所鄙薄，又独非元人之自取乎？

洪亮吉等人的解释应该说有一定的道理，因为这可以从别的文献材料证实这一点。

（三）道器统一

道器关系在宋明时期受到充分重视。由于人们重视实证、实学，反对空谈，因而主持道器统一。宋王安石《临川文集·老子篇》曰：

道有本有末。本者，万物之所以生也；末者，万物之所以成也。本者，出之自然，故不假乎人之力，而万物以生也。末者，涉乎形器，故待人力而后万物以成也。夫其不假人之力而万物以生，则是圣人可以无言也无为也。至乎有待于人力而万物以成，则是圣人之所以不能无言也无为也。

道分本末，本“出之自然”，而末“涉乎形器”，二者统一于道之中。

元李冶《敬斋古今黈拾遗》卷5曰：“道术云者，谓众人之所由地。故从所由言之，道即术，术即道也。”意思是说：道也好，术也好。都是指人们在处理具体事物时所遵循的规律和途径。就人们都必须遵循它这一点而言，道和术并没有什么分别，而是统一的，一致的，因此可以说，道即术，术即道，两者不可相分，不可割裂。李冶还在《测圆海镜·序》中说：“由技兼于事者言之，夷之礼，夔之乐，亦不免为一技，由技进乎道者言之，石之斤，扁之轮，岂非圣人之所誉乎！”

这是说“技”包含有两方面的意义：从其处理具体事物并与具体结合而成一个过程来说，其固然是一种技艺；从这个意义上而言，即使是儒者所推崇的古代礼乐之道，也不过是技艺而已，但如从技艺中包含有人们所必须遵循的规律来说，那么即使象石匠使用的斧子、工匠所制作的车轮，其中也有圣人们所称誉的“道”。又曰：

昔半山老人集唐百家诗选，自谓废目力于此良可惜，明道先生以上蔡谢君记诵为玩物丧志，夫文史尚矣，犹之为不足贵，况九九贱技能乎。嗜好酸碱，平生每痛自戒敕，竟莫能已，类有物凭之者，吾亦不知其然而然也。吾尝私为之解曰，由技兼于事者言之，夷之礼，夔之乐，亦不免为一技。由技进乎道者言之，石之斤，扁之轮，岂非圣人之所与乎。览吾之编，察吾苦心，其悯我者当百数，其笑我者当千数。乃若吾之所得，则自得焉耳。宁复为人悯笑计哉。

李冶认为“技兼于事”，“由技进乎道”，技与道有着密切的联系。

（四）不可例以夫子鄙须

古人有时并不以圣人的好恶为好恶，他们有自己的判断和主张。宋戴埴《鼠璞》卷下曰：

樊迟学稼、学圃，子曰："不如老农、老圃"，且谓"小人哉樊须也。"有大人之事，有小人之事，夫子固以须无志于大而鄙之，然夫子所谓不如农、圃，则是真实之辞。古者人各有业，一事一物皆有传授。问乐必须夔，问刑必须皋，农事非后稷不可。禾、麻、菽、麦、秠、秬、糜、芑，各有土地之宜，方苞种裒，发秀颖粟，各有前后之序。本末源流，特概见于生民。七月，《周礼》须职事曰稼穑树艺，及任农以耕事，任圃以树事，是各有职。老农、老圃盖习闻其故家遗俗，穷耕植之理者也。……要之各有传授，不可例以夫子都鄙须，遂谓无此学也。

二　官方科技政策

(一)禁习天文与官办天文

历代政府均禁止民间研习天文，宋明时期也如此。《郡斋读书志·天文志·司天考占星通玄宝镜》曰：

皇朝太平兴国中，诏天下知星者诣京师，未几，至者百许人，坐私习天文，或诛，或配隶海岛，则是星历之学殆绝。故予所藏书中亦无几，姑裒数种以备数云。

宋太平兴国年间对"私习天文"者，或诛杀，或配隶海岛，其惩罚是十分严酷的。

元世祖至元三年(1266)十一月，朝廷曾下诏"禁天文图谶等书"(《元史·世祖本纪》)。至元九年(1273)又，"禁私鬻《回回历》"。十年(1273)"禁鹰坊扰民及阴阳图谶等书"。二十一年(1284)亦规定"括天下私藏天文图藏，《太乙雷公式》、《七曜历》、《推背图》、《苗太监历》；有私习及收匿者罪之。"英宗时"申禁日者妄谈天象。"(同上)

明代也曾禁私习天文，沈德符《万历野获编》曰："国初学天文有厉禁，习历者遣戍，造历者殊死。"《大明会典》卷165"仪制"曰："私司天文者，杖罚一百。"

为什么朝廷要禁止私习天文呢？这是因为，在古代，帝王们认为天文是一种沟通天与人、人与神的重要手段，独专此种手段，就能确立和保护皇权，否则就会削弱和破坏皇权。

但是实际并不完全禁止，有时还变相予以奖励。据《宋史·律历志》载："嘉泰二年五月甲辰朔，日有食之，《统天历》先天一辰有半，乃罢杨忠辅，诏草泽通晓历者应聘修治。"草泽之人即为民间或布衣之人。同书又载："嘉泰十三年，监察御史罗相言：'太史局推测七月朔太阳交食，至是不食，愿令与草泽新历精加讨论。'于是(吴)泽等各降一官。"官办太史局邀请草泽讨论，这是对民间私习天文的认可，而且因为草泽之"精"，还降了太史局官员的级。

还有不少民间天文学专家被朝廷重用的，万历《温州府志·人物》载："陈时敏，瑞安人。工易数，能步推天象。尝受学于括之陈尧佐，心领意会，故其术尤精。浙闽言历者，必推本于《温历》。至正壬辰岁正月朔日食，辨司天台推算之差。郡闻于朝，遣翰林院学士苑文碧以礼征之，不赴。"元时陈时敏被"征之，不赴"，且造有民间小历《温历》通行。

法令上对于天文的禁习，从某一方面来说是影响了天文学的发展。另一方面，政府设有了大型的天文历法机构：太史院(宋)、司天台(元)、钦天监(明清)，其地位举足轻重。《明世宗实录》卷81曰：(嘉靖六年十月乙巳朔)"天文生金钟奏：'治历明时，国家重务。钦天监专一推算七政经纬度数。五星凌犯、日月交食、四季天象，占验国家大事莫过于此……'"。官办天文，给天文观测、历法研究提供人力、财力，促进了天文学的发展。

(二)官编科技图籍

许多重要的科技文化典籍均由政府出面组织编纂,这是有利于科技发展的。

太平兴国元年(981),在广泛征集医书的基础上,"贾黄中与诸医工杂取历代医方,同加研校"(《续资治通鉴长编》卷22),于雍熙四年(987)编成《神医普救方》1000卷。因该书卷帙浩大,难以在民间流行,又复命医官集《太平圣惠方》100卷,颁行天下。

《元史·仁宗本纪》曰:

> 仁宗延祐二年(1315)八月,朝廷下诏:"江浙省印《农桑辑要》万部,颁降有司,遵守勤课。"此前一年,在司农买住等进呈司农丞苗好谦所撰之《栽桑图说》,仁宗曰:"农桑衣食之本,此图甚善。"随即下令刊印,广布民间。

元廷印《农桑辑要》达万部,可谓盛况空前。

明代永乐初年官方组织全国的力量编纂《永乐大典》,对保存战火后硕果仅存的文化遗产起到了重要作用。《明太宗实录》卷21曰:

> (永乐元年七月丙子)上谕翰林院侍读学士解缙等曰:"天下古今事物散载诸书,篇帙浩穰,不宜检阅。朕欲悉采各书所载事物类聚之,而统之以韵。庶几考索之便,如探囊取物。尔尝观《韵府》、《回溪》二书,事虽有统,而采摘不广,纪载大略。尔等其如朕意,凡书契以来经、史、子、集、百家之书,至于天文、地志、阴阳、医卜、僧道、技艺之言,备辑为一书,毋厌浩繁。"

(三)奖惩制度

古代虽无完整科技奖惩法令,但实际上是有将惩措施的,受奖原因有著书,造物、建议、工程、治病等。奖励的形式有官位、钱财、物品、出版、赐名等。奖励的部门(或级别)有皇帝、各部、州县等。受奖的人员有政府官员,卑职人员、工匠、儒士、布衣等。被惩的多数为失职、"不验"等。

1. 奖励制度

《宋史·方技列传》曰:

> 自建隆以来,近臣、皇亲、诸大校有疾,必遣内侍挟医疗视。群臣中有特被眷遇者亦如之。其有效者,或迁秩、赐服色。边郡屯帅多遣医官、医学随行,三年一代。

治病有效者,"迁秩、赐服色。"又曰:

> 咸平中,有军士尝中流矢,自颊贯耳,众医不能取,医官阎文显以药敷之,信宿而镞出。又有医学刘赞亦善此术。天武右厢都指挥使韩晟。从太祖征晋阳,弩矢贯左髀,镞不出几三十年。景德初,上遣赞视晟,赞以药出之,步履如故。……特赐赞白金,迁医官。

这是"迁医官"。又曰:

> 冯继昇进火药法,赐给衣物束帛,唐福献火器、项绾献海战船式,各赐缗钱,石归宋献弩箭,增月俸;焦偓献盘铁槊,迁本军使;高宣制造八车船,受赞扬;高超和王亨创新法防洪有功,受到赏赐,僧怀丙打捞铁牛成功,赐紫衣。

此处所载受奖形式有:赐缗钱、增月俸、迁本军使、受赞扬、受赏赐、赐紫衣。

明代也很重视奖励。《明神宗实录》卷241载:"(万历十九年十月乙巳)赐原任左军都督

府佥书黄应甲银二十两、彩缎一表里,献《火器图说》也。"《明世宗实录》卷213载:

(嘉靖十七年六月乙巳)山西辽州同知李文察进所著《〈乐书〉四圣图解》二卷、《〈乐记〉补说》二卷,《〈律吕新书〉补注》一卷与《乐要论》三卷。因请与正乐以荐上帝、祀祖考、教皇太子。章下礼部复言:"……今文察所进乐书,其于乐理、乐声、乐原,寻前人所未发者。且于入声中考五音以为制律候气之本。法似径截,深合《虞书》言志永、言依永和声之旨。宜令文察及太常知音律者选能歌乐、舞生百余人协同肄习,本部及该寺正官以时按试,俟声律谐协吹律,候气咸有应验,更议擢用。"诏授文察太常寺典簿,协同该寺官肄乐。

《明崇祯长编》卷47载:

(崇祯四年六月丙午)巡视京营兵科给事中冯可宾、福建道御史张三谟疏荐:"神威营守备李天成精于埋藏火器,为京营第一长技。其法于转机之处用铜轮,土壤之下用火筒,火筒之内用飞兔,铳门之上用合机。大约铜轮一转自能生火,火燃飞兔倏及铳门,于是百千之炮一声齐发。其暗置地中即偶值雨雪一两月,亦复不妨能机自发。此法甚奇,若施之九边险隘,当无不可,而京营根本重地,尤望天语申饬,谕令各营诸将一体演习,以资捍御。但天成以守备供职,官卑俸微,怀奇未展。乞敕兵部加开游击以期后效。"

帝命所司验试奏夺。

2. 惩罚制度

惩罚在医学和天文学等领域比较多见,这是因为它们的成果容易被检验。成功便受奖、失败便被惩罚。宋孙光宪《北梦琐言》卷6曰:

懿宗藩邸,常情危慄。后郭美人诞育一女,未愈月卒,,适值懿皇伤忧之际 ,皇女忽言得活。登极后,钟爱之,封同昌公主,降韦保衡,恩泽无比。因有疾,汤药不效而殒,医官韩宗昭、康守商等数家皆族诛。

公主医治无效,医官族诛。明朱国祯《涌幢小品》卷25曰:

列圣大故,太医拟罪,未见确据。惟孝皇有疾,太医进药,鼻血骤崩,盖误用热剂也。御药局太监张瑜,医官施钦、刘文泰等四人,皆下狱。据正律,误用御药,大不敬,当斩。

误用御药,御药局官员被斩。《明宪宗实录》卷184曰:

(成化十四年十一月戊午朔)宥太常寺少卿童轩、钦天监监正张瑄、康永韶、田蓁罪。时轩掌监事进呈《大统历》、《七政历》,俱有伪字,命各自陈,皆伏罪。有旨轩等失于校雠,法当治罪,姑宥之。春官正以下并司历二人,命锦衣卫鞫治以闻。

此因历书上"俱有伪字"、"命锦衣卫鞫治以闻。"此"伪字"是什么不详。《明孝宗实录》卷103曰:

(弘治八年八月丙寅)钦天监奏是夜月食,不应,礼部及监察御史等官劾监正吴昊等推步不谨。昊等上章自辨,谓依回回历推算,则月不当食,在大统历法,则当食,本监但遵大统历法奏行,是以致误。复谀言,月当食不食,为上下交修之应,冀以免罪。上曰:"月食重事,昊等职专占候,乃轻忽差误如此,姑宥之,堂上官各罚俸一月,春官正等官各两月。"

测月食不准,罚俸。《明孝宗实录》卷162曰:

(弘治十三年五月乙卯)钦天监春官正李宏等推算日食,谓寅亏卯圆。及期验之,乃亏于卯而复圆于辰。礼部劾奏宏等并掌监事太常寺卿吴昊等,各宜治罪。上曰:"李宏等职专历象,推验差错,令法司逮问。吴昊等失于详审,姑宥之,仍各停俸两月。"

因日食计算不准,"停俸两月"。《明宪宗实录》卷197曰:

(成化十五年十一月戊戌)宥钦天监夏官正胡璟等罪。先是,钦天监奏:"月未入见食,一分已入不见,食八分。今至辰四刻食,既掌监事太常寺卿童轩俱言琮等遵古历法推算,然当随时占侯修改以与天合。晋隋以来,虞喜、何承天虽立岁差之法,亦欠精密,况地势南北高下不同,未免有差。今璟等不能修改宜罪,而彼执称遵古历法,并无增损,奏乞裁处。"上曰:"璟等推算既遵古法无差,其宥之。"

月食计算不准,当治罪,但被宥之。

(四)科技人员户籍管理

1. 专业户分类

宋代,随着商品经济的进一步发展,乡村中的各种专业户大量出现。如在经济作物种植业内,有专门从事桑茧生产的茧户、机户,有专门从事茶叶生产的茶户或园户,有专门从事甘蔗及蔗糖生产的糖霜户,以及专门从事花圃业的花户、药材生产的药户、养割漆树的漆户等。在农村加工业、养殖业及服务业中,有专门从事碾碨加工的磨石或水碨户,专门酿酒的酒户,专门加工茶叶的焙户,以及从事矿冶业的矿户,从事运输业的车脚户,从事打猎的田猎户,从事手工造纸的造纸户,从事盐业生产的盐户、亭户、畦户、锴户,从事渔业生产的渔户,以采珍珠为业的蜑户,专卖茶货的铺户,以摆渡为生的渡户、船户等等。

上述专业户一般没有专门的户籍,仍与其他乡村户一起,由州县统一登记、管理。大多数专业户,特别是种植业中专业户,须以本色纳税,护户等高下轮役。部分专业户,如矿冶户、盐户等,有时由有关官府直接管理。

元代的户口类别也相当繁杂。以职业来分,有民户、军户、站户、匠户、医户、盐户、灶户、儒户等。

匠户必须在官府的手工业局、院中服役,从事营造、纺织、军器、工艺品等各种手工业生产,由各局、院和有关机构直接管理,在户口登记中自成一类,且须世代相袭,不能随意脱籍。

在某些情况下,匠户可转为民籍。一是虽籍为匠,但无技艺者,可转为民,如《元史·世祖本纪》载:至元二十一年(1284)五月,阿鲁忽奴言:"曩于江南民户中拔匠户三十万,其无艺业者多,今已选定诸色工匠,余十九万五百余户,宜纵令为民。"元世祖曰"从之"。二是漏籍户投充人匠者,须改正为民。如《元典章·户口》规定:"诸漏籍户投充人匠,改正为民,收系当差。"

朱元璋登极伊始,即着手于制定各种律令和礼仪,以"辨贵贱"、"明等威"、"正名分",恢复中原汉族固有封建等级。同时,仍以身份和职业为界,固定户类。主要有宗室籍、官绅籍、民籍、军籍、匠籍、灶籍、商籍、儒籍、驿籍等。此外,还有各种生产和非生产性的专业户,如守护天坛、地坛的坛户,宛平、昌平的坟户,以酿酒为业的酒户,以种茶为业的园户,以及机户、蓼户、瓜户、果户、米户、藕户、窑户、羊户等。这些专业人户,大都编入民籍,也有直隶于中央有关机构的。

明代匠户分三种:一种是轮班匠,户籍在各行省,每三年或一两年到京师服役三个月,轮班更替,属工部管辖,可免全家其它科差。一种是住坐匠,户籍在京师,派在本地服役,一般每月服役10天,属内府管理。一种是存留匠,即籍隶京师,且留在本府杂造、织染等局服役的工匠。凡籍为匠户,须世代承袭,不得脱籍,不能入仕。死或逃亡,勾补如军户。

2. 户籍管理规定

历代严禁擅更户类。如《明会典》卷6曰:

凡军、民、医、匠、阴阳诸色户,许各以原报抄籍为定。不许妄行变乱,违者治罪,仍从原籍。

又如明熊鸣岐《昭代王章》卷1曰:

凡军、民、驿、灶、匠、工、乐诸色人户,并以籍为定。若诈冒脱免,避重就轻者,杖八十。其官司妄准脱免及变乱版籍者罪同。若诈称各卫军人,不当军民差役者,杖一百,发边卫充军。

这种户籍制度,一方面培养成世代相袭的科技人员队伍,另一方面使得有能力的人不能从事科技行业,而不能做或不愿做的又不能转业,这就妨碍了科技的发展。

(五)民间科技人才

政府和官方人士对民间科技在多数情况下采取承认、鼓励和吸收的态度,尤其是对那些在国计民生中有重要作用的科技如天文、医学等,如太宗淳化三年(992)三月二十一日,朝廷明确规定:"国家开贡举之门,广搜罗之路,……如工商杂类人内有奇才异行,卓然不群者,亦许解送;或举人内有乡里是声教未通之地,许于开封府、河南府寄应。"(《宋会要辑稿·选举》)

这里吸收的是工商杂类奇才异行者。又如《宋史·天文志》曰:

太宗之世,召天下伎术有能明天文者,试隶司天台。宁宗庆元四年九月,太史言月食于昼,草泽上书言食于夜。及验视,如草泽言。乃更造《统天历》,命秘书正字冯履参定。以是推之,民间天文之学盖有精于太史者,则太宗召试之法亦岂徒哉!

(六)须通《四书》

政府对科技人员进行严格的儒学教育,使之更好地为他们服务。例如,《新元史·选举志》曰:

大德九年(1305),平阳路泽州知州王称言:"……为医师者,令一通晓经书良医主之,集后进医生讲习《素问》、《难经》、仲景、叔和、《脉诀》之类。然亦须通《四书》,不习《四书》者,禁治不得行医。务要成材,以备试验擢用,实为官民便益"。于是,太医院考试之法,一合设科目,一各科合试经书。中书省依所议行之。

三 对待外来科技的态度

(一)对外贸易政策

宋王朝实行鼓励贸易的政策,大大地促进了海外贸易的发展。北宋初年,政府就开始推行“招诱奖进”的海外贸易政策。太祖开宝四年(917),宋兵攻克广州,便任命了市舶使。《宋史·潘美传》载:“即日,命(潘)美与尹崇珂同知广州兼市舶使。”雍熙四年(987)开展了一次“招诱奖进”大举动:“遣内侍八人,赍敕书金帛,分四纲,各往海南诸蕃国,勾招进奉,博买香、药、犀、牙、真珠、龙脑。每纲责空名诏书三道,于所至处赐之。”(《宋会要·职官》44之2)政府还对外商和招商有功人员予以奖励。《宋史·马亮传》载:“海舶久不至,使招徕之。明年,至者倍其初,珍货大集,朝廷遣中使赐宴以劳之。”《宋史·食货志》“香条”载:高宗绍兴六年(1136),“诸市舶纲首能招诱舶舟,抽解货物,累价及五万贯、十万贯者,补官有差。”宋代市舶制度是宋代海外贸易发展的重要标志。一方面,它为适应海外贸易的发展和扩大而产生;另一方面,它的发展必然促进海外贸易的兴盛。宋代通过海外贸易,与亚非各国进行大量商品交换。《宋史·食货志》载:“以金银、缗钱、铅锡、杂色帛、瓷器、市香药、犀象、珊瑚、琥珀、珠琲、镔铁、鼊皮、玳瑁、玛瑙、车渠、水精、蕃布、乌樠、苏木等物。”据《宋会要》,南宋进口的商品共有330多种。这些商品可以分为香药、纺织品、海产品、金属及其制品、动物及其制品、木藤品和食品等类型。

宋代的海外贸易作为一条纽带,沟通了中国与海外各国的文化和技术交流。水稻、绿豆等优良品种的引进,对我国农业的发展起到促进作用。大批香药的输入,给我国的药物学增加了许多新方剂,扩大了中国人的药物学知识。

元朝在统一中国的同时,世祖忽必烈立即着手恢复海外贸易,《元史·世祖本纪》载:至元十五年(1278)忽必烈给福建中书省唆都和蒲寿庚诏书:“诸番国列居东南岛屿者,皆有慕义之心,可因番舶诸人宣布朕意,诚能来朝,朕将宠礼之。其往来互市,各从所欲。”经过世祖的努力,南洋诸国使节和中外商贾在南洋航线上络绎不绝,元与南海的交通贸易盛极一时,元朝海外贸易,到了元世祖统治末年以后,由于政治上的需要,曾出现时禁时开的局面。忽必烈统治末年,一度“禁商泛海”,但成宗即位(1294)就取消禁令;大德七年(1303)又“禁商下海”,撤销市舶机构,到了仁宗延祐元年(1314)又开禁并复立市舶司;延祐七年(1320)又“罢市舶司禁贾人下番”,到英宗至治二年(1322)又“复置市舶提举司于泉州、庆元、广东之路。”元朝海外贸易四禁 四开,完全出于政治上的需要。元朝从亚非各地进口的商品达250种,大致可分为以下几大类:珍宝类、有珍珠、宝石、玉、象牙、犀角、珊瑚、玛瑙、玳瑁、琥珀、水晶等;香料类,有沉香、乳香、降香、安息香、丁香、檀香、龙涎香、豆蔻、蔷薇水、苏合油等;药品类,有没药、阿魏、血竭、茯苓、红花、腽肭脐等;纺织类,有白番布、花番布、剪绒、单毛驼布等;生活用品类有胡椒、槟榔、獭皮、漆、铜器、藤席、椰簟、铜、螺钿、木材、硫磺、刀、剑、扇、经卷;动物类,有大象、豹、狮子、骆驼、鹦鹉等。

元代同东西洋各国贸易的开展,不仅丰富了各国的经济生活,而且也促进了东西文化的交流,如阿拉伯的天文、历法、医学知识传入中国,而中国造纸术、炼丹术、脉术、指南针等科技知识也传入国外。

明初出于政治需要，朱元璋三令五申："禁濒海民不得私出海"（《明太祖实录》卷70），"敢有私下诸番互市者，必置之重法"（《明太祖实录》卷231）。并且在《大明律》卷十五"私出外境及违禁下海"中明文规定：

凡将马牛、军需、铁货、铜钱、缎匹、绸绢、丝绵私出外境货卖及下海者，杖一百。挑担驮载之人，减一等。货物船车，并入官。于内以十分为率，三分付告人充赏。若将人口、军器出境及下海者，绞。因而走泄事情者，斩。其拘该官司及守把之人，通同夹带或知而故纵者，与犯人同罪，失觉察者，减三等，罪止杖一百。军兵又减一等。"

嘉靖年间，皇帝以诏令的形式发布禁海令：

"嘉靖三年四月，严定律例，凡番夷贡船，官未报视而先迎贩私货者，如私贩苏木、胡椒千斤例；交结番夷互市、称贷、绍财、构衅及教诱为乱者，如川广云贵陕西例；和代番夷收买禁物者，如会同馆内外军民例；揽造违式海船私鬻番夷者，如私将应禁军器出境因而事泄律，各论罪。"（《明世宗实录》卷38）

嘉靖八年十二月出给榜文："禁沿海居民毋得私充牙行，居积番货，以为窝主。势豪违禁大船，悉报官拆毁，以杜后患。违者一体重治"。（《明世宗实录》卷108）

明朝的海禁政策极大地妨碍了中外经济、科技、文化交流。

（二）对待外来科技的态度

1. 对待西天科技文化

所谓"西天"是指印度等国。印度的科技知识大都以佛经的形式传入中国。对待西天科技文化的态度与对待佛教紧密相连。

宋张载对佛教的宇宙观进行批判。范育曾《正蒙·序》曰："浮屠以心为法，以空为真，故《正蒙》辟之以天理之大。又曰：'知虚空即气，则有无，隐显、神化、性命通一无二'"

张载以"太虚即气"的一元论肯定气必聚为万物亦必消散归太虚。由此指出："彼（指佛）语寂灭者，往而不反；……以言乎失道则均焉"（《太和》）。这是说佛教徒主"万物幻化"，把客观世界看作虚无寂灭，不知太虚之气不能不聚为万物。

张载还对"万物幻化"的寂灭论进行了批判。所谓寂灭论，即佛教神学认识为具体的万物皆乍生乍灭，幻化不真；一切归于寂灭，只有"空"、"真如"或"佛性"才是永恒的真实的存在。对此，张载仍以气一元论立论，指出："形聚为物，形溃反原"（《乾称》），认为气聚为物是真实的存在，溃散仍反原归太虚，"太虚即气，则无无"（《太和》）。太虚不是无，而亦是客观存在的实体。气有聚散，但聚散而客观存在的气则既不增加，也不减少。所以他说："凡有形之物即易坏，惟太虚无动摇，故为至实"（《张子语录·中》）。张载既否定具体万物为幻化，也否定了世界本质是"空"与"无"的神学说教。

明初曹端视佛教为"异端"、"邪说"。他十分明确地说："异端非圣人之道，别为一端者，如老、佛是也。"（《曹月川先生遗书》卷8）曹端曾批驳和否定佛教的"生死轮回"和"天堂地狱"的谬说：

人气聚则生，气散则死，犹旦昼之必然，安有死而复生为人，生而复死为鬼，往来不已为轮回哉？天堂无则已，有则君子登。地狱无则已，有则小人入。如不分君子、小人，苟能事佛一概升天堂，苟不事佛一概入地狱？决无此理。且所谓天堂、地狱安在？自古及今，谁见乎？不过僧家设之以吓愚民尔！使人皆事佛，不夫妇，乾坤内不过百年无人类矣，佛法将安施？故曰：“我道如依三界说，乾坤不过百年空。”（《曹月川先生遗书·年谱》）

思想界对佛教世界观是持否定态度的，这主要是因为它与儒家世界观相抵触。但是不少皇帝、官员和士人出于不同的目的，信仰佛教，因而使得大量佛经在中国被译和广泛传播。

宋朝太祖、太宗、真宗、仁宗诸帝十分重视新经的翻译，并派宰相、参政、枢密使等大臣兼译经润文使，成为宰相的兼职。这不仅说明统治阶级对佛教的崇尚，更重要的是说明了赵宋当局对外来文化的重视。仁宗在位时，虽有僧惟净以及孔子45代孙、御史中丞孔道辅等人先后请罢译事，仁宗以为此是列朝圣典，不许罢译，继续译经。《佛祖统记·仁宗·天竺字源序》曰：

> 翻宣表率则有天息灾等三藏五人（西土四人天息灾、施护、法贤、法护，本土一人则惟净耳），笔受、缀文、证义则白法进至慧灯七十九人，五竺贡梵经僧自法军至法称八十人。此十取经僧得还者自辞澣至栖祕百三十八人，梵本一千四百二十八，译成五百六十四卷。

北宋时期翻译佛经数量虽不如唐代，但在佛教经典翻译史上也有一定的地位，对当时的文化思想、社会经济产生了一定的影响。

《元史·释老传》说：“元兴，崇尚释氏”。此语概括地反映了有元一代对于佛教的态度和政策。据《佛祖统纪》卷4记载：世祖忽必烈，“万机之暇、自持数珠，课诵、施食。”并对群臣说：“朕以本觉无二真心治天下；……故自有天下，寺院田产二税尽蠲免之，并令缁侣安心办道。”世祖带头，代皆如此。

他们信佛，因而对佛教和佛国的科技文化也是采取积极吸收的态度。宋孔平仲《续世说》卷9曰：

> 太宗俘虏天竺国人，就其中得方士那罗迩娑寐。自言二百岁，云自有长生之术。太宗深加礼敬，馆之于金飙门内，造延年之药，令兵部尚书崔敦礼监主之，发使天下，采诸奇药异石，不可胜数，延历岁月，药成，服竟不效，放还本国。

皇上居然相信有“延年之药。”

印度的科技著作在中文目录学著作中被广泛著录。如郑樵《通志·艺文略》中便著录有《蕃书目》、《竺国天文目》、《胡方目》和《竺国算法目》等。

2. 对待西域科技文化

所谓“西域”是指阿拉伯国家。宋至明对待阿拉伯科技文化的态度是积极的。《怀宁马氏宗谱·志尚公弁言》载：

> 吾族系出西域鲁穆。始祖讳系鲁穆文字，汉译马依泽公，遂以马授姓。宋太祖建极，初召修历，公精历学，建隆二年，应召入中国，修天文。越二年，成书，由王处讷上之。诏曰可。授公钦天监监正，袭侯爵。

在宋初，朝廷便任命外籍人士为钦天监监正，表明宋廷是乐于吸收外来先进文化的。

元朝更是如此。《多桑蒙古史》曰：“成吉思汗系诸王，以蒙哥皇帝较有学识。彼知解说Euclide氏之若干图式”。Euclide即欧几里德，图式即《几何原本》中的内容。《几何原本》早已译成阿拉伯文，也就是《秘书监志》第七卷中回回书籍中的兀勿烈《四擘算法段数》。《元史·爱薛传》曰：

爱薛，西域弗林人。通西域诸部语，工星历、医药。中统四年，命掌西域星历、医药二司事。后改广惠司，仍命领之。

自1263年以后，爱薛一直是星历司的负责人，同时兼管医药司。至元八年(1267)西域星历司升格为回回司天台，便以札马鲁丁为提点，以爱薛为司天监。元朝传人的阿拉伯天文学著作到明朝时又有部分被译为汉文。吴伯宗《明译天文书·序》曰：

(洪武)十五年秋九月癸亥，上御奉天门，召翰林臣李翀、臣吴伯宗，而谕之曰："……尔来西域阴阳家，推测天象至为精密，有验其纬度之法，又中国书之所未备，此其有关于天文甚大，宜译其书。……"遂召钦天监灵台郎臣海达尔，臣阿荅兀丁，回回大师臣马沙亦黑，臣马恰麻等，咸至于廷。出所藏书，择其言天文阴阳历象者，次第译文。

贝琳《七政推步·跋》曰：

此书上古未尝有也。洪武十八年远夷归化，献土盘历法，预推六曜干犯，名曰经纬度，时历官元统去土盘，译为汉算，而书始行乎中国。

明马哈麻译《乾方秘书》曰：

朕闻君子之道行，是为万幸，君子之道不行，是为不幸。非道不行也，乃是君子之不才，致道有滞于一时。吾中国之文始八卦，万物性情造化，无所不该焉。洪武初大将入[元]都，得图籍文皆可考，惟秘藏之书数十百册，乃乾方先圣之书，我中国无解其文者。闻尔道学本宗，深通其理，命译之。今数月所译之理，知上下，察幽微，其测天之道甚是精详于戏。乾方之秘书非尔安能明于中国。尔非书安能名不朽之智人。特命尔某为翰林编修。汝其钦哉。

明初所译回回历法，在社会上引起广泛关注，不少人进行了认真学习和研究。《明史·历志》曰：

其非历官而知历者，郑世子而外，唐顺之，周述学、陈壤、袁黄、雷宗皆有著述。唐顺之未有成书，其议论散见周述学之《历宗通议》、《历宗中经》；袁黄著《历法新书》，其天地人三元则本之陈壤；而雷宗亦著《合璧连珠历法》。皆会通《回回历》以入《授时》，虽不能如郑世子之精微，其于中西历理亦有所发明。

他们学习和研究回回历法的共同目的就是要改进中国当时的历法。

四　科技教育

(一)劝学思想

宋初由于政治需要，朝廷推行轻武重文的政策。皇帝带头鼓励读书，引导文人走向科举之路。宋真宗劝学诗曰：

富家不用买良田，书中自有千钟粟。
安房不用架高梁，书中自有黄金屋。
娶妻莫恨无良媒，书中有女颜如玉。
出门莫愁无随人，书中车马多如簇。
男儿欲遂平生志，六经勤向窗前读。

竭力宣扬读书学文的名利好处。这种以文治国,以名利劝学的政策,很快在宋代形成风尚,并在思想行为上产生了深远的影响。

在宋代,金榜题名是非常荣耀的事,如果名落深山,则前途惨淡,“得意失意诗”形象地表明了这一点。洪迈《容斋四笔》卷8“得意失意诗”曰:

旧传有诗四句夸世人得意者云:

久旱逢甘雨,他乡见故知,

洞房花烛夜,金榜挂名时。

好事者续以失意四句曰:

寡妇携儿泣,将军被敌擒,

失恩宫女面,下第举人心。

此二诗,可喜可悲之状极矣。

(二)科技教育思想

中国古代实行的是科举取士的制度,因而科举考试的项目就是社会普遍重视和学习的项目,科举中没有的,社会上所习者就会少得多。在科举考试中有时也设立天文、算学、医学科,但它们的地位较低。虽然如此,还是有不少有识学者十分关心科技教育的地位和科技人才的合理培育、使用问题。

兼摄一事《宋元学案·安定学案》曰:

滕宗谅知湖州,聘(胡瑗)为教授。……(胡瑗)立经义、治事二斋。经义,则选择其心性疏通、有器局、可任大事者,使之讲明六经。治事,则一人各治一事,又兼摄一事,如治民以安其生,讲武以御其寇,堰水以利田,算历以明数是也。

胡瑗强调学生除治六经外,必须兼摄与国计民生相关的“一事”,如武学、水利、算历。《明宣宗实录》卷58曰:

(宣德四年九月乙卯)北京国子监助教王仙……又言:“学校教养人材,固当讲习经史,进修德业,至于书数之学亦当用心。近年生员止记诵文字,以备科贡,其于字学、算法略不晓习。既入国监,历事诸司,字画粗拙,算数不通,何以居官莅政?乞令天下学校生员,兼习书算,从提调正官、按察司,巡按御史考试,庶几生徒才可致用。”上谓行在吏部臣曰:“其言皆有理。自今国子监博士、助教考满称职者,必升用。生员亦令兼习书算。”

王仙则强调生员必兼习书、算。

分等录用黄宗羲《明夷待访录·学校》曰:

学历者能不气朔,即补博士弟子;其精者,同入解额,使礼部考之,官于钦天监。学医者送提学考之,补博士弟子,方许行术。岁终,稽其生死效否之数,书之于册。分为三等:下等黜之,中等行术如故,上等解试礼部,入太医院而官之。

黄宗羲主张学历、学医者均按真才实学分为几等,然后按等录用。《明夷待访录·取士》曰:

绝学者,如历算、乐律、测望、占候、火器、水利之类是也。郡县上之于朝,政府考其果有发明,使之待诏,否则罢归。

黄宗羲认为历算、乐律、测望、占候、火器和水利是绝学,如习者“果有发明”,一定要报之朝廷,使之录用。

科分九类清李塨《平书订》卷6曰：

分科以为士，曰礼仪；曰乐律；经史有用之文，即附二科内。曰天文；历象、占卜、术数即附其内。曰农政；曰兵法；曰刑罚；曰艺能；方域、水学、大学、医道皆在其内。曰理财；曰兼科（如天文、艺能二科，兼科者但可少少知之）。共九科。

李塨将取士之科分为九，有关科技的有乐律科、天文科、农政科、艺能科四科，另兼科中可选天文、艺能，表明李塨对科技相当重视。

又次教之《明宪宗实录》卷40曰：

（成化三年三月）甲申，礼部尚书姚夔等奏："修明学政十事，请榜谕天下学校，永为遵守。……先教之以孝悌忠信、礼义廉耻，俾存其心养其性，语言端谨，容止整肃；次教之以四书五经，熟读玩味，讲解精详，俾义理透澈，徐博之以历代史鉴，究知夫古今治乱之迹；又次教之以律令、算法、兵法、射艺、舆夫、农桑、水利等事。……"

在明代学校教育中，首先教之的是孝悌忠信、礼义廉耻，其次是四书五经，再其次才是算法、农桑、水利等等。虽然将科技排在第三位，但至少要求教之这些内容。

不必出四书论策题目《明熹宗实录》卷26曰："（天启二年九月乙未）太常寺卿仍管少卿事朱光祚条陈铨法，言：'……今议考举贡监儒选官不必出四书论策题目，但考律、考事，如抚字、催科、祥刑、钱法、盐法、防河、器械、甲兵、农桑、水利、律例、诏移之类，相兼问答，限以条数，宁质勿文，宁切勿冗，每考拔选其尤者优用之，仍刻其卷以为矜式。此议若行，请刻书册通行天下，使知朝廷实求才之意，俾各听选官在家专精神于经济、条章，实探讨乎民瘼、吏弊。学优而仕必无伤割之谈矣。'"明朱光祚提出在选官时不必出四书论策题目，可用有关防河、器械、农桑、水利之类的题目代替，这是至为有见地的。

文武兼用《明太祖实录》卷22曰："（洪武元年三月）丁酉，下令设文、武科取士，令曰：'盖闻上世帝王创业之际，用武以安天下，守成之时，讲武以威天下。至于经纶抚治，则在文臣，二者不可偏用也。古者人生八岁学礼、乐、射、御、书、数之文，十五学修身，齐家、治国、平天下之道。是以周官选举之制曰：'六德、六行、六艺'文武兼用，贤能并举，此三代治化所以盛隆也。兹欲上稽古制，设文武二科以广求天下之贤，其应文举者，察其言行以观其德；考之经术以观其业；试之书算骑射以观其能；策以经史时务以观其政事。应武举者，先之以谋略，次之以武艺，俱求实效，不尚虚文。然此二者必三年有成，有司预为劝谕民间秀士及智勇之人，以时勉学，俟开举之岁，充贡京师，其科目等第各有出身。'"

太祖主张"文武兼用"，"试之书算骑射以观其能，"不尚虚文"。《明崇祯长编》卷62曰：

（崇祯五年八月丙寅）山东道御史刘令誉上言："国家承平日久，天下巧力俱用之铅椠，以取功名，而天文、地理、战阵、骑射、火器、战车、进退攻守之妙，曾未有专门习之者。诚敕吏、兵二部条规则，不必另建学宫，即令郡邑长吏协同教官董司其事。……"

刘令誉要求教官应授天文、地理、火器、战车等，以补"俱用铅椠"的缺陷。

（三）科技教育制度

医学教育 宋初即设有医学，隶属于太常寺。神宗时设太医局，置提举判局官及教授，学生300人，分方脉、针、疡三科。方脉科以《素问》、《难经》、《脉经》为大经，以《巢氏病源》、《龙树论》、《千金翼方》为小经，针、疡科则去《脉经》而增《三部针灸经》。徽宗崇宁年间，医学改隶国子监，置博士、学正、学录各4员，分科教导。学生亦有外舍、内舍、上舍之分；外舍200人，内舍60人，上舍40人；并规定各科考试办法和及格后任用办法。不久，即大观四年(1110)，医学又归太医局。南宋绍兴年间，亦建医学，以医师主之。终南宋之世，医学一直存在，但无重大发展。宋代医学考试制度比较完备，所试分为六种：一墨义（试验记问），二脉义（试验察脉）；三大义（试验天地之奥及脏腑之源）；四论方（试验制方佐使之法）；五假令（试验证候方治）；六运气（试验一岁之阴阳及人身感应之理）。考试内容兼顾理论与临床两个方面，其中假令一项，已近似现在的病案分析。

算学教育 北宋崇宁三年(1104)创算学，生员以210人为限，许命官及庶人为之。大观四年(1110年)，以算学生归之太史局。其业以《九章》、《周髀》及假设疑数为算问，仍兼《海岛》、《孙子》、《五曹》、张丘建、夏候阳《算法》并历算、三式、天文书为本科。本科外，人占一小经，愿占大经者听。公私试，三舍法略如太学。上舍三等推恩，以通仕，登仕，将仕郎为次。

农学教育 元朝设有主持教化的社学，规定“择年高晓农事者立为社长”，“社长专以教劝农桑为务”。(《新元史·食货志》)。

技术教育 宋代官营作坊在艺徒训练上重视使用“法式”，所谓“法式”就是在总结设计、生产技术经验的基础上拟定的质量要求与标准，其中还包括一些最基本的技术知识。“法式”类似今天工匠手册，一般包括“名例”、“制度”、“功限”、“料例”、“图样”等部分。宋朝著名的“法式”有《元祐法式》和李诫的《营造法式》。宋朝所设省府监，将作监、军器监皆以“法式”教授工徒，并以此为标准来考核技艺的优劣。《宋史·礼志》载，其将作监“庀其工徒而授以‘法式’”；其少府监“……以‘法式’察其良窳”；其军器监仍是“凡利器以法式授工徒……旬会其数以考程课……课百工造作”等等。

五 科技团体：一体堂宅仁医会

宋元时期文人结社活动有大的发展，有名的文学社团有西湖诗社、月泉吟社等；有名的文人社团有至道九老，洛阳耆英会等；有名的文艺社团有玉京书会、绯绿社、清音社等；有名的宗教型文人社团有青松社、禅会等；有名的娱乐型文人社团有南北垦斋、西斋，镜社等；有名的教育团体有经社。他们本着广交朋友，切磋技艺的目的定期开始活动。这是一种相互学习和促进的极好形式。虽然宋元时期文人结社十分普遍，但还未出现科技专业人物结社。直到明朝，才出现了科技团体，即“一体堂宅仁医会”。

一体堂宅仁医会由徐春甫(1520～1596)发起成立于明隆庆二年(1568)的直隶顺天府(今北京)，46名参加者中多数是有名的医家。虽然这是明及清前、中期中国唯一的一个科技学术团体，但由于它有完整的宣言和章程，因而在科学史上有重要意义。

《一体堂宅仁医会录序》介绍了医会的缘起和宗旨：庄子曰：

天下之治方术者多矣，皆以其有为不可加矣！此庄生愤世之言欤？夫谓“皆以其有为不可加”，吾未见方术之能精也。理无终穷，学无止法，术一也。学之者有精有不精，我精之矣，而犹有精之加于我者。是以君子朋友讲习，求益无方，已精而益求其精也。孔门“以文会友，以友辅仁”，所谓文者，非《诗》、《书》、六艺之文乎?！然得友以辅仁，则文不为徒会其友者，乃仁术也，谓不在《诗》、《书》、六艺之中乎！吾知

□□人必以此会友矣，但余未得考其故也。

今岁来京师，就试南官，偶以疾受知新安徐东皋公。间持一帙示余。曰："此某集天下之医客都下者，立成宅仁之会，是以有此录也，愿得一言惠之。"余得阅是录：首列姓名尚齿也，次列会款征术也，又次列会约肃规也。其会款所陈：如曰诚意、曰明理、曰格致、曰恒德、曰体仁，诸目□□其言，皆凿凿圣贤传心之要旨。至于会之所讲，必穷探乎《内经》、四子之奥，又深戒乎徇私谋利之弊，善相劝，过相规，患难相济，信乎以仁为宅，而医学之精，盖有出于方术之外者矣！人之言曰"不为名相，则为名医"，医之与相，相去沓矣，要其心之术一也。宰相以调元为职，元即仁也 。然必集众思，广忠益，而后可以称名相。今宅仁以为会，取善以辅仁，其不为名医吾不信也。

夫□当圣天子体元之始，有贤宰相调燮于内，且有诸君子辅仁之术以掌养万民于外，跻斯世于仁寿之域者，皆兹会致之矣！不佞故乐为之言。隆庆二年正月上浣闽人维石高岩书（载《医学入门捷径六书》）

医会的宗旨为诚意、明理、格致、恒德、体仁。目的在于"取善以辅仁"，成为名医。《医会条款》详细地论述了宗旨、治学之道、行医原则等。如：

第一条诚意："天下之事征于诚意，惟诚意为纯一，为不二，为太虚，为至灵，可以贯金石，可以合天地，可能通神明。不诚则为妄杂，为欺罔，为诈伪。虽博弈小技，弗能若也。……举医其有不神矣乎！"

第二条力学："医为大道之奥，性命之微，惟力学者庶能达在古今之理，酌经权之宜，可以起死回生于转盼也。率尔幸致者，乌足以云此哉！"

第三条明理："医莫要于明理，理明则见定，见定则不惑，不惑则审证，处方自无疑似讹谬之误，然后能致奇伟万全之功，实由明理以致之也。"

第四条讲习："医学须要行熟玩《黄帝内经·素问》，张仲景、李东垣、刘河间、王海藏四子之书以为基本。隆师亲友，讲习讨论以广博识，则临事不眩，视危犹安。"

第五条格致："致知在格物，物格而后知至。天下之事事物物，苟非博学审知以格之，应欲致吾之知亦难矣，何独于医不格致乎！吾知既致视某病某脉某药，则可补可泻可瘳，应酬之间，将不疾而速，不行而至者矣。"

第六条辨脉："脉为元气之苗，死生吉凶之先见也。……病之表里虚实，非脉不能知。如内伤、外感见证俱为发热头痛，若非脉之左右浮沉是准，将治内耶，抑治外耶？"

第七条审证："经曰：必先审其始病与今之所方病，而后可以知标本之宜也。又审饮食好恶，动履之强弱，表里寒热有无，求之而参之以脉，无不万全。"

第八条处方："古人用药以君、臣、佐、使为主方之义，其要以识病为先。如病心火，当以黄连之苦为君，少栀加子、当归为臣，以姜、萸之辛为佐；如病脾胃虚弱，以人参、白术甘温为君，少加陈皮，茯苓辛淡为佐。必是切要专精而效自速。苟非立方之要，虽药品众多，反自紊乱，动以二三十味犹不遂心，惟侔寅缘获效，岂理也哉！"

其后还有规鉴、存心、恒德、体仁、忘利、恤贫、自重、自得、法天、知人、医学之大、医箴、戒贪鄙、避晦疾等条款。"诚意"就是专心于医，没有二意。所谓"力学"就是下苦功夫学习。习医必须"明理"，只有明理才能出"奇伟万全之功"。"讲习"应以《黄帝内经·素问》及四子之书为根本，多加讨论，以广博识。习医也应"格致"。重辨脉，审病证，用药开方以君臣佐使为主方之义。

《医有名实之异》将医分为六类，详尽地给以界定：

良医：“《格物理论》曰：‘夫医者，非仁爱之士不可记也，非聪明达理不可任也，非廉洁纯良不可信也。’是以古人用医，必远名良。其德能仁恕，博爱其志，能宣畅曲解，能知天地神祇，能明性命吉凶之数，处虚实之分，定顺逆之节，原疾病之轻重，而量药剂之多少，贯微通幽，不失细小。如此方谓良医。岂区区俗学能之哉！”

明医：“明医通达天人合一之妙，视富贵浑若浮云，繁马千驷，无足动念，活人法天，生生不已。大哉明医之道，真同天地万物一体者矣。”

隐医：“医之为道，……拯黎庶之疾苦，赞天地之化育，其有功于万世大矣。万世之下，深于此道者，亦圣人之徒也。贾谊曰：‘古之至人不居廊庙，必隐于医卜。’孰方技之志，岂无豪杰者哉！”

时医：“时医盖谓不读书，不明理，以其有时运造化，亦能侥效。……”

庸医：“庄子谓：庖丁尚有良族，神三世之传。医为司命之寄，不可权饰妄造。所以‘医不三世，不服其药’，九折臂者，乃成良医，盖谓学功精深故也。今之承籍者多恃玄名价，不能精心研习。”

巫医：“《论语》”曰：‘人而无恒，不可以作巫医。’……朱子注：‘巫所以交鬼神，医所以寄死生，歧而二之，似未当也。’夫医之为道，始于神农，阐于黄帝，著明《内经》、《灵枢》，所谓圣人坟典之书，以援民命，安可与巫、觋之流同日而语也。但医之为学而有精粗之不同，故名因之而有异。精于医学曰明医；善于医者曰良医；寿君保相曰国医；粗工昧理曰庸医；惠鼓舞趋、祈禳疾病曰巫医。是则巫、觋之徒，虚诬诳诈以诱人也，不知医药之理者也。”

文中教人要做良医、明医，不要做隐医、时医、庸医；而唾弃巫医。

《一体堂宅仁医会录》有《传心要语》，推心置腹地讲述行医之道：

> 医为性命之关，天理（所在），不可权行剽窃欺罔，苟且为之，□□□必须虚心实行“存天理，遏人欲”，虚己待人，讲习讨论，晤有道高学博者以师事之。孔子曰：“立是邦也，友其士之仁者，事其大夫之贤者。”况医乃仁术，尤当虚心求学，是先利其器也。是则学以致其道也，岂有道不通玄者乎！庖丁曰：“始臣之解牛，所见无非牛者，三年之后，未尝见全牛也。今时惟以神遇，而不以目视。”此无他，术精而神化也。百凡技艺而精至微，则自神化。有名兼有利也，初不可名利计也。所谓“学也，禄在其中矣。”又曰：不患人之不己知，患其不能也。
>
> 国朝医学坏于不会讲，不推求，盖诚意正心之功亏，而前曷可以精也。窃有学者，惟尚方药以为奇，殊不知方犹兵也，不审兵机，兵虽多，焉能制胜？方多而不中病机，呜能取效？《易》曰：“知机其神乎！”惟技兼肯綮则固，左之无不宜，右之无不可，以其济物之功多，而名利之绩著，所谓“名不售而自彰，利不期而自至。”老氏所谓“不自见故明，不自是故彰，不自伐故有功。道者同于道，德者同于德。同于道者，道亦乐得之；同于德者，德亦乐得之。”信矣哉！

生命攸关，要精于技术。治病要正中病机，不要求奇方珍药。

“一体堂宅仁医会”和西方最早的自然科学团体同时产生于16世纪中叶。但是文艺复兴使近代科学技术在西欧得到飞跃进步，这使西方的科学技术团体走上了健康发展的道路。我国则由于封建制度的束缚，社会生产得不到发展，科学技术停滞不前，造成科学技术的落后和科技团体活动的衰落。直到1895年，在欧阳中鹄支持下，由他的学生谭嗣同、唐才常等于湖南浏阳组织成立算学社，才使科技团体又活跃于神州大地。

六 科技成果的普及与推广

(一)普及与推广思想

事能简易则民从 明余楷《一鸿算法》曰："量田丈线捷而功，何必区区执步弓，师古从踰规矩外，事能简易则民从。

楷按：《衍羡》云，王制，古者八尽为步，周以六尺四寸，今用五尺。立谓步之施行，倾侧纡曲，其屈曲细算，小民不人人晓也。今尺绳代弓，则人易晓，量算省工。如上司必(用)今步，积以一四乘亩即得。"

余楷道出一条真理："事能简易则民从"，无论是测量工具，还是计算方法都是如此。通俗易学是普及的先决条件。

公之海内 明卢之颐《本草乘雅半偈》"宋嘉祐水银粉"条曰：

> 覈曰：升炼水银粉法，分红白两种。白者用水银一两，白矾二两，海盐一两，皂矾一两，焰硝二两。同研不见星。贮罐内，先以滑石九两，研极细，水飞过，晒干，再研；更以黑铅四两，分作数块，打成薄片；一层滑石，一层铅片，铺置药上，筑极实，上余空数寸，使药气易转。以盏盖罐口，先于灰火中，徐煨罐底，听罐里无声，乃扎定之。用盐泥封固罐口。先用底火一柱香，次用二寸火，渐加至三寸火二柱香。用火时，以凉水常擦盏内。火足，去火冷定，药升盏上及空处矣。红者只用水银一两焰消二两，白矾二两，同研极细。升炼之法悉与白同。即釜碗之内亦可升取，并不必水擦釜顶，为甚便也，并不必沐浴，以损药力。既用滑石，黑铅为匮，则盐、矾咸涩之味俱从铅石拔尽，功力转更神异。但火候以缓为贵，取药以少为良。此法为丹家不传之秘，颐不自私，公之海内。

要进行科技成果的普及，首先要有"不自私"的思想，如果认为成果私有，藏之秘室，不愿披露，那就谈不上普及推广了。卢之颐心怀宽阔，愿将升炼水银粉法"公之海内"，这种思想是值得称道的。清余霖也有这种思想，《疫疹一得·自序》曰：

> 窍思一人之治人有限，因人以及人无穷，因不揣鄙陋，参合司天大运，主气小运，著为《疫疹一得》。欲以刍荛之见，公之于人，使天下有病斯疫者，起死回生，咸登寿域，予心庶稍安焉。敢以著书立说，自矜能事耶。

以便来学《明英宗实录》卷102曰：

(正统八年三月乙亥)御制《铜人腧穴针灸图经·序》曰：

> ……人之生禀阴阳五行而成，故人之身皆应乎天。人身经脉十二，实应天之节；周身气穴三百六十，亦应周天之度数……刻诸石，复范铜肖人，分布腧穴于周身，画为窍焉，脉络条贯，纤悉明备，考经案图，甚便来说……于今四百余年，石刻漫灭而不完，铜象昏暗而难辨，朕重民命之所资，念良制之当继，乃命砻石范铜，依前重作，加精致焉……。

医家用铜人标示经络穴位，是一种直观的教学和普及医学知识的方法。它不仅方便了自己，也方便了"来学"。

以华言译其语《明太祖实录》卷141曰:"(洪武十五年正月)丙戌,命翰林院侍讲火原洁等编类《华夷译语》。上以前元素无文字,发号施令但借高昌之书,制为蒙古字以通天下之言,至是乃命火原与编修马沙亦黑等以华言译其语,凡天文、地理、人事、物类、服食、器用靡不具载,复取《元秘史》参考,纽切其字,以谐其声音 ,既成,诏刊行之。自是使臣往复朔谟,皆能通达其情。"

在蒙古族地区,由于语言不同,交流受阻,因而必须进行翻译。明初所编《华夷译语》,成为蒙汉语之间翻译的双语词典,这不仅对口头表达,而且对文字表达包括科技知识的传播起到很好作用。

(二)普及与推广活动

农学　公元二世纪崔寔编著的《四民月令》,开农家月令书之先声。以后又有《四时纂要》、《农圃便览》等问世。通书性的农书,普及面更广,诸如元代的《居家心用事类全书》,明代的《便民图纂》、《多能鄙事》等等,几乎遍布村落里巷。王祯创制的《授时指掌活法之图》,是我国袖珍农书的发端。他编制的《农器图谱》,则是一部图文并茂的科学普及读物。

天文历法　天文历法知识的普及工作,一般是在新历颁布时开展,例如元朝至元十八年(1281年)颁行《授时历》,就曾编制各种通俗易晓的歌诀与歌括进行普及宣传,著名的有《授时历要法歌》、《立春歌括》、《求节气歌》等等。

算学　宋朝杨辉《日用算法》,明程大位《算法统宗》等书是深受群众欢迎的科普读物。

医学　医学知识的普及,在古代常借助歌括与图画的形式进行,如《医学三字经》、《天星十八穴歌诀》、《医学心悟》、《汤头歌诀》、《时方妙用》等是常见的中医学启蒙读物;《药性赋》、《十八反歌》、《十九畏歌》、《妊娠服药禁歌》等是古代中药学的入门向导;《明堂歌》、《伯乐画烙图歌》、《马七十二症形图歌法》等是兽医的常用手册。宋江少虞《宋朝事实类苑》卷31曰:

> (宋)哲宗时,臣寮言:"窃见高丽献到书,内有《黄帝针经》九卷,……此书久经兵火,亡失几尽,偶存于东夷。今此来献,篇袟具存,不可不宣布海内,使学者诵习……"有旨,……依所申施行。

宋朝廷将从高丽得到的医籍孤本《黄帝针经》刊刻出版,"宣布海内",既起到了保存古籍的作用,也起到了普及医学知识的作用。明刘若愚《酌中志》卷18曰:

> 成祖敕儒臣纂修《永乐大典》一部……因卷帙浩繁;未遑刻本。正写册原本,至孝庙宏治年,以《大典》金匮秘方,外人所未见者,乃亲洒家翰,识以御宝,赐太医院使臣王圣济、殿内宠臣,盖欲推之以福海内也。

明孝宗弘治年间,皇上将《永乐大典》中的金匮秘方赐与太医院使臣王圣济,殿内宠臣,使得有更多的人能利用和研习秘籍,以达到所谓"推之以福海内"之效。

宋代不仅在国内大力普及医学知识,而且将医学知识普及推广到周边国家。徐兢《宣和奉使高丽图经》卷16曰:

> 高丽旧俗,民病不服药,唯知事鬼神,咒诅厌胜为事。自王徽遣使入贡求医之后,人稍知习学,而不精通其术。宣和戊戌岁,人使至,上章乞降医职以为训导。上可其奏,遂令蓝茁等往其国,越二年乃还。自后通医者众,乃于普济寺之东起药局,建官三等:一曰太医,二曰医学,三曰局生。绿衣木笏,日莅其职。高丽他货,皆以物交易,惟市药则间以钱贸焉。

宋廷不仅派人去高丽“训导”，而且帮助高丽建立起医事制度，建官三等，使医学研习常年开展。

七 技术发展观

（一）智者创物

宋程大昌《演繁露》卷7“印书”云：

> 智者创物，虽则云创，其实必有因，藉以发其智也。古未有实，科斗鸟迹实发制字之智也。蔡邕虽曰能书，若无垩帚，亦无发其飞白之智。吾独怪夫刻石为碑、蜡墨为字远自秦汉。而至于唐张参辈于九经字样皆已立板。传本乃无人推广，其事以概经史，其故何也。后唐长兴三年始诏用西京石经本，雇匠雕印，广颁天下。宰臣冯道等奏曰：“请依古经文字刻九经印板，则其发智之端可验矣。”

程大昌认为“智者创物”，这是对的。但他并不是认为智者可以凭空创物，“实必有因，藉以发其智”，他举例说：诱发制字之智者是科斗鸟迹，诱发飞白之智者是垩帚，诱发雕印之智者是刻石为碑、蜡墨为字。这种解释是合理的。

（二）盗天地之功成之

人们进行科技发现与发明就是要找到自然物的属性、发生演变的规律，从而巧妙地加以利用，用古人的话说就是“盗天地之功成之”。宋王观《扬州芍药谱》曰：

> 天地之功，至大而神，非人力之所能窃胜，惟圣人惟能体法其神，以成天下之化，其功盖出其下而曾不少加以力。不然，天地固亦有间而穷其用矣。余尝论天下之物，悉受天地之气以生，其小大短长，辛酸甘苦，与夫颜色之异，计非人力之可容致巧于其间也。今洛阳牡丹，维扬之芍药，受天地之气以生，而小大浅深，一随人力之工拙，而移其天地所生之性，故奇容异色，间出于人间。以人而盗天地之功成之，良可怪也。然而天地之间，事之纷纭出于其前不得而晓者，此其一也。

王观认为洛阳牡丹、维扬芍药是受天地之气而生的，是自然的产物。而其形状大小，色彩的深浅则是由于人力移其天性而造成的。“天地所生之性”是“天地之功”，而“移”的过程便是“盗”，即利用。

（三）皆足为师，皆足为经

科技专家，虽有出生不同，官职大小不同，社会地位不同，从发展科技角度来说，无贵贱之分，皆足以为师。各门技术，虽然行当不一样，其道理并无精粗之别，皆足以为经。欧阳铎《新校便民图纂序》曰：

> 夫有生必假物以为用，故虽细民，必有所资。百工制物，五材并用，而圣人实作之。虽有巧慧，不能臆创；虽有强敏，不能自食。是故业有世守，其人无贵贱，皆足为师；艺有颛门，其言无精粗，皆足为经。

因而发展科技，不在乎门类，而在乎是否有真正的创新。

(四)器以利用,制以趋时

技术发展的方向是什么,应是社会的需要,即所谓“趋时”,其本质就是“利”。明沈岱《南船记》卷1“裁革船图之五导言”曰:

器以利用,制以趋时,物不得而违焉!故因革损益,君子亦唯随时以尽变通之利而已。何也?利也者时之所便而安者之谓也。或有利于古而不利于今者,君子从而革之,非君子有心于革也,利之穷也。或有不利于今而利于后者,君子从而兴之,非君子有心于兴也,利之通也。……向使其不利,于何举之?使其利也,于何废之?故曰:时也。

发展某门技术的前提,在乎它对社会有无“利”,“利之通”便兴,“利之穷”便革。这是很有道理的。

(五)轻捷为上

对技术评判的标准有二:一是有“利”,见前述,二是实用效率高。宋李心传《建炎以来系年要录》“绍兴二年七月”曰:

王彦恢言:舟车之法,以轻捷为上,彦恢所制刁虎战舰,旁设四轮,每轮八辑,四人旋斡,日行千里。

王彦恢强调造船和车,应以轻捷为上。明沈春泽《长物志·序》曰:

予观启美是编,室庐有制,贵其爽而倩,古而洁也;花木、水石、禽鱼有经,贵其秀而远,宜而趣也;书画有目,贵其奇而逸,隽而永也;几榻有度,器具有式,位置有定,贵其精而便,简而裁,巧而自然也;衣饰有王谢之风,舟车有武陵蜀道之想,蔬果有仙家瓜枣之味,香茗有荀令玉川之癖,贵其幽而暗,淡而可思也。法律指归,大都游戏点缀中一往删繁去奢之意义存焉。

沈春泽认为一切工艺要存“删繁去奢之意义”,家具“精而便,简而裁”,船车适宜于“武陵蜀道”上使用。

第九节　学　科　思　想

一　天文学思想

(一)宇宙论

《周易·系辞传》认为:“易有太极,是生两仪。”王弼注曰:“夫有必始于无,故太极生两仪也。太极者,无称之称。”两仪指天地。

宋周敦颐继承这一思想,并在“太极”之上加一个更高的“无极”。他将宇宙演化过程绘制成所谓的“太极图”,并用文字加以说明,《太极图说》曰:

无极而太极。太极动而生阳,动极而静,静而生阴。静极复动。一动一静,互为其根;分阴分阳,两仪立焉。阳变阴合而生水、火、木、金、土,五气顺布,四时行焉。五行——阴阳也，阴阳——太极也，太极本无极也。五行之生也，各一其性。无极之真，二五之精，妙合而凝。乾道成男，坤道成女。二气交感，化生万物，万物生生而变化无穷焉。

意思是说：无极产生太极，太极产生阳，运动到极点就停止，处于静止状态。静止产生阴。静止到极点又会运动起来。动静交替产生，不断派生出阴和阳，于是形成天地。阴阳结合产生出水、火、木、金、土。这五行的气流行下来，形成了四季。总之，五行归结为阴阳，阴阳统一于太极，太极的根本是无极。五行产生以后，各有自己的属性。无极和阴阳五行结合，阳成为男，阴成为女。阴阳二气相互感应，就化生出万物来。万物繁衍而有无穷的变化。周敦颐把"无极"作为天地的终极本原。这是宋代典型的宇宙生成论。

关于宇宙结构，汉代有张衡的宇宙结构层次理论，但长期不被人们重视，到了宋代，才出现了类似的思想，张载《正蒙·参两篇》曰：

地纯阴凝聚于中，天浮阳运旋于外，此天地之常体也。恒星不动，纯系乎天，与浮阳运旋而不穷者也。日月五星逆天而行，并包乎地者也。……间有缓速不齐者，七政之性殊也。……天左旋，处其中者顺之，少迟则反右矣。

张载认为：恒星分布在一个层面上，"纯系乎天"，七政则"亦不纯系乎天，……亦不纯系乎地"，而是分布在天地之间运行。

关于天的形状，中国古代有浑天说、盖天说和宣夜说三家。后代对此三家产生过不少的争论。王夫之认为浑、盖是可以统一的，它们的差别只在于观察角度的不同。《思问录·外篇》曰：

乃浑天者，自其全而言之也，盖天者，自其半而言之也。要皆但以三垣、二十八宿之天言天，则亦言天者画一之理。

清代梅文鼎继承了这一思想，他在《论盖天与浑天同异》一文中认为浑天说和盖天说一样，天体是浑圆的，用塑像来做模式，就是浑天说，把浑圆的天体画在平面上，就是盖天说。

(二)天体形状和日月食成因

对于日月之形的问题和月有盈亏的问题，沈括《梦溪笔谈·象数》中有浅显的解释："日月之形如丸，何以知之？以月盈亏可验也。月本无光，犹银丸，日耀之乃光耳。光之初生，日在其傍，故光侧而所见才如钩。月渐远则斜照而光稍满。如一弹丸，以粉涂其半，侧视之。则粉处如钩，对视之，则正圆。此有以知其如丸也。"沈括认为：日月的形状象圆球，这从月亮的圆缺可以得到验证。

关于月食的成因，古人提出 闇虚的概念。《宋史·天文志》曰："所谓 闇虚，盖日火外明，其对必有 闇气，大小与日体同，此日月交会薄食之大略也。"朱载堉《律历融通》曰："旧说：日月与地三者形体大小相似，地体亦圆而不方，其大止可当天一度半，而天周当地径二百四十余倍也。日月相冲，为地所蔽，有景在天，其大如日，日光不照，名曰暗虚。月望行黄道则入暗虚矣，值暗虚有表里深浅，故月食有南北多少"。朱载堉所述旧说认为"为地所蔽"之影就是"暗虚"，若月行于其中便产生了月食。这个结论是符合科学的，而且为中国古代有地圆思想提供了证据。

(三)天体空间分布及运动

关于天体在空间分布的特点及运动特征,朱熹《楚辞集注》中说:

> 盖周天三百六十五度四分度之一,周布二十八宿,以著天体,而定四方之位,以天绕地,则一昼一夜适周一匝,而又超一度。日月五星,亦随天以绕地。而惟日之行,一日一周,无余无欠。其余则各有迟速之差焉。然其悬也,固非缀属而居;其运也,亦非推挽而行,但当其气之盛处,精神光耀,自然发越,而又各有次弟耳。

朱熹认为,二十八宿等恒星分布于周天,日月五星悬浮于天地之间。"随天以绕地"。他强调说:"其悬也,固非缀属而居;其运也,亦非推挽而行。"认为七曜在空间悬浮,不需要有固体球层的支持,仅需有气的作用即可。朱熹赞成古人的九重天说。《朱子学归》卷6曰:

> 道家有高处有万里刚风之说,便是那里气清紧,低处则气浊,故缓散。想得高山更上去,立人不住了,那里气又紧故也。离骚有九天之说,注家妄解,云有九天,据某观之,只是九重,盖天运行有许多重数,里面重数较软,至外面则渐硬,想到第九重,只成硬壳相似,那里转得又愈紧矣。

朱熹认为气有九层,各层的运行速度不同,因而刚度也不同,这正相当于屈原想象的"九重天",不过,朱熹的层次观念并非十分清晰,例如:他解释日食时说,日月"至朔,行又相遇,日与月正紧相合,日便蚀,无光。月或从上过,或从下过,亦不受光。"(《朱子语类》卷2)显然,在朱子的心目中,日月在空间中分布的远近并没有固定的次序。

为了易于辨认,古人把各个当度恒星分别和附近的一些恒星联成一个图形,然后根据图形的特点,赋予各不相同的名称,总称叫"二十八宿"。沈括《梦溪笔谈》卷7曰:"天事本无度,推历者无以寓其数,乃以日所行分天为三百六十五度有奇。既分之,必有物记之,然后可窥而数,于是以当度之星记之。循黄道,日之所行一期,当者止二十八宿星而已。"二十八宿不是本来就有的名称,只是历法家为了观测的需要所加上去的。它是人为的划分天区的记号。

名称不是天所固有的,是人确立的,人确定名称必须符合实际情况。

由于天体的周日视运动现象引起人们的讨论,从而产生了"左旋说"和"右旋说"。张载《正蒙·参两篇》曰:

> 地在气中,虽顺天左旋,其所系辰象随之,稍迟则反移徙而右尔;……恒星所以为昼夜者,直以地气乘机左旋于中,故使恒星河汉因北为南,日月因天隐见。太虚无体,则无以验其迁动于外也。

张载认为地是运动的,地的运动带动了日月星辰,使它们呈现出周日视运动。张载曾经接触过古代的左、右旋说,因而对二者均有叙述。《正蒙·参两篇》曰:"天左旋,处其中者顺之少迟,则反右矣。"所谓"处其中者"就是指日月五星,"顺之少迟",就是说日月五星也是顺着天体左旋的,只是稍微慢一些,因此看起来就好象向右旋转了。这是明显的左旋说观点。

《正蒙·参两篇》说:"日月五星,逆天而行",月"右行最速",日"右行虽缓,亦不纯系乎天,如恒星不动。"所谓"恒星不动,纯系乎天",就是说恒星完全跟天体一致,从东向西旋转,即左旋。日月五星,逆天而行,是从西向东运行,走的是与天相反的方向,即右旋。每天日行一度,月行十三度,所以月亮右行最速,而太阳右行比较缓慢,这又是道地的右旋说观点。

张载在《正蒙·参两篇》中提出了与二者不相同的观点,他说:"愚谓在天而运者,惟七曜而已。"恒星所以有昼夜变化,真正的原因是由于地在中间乘着气机旋转,所以人们看到恒星、银河的转动，日月的随天出现和隐没。实际上，天是太虚，太虚只是气，没有什么形体，没有什么东西可证明天在外面移动。王夫之对张载的说法作了正确的理解，《张子正蒙注·参两篇》说："此直谓天体不动，地自内圆转而见其差。"

朱熹不赞成张载的地动说，他选择左旋说加以提倡。他在《四书集注》中所作的权威解释，使冷落了一千年的左旋说重新抬头了，并在理学家（如魏了翁、史绳祖等人）中流传开了。朱熹的高足蔡沈在《书经集传》中宣扬左旋说的观点，对后世儒者颇有影响。

明太祖朱元璋主张右旋说，清孙承泽《春明梦余录·钦天监·观象台》中记载：

洪武中，与侍臣论日月五星，侍臣以蔡氏左旋之说为对。上曰："天左旋，日月五星右旋。盖二十八宿经也，附天体而不动；日月五星纬（也，丽）乎天者也。朕尝于天清气爽之夜，指一宿以为主，太阴居星宿之西，相去丈许，尽一夜则太阴渐过而东矣。由此观之，则是右旋。此历家尝言之，蔡氏特儒家之说耳。

王锡阐则在《晓庵遗书·杂著·日月左右旋问答》中论证右旋说的合理性：

据朓朒。"朓朒分于一周，故一周之中，一高一卑者有朓朒，不高不卑者无朓朒也。夫月（应为'日'字）之高卑，一岁而复；日（应为'月'字）之高卑，终转而更。右旋之法，日周于岁，月周于转。左旋之法，一日一周。知一日之无殊乎高卑，则知左旋之无当于朓朒矣。

据黄道。"赤道当二极之中，而黄道斜络于赤道，故赤道之行惟东西，黄道之行兼南北。假令日诚左旋，将出于东南而没于西北，出于东北而没于西南。今夏日出辰入申，冬日出寅入戌者，何也？盖由日躔从黄道而右旋，是以有渐南渐北之行。天牵之而左旋，则但与赤道平衡而行，东升西降也。"

据经纬。"今置黄赤二道，以右旋经度求南北纬度于割圆弧矢之数，不容以毫发爽也。握策而推，转仪而测，合亲疏远近，昭然人目，又何疑乎？"

据天体浑圆。"天体浑圆，从南北二极以割线分赤道诸度，开如剖瓜，远赤道则度分狭，近赤道则度分广。黄道交于赤道，度无广狭，而以斜直为广狭。冬夏距远势直，故黄道经度加于赤道十分之一。春秋距近势斜，故黄道经度减于赤道十分之一。一岁再远再近，故为朓朒之变者四。此与经纬二行可互求而见。考诸圆术，观诸仪象，无不吻合。"

这就明确地否定了天左旋的说法。

（四）时空观

关于时间有限无限问题，宋朱熹《朱子全书·理气一·太极》说：

无一个物似宙样长远，亘古亘今，往来不穷，自家心下须常认得这个意思。

他认为时间是无限的。

无限的时间怎样根据人类的需要而进行计算呢？明徐光启通过比较各种计时方法的优劣，明确提出了"时刻之原"概念，要求人们选择最能反映时间均匀流逝特征的物质运动形式作为计时之本。《明史·历志》载：

定时之术，壶漏为古法，轮钟为新法，然不若求端于日星。昼则用日，夜则任用一星，皆以仪器测取经纬度数，推算得之。

这里"端"，即本原之意。壶漏指传统的漏刻计时，它虽然能达到一定的精度，但其操作繁复，而且存在计时起点问题，也有累计误差，须常用日晷校准。故徐氏《测候月食奉旨回奏疏》曰：

壶漏等器规制甚多，今所用者水漏也。然水有新旧滑濇，则迟速异；漏刻有时而塞，有时而礴，则缓急异。定漏之初，必于午正初刻，此刻一误，无所不误，虽调品如法，终无益也。故壶漏者，特以济晨昏阴雨晷仪表臬所不及，而非定时之本。(《徐光启集》)

计时起点定在“午正初刻”。

人们在月食观测和推算中产生了地方时的概念。元初耶律楚材对一次月食进行观察，根据当时通行的历法《大明历》的推算，食甚应发生在子夜前后，而耶律楚材在塔什干城观察的结果，“未尽初更而月已蚀矣”。他经过仔细思考，认为这不是历法推算错误，而是由于地理位置差异造成的。对于月食这一事件，各地是同时看到的，但在时间表示上则因地而异，《大明历》的推算对应对于中原地位，他说：

盖大明之子正，中国之子正也，西域之初更，西域之初更也。西域之初更未尽时，焉知不为中国之子正乎。隔几万里之远，仅逾一时，复何疑哉？(苏天爵《元名臣事略·中书耶律文正》)

对于同一事件，不同地区是同时看到的，但各地时间表示可以不同。因此，耶律楚材提出了里差概念。

古人认为时间是无限的，那么空间是有限的还是无限的呢？邵雍在《观物内篇》中说：

人或告我曰：天地之外，别有天地万物异乎此天地万物。则吾不得而知之也。非惟吾不得而知之也，圣人亦不得而知之也。凡言知也，谓其心得而知之也。

承认在可观测范围之外依然有空间存在，但对其可知与否则闪烁其词，实际上把它归之于不可探索的范围。邓牧认为天地有限，宇宙无限的观点。《伯乐琴·超然观记》曰：

且天地大矣，其在虚空中不过一粟耳。

虚空，木也；天地，犹果也。虚空，国也；天地犹人也。一木所生，必非一果；一国所生，必非一人。谓天地之外无复天地焉，岂通论耶？

虚空是无限的，而天地体系则是有限的。在无限的虚空中，无数个天体在不断变化着，有的产生，有的发展，有的毁灭。如果我们把古人所说的天地体系理解为一个个天体，或者一个个恒星系统，如太阳系，或者更大的星系，如银河系，或者更大的超星系团，那么，说它有形成的过程，也有毁灭的时候，显然是有合理性的。

另一位讨论天地毁灭问题的是元代伊世珍，他在所写的《瑯嬛记》中，用“姑射谪女”和“九天先生”一问一答的方式来表述：

姑射谪女问九天先生曰：“天地毁乎？”曰：“天地亦物也，若物有毁，则天地焉独不毁乎？”曰：“既有毁也，何当复成？”曰：“人亡于此，焉知不生于彼？天地毁于此，焉知不成于彼也？”曰：“人有彼此，天地亦有彼此乎？”曰：“人物无穷，天地亦无穷也。譬如蛔居人腹，不知是人之外，更有人也；人在天地腹，不知天地之外，更有天地也。故至人坐观天地，一成一毁，如林花之开谢耳，宁有既乎？”

在这里，“九天先生”说的话表明：在宇宙空间中，有无数个天地。有些天地刚刚形成，另一些天地正在毁灭。在宇宙中，天地的生生灭灭，也象在森林中的野花开开落落一样，此生彼灭，此谢彼荣，没有穷尽。实际上，在这里已经明确表述了物质世界在时间和空间上的无限性，这是中国古代时空观上的较高成就。明刘基《郁离子·天道》曰：

楚南公问于萧寥子云曰：“天有极乎？极之外又何物也？天无极乎？凡有形必有极，理也，势也。”萧寥子云：“六合之外，圣人不言。”楚南公笑曰：“是圣人所不能知耳，而矣以不言也。故天之行，圣人以历纪之；天之象，圣人以器验之；天之数，圣人以算穷之；天之理，圣人以《易》究之。凡耳之所可听，目之所可视，心思之所可及者，圣人搜之，不使有毫忽之藏。而天之所罔，人无术以知之者惟此。今又不曰不知，而曰不言，是何好胜之甚也！”

古代对于空间是否无限是存疑的，但至少没有认为它是有限的。

空间与时间是什么关系？方以智《物理小识》曰：

《管子》曰宙合，谓宙合宇也。灼然宙轮转于宇，则宇中有宙，宙中有宇。春夏秋冬之旋转，即列于五方。

方以智把时间比成轮子，认为时间的推移在空间中进行，空间中有时间，时间中有空间，二者浑然一体，侧重于强调时间、空间的相关性。

二　物理学思想

（一）物体运动思想

物体运动有常有变，“常”、“变”是物体运动的属性。沈括《梦溪笔谈》卷7曰：“在凡物理有常有变：[五]运[六]气所主者常也；异夫所主者变也。常，则如本气；变，则无所不至。”“有常有变”，指变与不变是事物运动的规律。

关于物体变化的原因有几种理论：

神动说　这里的“神”不是指人格神，也不是指精神状态，而是古人在《易·系辞》“阴阳不测之谓神”意义上，增加了运行变化内在动力的含义。张载《正蒙·神化篇》曰：“天下之动，神鼓之也。”“惟神为能变化，以其一天下之动也。”《二程遗书》卷11曰：“冬寒夏暑，阴阳也；所以运动变化着，神也。”

火动说　金朱震亨《格致余论 相火论》曰：“火内阴外阳而主动者也。……天恒动，人生亦恒动，皆火之为也。”方以智《物理小识》卷3“水火反因人身尤切”曰：“气动皆火，气凝皆水，凝积而流，动不停运”。卷1“水”曰：“凡运动，皆火之为也，神之属也。”上述这些说法，有一个共同点：它们都力图用事物的内在性质来说明事物的运动。不企求超自然力量的作用，这是中国古代动力因理论的特点。

机动说　古人用“机”表示物体转动中的动力、控制等因素。张载《正蒙·参两篇》说：“凡圆转之物，动必有机，既谓之机，则动非自外也。”《横渠易说·系辞》中也说：“学必知几造微。知微之显，知风之自，知远之近，可以人德。由微则遂能知其显，由末即至于本，皆知微知彰知柔知刚之道也。”这些解释，旨在说明一事：“几”是物质运动的征兆，把握了“几”，就可以达到“以微知著”。宋叶适《水心文集·上光宗皇帝劄子》曰：“事之未立，则曰‘乘其机也’，不知动者之有机，而不动者之无机矣；纵其有机也，与无奚异？”叶适所言，主要指机会、时机，但他将动与机相连，却也识见不凡。明王廷相驳宋陈淳说：“又曰：‘气化终古不忒，必有主宰其间者’，不知所谓主宰者是何物事？有形色耶？有机轴耶？抑纬书所云‘十二神人弄丸’耶？不然，几于谈虚架空无着之论矣。”（《王氏家藏集·答薛君采论性书》）“机”存在于运动之中，通过“机”也能造成物体的运动。由“机”控制弩的发射，即表现了这一点。王廷相在批驳宋儒“理在气先”之论时说，“理无机发，何以能动静？”（《王氏家藏集·太极辨》）这也是认为“机”

是导致运动的原因。

（二）光学思想

光的本质是什么？方以智《物理小识》卷1“光论”曰：

> 文饶曰：“两间变状，皆气光之所为”。潜草曰：“两间之光，皆太阳之光也。”
>
> “火无体而因物见光以为体。”小注：“瞳曰：气本有光，借日火而发，以气为体，非以日火为体也。……无物不含光性，以气为体，不专日与火也。日火皆气也。”

方以智等认为，光为火，而火是气的运动，他说：“凡运动，皆火之为也。”（卷1“水”）“气动皆火”（卷3“水火反因人身尤切”）由此，光也是气的运动，气是光的传播载体。所谓“借日火而发”，指光源（日，光）的作用在于激发气的运动。“无物不含光性”之说，也许源于对高温条件下（例如冶炼过程）非可燃物发光现象的总结。

光如何运动？方以智也作了探讨，《物理小识·光论》曰：

> 气凝为形，发为光声，犹有未凝形之空气与之摩荡嘘吸，故形之用，止于其分，而光声之用，常溢于其余。气无空隙，互相转应也。

形，指有一定形体质地的物质；分，指“形”所占据的空间，意为：光声的发出是空气被激发的结果。有形之物，固定占有相当于其体积的空间，无形的光声，则由其激发之处向四外传播。“空皆气所实也”，即气体弥漫整个空间，毫无间隙，倘一处受激，必致处处牵动，“摩荡嘘吸”、“互相转应”。空气一层一层地将扰动由内向外传播开去。这有如水上投石，石激水荡，纹漪既生，连环不断。方以智的描述是一幅清晰的波动图像，可以称之为“气光波动说”。

根据“气光波动说”，光依靠“摩荡嘘吸”、“互相转应”的方式向外传播，这样，一旦遇到障碍，光自然会向阴影区弥漫。据此，方以智提出了一个极其重要的概念——光肥影瘦，其意为光总向几何光学的阴影范围内侵入，便有光区广大，阴影区缩小，即光线可以循曲线传播。

人和动物的视觉也是一种光学现象。古人有不少研究。邵雍《观物内篇》曰：“人之所以能灵于万物者，谓目能收万物之色，耳能收万物之声，……”目不能发色，但能收视万物之色。“收”字反映邵雍认为光是由外界进入人目的。张载《正蒙·太和篇》曰：“气聚，则离明得施而形；不聚，则离明不得施而无形。”“离明”指光。这是说：物质形成于气的聚集，表现于光的作用，物只有能接受光的作用，才能被人看到。王夫之《张子正蒙注·太和篇》曰：“无形，非无形也，人之目力穷于微，遂见为无也。”

谓人目对物体的分辨有个极限，物小至一定程度，目即不能分辨，遂见为无，而物实存在，且有一定形状。王夫之由眼睛分辨极限推测到微观物体也有自己形状，认识可谓深刻。宋应星《论气·水尘》中讨论过一个问题：

> 曰：同一视性也，鱼见水面，而人不见水底，何也？曰：明从三光而生，而人物视性因之，彻上而不彻下，甚固然也。

三光者，日月星也。鱼和人视物的道理一样，但鱼在水下，上视可透达水面；人在地上，下视为何不能深及水底？这是因为，光来自日月星，在天，由上照下，人和其他动物都借助于它才能见物，故人视水面清楚，水底模糊以至不见。这段话也表明人眼需借外光方能视物。王夫之明确将视觉与听觉分开，指出二者在获取信息的方式上有所不同，《庄子解·人间世》曰：

> 乃视者，繇中之明以烛乎外，外虽人而不能夺其中之主。耳之有听，则全乎召外以入者也。

听觉的产生,完全是外界声音进入的结果,这与视觉不同。方以智也主张眼睛自身发光,《物理小识·光论》曰:

> 晦夜昏黑,地虽遮日,空自有光。人卧暗室,忽然开目,目自有光,何讶虎枭猫鼠之夜视耶?

方以智从一些动物的夜视推衍出“目自有光”的结论,并用其气光波动说加以解释。揭暄在《物理小识·光论》注语中说:

> 气本有光,借日火而发,以气为体,非以日火为体也。……目之神光,具各种异色,从暗摇之而见,闭而摇之而亦见,可见无物不含光性,以气为体,不专日与火也。日火皆气也。

这里“闭而摇之而亦见”,是指人闭上眼睛,依然能感受到外界的光刺激。他们都是主张“气本有光”,而万物由气组成,故“无物不含光性”,眼睛当然也能发光视物。

小孔成像也是一个光学问题。墨家用以解释凹镜成像的交叉成像术。沈括在《梦溪笔谈》中记叙并发展了类似的方法,被称为“格术”。卷3曰:

> 阳燧照物皆倒,中间有碍故也,算家谓之格术。如人摇橹,臬为之碍故也。若鸢飞空中,其影随鸢而移;或中间为窗隙所束,则影与鸢遂相违,鸢东则影西,鸢西则影东。又如窗隙中楼塔之影,中间为窗所束,亦皆倒垂,与阳燧一也。阳燧面洼,以一指迫而照之则正,渐远则无所见,过此遂倒。其无所见处,正如窗隙、橹臬、腰鼓碍之,本末相格,遂成摇橹之势。故举手则影愈下,下手则影愈上,此其可见。(阳燧面洼,向日照之,光皆聚向内。离镜一、二寸,光聚为一点,大如麻菽,著物则火发,此则腰鼓最细处也)

沈括与《墨经》的思路基本是一致的。他所列举的鸢影“为窗隙所束”,是小孔成像,这表明他也是用小孔成像的几何模式解释凹面镜成像。他把凹镜成像与其焦点联系起来。他的原注明确表明,形成光线的“本末相格”之处是焦点。这在光学史上是一大进步。沈括之后,对小孔成像做了透彻研究的是宋末元初的赵友钦,他通过自己设计的大型小孔成像实验,运用光线直进和光的独立传播两个基本原理,对小孔成像现象从理论上作了探求。他的解释包含了一种新的思想——像素叠加观念。

关于海市蜃楼的成因有多种说法,主要有:

蛟蜃吐气说 明王士性《广志绎》卷3曰:“春夏间,蛟蜃吐气幻为海市。”

风气凝结说 《玉芝堂谈荟》卷23曰:“海市,海气所结,非蜃气。”明叶盛《水东日记》卷31曰:“海市惟春三月微微吹东南风时为盛,……其色类水,惟青绿色,大率风水气旋而成。”清屈大均《广东新语》卷22曰:“其为城阙、楼台、塔庙诸状,……人以为蛟蜃之气所为云。其气或大或小,晴则大,阴则小,五色光芒不定。……或谓此乃海气。”

光气映射说 苏轼《东坡集·登州》曰:

> 予闻登州海市旧矣,父老云:常出于春夏,今岁晚不复见矣!予到官五日而去,以不见为恨,祷于海神广德王之庙,明日见焉,乃作此诗:
>
> 东方云海空复空,群山出没月明中;
> 荡摇浮世生万象,岂有见阙藏珠宫。
> 心知所见皆幻影,敢以耳目烦神工;
> 岁寒水冷天地闭,为我起蛰鞭鱼龙。

重楼翠阜出霜晓，异事惊倒百岁翁；

人间所得容力取，世外无物谁为雄。

宋人言登州海市常出于春夏，而岁晚不复见，苏东坡却在岁晚到官五日后见到，其理在于虽然冬天渤海湾天气寒冷，海水亦冷，不利于蜃景现象之出现。但是，冬季遇有暖湿空气平流到渤海湾和长山列岛一带时，大气层变成下冷上暖现象，即有利于蜃景出现。所以，苏东坡能在冬季见到蜃景现象，只不过冬季出现的机会比较少罢了。当时苏东坡认为他所见者不是蜃气，也不是见阙，而是光线所成之幻影，并认为蜃气不能宫殿。王士性《广志绎》曰："近看则无，止是霞光，远看乃有，真成市肆。"明陆容《菽园杂记》卷 9 曰：

登莱海市，谓之神物幻化，岂亦山川灵淑之气致然邪？观此，则所谓楼台，所谓海市，大抵山川之气，掩映日光而成，固非蜃气，亦非神物。

（三）物理量度

对于促进科技进步，测量是功不可没。沈括在讨论唐一行《大衍历》优于其他历法的原因时说：

自汉以前，为历者必有玑衡以自验迹。其后虽有玑衡，而不为历作；为史者亦不复以器自考，气朔星纬，皆莫能知其必当之数。至唐僧一行改《大衍历法》，始复用浑仪参实，故其术所得，比诸家为多。（《宋史·天文志·浑仪议》）

其原因在于"复用浑仪参实"。

苏轼从理论上对仪器在测量中的作用作过阐释，《苏东坡全集·徐州莲花漏铭》曰：

人之所信者，手足耳目也。目识多寡，手知重轻，然人未有以手量而目计者，必付之于度量与权衡，岂不自信而信物？盖以为无意无我，然后得万物之情。

人有认识事物的能力，可以凭借感官感知事物，但人凭借感官直接感知事物，容易掺杂个人主观意识在内，必须摒弃这种主观性，才能获得对事物的客观认识，要做到这一点，必须借助于仪器进行测量。

最基本的量度就是度、量、衡。明高拱《问辨录》（卷 6）曰：

夫权者何地？称锤也。称之为物，有衡有权。衡也者，为铢、为两、为斤、为钧、为石，其体无弗其也；然不能自为用也。权也者，铢则为之铢，两则为之两，斤则为之斤，钧则为之钧，石则为之石，往来以中，至于千亿而不穷其用，无弗周也；然必有衡而后可用也。故谓衡即是权，权即是衡不可也。然使衡离于权，权离于衡亦不可也。盖衡以权为用，权非用于衡，无所用之；分之则二物，而合之则一事也。

这是论述衡的构成和单位。元赵友钦《重刊革象新书·天周岁终》曰：

盖每年三百六十五日余四之一，故亦以周天分为三百六十五度余四之一，……夫日一日行天一度。分、寸、尺、丈、弓，名曰五度，分天为度者，殆亦度量之义。

这是论述度的划分。重量也可以通过长度来表示：宋陈淳《北溪字义·经权》曰：

权字乃就秤锤上取义。秤锤之为物，能权轻重以取平，故名之曰权。权者，变也。在衡有星两之不齐，权便移来移去，随物以取平。

移来移去，这正是变重量测量为长度测量的特征，这一特征使得称重变成简单易行之事。

有些物体是可以直接度量的，有的则不能，要用小的量具量测大的物体，必须使用比例缩放的方法解决测量问题。《宋史·天文志·浑仪议》曰：

> 五星之行有疾舒，日月之交有见匿，求其次舍经劘之会，其法一寓于日。……周天之体，日别之谓之度。……度不可见，其可见者星也。日月五星之所由，有星焉。当度之画者二十有八，而谓之舍。舍所以絜度，度所以生数也。度在天者也，为之玑衡，则度在器。度在器，则日月五星可转乎器中，而天无所豫也。天无所豫，则在天者不为难知也。

按日附天之行分天为一定之度，将其缩小至观测仪器上，则度在器，通过观测器上之度即可知日在天之度。“日别之谓之度”是太阳每日逆天运行所走距离。由于用到比例缩放，便会产生二种数值，即实际数和缩放后的数。《宋史·天文志·浑仪议》曰：

> 浑仪考天地之体，有实数，有准数。所谓实者，此数即彼数也，此移赤彼亦移赤之谓也。所谓准者，以此准彼，此之一分，则准彼之几千里之谓也。……若衡之低昂，则所谓准数者也。衡移一分，则彼不知其几千里，则衡之低昂当审。

这里将实际数称之为“实数”，将缩放后的数称之为“准数”。任何测量都存在一定程度的误差。那么如何减少误差呢？一种是改进仪器，如叶子奇《草木子·杂制篇》曰：

> 历代立八尺之表以量日景，故表短而晷景短，尺寸易以差。元朝立四丈之表，于二丈折中开窍，以量日景，故表长而晷景长，尺寸纵有毫杪之差则少矣。

这里所要讲的，实际是说立高表测影可提高测量的准确度。在同样的绝对误差情况下，测量值越大，相对误差就越小，由此，立高表的做法是有道理的，因为表越高，表影就越长，这时进行测量，即使读数有一些误差，也能保证相应的相对误差很小，这就提高了测量的准确度。另一种方法是改进测量的方法。元赵友钦在测量恒星赤经差时把观测人员分为两组，两组用同样的设备，观测相同的恒星，所得结果相互参校，《重刊革象新书·测经度法》曰：“必置四壶，立两架，同时参验，庶无差忒。”

为了避免误差，古人对测量中的操作规则有一定的规定。《宋史·律历志》曰：“用大秤如百斤者，皆悬钧于架，植镮于衡，镮或偃，手或抑按，则轻重之际，殊为悬绝。每用大秤，必悬以丝绳，既置其物，则却立以视，不可得而仰按。”

《宋史·律历志》中在“分”之下增加了厘、毫、丝、忽等单位，并规定“十忽为丝，十丝为毫，十毫为厘，十厘为分。”这些显然是长度测量日趋精密的表现。

三 地学思想

（一）地圆思想

关于大地的形状，古有“天圆地方”之说，但不少人认为地是圆的，这种思想有的可能是海外传入的，有的则是通过自己的思辨而提出的。北周甄鸾《笔道论》引《文始传》曰：“天地午子相去九千万万里，卯酉两隅，亦令转形”。甄鸾批评道：“天圆地方，道家恒述，今四隅与方等量，则天地俱圆矣。”由此可见《文始传》所言即为“地圆说”。

沈括《浑仪议》曰：

> 旧说以为今中国于地为东南，当令西北望极星，置天极不当中北。又曰：“天常倾西北，极星不得居中。”臣谓以中国规观之，天常北倚可也，谓极星偏西则不然。所

谓东西南北者,何从而得之?岂不以日所出者为东,日所入者为西乎?臣观古之候天者,自安南都护府至浚仪大岳台才六千里,而北极之差凡十五度,稍北不已,庸讵知极星之不直人上也!臣尝读《黄帝素书》:"立于午而面子,立于子而面午,至于自卯而望酉,自酉而望卯,皆曰北面;立于卯而负酉,立于酉而负卯,至于自午而望南,自子而望北,则皆曰南面。"臣始不谕其理,逮今思之,乃常以天中为北也。常以天中为北,则盖以极星常居天中也。《素问》尤为善言天者。今南北才五百里,则北极辄差一度以上,而东西南北数千里间,日分之时候之,日未尝不出于卯半而入于酉半,则又知天枢即中,则日之所出者定为东,日之所入者定为西,天枢则常为北无疑矣。以衡窥之,日分之时,以浑仪抵极星以候日之出没,则常在卯酉之半少北。此殆放乎四海而同者,何从而知中国之为东南也。(《宋史》卷48)

这里所云"旧说",就其内容而言,无疑可归为地平观点。此说认为中国(今所谓中原地区)位于大地的东南,由中国看去,天极应偏向西北。沈括反对此说,认为所谓东西南北,应参照太阳运动来参定。接着,他指出北极出地高度随南北位置而异的现象。地平说不能解释这一现象。要解释这一现象,须用地球学说。然后,沈括又引述《素问》的一段话进行说明。这段文字,今本《素问》中无,它主张以北极作为判别方向的标准:凡趋向北极的,都是向北;背离北极的,都是向南。欲使《素问》的陈述成立,地必须为球。清儒王仁俊指出:"明乎《素问》此说,……可明地圆之理,"指的就是这件事情。沈括还指出了另一现象:"今南北才五百里,则北极辄差一度以上,而东西南北数千里间,日分之时候之,日未尝不出于卯半而入天酉半。"这种沿地面东西南北位移造成视天象变化的不对称性,只能用类似于托勒密地心说的观念来解释,即认为地是球,天远远大于地。这样,当人在地球表面移动时,所见的日的出入方位才不会有多大变化。在这里,如果仍保留地平观念,即使认为地的尺度远小于天球直径,依然不能说明问题。因为那样一来,"南北才五百里,则北极辄差一度以上"的现象,又成为不可理解。由此,沈括列举的这一现象,只能以地球说解释。

朱熹对月亮中阴影成因解释中涉及到地球的形状,《朱子语类》卷1曰:

月体常圆无阙,但常受日光为明。初三初四,是日在下照,月在西边明,人在这边望,只见在弦光。十五六,则日在地下,其光则地四边而射出,月被其光而明,月中是地影。

朱熹特别强调指出:"月中是地影。"同书又曰:

"或问:月中黑影,是地影否:曰:前辈有此说,看来理或有之。然非地影,乃是地影倒去遮住了他光耳。如镜子中被一物遮住其光,故不甚见也。盖日以其光加月之魄,中间地是一块实底物事,故光照不透,而有此黑晕也。

李如箎《东园丛说》卷中曰:"旧说:天形如卵,地形如卵黄,中高而四隤,予尝深究之,天莱如卵,是也。(地)谓如卵黄,中高而四隤,非也。"这里的"旧说"认为"地形如卵黄"即是地圆说。

元李冶《敬斋古今黈》卷1曰:"天地正圆如弹丸。地体未必方正,令地正方,则天之四游之处,定相空碍。窃谓地体大略虽方,而其实周匝亦当浑圆如天,但差小耳。"这是从中国传统的天有四游说出发,对于大地的形状所作的推测,认为大地是很接近于球体的物体。

邓牧与明朱载堉也有地圆的思想。《伯牙琴》曰:

且天地大矣,其在虚空中不过一粟耳。……虚空,木也;天地犹果也。虚空,国也；天地犹人也。一木所生，必非一果；一国所生，必非一人。谓天地之外无复天地焉，岂通论耶？

朱载堉《律历融通·黄钟历议·月食》曰：

旧说，日月与地，三者形体大小相似，地体亦圆而不方，其大止可当天一度半，而天周当地径二百四十余倍也。

古代有一种地动思想，它被地静思想所掩盖，得不到重视。到了北宋张载才又提起它。《正蒙·参两篇》曰：

凡圆转之物，动必有机；既谓之机，则动非自外也。古今谓天左旋，此直至粗之论尔，不考日月出没，恒星昏晓之变。愚谓在天而运者，惟七曜而已。恒星所以为昼夜者，直以地气乘机左旋于中，故使恒星，河汉回北为南，日月因天隐见。太虚无体，则无以验其迁动于外也。

王夫之注云：

此直谓天体不动，地自内圆转而见其差，于理未安。‘左’当作‘右’，谓地气圆转，与历家四游之说异。太虚，至清之郛郭，固无体而不动；而块然太虚之中，虚空即气，气则动者也。此义未安。

他是承认张载具有地动思想的，但他不大同意。张载认为地悬浮在气中，随气升降。一昼夜的升降形成海水潮汐，一周年的升降造成寒暑气候的变化。《正蒙·参两篇》曰：

地在气中。地有升降，日有修短。地虽凝聚不散之物，然二气升降其间，相从而不已也。阳日上，地日降而下者，虚也；阳日降，地日进而上者，盈也；此一岁寒暑之候也。至于一昼夜之盈虚、升降，则以海水潮汐验之为信。然间有小大之差，则系日月朔望。其精相感。

(二)地质思想

中国古代有“龙脉”一说，但都没有作详细的解释，南宋郑所南对此进行了详细的解释，其解释，科学成分较多，荒诞不经成分较少。《郑思肖集·答吴山人问远游观地理书》曰：

孰知夫大地之下，皆一重土，一重泉，相间为九，因而曰九地、九原、九垒、九泉也。层负万气，支缕万脉，柔顺巩固，盪化流躍，斜细其轴，互为钳锁，深运其机，密相橐籥。张布玄网，维络地根，非金非石，非水非土，千千万万，经攒纬织，牢牢不可解，重重不相碍，绵亘持抱，几千万亿里。无边大地，悬浮于茫茫无边大海之上，以之为地，其妙未尝不相通也。以之为穴，至于种种之物，其妙用又未始相同也。此所以为大地来龙之关键也。其能如是者，乃大地底至深至玄，先天先地，一脉真阳生意流行之妙也。其大地之神气乎，其大气之命蒂乎？此下镇地根之大宝也。真阳生意躍为浮散，流溢于浅浅之处，则地气泄而虚耗，不用之犹不足，凡百事皆不宜；真阳生意妙于凝合，反抱乎深深之根，则地气密而柔实，虽费之亦有余，在天下则太平，在人则寿，则为神仙。真阳生意，其天地人万物之福基乎？《淮南子》《博物志》所载：地下有四柱三千六百轴，非真有其形，聊借譬喻真阳生意有大力量，负荷世界，支撑劫运也。竖亥、大章所步几万几亿之多，非真有数，不过测量博厚无疆之地势也。又如十大洞天，三十六洞天，亦孔穴之至大者，可以通仙灵出入之路。洞者，空也，通也。……世人肉眼不见身内支脉，节节有条理，竟以此身为块然之肉；世人肉眼亦不见地底支脉，井井有条理，亦竟以大地为块然之土。殊不知天地人万物，皆有文理支脉。烟缕冰澌、壁裂瓦兆，尚有文理；谓之地理，独无文理支脉乎？

郑氏认为："地之下，皆一重土一重泉，相间为九"，这是对地层与地下水的关系的认识。郑氏又认为："千千万万，经攒纬织，牢牢不可解，重重不相碍，绵亘持抱"，这是说地层覆盖大地的整个表面。他还认为"地底支脉，井井有条理"，并不因肉眼见不到便视为不存在，"殊不知天地人万物，皆有文理支脉"，用此类比，可知，大地也应有"文理支脉"，这是对大地结构的规律性的认识。宋代在寻找砚石的过程中也发现了地层现象。《端溪砚谱》曰：

（斧柯山一带砚坑中）岩石皆有黄膘，如玉之瓜瘘也。胞络黄膘，凿去方见砚材，世所谓子石也。子石岩中有底石，皆顽石，极润不发墨，又色污染，不可砚，端人谓之鸭屎石。底石之上大率如石榴子，又如砖坯，自底至顶，中作三垒。下垒居底石之上，最佳品也，石必有瑞眼，端人谓之脚石；中垒居下垒之上，次石也，眼或有或无，端人谓之腰石；上垒居中垒之，又次石也，皆无眼，端人谓之顶石。顶石之上皆盖石也，亦顽粗而不堪用。

书中将地层从上至下分为：顶石、腰石、脚石和底石四层。人不仅认为石有"脉"，而且认为盐矿也有"脉"。释文莹《玉壶清话》曰：

陵州盐井旧深五十余丈，凿石而入。其井上土下石，石之上凡二十丈，以楩柟木锁垒，用障其土。土下即盐脉，自石而出。

关于群山之间的关系，唐有僧一行"山河两戒说"：

天下河山之象，存乎两戒。北戒，自三危，积石，负终南地络之阴，东及太华，逾河并雷首，底柱、王屋、太行，北抵常山之右，乃东循塞垣，至涉貊、朝鲜，是谓北纪。南戒，自岷山、嶓冢，负地络之阳，东及太华，连商山、熊耳、外方、桐柏，自上络南逾江、汉，携武当、荆山至于衡阳，东循岭徼，达东瓯、闽中，是为南纪。（徐维志等《人子须知》卷1）

宋有朱熹"三条说"：

天下有三处大水，曰黄河、曰长江、曰鸭绿江。今以舆图考之，长江与南海夹南条尽于东南海；黄河与长江夹中条尽于东海；黄河与鸭绿江夹北条尽于辽海。

南条在长江与南海之间，中条在黄河与长江之间，北条在鸭绿江与黄河之间，这是用水系作为分界线的山脉划分法。

明则有王士性的"三支说"，《五岳游草》卷11曰：

昆仑据地之中，四傍山麓，各入大荒外。入中国者，一东南支也。其支又于塞外分三支，左支环鲁庭、阴山、贺兰，入山西起太行数千里，出为医巫闾，度辽海而止，为北龙。中循西番，入趋岷山，沿岷江左右，出江右者，包叙州而止。江左者北去趋关中、脉系大散关，左渭右汉，中出为终南，太华，下秦山，起嵩高，右转荆山抱淮水，左落平原千里，起太山入海为中龙。右支出吐蕃之西，下丽江，趋云南，逸霑益、贵竹、关岭而东去沅陵，分其一由武冈出湘江，西至武陵止。又分其一由桂林海阳山，过九嶷、衡山出湘江，东趋匡庐止。又分其一过庾岭，度草坪去黄山、天目、三吴止。过庾岭者，又分仙霞关至闽止。分衢为大盘山，右下括苍，左去天台、四明、度海止。总为南龙。

这是中国古代最详细的山脉分布系列，稍后徐霞客虽有少量修正或补充，但大的格架没有动。

由于地质地理现象存在二大特性：一是时间序列长，二是空间的跨度大，仅凭个人肉眼的观察是很难弄清楚其来龙去脉，发生和发展的，因而必须在搜集到的直观材料基础上做理论思维，才能有希望找出这些现象的本质。如对化石的认识，就是运用理论的思维。宋明时期有许多关于各类化石的记载：

鱼龙 宋孔传《云林石谱·序》曰："天地至精之气，结而为石负土而出。""予尝闻之，诗史有水落鱼龙夜之句，盖尝游湘乡之山，鱼龙蛰土，化而为石，工部固尝形容于诗矣。"

石燕 宋寇宗奭《本草衍义》卷6曰："石燕今人用者如蚬、蛤(同蚶，俗名蛤蜊)之状，色如土，坚重则石也。"周去非《岭外代答》卷7曰："广西象州江滨石中有之，凡石中有嵌生如海蚶者极多，非真石鷰(燕)也。"杜绾《云林石谱》曰："顷岁余涉高岩，石上如燕形者颇多，因以笔识之，石为烈日所暴，偶骤雨过，凡所识者，一一坠，盖寒热相激迸落，不能飞尔。"

石蟹 宋唐慎微《政和经史证类备急本草》卷4曰："(石蟹)生南海。又云是寻常蟹尔。年月深久，水沫相著，因成化石，每遇海潮即飘出。又一般入洞穴年深者亦然。"寇宗奭《本草衍义》卷6曰："石蟹，直是今之生蟹，更无异处，但有泥与粗石相着。"方以智《物理小识》卷7引顾玠《海槎录》曰："崖州榆林港土腻最寒，蟹入不能动，久之则成石矣。"

螺(蠃)、蚌(蜯)壳 沈括《梦溪笔谈》卷24"杂志"曰："予奉使河北，遵太行而北，山崖之间，往往衔螺蚌壳及石子如鸟卵者，横亘石壁如带。此乃昔之海滨，今东距海已近千里。"元于钦《齐乘》卷1"云门山"条曰："府城南五里上方，号大云顶，有通穴如门，可容百人，远望如悬镜，泉极甘冽，崖壁上衔蚌壳结石，相传海田所变。如沈存中《笔谈》载太行山崖螺蚌石子横亘如带之类，齐地尤多。"

琥珀 宋唐慎微《政和经史证类备急本草》卷12引《唐本》云："今西州南三百里碛中得者大则方尺，黑润而轻，烧之腥臭。高昌人名为木鷖，谓玄玉为石鷖"。"洪州土石间得者烧作松气。"明曹昭等《新增格古要论》卷7曰："琥珀出南蕃、西蕃，乃枫木之精液，多年化为琥珀，其色黄白而明莹润泽，具其若松香色，红而且黄者，谓之明珀，有香者谓之香珀，有鹅黄色者谓之蜡珀，此等价轻。深红色出高丽、倭国。真者以琥珀在皮肤上揩热，用纸片些小，离卓子寸许，以琥珀吸之，则自然飞粘，或以稻草寸许试之。"

新芦木 沈括《梦溪笔谈》卷21"异事"曰："近岁延州永宁关大河岸崩，入地数十尺，土下得竹笋一林，凡数百茎，根干相连，悉化为石。"邵搏《邵氏闻见后录》卷4曰："章子厚在丞相府，顾坐客曰：'延安帅章质夫因板筑发地，得大竹根。半已变石。西边自昔无竹，亦一异也'。客皆无语，先人独曰：'天地回南作北有几矣。公以今日之延安为自天地以来西边乎?'子厚太息曰：'先生观物之学也'。盖子厚蚤出节门下云。"

鳞木 沈括《梦溪笔谈》卷21"异事"云："治平中，泽州人家穿井，土中见一物，蜿蜒如龙蛇状，畏之不敢触。久之，见其不动，试扑之，乃石也。村民无知，遂碎之，时程伯纯为晋城令，求得一段，鳞甲皆如生物。盖蛇蜃所化，如石蟹之类。"

硅化木 杜绾《云林石谱》卷上曰："石笋所产，凡有数处：一出镇江府黄山，一产商州；一产益州诸郡率卧生土中，……其质挺然尖锐，或扁，侧有三两面，纹理如丝，隐起石面，或得涮道，扣之，或有声，石色无定，间有四面备有，又有高一、二丈，首尾一律，用斧凿修治而成。"明刘侗等《帝京景物略》卷2"曲水园"条曰："驸马万公曲水家园，新宁远伯之故园也。滨水又廊，廊一再曲，临水又台，台与室间，松化石攸在也。……然石形也松，曰松化石，形性乃见，肤而麟，质而干，根拳曲而株婆娑，匪松实化之不至此。”

“化石”的思想来自古代变化观。《素问·天元纪》曰：“物生谓之化，物极谓之变。”张载《横渠易说·乾》曰：“变，言其著；化，言其渐。”关于“化石”较早的例子来自于神话。三国吴徐整《五运历年纪》曰：“首生盘古，垂死化身。气成风云，声为雷霆，左眼为日，右眼为月，四肢五体为四极五岳，血液为江河，筋脉为地理，肌肤为田土，发髭为星辰，皮毛为草木，齿骨为金石，精髓为珠玉，汗流为雨泽，身之诸虫，因风所感，化为黎甿”。天地万物均为盘古所化。而金石则为其齿骨所化。“化石”思想在道家著作上犹为流行。《抱朴子·内篇·黄白》曰：“至于飞走之属，蠕动之类，禀形造化，既有定矣。及其倏忽而易旧体，改更而为异物者，千端万品，不可胜论。人之为物，贵性最灵，而男女易形，为鹤为石，为虎为猿、为沙为鼋，又不少焉。”人可化为石，其他的东西也可化为石。

（三）人地关系思想

人地关系是现代人文地理学研究的重要方面，古人对此也有不少精辟的论述。

宋韩彦直《橘录·序》曰：

> 且温（州）四邑俱种柑，而出泥山者又杰然推第一，泥山盖平阳一孤屿，大都块土，不过覆釜，其旁地广袤只三二里许，无连岗阴壑，非有佳风气之所淫渍郁烝，出三二里外，其香味辄益远益不逮，夫物理何可考耶！或曰，温并海，地斥卤，宜橘与柑，而泥山特斥卤佳处，物生其中，故独与他异。予颇不然其说，夫姑苏、丹丘与七闽，两广之地，往往多并海斥卤，何独温而岂无三二里得斥卤佳处如泥山者：自屈原、司马迁、李衡、潘岳、王羲之、谢惠连、韦应物辈，皆尝言吴楚间出者，而未尝及温。温最晚出，晚出而群橘尽废。物之变化出没，其浩不可考如此。以予意之，温之学者由晋唐间未闻有杰然出而与天下敌者，至国朝始盛。至于今日，尤号为文物极盛处。岂亦天地光华秀杰不没之气来踵于此土，其余英遗液犹被草衣，而泥山偶独得其至美者耶！

有人认为泥山的橘之所以好只是由于地理条件造成的。韩彦直不同意这种说法，他认为沿海这样的地理条件的地方多得很，而且以前出名橘的地方多在吴、楚间，泥山并不出名橘，现在能生长出名橘，应是由于这里“文物极盛”，也就是说是社会经济文化发展的结果，是人的作用。

四 生物学思想

（一）进化观

中国古人对于生物进化有一些认识，如，李时珍已经初步观察到，生物界有一定的变化顺序。在封建社会里，龙被视为“神物”，能“呵气成云”，掌管雨水风云，是天子的象征，可谓至贵，但被李时珍列鳞部，而比龙低一等的凤则被列在鳞部之后的禽部，至于“能言，当若鹦鹖之属”的猩猩，却被列在兽中这最高级寓类怪类中，可见李时珍心目中的“贵贱”是指进化上的高低而言，这一分类虽然还有许多问题，如介类列在虫、鳞之后，伏翼归于禽类等等。

清郑光祖也有关于生物进化的论述。《一斑录·杂述》曰：“凡物自无而有，亦必自有而无，自然之理也。""有天地以来，阳日照临于外，地球旋转于内，地球之面万物化生，始生虫鱼，继化鸟兽，生化既众，于是生人，各土各生其人，而成各国，迨人事既盛，定人伦，兴礼乐，语言各异，文字各异，风俗各异。"郑光祖认为：地球上始生虫鱼，然后才有鸟兽，再后才生人。这是符合自然界演变规律的。他的思想出现在达尔文"进化论"思想之前，应该说是有科学价值的。

（二）遗传与变异思想

中国古代在农业生产和植物栽培的过程中逐步发现了生物的遗传和变异现象。宋张世南《游宦纪闻》曰：

> 《越绝书》曰："慧种生圣，疾种生狂；桂实生桂，桐实生桐。"沙随先云："以世事观之，殆未然也。"《齐民要术》曰："凡种梨，一梨十子，唯二子生梨，余皆生杜。"段[成式]氏曰："鹘生三子，一为鸱。"《禽经》曰："鹳生三子，一为鹤。"《造化权舆》曰："夏雀生鹑，楚鸠为鸮。"《南海记》曰："鳄生子百数，为鳄者才十二，余或为鼋，为鳖。"然则尧之有丹朱；瞽瞍之有舜；鲧之有禹；文王之有周公，又有管、蔡，奚足怪哉！"先生又尝谓："桂生桂，桐生桐柚，理之常也。生异类者，理之变化。"

这是把生物的变与不变联系起来进行探讨。沙随先综合前人资料指明，活的有机体既能产生与自身相似的后代，又会产生不相似的个体。重新提出人类亲子之间往往存在着某些显著差别，否定了"慧种生圣"。修正了"子性类父"等等说法。然而所举动植物产生的不相似个体，大都是全无亲缘关系的"异类"，并非遗传性变异。

明叶子奇继承王充"种类相产"的理论，《草木子·观物》中说："草木一荄（根）之细，一核之微，其色、香、葩、叶相传而生也。"如同王充一样，他也把种子看成是生物性状传递的载体。又曰："草木一核之微，而色香臭味，花实枝叶，无不具于一仁之中。及其再生，一一相肖。"这里对生物性状的遗传机理，作了初步探讨。

关于生物的变异性古人有不少论述。宋蔡襄《荔枝谱》曰："荔枝以甘为味，虽有百千树莫有同者。"

沈括《梦溪笔谈》卷26"药议"曰："诸越则桃李冬实，朔漠则桃李夏荣，此地气然也。"

刘蒙《菊谱》曰："花大者为甘菊，花小而苦者为野菊。若种园蔬肥沃之处，复同一体，是小可变为大也，苦可变为甘也。如是，则单叶变而为千叶，亦有之也。"

元《王祯农书》卷1"地利篇第二"曰："凡物之种各有所宜，故宜于冀兖者，不可以青徐论，宜于荆扬者，不可以雍豫论。……谷之为品不一，风土各有所宜。"

明宋应星《天工开物·乃粒篇》曰："梁粟种类芒多，相去数百里，则色味形质随之而变，大同小异，千百其名。""凡稻旬日失水，则死期至，幻出旱稻一种，粳而不粘者，即高山可插，一异也。"

明夏之臣对生物的突变现象有一定认识。《评亳州牡丹》曰：

> 吾亳土脉宜花，无论园丁、地主，但好事者皆能以子种，或就根分移。其捷径者，惟取方寸之芽，于下品牡丹根上，如法接之。当年盛者，长一尺余，即著花一、二朵，二、三年转盛。如……"[娇容]三变"之类，皆以此法接之。其种类异者，其种子之忽变者也；其种类繁者，其栽接之捷径者也，此其所以盛也。

此段文字前一半叙述了当地两条种植经验，后一半解释了亳州牡丹盛而不衰的原因。在夏氏看来，品种和类型之所以各不相同，归因于种子突然会发生变异；可供观赏的种类之所以繁多，则在于嫁接方法，使种子突变所产生的新类型得以快速繁殖(保留)，并传播开来。最值得重视的莫过于"其种类异者，其种子之忽变者也"十三个字。它否认任何外力作用，完全由客观事实出发，从有机体本身去寻找变化和发展的原因。

古代园艺家也了解有些花草的变异是不遗传的。北宋时张帮基在《陈州牡丹记》中记载：园户牛氏家里，有一株牡丹忽开一枝花"色如鹅雏而淡，其面一尺三四寸，高尺许，柔葩重累，约千百叶"，这是姚黄品种所产生的一个新变异，它被称之"缕金黄"。郡守知道消息，想要把它摘下来去进贡内府。种花人都反对这样做，他们指出"此花之变异，不可为常"，即这花的变异是不能遗传的。所以如果这次把已变异的花送进内府，下次内府再来要时就无法应付了。后来事实正如种花人所认为的那样，第二年花开"果如旧品矣。"(清汪灏等《广群芳谱》卷32引)

由于人们认识到动植物的遗传和变异现象，他们对于品种的利用上产生了人工选择的方法。刘蒙《菊谱》曰：

> "余尝怪古人之于菊，虽赋咏嗟叹见于文词，而未说其花怪异如吾谱中所记，疑古之未品若今日之富也。今遂有三十五种。又尝闻于莳花者云，花之形色变易牡丹之类，岁取其变者以为新，今此菊亦疑所变也，今之所谱，虽自谓甚富，然搜访有所未至，与花之变易后出，则有待于好事者焉。

刘蒙已经认识到：无论是菊花或是牡丹，在古代，其品种都不如现在的多。如牡丹一样，菊花也是时常产生变异的。所以只要人们年年选取并保存其变异，就可以得到新的菊花品种。现在之所以有这么多新的菊花品种，就是这样不断选择变异形成的。不仅如此，刘蒙还认为无论是菊花或是牡丹现在都还在发生变异，将来也还要继续发生变异，所以只要"好事者"继续不断地进行选择，那么新品种就还要继续形成和出现。

张谦德《硃砂鱼谱》曰：

> 蓄类贵广，而选择贵精，须每年夏间市取数十头，分数缸饲养，逐日去其不佳者，百存一、二，并作两、三缸蓄之，加意培养，自然奇品悉具。

古人对金鱼的选择所用的是典型的混合选择法。《金鱼图谱》的作者句曲山农认为，用来交配的雌雄金鱼，不仅要选择符合人类需要的优良性状的个体，而且要选择雌雄双方的性状相一致的个体。他说："咬子时，雄鱼须择佳品，与雌鱼色类大小相称。"这是很合乎现代遗传学所认识的生物遗传规律的。那些"色、类、大、小相符"的雌雄金鱼往往有比较相似的遗传物质基础。金鱼的各种品种的形成，是我国人民对金鱼变异长期地、大量选择的结果。

我国古代在选择育种方面，还应用了单株选择法。根据《康熙几暇格物编》记载，当时乌喇有棵树孔中"忽生白粟一科"，当地人首先选用了这棵白粟种进行繁殖，结果是"生生不已，遂盈亩顷，味既甘美，性复柔和"，康熙帝在获得这种白粟良种后，也叫人在山庄里进行试验，结果证明这种白粟的茎、叶、穗都比其它种大一倍，而且成熟还快，果是良种。这种单株选择育种的成功，对康熙帝有很大启发。他由此推想，古代的各种优良作物品种，也决非是原先就有的，而是人们通过对变异的选择才逐步形成的。后来康熙帝又应用这种单株选择法，成功地选育出了一种早熟高产的优质水稻——御稻。清包世臣《齐民四术·农政》中提出要在肥地中，选择单穗，分收分存。他把这种单穗选择育种，称之为"一穗传"。这种"一穗传"的育种方法，是地地道道的单株选择法。

近代著名生物学家达尔文曾从我国古代的人工选择的丰富经验中吸取了丰富的养料，并给以高度的评价。《动物和植物在家养下的变异》曰：

在前一世纪，“耶稣会会员们”出版了一部有关中国的巨大著作，这一著作主要是根据古代《中国百科全书》编成的。关于绵羊，据说“改良它们的品种在于特别细心地选择那些预定作为繁殖之用的羊羔，给予它们丰富的营养，保持羊群的隔离”。中国人对于各种植物的果树也应用了同样的原理。皇帝上谕劝告人们选择显著大型的种子，甚至皇帝还亲自进行选择。……关于花卉植物，按照中国传统，牡丹的栽培已经有1400年了，并且育成了200到300个变种。

《物种起源》曰：

如果以为选择原理是近代的发现，那就未免与事实相差太远……在一部古代的中国百科全书中，已经有关于选择原理的明确记述。

表明中国古人的人工选择思想对达尔文的思想产生过积极的影响。

古人不仅娴熟地运用人工选择方法，而且采用杂交方式，进行优势利用。李时珍《本草纲目》曰：“骡大于驴，而健于马。”李时珍指出生物的变异可以用人工的方法予以干预，畜类是兽类中“豢养者”，说明兽类可以通过人工豢养而驯化，如对野象的驯化，描述至为详尽，他说：“饲而神之，久则渐解人言，使象奴牧之，制之以钩，左右前后，罔不如命也。”(卷50“象”)对植物亦复如是，主张通过人工选择，对植物进行选择，如对于大豆的选种，认为“知岁所宜，以囊盛豆子，平量埋阴地，冬至后十五日发取量之，最多者种焉。盖大豆保岁易得……小豆不保岁难得也。”(卷24“大豆”)并指出野生的“莲多藕劣”，种植者“莲少藕佳”(卷33“莲藕”)。方以智《物理小识》曰：“骡耐走，不多病。”宋应星具体介绍了杂交的方法。《天工开物·乃服篇》曰：“凡茧色唯黄白两种。川、陕、晋、豫有黄无白，嘉湖有白无黄。或将白雄配黄雌，则其嗣变为褐蚕。”“今寒家有将早雄配晚雌者，幻出嘉种，此，一异也。”

从这两则记载，可知当时蚕农做了两组家蚕杂交工作。其一是，吐黄丝种的雄蚕和吐白丝的雌蚕杂交；其二是，雄性的“早种蚕”与雌性的“晚种蚕”杂种，第一组杂交产生了吐褐色的杂种，第二组杂交产生了“嘉种”，即产生了优良品种。《天工开物·乃服篇》还说：

凡蚕有早晚二种，晚种每年先早种五、六日出，结茧亦在先，其茧较轻三分之一。若早蚕结茧时，彼(指晚种)已出蛾生卵，以备再养。

这里所说的“晚种”蚕，显然是二化性蚕。

清代有一本佚名的《鸡谱》也论述了杂交的原理和方法。《鸡谱》曰：

天地生物之道，其理精微，孤阴不生，孤阳不长，阴阳配合，万物化生矣。夫养鸡之法，雄雌配合，抱卵生雏，乡野皆知，何必论也。欲求具广，千百之雏皆易也，安能知三配也。三配者，有头嘴之配；有羽毛之配；有厚薄之配。其妙补其不足，去其有余，方能得其中和也。世谷不知，得一佳者之雄，必欲寻其原窝之雌，以为得配。而却不知鸡之生相，岂能得十全之美乎，必有缺欠之处，大凡原窝之雌，必然同气相类，彼此相缺皆同，安能补其不足，去其有余者耶。

这是从理论上说明杂交在育种工作中的意义。文中认为各种鸡不可能十全十美，杂交的好处就在能够“补其不足”，“去其有余”，“而得其中和”。而近亲交配，如同窝鸡交配，则由于它们有相同的遗传性(“同气相类”)，“彼此相缺皆同”，所以就达不到“补其不足，去其有余”的目的。关于杂交优势的遗传机理，在遗传学界迄今也没有较完善的解释。距今200多年前《鸡谱》所提出的"补其不足,去其有余,得其中和"的理论,颇似后来布鲁斯(H. B. Bruce)等人于1910年首先提出的"显性基因互补假说。"针对斗鸡选育,《鸡谱》根据杂交公鸡或母鸡头部、羽毛、身躯骨架肌肉特点,视具体需要,去选择相应的母鸡或公鸡进行交配。

(三)生态思想

李时珍特别注意环境对于生物的影响。他指出地域和四时气候的不同将影响生物的生长与形态,如指出天方国罂粟花"七、八月后尚有青皮,或方土不同乎"(《本草纲目》卷24"阿芙蓉"),指出"五方之气,九州之产,百谷各异其性。"他指出"浊水流水之鱼与清水止水之鱼,胜色口别。"(卷5"流水")而"山禽咮短而尾修,水禽咮长而尾促。"(卷47"禽部")李时珍还指出生物对环境的适应。他认为天然适应是生物的本性,如说:"鳞者粼也,鱼产于水,故鳞似粼,鸟产于林,故羽似叶;兽产于山,故毛似草;鱼行上水,鸟飞上风,恐乱鳞羽也。"(卷44"鱼鳞")又说:"毛协四时,色合五方"(卷47"禽部")这是生物自然适应简单而概括的描述。

关于生态物质的循环,宋应星在《论气·形气化》中说:

> 初由气化形人见之,卒由形化气人不见者,草木与生人、禽兽、虫鱼之类是也。……气从地下催腾一粒,种性小者为蓬,大者为蔽牛干霄之木,此一粒原本几何,其余则皆气所化也,及其蓊然于深山,蔚然于田野,人得而见之。即至斧斤伐之,制为宫室器用与充饮食饮爨,人得而见之。及其得火而燃,积为灰烬,衡以向者之轻重,七十无一焉;量以多寡,五十无一焉。即枯枝、榴茎、落叶、凋芒殒坠溃腐而为涂泥者,失其生茂之形,不啻什之九。人犹见以为草木之形,至灰烬与涂泥而止矣,不复化矣。而不知灰烬枯败之归土与随流而壑也,会母气于黄泉,朝元精于冱穴,经年之后,潜化为气,而未尝为土与泥,此人所不见也。若灰烬涂泥竟积为土,生人岂复有卑处之域,沧海不尽为桑田乎?

这是宋应星的生态物质循环思想的具体论述。

由于人们已经认识到生态环境与人休戚相关,因而产生了许多保护动植物资源和改善生态环境的理论和方法:

动物资源的保护 青蛙能捕食害虫,是有益动物,所以我国先民很早就知道要保护它。北宋彭乘《墨客挥犀》卷6记载"浙人喜食蛙,沈文通在钱塘日,切禁之。"南宋赵葵《行营杂录》记载:"马裕斋知处州,禁民捕蛙,有一村民犯禁,乃将冬瓜切作盖,刳空其腹,实蛙于中,黎明持入城,为门卒为捕,械至于庭。公心怪之,问曰:汝何时捕此蛙。答曰:夜半。……公穷究其罪。"

植物资源的保护 《宋史·河渠志》记载:"真宗咸平三年……,巡隄县令佐迭巡隄防,转运使勿委以他职,又申严盗伐河上榆柳之禁。"明王元凯《攸县表·杂议篇》中说,嘉靖年间,攸县县令裘行恕针对当时攸县"东乡多山,重岩复岭,延袤百余里,闽粤之民,利其土美,结庐其上,垦种几遍"的情况,提出"已开者不复禁止,未开者即多种杂树,断不可再令开垦,如此渐次挽救,设法保卫,庶几合县之山,尚可十留三"。《大清世宗宪皇帝实录》卷16记载,雍正二年(1724),皇帝谕直隶各省抚等官:"……舍旁四畔,以及荒山旷野,量度土宜,种树植木。桑柘可以饲蚕,枣栗可以佐食,柏、桐可以资用,即榛楛杂木,亦足以供炊爨,其令有司督率指画,课令种植,乃严禁非时之斧斤,牛羊之践踏,奸徒之盗窃,亦为民利不小。"

植树造林、绿化环境 宋太祖开宝五年(972)正月,宋太祖宜曾下诏天下百姓种植桑枣及榆柳等树。《宋史·河渠志》载:“开宝五年正月,太祖诏曰:应缘黄、汴、清、御等河州县,除淮旧制种艺桑枣外,委长吏课民别树榆柳及土地所宜之木。仍案户籍高下,定为五等:第一等岁树五十本,第二等以下递减十本。民欲广树艺者听,其孤寡茕独者免。”宋神宗熙宁五年(1072),东头供奉官赵忠政言:“界河以南至沧州凡二百里,夏秋可徒涉,遇冬则冰合,无异平地。请自沧州东接海,西抵西山,植榆、柳、桑、枣,数年之间,可限契丹。”(《宋史·河渠志》)《宋史·李璋传》记述宋代李璋知郓州时,曾经修路植柳之事:“发卒城州西关,调夫修路数十里,夹道植柳,人指为李公柳。”《马可波罗游记》第九十九章记忽必烈“命人沿途植树”之事:“大汗曾命人在使臣及他人所经过之一切要道上种植大树,各树相距二、三步,俾此种道旁皆有密接之极大树木,远处可以望见,俾行人日夜不至迷途。”明太祖洪武二十七年(1394),朝廷要求百姓多种桑枣和柳树。《天府广记》卷21“工部篇·树植条”记载:“洪武二十七年(1394),令工部行文书教天下百姓,务要多栽桑枣,每一里种二亩秧,每一百户内共出人力挑运柴草烧地,耕过再烧,耕烧三遍下种,待秧高三尺,然后分栽,每五尺阔一垄。每一百户初年二百株,次年四百株,三年六百株。栽种过数目,造册回奏。违者全家发云南金齿充军。……京城渠路及边境地宜多种柳树,可以作薪,以备易州山厂之缺。”

(四)相生相克现象

中国古籍中记载了不少动植物间相生相克的现象,表明人们对它有一定的认识。

种内自毒作用　清丁宜《农圃便览》曰:“三月,清明种麻,忌重茬,烂茬。”清祁寯藻《马首农言》曰:“不怕重种谷,只怕谷重谷。”

促生作用　旧题唐郭橐驼《种树书》(可能为明初作品)曰:“种莲以麦门冬夹种茂盛。”清方观承《棉花图》曰:“植棉……又或种芝麻,云能利绵。”清汪灏等《广群芳谱》曰:“茶园不宜加以恶木,唯桂、梅、辛夷、玉兰、玫瑰、苍松、翠竹与之间植,足以蔽覆霜雪,掩映秋阳。其下可植芳兰、幽菊清芬之物,最忌菜畦相逼,不免渗漉,滓厥清真。”清包世臣《郡县农政》曰:“以黍、桑子各三升,蚕沙三斗种之,桑黍俱生。”清陈淏子《花镜》曰:“牡丹,性畏麝香。桐油,生漆气,旁宜植逼麝草,如无,可和大蒜、葱、韭亦可,不使乱草侵上。”

相克作用　宋赞宁《物类相感志》曰:“芝麻骨插竹园四周,竹不沿出。”明邝璠《便民图纂》曰:“凡开垦荒田,烧去野草,犁过,先种芝麻一年,使草木之根败烂后,种谷,则无荒草之害。盖芝麻之于草木若锡之干五金,性相制也,务农者不可不知。”明冯应京《月令广义》曰:“竹根穿阶,以皂角刺或芝麻秸或官桂未埋砌中,则竹根止此矣。”明陈继儒《致富奇书·谷部》曰:“芝麻叶上泻下雨露最苦,草木沾之必萎,凡嘉果木之旁,勿种芝麻。”清郭云升《救荒简易书》曰:“高粱内种落花生,落花生荐种高粱,高粱皆不茂盛。”“红薯怕姜荐,武陟县老农曰,姜荐重种薯,薯皆带姜气。”“红薯怕重辣椒茬,武陟县老农曰,辣椒茬种薯,薯皆带辣气。”

(五)年轮知识

宋洪迈《夷坚志》丁卷第六曰:

建阳民陈普,祖墓旁杉一株,甚大。绍兴壬申岁,陈族十二房共以鬻于里人王一,评价十三千,约次日祠墓伐木。是夜,普梦白须翁数人曰:“主此木三百八十年,当与黄察院作,安得便找?”……后五年,黄察院卒于信州,其子德琬买椁未得,访求于故里。有以陈杉来言,云:“愿鬻已久,因校四十钱,数房荡析,恐不能适合尔。”试遣营之。则三日之前,在外者适还。是时已成十六家,各与千钱,皆喜而来就,竟仆以为榇。普话昔年梦。细视木理,恰三百八十余晕云。

三百八十晕便是380年,这是符合科学道理的。

五 数学思想

(一)理、气与数

《朱子语类》卷65曰:“气便是数。有是理,便有是气。有是气,便有是数。”“有气有形便有数。物有衰旺,推其始终便可知。”“譬之草木,皆是自然凭地生,不待安排。数亦是天地间自然底物事。”朱子认为气便是数,有气有形便有数。

(二)数学的功能

宋秦九韶认为数的作用很大,既可以通神明,顺性命,又可以经世务,类万物。《数书九章·序》曰:

周教六艺,数实成之。学士大夫,所从来尚矣。其用本太虚生一,而周流无穷,大则可以通神明,顺性命;小则可以经世务,类万物,讵容以浅近窥哉。

他将算分为“内”、“外”,并指出二者是相通的。《序》又曰:

今数术之书,尚三十余家。天象历度,谓之“缀术”;太乙壬甲,谓之“三式”,皆曰“内算”,言其秘也。《九章》所载,即《周官》“九数”;系于方圆者,为“叀术”,皆曰“外算”,对内而言也。其用相通,不可歧二。

明朱载堉认为算学处于支脉的地位。《算学新说》曰:

臣所撰《新说》凡四种:一曰律学,二曰乐学,三曰算学,四曰韵学。前二者其书之本原,后二者其书之支脉,所以羽翼其书者也。

程大位认为“算乃人之根本”。《新编直指算法统宗》卷1载“先贤格言”(改调西江月)曰:

智慧童蒙易晓
愚顽皓首难闻
世间六艺任纷纷
算乃人之根本
知书不知算法
如临暗室昏昏
谩同高手细评论
数彻无萦方寸

(三)数理可知论

李冶从三个方面阐述了数理可知的思想:一是承认“数本难穷”。二是数既然如此难穷,那么是不是不可穷了呢?他认为:难穷并不等于不可穷,说难穷是对的,说不可穷是不对的。这是因为:一方面,数“出于自然”,本乎客观,乃“自然之数”,而且其中又有理可依,有规律可循,体现了“自然之理”;尽管它深藏于事物的现象背后,存在于不易发现的“冥冥之中”,但这种数量关系又总是会通过具体事物而反映出来，总是有“昭昭者存”，从而使人们能够发现它，把握它。另一方面，从人的主观认识能力来看，人能够以“名”概“数”，即通过概念、推理等思想手段去把握数的内在规律，“既以名之数矣，则又何为而不可穷也。”三是在难穷和可穷的这一对矛盾面前，应该采取积极进取的态度，通过对自然之理的把握去阐明自然之数，使天地万物与自然的数理完全相合，即所谓“推自然之理，以明自然之数”。《测圆海镜·序》曰：

数本难穷，吾欲以力强穷之，彼其数不惟不能得其凡，而吾之力且惫矣。然则数果不可以穷耶？既以名之数矣，则又何为而不可穷也！故谓数为难穷斯可，谓数为不可穷斯不可。何则？彼其冥冥之中，固有昭昭者存。夫昭昭者，其自然之数也。非自然之数，其自然之理也。数一出于自然，吾欲以力强穷之，使隶首复生，亦未如之何也已。苟能推自然之理，以明自然数，则远而乾端坤倪，幽而神情鬼状，未有不合者矣。

六 医学思想

（一）医学观

宋晁公武《郡斋读书志·医书类·黄帝素问》曰：

医经传于世者多矣。原百病之起愈者，本乎黄帝；辨百药之味性者，本乎神农；汤液则称伊尹。三人皆圣人也。悯世疾苦，亲著书以垂后，而世之君子不察，乃以为贱技，耻于习之。由此，故今称医者多庸人，治之常失理，可生而死者甚众。激者至云“有病不治，犹得中医”，岂其然乎？故予录医颇详。

晁公武批评了那种认为医“为贱技，耻于习之”的思想，指出医乃圣人所传，应予重视，反映出晁氏不同于常人的医学观。

（二）用药思想

药物的使用必须是对症下药，但不只如此，医家还总结出其他成功经验，如李时珍重视人这一方面的因素，认为用药既要照顾天时，更需照顾人体的情况，如用胡荽治痘疹，就强调了天气冷热季节和人体虚弱等情况；知母黄柏要少壮气盛才可服用；服用胡桃惟虚寒者宜之；服蜀椒以脾胃及命门虚寒有湿郁者相宜等等。

人们也吸取许多教训，如药物的相反相忌。元贾铭《饮食须知·序》曰：

饮食藉以养生，而不知物性有相反相忌，丛然杂进，轻则五内不和，重则立兴祸患，是养生者亦尝不害生也。历观诸家本草疏注，各物皆损益相半，令人莫可适从，兹专选其反忌，汇成一编，俾尊生者日饮食中便于检点耳。

《饮食须知》将大量药物相反相忌的材料收集在一起，以供人药用膳时参考和借鉴。

七 农学思想

（一）农 学 观

宋陈振孙《直斋书录解题·农家类》曰：

农家者流，本于农稷之官，勤耕桑以足衣食。神农之言，许行学之，汉世野老之书，不传于后，而唐志著录，杂以岁时月令及相牛马诸书，是犹薄有关于农者。至于钱谱，相贝、鹰鹤之属，于农何与焉？今既各从其类，而花果栽植之事，犹以农圃一体，附见于此，其实浮末之病本者也。

陈振孙认为农家本于农稷之官，其目的在于"勤耕桑以定衣食"，后来其学不传，而以岁时月令、相牛相马之书相杂，削弱了农家的地位，后又加入钱谱、相贝、鹰鹤之属、花果栽植之事。这就更浮末病本了。表明陈只重"耕桑"，而不重视经济作物的生产。

晁公武《郡斋读书志·农家类·齐民要术》曰：

农家者，本出于神农氏之学。孔子既称"礼义信足以化民，焉用稼"，以诮樊须，而告曾参以"用天之道，分地之利，为庶人之孝"，言非不同，意者，以躬稼非治国之术，乃一身之任也。然则士之倦游者，讵可不知乎？

晁公武认为孔子诮樊迟的本意是说"躬稼非治国之术"，但仍为"一身之任"，希望宦海倦游之士对农家应多有知晓。

明王象晋《二如亭群芳谱·叙》曰：

尼父有言，吾不如老农，不如老圃。世之耳食者遂讵然曰，农与圃小人事也。大人者当调剂二气，冶铸万有，乌用是龊龊者为。果尔，则陈豳风者不必圣，爱菊爱莲者不必贤，税桑田树榛栗者不必称蹇，渊侈咏歌哉。

王象晋从反面说明农业的重要性。

（二）地宜说

地宜说就是指地势有高下、土壤有肥瘠，因而农作物的种植应根据其适宜情况进行安排。宋陈旉《农书·地势之宜》曰：

夫山川原隰，江湖薮泽，其高下之势既异，则寒燠肥瘠各不同。大率高地多寒，泉冽而土冷，传所谓高山多冬，以言常风寒也；且易以旱干；下地多肥饶，易以淹浸。故治之各有宜也。

"粪田之宜"篇曰："土壤气脉，其类不一，肥沃硗确，美恶不同，治之各有宜也。""耕耨之宜"篇曰："夫耕之先后迟速，各有宜也。""早田获刈才毕，随即耕治晒曝。""晚田宜待春乃耕 。""山川原隰多寒，经冬深耕，放水干涸。""平坡易野，平耕而深浸。"

这种思想一直影响后世。如元《王祯农书·垦耕》曰："顺天之时，因地之宜，存乎其人。"

明马一龙《农说》曰："天有时，地有气，物有情，悉以人事司其柄。""知时为上，知土次之。知其所宜，用其不可弃；知其所宜，避其不可为。力足以胜天矣。"

人们不仅认识到农作物种植与地宜的关系，而且也认识到手工业生产与地宜的关系。

宋《笺纸谱》曰：

《易》以西南为坤位，而吾蜀重厚不浮，此坤之性也。故物生于蜀者，视他方为重厚，凡纸亦然，此地之宜也。

府城之南五里有百花潭，支流为二，皆有桥焉，其一玉溪，其一薛涛。以纸为业者家其旁。锦江水濯锦益鲜明，故谓之锦江，以浣花潭水造纸故佳，其亦水之宜矣。江旁凿臼为碓，上下相接，凡造纸之物，必杵之使烂，涤之使洁，然后随其广狭长短之制以造。研则为布纹，为绫绮，为人物、花木、为虫鸟、为鼎彝，虽多变，亦因时之宜。

造纸与水有关系，故水良则纸好。蜀地锦江水佳，故纸也佳。

（三）新风土论

风土观念出现于战国，认为一切生物只能在它的故土生长，逾越这个范围，就会发生变异，甚至引起死亡。到宋明时期，人们认识到：虽然环境条件对作物的生长是有影响的，但在一定的条件下，作物又是可以引种的，引种上的失败，不能完全归咎于风土，有的则是不得其法造成的。这就是新风土论。《王祯农书·地利》曰：

> 夫封畛之别，地势辽绝，其间物产所宜者，亦往往而异焉。何则？风行地上，各有方位；土性所宜，因随气化，所以远近彼此之间风土各有别也。

“风土说”实际上是由天时、地宜原则演进而来的，是符合科学管理的。

《农桑辑要·论苎麻木棉》曰：

> 盖不知中国之物，出于异方者非一。以古言之，胡桃、西瓜是不产于流沙葱岭之外乎？以今言之，甘蔗、茗芽，是不产于牂柯，邛、笮之表乎？然皆为中国珍用，奚独至于麻、棉而疑之！虽然托之风土，种艺不谨者有之；抑种艺虽谨，不得其法者亦有之。故特列其种植之方于右，庶勤于生业者，有所取法焉。

这是对借口“风土不宜”而反对移种棉花者的反驳。

徐光启《农政全书·农本》曰：

> 若谓土地所宜，一定不易，此则必无之理。
>
> 若果尽力树艺，殆无不可宜者。就令不宜，或是天时未合，人力未至耳。
>
> 若荔枝、龙眼不能逾岭，橘柚橙柑，不能过淮，他若兰、茉莉之类，亦千百中之一、二。

徐光启强调，尽量发挥人的主观能动性，努力进行试验种植，不要以风土不宜为借口，固步自封。

（四）地力常新论

宋代有些人看到因用地不当而出现一些地力衰退的现象，从而产生“地久耕则耗”，“凡田种三五年，其力已乏”的土壤肥力递减的思想。但农学家陈旉根据他自己长期实践经验对此提出新的见解。《陈旉农书·粪田之宜》曰：

> 且黑壤之地信美矣，然肥沃之过，或苗茂而实不坚，当取生新之土以解利之，即疏爽得宜也。硗埆之土信瘠恶矣，然粪壤滋培，即其苗茂盛而实坚栗也。虽土壤异宜，顾治之如何耳？治之得宜，皆可成就。
>
> 或谓土敝则草木不长，气衰则生物不遂，凡田土种三、五年，其力已乏。斯语殆不然也，是未深思也。若能时加新沃之土壤，以粪治之，则益精熟肥美，其力常新壮矣，抑何敝何衰之有？

这里强调人对土壤肥力的作用，提出了“地力常新壮”的理论。这些论述有力地批驳了土壤肥力递减的观点，对人们努力提高土壤肥力，定向改造土壤和发展农业生产有积极意义。

第七章　明清之际的科学思想

16世纪末，欧洲耶稣会士接踵来华，为帮助传教，他们积极向中国知识界传播欧洲的科学和技术。其中尤以天文学占有特殊的重要地位——由于天文学在中国社会中的特殊地位和作用，它成了明清之际科学技术西学东渐的旗帜。在天文学的带动和影响下，一系列西方的科学技术在中国得到相当广泛的传播和应用。中国科学思想史遂由此进入一个全新的阶段。

第一节　明末西学东渐的历史背景

一　近代科学在欧洲之兴起

文艺复兴时期之后，近代科学在欧洲兴起。通常以哥白尼(Copernicus)日心宇宙体系的问世——《天体运行论》的出版作为近代科学兴起的象征，但是就此处的讨论而言，更重要的是实验方法以及与此相关的一系列观念的确立。

科学的实验方法，有一些鲜明的特点：

(1)以“客观性假定”为前提，即认为客观世界不会因为人类的观察、测量，或人类的主观意志而有所变化——这一前提在以往的几个世纪中引导科学技术取得了无数成就，因而曾长期被认为是天经地义、毫无疑问的(它还被当作唯物主义的基石)，直到20世纪物理学的一系列新进展才使它在哲学上发生动摇。

(2)完全摈弃了超验、体悟、神秘主义之类古代和中世纪人们用来认识世界的旧方法。实验可重复成为保证知识正确性的必要条件。

(3)强调用“模型方法”去认识和描述世界，即先通过观察和思考构造出模型(可以是数学公式、几何图形等等)，再通过实验(在天文学上就是进行新的观测)来检验由模型演绎出来的结论；若两者较为吻合(永远只能是一定程度上的吻合)，则认为模型较为成功，否则就要修改模型，以求与实验结果的进一步吻合。

持此三点以观哥白尼日心宇宙体系和《天体运行论》(1543)，则尚未够得上真正的科学实验方法。例如，哥白尼坚持认为天体的运动决不能违背毕达哥拉斯关于天体必作匀速圆周运动的论断[1]。又如，哥白尼体系在描述行星运动和预测行星方位的精度方面，与托勒密地心体系相比也并无什么优越性[2]。

实验方法在16世纪的吉尔伯特(William Gilbert of Colchester)那里开始取得显著成效，他的《磁石论》发表于1600年，其中的许多结论来自他所描述的各种磁学实验。而著名的弗兰西斯·培根(Francis Bacon)虽然在科学上并无成果，作为哲学家他却对科学实验方法的确立起了很大作用，尽管《学术的伟大复兴》一书中所强调的归纳方法实际上只是实验方法的前一半。

真正用近代科学实验方法取得伟大成果的，最先当数开普勒（Kepler）和伽利略（Galileo）。开普勒行星运动三定律（1609，1619）及其发现的过程，是在天文学上使用模型方法的成功典范，其中再也看不到古代思辩信条的踪迹。此后在天文学上的无数新发现中，迄今尚未发现有越出上述模型方法的例子。伽利略在力学方面的研究，虽然不是没有先驱者——比如达·芬奇（Leonardo da Vinci）和斯台文（Simon Stevin），但严格说来伽利略才真正使用了完备的模型方法并取得成功。尤其是他在使用模型方法的过程中，能够巧妙忽略次要因素的影响，从而使数学处理得以进行，并最终获得正确结果的大师手法，为科学研究中模型方法的广泛使用开拓了道路。

在实验—模型方法的使用中，演绎推理是极为重要的一环。借助于适当的数学工具，演绎推理可以具有极大的功能，以至于使人觉得有些实验只需要在纸上或脑子里进行即可，正如伽利略所说：

> 通过发现一件单独事实的原因，我们对这件事实所取得的知识，就足以使我们理解并肯定一些其它事实，而不需要求助于实验。正如目前这个事例（指大炮以45度仰角发射时射程最远——这是前人根据观察已经发现了的事实）所显示的那样，作者单凭论证就可以有十足的把握，证明仰角度在45度时射程最远。[3]

当然，能在纸上或脑子里进行的并不是真正意义上的实验。

模型方法自此成为科学技术发展中最主要的利器。而牛顿力学的伟大成功以及随之而来的天体力学方面的一系列惊人成果，使得模型方法的光辉臻于极致。就本章所讨论的主题而言，近代科学的兴起之中，最值得注意之点就是模型方法的广泛确立和使用——其实它早在古希腊天文学中就已被使用了，只是并未成为探索知识的普遍方法，自身也还未具备现代形态。

二　耶稣会士东来与“学术传教”之方针

16世纪末，耶稣会士开始进入中国，1582年利玛窦（Matteo Ricci，1552～1610）到达中国澳门，成为耶稣会在华传教事业的开创者。经过多年活动和许多挫折以及和中国各界人士的广泛接触之后，利氏找到了当时在中国顺利展开传教活动的有效方式——即所谓“学术传教”。1601年他获准朝见万历帝，并被允许居留京师，这标志着耶稣会士正式被中国上层社会所接纳，也标志着“学术传教”方针的成功。

“学术传教”虽然常被归为利氏之功，其实这一方针的提出是与耶稣会固有传统分不开的。耶稣会一贯极其重视教育，大量兴办各类学校，例如，在17世纪20、30年代，耶稣会在意大利拿波里省就办有19所学校，在西西里省有18所，在威尼斯省有17所[4]；而耶稣会士们更要接受严格的教育和训练，他们当中颇有非常优秀的学者。例如，利玛窦曾师从当时著名的数学和天文学家克拉维（Clavius）学习天文学，后者与开普勒、伽利略等皆为同事和朋友。又如后来成为清代第一任钦天监监正的汤若望（Johann Adam Schall von Bell，1592～1666），其师格林伯格（C. Grinberger）正是克拉维在罗马学院教授职位的后任。再如后来曾参与修撰《崇祯历书》的耶稣会士邓玉函（Johann Terrenz Schreck，1576～1630），本人就是猞猁学院(Accademia dei Lincei,意大利科学院的前身)院士,又与开普勒及伽利略(亦为猞猁学院院士)友善。正是耶稣会重视学术和教育的传统使得"学术传教"的提出和实施成为可能。

关于"学术传教",还可以从一些来华耶稣会士的言论中增加理解。这里仅选择相距将近一百五十年的两例——出自利玛窦和巴多明(D. Parrenin,1665~1741)之手,以见一斑:

一位知识分子的皈依,较许多一般教友更有价值,影响力也大[5]。

为了赢得他们(主要是指中国的知识阶层)的注意,则必须在他们的思想中获得信任,通过他们大多不懂并以非常好奇的心情钻研的自然事物的知识而博得他们的尊重,再没有比这种办法更容易使他们倾向理解我们的基督教神圣真诠了。[6]

如果刻意要作诛心之论,可以说来华耶稣会士所传播的科学技术知识只是诱饵;但从客观效果来看,"鱼"毕竟吃下了诱饵,这就不可能不对"鱼"产生作用。

三 通天捷径——天文学之特殊历史角色

天文学在古代中国主要不是作为一种自然科学学科,而是带有极其浓重的政治色彩。天文学首先是在政治上起作用——在上古时代,它曾是王权得以确立的基础;后来则长期成为王权的象征[7]。直到明代中叶,除了皇家天学机构中的官员等少数人之外,对于一般军民人等而言,"私习天文"一直是大罪;在中国历史上持续了将近两千年的"私习天文"之厉禁,到明末才逐渐放开——而此时正是耶稣会士进入中国的前夜[8]。

利玛窦入居京师之时,适逢明代官方历法《大统历》误差积累日益严重,预报天象屡次失误,明廷改历之议已持续多年。利玛窦了解这一情况之后,很快作出了参与改历工作的尝试,他在向万历帝"贡献方物"的表文中特别提出:

(他本人)天地图及度数,深测其秘;制器观象,考验日晷,并与中国古法吻合。倘蒙皇上不弃疏微,令臣得尽其愚,披露于至尊之前,斯又区区之大愿[9]。

利玛窦这番自荐虽然未被理会,却是来华耶稣会士打通"通天捷径"——利用天文历法知识打通进入北京宫廷之路以利传教——的首次努力。

利玛窦对于"通天捷径"有非常明确的认识,他已能理解天文学在古代中国政治、文化中的特殊地位,因此他强烈要求罗马方面派遣精通天文学的耶稣会士来中国。他在致罗马的信件中说:

此事意义重大,有利传教,那就是派遣一位精通天文学的神父或修士前来中国服务。因为其他科技,如钟表、地球仪、几何学等,我皆略知一二,同时有许多这类书籍可供参考,但是中国人对之并不重视,而对行星的轨道、位置以及日、月食的推算却很重视,因为这对编纂《历书》非常重要。

……

我在中国利用世界地图、钟表、地球仪和其他著作,教导中国人,被他们视为世界上最伟大的数学家;…… 所以,我建议,如果能派一位天文学者来北京,可以把我们的历法由我译为中文,这件事对我并不难,这样我们会更获得中国人的尊敬。[10]

利氏之意,是要特别加强来华耶稣会士中的天文学力量,以求锦上添花,事实上来华耶稣会士之中,包括利氏在内,不少人已经有相当高的天文学造诣——他们这方面的造诣已经使得不少中国官员十分倾倒,以致纷纷上书推荐耶稣会士参与修历。例如1610年钦天监监亚正周子愚上书推荐庞迪我(Diego de Pantoja, 1571~1618)、熊三拔(Sabatino de Ursis, 1575~1620)可参与修历;1613年李之藻又上书推荐庞、熊、阳玛诺(Manuel Dias, 1574~1659)、龙华民(Niccolo Longobardo, 1565~1655),其言颇有代表性:

其所论天文历数,有中国昔贤所未及者。不徒论其度数,又能明其所以然之理。其所制窥天窥日之器,种种精绝。[11]

这些荐举,最终产生了作用。

1629年,钦天监官员用传统方法推算日食又一次失误,而徐光启用西方天文学方法推算却与实测完全吻合。于是崇祯帝下令设立"历局",由徐光启领导,修撰新历。徐光启先后召请耶稣会士龙华民、邓玉函、汤若望和罗雅谷(Jacobus Rho, 1592~1638)四人参与历局工作,于1629~1634年间编撰成著名的"欧洲古典天文学百科全书"——《崇祯历书》。

《崇祯历书》卷帙庞大。其中"法原"即理论部分,占到全书篇幅的三分之一,系统介绍了西方古典天文学理论和方法,着重阐述了托勒密(Ptolemy)、哥白尼、第谷(Tycho)三人的工作;大体未超出开普勒行星运动三定律之前的水平,但也有少数更先进的内容。具体的计算和大量天文表则都以第谷体系为基础。《崇祯历书》中介绍和采用的天文学说及工作,究竟采自当时的何人何书,大部分已可明确考证出来;[12]限于篇幅,在此只能将已考定的著作径行开列:

第谷:

《新编天文学初阶》(Astronomiae Instauratae Progymnasmata,1602)

《论天界之新现象》(De Mundi,1588,即来华耶稣会士笔下的《彗星解》)

《新天文学仪器》(Astronomiae Instauratae Mechanica,1589)

《论新星》(De Nova Stella,1573,后全文重印于《初阶》中)

托勒密:

《至大论》(Almagest)

哥白尼:

《天体运行论》(De Revolutionibus,1543)

开普勒:

《天文光学》(Ad Vitellionem Paralipomena,1604)

《新天文学》(Astronomia Nova,1609)

《宇宙和谐论》(Harmonices Mundi,1619)

《哥白尼天文学纲要》(Epitome Astronomiae Copernicanae,1618~1621)

伽利略:

《星际使者》(Sidereus Nuntius,1610)

朗高蒙田纳斯(Longomontanus):

《丹麦天文学》(Astronomia Danica,1622,第谷弟子阐述第谷学说之作)

普尔巴赫(Purbach)与雷吉奥蒙田纳斯(Regiomontanus):

《托勒密至大论纲要》(Epitoma Almagesti Ptolemaei,1496)

上述13种当年由耶稣会士"八万里梯山航海"携来中土、又在编撰《崇祯历书》时被参考引用的16~17世纪拉丁文天文学著作,有10种至今仍保存在北京的北堂藏书中。其中最晚的出版年份也在1622年,全在《崇祯历书》编撰工作开始之前。

在《崇祯历书》编撰期间,徐光启、李天经(徐光启去世后由他接掌历局)等人就与保守派人士如冷守忠、魏文魁等反复争论。前者努力捍卫西法(即欧洲的数理天文学方法)的优越性,后者则力言西法之非而坚持主张用中国传统方法。《崇祯历书》修成之后,按理应当颁行天下,但由于保守派的激烈反对,又不断争论十年之久,不克颁行。

保守派反对颁行新历,主要的口实是怀疑新历的精确性。然而,不管他们反对西法的深层原因是什么,他们却始终与徐、李诸人一样同意用实际观测精度(即对天体位置的推算值与实际观测值之间的吻合程度)来检验各自天文学说的优劣。史籍中保留了当时双方八次较量的纪录[13],实为不可多得的科学史一文化史史料。这些较量有着共同的模式:双方各自根据自己的天文学方法预先推算出天象出现的时刻、方位等,然后再在届时的实测中看谁"疏"(误差大)谁"密"(误差小)。涉及的天象包括日食、月食和行星运动等方面。限于篇幅,此处仅列出这八次较量的年份和天象内容:

1629年,日食。
1631年,月食。
1634年,木星运动。
1635年,水星及木星运动。
1635年,木星、火星及月亮位置。
1636年,月食。
1637年,日食。
1643年,日食。

这八次较量的结果竟是8比0——中国的传统天文学方法"全军覆没"[14]。其中三次发生于《崇祯历书》编成之前,五次发生于编成并"进呈御览"之后。到第七次时,崇祯帝"已深知西法之密"。最后一次较量的结果使他下了决心,诏"西法果密",下令颁行天下。可惜此时明朝的末日已经来临,诏令也无法实施了。

耶稣会士们5年修历,10年努力,终于使崇祯帝确信西方天文学方法的优越。就在他们的"通天捷径"即将走通之际,却又遭遇"鼎革"之变,迫使他们面临新的选择。汤若望在清军入京之后,立刻决定与清廷合作,他将《崇祯历书》略作改编,转献清廷。在此新旧交替之时,汤若望及时为清人送上一套全新的历法,使之作为新朝"正统"的冠冕和象征,自然很快就得到清廷的接纳。《崇祯历书》的改编本被命名为《西洋新法历书》,成为清朝正统的官方天文学——颁行天下的新编民历封面上印有"钦天监钦奉上传,依西洋新法印造时宪历日颁行天下"字样,而详载"西洋新法历"的《西洋新法历书》也立即刊刻印刷,通行全国了。汤若望本人则被任命为钦天监负责人——任用耶稣会士负责钦天监从此成为清朝的传统,持续了近二百年之久。

此后北京城里的钦天监一直是来华耶稣会士最重要的据点。加之汤若望极善于自处和交往,大获顺治帝的尊敬与恩宠,在后妃、王公、大臣等群体中也有许多好友。这一切为传教事业带来的助益是难以衡量的。汤若望晚年遭逢"历狱",关于此事已有许多学者作过论述[15],在他去世后不久,冤狱即获得平反昭雪,由耶稣会士南怀仁(Ferdinand Verbiest,1623～1688)继任钦天监监正。康熙帝热衷于天文历算等西方科学,常召耶稣会士入宫进讲,使得耶稣会士们又经历了一段亲侍至尊的"弘教蜜月"。此后耶稣会士在北京宫廷中所受的礼遇虽未再有顺治、康熙两朝的盛况,但西方天文学理论和方法作为"钦定"官方天文学的地位，却一直保持到清朝结束[16]，“西法”则成为清代几乎所有学习天文学的中国人士的必修科目。

天文学是古代中国社会中具有特殊神圣地位的自然科学——姑且借用这一现代术语，尽管它所指称的对象在古代中国未必有完全的对应物——学科，在这样一个学科上使用西法，任用西人，无疑有着极大的象征意义和示范作用。可以说是在天文学的旗帜之下，一系列西方与科学技术有关的思想、观念和方法在明清之际进入中国，其中有些确实被接受和采纳，并产生了相当深刻的影响。

四 明末“实学思潮”之辨析

考虑明清之际西学东渐的历史背景时，还有一个方面应该加以注意，即明末有所谓“实学思潮”——这是现代人的措辞。

明代士大夫久处承平之世，优游疏放，醉心于各种物质和精神的享受之中，多不以富国强兵、办理实事为己任，徐光启抨击他们“土苴天下实事”，正是对此而发。现代论者常将这一现象归咎于陆、王“心学”之盛行——当然这是一个未可轻下的论断，也非本章所拟讨论；不过两者之间有关系是可以肯定的。即使从较积极的方面去看，明儒过分热衷于道德、精神方面的讲求，对于明王朝末年所面临的内忧外患来说确实于事无补。就是“东林”、“复社”的政党式活动，敢于声讨恶势力固然可敬，却也仍不免被梁启超讥为“其实不过王阳明这面大旗底下一群八股先生和魏忠贤那面大旗底下一群八股先生打架”[17]——盖讥其迂腐无补于世事也。至于颜元（习斋）的名言“无事袖手谈心性，临危一死报君王”，尤能反映明儒自以为“谈心性”就是对社会作贡献——所谓有益于世道人心，而临危之时则只有一死之拙技的可笑精神面貌。

在另一方面，当明王朝末年陷入内忧外患的困境中时，士大夫中也已经有人认识到徒托空言的“袖手谈心性”无助于挽救危亡，因而以办实事、讲实学为号召，并能身体力行。徐光启就是这样的代表人物，可惜有心报国，无力回天，赍志而没。及至满清入关，铁骑纵横，血火开道，明朝土崩瓦解，优游林泉空谈心性的士大夫一朝变为亡国奴，这才从迷梦中惊醒，他们当中一些人开始发出深刻的反省。所谓明末的“实学思潮”，大体由此而起，其代表人物则主要是明朝的遗民学者。梁启超论此事云：

> 这些学者虽生长在阳明学派空气之下，因为时势突变，他们的思想也象蚕蛾一般，经蜕化而得一新生命。他们对于明朝之亡，认为是学者社会的大耻辱大罪责，于是抛弃明心见性的空谈，专讲经世致用的实务。他们不是为学问而做学问，是为政治而做学问。他们许多人都是把半生涯送在悲惨困苦的政治活动中，所做学问，原想用来做新政治建设的准备；到政治完全绝望，不得已才做学者生活。[18]

这类学者中最著名的有顾炎武、黄宗羲、王夫之、朱舜水等人，前面三人常被合称为“三先生”，俨然成为明清之际一部分知识分子的精神领袖——因坚持不与满清合作、保持遗民身份而受人尊敬，同时又因讲求实学而成为大学者。

明清之际一些讲求“实学”（现代人似乎主要是因为其中涉及科学技术才喜欢用此称呼）的学者，如顾、黄、王，以及方以智等，有时也被现代学者称为“启蒙学者”，这种说法容易引起一些问题，此处姑不深论。不过这些学者的出现和他们的工作确实为中国的科学思想史进入一个新阶段作好了准备。

第二节 宇宙观及有关争论

一 地圆之争

(一)西方地圆之两大要义

无论自天文学理论抑或自宇宙模型之关系而言,明末传入中土之西方地圆说实有两大要义:①地为球形;②地与天相比非常之小。围绕第一义之种种问题,前人之述已极详备,但关于第二义尚有讨论之必要。

明末来华耶稣会士之言地圆,百端譬喻,反复解说,初看似乎仅力陈地圆而已,很少有正面陈述第二义者。其实在西方天文学传统中,一向将此第二义视为当然之理,自然反映于其理论之中而无需再加论证。这可以通过一些例子来说明。例如《崇祯历书》论五大行星与地球之间距离,曾给出如下一组数据:[19]

土星:距离地球 10550 地球半径

木星:距离地球 3990 地球半径

火星:距离地球 1745 地球半径

……

以上数据当然不符合现代天文学的结论,但仍可看出西方宇宙模型的相对尺度——在这类模型中,地球的尺度相对而言非常之小。又如《崇祯历书》认为"恒星天"距离地球约为 14000 地球半径之远[20]。此类例子甚多,不烦尽举。

西方地圆说第二要义的重要性在于,只有确认地球的尺度比"天"小得多,许多方位天文学中的基本概念才能成立。对于这一点,西方人早在古希腊时代就已确认无疑。除了少数情况,如地平视差等问题上要考虑地球半径尺度外,通常相对于"天"而言,地球可视为一个点,这在现代天文学中仍是如此。

另一方面,对于中国古代是否曾有地圆概念,学者们颇多争议。但是中国古代即使真有地圆概念,也与西方地圆说有着本质的区别——因为在中国古代天算家普遍接受的宇宙图像中,地虽略小于"天",但两者是同数量级的,在任何情况下,地对于"天"都绝不能忽略为点。然而自明末起,学者们就往往忽视上述重大区别而力言西方地圆说在中国"古已有之";许多当代论著也经常重复与古人相似的错误[21]。

(二)对西方地圆说之排拒

关于明末以来中国人对西方地圆说的反应,以往论著多侧重于接受、赞成方面的讨论。比如有的学者认为明清中国知识界主要是两派意见:一谓地圆说中国前所未有,一谓地圆说中国古已有之。其实这两派都是接受西方地圆说的,而在此之外另有一个颇为广泛的排拒派存在。以下姑分析几位著名人物之说以见一斑。

前些年发现明末著名科学家宋应星轶著四种,系崇祯年间刊刻,其中有一种名《谈天》,

里面谈到地圆说时有如下说法：

> 西人以地形为圆球，虚悬于中，凡物四面蚁附；且以玛八作之人与中华之人足行相抵。天体受诬，又酷于宣夜与周髀矣。[22]

宋氏所引西人之说，显然来自利玛窦[23]。应该指出，宋氏所持的天文学理论极为原始简陋——例如，他甚至认为太阳并非实体，日出日落只是"阳气"的聚散而已[24]。

明末清初"三先生"之一王夫之，抨击西方地圆说甚烈。王氏既反对利玛窦地圆之说，也不相信这在西方是久已有之的：

> 利玛窦至中国而闻其说，执滞而不得其语外之意，遂谓地形之果如弹丸，因以其小慧附会之，而为地球之象。……则地之欹斜不齐，高下广衍无一定之形审矣。而利玛窦如目击而掌玩之，规两仪为一丸，何其陋也！[25]

王氏本人又因缺乏球面天文学中的经纬度概念，就力斥"地下二百五十里为天上一度"之说为非，认为大地的形状和大小皆为不可知：

> 利玛窦身处大地之中，目力亦与人同，乃倚一远镜之技，死算大地为九万里，……而百年以来，无有能窥其狂呆者，可叹也。[26]

这显然是一个外行的批评，而且带有浓重的感情色彩。从王夫之著作中推测，他至少已经间接接触过《崇祯历书》中的若干内容——例如他在《思问录》一书的附注中多次引述"新法大略"，不过这些内容看来并未能够说服他。

以控告耶稣会传教士著称的杨光先，攻击西方地圆之说甚力，自在情理之中。而其立论之法又有异于宋、王二氏者。杨光先云：

> 新法之妄，其病根起于彼教之舆图，谓覆载之内，万国之大地总如一圆球。[27]

他认为地圆概念在西方天文学中具有重要地位，倒也不错。但他无法接受对跖人的概念，并对此大加嘲讽：

> 竟不思在下之国土人之倒悬。斯论也，如无心孔之人只知一时高兴，随意诌谎，不顾失枝脱节，……有识者以理推之，不觉喷饭满案矣。[28]

然而他所据之"理"，竟是古老的"天圆地方"之说：

> 天德圆而地德方，圣人言之详矣。……重浊者下凝而为地，凝则方，止而不动。[29]

其说几毫无科学性可言，较王夫之又更劣矣。

以上所举三氏之排拒地圆概念，有一共同之点，即三氏的知识结构皆与西方天文学所属的知识结构完全不同，双方在判别标准、表达方式等方面都格格不入。故双方实际上无法进行有效的对话，只能在"此亦一是非，彼亦一是非"的状态中各执己见而已。

另一方面，接受了西方天文学方法的中国学者，则在一定程度上完成了某种知识"同构"的过程。现今学术界公认比较有成就的明、清天文学家，如徐光启、李天经、王锡阐、梅文鼎、江永等等，无一例外都顺利接受了地圆说。这一事实是意味深长的。一个重要原因，可能是西方地圆说所持的理由（比如：向北行进可以见到北极星的地平高度增加、远方驶来的船先出现桅杆之尖、月蚀之时所见地影为圆形等等），对于有足够天文学造诣的学者来说，非常容易接受。与此形成鲜明对比，对西方地圆说的排拒主要来自天文学造诣缺乏的人群，上述宋、王、杨三氏皆属此列。

关于这一时期中国学者如何对待西方地圆说，有一有趣的个案可资考察。略述如次：

秀水张雍敬，字简庵，“刻苦学问，文笔矫然，特潜心于历术，久而有得，著《定历玉衡》”——是专主中国传统历法之作。张持此以示潘耒，潘耒告诉他历术之学十分深奥，不可专执己见（言下之意是指张所主的传统天文学已经过时，应该学习明末传入的西方天文学），建议他去走访梅文鼎，可得进益。张遂千里往访，梅文鼎大喜，留他作客，切磋天文学一年有余。事后张雍敬著《宣城游学记》一书，记录此一年中研讨切磋天文学之所得。《宣城游学记》原有稿本存世，不幸已于“文化大革命”十年浩劫中毁去[30]。但书前潘耒所作之序尚存，其中云：

> （张雍敬在宣城）逾年乃归。归而告余：赖此一行，得穷历法底蕴，始知中历西历各有短长，可以相成而不可偏废。朋友讲习之益，有如是夫！既复出一编示余曰：吾于勿庵辩论者数百条，皆已剖析明了，去异就同，归于不疑之地。惟西人地圆如球之说则决不敢从——与勿庵昆弟及汪乔年辈往复辩难，不下三四万言，此编是也。[31]

看来《宣城游学记》主要是记录他们关于地圆问题的争论的。这里值得注意的是，以梅文鼎之兼通中、西天文学，更加之以其余数人，辩论一年之久，竟然仍未能说服张雍敬接受地圆的概念。可见要接受西方的地圆概念，对于一部分中国学者来说确实不是容易的事。

二　宇宙模式：类型与虚实之争

西方历史上先后出现的几种主要宇宙模式，都于明末传入中国。围绕这些模式的认识、理解、改造和争论，对中国学者的思想产生了很大影响。以下各小节依次分述之。

（一）　亚里士多德模式及今人之误解

介绍这一模式较详细者为利玛窦的中文著作《乾坤体义》一书。是书卷上论宇宙结构，谓宇宙为一同心叠套之球层体系，地球在其中心静止不动；依次为月球、水星、金星、太阳、火星、木星、土星、恒星所在之天球，第九层则为“宗动天”，“此九层相包如葱头皮焉，皆坚硬，而日月星辰定在其体内，如木节在板，而只因本天而动，第天体（此处指日月星辰所在的天球层）明而无色，则能通透光，如琉璃水晶之类，无所碍也”。这些说法，基本上是亚里士多德《论天》一书中有关内容的转述（只有“宗动天”一层可能是后人所附益）。稍后阳玛诺的小册子《天问略》中也介绍类似的宇宙模式，天球之数则增为十二重：“最高者即第十二重天，为天主上帝诸神居处，永静不动，广大无比，即天堂也。其内第十一重为宗动天……”。上述两书所述天文学知识，基本上只是宣传普及的程度，未可与正式的天文学著作等量齐观。

亚里士多德的宇宙模式又被称为“水晶球”(crystalline sphere)体系，这一模式传入中国虽然较其他诸模式都早，对此后中国学者思想的影响却最小。这在很大程度上与《崇祯历书》对这一模式的态度有关。《崇祯历书》论亚里士多德与第谷宇宙模式之异同，而坚决支持后者：

> 问：古者诸家曰天体（其意与上文同）为坚为实为彻照，今法火星圈割太阳之圈，得非明背昔贤之成法乎？曰：自古以来，测候所急，追天为本，必所造之法与密测所得略无乖爽，乃为正法。苟为不然，安得泥古而违天乎？……是以舍古从今，良非自作聪明，妄违迪哲。[32]

《崇祯历书》地位之重要，本章第一节已经述及；此书之影响明末及清代中国天文学界，远甚于前述利、阳二氏之书。因此书明确否定亚氏宇宙模式,这一模式无大影响,自在情理之中。事实上,在明末及有清一代,迄今未发现坚持亚氏宇宙模式的中国天文学家。即使有提及水晶球模式者,十九亦仅是祖述《崇祯历书》中的上述说法而已。

但是在明清之际的宇宙模式问题上,李约瑟有一些错误的说法,长期以来曾产生颇大的影响。李氏有一段经常被中国科学史界、哲学史界乃至历史学界援引的论述:

> 耶稣会传教士带去的世界图式是托勒密-亚里士多德的封闭的地心说;这种学说认为,宇宙是由许多以地球为中心的同心固体水晶球构成的。……在宇宙结构问题上,传教士们硬要把一种基本上错误的图式(固体水晶球说)强加给一种基本上正确的图式(这种图式来自古宣夜说,认为星辰浮于无限的太空)。[33]

这段论述有几方面的问题。

首先,水晶球模型与托勒密无关。托勒密从未主张过水晶球模型。[34]实际情况是,直至中世纪末期,圣托马斯·阿奎那(T.Aquinas)将亚里士多德学说与基督教神学全盘结合起来时,始援引托勒密著作以证成地心、地静之说。若因此就将水晶球模式归于托勒密名下,显然不妥。

其次,李约瑟完全忽略了《崇祯历书》对水晶球模式的明确拒斥态度,更未考虑到《崇祯历书》对清代中国天文学界广泛的、决定性的影响,乃仅据先前利、阳二氏的宣传性小册子立论,未免以偏概全。

更何况《崇祯历书》既已明确拒斥水晶球模式,此后其他来华耶稣会天文学家又皆持同样态度;而且中国天文学家又并无一人采纳水晶球模式,则李约瑟所谓耶稣会传教士将水晶球模式“强加”于中国人之说,无论从主观意愿还是从客观效果来说都不能成立。

(二)托勒密模型

耶稣会传教士汤若望等四人,在徐光启组织领导下于1634年撰成《崇祯历书》,为系统介绍西方古典天文学之集大成巨著。书中在行星运动理论部分介绍了托勒密的宇宙模型,其中的“七政序次古图”即为托勒密宇宙模型的几何示意图[35]。托勒密模型虽然也以地球为静止中心,其日月五星及恒星之远近次序也与亚里士多德模型相同,但是其中并无实体天球,诸“本天”只是天体运行轨迹的几何表示(geometrical demonstrations)[36];而且对天象的数学描述系由假想小轮组合运转而成,并非如亚里士多德模型中靠诸同心实体天球的不同转速及转动轴倾角等来达成。这是两种模型的根本不同之点[37]。此外,《崇祯历书》还对如何采用托勒密模型推算具体天象给出了大量测算实例[38]。

(三)第谷模型及其“钦定”地位

第谷宇宙模型被《崇祯历书》用作理论基础,全书中的天文表全部以这一模型为基础进行编算。书中论“七政序次新图”云:

> 地球居中,其心为日、月、恒星三天之心。又日为心作两小圈为金星、水星两天,又一大圈稍截太阳本天之圈,为火星天,其外又作两大圈为木星之天、土星之天[39]。

即日、月、恒星皆在以地球为中心之同心天球轨道上运行,五大行星则以太阳为中心绕之旋转,同时又被太阳携带而行。这一模型在很大程度上是托勒密地心体系与哥白尼日心体系的折衷。《崇祯历书》又特别指出，该模型所言之天并非实体："诸圈能相入，即能相通，不得为实体"。[40]

至于以第谷模型为基础测算天象之实例，则遍布《崇祯历书》全书各处。

以第谷宇宙体系为基础的《崇祯历书》经汤若望略加修订转献清廷，更名《西洋新法历书》，清政府于顺治二年(1645)颁行，遂成为清代的官方天文学。至康熙六十一年(1722)，清廷又召集大批学者撰成《历象考成》，此为《西洋新法历书》之改进本，在体例、数据等方面有所修订，但仍采用第谷体系，许多数据亦仍第谷之旧。《历象考成》号称"御制"，表明第谷宇宙模型仍然保持官方天文学理论基础之地位。

至乾隆七年(1742)，宫廷学者又编成《历象考成后编》，其中最引人注目之处是改用开普勒第一、第二定律来处理太阳和月球运动。按理这意味着与第谷宇宙模型的决裂，但《历象考成后编》别出心裁地将定律中太阳与地球的位置颠倒(仅就数学计算而言，这一转换完全不影响结果)，故仍得以维持地心体系。不过如将这种模式施之于行星运动，又必难以自圆其说，然而《历象考成后编》却仅限于讨论日、月及交蚀运动，对行星全不涉及，于是上述问题又得以在表面上被回避。特别是，《后编》又被与《历象考》合为一帙，一起发行，这就使得第谷模型继续保持了"钦定"地位，至少在理论上如此。

(四)王锡阐、梅文鼎对第谷模型的研究

王锡阐主张如下的宇宙模型：

> 五星本天皆在日天之内，但五星皆居本天之周，太阳独居本天之心，少偏其上，随本天运旋成日行规。[41]

他不满意《崇祯历书》用作理论基础的第谷宇宙模型，故欲以上述模型取而代之。然而王氏此处所说的"本天"，实际上已经抽换为另一概念——在《崇祯历书》及当时讨论西方天文学的各种著作中，"本天"为常用习语，皆意指天体在其上运行之圆周，即对应于托勒密体系中的"均轮"(deferent)，而王氏的"本天"却是太阳居于偏心位置。而在进行具体天象推算时，这一太阳"本天"实际上并无任何作用，起作用的是"日行规"——正好就是第谷模型中的太阳轨道。故王锡阐的宇宙模型事实上与第谷模型并无不同。钱熙祚评论王氏模型，就指出它"虽示异于西人，实并行不悖也"。[42]

至于王锡阐何以要刻意"示异于西人"，则另有其政治思想背景[43]。王氏是明朝遗民，明亡后拒不仕清。他对于满清之入主华夏、对于清政府颁用西方天文学并任用西洋传教士领导钦天监，有着双重的强烈不满。和中国传统天文学方法相比，当时传入的西方天文学在精确推算天象方面有着明显的优越性(参见本章第一节)，但王氏从感情上无法接受这一事实。他坚信中国传统天文学方法之所以落入下风，是因为没有高手能将传统方法的潜力充分发挥出来。为此他撰写了中国历史上最后一部古典形式的历法《晓庵新法》，试图在保留中国传统历法结构形式的前提下，融入一些西方天文学的具体方法；但是他的这一尝试远未能产生他所希望的效果[44]。

梅文鼎心目中所接受的宇宙模式，则本质上与托勒密模型无异，只是在天体运行是否有物质性的轨道这一点上不完全赞成托勒密(详下文)。梅氏不同意第谷模式中行星以太阳为中心运转这一最重要的原则，力陈"五星本天以地为心"。[45]但是为了不悖于"钦定"的第谷模式，梅氏折衷两家，提出所谓"绕日圆象"之说——以托勒密模型为宇宙之客观真实，而以第谷模型为前者所呈现于人目之“象”：

> 若以岁轮上星行之度连之，亦成圜象，而以太阳为心。西洋新说谓五星皆以地为心，盖以此耳。然此围日圜象原是岁轮周行度所成，而岁轮之心又行于本天之周，本天原以地为心，三者相待而成，原非两法，故曰无不同也。……或者不察，遂谓五星之天真以日为心，失其指矣。[45]

此处梅氏所说的“岁轮”，相当于托勒密模型中的“本轮”(epicycle)。梅文鼎起初仅应用“围日圆象”之说于外行星，后来其门人刘允恭提出，对于内行星也可以用类似的理论处理，梅氏大为称赏。[46]

如果仅就体系的自洽而言，梅氏的折衷调和之说确有某种形式上的巧妙；他自己也相信其说是合于第谷本意的：“予尝……作图以推明地谷立法之根，原以地为本天之心，其说甚明。”稍后有江永，对梅氏备极推崇，江永用几何方法证明：在梅氏模型中，置行星于“岁轮”或“围日圆象”上来计算其视黄经，结果完全，而且内、外行星皆如此。[47]

但是江永并未证明梅氏模型与《崇祯历书》所用第谷模型的等价性，梅氏自己也未能提出观测数据来验证其模型(梅文鼎本人几乎不进行天文学观测)。事实上，梅氏的宇宙模型巧则巧矣，却并非第谷的本意；与客观事实的距离，则较第谷模型更远了。

(五)哥白尼宇宙模型在中国之传播

《崇祯历书》在大量测算实例中虽然常将基于托勒密、哥白尼和第谷模型的测算方案依次列出[48]，但并未正面介绍哥白尼的宇宙模型。以往通常认为，直到1760年耶稣会士蒋友仁(P. Michel Benoist)向乾隆进献《坤舆全图》，哥白尼学说才算进入中国。这种说法虽然大体上并不错，但是实际上耶稣会传教士们在蒋友仁之前也并未对哥白尼学说完全封锁，而是有所引用和介绍的。

《崇祯历书》基本上直接译用了《天体运行论》中的十一章，引用了《天体运行论》中27项观测记录中的17项[49]。对于哥白尼日心地动学说中的一些重要内容，《崇祯历书》也有所披露。例如关于地动有如下一段：

> 今在地面以上见诸星左行，亦非星之本行，盖星无昼夜一周之行，而地及气火通为一球自西徂东，日一周耳。如人行船，见岸树等，不觉己行而觉岸行；地以上人见诸星之西行，理亦如此，是则以地之一行免天上之多行，以地之小周免天上之大周也[50]。

这段话几乎是直接译自《天体运行论》[51]，是用地球自转来说明天球的周日视运动。这无疑是哥白尼学说中的重要内容。

不过《崇祯历书》虽然介绍了这一内容，却并不赞成，认为是“实非正解”，理由是：“在船如见岸行，曷不许在岸者得见船行乎？”这理由倒确实是站得住脚的——船岸之说只是关于运动相对性原理的比喻，却并不能构成对地动的证明。事实上，在撰写《崇祯历书》的年代，关于地球周年运动的确切证据还一个也未发现[52]。

蒋友仁所献《坤舆全图》中的说明文字，后来由钱大昕等加以润色，取名《地球图说》刊行。书前有阮元所作之序。阮元在序中对哥白尼的日心地动之说不着一字，只是反复陈述地圆之理可信，并说这是中国古已有之的；最后则说：

> 此所译《地球图说》，侈言外国风土，或不可据。至其言天地七政恒星之行度，则

皆沿习古法，所谓畴人子弟散在四夷着也。……是说也，乃周公、商高、孔子、曾子之旧说也；学者不必喜其新而宗之，亦不必疑其奇而辟之可也[53]。

《坤舆全图》本非专为阐述宇宙模型而作，阮元将注意力集中于地圆问题上，似乎也无可厚非；但哥白尼宇宙模型与“钦定”的第谷模型不能相容，是显而易见的，阮元却竭力回避这一问题。至于将哥白尼学说说成是“皆沿习古法，所谓畴人子弟散在四夷……”云云，则是清代盛行的“西学中源”说的陈旧套话（详见本章第四节），显然是对哥白尼学说的曲解。此时阮元是反对哥白尼学说的，只是既然为《坤舆图说》作序，自不便正面抨击此书。而在《畴人传》中，他就明确指斥哥白尼宇宙模型是“上下易位，动静倒置，离经叛道，不可为训”的异端学说了[54]。

阮元享寿颇高，他在1799年编撰《畴人传》时明确排拒哥白尼学说，但是四十余年之后，他似乎已经转而赞成日心地动之说了：

元且思张平子有地动仪，其器不传，旧说一位能知地震，非也。元窃以为此地动天不动之仪也。然则蒋友仁之谓地动，或本于此，或为暗合，未可知也[55]。

将汉代张衡的候风地动仪猜测为演示哥白尼式宇宙模型的仪器，未免奇情异想。但此前确实已有这种性质的西方仪器被贡入清代宫廷[56]，阮元或许由此受到启发。另一方面，自明末西方天文、数学传入中国，“西学中源”说即随之产生，至康熙时君臣递相唱和，使此说甚嚣尘上，影响长期不绝。阮元的上述奇论，在这种背景氛围之下提出，也就不足为怪了。

与清代学者对第谷、托勒密宇宙模型的研究相比，清人对于哥白尼模型的讨论始终停留在很浅的层次。很可能因这一模型正式输入较晚，那时清人研讨天文学的热潮已告低落。另一方面，就天文学本身的发展而言，此时早已是近代天体力学大展宏图的年代，哥白尼模型已经完成了它的历史使命。

（六）宇宙模型之真实性及其运行机制

自《崇祯历书》介绍了西方宇宙模型及小轮体系之后，就产生了这些模型及体系真实与否的问题。《崇祯历书》对这一问题持回避的态度：

历家言有诸动天、诸小轮、诸不同心圈等，皆以齐诸曜之行度而已，匪能实见其然，故有异同之说，今但以测算为本，孰是孰非，未须深论。[57]

这就为中国学者对此问题进行争论留下了更多的余地。

上述问题实际上可以有两种提法：

广义提法：这类宇宙模型是否反映了宇宙中的真实情况？

狭义提法：诸小轮、偏心轮等是否为实体？

显而易见，对狭义提法作出肯定答案者，对广义提法也必作出肯定答案，可名之曰“真实实体派”；而对狭义提法作出否定答案者，则对广义提法仍可作出不同答案，可分别名之曰“真实非实体派”和“纯粹假设派”。

在清代天文学家中，“真实实体派”人数不多，但却包括了最杰出的两人——王锡阐和梅文鼎。王锡阐明确主张：

若五星本天，则各自为实体[58]。

王锡阐所说的“本天”是指三维球体还是指二维圆环，他并未明言。但是梅文鼎和其他一些清代天文学家所说的“本天”，常指二维的环形轨道。梅文鼎力陈“伏见轮”与“岁轮为“虚迹”，但

“本天”则是“硬圈有形质”的[59]。

另有不少人可归入“真实非实体派”，比如江永认为：

则在天虽无轮之形质，而有轮之神理，虽谓之实有焉可也。[60]

这种观点认为西方宇宙模型(主要是指第谷模型)反映了宇宙的真实情况，只是诸小轮、偏心圆等并非实体。

最值得注意的是“纯粹假设派”。乾、嘉诸经学大师多持此说。比如焦循认为：

可知诸轮皆以实测而设之，非天之真有诸轮也。[61]

阮元也力陈同样看法：

此盖假设形象，以明均数之加减而已；而无识之徒，……遂误认苍苍者天果有如是诸轮者，斯真大惑矣。[62]

对此论述最明确者为钱大昕：

本轮均轮本是假象，……椭圆亦假象也。但使躔离交食推算与测验相准，则言大小轮可，言椭圆亦可。[63]

诸轮皆为假象，而“真象”为何，既不可知，亦不置问。“纯粹假说派”之说与托勒密的“几何表示”有相通之处，但并不完全相同。托勒密、哥白尼、第谷等人都相信自己的宇宙模型在大结构上是反映客观真实情形的，具体的小轮之类，则未必为真实存在；比如托勒密就将本轮、偏心圆等等称为“圆周假说方式”[64]。他们介于“真实非实体派”与“纯粹假设派”之间。自开普勒、牛顿以降，则成为确切的“真实非实体派”。而“纯粹假说派”更多地是植根于中国传统天文学观念之中。中国的传统方法是用代数方法来描述天体运动，对于天体实际上沿着什么轨道运行并不深入追究。

以常理推论，对于宇宙模型的运行机制问题，应是“真实实体派”人士最感兴趣，事实上也正是如此。《崇祯历书》中简单介绍了一种天体之间磁引力的思想，曾引起一些中国天文学家的注意——这种磁引力思想曾被误认为出于中国学者或第谷，其实是出于开普勒[65]。而在此基础上作过进一步研究及设想的，主要是王锡阐和梅文鼎二人。

王锡阐试图利用天体之间的磁引力去解释日、月和五大行星作圆周运动的原因：

历周最高、卑之原，盖因宗动天总挈诸曜，为斡旋之主。其气与七政相摄，如磁之于针，某星至某处，则向之而升；离某处，则违之而降。[66]

他将磁引力的源头从《崇祯历书》所说的太阳移到了“宗动天”，依稀可以看出亚里士多德模型对他的某种影响。

梅文鼎在用磁引力解释行星运动方面作过更多的思考，他用磁引力去支持他的“围日圆象”之说：

地谷曰：日之摄五星若磁石引铁。故其距日有定距也。惟其然也，故日在本天行一周而星之升降之迹亦成一圆象。……地谷新图，其理如此。不知者遂以围日为本天——则是岁轮心而非星体，失之远矣。[67]

梅文鼎将磁引力之说归于第谷，实出于误会。而他的上述说法实际上也与其心目中的宇宙模型难以自洽：五星既然是因日之“摄”而成“围日圆象”，则五星与太阳之间已经具有物理上的联系，又焉能将“围日圆象”视为“虚迹”？

总的来说，王、梅二氏的上述讨论尚处在幼稚阶段，远未能臻于科学学说的境界。此外，清代论及磁引力之说者尚有多人，然皆仅限于祖述《崇祯历书》中片言只语而已，水准又在王、梅之下矣。

三 世界地图带来的冲击

利玛窦来华后绘制刊刻的世界地图，对于中国人改变传统的宇宙观念也起了很大作用。

利玛窦向中国公众展示世界地图，最先是在他广东肇庆的寓所客厅中。这一当时中国人闻所未闻、见所未见的新奇事物，既给观众带来了极大的震惊，也激发了中国知识分子探求新事物的强烈兴趣。对此利玛窦留下了较为详细的记载：

> 在我们寓所客厅的墙上，挂着一幅山海舆地全图，上面有外文标注。中国的高级知识分子，当被告知是世界全图的时候非常惊讶！……（他们原先）认为他们的国家就是世界，把国家叫做“天下”了。当他们听到中国只是东方的一部分时，认为这种观念根本是不可能的，因此想知道真相，为能够有更好的判断。[68]

利玛窦又进一步记述说：

> 因为对世界面积的观念不切实，又对自己有夸大的毛病，中国人认为没有比中国再好的国家。他们想中国幅员广大、政治清明、文化深远，自己认为是礼仪之邦。不但把别的国家看成蛮人，而且看成野兽。据他们讲，世界上没有一个其他国家，会有国王、朝代及文化。……当他们首次见到世界地图时，有些没受教育的人，竟然大笑起来；有些知识水准高一些的，则反应不同，尤其是在讲解南北纬度、子午线、赤道及南北回归线之后。[69]

这段话或许稍有夸张，但大体上还是符合事实的。事实上，当时中国知识阶层中的不少人表现出了良好的素质——他们积极促成利玛窦将图中的说明文字译成中文，并且刊刻印刷，以便于新知识的广泛传播。中国知识阶层对于利玛窦世界地图的巨大兴趣，只要看下面的事实就可一目了然：仅在1584～1608年间，就在中国各地出现了利玛窦世界地图的十二种版本。下面列出洪煨莲考证的结果：[70]

《山海舆地图》，肇庆，1584年。
《世界图志》，南昌，1595年。
《山海舆地图》，苏州，1995、1998年，勒石。
《世界图志》，南昌，1596年。
《世界地图》，南昌，1596年。
《山海舆全地图》，南京，1600年。
《舆地全图》，北京，1601年。
《坤舆万国全图》，北京，1602年。
《坤舆万国全图》，北京，1602年，另一刻本。
《山海舆全地图》，贵州，1604年。
《世界地图》，北京，1606年。
《坤舆万国全图》，北京，1608年，摹绘。

世界地图的传播与西方地圆说的传播，两者关系密不可分。这些知识的传播，打破了中国人原先唯我独尊的“天下”观念，这确实是中国人走向近代社会不可缺少的启蒙教育。

当然，使大多数中国人建立“地球”、“世界”和“五大洲”的常识还需要很长时间。在有大批中国人真正走出国门之前，传统士大夫对于“天下”还有那么多别的昌盛国度、那么多别的高度文明，极端保守者会作谩骂式攻击，较平和者也难免心存疑惑。例如魏濬撰文说：

近利玛窦以其邪说惑众，士大夫翕然信之。……所著坤舆全图极洸洋杳渺，直欺人以其目之所不能见，足之所不能至，无可按验耳。真所谓画工之画鬼魅也。毋论其他，且如中国于全图之中，居稍偏西而近于北，……焉得谓中国如此蕞尔，而居于图之近北？其肆谈无忌若此。[71]

其实利玛窦为了照顾中国人的自尊心，已经尽量将中国画在图的当中了，可是这位曾官至湖广巡抚的魏大人的反应，却像利玛窦所说的"没受教育的人"。又如，约150年后，对于艾儒略所撰《职方外记》、南怀仁所撰《坤舆图说》——此两书都可视为利玛窦世界地图中说明文字的补充和发挥，四库馆臣在"提要"中仍不免要说上一些"所述多奇异不可究诘，似不免多所夸饰，然天地之大，何所不有，录而存之，亦足以广异闻也"、"疑其东来以后得见中国古书，因依仿而变幻其说，不必皆有实迹，然……存广异闻，故亦无不可也"之类的套话。

但是，无论如何，至少有一部分中国人的眼界已经被打开了。康熙时命耶稣会士用近代地图学与测量法测绘全国地图，就是这方面极好的例证之一。这一工作在当时世界上都是领先的，正如方豪所说：

十七八世纪时，欧洲各国之全国性测量，或尚未开始，或未完成，而中国有此大业，亦中西学术合作之一大纪念也。[72]

康熙皇帝本人确实是那个时代已经打开了眼界之人，可惜的是他并未致力于凭借帝王之尊的有利条件去打开更多中国人的眼界——关于这一点，后面还要谈到。

第三节　远西奇器与金针鸳鸯——技术观与科学观

一　"远西奇器"概观

明末耶稣会传教士来华时，欧洲的技术和工艺已经开始迅速发展。耶稣会士们几十年间带来了大量的欧洲工艺技术及其制品——按照王征的措辞，这些东西被称为"远西奇器"。这些工艺技术和制品，根据它们对当时和此后中国社会所产生的作用及影响，可以大致分为如下两大类：

第一大类是没有什么实用价值，或者在当时的中国社会还看不出多少实用价值的技艺和器物——很容易被卫道士们斥之为"奇技淫巧"。例如：

各种钟表　利玛窦初来华时，进贡物品中就有自鸣钟，此后耶稣会传教士又大量携入。中国并非没有自己传统的实用计时仪器，因此西洋钟表之所以吸引人，主要是其中的机械自动装置能够完成奏乐、小人报时、表演乃至写字之类——这些功能往往达到严重喧宾夺主的地步，计时功能反而显得无关紧要了。清朝皇帝和达官贵人多酷爱收集、陈设这类钟表。有趣的是，在某些卫道之士笔下，却"歪曲圣意"，把皇帝写成是厌恶这些东西的，如《啸亭续录》卷三有云：

近日泰西氏所造自鸣钟表，制造奇邪，来自粤东，士大夫争购，家置一座，以为玩具。纯皇帝恶其淫巧，尝禁其入贡，然至今未能禁绝也。

其实这位"纯皇帝"(乾隆)是极喜好这类"淫巧"之物的，他还在圆明园特备"钟房"，专门请耶稣会士管理他收集的西洋钟表。他父亲康熙帝对此也有同嗜,曾在赐耶稣会士之扇上题了"御制"咏自鸣钟诗曰:"昼夜循环胜刻漏,绸缪宛转报时全,阴阳不改衷肠性,万里遥来二百年"。而乾隆的宠臣和珅家里,竟有自鸣钟38座,洋表百余个。[73]这类机械装置又进一步发展,索性去掉了计时功能,变为纯粹的玩具,比如乾隆时钟房修士造能自行的狮、虎,英国使臣献机械人之类等等,《红楼梦》第五十七回中也提到"西洋自行船"。

西洋乐器 利玛窦来华,向万历帝进献的物品中就有西琴一具,是一种击弦乐器。入清之后,比较大型的管风琴也出现 在北京的天主教教堂中,清代文人记述颇多。西洋乐器也成为清朝皇帝喜欢的宫廷物品,康熙尤甚,常令耶稣会士为他演奏西乐。西方乐器和音乐成为清代宫廷中"西洋风"的重要组成部分。

利玛窦等耶稣会士还带来了三棱镜、星盘、日晷等小型仪器,有些制作颇为精良。不过这些小型仪器主要充作馈赠官员和士大夫的礼物,成为摆设、玩物之类,并未起到科学仪器的作用。稍后中国士大夫之好奇者亦能仿造。此外还传入了显微镜、温度计等等,命运也大致如此。

这一大类中,还有一些在今天看来无疑是大有实用价值的,但在当时的中国社会中,却只是供帝王玩赏,或是点缀升平,夸耀老大帝国的光辉而已。较重要者有:

西洋建筑 北京城中的北堂、南堂等教堂自然依照西洋风格建造,一直十分引人注目,但那基本上只能算是耶稣会士们自用之物。后来郎世宁(F. Josephus Castiglione)等人负责设计及建造圆明园,虽然工程浩大,但仍然只是帝王游幸之所,而且并未对此后的中国建筑产生过值得一提的影响——清代广州、上海、杭州、台湾等处也有西式建筑,亦属传教士或西方商人所造;中国官方且有"不得搭盖夷式房屋"的禁令。[74]圆明园中还有喷水池之类的装置(当时称为"水法"),也并未用之于灌溉或美化公共环境。

西洋绘画 耶稣会士之输入西洋绘画,最初是直接为宗教活动服务,如利玛窦向明万历帝所献物品中就有"天主图像一幅"、"天主母图像二幅"。耶稣会传教士的教堂中通常绘有壁画,有些相当精美。西洋绘画是普遍受到中国人称赞欣赏的西洋事物之一,清人笔记中多有记述。康、乾之际,西洋画技也成为耶稣会士供奉宫廷的重要项目,最著名的耶稣会宫廷画师即数郎世宁。乾隆晚年为了夸耀他对西北地区的军事胜利,又命郎世宁等人绘图纪功,名为《乾隆纪功图》,凡十六幅,绘成后寄往法国制成铜版并印刷一百套[75]。后来供奉清廷的耶稣会士们又奉命绘制了《平定两金川图》、《台湾战图》、《廓尔喀战图》等多套纪功图。但是西洋绘画技法对中国画坛产生影响则是很久以后的事。

蒸汽机 听起来似乎有点难以置信——早在1678年,耶稣会士南怀仁就已经在北京成功地进行了用蒸汽机驱动车、船的实验。而且他关于这些实验的报告在1687年就发表于德国的《欧洲天文学》杂志上。但是很长时间没有引起人们的注意,当然更没有对中国此后的技术工艺产生什么影响[76]。

"远西奇器"中的第二大类,是在当时中国的社会生活中已经有很大实际用途的。在中国人思想观念上产生影响并激起争论的,主要就是这一大类。

首先要提到的是**西洋火炮**——这可以说是在明末和清代用途最"大"的远西奇器了。早在16世纪初期,明朝军队已经在和东进的葡萄牙人的冲突中,领略到了西式火炮的威力,而且也曾仿造过一些以装备部队。但此时欧洲火炮技术发展极其迅速,明军的火炮已经大为落后。在与北方后金的战争中,明军起先在火炮上有一些优势,但在战败(炮被缴获)和叛变(叛将携炮投金)的双重夹击之下,很快优势尽失。当北方战线吃紧时,在徐光启、李之藻等人士极力主张之下,明军去澳门购买西式火炮,还招募了一些葡萄牙炮兵来国内帮助造炮,甚至直接参战。这些举措起过一些作用,例如袁崇焕之宁远大捷,就是使用了澳门购来的大炮。

1642年,清军攻陷锦州,明朝危在旦夕,朝廷要求耶稣会士汤若望为明军造炮。汤若望顾虑身为教士而直接制造杀人武器,恐有悖于教规,但在朝廷的一再坚持之下,他还是答应了。汤若望指挥工匠,至少为明军制造了520门大小火炮,并口授了《火攻挈要》(又名《则克录》)三卷。

南明政权在与清朝的战争中,仍然得到一些耶稣会传教士的效忠,这些耶稣会士联络澳门的葡萄牙军人和火炮,帮助明军作战。例如在桂林保卫战中,桂王方面的军队借助于西洋火炮,并得到葡萄牙士兵三百人的助战而获胜。

而与此同时,汤若望等在北方的耶稣会士早已与清廷合作了。稍后在平定三藩的战争中,耶稣会士南怀仁奉康熙之命,数年之间为清军铸造了大小火炮至少680门。南怀仁因此被加"工部右侍郎"衔。

接着必须提到**望远镜**——这是耶稣会士带到中国来的最引人注目的"奇器"。伽利略在1609年用望远镜作出的一系列天文学新发现,仅五年之后就由耶稣会士阳玛诺在他的中文著作《天问略》中作了报道。更有尚待进一步核实的史料表明:于1610年在北京去世的利玛窦,可能生前就已携有望远镜——这意味着望远镜早在伽利略使用之前就已被发明了[77]。明末在徐光启主持的历局中,确实曾用望远镜观测天象;"恭呈御览"的《崇祯历书》,附件中也包括一架望远镜。不久之后中国人自已也已能够制造望远镜。尽管望远镜始终未曾出现在清代官方或民间的天文学活动中(这是一个奇怪的现象,下文还要讨论),但它仍然在军事等领域和民间得到广泛应用,以至于能够出现在清初李渔的通俗小说《十二楼》中——男主人公用望远镜窥望他所爱慕的一位小姐[78]。

机械工艺　小到比例规,大到起重机械,皆可归入这一范围。来华耶稣会士所介绍的这方面知识,集中保存在两部书中:一部是南怀仁的《灵台仪象志》,这是他奉康熙之命建造六件大型天文仪器时撰写的配套著作,书中详尽介绍了此六件仪器的原理、安装、使用和建造工艺,以及在建造过程中所用到的大量工具;其中有些内容取材于伽利略的力学著作;书中又有大量欧洲式的工艺插图,极其精美。另一部就是王征的《远西奇器图说》,介绍了许多他认为容易制造、切合实用的欧洲式机械(后面还要谈到)。这些机械工艺多大程度上在中国民间生活中得到了应用,尚难估计;但是南怀仁用之于建造六件大型天文仪器,至少也算得到实际应用了。

西洋药物　耶稣会士入华,依历史上宗教传播之惯例,亦颇有以医药为人治病而帮助传教者。但是他们更注重于为皇亲国戚、达官贵人治病,最著名的事例是耶稣会士用金鸡纳霜治愈了康熙皇帝的疟疾[79]。

明、清之际,主要由耶稣会传教士传入中国的"远西奇器",大致情况略如上述。

二　对于奇器之用的不同态度

在明末以徐光启、李之藻等人为代表的开明派人士思想上,特别重视"远西奇器"的实用性。他们迫切希望能借助于"远西奇器"来解决当时明朝所面临的种种紧急问题。其中最紧急的自然是北方后金的军事入侵，因此最受重视的“远西奇器”自然就是火炮。例如天启元年(1621)李之藻上的《为制胜务须西铳乞敕速取疏》中有云：

臣惟火器者，中国之长技，所恃以得志于四夷者也。顾自奴酋倡乱，三年以来，倾我武库甲仗，辇载而东以百万计。……而昨者河东骈陷，一切为贼奄有。贼转驱我之人，用我之炮，……堂堂天朝，挫于小丑，除凶雪耻，计且安施？……自非更有猛烈神器，攻坚致远，什倍于前者，未必能为决胜之计。则夫西铳流传，正济今日之亟用。……

明军屡败，丧失了原先对后金所拥有的火器优势。李之藻希望引进更先进的西方火炮来扭转这一局面。徐光启持此论更力，以致带上了某种程度的“唯武器论”色彩，例如：

若之何战可必胜、守可必固也？则有必胜、必固之技于此，火器是也。(《器胜策》)

破虏之策甚近甚易，……虏中常言兵多不足畏，所畏者火器耳。(《破虏之策甚近甚易疏》)

西洋神器，既见其益，宜尽其用，……臣窃见东事以来，可以克敌制胜者，独有神威大炮一器而已。(《西洋神器既见其益宜尽其用疏》)

火炮等器具很少有意识形态的成份在内，对于用西洋火炮以克敌，保守派人士基本上也无大的异议。

但是，当涉及到另外一些“远西奇器”时，情况就复杂起来了。明末几十年间，朝廷上持久不能解决的大事似乎只有三件：其一为“东事”，即对后金的战争；其二为“剿闯”，即对李自成、张献忠等叛乱势力的战争；其三当数“改历”，即要不要利用西方天文学方法来改造中国传统的历法。用现代眼光来看，后面这件事完全是不急之务，如何能与前两件事相提并论？但在古代中国社会，天文学有特殊的政治意义，“国之大事，在祀与戎”，而天文学事务正是“祀”这方面的头等大事，从理论上说，此事直接关系到政权的合法性。[80]因此天文学仪器、天文学方法之类就有浓厚的意识形态色彩，当改革派人士主张引用这方面的“远西奇器”(当时大部分中国人还远未认识到近代科学方法在思想和社会方面的革命性，仍只是将“西法”看成一种技术或工具，故仍可归入“器”之列)时，就不像主张引用西洋火炮那样容易被接受了。

积极主张引用西方天文学技术的仍是徐、李诸人。《春明梦余录》卷五十八录有李之藻奏请翻译西方天文学书籍、引用西方天文学方法之疏，较《明史·历志》所述更为详细生动：

伏见大西洋归化陪臣……诸人慕义远来，读书谈道，俱以颖悟之姿，洞知历法之学，……其言天文历数，有我中国昔贤谈所未及者凡十四事。……不徒论其度数而已，又能论其所以然之理。盖缘彼国不以天文历学为禁，五千年来，通国之贤俊聚而讲究之，窥测既核，研究亦审，与吾国数百年来始得一人，无师无友，自悟自是，此岂可以疏密较者哉？

观其所制窥天窥日之器，种种精绝，即使郭守敬诸人而在，未或测其皮肤；又况见在台监诸臣，刻漏尘封，星台迹断，晷堂方案，尚不知为何物者，宁可与之同日而论、同事而较也？

李之藻深恐不能抓住机会，将西方天文学方法和书籍及时引进，“失今不图，政恐日后世无人能解，可惜有用之书，不免置之无用”，因此建议开设历局，来进行西方天文学的引进工作。但是这一建议许久不能得到采纳。及至传统天文学方法造成的失误实在过于明显，不得不采纳李之藻、徐光启等人引进西方天文学的建议后，阻力仍然极大——《崇祯历书》修成之后，争议十年之久，直到明朝灭亡，竟还不能颁行，反倒成了送给清朝“天命维新”的政治礼物。

在关于西方天文学的争论中，双方对于西方天文学仪器和方法的优越性其实都无异议——连沈㴶这样极端保守排外的人，在《参远夷疏》这样极端保守排外的文献中，也承认“台监推算，渐至差忒，而彼夷所制窥天窥日之器，颇称精好”[81]。但是外夷之器哪怕再好，以“政治挂帅”的眼光去看，就未必能够放心使用；后来杨光先“宁可使中夏无好历法，不可使中夏有西洋人”的名言，也是同样的思想根源。

还有一些人士，面对新来的“远西奇器”，倒是既无“政治挂帅”之意，也不是急着要去解决朝廷上的军政危机，而是表现出一种对于新技术、新工艺的由衷的喜爱。这种类型的代表人物当数王征。在《远西奇器录最序》中，王征非常坦率地表达了他的这种心情：

> 客有爱余者，顾而言曰：吾子……今兹所录，特工匠技艺流耳，君子不器，子何敝敝焉于斯？……余应之曰：学原不问精粗，总期有济于世；人亦不问中西，总期不违于天。兹所录者，虽属技艺末务，而实有益于民生日用、国家兴作甚急也。……且夫畸人罕遘，纪学希闻，遇合最难，岁月不待。明睹其奇，而不录以传之，余心不能已也。……夫西儒在兹多年，士大夫与之游者，靡不心醉神怡，彼且不骄不吝，奈何当吾世而觌面失之？古之好学者，裹粮负笈，不远数千里往访，今诸贤从绝徼数万里外，赍此图书，以传我辈，我辈反忍拒而不纳欤？

见到“远西奇器”，感叹于其精好与实用，觉得不能让其流传推广是非常可惜的事情。这种心情，与徐、李等人似乎又有不同之处。

对于许多中国人为什么并不积极使用新来的西方仪器和工具，供奉北京宫廷的耶稣会传教士根据他们自己的观察，也曾作过一些推测和解释。例如巴多明(Domin Parrenin)在1730年8月11日从北京写给巴黎科学院院长的信中说：

> 如果他(按指钦天监的中国监正)想对他的前任工作精益求精，增加观测或对工作方式做些改革，他马上会在钦天监中成为众矢之的，众人顽固地一致要求维护现状。他们会说：“何必自讨苦吃多惹麻烦呢？稍有差错就会被扣去一、二年的俸禄，这不是做了劳而无功反而自己饿死的事吗？”毫无疑问，这是在北京天文台阻碍人们使用望远镜去发现视线达不到的东西和使用摆锤精确计算时间的原因。……那些人也肯定反对使用这些新发明，他们只想到自己的利益。可是他们都声称用旧办法是宏扬民族之本。[82]

关于清朝的皇家天文学机构为何不使用望远镜的问题，尽管也可能确实存在着一些科学方面的原因和理由——例如近年的一项研究表明：在球面像差(spherical aberration)和色差(chromatic aberration)问题未获得解决之前，在天体测量方面，望远镜尚不是最先进的工具[83]。但无论如何，到1730年时，望远镜早已是探索天空的无上利器，在促进天文学发展方面表现出了极大的生命力，而清朝的钦天监仍然无动于衷(而且终清之世一直如此！)，不能不使人相信巴多明信中的解释至少是有相当道理的。

三 金针与鸳鸯：基础科学与应用技术之关系

近代科学的实验方法、推理方法，它对观测对象和观测手段的约定，它的表述方式等等，在人类思想上是革命性的，对于人类社会的作用也是革命性的。不过这一点即使在今天也远非人人都能理解，在明末当然更是只有少数先知先觉者才能有所体悟。

徐光启对于基础科学与应用技术之间的关系，已有比较好的认识；尽管不可否认，这些认识多半来自耶稣会士们的介绍。在与利玛窦合作翻译了《几何原本》前六卷之后，徐光启对几何学——在当时确实是基础科学的象征——的功用，发表过不少论述。在《刻几何原本序》中他说：

> (几何学)由显入微，从疑得信，盖不用为用，众用所基，真可谓万象之形囿，百家之学海。

虽然他仍未免说了一些“不意古学废绝二千年后，顿获补缀唐虞三代之阙典遗义”之类的陈旧套话，但他还是赞成并复述了利氏对《几何原本》作用的介绍：

> 是书也，以当百家之用，庶几有羲和般墨其人乎？犹其小者；有大用于此，将以习人之灵才，令细而确也。

这种关于几何学的作用之说，是西方历史上常见的。然而徐光启在《几何原本杂议》中，对此还有更为生动的论述，在数百年之后的今天，仍值得我们细细读来：

> 昔人云：“鸳鸯绣出从君看，不把金针度与人”，吾辈言几何之学，政与此异，因反其语曰：“金针度去从君用，未把鸳鸯绣与人”。若此书者，又非止金针度与而已，直是教人开草冶铁，抽线造针，又是教人植桑饲蚕，冻丝染缕。有能此者，其绣出鸳鸯，直是等闲细事。然则何故不与绣出鸳鸯？曰：能造金针者能绣鸳鸯，方便得鸳鸯者谁肯造金针？……其要欲使人人真能自绣鸳鸯而已。

这段话中的比喻完全是中国式的，强调了基础科学对于应用技术而言的基础意义；也可以理解为强调了掌握学习方法(能力)的重要性——掌握了学习方法之后，获取具体知识就是“等闲细事”了。然而数百年过去，今天仍有一些人不能正确理解基础科学、基础理论的重要性，只想立竿见影“绣出鸳鸯”，比之徐光启之先知先觉，能无愧乎！

《几何原本》，或者说古希腊的几何学，作为科学的基础训练，确实在西方科学史上起过非常重要的作用。徐光启对于此书的高度评价，在当时并不是完全孤立的声音。如果不是当时另外一些高级知识分子也赞同徐光启的评价，下面这个故事就将很难理解了：利玛窦在北京去世之后，明朝为赐葬地(即在今北京市委党校院内——利玛窦和许多来华耶稣会士的墓地都在此)，有人对此产生了疑问：

> 时有内官言于相国叶文忠(叶向高)曰：诸远方来宾者，从古皆无赐葬，何独厚于利子？文忠公曰：子见从古来宾，其道德学问，有一如利子者乎？姑无论其他，即其所译《几何原本》一书，即宜钦赐葬地矣！[84]

叶氏何所据而如此高评《几何原本》，目前看来只能从徐光启的评价上去理解。

明末思想先进的知识分子，对于基础理论和应用技术之间关系的认识，也并非仅对《几何原本》一书而发。例如，题作“傅汎际(Franciscus Furtado)译义、李之藻达辞”的《名理探》一书，首次印行于1631年，原书是1611年德国出版的《亚里士多德辩证法概论》，系葡萄牙高因盘利大学耶稣会士的逻辑学讲义；书中据公元3世纪时Porphyrius所著《亚里士多德范畴概论》中的学说解释亚氏的逻辑学。至1636年此书重印，李天经为之作序，其中也正确地谈到基础理论与其他知识之间的关系：

> 古人尝以理寓形器，犹金藏土沙，求金者必淘之汰之，始不为土掩。研理者，非

> 设法推之论之，能不为谬误所复乎？推论之法，名理探是也。舍名理探而别为推论，以求证真实，免谬误，必不可得。是以古人比名理探于太阳焉——太阳传其光于月星，诸曜赖以生明；名理探在众学中，亦施其光照，令无舛迷，众学赖之以归真实。此其为用，固不重且大哉！

这些论述，皆可归入当时中国知识界最先进的思想之列。

第四节 “西学中源”说及其源流与影响

耶稣会士传入西方天文、数学和其他科学技术，使得一部分中国上层人士如徐光启、李之藻、杨廷筠等人十分倾心。清朝入关后又将耶稣会士编撰的《崇祯历书》易名《西洋新法历书》颁行天下，并长期任用耶稣会传教士主持钦天监。康熙本人则以耶稣会士为师，躬自学习西方的天文、数学等知识。所有这些情况，都给中国士大夫传统的信念和思想产生了强烈冲击。一度在中国宫廷和知识界广泛流行的“西学中源”说，就是对上述冲击所作出的反应之一。

“西学中源”说主要是就天文历法而言的。因数学与天文历法关系密切，也被涉及。后来在清朝末年，曾被推广到几乎一切知识领域，但那已明显失去科学史方面的研究价值，不在此处讨论了。

一 “西学中源”说发端于明之遗民

据迄今为止所见史料，最先提出“西学中源”思想的可能是黄宗羲。黄氏对中西天文历法皆有造诣，著有《授时历法假如》、《西洋历法假如》等多种天文历法著作。明亡，黄氏起兵抗清，兵败后一度辗转流亡于东南沿海。即使在如此艰危困苦的环境中，他仍在舟中与人讲学，仍在注释历法。黄氏“尝言勾股之术乃周公商高之遗，而后人失之，使西人得以窃其传”——此处黄氏虽是就数学而言，但那时学者常将“历算”视为一事[85]。关于黄氏最先提出“西学中源”概念，全祖望也曾明确肯定过：“其后梅征君文鼎本《周髀》言历，世惊以为不传之秘，而不知公实开之。”[86]

“西学中源”说的另一先驱者为黄宗羲的同时代人方以智。方氏为崇祯十三年进士，明亡后流寓岭南，一度追随永历政权，投身抗清活动。他的《浮山文集》在清初遭到禁毁，流传绝少。在《游子六〈天经或问〉序》一文中，方以智在谈论了中国古代的天文历法(其中有不少外行之语)之后说：

> 万历之时，中土化洽，太西儒来，脬豆合图，其理顿显。胶常见者骇以为异，不知其皆圣人之已言也。……子曰：天子失官，学在四夷。[87]

方氏此处“天子失官，学在四夷”的说法值得注意，这与后来梅文鼎、阮元等人反复宣扬的“礼失求野”之说(详下)完全是同一种思路。

黄、方二氏虽提出了“西学中源”的思想，但尚未提供支持此说的具体证据。至王锡阐出而阐述“西学中源”，乃使此说大进一步。王氏当明亡之时，曾两度自杀，获救后终身拒绝与清朝合作，以遗民自居，是顾炎武那个遗民圈子中的重要成员。王氏潜心研究天文历算，被后人目为与梅文鼎并列的清代第一流天文学家。王氏兼通中国传统天文学和明末传入的西方天文学，其造诣可以相信高于黄宗羲，更远在方以智之上。他曾多次论述“西学中源”说，其中最重要的一段如下：

今者西历所矜胜者不过数端，畴人子弟骇于创闻，学士大夫喜其瑰异，互相夸耀，以为古所未有。孰知此数端悉具旧法之中，而非彼所独得乎！

一曰平气定气以步中节也，旧法不有分至以授人时、四正以定日躔乎？一曰最高最卑以步朓朒也，旧法不有盈缩迟疾乎？一曰真会视会以步交食也，旧法不有朔望加减食甚定时乎？一曰小轮岁轮以步五星也，旧法不有平合定合晨夕伏见疾迟留退乎？一曰南北地度以步北极之高下、东西地度以步加时之先后也，旧法不有里差之术乎？大约古人立一法必有一理，详于法而不著其理，理具法中，好学深思者自能力索而得之也。西人窃取其意，岂能越其范围？[88]

王锡阐这段话是“西学中源”说发展史上的重要文献。约写于1663年之前一点，与黄、方二氏之说年代相近。王锡阐首次为“西学中源”说提供了具体证据——当然这些证据实际上是错误的。五个“一曰”，涉及日月运动、行星运动、交食、定节气和授时，几乎包括了中国传统历法的所有主要方面。王氏认为西法号称在这些方面优于中法，实则“悉具旧法之中”，是中国古已有之的。按理说，断定西法为中国古已有之，还存在双方独立发明而暗合的可能，但是王锡阐断然排除了这种可能性——“西人窃取其意”，是从中国偷偷学去的。这一出于臆想的说法为后来梅文鼎的理论开辟了道路。

值得注意，黄、方、王三氏都是矢忠故国的明朝遗民，又都是在历史上有相当影响的人物；此三人不约而同地提出“西学中源”之说，应该不是科学思想史上的偶然现象。

二 康熙多方提倡，梅文鼎大力阐扬

入清之后，康熙帝一面醉心于耶稣会士们输入的西方科学技术，一面又以帝王之尊亲自提倡“西学中源”说。康熙有《御制三角形论》，其中提出“古人历法流传西土，彼土之人习而加精焉”，这是关于历法的。他关于数学方面的“西学中源”之说更受人注意，一条经常被引用的史料是康熙五十年(1711)与赵宏燮论数，康熙说：

即西洋算法亦善，原系中国算法，彼称为阿尔巴朱尔——阿尔巴朱尔者，传自东方之谓也。[89]

“阿尔巴朱尔”又作“阿而热八达”或“阿而热八拉”，一般认为是algebra(源于阿拉伯文Al-jabr)的音译，意为“代数学”。康熙凭什么能从中看出“东来法”之意，不得而知。有人认为是和另一个阿拉伯文Aerhjepala发音相近而混淆的。但康熙是否曾接触过阿拉伯文，以及供奉内廷的耶稣会士向康熙讲授西方天文数学时是否有必要涉及阿拉伯文(他们通常使用满语和汉语)，都大成疑问。再退一步说，即使“阿尔巴朱尔”真有“东来法”之意，在未解决当年中法到底如何传入西方这一问题之前，也仍然难以服人——这个问题后来有梅文鼎慨然自任。

据来华耶稣会士的文件来看，康熙向耶稣会士学习西方天文数学始于1689年。此后他醉心于西方科学，连续几年每天上课达四小时，课后还做练习[90]。以后几十年中，康熙喜欢时常向宗室、大臣等谈论天文数学地理之类的知识，自炫博学，引为乐事。康熙很可能是在对西方天文数学有了一定了解之后独立提出“西学中源”说的。因为迄今尚未发现什么材料表明康熙曾经研读过黄、方、王三氏之书——三氏既为在政治上拒绝与清朝合作之人,康熙也不大可能在“万机余暇”去研读三氏的著作。

康熙在天文历算方面的“中学”造诣并不高深;他了解一些西方的天文数学,也未达到很高水准。这从他的《机暇格物编》中的天文学内容和他历次与臣下谈话中涉及的天算内容可以看出来。梅文鼎的《历学疑问》,康熙自认可以“决其是非”——对于梅文鼎这样以在野之身却愿意与清朝在学术上合作、其实也就是在政治上凑趣之人的著作,康熙就愿意在“万机余暇”抽空读一读了,但那只是一本浅显之作。相比之下,黄宗羲、王锡阐都是兼通中西天文学并有很高造诣的,因此他们提出“西学中源”说或许还有从中西天文学本身看出相似之处的因素,而康熙则更多地出于政治考虑了。

康熙的说法一出,清代最著名的天文学家梅文鼎立即热烈响应。梅氏三番五次地陈述:

> 御制《三角形论》言西学贯源中法,大哉王言,著撰家皆所未及。[91]
>
> 伏读御制《三角形论》,谓古人历法流传西土,彼土之人习而加精焉尔,天语煌煌,可息诸家聚讼。[92]
>
> 伏读御制《三角形论》,谓众角辏心以算弧度,必古算所有,而流传西土,此反失传;彼则能守之不失且踵事加详。至哉圣人之言,可以为治历之金科玉律矣![93]

梅文鼎俯伏在地,将“御制《三角形论》”读了又读,不仅立刻将发明“西学中源”说的“专利”拱手献给皇上(“大哉王言,著撰家皆所未及”——而黄、方、王三氏明明早已提出此说;康熙不知三氏之作固属可能,梅氏也不知三氏之作则难以想象),而且决心用他自己“绩学参微”的功夫来补充、完善“西学中源”说。在《历学疑问补》卷一中,他主要从以下三个方面加以论述:

其一,是论证“浑盖通宪”即古时周髀盖天之学。明末李之藻著有《浑盖通宪图说》,来华耶稣会士熊三拔著有《简平仪说》。前者讨论了球面坐标网在平面上的投影问题,并由此介绍星盘及其用法;后者讨论一个称为“简平仪”的天文仪器,其原理与星盘相仿。梅就抓住“浑盖通宪”这一点来展开其论证:

> 故浑天如塑像,盖天如绘像,……知盖天与浑天原非两家,则知西历与古历同出一原矣。
>
> 盖天以平写浑,其器虽平,其度则浑。……是故浑盖通宪即古盖天之遗制无疑也。
>
> 今考西洋历所言寒热五带之说与周髀七衡吻合。
>
> 周髀算经虽未明言地圆,而其理其算已具其中矣。
>
> 是故西洋分画星图,亦即古盖天之遗法也。

在有了五带、地圆、星图这些“证据”之后,梅氏断言:

> 至若浑盖之器,……非容成、隶首诸圣人不能作也,而于周髀之所言一一相应,然则即断其为周髀盖天之器,亦无不可。
>
> 简平仪以平圆测浑圆,是亦盖天中之一器也。

不难看出,梅氏这番论证的出发点就大错了。中国古代的浑天说与盖天说,当然完全不是如他所说的“塑像”与“绘像”的关系。李之藻向耶稣会士学习了星盘原理后作的《浑盖通宪图说》,只是借用了中国古代浑、盖的名词,实际内容是完全不同的。精通天文学如梅氏,不可能不明白这一点,但他却不惜穿凿附会大做文章,如果仅仅用封建士大夫逢迎帝王来解释,恐怕还不能完全令人满意。至于“容成、隶首诸圣人”,连历史上是否实有其人也大成问题,更不用说他们能制作将球面坐标投影到平面上去的“浑盖之器”了。五带、地圆、星图画法之类的“证据”，也都是附会。

其二，是设想中法西传的途径和方式。“西学中源”必须补上这一环节才能自圆其说。梅氏先从《史记·历书》中“幽、厉之后，周室微，……故畴人子弟分散，或在诸夏，或在夷狄”的记载出发，认为“盖避乱逃咎，不惮远涉殊方，固有挟其书器而长征者矣”。不过梅文鼎设想的另一条途径更为完善：《尚书·尧典》上有帝尧“乃命羲和，钦若昊天”，以及命羲仲、羲叔、和仲、和叔四人“分宅四方”的故事，梅氏就根据这一传说，设想：东南有大海之阻，极北有严寒之畏，唯有和仲向西方没有阻碍，“可以西则更西”，于是就把所谓“周髀盖天之学”传到了西方！他更进而想象，和仲西去之时是“唐虞之声教四讫”，而和仲到达西方之后的盛况是：

远人慕德景从，或有得其一言之指授，或一事之留传，亦即有以开其知觉之路。

而彼中颖出之人从而拟议之，以成其变化。

源远流长、规模宏大、结构严谨的西方天文学体系，就这样被梅文鼎想象成是在中国古圣先贤“一言之指授，或一事之留传”的基础上发展起来的！当然，比起王锡阐之断言西法是“窃取”中法而成，梅文鼎的“指授”、“留传”之说听起来总算平和一些。

其三，是论证西法与“回回历”即伊斯兰天文学之间的亲缘关系。梅文鼎对此的说法是：

而西洋人精于算，复从回历加精。

则回回泰西，大同小异，而皆本盖天。

要皆盖天周髀之学流传西土，而得之有全有缺，治之者有精有粗，然其根则一也。

梅氏能在当时看出西方天文学与伊斯兰天文学之间的亲缘关系，比我们今天做到这一点要困难得多，因为那时中国学者对外部世界的了解还非常少。不过梅文鼎把两者的先后关系弄颠倒了。当时的西法比回历“加精”倒是事实，但是追根寻源，回历还是源于西法的。在梅文鼎论证“西学中源”说的三方面中，唯有这第三方面中有一点科学成分——尽管这对于他所论证的主题并无帮助。

经过康熙的提倡和梅文鼎的大力阐发，“西学中源”说显得更加完备，其影响当然也大为增加。

三　其他学者之推波助澜

“西学中源”说既有“圣祖仁皇帝”康熙提倡于上，又有“国朝历算第一名家”梅文鼎写书、撰文、作诗阐扬于下，一时流传甚广，无人敢于提出异议。1721年完成的《数理精蕴》号称“御制”，其中说：

汤若望、南怀仁、安多、闵明我相继治理历法，间明算学，而度数之理渐加详备。

然询其所自，皆云本中土流传。[94]

上述诸人是否真说过这样的话，至少，说时处在何种场合，有怎样的上下文，都还不无疑问。倘若《数理精蕴》所言不虚，那倒是一段考察康熙与耶稣会传教士之间关系的珍贵材料。在清廷供职的耶稣会士虽然颇受礼遇，但终究还是中国皇帝的臣下，面对康熙的“钦定”之说，看来他们也不得不随声附和几句。

《明史》修成于1739年，其《历志》中重复了梅文鼎“和仲西征”的假想，又加以发挥说：

“夫旁搜博采以续千百年之坠绪，亦礼失求野之意也。

这一自我陶醉的说法，很受中国士大夫的欢迎。

乾嘉学派兴盛时，其中的重要人物如阮元等都大力宣扬“西学中源”说。阮元是为此说推波助澜的代表人物。在1799年编成的《畴人传》中，阮元多次论述“西学中源”说，且不乏“创新”之处，例如他说：

> 然元尝博观史志，综览天文算术家言，而知新法亦集古今之长而为之，非彼中人所能独创也。如地为圆体则曾子十篇中已言之，太阳高卑与《考灵曜》地有四游之说合，蒙气有差即姜岌地有游气之论，诸曜异天即郄萌不附天体之说。凡此之等，安知非出于中国如借根方之本为东来法乎！[95]

其说牵强附会，水准较梅文鼎又逊一筹。

乾嘉学派对清代学术界的影响是众所周知的，经阮元等人大力鼓吹，“西学中源”说产生了持久的影响。这里只举一个例子：1882年，清王朝已到尾声，“西学中源”说已经提出两个多世纪了，查继亭仍在如数家珍般谈到：

> （重刻《畴人传》是）俾世之震惊西学者，读阮氏罗氏之书而知地体之圆辨自曾子，九重之度自《天问》，三角八线之设本自周髀，蒙气之差得自后秦姜岌，盈缩二限之分肇自齐祖冲之，浑盖合一之理发自梁崔灵恩，九执之术译自唐瞿昙悉达，借根之后法出自宋秦九韶元李冶天元一术。西法虽微，究其原皆我中土开之。[96]

“西学中源”说确立之后，又有从天文、数学向其他科学领域推广之势。例如阮元将西洋自鸣钟的原理说成与中国古代刻漏并无二致，所以仍是源出中土[97]，这是推广及于机械工艺；毛祥麟将西医施行外科手术说成是华陀之术的“一体”，而且因未得真传，所以成功率不高[98]，这是推广到医学；等等。这类言论多半是外行的臆说，并无学术价值可言。

四 “西学中源”说产生的背景

矢忠故国的明朝遗民和清朝君臣在政治态度上是对立的，而这两类人不约而同地提倡“西学中源”说，是一个很值得注意的现象。

中国天文学史上的中西之争，始于明末。在此之前，中国虽已两度接触到西方天文学——六朝隋唐之际和元明之际，但只是间接传入（前一次以印度天学为媒介，后一次以伊斯兰天学为媒介），而且当时中国天文学仍很先进，更无被外来者取代之虞，所以也就没有中西之争。即使元代曾同时设立“回回”和“汉儿”两个司天台，明代也在钦天监特设回回科，回历与《大统历》参照使用，也并未出现过什么“回汉之争”。

但是到明末耶稣会士来华时，西方天文学已经发展到很高阶段，相比之下，中国的传统天文学明显落后了。明廷决定开局修撰《崇祯历书》，被认为是中国几千年的传统历法将要由西洋之法所取代，而历法在古代中国是王朝统治权的象征，如此神圣之物竟要采用“西夷”之法，岂非十足的“用夷变夏”？这对于许多一向以“天朝上国”自居的中国士大夫来说，实难容忍。正因为如此，自开撰《崇祯历书》之议起，就遭到保守派持续不断的攻击。幸赖徐光启作为护法，使《崇祯历书》得以在1634年修成，但是保守派的攻击仍使之十年之久无法颁行使用。

清人入关后，立即以《西洋新法历书》之名颁行了《崇祯历书》的修订本。他们采用西法没有明朝那么多的犹豫和争论，这是因为：一方面，中国历来改朝换代之后往往要改历，以示“日月重光，乾坤再造”，新朝享有新的“天命”，而当时除了《崇祯历书》并无胜过《大统历》的好历可供选择；另一方面，当时清人刚以异族而入主中夏，无论如何总还未能马上以“夏”自居。既然自己也是“夷”，那么“东夷”与“西夷”也就没有什么大不同，完全可以大胆地取我所需。正如李约瑟曾注意到的：“在改朝换代之后，汤若望觉得已可随意使用‘西’字，因满族人也是外来者。”[99]

清人入主华夏，本不自讳为“夷”——也无从讳。到1729年，雍正还故作坦然地表示：“且夷狄之名，本朝所不讳”，他只是抬出“《孟子》云：舜，东夷之人也；文王，西夷之人也”来强调“惟有德者可为天下君”[100]，而不在于夷夏。但是实际上清人入关后全盘接受了汉文化，加之统一的政权已经经历了两代人的时间，汉族士大夫的亡国之痛也渐渐淡忘。这时清朝统治者就不知不觉地以“华夏正统”自居了。这一转变，正是康熙亲自提倡“西学中源”说的思想背景。

在另外一方面，最早提出“西学中源”说的黄、方、王等人，都是中国几千年传统文化养育出来的学者，又是大明的忠臣。他们目睹“东夷”入主华夏，又在天学历法这种最神圣的事情上全盘引用西夷之人和西夷之法，心里无疑有着双重的不满。其中王锡阐是最有代表性的例子。他在清朝的统治下又生活了几十年，在内心深处他一直希望看到中国传统历法重新得到使用——当然可以从西法中引用一些具体成果来弥补中法的某些不足，即所谓“熔彼方之材质，入《大统》之型模”。为此他一面尽力摘寻西法的疏漏之处，一面论证“西学中源”，然后得出结论：

> 夫新法之戾于旧法者，其不善如此；其稍善者，又悉本于旧法如彼。[101]

他的六卷《晓庵新法》正是为贯彻这一主张而作。

但是遗民学者又抱定在政治上不与清朝合作的宗旨，因此他们就不愿意、也无法去向清朝政府对历法问题有所建言。在这种情况下，只能通过提倡“西学中源”说来缓解理论上的困境——传统文化的熏陶使他们坚持“用夏变夷”的理想，而严峻的现实则是“用夷变夏”，如果论证了“夷源于夏”，就能够回避两者之间的冲突。

康熙初年的杨光先事件，暴露了“夷夏”问题的严重性。这一事件可视为明末天文学中西之争的余波，杨光先的获罪标志着“中法”最后一次努力仍然归于失败。杨光先“宁可使中夏无好历法，不可使中夏有西洋人”的名言[102]，清楚地表明他并不把历法本身的优劣放在第一位，只不过耶稣会士既然以天文历法作为进身之阶，他也就试图从攻破他们的历法入手。当他在与南怀仁多次实测检验的较量中惨败之后，就转而诉诸意识形态方面的理由：

> 臣监之历法，乃尧舜相传之法也；皇上所在之位，乃尧舜相传之位也；皇上所承之统，乃尧舜相传之统也。皇上颁行之历，应用尧舜之历。[103]

杨氏虽然最终获罪去职，但也得到不少正统派士大夫的同情，他们主要是从维护中国传统文化这一点着眼的。因此“夷夏”问题造成的理论困境确实急需摆脱。

清朝统治者的两难处境在于：一方面，他们确实需要西学，他们需要西方天文学来制定历法，需要耶稣会士帮助办理外交（例如签订《中俄尼布楚条约》），需要西方工艺技术来制造大炮和别的仪器，需要金鸡纳霜治疗“御疾”，等等等等；另一方面，他们又需要以中国几千年传统文化的继承者自居，以“华夏正统”自居，以“天朝上国”自居。因此，在作为王权象征的历法这一神圣事物上“用夷变夏”，日益成为令清朝君臣头痛的问题。

在这种情况下，康熙提倡“西学中源”说，不失为一个巧妙的解脱办法。既能继续采用西方科技成果，又在理论上避免了“用夷变夏”之嫌。西法虽优，但源出中国，不过青出于蓝而已；而采用西法则成为“礼失求野之意也”。

“西学中源”说在中国士大夫中间受到广泛欢迎，流传垂三百年之久，还有一个原因，就是当年此说的提倡者曾希望以此来提高民族自尊心、增强民族自信心。千百年来习惯于以“天朝上国”自居，醉心于“声教远被”、“万国来朝”，现在忽然在许多事情上技不如人了，未免深感难堪。阮元之言可为代表：

> 使必曰西学非中土所能及，则我大清亿万年颁朔之法，必当问之于欧罗巴乎？此必不然也！精算之士当知所自立矣！[104]

然而技不如人的现实是无情的。“我大清”二百六十年颁朔之法确实从欧罗巴来。“西学中源”说虽可使一些士大夫陶醉于一时，但随着时代演进，幻觉终将破碎。

第五节 新旧思想之冲突及其后果

一 徐光启和方以智

在明清之际的思想史上，徐光启应该算得上最重要的人物之一。虽然那时中国的社会分工仍停留在古代的状况，徐光启不可能像在近代社会中那样以科学家的面目呈现出来，但实际上他至少是完全够格的天文学家、数学家和农学家。从科学思想史的角度来看，他属于那个时代极少见的先知先觉者。由于相当深入地学习和接触了已经具备近代形态的西方科学，他能够对中西学术的优劣形成自己的比较和判断。他说过一些贬抑中国传统天文数学的话——后来在清代“西学中源”的大合唱中大受攻击——，例如：

> 至于商高问答之后，所谓荣方问于陈子者，言日月天地之数，则千古大愚也。[105]

> 《九章》算法勾股篇中，故有用表、用矩尺测量数条，与今《测量法义》相较，其法略同，其义全阙，学者不能识其所由。[106]

“西学中源”说中的源头——“周髀盖天之学”，竟被指为“千古大愚”，这当然要遭到梅文鼎、阮元等人的攻击。就是将《九章算术》与《几何原本》比较，梅文鼎也照样能看出“信古《九章》之义，包举无方”的优越性[107]。这是因为徐光启与梅文鼎等人处在完全不同的思想境界之中。徐光启心中并无陈腐的“夷夏”之争，他只是热情呼唤新科学的到来，并且用自身不懈的努力来传播这些新科学。有人曾将徐光启称为“中国的培根”，虽然听起来稍嫌诗意化了一点，其实大体不错。而梅文鼎等人，我们在前面已经看到，他们的学术活动在很大程度上带着“政治挂帅”的色彩。康熙给他们定下的任务是解脱“用夷变夏”与“用夏变夷”之间的困境；他们自己在心中定下的任务则是要在中国科学技术与西方相比处于明显劣势的情况下，尽一切可能为老祖宗、其实也就是为自己争回面子。梅文鼎等人的这种情绪，一直延续到某些当代的论著中——认为徐光启贬抑中国传统天文数学是“过分”的，而不考虑徐光启当年说这些话的历史背景和意义。

关于徐光启对待西学的态度，还有一小段公案需要一提。在主持《崇祯历书》修撰工作的过程中，徐光启上过一系列奏疏，在《历书总目表》中，他说过这样一段话：

翻译既有端绪，然后令甄明《大统》、深知法意者参详考定。熔彼方之材质，入大统之型模；譬如作室者，规范尺寸一一如前，而木石瓦甓悉皆精好，百千万年必无敝坏。

这段话听上去非常像“中学为体，西学为用”的早期版本。徐光启在这里表示，《崇祯历书》将完全依照中国传统历法的模式，只是取用西方天文学中的一些部件（木石瓦甓）而已。然而最后修成的《崇祯历书》却从体到用完全是西方天文学的。这就成为后来一些人抨击徐光启的口实，王锡阐在《晓庵新法·自序》中的诘难可为代表：

且译书之初，本言取西历之材质，归大统之型范，不谓尽堕成宪而专用西法如今日者也！

考虑到修历时遇到的重重阻力，徐光启上面那段话只能看作是一种权宜之计，目的是减少来自保守派的压力，以便使修历工作得以开始进行。他的“言行不一”实有不得已的苦衷。

徐光启在全力推动新科学的同时，对于中国传统文化中那些与科学紧紧纠缠在一起的糟粕，很可能已经有了一些对那个时代来说非常超前的认识。例如方豪曾注意到，徐光启在月蚀发生时，上奏称因观测需要，自己不能参加“救护”仪式——在古代中国有着数千年历史的一种隆重的仪式，目的是祈祷、恳求上天不要让处在交蚀中的日、月受到伤害，并原谅天子在人间的过失。方豪认为徐光启这是“藉词规避”：

按光启不愿在月食时，随班救护，必因其时已信奉天主教，依教规不能参加此迷信之举，故藉词规避。然必如所言，亲往观测，亦决无可疑者。[108]

徐光启是不是因为碍于教规才不去“救护”，还可讨论，但是至少他认为科学观测比迷信仪式更重要。

就对新科学的态度之热情、正确而言，徐光启的同时代人中，大约只有王征、李之藻等极少数几人差可与之比肩。半个世纪前，邵力子之论徐、王二人有云：

学术无国界，我们应当采人之长，补己之短，对世界新的科学迎头赶上去。他们爱国家、爱民族、爱真理的心，都是雪一般纯洁、火一般热烈的。[109]

以今视之，仍不失为极恰当的评价。

与徐光启相比，方以智在一些现代论著中得到的评价似乎还高于徐光启，这在很大程度上仍是情绪化的偏见所致。因为方氏曾经批评西学，而徐光启热烈推崇西学——在很长一段时间里，评价人物的标准一直是：批评西方就好，推崇西方就坏。当然这种情绪化的偏见也仍可以“持平之论”的面目出现，比如称赞方氏对西学既不全盘接受，也不全盘否定，因而是理智的态度云云。

方氏对西学的批评，最为人称道的是下面这段话：

万历年间，远西学人详于质测而拙于言通几。然智士推之，彼之质测，犹未备也。[110]

这段话看起来倒也确实对西学有所肯定（“详于质测”），然而“通几”本是玄虚笼统的概念，与西方近代科学的分析、实验方法相比，有什么优越性？正如近年有研究者所指出的：

即便是把“质测”理解为“科学”，也难于因此而提高对方以智的评价。明末的西学传播，的确掺杂着许多中世纪的宗教迷信，再加上正处在近代科学的形成期，知识更新的速度较快，所以“未备”是必然的。不过“智士”是指谁呢？如果是指他本人，我们并没有看到他怎样站在科学的新高度上指出西学的“未备”。[111]

例如，方氏在《物理小识·历类》中对利玛窦所说地日距离的批评，被许多论著引为方氏批判西学而又高于西学的例证，其实是出于方氏对利玛窦《乾坤体义》有关内容的误解[112]。

方以智对于西学的态度，与当时大部分中国传统士大夫相比，并无多少高明之处。华夏文化至高无上的沙文主义情绪，一直盘踞在他们心中。方氏成为“西学中源”说的先驱者之一，并非偶然。值得注意的是，方氏那种中国“通几”胜过西方“质测”的梦幻，直到今天仍盘踞在不少中国人的脑海里。

二　对“西学中源”说的批判和争论

“西学中源”说虽然在清代甚嚣尘上，但也不是没有对此持批判态度的人士。江永就是其中突出的例子。

江永是清代的经学大家，在天文、数学上也有很高造诣，写了一部专门阐述西方古典天文学体系的著作《数学》(共六卷，又名《翼梅》——据说是为了表示敬慕梅文鼎之意)。当时有梅文鼎之孙梅瑴成，号循斋，受到康熙的赏识，也是“西学中源”说的大功臣。他读了江永的《数学》之后，书赠江永一联云：

殚精已入欧罗室　　用夏还思亚圣言

意思是说江永研究欧罗巴天文学固然已经登堂入室，但还希望他不要忘记“用夏变夷”的古训——还把“亚圣”孟子的大招牌抬了出来。江永当然不难体会其意，他说：

> 此循斋先生微意，恐永于历家知后来居上，而忘昔人之劳；又恐永主张西学太过，欲以中夏羲和之道为主也。[113]

这里的“后来居上”，即“西学中源”说主张者心目中的西方天文学；而“昔人之劳”即所谓“中夏羲和之道”。对于这种“微意”，江永断然表示：

> 至今日而此学昌明，如日中天，重关谁为辟？鸟道谁为开？则远西诸家，其创始之劳，尤有不可忘者。[114]

江永这一小段话，言简意赅，实际上系统地反驳了“西学中源”说：第一，江永否认西方天文学源于中国，反而强调了西方天文学家的“创始之劳”。第二，江永明确拒绝了梅氏祖孙把西方天文学成就算到“昔人之劳”账上的做法。第三，承认“远西诸家”能够创立比中国更好的天文学。这就否定了那种认为中国文化高于任何其他民族的信念——提出“西学中源”说正是为了维护这一信念。

不久又有更多的著名学者加入这场争论。《畴人传》卷四十九中记载了这方面的情况。江永的弟子戴震，“盛称婺源江氏推步之学不在宣城(指梅文鼎)下”；钱大昕读了江永《数学》之后却大不以为然，写一封长信致戴震，力贬江永，说是“向闻循斋总宪不喜江说，疑其有意抑之，今读其书，乃知循斋能承家学，识见非江所及”，甚至责问戴震是否因“少习于江而为之延誉耶？”《数学》中当然不是没有错误之处，但钱大昕的不满主要是针对江永不肯加入“西学中源”说大合唱而发的。

江永的开明观点，在当时著名学者中间也并不完全孤立。例如赵翼也认为西方天文学比中国的更好，而且是西方人自己创立的：

> 今钦天监中占星及定宪书，多用西洋人，盖其推算比中国旧法较密云。洪荒以

来，在璇玑，齐七政，几经神圣，始泄天地之秘。西洋远在十万里外，乃其法更胜，可知天地之大，到处有开创之圣人，固不仅羲、轩、巢、燧已也。[115]

赵翼也是非常开明的人，不仅在中学西学问题上如此。

三 康熙的功过

近年一些史学论著中对康熙的评价越来越高。言雄才大略，则比之于法国"太阳王"路易十四；言赞助学术，则常将其描绘成文艺复兴时期佛罗伦萨的科斯莫·美第奇(Cosimo Medici)般的一流人物。当年供奉康熙宫廷的耶稣会士，在给欧洲的书信和报告中，也确实经常将"仁慈"、"公正"、"慷慨"、"英明"、"伟大"等等颂辞归于康熙。

康熙对西方科学技术感兴趣、他本人也热心学习西方的科技知识，这些都是事实。在中国传统的封建社会中，出现这样一位君主诚属不易。作为个人而言，他确实可以算那个时代在眼界和知识方面都非常超前的中国人。然而作为大国之君，就历史功过而言，康熙就大成问题了。

先看康熙热心招请懂科学技术的耶稣会士供奉内廷一事。这常被许多论著引为康熙"热爱科学"或"热心科学"的重要证据。但是此事如果放到中国古代长期的历史背景中去看，则康熙与以前(以及他之后的)许多中国帝王的行为并无不同。中国历代一直有各种方术之士供奉宫廷，最常见的是和尚或道士。他们通常以其方术——占星、预卜、医术、炼丹、书画、音乐等等——侍奉帝王左右。一般来说他们的地位近似于"清客"，但深得帝王信任之后，参与军国大事也往往有之。耶稣会士之供奉康熙宫廷，其实丝毫未出这一传统模式。耶稣会士们虽然不占星、不炼丹，但是同样以医术、绘画、音乐等技艺供奉御前，此外还有管理自鸣钟之类的西洋仪器、设计西洋风格的宫廷建筑等。具体技艺和事务虽有所不同，整体模式则与前代无异。宫廷中有来自远方的"奇人异士"供奉御前，向来是古代帝王引为荣耀之事，并不是非要"热爱科学"才如此。

康熙更严重的过失其实前贤已经指出过了，那就是：康熙本人尽管对西方科技感兴趣，但他却丝毫不打算将这种兴趣向官员和民众推广：

对于西洋传来的学问，他似乎只想利用，只知欣赏，而从没有注意造就人才，更没有注意改变风气；梁任公曾批评康熙帝，"就算他不是有心窒塞民智，也不能不算他失策。"据我看，这"窒塞民智"的罪名，康熙帝是无从逃避的。[116]

康熙连选择一些八旗子弟跟随供奉内廷的耶稣会士学习科技知识这样轻而易举的事都未做过，更不用说建立公共学校让耶稣会士传授西方科技知识，或是利用耶稣会的关系派青年学者去欧洲留学这类举措了——这些事无疑都是耶稣会士非常乐意而且非常容易办成的。

当此现代科学发轫之际，康熙遇到了一个送上门来的大好机遇，使中国有可能在科技上与欧洲近似于"同步起跑"。康熙以大帝国天子之尊，又在位60年之久，他完全有条件推行和促成此事。但是他的思想，就整体而言仍然完全停留在旧的模式之中。他的所谓开眼界，只是在非常浅表的层次上，多看了一些平常人看不到的希罕物而已。康熙完全没有看到世界新时代的曙光。

四 17世纪中国有没有科学革命?

前几年席文(N. Sivin)在一篇有许多版本的文章中提出了一种动人的观点,认为17世纪的中国已经出现了科学革命,他说:

> (17世纪)中国天文学家第一次开始相信数学模型可以解释和预测各种天象。这些变化等于天文学中的一场概念革命。……(这场革命)不亚于哥白尼的保守革命,而比不上伽利略提出激进的假说的数学化。[117]

但是实际上这种说法很可能只是误解。它至少面临两方面的问题。

首先,就数学模型而言,姑不论中国传统的代数方法也不失为一种数学模型,即使在西方几何模型引入之后,许多中国天文学家也只是将这种模型看成一种计算手段而已,钱大昕的话最为明了简捷,可以作为代表:

> 本轮均轮本是假象。今已置之不用,而别创椭圆之率。椭圆亦假象也。但使躔离交食推算与测验相准,则言大小轮可,言椭圆亦可。[118]

他们并不认为西方的几何模型有什么实质性的意义。古代中国学者对于讨论宇宙结构及其运行机制的真实性问题,总的来说一直是缺乏兴趣的。

其次,更为严重的问题在于,被广泛接受的"西学中源"说既已断言西方天文学是源出中国、古已有之的,那就不存在新概念对旧概念的替代,因而也就不可能谈到什么"概念革命"了。

17世纪中国科学界最时髦、最流行的概念大约要算"会通"了。当年徐光启在《历书总目表》中早就提出"欲求超胜,必须会通"。不管徐光启心目中的"超胜"是何光景,至少总是"会通"的目的,他是希望通过对中西天文学两方面的研究,赶上并超过西方的。

以后王锡阐、梅文鼎都被认为是会通中西的大家。但是在"西学中源"的主旋律之下,他们的会通功夫基本上都误入歧途了——会通主要变成了对"西学中源"说的论证。正如薮内清曾深刻地指出的:

> 作为清代代表性的历算家梅文鼎,以折衷中西学问为主旨,并没有全面吸收西洋天文学再于此基础上进一步发展的意图。[119]

是以17世纪的中国,即使真的有过一点科学革命的萌芽,也已经被"西学中源"说的大潮完全淹没了。

注释和文献

[1]　Mason, S. F.《自然科学史》，上海外国自然科学哲学著作编译组译，上海人民出版社（1977），119 页
[2]　哥白尼对于理论与实际观测之间的误差，只要不超过10′就已满意。参见 A. Berry：A Short History of Astronomy，New york，1961，89
[3]　转引自 [1]，145 页
[4]　W. V. Bangert：A History of the Society of Jesus，St. Louis，1986，P. 187
[5]　《利玛窦书信集》，罗鱼译，光启出版社（台湾，1986），314 页
[6]　《耶稣会士书简集》，卷 24，23 页；转引自谢和耐（Jacques Gernet）：《中国和基督教》，上海古籍出版（1991），87 页
[7]　关于这方面的系统论证，见江晓原：《天学真原》，辽宁教育出版社（1991），第三章
[8]　同 [7]，65～68 页
[9]　黄伯禄，《正教奉褒》，上海慈母堂出版（1904），5 页
[10]　同 [5]，301～302 页
[11]　《明史·历志一》
[12]　考证细节见江晓原：《明清之际西方天文学在中国的传播及其影响》，中国科学院博士论文（北京，1988），24～48 页；又见江晓原：《明末来华耶稣会士所介绍之托勒密天文学》，《自然科学史研究》8 卷 4 期（1989）
[13]　同 [11]
[14]　对此八次结果的考释见江晓原：第谷天文体系的先进性问题——三方面的考察及有关讨论，《自然辩证法通讯》11 卷 1 期（1989）
[15]　较新的论述可见黄一农：择日之争与康熙历狱，《清华学报》（台湾）新 21 卷 2 期（1991）
[16]　在很大程度上是第谷的天文学体系保持着“钦定”的官方地位。1722 年的《历象考成》、1742 年的《历象考成后编》，都未改变这一地位。详见本章第二节
[17]　梁启超，《中国近三百年学术史》，收入《梁启超论清学史二种》，复旦大学出版社（1985），94 页
[18]　同 [17]，106 页
[19]　《崇祯历书》五纬历指九
[20]　《崇祯历书》恒星历指三
[21]　可参看林金水：利玛窦输入地圆学说的影响与意义，《文史哲》1985 年第 5 期
[22]　宋应星，《野议·论气·谈天·思怜诗》，上海人民出版社（1976），101 页
[23]　玛八作对跖人之说即见于利玛窦世界地图的说明文字中；“玛八作”指何地 不详，据经纬度当在今日阿根廷境内，参见曹婉如等：中国现存利玛窦世界地图的研究，《文物》1983 年第 12 期
[24]　同 [22]，101～103 页
[25]　王夫之，《思问录·俟解》，中华书局（1956），63 页
[26]　同 [25]
[27]　杨光先，《不得已》卷下，中社影印本（1929），63 页
[28]　同 [27]，67 页
[29]　同 [27]，68～69 页
[30]　白尚恕，《宣城游学记》追踪记，纪念梅文鼎诞生三百五十周年国际学术讨论会（中国·合肥-宣州，1988）论文
[31]　此序原载于《新镇志》。[30] 中录有其全文
[32]　《崇祯历书》五纬历指一《崇祯历书》后经汤若望改编，更名《西洋新法历书》，于顺治二年（1645）刊行。本文所据《崇祯历书》系北京故宫博物院图书馆所藏残卷，所据《西洋新法历书》亦系该馆所藏
[33]　李约瑟，中国科学技术史，第四卷，科学出版社（1975），643、646 页
[34]　关于此事可参见江晓原：天文学史上的水晶球体系，《天文学报》28 卷 4 期（1987）
[35]　同 [32]，周天各曜序次第一
[36]　Ptolemy：Almagest，IX2，Great Books of the Westen World，Encyclopaedia Britannica，1980，Vol. 16，P. 270
[37]　同 [34]

[38] 参见江晓原：明末来华耶稣会士所介绍之托勒密天文学，《自然科学史研究》8卷4期（1989）
[39] 同[32]，周天各曜序次第一
[40] 同[32]，周天各曜序次第一
[41] 王锡阐，《五星行度解》
[42] 钱熙祚，《五星行度解》跋
[43] 参见江晓原：王锡阐的生平、思想和天文学活动，《自然辩证法通讯》11卷4期（1989）
[44] 参见江晓原：王锡阐和他的《晓庵新法》，《中国科技史料》9卷6期（1986）
[45] 《梅勿庵先生历算全书·五星纪要》，兼济堂纂刻本
[46] 梅文鼎自述此事云："今得门人刘允恭悟得金水二星之有岁轮，其理的确而不可易，可谓发前人之未发矣。"见同[45]
[47] 江永，《数学》，卷六
[48] 江晓原，明末来华耶稣会士所介绍之托勒密天文学，《自然科学史研究》8卷4期（1989）
[49] 见[12]，40页
[50] 同[32]
[51] Copernicus：De Revolutionibus，18，Great Books of the Westen World，Encyclopaedia Britannica，1980，Vol. 16，519
[52] 见[12]，7～8页
[53] 《坤舆图说》，阮元序
[54] 《畴人传》卷四十六"蒋友仁传论"
[55] 《续畴人传》，阮元序
[56] 席泽宗等，日心地动说在中国，《中国科学》16卷3期（1973）
[57] 同[32]
[58] 王锡阐，《五星行度解》
[59] 同[45]
[60] 同[47]
[61] 焦循，《焦氏丛书·释轮》卷上
[62] 同[54]
[63] 《畴人传》卷四十九"钱大昕"
[64] 同[36]
[65] 江晓原，开普勒天体引力思想在中国，《自然科学史研究》6卷2期（1987）
[66] 同[41]
[67] 同[45]
[68] 利玛窦，《利玛窦中国传教史》，刘俊余、王玉川译，光启出版社（台湾，1986），146页。按此书大陆有译本，名《利玛窦中国札记》，系自意大利文→拉丁文→英文多重转译而成，台湾译本则直接译自意大利文。
[69] 同[68]，147页
[70] 洪煨莲，利玛窦的世界地图，《洪氏论学集》，中华书局（1981）
[71] 见徐昌治辑：《圣朝破邪集》卷三，"利说荒唐惑世"
[72] 方豪，《中西交通史》，岳麓书社（1987），868页
[73] 同[72]，758页
[74] 同[72]，939～940页
[75] 江晓原，乾隆西域武功图及铜版印刷，《文史知识》1993年第6期
[76] 同[72]，755～756页。以及西门先路：一六七八年北京的蒸汽动力实验，《科技日报》1989年12月1日
[77] 江晓原，关于望远镜的一条史料，《中国科技史料》11卷4期
[78] 《十二楼·夏宜楼》第二回。其中有云："这件东西的出处虽然不在中国，却是好奇访异的人家都收藏得有，不是什么荒唐之物。"或有助于间接推测望远镜在当时的流行程度
[79] 耶稣会士洪若翰（J. de Fontanev）1703年2月15日寄往法国的信件中对此有详细描述，见朱静编译的来华耶稣

会士书信集:《洋教士看中国朝廷》，上海人民出版社（1995），45～47页
[80] 关于这方面的系统论证，请见江晓原:《天学真原》，辽宁教育出版社（1991），第三章
[81] “参远夷第一疏”，《破邪集》卷一
[82] 同[79]，164页
[83] 席泽宗，南怀仁为什么没有制造望远镜，《中国科技史论文集》，台北：联经出版公司（1995）
[84] 艾儒略，《大西西泰利先生行迹》。方豪相信这一故事的真实性，参见解[72]，732页
[85] 全祖望，梨洲先生神道碑文，《鲒埼亭集》卷十一
[86] 同[85]
[87]《浮山文集后编》卷二，收于《清史资料》第六辑，中华书局（1985）
[88] 王锡阐，历策，收于《畴人传》卷三十五
[89]《东华录》，康熙八九
[90] 洪若翰（de Fontaneg）1703年2月15日的信件，《清史资料》第六辑，中华书局（1985）
[91] 梅文鼎，雨坐山窗，《绩学堂诗钞》卷四
[92] 梅文鼎，上孝感相国四之三，《绩学堂诗钞》卷四
[93] 梅文鼎，《历学疑问补》卷一
[94]《数理精蕴》上编卷一“周髀经解”
[95]《畴人传》卷四十五“汤若望传论”
[96] 查继亭，重刻《畴人传》后跋
[97] 阮元，自鸣钟说，《揅经室三集》卷三
[98] 毛祥麟，《墨余录》卷七
[99] 同[33]，674页
[100] 雍正语俱见《大义觉迷录》卷一，收于《清史资料》第四辑，中华书局（1983）
[101] 同[88]
[102] 杨光先，《不得已》卷下
[103] 黄伯禄，《正教奉褒》，上海慈母堂（1904），48页
[104] 同[95]
[105] 徐光启，“勾股义序”，《徐光启集》卷二
[106] 徐光启，“测量异同绪言”，《徐光启集》卷二
[107] 梅文鼎，《勿庵历算书目·用勾股解几何原本之根》
[108] 同[72]，705页
[109] 邵力子，纪念王征逝世三百周年，《真理杂志》1卷2期（1944）
[110] 方以智，《物理小识·自序》
[111] 樊洪业，《耶稣会士与中国科学》，中国人民大学出版社（1992），141页
[112] 同[111]，141～142页
[113] 江永，《数学·又序》
[114] 同[113]
[115] 赵翼，《檐曝杂记》卷二
[116] 同[109]
[117] 席泽宗，为什么中国没有发生科学革命——或者它真的没有发生吗？《科学与哲学》，1984年第1期
[118]《畴人传》卷四十九
[119] 薮内清，明清时代的科学技术史，《科学与哲学》，1984年第1期

索　引

人名索引

X

书名索引

W

X

推 荐 书 目

董光璧．1993．易学科学史纲．武汉出版社
董英哲．1990．中国科学思想史．陕西人民出版社
关曾建．1991．中国古代物理思想探索．湖南教育出版社
郭金彬．1993．中国传统科学思想史论．知识出版社
江晓原．1991．天学真原．辽宁教育出版社
卡普拉．1999．物理学之“道”——近代物理学与东方神秘主义（朱润生译）．北京出版社
李申．1989．中国古代哲学和自然科学（从先秦到魏晋南北朝）．中国社会科学出版社
李申．1993．中国古代哲学与自然科学（隋唐至清代）．中国社会科学出版社
李约瑟．1990．中国科学技术史第二卷科学思想史（何兆武等译）．科学出版社，上海古籍出版社
李瑶．1995．中国古代科技思想史稿．陕西师范大学出版社
刘长林．1982．内经的哲学和中医学的方法．科学出版社
刘君灿．1986．谈科技思想史．台北：明文书局
山田庆儿．1996．古代东亚哲学与科技文化（廖育群译）
王洪钧，苏宏安．1988．中国古代数学思想方法．江苏教育出版社
王淼洋．1992．比较科学思想论．辽宁教育出版社
席泽宗．1999．中国传统文化里的科学方法．上海科技教育出版社
小野泽一等．1990．气的思想——中国自然观和人的观念的发展（李庆译），上海人民出版社
谢松龄．1992．阴阳五行与中医学．新华出版社
袁运开，周翰光主编．1998．中国科学思想史（上）．安徽科学技术出版社
于光远主编．1995．自然辩证法百科全书．中国大百科全书出版社
张云飞．1995．天人合一——儒学与生态环境．四川人民出版社
曾近义．1993．中西科学技术思想比较．广东高等教育出版社
郑文光，席泽宗．1975．中国历史上的宇宙理论．人民出版社
周翰光．1994．先秦数学与诸子哲学．上海古籍出版社
周尚意，赵世瑜．1994．天地生民——中国古代关于人与自然关系的认识．浙江人民出版社
朱亚宗．1995．中国科技批评史．国防科技大学出版社

总　跋

凡是听到编著《中国科学技术史》计划的人士，都称道这是一个宏大的学术工程和文化工程。确实，要完成一部30卷本、2000余万字的学术专著，不论是在科学史界，还是在科学界都是一件大事。经过同仁们10年的艰辛努力，现在这一宏大的工程终于完成，本书得以与大家见面了。此时此刻，我们在兴奋、激动之余，脑海中思绪万千，感到有很多话要说，又不知从何说起。

可以说，这一宏大的工程凝聚着几代人的关切和期望，经历过曲折的历程。早在1956年，中国自然科学史研究委员会曾专门召开会议，讨论有关的编写问题，但由于三年困难、“四清”、“文革”，这个计划尚未实施就夭折了。1975年，邓小平同志主持国务院工作时，中国自然科学史研究室演变为自然科学史研究所，并恢复工作，这个打算又被提到议事日程，专门为此开会讨论。而年底的“反右倾翻案风”，又使设想落空。打倒“四人帮”后，自然科学史研究所再次提出编著《中国科学技术史丛书》的计划，被列入中国科学院哲学社会科学部的重点项目，作了一些安排和分工，也编写和出版了几部著作，如《中国科学技术史稿》、《中国天文学史》、《中国古代地理学史》、《中国古代生物学史》、《中国古代建筑技术史》、《中国古桥技术史》、《中国纺织科学技术史（古代部分）》等，但因没有统一的组织协调，《丛书》计划半途而废。1978年，中国社会科学院成立，自然科学史研究所划归中国科学院，仍一如既往为实现这一工程而努力。80年代初期，在《中国科学技术史稿》完成之后，自然科学史研究所科学技术通史研究室就曾制订编著断代体多卷本《中国科学技术史》的计划，并被列入中国科学院重点课题，但由于种种原因而未能实施。1987年，科学技术通史研究室又一次提出了编著系列性《中国科学技术史丛书》（现定名《中国科学技术史》）的设想和计划。经广泛征询，反复论证，多方协商，周详筹备，1991年终于在中国科学院、院基础局、院计划局、院出版委领导的支持下，列为中国科学院重点项目，落实了经费，使这一工程得以全面实施。我们的老院长、副委员长卢嘉锡慨然出任本书总主编，自始至终关心这一工程的实施。

我们不会忘记，这一工程在筹备和实施过程中，一直得到科学界和科学史界前辈们的鼓励和支持。他们在百忙之中，或致书，或出席论证会，或出任顾问，提出了许多宝贵的意见和建议。特别是他们关心科学事业，热爱科学事业的精神，更是一种无形的力量，激励着我们克服重重困难，为完成肩负的重任而奋斗。

我们不会忘记，作为这一工程的发起和组织单位的自然科学史研究所，历届领导都予以高度重视和大力支持。他们把这一工程作为研究所的第一大事，在人力、物力、时间等方面都给予必要的保证，对实施过程进行督促，帮助解决所遇到的问题。所图书馆、办公室、科研处、行政处以及全所的同仁，也都给予热情的支持和帮助。

这样一个宏大的工程，单靠一个单位的力量是不可能完成的。在实施过程中，我们得到了北京大学、中国人民解放军军事科学院、中国科学院上海硅酸盐研究所、中国水利水电科学研究院、铁道部大桥管理局、北京科技大学、复旦大学、东南大学、大连海事大学、武汉交通科技大学、中国社会科学院考古研究所、温州大学等单位的大力支持，他们为本单位参加编撰人员提供了种种方便,保证了编著任务的完成。

为了保证这一宏大工程得以顺利进行,中国科学院基础局还指派了李满园、刘佩华二位同志,与自然科学史研究所领导(陈美东、王渝生先后参加)及科研处负责人(周嘉华参加)组成协调小组,负责协调、监督工作。他们花了大量心血,提出了很多建议和意见,协助解决了不少困难,为本工程的完成做出了重要贡献。

在本工程进行的关键时刻,我们遇到经费方面的严重困难。对此,国家自然科学基金委员会给予了大力资助,促成了本工程的顺利完成。

要完成这样一个宏大的工程,离不开出版社的通力合作。科学出版社在克服经费困难的同时,组织精干的专门编辑班子,以最好的纸张,最好的质量出版本书。编辑们不辞辛劳,对书稿进行认真地编辑加工,并提出了很多很好的修改意见。因此,本书能够以高水平的编辑,高质量的印刷,精美的装帧,奉献给读者。

我们还要提到的是,这一宏大工程,从设想的提出,意见的征询,可行性的论证,规划的制订,组织分工,到规划的实施,中国科学院自然科学史研究所科技通史研究室的全体同仁,特别是杜石然先生,做了大量的工作,作出了巨大的贡献。参加本书编撰和组织工作的全体人员,在长达10年的时间内,同心协力,兢兢业业,无私奉献,付出了大量的心血和精力。他们的敬业精神和道德学风,是值得赞扬和敬佩的。

在此,我们谨对关心、支持、参与本书编撰的人士表示衷心的感谢,对已离我们而去的顾问和编写人员表达我们深切的哀思。

要将本书编写成一部高水平的学术著作,是参与编撰人员的共识,为此还形成了共同的质量要求:

1. 学术性。要求有史有论,史论结合,同时把本学科的内史和外史结合起来。通过史论结合,内外史结合,尽可能地总结中国科学技术发展的经验和教训,尽可能把中国有关的科技成就和科技事件,放在世界范围内进行考察,通过中外对比,阐明中国历史上科学技术在世界上的地位和作用。整部著作都要求言之有据,言之成理,经得起时间的考验。

2. 可读性。要求尽量地做到深入浅出,力争文字生动流畅。

3. 总结性。要求容纳古今中外的研究成果,特别是吸收国内外最新的研究成果,以及最新的考古文物发现,使本书充分地反映国内外现有的研究水平,对近百年来有关中国科学技术史的研究作一次总结。

4. 准确性。要求所征引的史料和史实准确有据,所得的结论真实可信。

5. 系统性。要求每卷既有自己的系统,整部著作又形成一个统一的系统。

在编写过程中,大家都是朝着这一方向努力的。当然,要圆满地完成这些要求,难度很大,在目前的条件下也难以完全做到。至于做得如何,那只有请广大读者来评定了。编写这样一部大型著作,缺陷和错讹在所难免,我们殷切地期待着各界人士能够给予批评指正,并提出宝贵意见。

《中国科学技术史》编委会

1997 年 7 月